工厂分模编程技术实例特训

（Pro/ENGINEER Wildfire 5.0 版）

寇文化 编著

清华大学出版社

北 京

内 容 简 介

Pro/ENGINEER Wildfire 5.0（简称 Pro/E）是一款集设计与数控编程技术于一体的优秀 CAD/CAM 软件。本书以典型产品的模具设计和数控编程的工作流程为线索，结合实际讲述了模具分模、铜公设计及数控编程等实际应用过程和方法技巧。希望能帮助有志从事模具设计和数控编程技术的读者少走弯路，在实践中大显身手，充分利用软件性能，发挥自己的才华，尽快走向工作岗位。本书虽然以模具产品为例，但对于其他产品的设计和制造也有重要参考价值。

本书适用于对求职者或在岗人员进行岗位培训，也适合作为职业学校或高等院校相关专业教学和社会培训班的参考教材。

图书在版编目（CIP）数据

工厂分模编程技术实例特训：Pro/ENGINEER Wildfire 5.0 版/寇文化编著．—北京：清华大学出版社，2013

ISBN 978-7-302-31732-6

I. ①工…　II. ①寇…　III. ①模具-计算机辅助设计-应用软件　IV. ①TG76-39

中国版本图书馆 CIP 数据核字（2013）第 051300 号

责任编辑：钟志芳
封面设计：刘　超
版式设计：文森时代
责任校对：张兴旺
责任印制：李红英

出版发行：清华大学出版社
网　　址：http://www.tup.com.cn，http://www.wqbook.com
地　　址：北京清华大学学研大厦 A 座　　邮　　编：100084
社 总 机：010-62770175　　邮　　购：010-62786544
投稿与读者服务：010-62776969，c-service@tup.tsinghua.edu.cn
质 量 反 馈：010-62772015，zhiliang@tup.tsinghua.edu.cn
印 刷 者：北京四季青印刷厂
装 订 者：三河市新茂装订有限公司
经　　销：全国新华书店
开　　本：185mm×260mm　　**印　张**：24.75　　**字　　数**：572 千字
（附 DVD 光盘 1 张）
版　　次：2013 年 6 月第 1 版　　**印　　次**：2013 年 6 月第1次印刷
印　　数：1～4000
定　　价：52.00 元

产品编号：049258-01

前　言

Pro/ENGINEER Wildfire 5.0（简称 Pro/E）是一款由美国 PTC 公司（Parametric Technology Corporation）开发研制的、集设计与数控编程技术于一体的优秀 CAD/CAM 软件。本书着重介绍其中的模具设计模块 Pro/MoldDesign 和数控编程模块 Pro/NC-MILL 在工厂实践中的应用。

在我国模具工厂里，提起 Pro/E 软件几乎是无人不知，会用 Pro/E 软件进行绘图或者数控编程，是对模具设计或者加工人员的基本要求。但是由于各种条件的限制，很多读者想从事模具设计或者数控编程工作，却苦于没有实习机会。虽然现在书店里介绍 Pro/E 软件基本功能的书籍很多，也各有特点，但将这些书本知识应用于实际，来解决工作中的问题，还有很多困难。本书试图架起这样一座桥梁——带领准备从事模具设计或加工工作的读者以工厂里最为实用、最为有效的工作方法进行专项培训，来提高其自身素质和专业水平。目前 Pro/E 软件在我国销售量很大，普及程度很高，很多读者都在期待能有结合工厂实际工作过程的培训教材出现。本书适合对本行业的求职者进行岗前培训，也适合作为高等院校相关专业教学和社会培训班的参考教材。根据编者多年培训本行业技术人员的经历可知，社会上想学习技术的有志青年很多，很多读者都通过认真学习提高了生活水平，甚至改变了自己的命运，希望本书也能帮助有志朋友早日实现梦想。

本书基本内容如下：

第 1 章，模具工厂分模编程流程，介绍工厂的模具设计和制造流程，着重讲述工程师的工作过程。学会一般产品分模和数控编程，增强学习信心。

第 2 章，遥控器面壳分模，介绍机壳产品分模设计，重点介绍分型面的造型。

第 3 章，遥控器面壳拆分铜公，先介绍电火花的基本原理，然后介绍电极铜公的设计方法。

第 4 章，遥控器面壳铜公编程，介绍用 Pro/E 进行铜公数控编程的方法以及参数设定的技巧。

第 5 章，遥控器面壳前模编程，在学习了铜公编程的基础上，进一步学习前模钢件的数控编程，着重学习前模加工工艺及其编程方法。

第 6 章，遥控器面壳后模编程，在学习了铜公和后模编程的基础上，进一步学习后模钢件的数控编程，着重学习其加工工艺及编程方法。

第 7 章，破面修补，先介绍 IGES 文件的结构特点，然后介绍 Pro/E 软件数据修复医生 IDD 的基础知识，最后以实例介绍修补破面的操作技巧。

第 8 章，后处理，讲述后处理及与后处理有关的问题，重点介绍一种机床后处理器的制作方法，以解决实际工作中可能遇到的问题。

本书重在对实际工作的方法、经验和技巧进行介绍，对 Pro/E 软件模具设计和数控编程命令的介绍并没有面面俱到，而是有所侧重。学习这部分内容时，要学会举一反三，触类旁通，自己下工夫钻研书中提到但没有详细展开论述的同类知识。部分内容由于制模工作用得较少或者容易理解，可能未涉及，读者可以参阅其他相关资料进一步学习。

学习本书时，建议读者深入学习书本理论知识，灵活联系工作实际。不能把书本知识作为教条，而应该作为工作行动的指南。本书介绍的设计方法和数控编程方法只是提供了一个工作思路，不要死搬硬套，一定要结合本厂工作实际，带着问题去学习，并灵活解决这些问题，这样可以使学习有成就感，效果更佳。要取得好的学习效果，建议读者预先学习以下知识：（1）基本的 Office 办公软件的操作知识；（2）初等几何数学知识；（3）Pro/E 软件绘图知识；（4）机械加工基础知识。

为了帮助读者掌握本书内容，各章都配有精心录制的讲课视频，该视频文件为 EXE 可执行文件，可以直接双击打开。播放过程中，如果菜单窗口挡住操作内容，可以将其移开或者关闭菜单。播放中可以随时暂停、快进或倒退，便于读者一边看视频，一边跟着练习。另外，光盘中还提供了原始文件和完成后的文件。正文部分有“小提示”、“要注意”和“知识拓展”等特色段落，帮助读者理解本书内容。

本书虽然经过尽力核校，但欠妥之处在所难免，恳请读者批评指正。为了便于和读者沟通，读者在学习中遇到问题时，除了发送电子邮件到 k8029_1@163.com 外，还可以浏览答疑博客，网址为 http://blog.sina.com.cn/cadcambook。

编　者

目　录

第 1 章　模具工厂分模编程流程

1.1　本章要点和学习方法

本章介绍在模具工厂里如何进行模具设计和制造，着重讲述三维立体模具设计，即分模的原理，其次介绍如何用 Pro/E 进行数控编程，目的是让初学者有一个初步概念，学会最简单的产品分模和数控编程方法，增强学习信心。

对于初学者，要求按书中所讲步骤完成一遍操作，对于不明白的地方暂时不要深究，目的是了解本书的大致内容。以后随着学习的深入，部分概念会越来越明白，再回头看本章就会觉得很容易。

1.2　模具分模设计介绍

1.2.1　塑胶产品的生产过程

1．产品设计

很多日用产品，如手机外壳、电视机外壳、游戏机外壳等都是塑胶产品，它们是由塑胶模具注塑成型的。在开发产品时，一般情况下，美术工程师会根据现有的产品外观设计出大量的外观彩色图样，然后根据客户的需求修改图纸，最后由客户挑出满意的彩图进行进一步设计。完成后，美术工程师将自己绘制的彩图传送至下游工序的工程师进行具体设计，电子工程师为实现产品功能，设计出相应的电路图；机械工程师则设计出具体的 3D 模型图。根据这些资料可以制作快速手板，该手板是已经具备具体功能的模拟产品，再经过喷油、丝印就可以交付客户确认，或者送展览会参展，以争取订单。这些工作一般由开发部（也叫 PDD）完成。

2．模具设计

如果有订单，就可以决定开模，即模具制造，以便进行大量的生产。工模部在收到 PDD 传来的 3D 产品图后，就可以进行评估，不断修改、完善 3D 图，然后进行模具设计。模具工程师会设计出模具 3D 立体图和 2D 平面图，以供制造模具。而设计出模具 3D 图的过程就是分模，是模具设计的一部分。该工作具有一定的难度，不是轻而易举就能正确完成的，为此本书将围绕这些技术难点展开论述。

3．模具加工

有了模具 3D 图就可以进行高效的加工，这是计算机技术和模具制造技术结合的重大成果，是模具制造技术的一次重大飞跃。首先可以根据模具的 3D 图，利用数控编程软件（如 Pro/E、Mastercam、PowerMILL、UG 等软件）进行 CNC 编程，生成数控机床能够识别的 NC 程序，然后传送给 CNC 车间，由数控机床进行高效加工，从而制造出模具工件，再经过电火花（EDM）、线切割等工序后就可以进行模具装配，从而制造出合格的模具。

4．注塑成型

将合格的模具送往注塑部，在注塑机上将塑胶料热融化后注入模具型腔，等塑胶料冷却后就可以注塑成型成为产品的外壳。最后在生产线（也叫拉线）上装配原件，进行功能检测，成品机就制造出来了。之后，就可以将这些产品投放市场销售，最终将大量精美的电子产品送到顾客手里，满足顾客的需求。同时，工厂也取得了收益，劳动者得到了应有的报酬，工程技术人员的价值得到了真实的体现。

1.2.2　分模技术的难点

所谓分模，就是用产品的成型曲面将毛坯工件分作两个或更多工件的绘图过程。一般而言，只要能造型出前、后模或者其他（如行位、斜顶、镶件等）曲面图，满足数控加工的需要就可以达到绘图目的。为了实现分模，Pro/E 提供了很多解决方案，灵活运用这些功能进行高效快速分模，就是我们学习的目的。

分模利用了 Pro/E 的曲面切割实体的功能。为此，系统提供了自动分模模块。但是自动分模功能还处于发展阶段，如果产品结构复杂，往往不能顺利完成。

产品图中的碰穿面、插穿面需要补面，补面时如果和产品图相接有较大误差，可能会出现分模失败的情况。

分模实践中遇到的最大问题是，尽管分型面做得很完整，但还是分不开。软件会给出一些提示，而根据这些提示进行处理，很多初学者会不得要领，不知所措。

另外，如果产品图的曲面质量不理想，将很难转化为实体图。这时需要综合利用各种绘图方法来解决。分模完成后，是否符合制造要求，需要进一步完善和修改，应避免单薄、型腔倒扣等情况出现。

本书将帮助读者解决上述技术难点。

1.2.3　按钮分模举例

下面以按钮模具分模为例，初步介绍分模工作流程，使初学者有一个感性认识。对于刚接触 Pro/E 的初学者，建议认真观看本节讲课视频，以便更好地理解操作步骤。

本节任务：如图 1-1 所示为某型号照相机的快门按钮，现在要求设计一副模具来注塑这个产品。产品材料为 ABS，缩水率为 1:1.005，产品在模具中出 4 件，即表述为一出四，或写作 1×4。

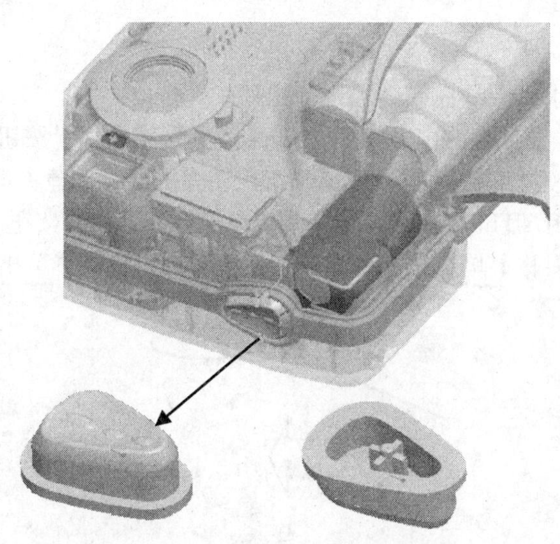

图 1-1　照相机快门按钮

分模思路：整理产品图使坐标系符合要求。采用自动生成方式生成毛坯图。该产品为单一分型面，可以采用自动分模的阴影面法造分型面，然后输出前后模。

1．整理产品

整理产品是指将凌乱的产品图模型整理为适于分模的图形。整理过程对于分模非常重要，复杂图形经过处理可以顺利进行分模。

设定工作目录为 D:\ch01-01，并将光盘里的图例复制到此处。在工作目录里调出产品文件 ch01-01-shutter.prt，分析得知，产品的大小约为 16×11×7，出模角正常，无倒扣，分型面选在挂台位上平面，坐标系基本在产品的中心位置，Z 轴朝上，与出模方向一致，符合要求。

2．进入分模模块

Pro/E 提供了专门用于模具设计的分模模块。建立新文件，在工具栏里单击【新建】按钮，系统弹出【新建】对话框，按图 1-2 所示进行设置，并输入分模总文件名为 ch01-01-shutter，最后单击【确定】按钮。在弹出的【新文件选项】对话框里选取公制模板。

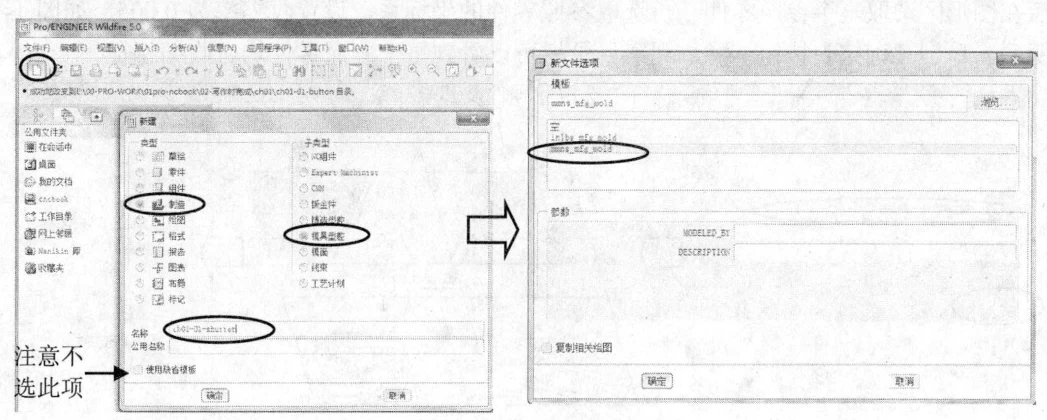

图 1-2　建立新文件

3．产品排位

按照模具图的要求将产品在模具上进行排列就是排位。

该模具为一出四。在右侧的工具栏里单击【模具型腔布局】按钮，系统弹出【布局】对话框，单击【参照模型】栏里的参照模型按钮，在弹出的【创建参照模型】对话框里选取参照模型 CH01-01-SHUTTER1_REF，选中【按参照合并】单选按钮。在【布局】对话框里选中【矩形】和【Y 对称】单选按钮，按图 1-3 所示设定参数，单击【确定】按钮。

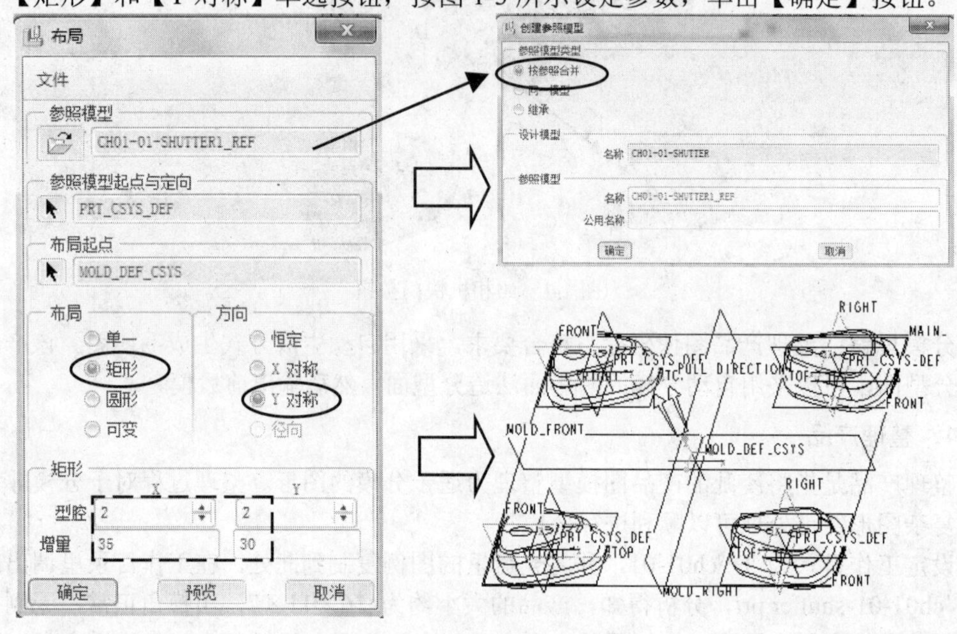

图 1-3 产品排位

4．设定缩水率

一般塑胶件冷却后有体积收缩的特性，为此在制造模具时，有意将模具型腔放大，该放大系数就是收缩率，俗称缩水率。

在右侧的工具栏里单击【按比例收缩】按钮，系统弹出【按比例收缩】对话框，然后在图形区选取一个参照零件，再选取参照零件的坐标系，设置收缩率为 0.005，如图 1-4 所示。单击【确定】按钮，观察目录树可以看到每个参照零件均有收缩特征。

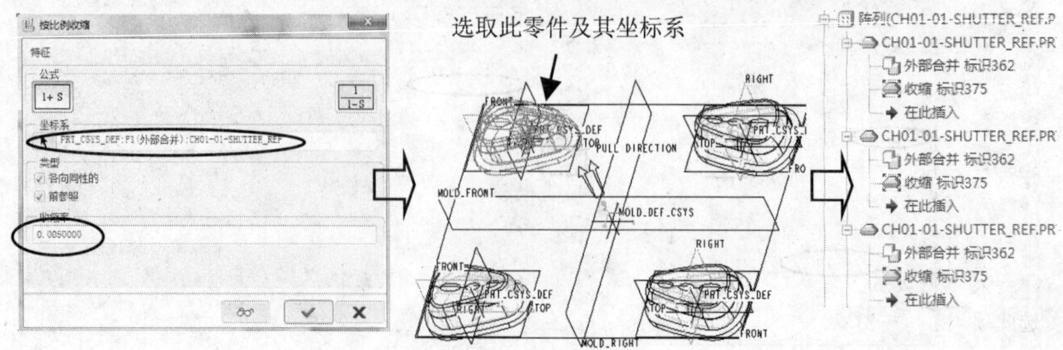

图 1-4 设定缩水率

5．创建毛坯

为了使前、后模完全吻合，一般要先定义出分割前的整体材料形状，这个原始的模具材料就是毛坯。分模其实就是先用产品整体封闭曲面体积减去毛坯工件，再用分型面（即 PL 面）分割毛坯体为两部分，这两部分就是前、后模。一般是根据模具图纸的要求来绘图，有自动和手动两种。本例以自动方式创建毛坯。

在右侧的工具栏里单击【自动工件】按钮，系统弹出【自动工件】对话框，单击【模具原点】栏中的按钮，然后在图形上选取模具坐标系 MOLD_DEF_CSYS，按图 1-5 所示调整毛坯的整体尺寸，最后单击【确定】按钮。

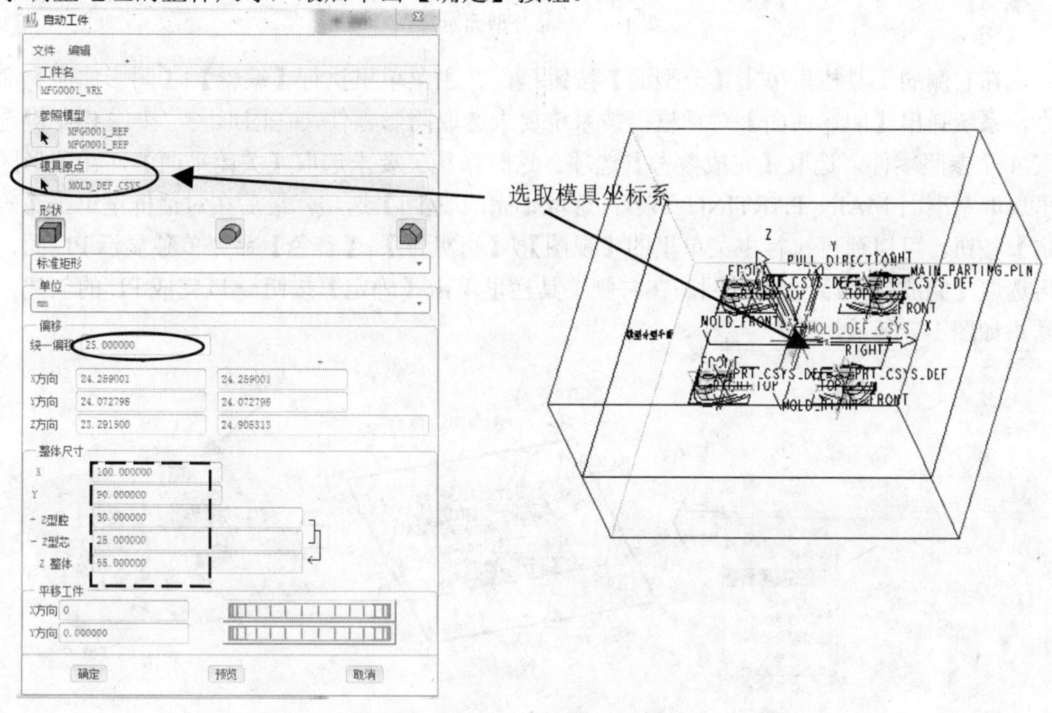

图 1-5　创建毛坯

6．造分型面

分型面是沿着产品外形向外延展的曲面，也叫分模面，在珠江三角洲的很多模具工厂里也叫 PL 面（读作“啪拉面”，是 Part Line 的缩写）。要求分型面不能小于毛坯，否则不能切割。造分型面是分模工作的关键，要熟练掌握 Pro/E 的曲面功能，并努力使所分的模具方便制造和有利于注塑成型。可以这样说，凡是软件提供的曲面功能都可以用于分型面的创建。既不能热衷于或拘泥于使用软件的自动功能，也不能完全抛弃自动功能而用过于繁琐的手工造面功能，一切应该以提高分模工作效率为准，用自己最为熟悉的曲面功能来高效、快捷地完成分模任务才符合实际工作需求。实际工作中不限定用何种方法，但是有些招工考试中，主考官为了测试应聘者的熟练程度可能会有所限制，所以学习本书案例时，提倡读者一题多解。作为学习者，要会各种方法，最后从中选优，以便掌握分模原理。

本例采取系统提供的自动阴影面构造分型面，并可视为一种最为快捷的方案，分型面的最终形状应该是沿着按钮挂台的上一级水平面，如图 1-6 所示。

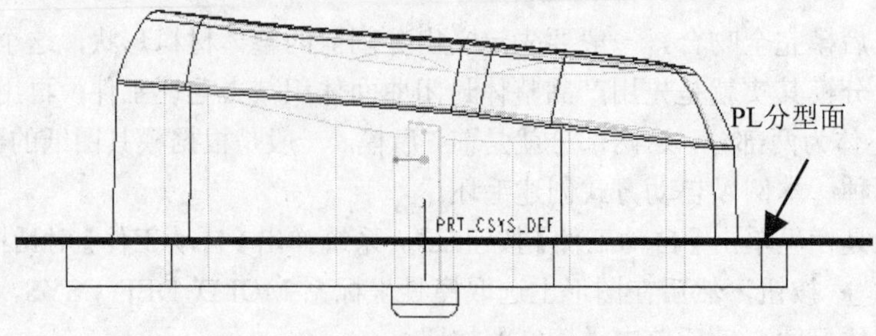

图 1-6　产品分型面示意图

在右侧的工具栏里单击【分型面】按钮，在主菜单里执行【编辑】|【阴影曲面】命令，系统弹出【阴影曲面】对话框，按系统要求选取阴影零件，在图形区，按住 Ctrl 键选取 4 个参照零件，选取【完成参考】选项。这时系统又要求选取【关闭平面】，在图形区里选取基准面 MAIN_PARTING_PLN，选取【完成/返回】选项，最后在对话框里单击【确定】按钮。可以通过执行主菜单里的【视图】|【可见性】|【着色】命令单独显示 PL 面，再选取【完成/返回】选项返回。在右侧工具栏里单击【确定】按钮✔以完成 PL 的创建，结果如图 1-7 所示。

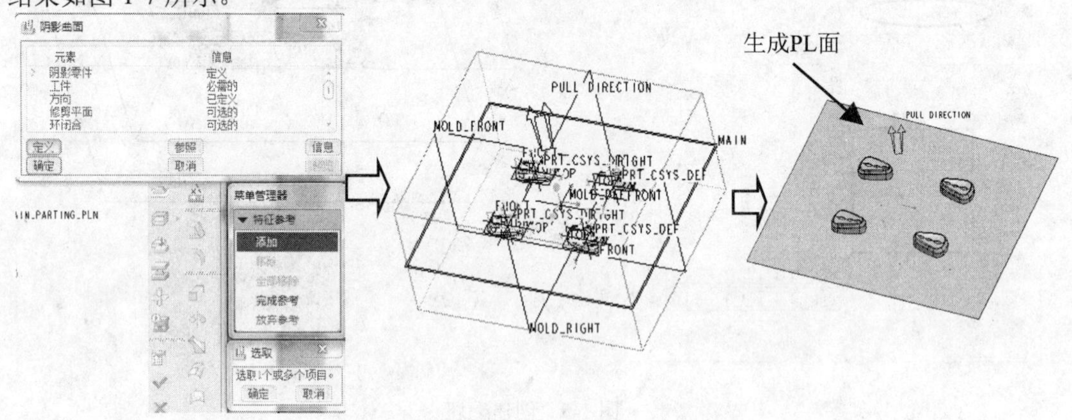

图 1-7　生成 PL 面

7. 分割毛坯工件

系统里经常提到的“体积”（Volum），是直接由英文菜单翻译而来的，实际上就是封闭的曲面面组，分割毛坯工件是为了得到几个封闭的曲面（即体积块）。在右侧的工具栏里单击【体积块分割】按钮，右侧的【菜单管理器】里弹出下拉菜单，选取【两个体积块】|【所有工件】|【完成】选项，弹出【分割】对话框。系统要求选取分型面，这时图形选择过滤器系统自动设置为“面组”，在图形区里选取上一步完成的分型面，在【选取】对话框里单击【确定】按钮，如图 1-8 所示。

系统返回【分割】对话框。单击【确定】按钮，下半部分后模变亮，系统弹出【属性】对话框，先单击【着色】按钮以观察图形是否为后模，无误后，输入后模文件名为 ch01-01-shutter-hm，单击【确定】按钮。系统又弹出【属性】对话框，输入前模文件名为

ch01-01-shutter-qm，如图 1-9 所示。

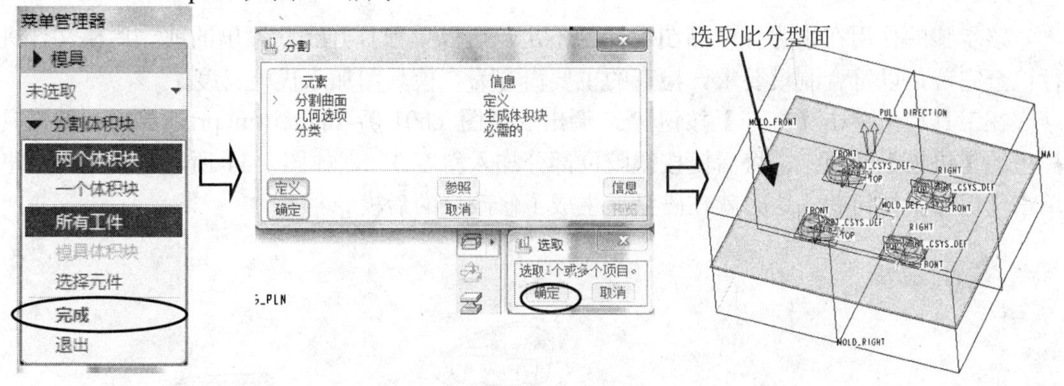

图 1-8　分割毛坯工件

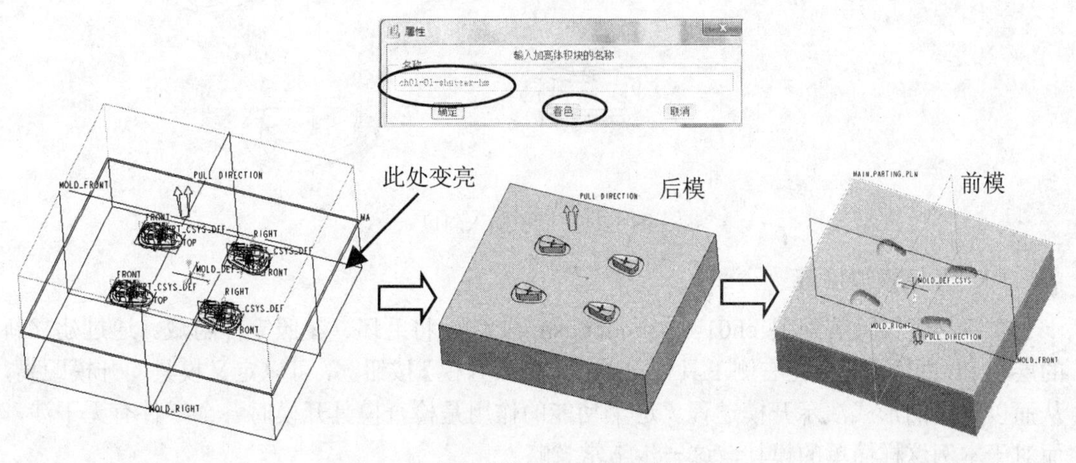

图 1-9　生成后模体积块和前模体积块

8．输出体积块

该步骤的作用是将模具体积块转化为磁盘文件。

在右侧的工具栏里单击【型腔插入】按钮，系统弹出【创建模具元件】对话框，单击【全选】按钮，单击【确定】按钮。这时观察模型树里有了前、后模的文件，如图 1-10 所示。在工具栏里单击【保存】按钮，这时就在磁盘里生成了前、后模文件。

图 1-10　输出文件

9．整理模具图

该步骤的作用在于弥补产品图设计的不足，可以单独打开这些输出的前、后模文件进行检查完善，以符合制模要求。检查的主要内容为在模具图加入拔模斜度。

在工具栏里单击【打开】按钮，调出后模图 ch01-01-shutter-hm.prt，单击右侧工具栏里的【拔模】按钮，将后模按钮胶位部分加入斜度 3°，如图 1-11 所示。在工具栏里单击【保存】按钮，这时就在磁盘里生成了修改后的后模。

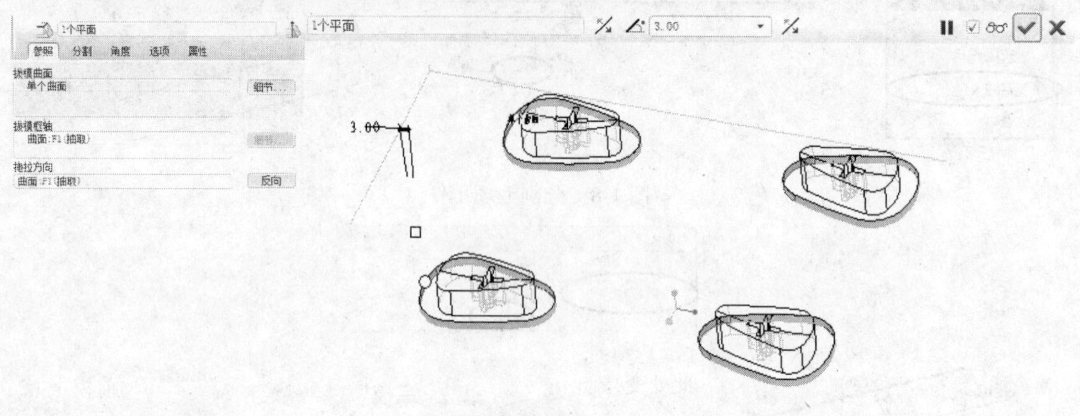

图 1-11　后模加入斜度

10．开模模拟检查

重新打开模具装配图 ch01-01-shutter.asm 文件，将毛坯、参照零件隐藏。通过建立新的层将 PL 曲面隐藏。在右侧工具栏里单击【模具开模】按钮，可以定义模具的开模距离，从而以动画的形式演示开模过程。这个功能的作用是检查模具开模时各个零件有无干涉，而对于本例这样简单的模具，这一步常常省略。

接下来将文件存盘，并整理文件。在主菜单里执行【窗口】|【打开系统窗口】命令，在弹出的 DOS 命令行里输入命令 purge，然后关闭系统窗口，这样可以将因多次存盘而产生的旧版本图形文件删除，以精简文件数量。

小提示：先把该例练习熟练，然后用该例文件研究一下软件其他菜单的功能含义。

本节讲课视频：\ch01\03-video\ch01-01-shutter.exe。

1.3　数控编程介绍

1.3.1　Pro/E 数控编程特点

目前在制模行业里出现了诸如 Mastercam、PowerMILL、UG、Cimatron 等软件，这些软件无疑具有强大的数控编程功能，应用非常广泛，但是 Pro/E 加工数控编程因具有如下特点，也被越来越多的用户所重视。

（1）Pro/E 软件的参数化功能的特点，使数控编程更加灵活，当图形尺寸发生变化时，数控程序也可以重新生成，避免了重新编程，提高了编程效率。

（2）Pro/E 软件的强大曲面功能，可以为数控编程提供很灵活的加工曲面处理支持，使其生成数控程序时能更加优化。

（3）如果用 Pro/E 软件进行设计，那么可以直接编程，避免转图后出现图形变形，使加工出的工件更符合用户需要。

（4）Pro/E 软件的数控编程功能全面，广泛应用于模具加工行业，可以利用它完成很多复杂图形的数控编程。

（5）Pro/E 软件的开粗刀路加工提刀少，空刀少，有利于数控程序的优化。

本书将以实例编程的形式介绍数控的技术要点和使用技巧，帮助读者在实际工作中用好 Pro/E 软件的数控编程功能。

1.3.2　Pro/E 数控编程举例

本节任务：如图 1-12 所示为 1.2 节已经完成分模的后模，文件名为 ch01-02-hm.prt，该图形已经创建了基准面和坐标系。现在利用 Pro/E 软件进行数控编程，本例要求仅完成开粗刀路，目的是让初学者对数控编程的操作步骤有一个初步的了解，为后续章节的学习做铺垫。

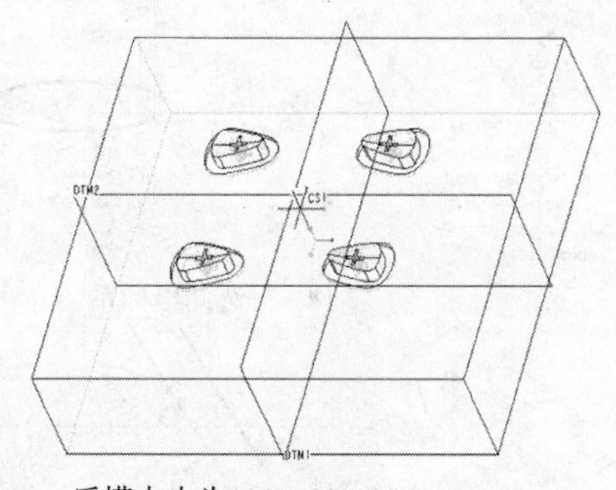

后模大小为100×90×25

PL平位Z=0，最高处Z=3.575

图 1-12　待加工的后模图形

主要思路：编程前要对图形进行几何分析，确定加工方案。进入加工模块，调入加工图形，创建毛坯工件，创建机床和夹具组，创建操作组，做体积加工用的窗口图形，建立体积加工序列，设定加工参数，模拟检查及后处理。

1．图形分析及确定加工方案

建立工作目录为 D:\ch01-02，并将光盘里的图例 ch01-02-hm.prt 复制到此处。在 Pro/E 中设定工作目录，调出待加工的图形。分析得知，后模的大小约为 100×90×25，按钮后模部分间距均大于 16，可以采取 ED16R0.8 的飞刀进行开粗。图形中的坐标系 cys1 在图形的对称中心（也称为四边分中）且 Z 轴朝上，符合要求。

2．进入加工模块

Pro/E 中提供了专门用于模具加工的模块。建立新文件，在工具栏里单击【新建】按钮 □，系统弹出【新建】对话框，按图 1-13 所示进行设置，并输入加工总文件名为 ch01-02-hm-nc，最后单击【确定】按钮。在弹出的【新文件选项】对话框里选取公制模板。

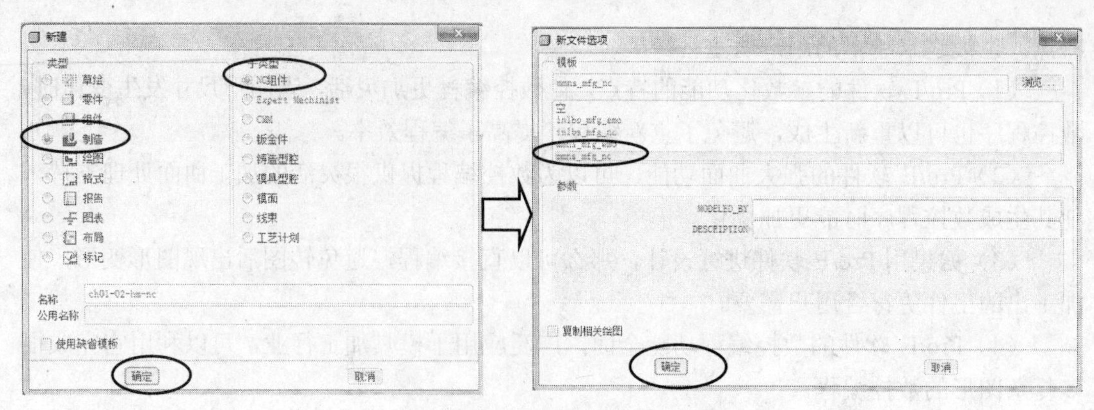

图 1-13 建立加工新文件

3．装配加工图形

在右侧的工具栏里单击【装配参照模型】按钮，在弹出的【打开】对话框里选取加工文件 ch01-02-hm.prt，接着系统进入装配对话框，利用坐标系的装配方法，将零件坐标系 CS1 和总文件的坐标系 NC_ASM_DEF_CSYS 重合，单击【应用】按钮，如图 1-14 所示。

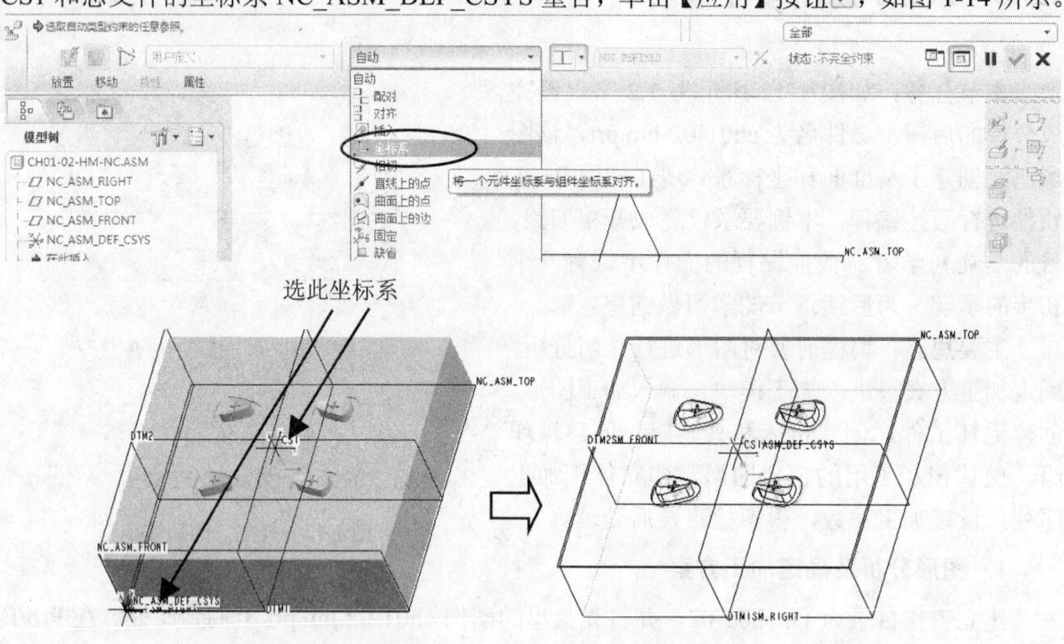

图 1-14 零件装配

4．创建毛坯工件

Pro/E 软件数控加工编程时可以创建毛坯工具，以便于后续用 Vervicut 软件进行模拟仿真检查，但这不是必需的。在右侧的工具栏里单击【自动工件】按钮，系统界面的上方弹出毛坯工具栏，单击【确定】按钮，如图 1-15 所示。

5．创建操作 K0A

这里的“操作”就是多个加工序列的集合。后处理时可以通过选取操作来把里面的各个序列处理为一个数控文本文件，其文件名就是操作名。

在主菜单里执行【步骤】|【操作】命令，在系统弹出的【操作设置】对话框里，先输入【操作名称】为 K0A，再单击【创建机床】按钮，弹出【机床设置】对话框，系统默认为三轴机床，单击【确定】按钮，系统返回【操作设置】对话框。单击【机床零点】后的选取按钮，然后在目录树里选取坐标系 NC_ASM_DEF_CSYS。在【退刀】栏里单击【曲面】后的选取按钮，系统弹出【退刀设置】对话框，在【值】下拉列表框中输入 20。夹具等其余参数不另外设置，单击【确定】按钮，如图 1-16 所示。操作 K0A 创建完成后，后续创建的系列就是它的子集。

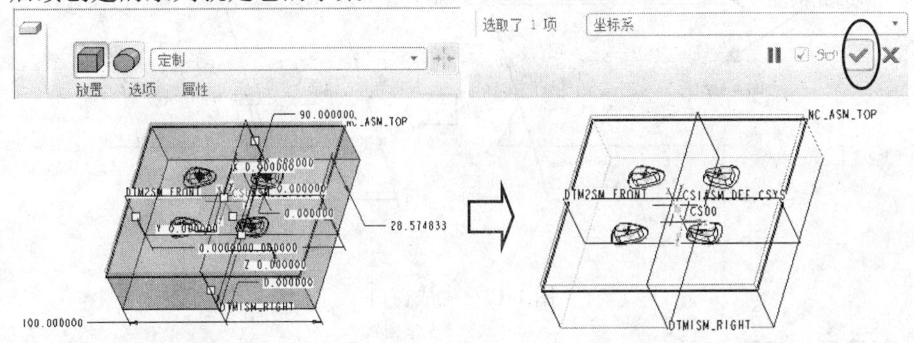

图 1-15　创建毛坯

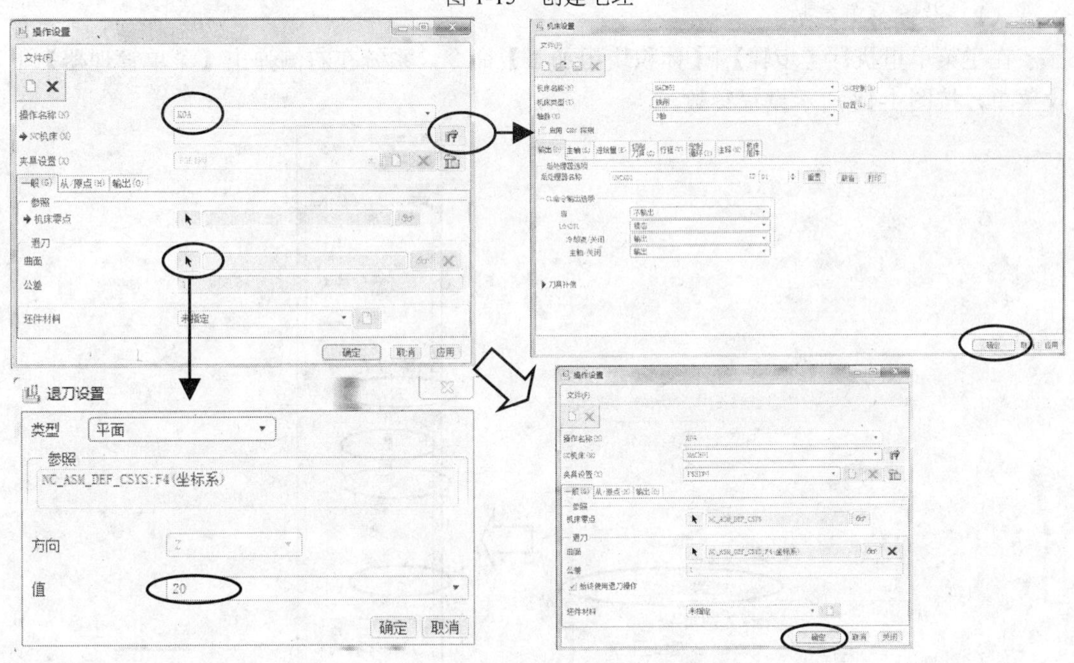

图 1-16　设置操作参数

6. 创建窗口

创建窗口的目的是定义体积块加工的加工范围。

在右侧的工具栏里单击【铣削窗口】按钮，系统界面的上方弹出窗口工具栏。按系统要求选取毛坯的顶面为窗口平面，选择【选项】选项卡，在下拉菜单里选中【在窗口围线上】单选按钮。单击【确定】按钮☑，如图 1-17 所示。

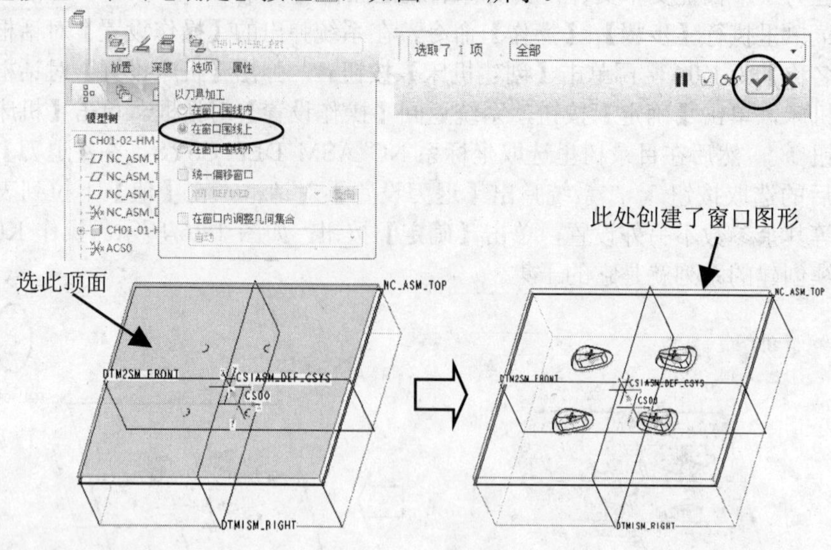

图 1-17　生成窗口

7. 创建开粗刀路

（1）设置菜单参数

在主菜单里执行【步骤】|【体积块粗加工】命令，系统在右侧弹出【菜单管理器】下拉菜单，按图 1-18 所示设置参数。

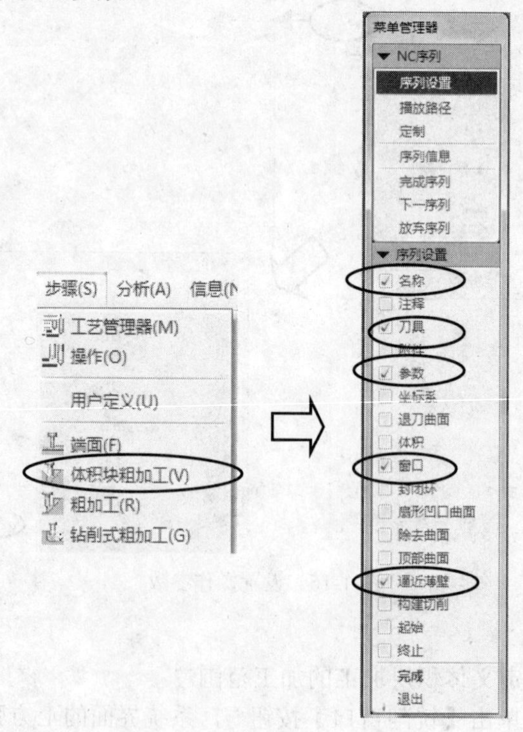

图 1-18　设置菜单参数

（2）设置NC序列名称

选取【完成】选项，系统弹出【输入 N 序列名】对话框，在其中输入 K0A-01，单击【接受值】按钮☑。

（3）定义刀具

接着系统弹出【刀具设定】对话框，按图1-19所示定义刀具。

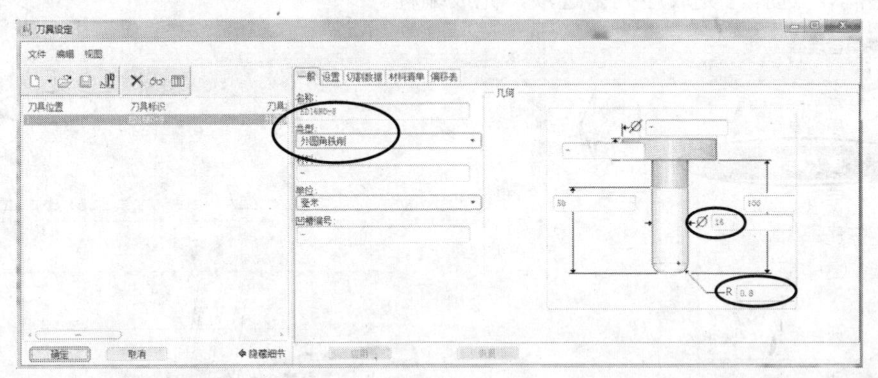

图1-19　定义刀具

（4）设置加工参数

单击【确定】按钮，系统弹出【编辑序列参数“K0A-01”】对话框，按图1-20所示设置加工参数。

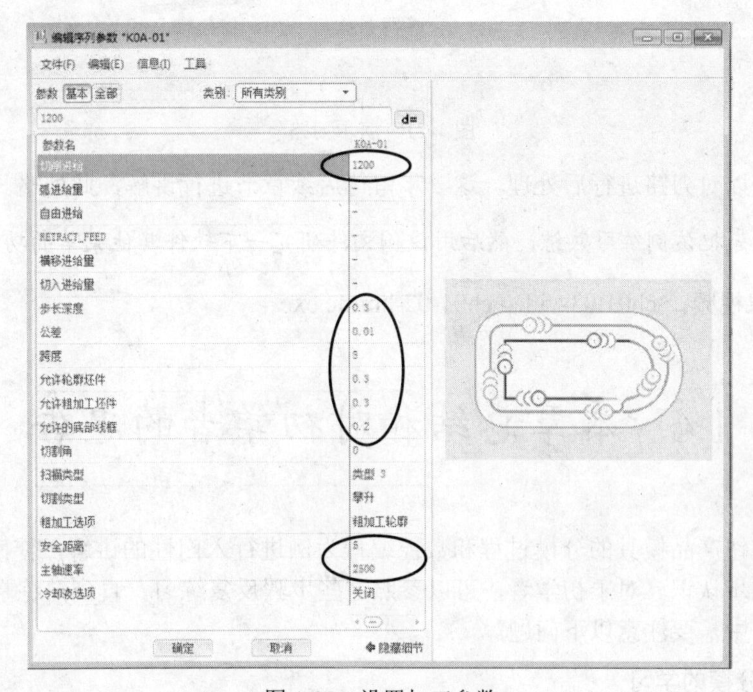

图1-20　设置加工参数

（5）选取窗口

单击【确定】按钮，按系统要求选取图形上已经完成的窗口。单击【完成】按钮。接着按照系统提示选取窗口的右侧线为开放一端，以便刀具能够从料外下刀，避免出现踩刀。

8．显示并检查刀路

在右侧的【菜单管理器】的【NC 序列】下拉菜单里选取【播放路径】|【屏幕演示】选项，在弹出的【播放路径】对话框里单击【播放】按钮，则图形显示出开粗的刀路，如图 1-21 所示。选择【完成序列】选项，完成编程。

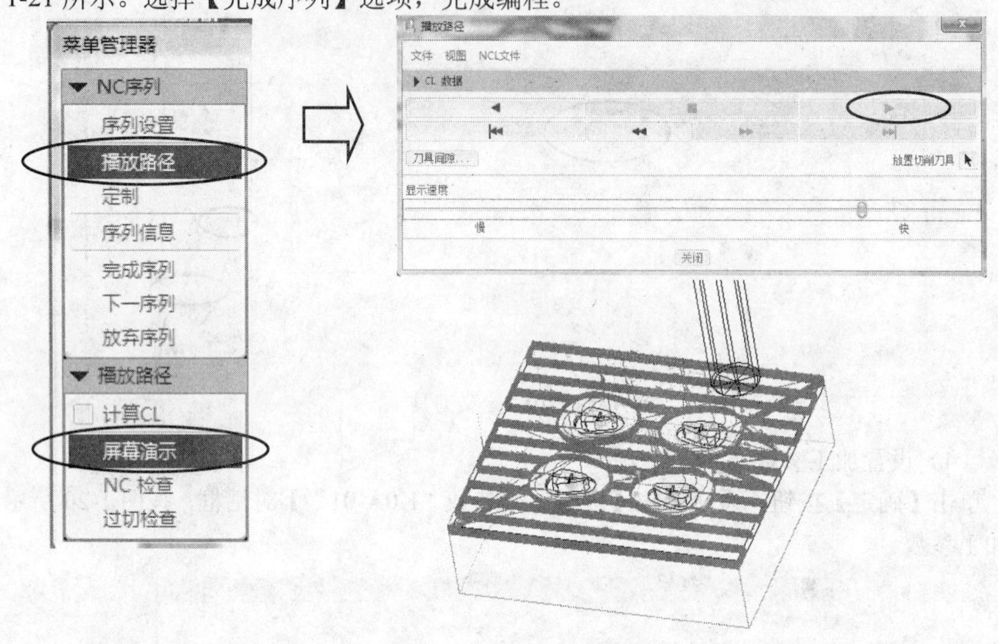

图 1-21 演示刀路

此后，可以对刀路进行后处理，这一步留待后续章节进行讲解，此处略。

小提示：先把该例练习熟练，然后用该例文件研究一下软件其他菜单的功能含义。

本节讲课视频：\ch01\03-video\ch01-02-hm-nc.exe。

1.4 本章总结和对初学者的忠告

本章以按钮产品模具的分模过程和数控编程为例进行入门性的讲解，使读者对分模和编程有一个初步认识。对于初学者，可以参照这些步骤反复练习，直到熟练掌握为止。

学习过程中需要注意以下问题。

1．关于分模的学习

Pro/E 分模是一个综合的绘图过程，建议初学者要首先将 Pro/E 软件的绘图功能复习好，尤其是曲面功能，重点学习曲面的边界混合面、拉伸体造面、平面填充面以及曲面间的合并、裁剪和延伸等。由于本书重点在于学习分模，这些基础知识未给予专门介绍，但是目前 Pro/E 软件基础书籍很多，请大家选取其他书籍认真学习。

本书所涉及的实例均有多种分模方案，对于典型的分模方法会给予介绍，除了所介绍的方法外，请大家务必再开动脑筋看有无更好的方法，提倡一题多解。

分模工作是实践性很强的工作，不能简单地将模具拆分开来，更要研究所分模具是否可行。要具备基本的模具结构知识，尤其是与数控加工有关的知识，还要深刻理解模具结构。一副好的模具不仅要能顺利加工出来，也要能高效地进行注塑成型。在实际工作中，分完模后，最好请有经验的模具师傅或者上级领导审核一下，如果发现问题，首先要弄清楚缺陷在哪里，再根据大家的意见修改。随着工作的深入，会逐步提高分模水平。

书中对分模过程可能出现的问题尽可能给予讨论并提出解决方案，读者可以结合自己工厂的工作要求，认真对待，避免出现书中所强调的错误。

拆铜公也叫电极设计，在制模工作中很重要，是很多工厂中分模工程师的必备技能，本书将针对所列举的模具进行全方位的拆电极训练和实例讲解，希望达到抛砖引玉的效果。但是不能死搬硬套，实际工作中可以根据这个思路，结合模具工厂的要求灵活变通。

2．关于数控编程的学习

Pro/E 软件的数控编程有其自身的特点。辅助面的构造、参数的给定都有其独特之处，初学者首先要把书中的实例学会。本书将帮助读者学会 Pro/E 软件的编程过程和方法，希望读者在实践中理论联系实际，发挥 Pro/E 软件数控编程的特点。

要真正应用好数控编程功能，关键还是要理解软件功能菜单及加工参数的含义。由于东西方文化的差异，初学者很难从有些菜单的字面上真正理解其含义，为了克服这些学习困难，本书尽可能在文字叙述部分和讲课视频中进行了通俗的讲解。通过编程实例训练，帮助读者对于实际工作中最常用的重点参数有一个清晰的理解。如果希望进一步深入学习，读者建议根据编程本书实例，夸张地修改某一个参数，再观察刀路变化，以深刻理解其含义。还可以用英文版进行训练，通过阅读软件提示和帮助文件进一步准确理解其含义。

要想使加工程序符合加工要求，必须做到：最短的加工时间、最少的刀具损耗和最佳的加工效果。这三项指标相互制约又相辅相成，需要在实际工作中找到其平衡点。本书的加工方案是三轴普通数控铣床的加工程序，读者可以根据本书的思路，结合自己工厂的实际加工条件灵活变通，力争使所编程序符合高效加工的三原则。

如果按照书中步骤完成设计却仍未到达预期目的，则可以观看讲课视频，仔细对照自己的做法，力争克服难点。

1.5　本章思考练习和答案提示

思考练习

1．Pro/E 软件分模的基本步骤是什么？

2．Pro/E 软件加工的基本步骤是什么？

3．如果某位模具分模工程师在分模时忘记为产品设置缩水率，可能会出现什么问题？

4．数控编程过程中，如果某位工程师在定义刀具时误将 ED16R0.8 的刀具按照直径为 12 进行定义，可能会出现什么问题？

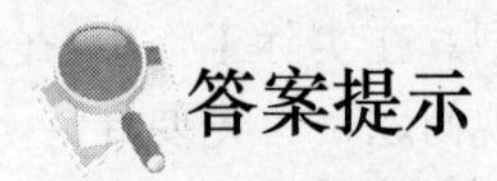

答案提示

1．答：（1）整理产品，确定出模方案；（2）进入分模模块；（3）产品排位；（4）设定缩水率；（5）创建毛坯；（6）造分型面；（7）分割毛坯工件；（8）输出体积块；（9）整理模具图；（10）开模模拟检查。

2．答：（1）图形分析及确定加工方案；（2）进入加工模块；（3）装配加工图形；（4）创建毛坯工件；（5）创建操作；（6）创建步骤序列；（7）模拟检查；（8）后处理

3．答：忘记为产品设置缩水率，可能导致注塑的产品尺寸偏小，产品不合格。实际工作中，可能在模具 CNC 加工完成后才被模具师傅发现，这会导致后模降低，之前加工的所有工件全部要重新编程、加工，会严重影响模具制造进度。提醒初学者在实际工作中不要犯此类错误。

4．答：用小刀编程，而实际却用大刀加工，会导致工件过切。实际工作中出现此情况会导致返工，也会严重影响模具制造进度。初学者也要注意，不可在工作中犯此错误。

第 2 章　遥控器面壳分模

2.1　本章要点和学习方法

本章以常见电子消费品的遥控器面壳为例，介绍如何在模具工厂里对机壳产品进行分模设计。先介绍一种方法，然后再讨论其他分模方法。重点介绍分型面的造型。本章难点是正确理解裙面各参数的含义及灵活运用。

建议初学者按照书上步骤先掌握一种分模方法，然后再思考和实践其他更好的方法。

2.2　模具图纸分析

本节任务：根据模具图纸提取分模时需要的信息。做到分模时能够成竹在胸。

图 2-1～图 2-3 为遥控器面壳的模具装配简图。

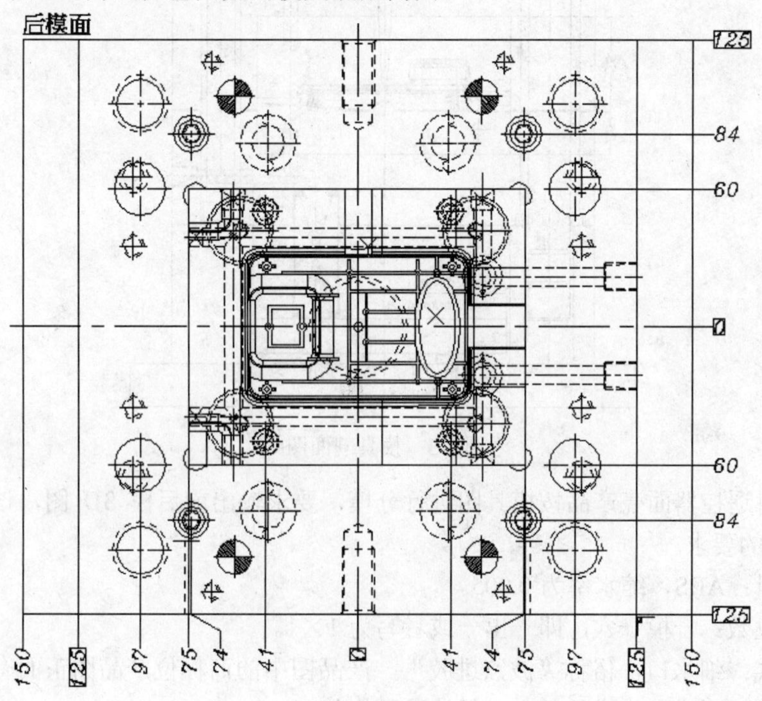

图 2-1　模具后模图

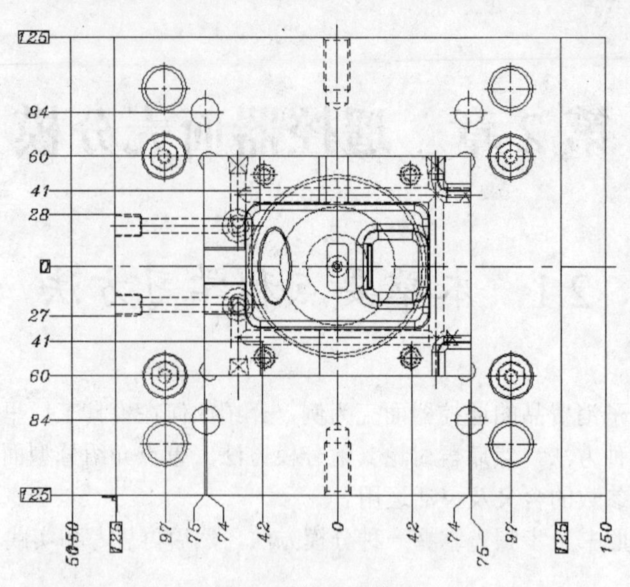

图 2-2　模具前模图

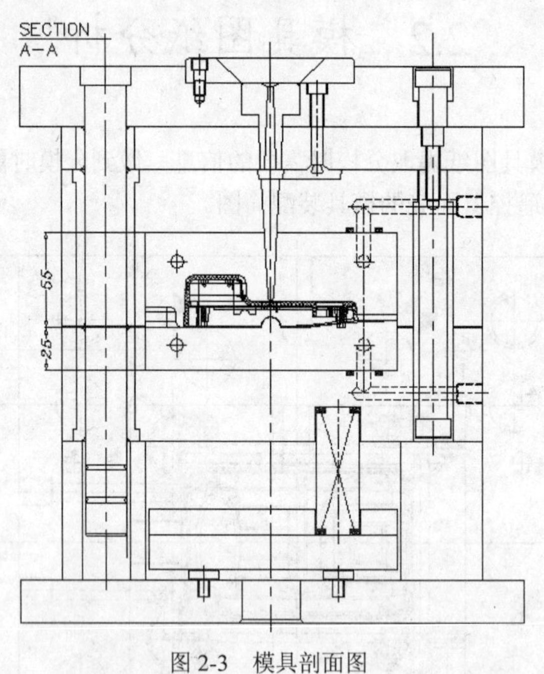

图 2-3　模具剖面图

本章将对遥控器面壳产品按模具图进行分模，要求输出前后模 3D 图，该图要符合模具 CNC 加工的要求。

产品材料：ABS，缩水率为 0.005。

出模穴位数：一模一穴，即一出一或者写为 1×1。

进胶方式：细水口，俗称“波点进胶”。产品图中的商标位产品图正面有凹陷的小圆点就是入水点。后模有相应的凸点以保持胶厚均匀。

产品外观：高光。

选用的模胚型号：简化细水口三板模胚，龙记 FCI2525 A=110 B=60 C=80。

顶出方式：顶针顶出。

流道系统：前模水口板开 T 形槽，规格为 6×4.5。

冷却系统：前、后模模仁开冷却运水。

为了防止困气，可以在 PL 面上开小深度的排气槽。

2.3　分模准备及图形处理

本节任务：对客户传来的 3D 产品图进行分析整理，为顺利分模做好准备。

2.3.1　接受产品图

本节任务：初步学会标准图形格式的转化及处理，初步检查产品图的制模可行性。

随着社会化生产分工的深入，很多模具企业生产的模具是按照客户设计好的产品图进行制造的。设计公司为了保护自己的产品图不被其他人修改，往往将绘制好的产品图转化为 IGS、STP 或者 X_T 等标准通用格式。模具工程师需要对这些图形进行转化、分析和制模可行性的评估。

1．读取客户图形

本例提供给读者的是模具工厂里最常用的 IGS 格式文件，文件名为 ch02-01-fcab.igs。在 D 盘建立目录 D:\ch02-01，将配套光盘的文件复制到此。分模时，读取 IGS 文件一般有两种方法，一种为按文件类型直接读取，另外一种是先建立空文件，然后通过共享数据的方式读取。

（1）直接读取

启动 Pro/E 软件后，设置工作目录为 D:\ch02-01。在工具栏里单击【打开】按钮，或者执行主菜单里的【文件】|【打开】命令，在系统弹出的【文件打开】对话框里，选取文件类型为所有文件（*），然后选取文件 ch02-01-fcab.igs。双击该文件或者单击【打开】按钮，如图 2-4 所示。在弹出的【导入新模型】对话框里单击【确定】按钮可以打开该文件。该方式较为简单，读者了解即可，此处暂时单击【取消】按钮。

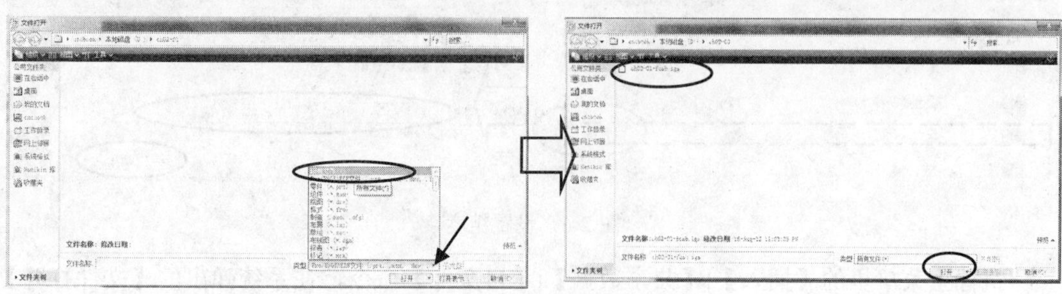

图 2-4　直接读取 IGS 文件

（2）共享数据方式读取

在 Pro/E 软件界面里单击【新建】按钮🗋，先建立一个空的零件文件，文件名为 ch02-01-fcab，选取公制模板。

为了后续分模能够顺利进行，这里必须设置文件的精度为绝对精度 0.01。事先必须在选项里输入命令接受绝对精度。在主菜单里执行【工具】|【选项】命令，在系统弹出的【选项】对话框里，在【选项】栏里输入 enable_absolute_accuracy，在右侧的【值】下拉列表里选取 yes，然后单击【添加/更改】按钮，最后单击【确定】按钮，如图 2-5 所示。这样就可以将这个参数存储在 Pro/E 软件的配置文件 config.pro 中，以后进行操作时不必重复这一步。

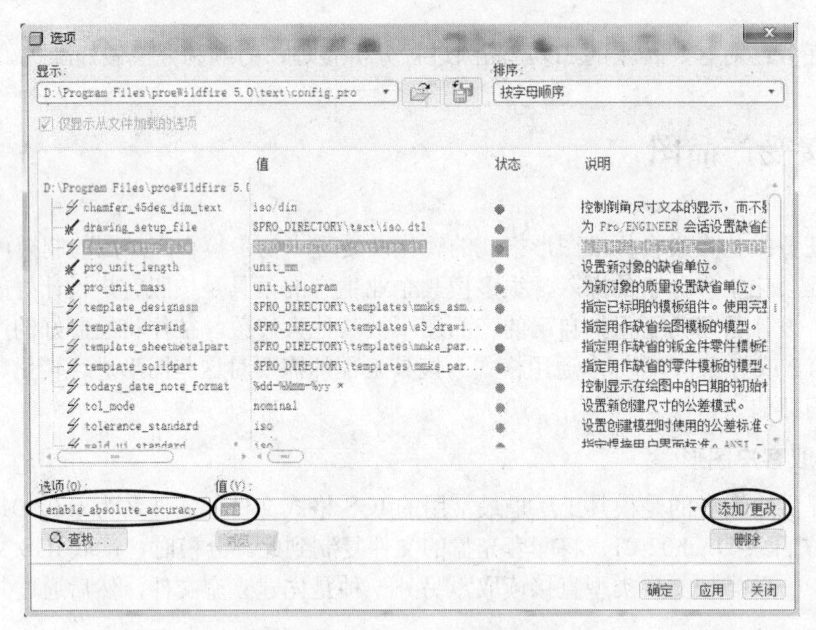

图 2-5　设置接受绝对值精度

然后，设置新建立的零件文件的精度。在主菜单里执行【文件】|【属性】命令，在弹出的【模型属性】对话框中单击【精度】选项的【更改】按钮，在弹出的【精度】对话框里，通过下拉菜单设置“绝对”精度，数值为 0.01，如图 2-6 所示。单击【再生模型】按钮，再单击【关闭】按钮。

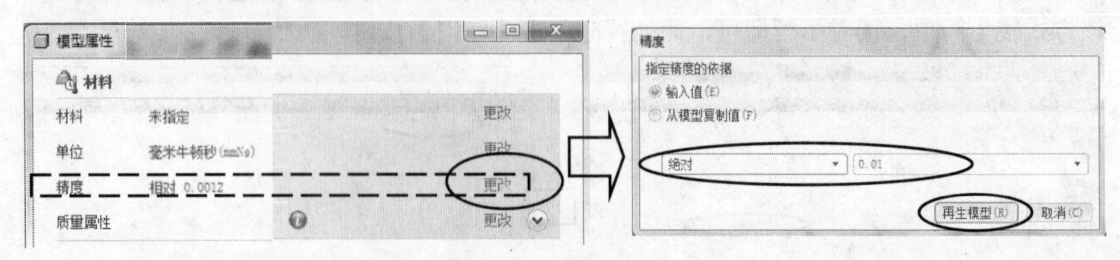

图 2-6　设置精度

执行主菜单里的【插入】|【共享数据】|【自文件】命令，在系统弹出的【文件打开】

对话框里，文件类型自动为 所有文件 (*) ，然后选取文件 ch02-01-fcab.igs。双击该文件或者单击【打开】按钮，在弹出的【选择实体选项和放置】对话框里单击【确定】按钮，这样就可以把这个文件调入新建文件，如图 2-7 所示。将该文件存盘。

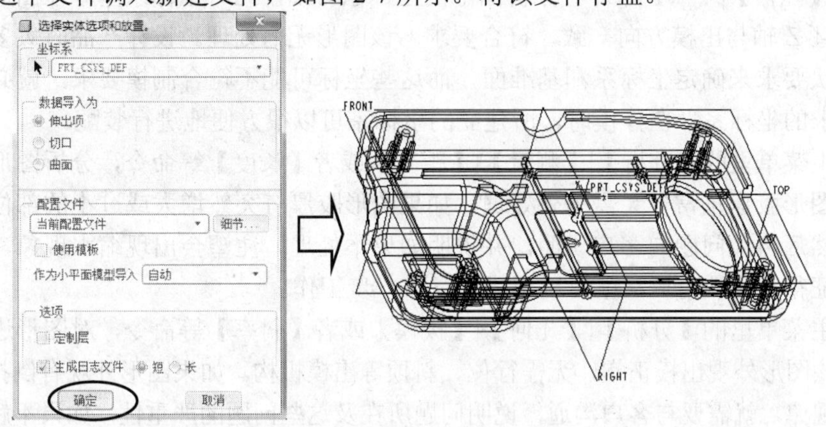

图 2-7　读取文件

2. 初步分析客户图形

（1）调整系统颜色

为了更清晰地观察图形，需要对绘图的背景颜色进行调整，设置为传统的蓝色底色。在主菜单里执行【视图】|【显示设置】|【系统颜色】命令，在弹出的【系统颜色】对话框里选取【使用 Pre-Wildfire 方案】选项，单击【确定】按钮，如图 2-8 所示。

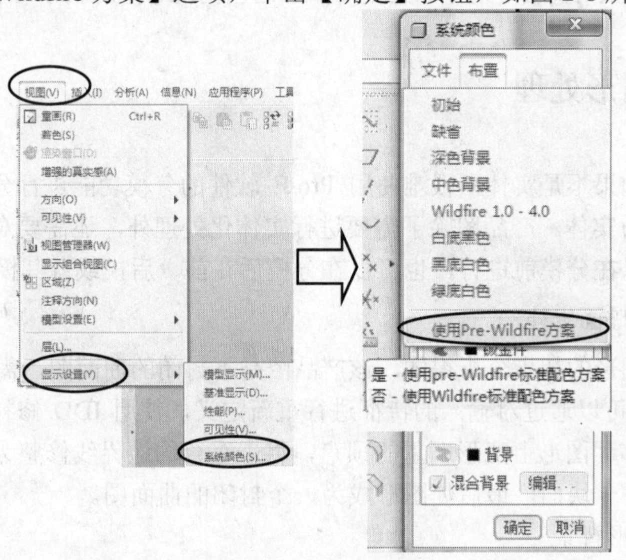

图 2-8　设置背景颜色

（2）观察图形记录所发现的问题

单击工具栏里的【基准面显示】按钮。关闭基准面的显示，观察图形，发现整个图形为紫色曲面组，并未合并为实体，而且发现后模部分有黄线，说明此时图形的曲面并未封闭。需要对图形进行处理。

执行主菜单里的【分析】|【测量】|【距离】或者【长度】命令，或者执行【分析】|【测量】|【几何】|【点】命令，分析图形的坐标系可知，此时坐标系基本在图形的几何中心位置，且 Z 轴与出模方向一致，符合要求。该图形无需处理。设计产品时大多数是以产品整体形状要求来确定坐标系和基准面，而这些坐标可能不符合制模要求，就必须重新建立符合要求的坐标系，在分模时，所建立的坐标系可以很方便地进行装配。

执行主菜单里的【分析】|【测量】|【距离】或者【长度】等命令，分析图形的胶厚得知，此时图形胶厚正常，无需另外处理。如果图形胶厚有突然增大或过小的部位，可以先行处理，然后将此问题向客户说明，并说明如果不处理，注塑会出现缩水现象，影响产品的品质。征得客户认可后，就可以正式进行下一步工作。

执行主菜单里的【分析】|【几何】|【拔模】或者【斜率】等命令，对图形进行拔模分析可知，该图形外观出模正常，无需行位、斜顶等出模机构。如果图形外观有倒扣，或者不符合出模规律，就需要与客户沟通，说明问题所在及这些问题的严重性，如果不解决会对模具制造和模具注塑造成哪些影响。特别要商定，这些部位应该由产品设计公司修改，还是由模具制造公司修改，一定要分清责任，以免日后出现纠纷，影响模具制造进度和与客户的关系。由于现在的模具制造市场竞争激烈，有些模具厂的负责人怕得罪设计产品的客户，可能会做出无原则的妥协和让步，让本该由产品设计工程师做的工作，强行分配给下属的模具设计分模工程师来完成，而这些人员对产品的整体结构并不十分了解，可能到头来，会出现吃力不讨好的情况，会导致所修改的产品注塑后不能装配，直接影响模具质量甚至产品的品质，这时模具厂的负责人可能会迁怒于自己的下属。这些情况希望对初学者有所启发。

2.3.2 产品图形处理

接收的图形如果不是实体，很难使用 Pro/E 软件的分模功能进行分模，需要进行必要的处理，使它成为实体。产品图除了需要进行实体化处理外，还需要对直身面加入必要的斜度，这一步可以在分模前进行，也可以在分模后在前、后模或者其模具元件中进行。

1．产品图的破面修补

经过上节对图形的初步分析得知，该产品图是不封闭的曲面图，需要对 IGS 破面进行修补。Pro/E 软件可以通过对输入的特征进行重新定义，使用 IDD 修补医生修正破面。修补的主要思路是移动图形上变形严重的顶点，将未重合的边界线修整为重合；或者直接将破面删除，重新补一块面，最后使图形成为一个封闭的曲面图。

（1）设定图形背景

首先要确保对图形背景使用 Pre-Wildfire 方案，颜色为蓝色，以便清晰地观察图形。

（2）进入 IDD 模块

在目录树里右击特征 导入特征 标识39，在弹出的快捷菜单里执行【编辑定义】命令，这时系统界面会有所变化，在右侧工具栏里单击【输入数据医生】按钮，在上部的工具栏里单击【修复】按钮，再单击右侧工具栏里的【自动修复】按钮，如图 2-9 所示。

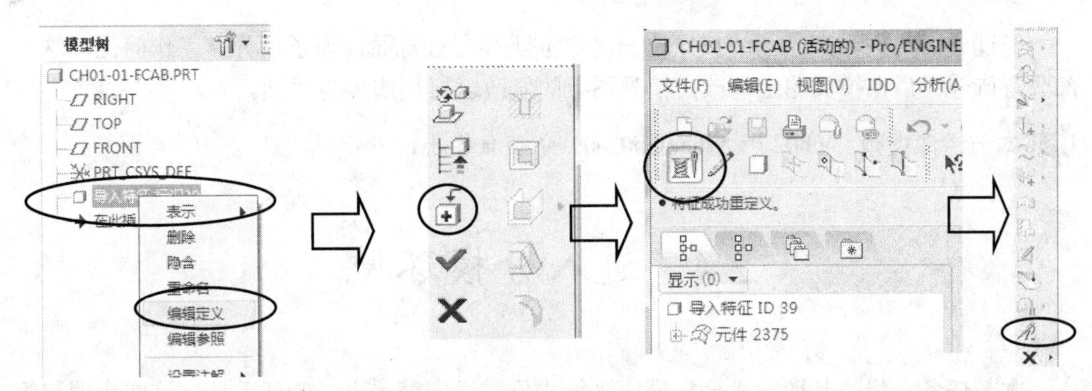

图2-9　进入IDD模块

（3）修复破面。单击【自动修复】按钮后，产品图形上将显示出一系列箭头，再单击上部工具栏里的【确定】按钮，如图2-10所示。在右侧单击【确定】按钮，以退出修复模式。单击【完成】按钮结束IDD修复。

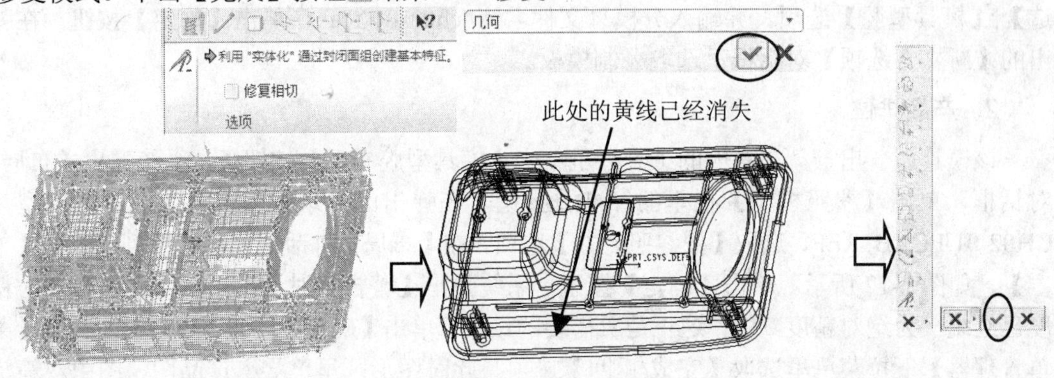

图2-10　修复破面

2．产品图实体化

经过上述产品图的修复后观察图形，发现原来的黄色线已经消失。图形已经成为整体封闭曲面图形。

在工具栏的过滤器里选取"面组"，用面组的方式选取图形，在主菜单里执行【编辑】|【实体化】命令，单击【确定】按钮，如图2-11所示。将文件存盘。

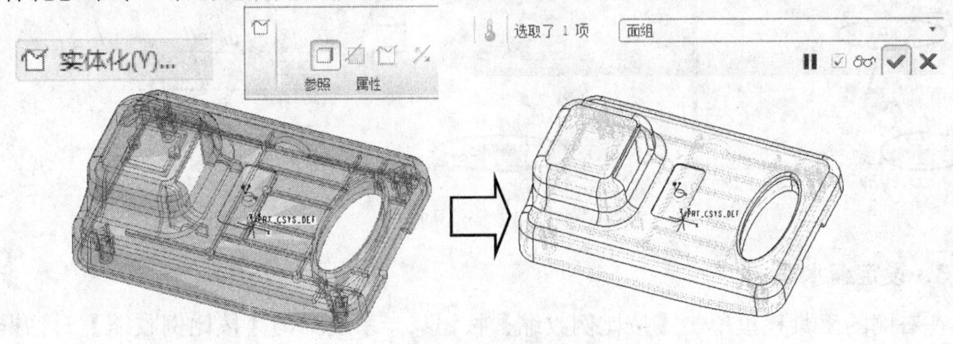

图2-11　产品图实体化

经过分析得知本产品图的按钮位和碰穿位还存在直身面，为了使分模工作简化，这些部分留待分模后在模具图上修改。模具图上的修改以材料增加为原则。

本节讲课视频：\ch02\03-video\ch02-01-分模准备.exe。

2.4　进入分模环境

本节任务：将产品图导入分模模块进行排位、设定缩水率、创建毛坯。这些步骤与第 1 章中 1.2.3 节所介绍的步骤大致相同，此处简略叙述。

1．进入分模模块

建立新文件，在工具栏里单击【新建】按钮，系统弹出【新建】对话框，选取【制造】|【模具型腔】选项，并输入分模总文件名为 ch02-01-fcab，单击【确定】按钮。在弹出的【新文件选项】对话框里选取公制模板。

2．产品排位

该模具为一出一。在右侧的工具栏里单击【模具型腔布局】按钮，系统弹出【布局】对话框，单击【参照模型】栏里的参照模型按钮，在弹出的目录管理器里选取参照模型为 CH02-01-FCAB_REF，选取【按参照合并】选项。在【布局】对话框里设置排列方式为【单一】，如图 2-12 所示。单击【确定】按钮。系统弹出【警告】对话框，说明此时组件的精度已经统一为绝对精度 0.01，这正是所需要的结果，单击【确定】按钮，然后在右侧的【菜单管理器】下拉菜单里选取【完成/返回】选项。此时图形区里已导入产品图，图中双箭头表示开模方向。

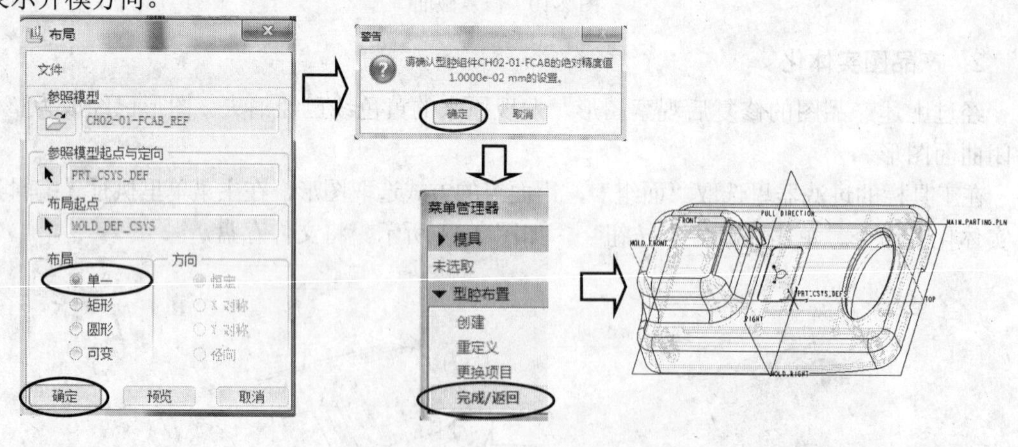

图 2-12　产品排位

3．设定缩水率

在右侧的工具栏里单击【按比例收缩】按钮，系统弹出【按比例收缩】对话框，因为图形区只有一个零件，系统就自动选取了这个参照零件，再用右键选取参照零件的坐标系，设置收缩水率为 0.005，如图 2-13 所示。单击【确定】按钮。

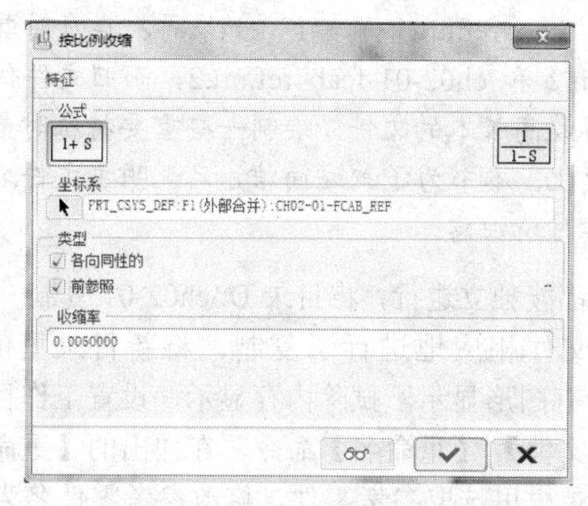

图 2-13　设定缩水率

4．创建毛坯

由第 2.2 节的模具图图 2-1、图 2-2 及图 2-3 得知：模仁的长度为 75+75=150、宽度为 60+60=120、高度为 55+25=80，即分模时需要毛坯的大小应该为 150×120×80。毛坯大小应该为 150×120×80。

在右侧的工具栏里单击【自动工件】按钮，系统弹出【自动工件】对话框，单击【模具原点】的选取按钮，然后在图形上选取模具坐标系 MOLD_DEF_CSYS，按图 2-14 所示调整工件大小，最后单击【确定】按钮。

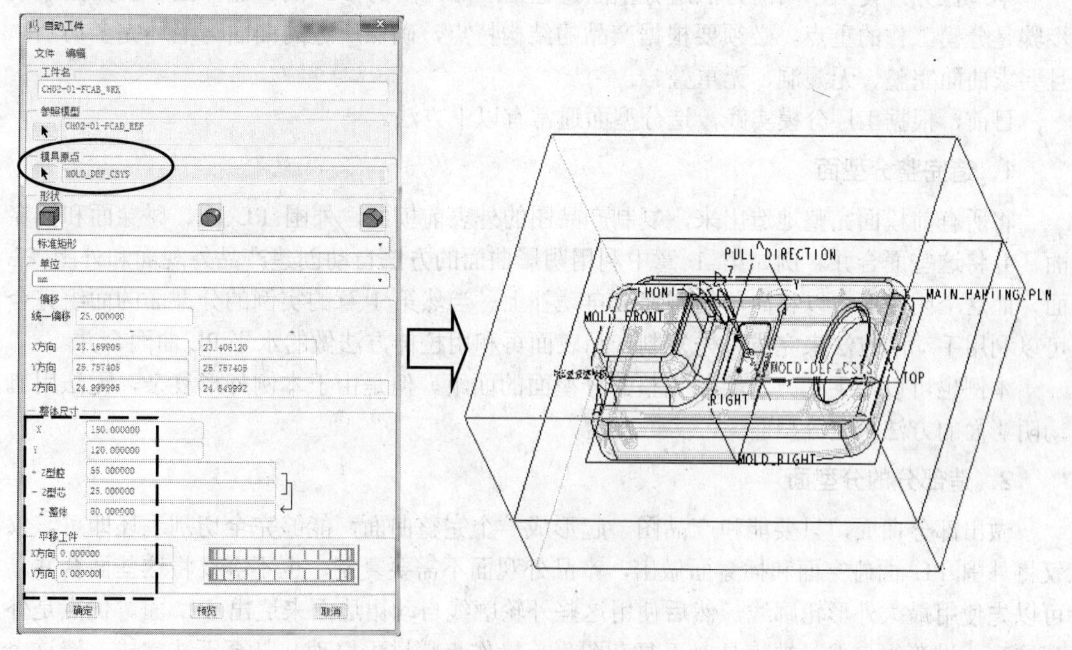

图 2-14　创建工件

装配文件存盘，文件名为 ch02-01-fcab.asm。同时系统也存储了参考零件文件，名为 ch02-01-fcab_ref.prt，毛坯文件名为 ch02-01-fcab_wrk.prt。

注意：Pro/E 软件文件存盘时会在扩展名后加一个版本号，如本例的 ch02-01-fcab.asm.1 的“1”，ch02-01-fcab_ref.prt.1 的“1”,如果再次存盘时其版本号会增加 1，成为 ch02-01-fcab.asm.2 和 ch02-01-fcab_ref.prt.2，而旧文件仍然存在。再次打开时，系统会自动调用最高版本的文件。绘制一些重要特征时最好都随时存盘，这时的版本号会有所变化。本书为了叙述简洁，只说明主文件名和扩展名，版本号在叙述时省略。阅读时请注意。

为了使两种分模方法都能独立进行，将目录 D:\ch02-01 复制一份，改名为 D:\ch02-02，这样就将目录里的各个文件相应地进行了复制。将新目录里的模具装配文件改名为 ch02-02-fcab.asm。关闭所有图形显示，拭除内存显示，设置工作目录为 D:\ch02-02，打开模具装配图，通过执行【文件】|【重命名】命令，在弹出的【重命名】对话框里单击【命令和设置】按钮，在目录树里选取参考零件，修改参考零件名为 ch02-02-fcab_ref.prt,毛坯文件为 ch02-02-fcab_wrk.prt。

本节讲课视频：\ch02\03-video\ch02-02-进入分模环境.exe。

2.5 造 分 型 面

本节任务：使用不同的方法造分型面，包括产品外围的 PL 面、碰穿面和插穿面。该步骤是分模工作的重点，必须要根据产品的结构特点，确保所造的曲面与毛坯完全切割，且要求曲面完整、无漏洞、无重叠。

目前，根据工厂分模实践，造分型面通常有以下方法。

1. 造完整分型面

将所有前模面完整地造出来，复制产品图的外表前模面、外围 PL 面、碰穿面和插穿面，并将这些面合并。例如第 1 章中利用阴影曲面的方法自动创建产品外观面和外围 PL 面，而这个阴影面可以将简单的碰穿面自动补上。当然第 1 章的实例的分型面的面组完全可以利用手动的方法来完成，先复制产品表面再和用拉伸方法做的水平 PL 曲面合并。

本例也可以用手工方法绘制完整的分型面的面组。但是由于本例外形复杂，无法用自动阴影面的方法来造分型面。

2. 造部分的分型面

做出部分曲面，只要能和产品图一起形成一个完整曲面，能够完全切割毛坯即可。仅仅将外围 PL 面碰穿面和插穿面做出，产品外观面不需要复制，也不需要将这些面合并。可以先使用最大外形轮廓线，然后使用这些外轮廓线自动裙边面来造出 PL 面。优点是外观漂亮，过渡很自然。缺点是对于复杂图形，操作步骤过于繁琐，甚至无法完成。造这个分型面也可以用手工的方法来完成。这是应付任何复杂模具分模的最为有效的方法。本例可以采用这个方法造出外观 PL 面和按钮位的碰穿面，然后用手工方法补插穿面。

3．体积块辅助造型

使用以上方法可能会出现不能自动分割的情况，这时就可以尝试体积块方法。所谓体积块就是封闭的曲面，可以将难以分模或有问题的部位造出体积块将毛坯切割，使毛坯成为有空洞的毛坯，再用分型面切割这个毛坯，就可以暂时切割大部分毛坯，再将有问题的部分毛坯用各种近似的方法进行切割。

这些曲面可以在参考零件的绘图环境中完成，也可以在分模装配模块的绘图环境中完成，各有优势。如果在参考零件里完成，可以使用自由曲面功能和曲面变换功能，而在装配模块里则可以做出自动分型面。可以针对不同的零件灵活运用，不要拘泥于一个绘图环境。

分模面的质量是决定能否正常分模的关键。所做的分模面除了符合模具结构的要求外，在曲面造型上还要尽可能地简单，尽量少用或不用复杂曲面的复杂边线来造面，多用直线、圆弧线来替代这些复杂曲线，另外曲面间的合并要在绝对公差的状态下进行，在分模环境和各个零件中，尽可能地设置为同一数值的绝对精度。分模失败各种原因中，因为精度问题而失败的占很大比例。设置绝对精度可以有效地解决这些问题。另外，所做的分型曲面要严密完整，作图时要思路清晰，不能存有侥幸心理，整体造面时要有合理的思路和步骤。

本例可以用多种分模方法进行分模，建议初学者暂时不要考虑这些方法的优缺点，要多花点精力来熟练掌握及领会这些方法及其操作要领，这样可以深入理解 Pro/E 软件的分模功能的特点和用法，今后在工作中遇到类似问题就会有思路、有办法，就能够灵活、顺利地解决类似难题。

2.5.1　分型面造型方法 1

本节手工绘图思路及步骤：（1）用边界曲面的方法在 A 处补插穿面；（2）采用复制面的方法在 B 处补碰穿面；（3）采用拉伸面造外围 C 处 PL 面并裁剪；（4）在 D 处和 E 处用拉伸办法造枕位面并合并；（5）复制产品外观的前模面；（6）合并分型面为完整的曲面；（7）造模锁曲面并合并，如图 2-15 所示。这是一种很重要的通用分模方法，请读者务必熟练掌握。

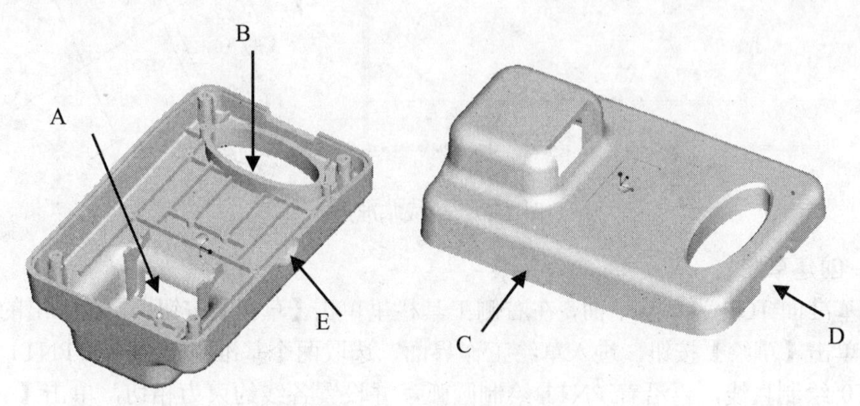

图 2-15　造分型面的方案

1．补插穿面

方法：先做出草图构造曲面的骨架线，然后用边界面的方法造面。

（1）做骨架线的相交曲线

单独打开参考零件 ch02-01-fcab_ref.prt。选取后模部分插穿位的曲面和基准面 TOP，再在主菜单里执行【编辑】|【相交】命令，于是在图形上生成了如图 2-16 所示的相交曲线。

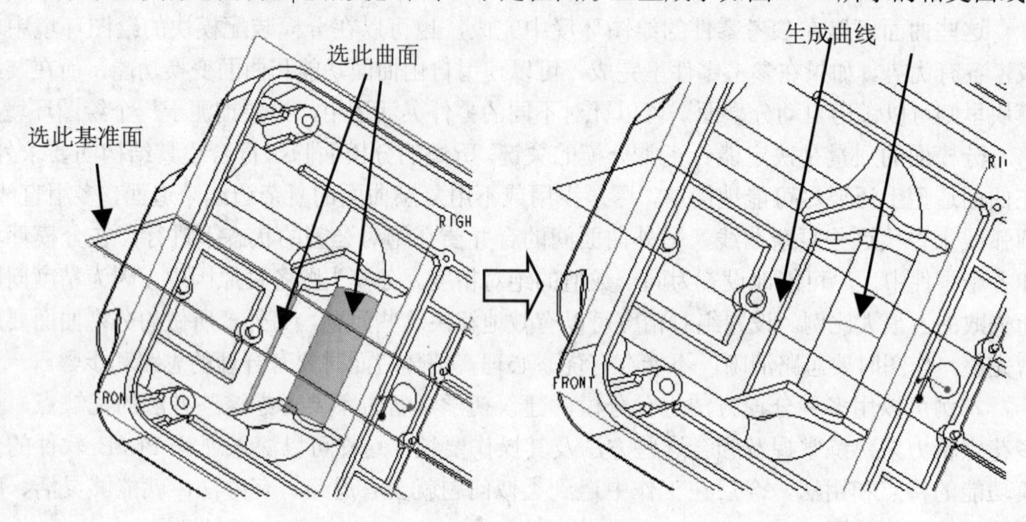

图 2-16 生成相交曲线

（2）做相交曲线的端点

在右侧工具栏里单击【基准点】按钮，然后选取图形中相交线的端点，在弹出的【基准点】对话框里单击【确定】按钮，如图 2-17 所示。

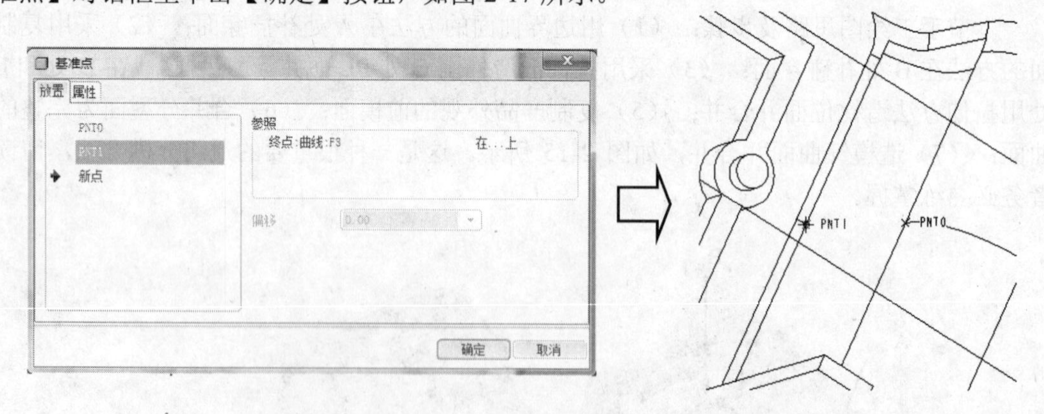

图 2-17 生成基准点

（3）创建草图

选取基准面 TOP 为草绘平面，在右侧工具栏里单击【草绘】按钮，在弹出的【草绘】对话框里单击【草绘】按钮，进入草绘工作界面，选取两个基准点 PNT0 和 PNT1 为参照，沿着 PNT0 绘制直线，再沿着 PNT1 绘制圆弧，并设置各线约束为相切，单击【完成】按钮，如图 2-18 所示。

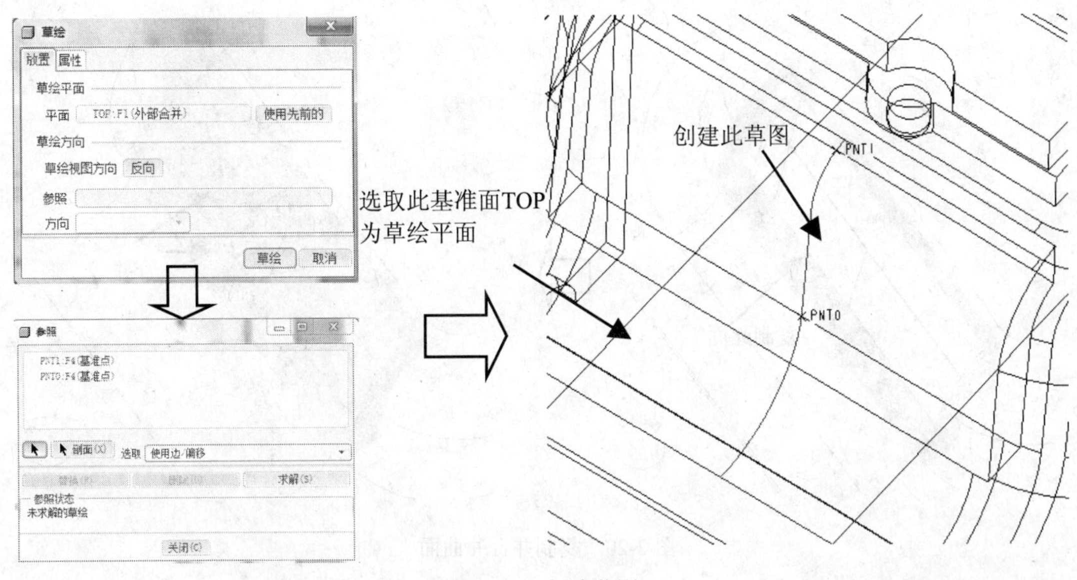

图 2-18　创建草图

（4）构造边界曲面

在右侧工具栏里单击【边界混合】按钮，在系统弹出的对话框里选取边界线，完成如图 2-19 所示的曲面。因为该曲面的边界线已经与周围曲面相切，没有必要再进行设置。

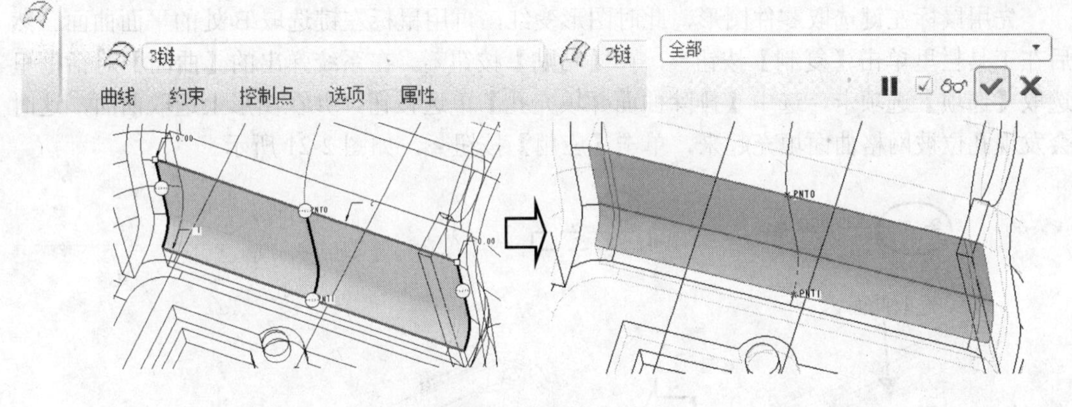

图 2-19　构造边界曲面

（5）复制曲面并合并

这一步主要是检验上一步所做曲面与零件图形的严密性。如果不能很好地合并，则说明上一步所做的曲面有问题，必然导致最后的分割步骤失败，需要重新构造曲面。

先选取零件图形，再按住 Ctrl 键连续选取如图 2-20 所示的边界面周围前模部分的 4 个曲面，然后在工具栏里单击【复制】按钮，再单击【粘贴】按钮，最后单击【应用】按钮，这样就把这些面复制出来，继续按住 Ctrl 键选取上一步完成的边界面和刚复制出的曲面，在右侧工具栏里单击【合并】按钮，再单击【应用】按钮，结果如图 2-20 所示。从合并结果可以看出，曲面能够很好地合并，说明所补的插穿面与周围零件图形能够严丝合缝。

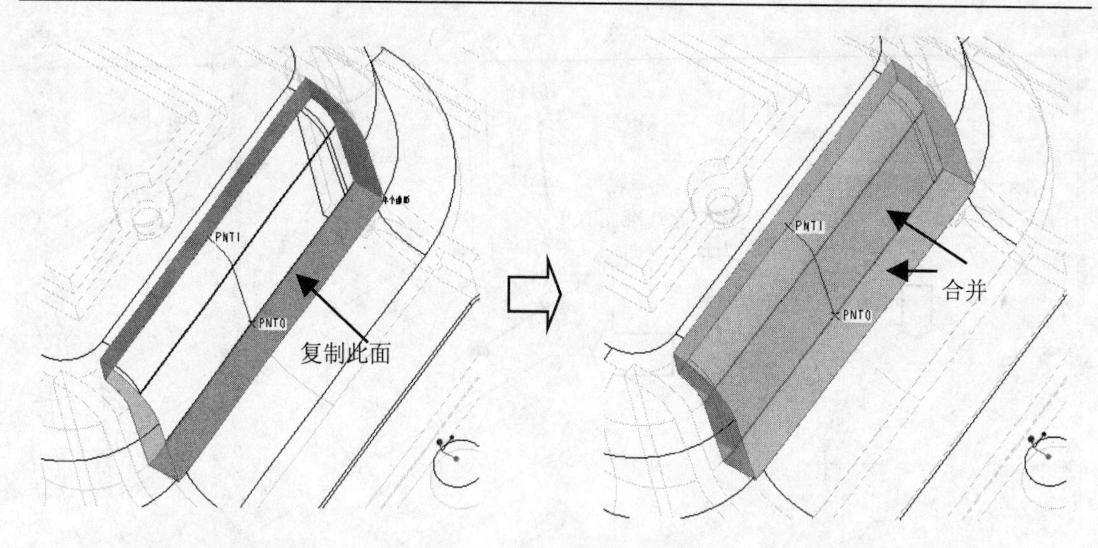

图 2-20 复制并合并曲面

2．在 B 处补碰穿面

方法：此处采用复制面并填充的方法。这种方法适用于单一面，如果遇到上述 A 处的多面交叉的情况将不会奏效。

（1）复制及填充面

先用鼠标左键选取零件图形，此时图形变红，再用鼠标左键选取 B 处的平面曲面。然后在工具栏里单击【复制】按钮，再【粘贴】按钮。在系统弹出的【曲面】对话框里选取【选项】选项卡，选中【排除曲面并填充孔】单选按钮，并在图形上选取曲面，这时会发现孔位被网格曲面填充起来，单击【应用】按钮，如图 2-21 所示。

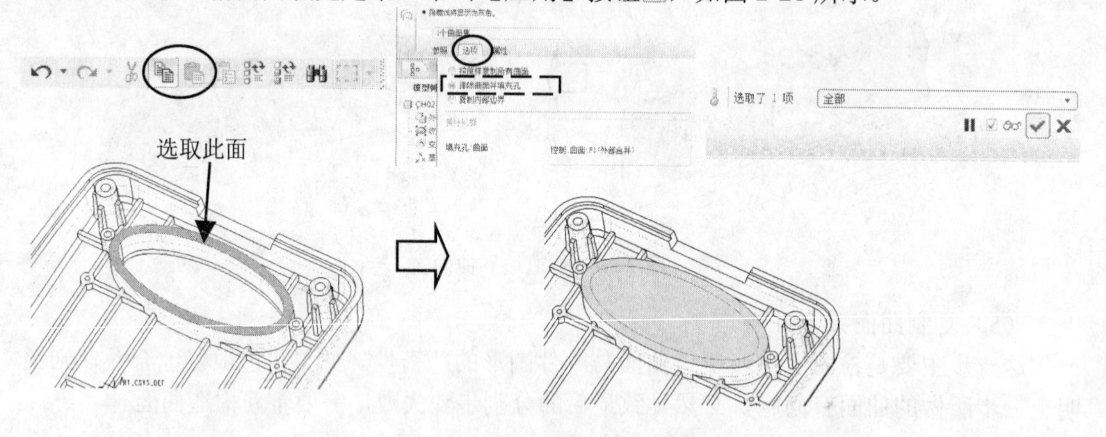

图 2-21 复制并填充曲面

（2）复制及合并面

复制按钮位侧曲面并与上一步所做的曲面合并，结果如图 2-22 所示。将文件存盘。

3．采用拉伸面造外围 C 处的 PL 面

方法：因为要用到毛坯的图素，所以在装配环境中激活参照零件，完成拉伸面的创建。

（1）创建 C 处的拉伸面

打开分模装配文件 ch02-01-fcab.asm，并在目录树里右击参照零件，在弹出的快捷菜单里执行【激活】命令，将参照零件激活，此后所做的绘图特征均保存在此零件图里。

在主菜单里执行【插入】|【拉伸】命令，系统弹出拉伸的工具条。单击【曲面绘图模式】按钮，再单击【放置】选项卡里的【定义】按钮，然后以毛坯前面为草绘平面，底部面为参考平面，进入草图状态。将坐标系作为参照，绘制如图 2-23 所示的草图。

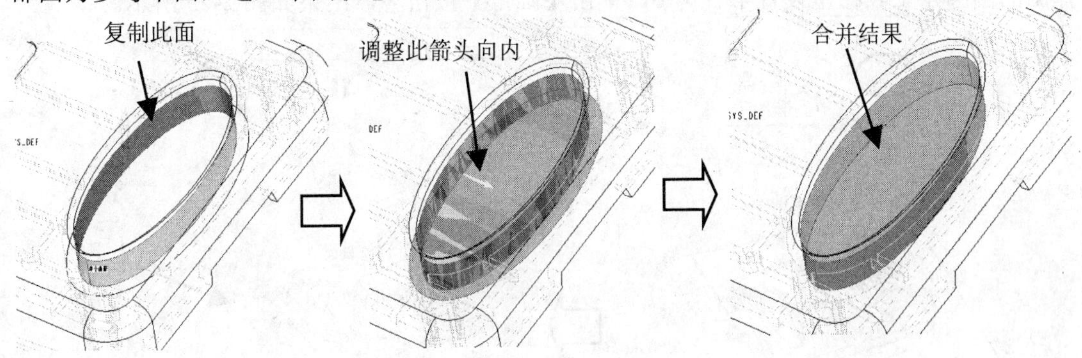

图 2-22　复制曲面并合并

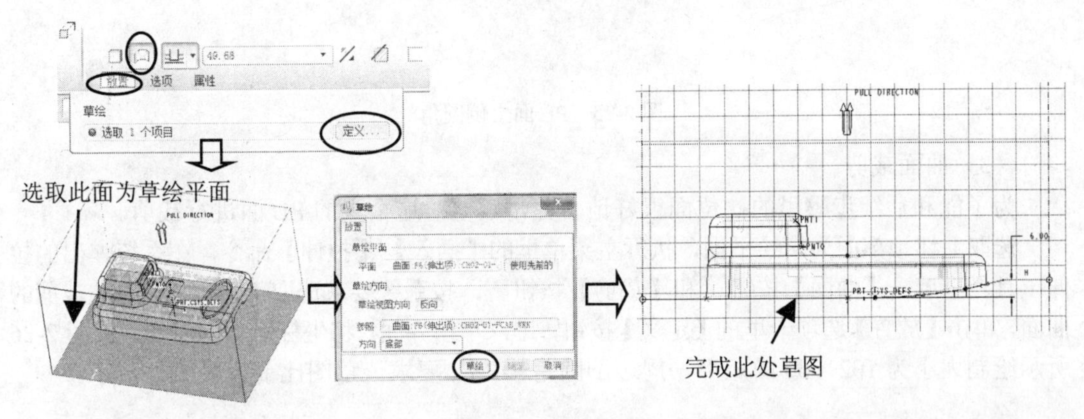

图 2-23　绘制草图

在草绘界面里单击【完成】按钮✔，然后把毛坯的背面作为拉伸面的终止面，完成曲面的绘制，如图 2-24 所示。

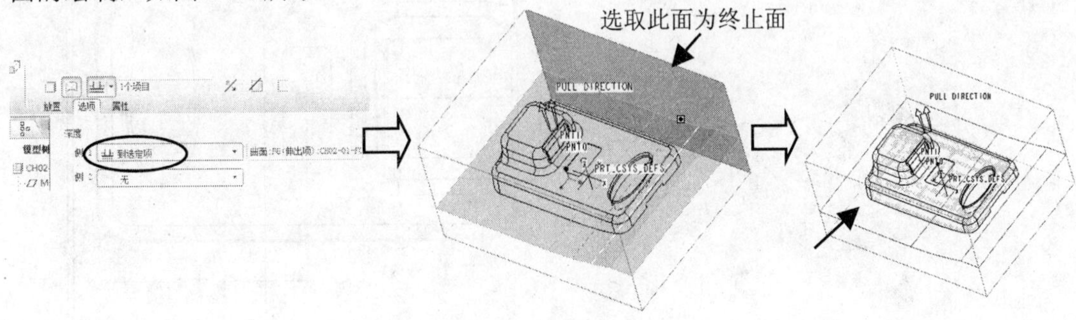

图 2-24　生成 PL 面

注意：所绘的曲面右侧要有足够的封胶长度，而且是沿着产品底部自然延伸，PL 右侧留一个水平平位，使水平平位的高度与基准面距离为 6mm。

（2）曲面倒圆角

要曲面上倒圆角可以降低上一步草图里倒圆角的绘图难度。

在图形上先选取 PL 曲面，再选取棱线，在主菜单里执行【插入】|【圆角】命令，在弹出的倒圆角工具栏里设置半径为 6，单击【确定】按钮，结果如图 2-25 所示。

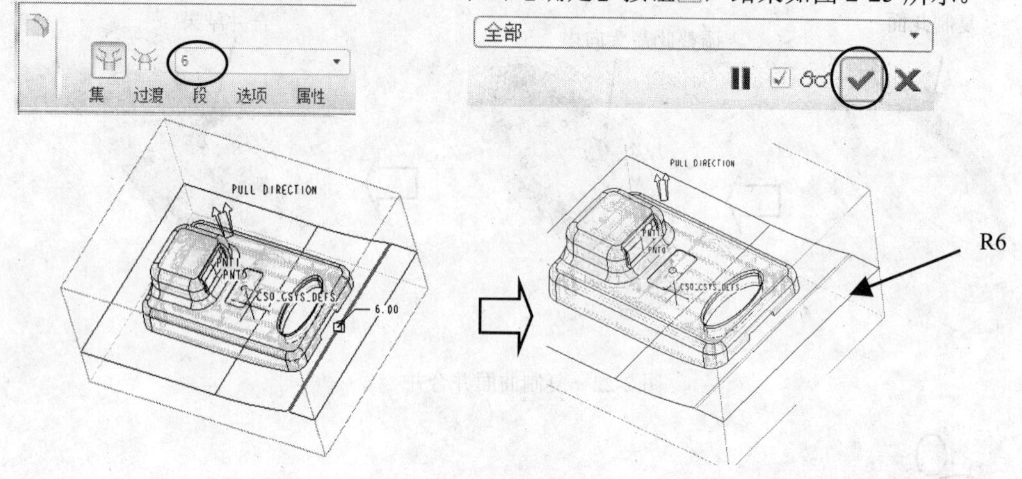

图 2-25　PL 面上倒圆角

（3）曲面裁剪

为了能和后续步骤里的枕位面很好地合并，需要对这个大的 PL 面进行裁剪。

选取毛坯顶部面为草绘平面，执行主菜单里的【插入】|【拉伸】命令，在系统弹出的拉伸工具栏里单击【曲面】按钮和【裁剪】按钮，按系统要求选取 PL 曲面为要被裁剪的曲面，单击【放置】选项卡里的【定义】按钮，进入草绘界面，将坐标系作为参照，按图 2-26 所示绘制大小为 102×66 的矩形，周边倒圆角 4-R8，要求该草图比前模最大外形小。

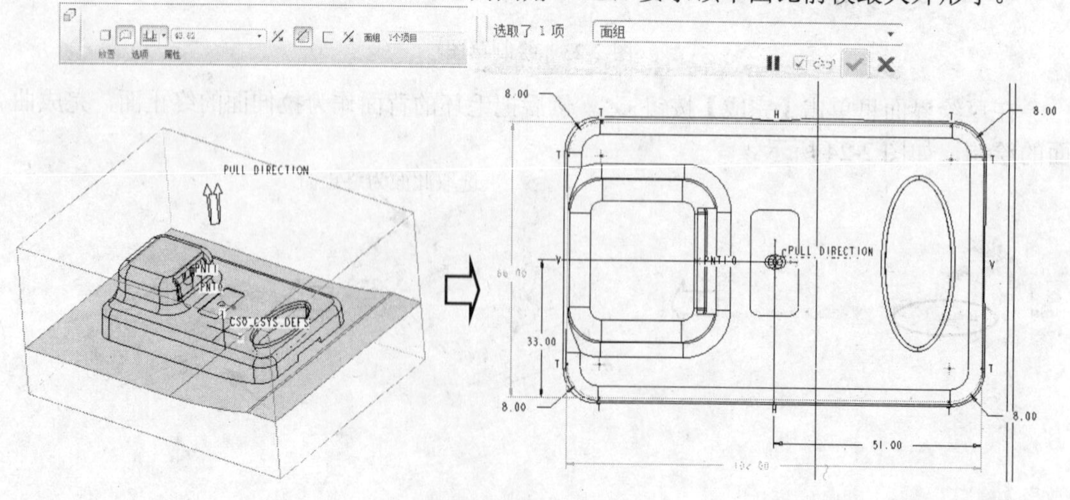

图 2-26　绘制草图

在草绘界面里单击【完成】✔按钮，在拉伸工具栏里，设置拉伸距离为 100，图形上裁剪区域的方向箭头向里，单击【确定】按钮，如图 2-27 所示。

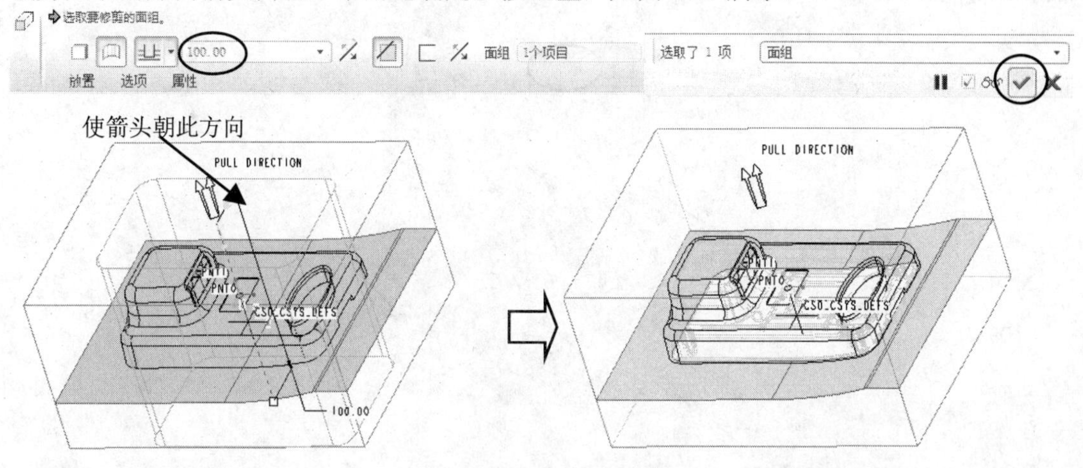

图 2-27　裁剪 PL 曲面

4．造 D 处及 E 处的枕位面

方法：采用拉伸面先做出曲面，再和 PL 面合并。

（1）创建 D 处枕位的拉伸面

首先确保参照零件为激活状态。在主菜单里执行【插入】|【拉伸】命令，系统弹出拉伸的工具栏。单击【曲面】按钮，单击【放置】选项卡里的【定义】按钮，然后以毛坯右侧面为草绘平面，底部面为参考平面，进入草图状态。将坐标系作为参照，单击【边界】按钮，绘制如图 2-28 所示的线条，并将线条适当延长。

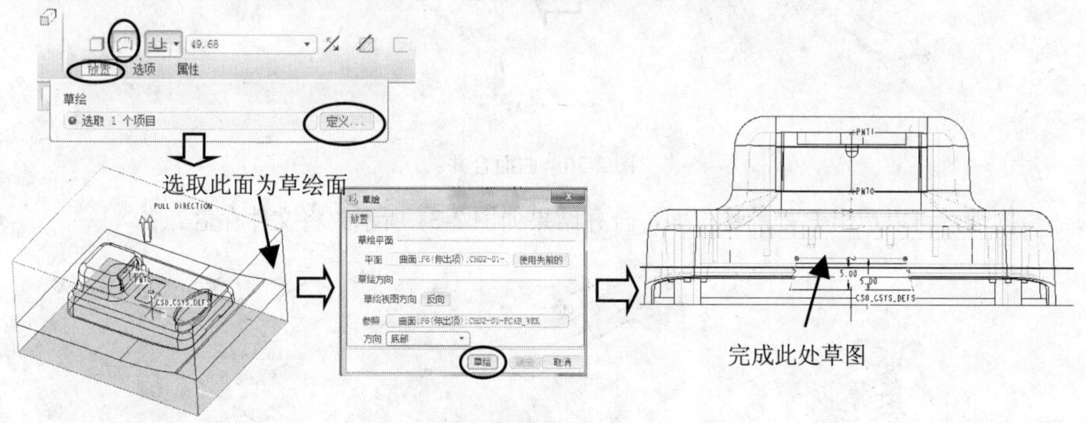

图 2-28　绘制草图

在草绘界面里单击【完成】按钮✔，在图形上单击箭头使之朝向零件内部，在拉伸工具栏里输入拉伸距离为 26，完成曲面的绘制，如图 2-29 所示。

（2）合并曲面

按住 Ctrl 键，选取上一步完成的拉伸面和 PL 曲面，在主菜单里执行【编辑】|【合并】

命令，调整裁剪的箭头，使曲面保留的部分分别朝上和朝外，单击【应用】按钮☑，如图 2-30 所示。

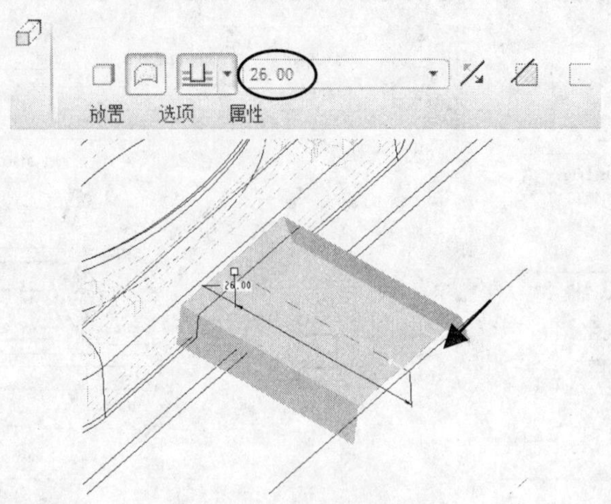

图 2-29　生成拉伸面

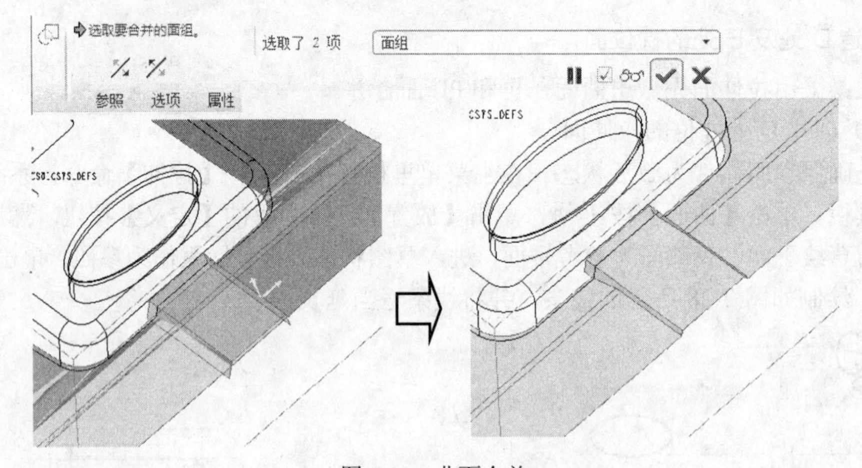

图 2-30　曲面合并

同理，可以造出 E 处的枕位面，合并结果如图 2-31 所示。将文件存盘。

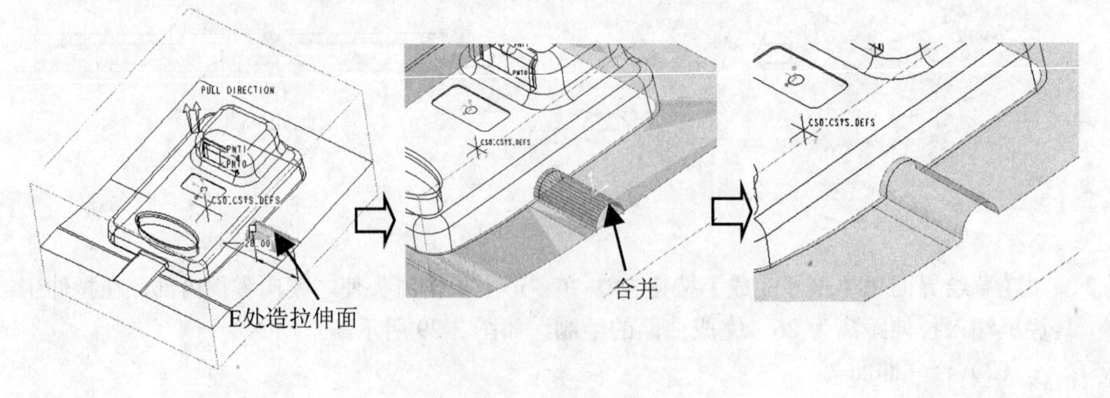

图 2-31　造 E 处的枕位面

5. 复制产品外观面

方法：为了便于选取面，可单独打开参考零件。选面方法为单个选取再复制，目的是检验以上完成的 PL 面与零件是否能够完全合并，达到严丝合缝的要求。

打开参考零件 ch02-01-fcab_ref.prt 文件，先选取零件的实体，再在外表面选取一个曲面，按住 Ctrl 键，拖动鼠标避免选取到边线和顶点，按顺序选取其他外表曲面。在工具栏里单击【复制】按钮，再单击【粘贴】按钮，最后单击【确定】按钮，结果如图 2-32 所示。

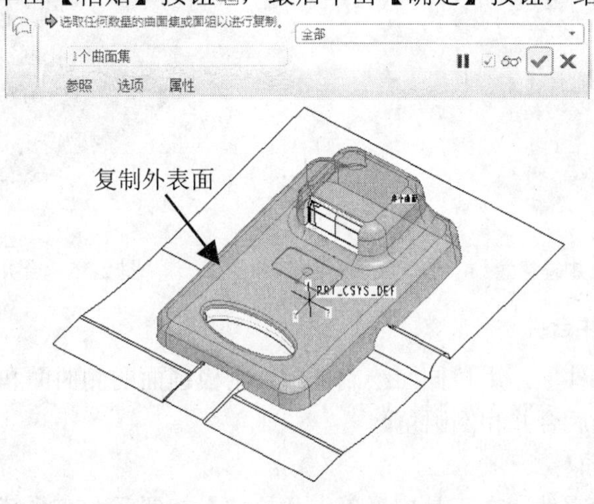

图 2-32　复制外表面

注意：不要选取之前已经复制的曲面。可以分批进行复制。为了使显示清晰，可以设定绘图背景为✓ 使用Pre-Wildfire方案 。

6. 合并分型面为完整的曲面

方法：合并曲面可以分批进行。

（1）在工具栏上方的选择过滤器 选取了 2 项 面组 里选取“面组”方式。

（2）按住 Ctrl 键选取外表面和 PL 面，在工具栏里单击【合并】按钮，再调整保留材料的箭头朝外，单击【确定】按钮，结果如图 2-33 所示。

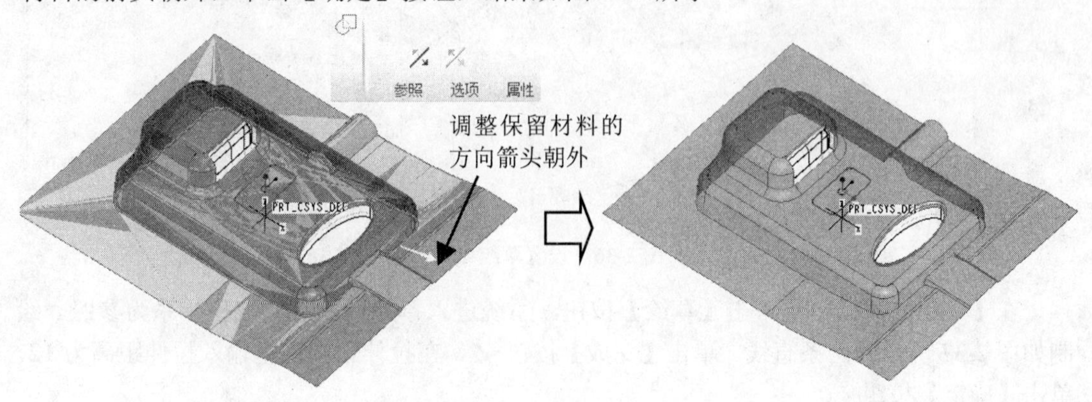

图 2-33　合并 PL 面和外表面

（3）按住 Ctrl 键选取外表面和碰穿面，在工具栏里单击【合并】按钮，再单击【确定】按钮，结果如图 2-34 所示。

（4）同理，合并外表面和插穿面，结果如图 2-35 所示。将文件存盘。

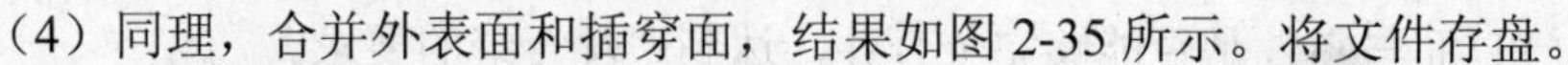

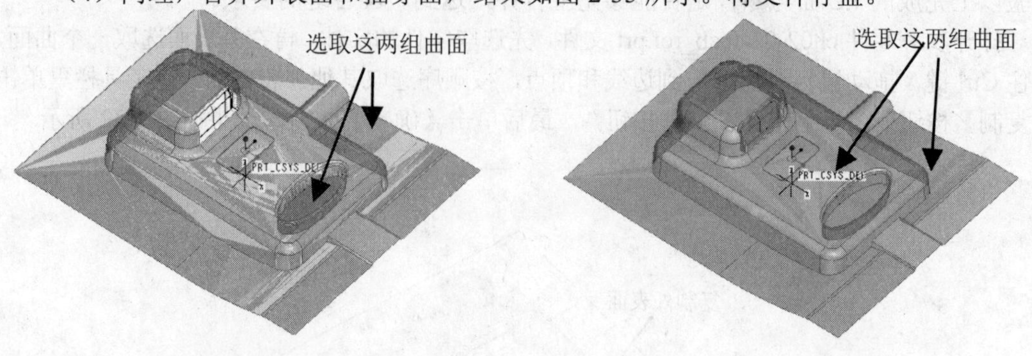

图 2-34　合并碰穿面　　　　图 2-35　合并插穿面

7．造模锁曲面并合并

方法：在参考零件里，用拉伸面绘制其中一个模锁面的侧曲面和顶部水平面，并加入斜度，变换曲面，最后合并和倒圆角。

（1）绘制侧曲面

确保已打开参考零件。在工具栏里单击【拉伸】按钮，在系统弹出的拉伸工具栏里单击【曲面】按钮，在图形上右击鼠标，在弹出的快捷菜单里执行【定义内部草图】命令，系统弹出【草绘】对话框，再选取基准面 FRONT 为草图平面，基准面 RIGHT 为草图的参照方向右侧，如图 2-36 所示。

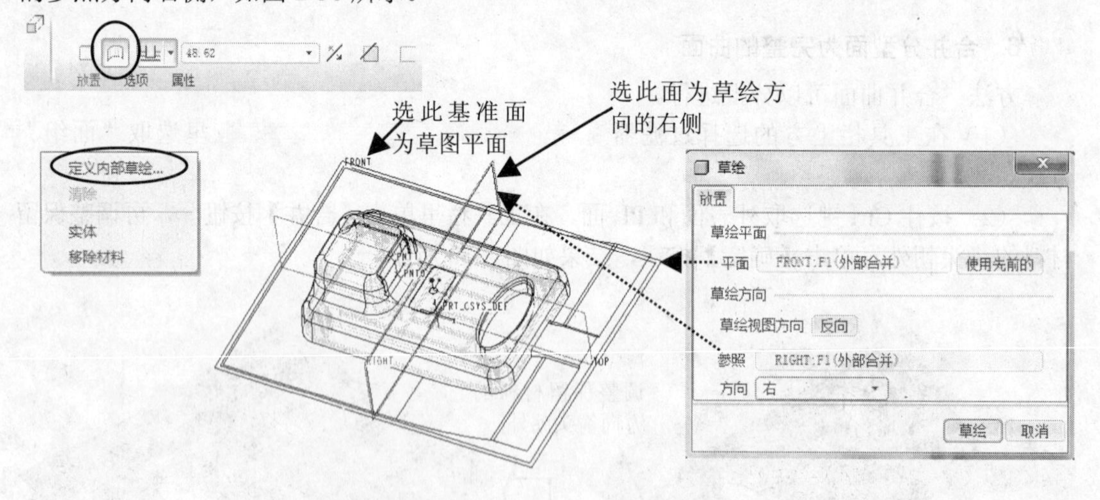

图 2-36　设置草绘参数

在【草绘】对话框里单击【草绘】按钮，系统进入草绘界面，选取坐标系为参照。绘制如图 2-37 所示的两条直线。单击【完成】按钮✔，在拉伸工具栏里输入拉伸距离为 12，单击【确定】按钮。

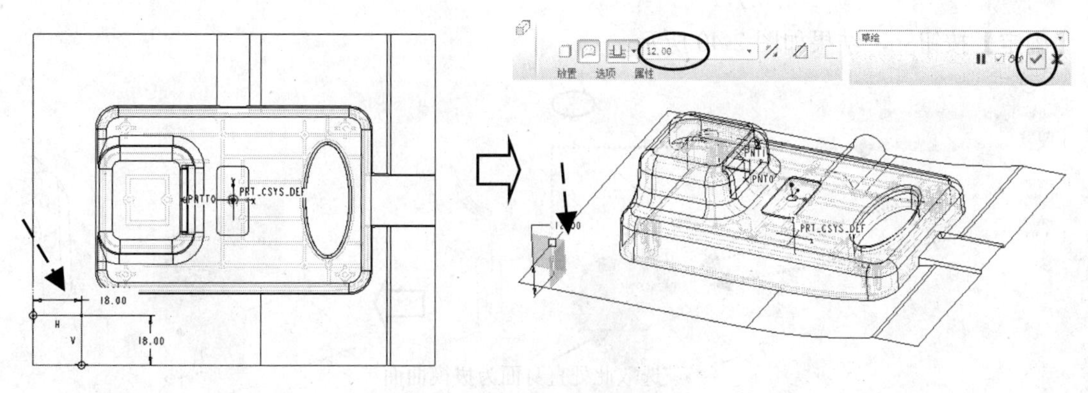

图 2-37　绘制侧曲面

（2）绘制顶曲面

再在工具栏里单击【拉伸】按钮，再单击【曲面】按钮，在图形上右击鼠标，在弹出的快捷菜单里执行【定义内部草图】命令，系统弹出【草绘】对话框，再选取上步刚绘制的 FRONT 面为草图平面，基准面 RIGHT 为右侧方向，在【草绘】对话框里单击【草绘】按钮，系统进入草绘界面，选取坐标系为参照，绘制如图 2-38 所示的矩形。单击【完成】按钮✔，在拉伸工具栏里输入拉伸距离为 18，单击【确定】按钮。

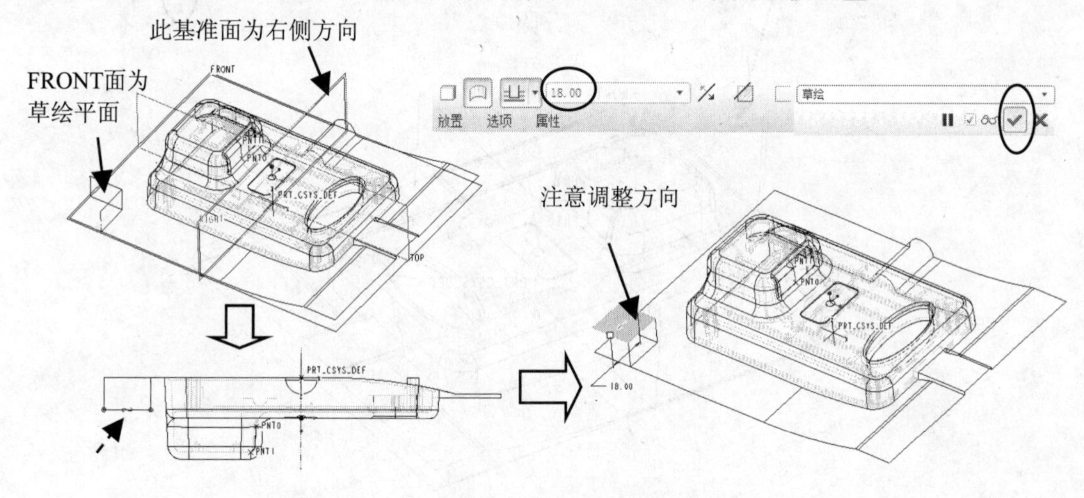

图 2-38　绘制顶曲面

（3）合并曲面

按住 Ctrl 键，选取上步刚完成的两个曲面，在工具栏里单击【合并】按钮，再单击【确定】按钮，结果如图 2-39 所示。

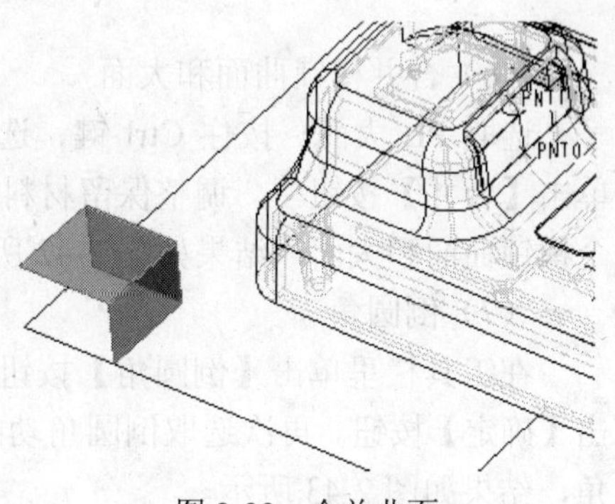

图 2-39　合并曲面

（4）直身面拔模

在工具栏里单击【拔模】按钮，在系统弹出的拔模工具栏里选取【参照】选项卡，在弹出的下拉工具栏里按顺序选取图素，直身面为拔模曲面，模锁顶面为中性面，方向向上，角度为 5°，单击

【确定】按钮☑，结果如图 2-40 所示。

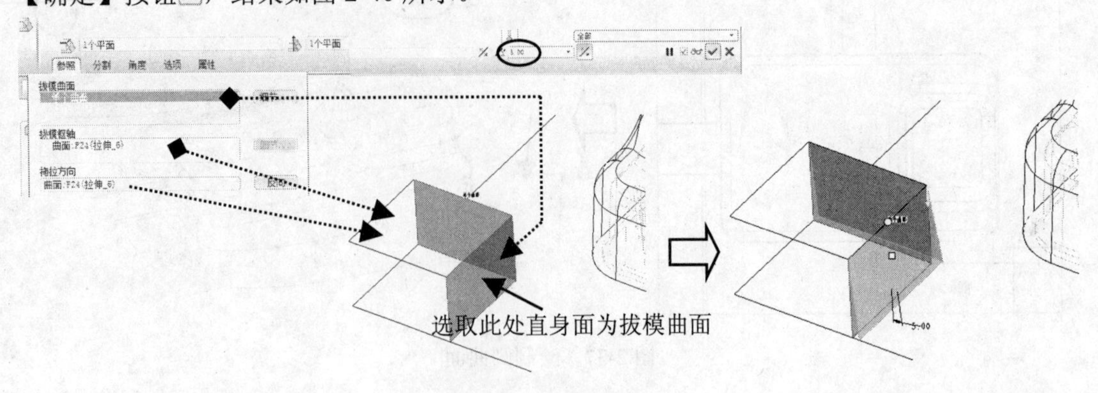

图 2-40 直身面拔模

（5）曲面镜像

选取刚完成的曲面，在工具栏里单击【镜像】按钮⫞⫟，选取基准面 TOP 为镜像平面，单击【确定】按钮☑，结果如图 2-41 所示。

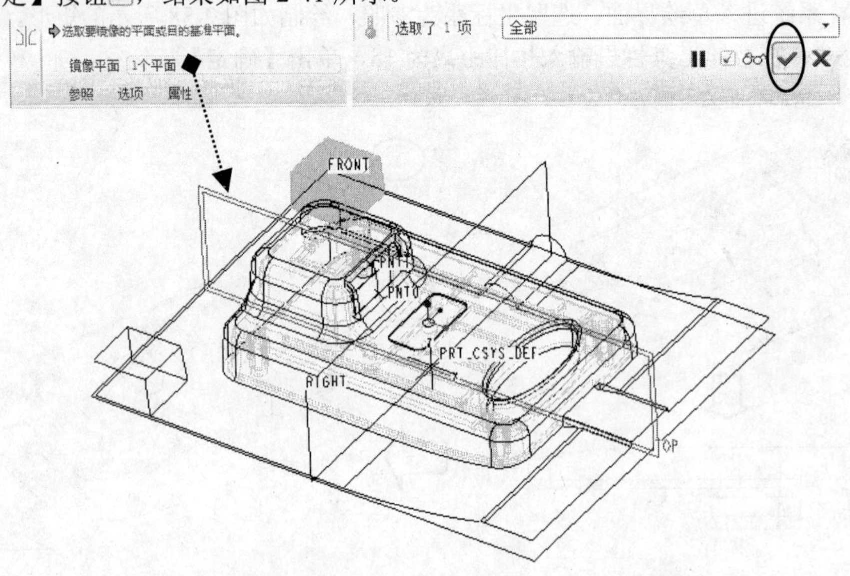

图 2-41 曲面镜像

（6）合并模锁曲面和大面

选取 PL 大面，按住 Ctrl 键，选取上步刚完成的两个模锁曲面中的一个，在工具栏里单击【合并】按钮，调整保留材料的箭头向外，单击【确定】按钮。同理，合并另外一个模锁曲面和大面，结果如图 2-42 所示。

（7）倒圆角

在工具栏里单击【倒圆角】按钮，选取模锁面的垂直棱线，半径为 5，倒圆角，单击【确定】按钮。再次选取倒圆角功能，按住 Ctrl 键选取其他棱线，半径为 3.5，完成倒圆角，结果如图 2-43 所示。

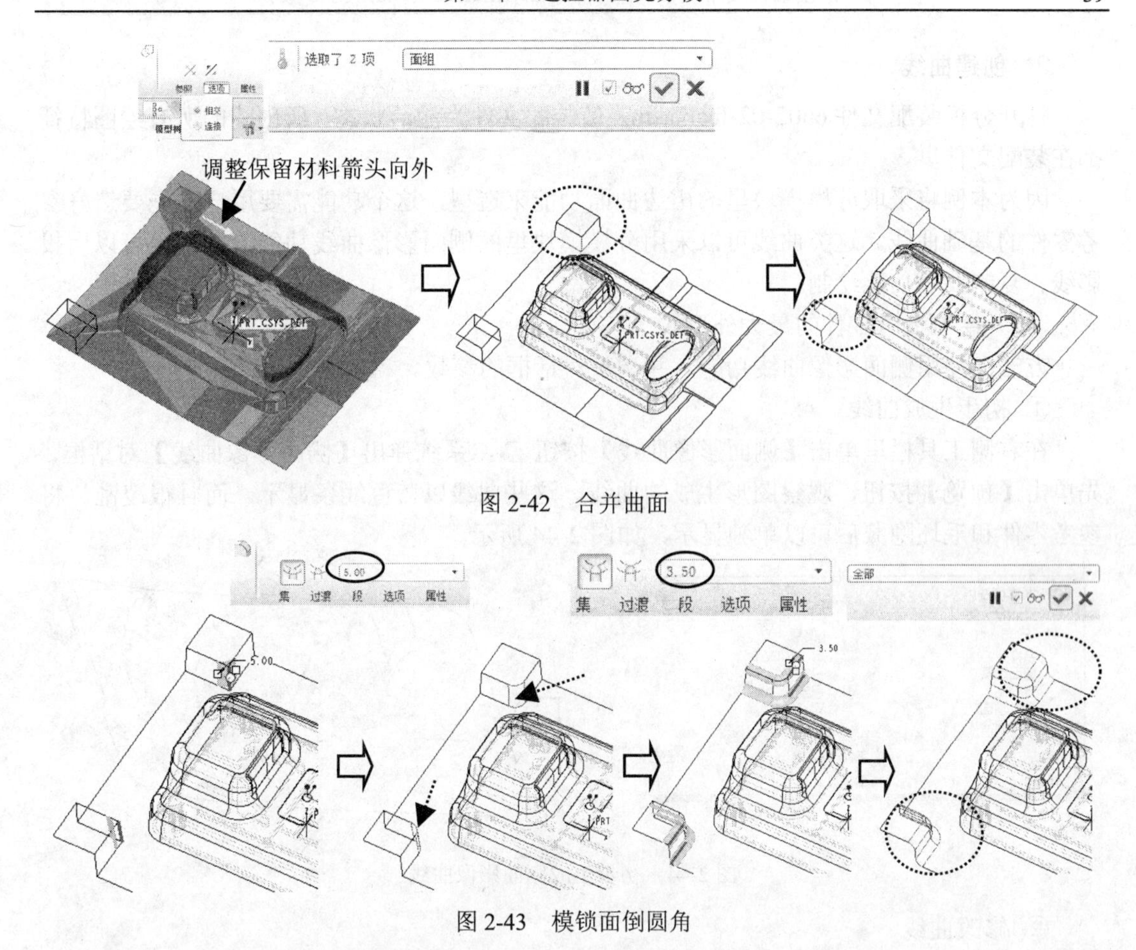

图 2-42　合并曲面

图 2-43　模锁面倒圆角

至此，一个完整的前模曲面就完成了，接下来用这个曲面分割毛坯工件即可。

本节讲课视频：\ch02\03-video\ch02-03-分型面造型方法 1.exe。

2.5.2　分型面造型方法 2

本节绘图思路及步骤：（1）用最大外形阴影功能计算外形线；（2）采用裙边曲面绘制曲面。插穿面和模锁面绘图方法与上节相同。

将配套光盘的目录 0-sample\ch02-02 复制到用户 D:\盘根目录。如果第 2.4 节已经复制了，这一步就可以省略。在 Pro/E 软件的主菜单里执行【视窗】|【关闭】命令将当前图形关闭，再在主菜单里执行【文件】|【拭除】|【不显示】命令，在弹出的【拭除未显示的】对话框里单击【确定】按钮，这样可以将内存中的文件拭除。在主菜单里执行【文件】|【设置工作目录】命令，选取目录为 D:\ch02-02。

1．创建插穿面

单独打开参考零件，创建插穿面，做法与 2.5.1 节的第 1 步相同。

2．创建曲线

打开分模装配文件 ch02-02-fcab.asm，使装配文件为激活状态，所创建的所有绘图特征都在装配文件里。

因为本例将采取分模模块里的裙边曲面功能来造型，这个功能需要用户事先要造好参考零件的基础曲线，这类曲线可以采用分模模块里的侧面影像曲线功能绘制，也可以用投影线、复制线等功能绘制。

（1）绘制参考零件的最大外形线

方法：使用侧面影像曲线功能，并调整对话框的参数。

① 初步生成曲线

在右侧工具栏里单击【侧面影像曲线】按钮，系统弹出【侧面影像曲线】对话框，先单击【预览】按钮，观察图形生成的曲线。这些曲线以蓝色线条显示，而且很凌乱。将参考零件和毛坯隐藏后可以单独显示，如图 2-44 所示。

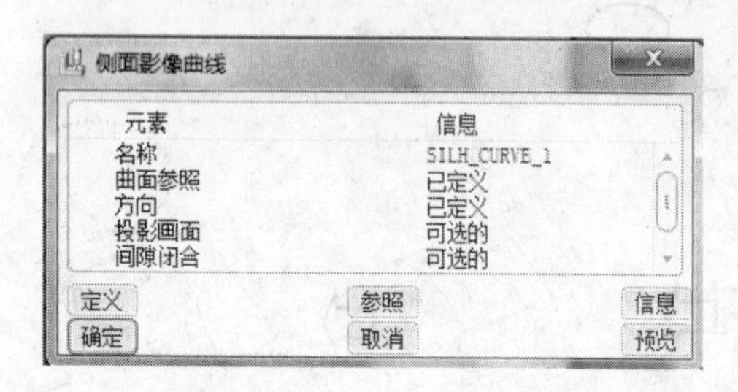

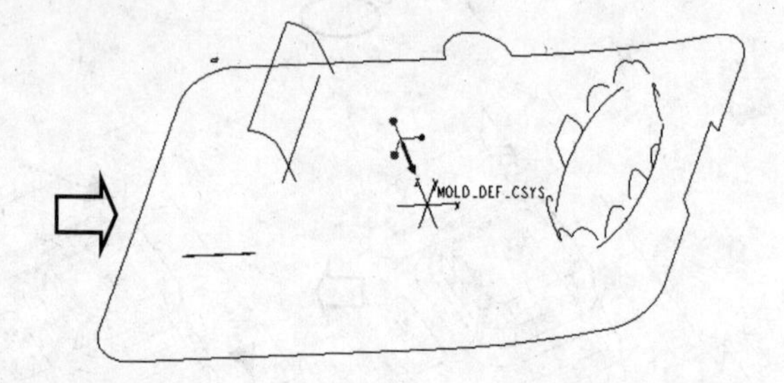

图 2-44　初步生成侧面影像曲线

② 修改曲线

方法：重新定义曲线，排除多余的环曲线，仅留最大外形线。

在【侧面影像曲线】对话框里选取【环选取】选项，单击【定义】按钮，系统弹出【环选取】对话框，在【环】选项卡里，按住 Shift 键选取 2～16 号曲线环，单击【排除】按钮，再单击【确定】按钮，系统返回【侧面影像曲线】对话框，最后单击【确定】按钮，重新生成最大的外形线，如图 2-45 所示。

（2）绘制按钮位的曲线

方法：因为该产品图在按钮位未加入斜度，用侧面影像曲线功能不能正常生成希望得到的曲线，因此需要用复制边线的方法生成曲线。

在分模装配图里，先选参考零件，然后选取按钮位的下部边缘线的一部分，再按住 Shift 键选取另外一段曲线，在工具栏里单击【复制】按钮，再单击【粘贴】按钮生成曲线。单击【应用】按钮，如图 2-46 所示。

3．创建基准轴

创建基准轴的目的是在创建后续裙边曲面时能调整所需要的方向，这样可以使生成的曲面与上一节手工绘制的曲面一致，并且符合制模要求。

单独调出参考零件 ch02-02-fcab_ref.prt，单击【基准轴】按钮，选取如图 2-47 所示的点 1 及点 2，创建基准轴 A_1。

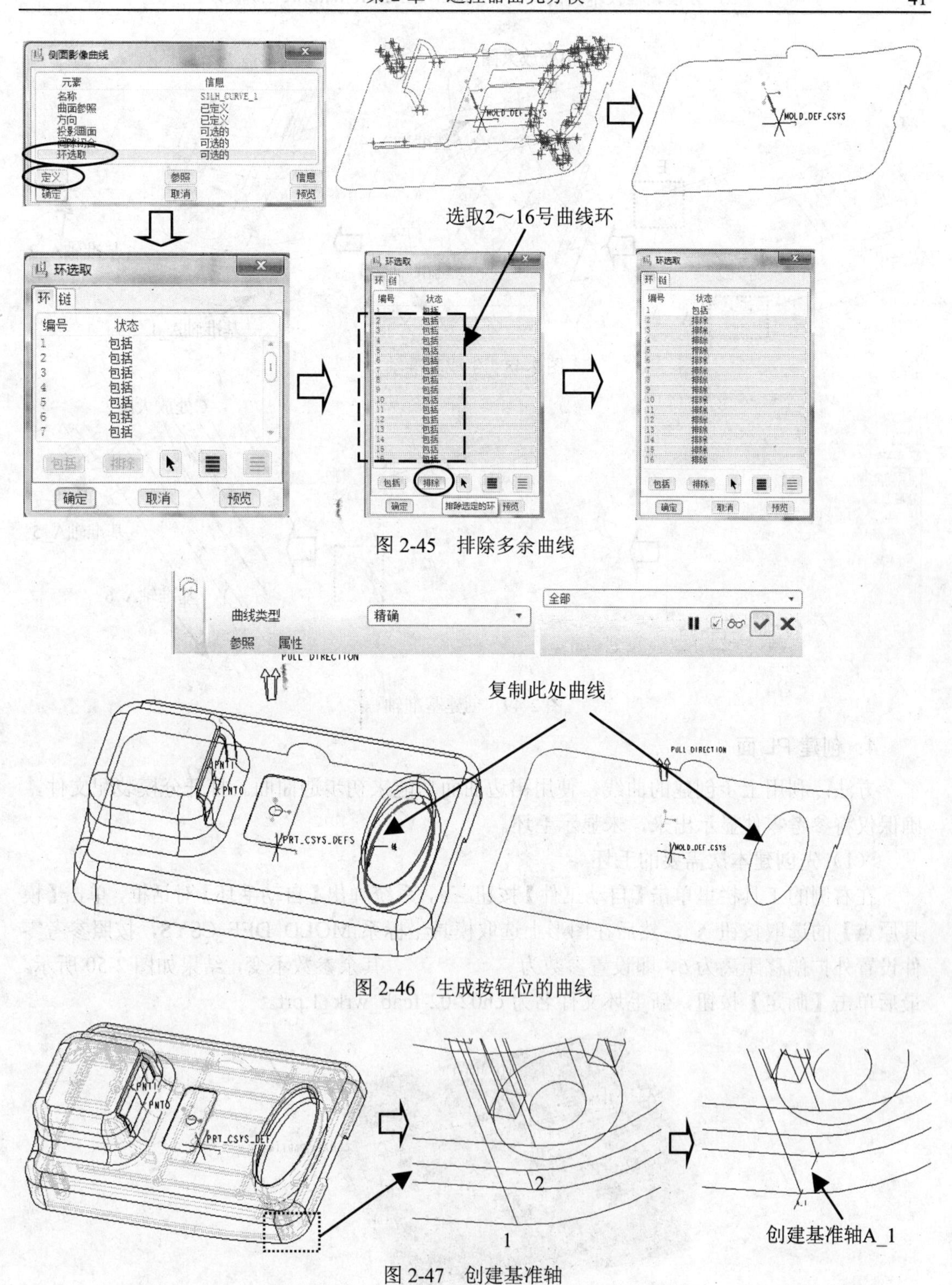

图 2-45　排除多余曲线

图 2-46　生成按钮位的曲线

图 2-47　创建基准轴

同理，用两点的方法创建其他部位的基准轴，如图 2-48 所示。

再用点及切线的方法创建如图 2-49 所示的基准轴。将文件存盘。

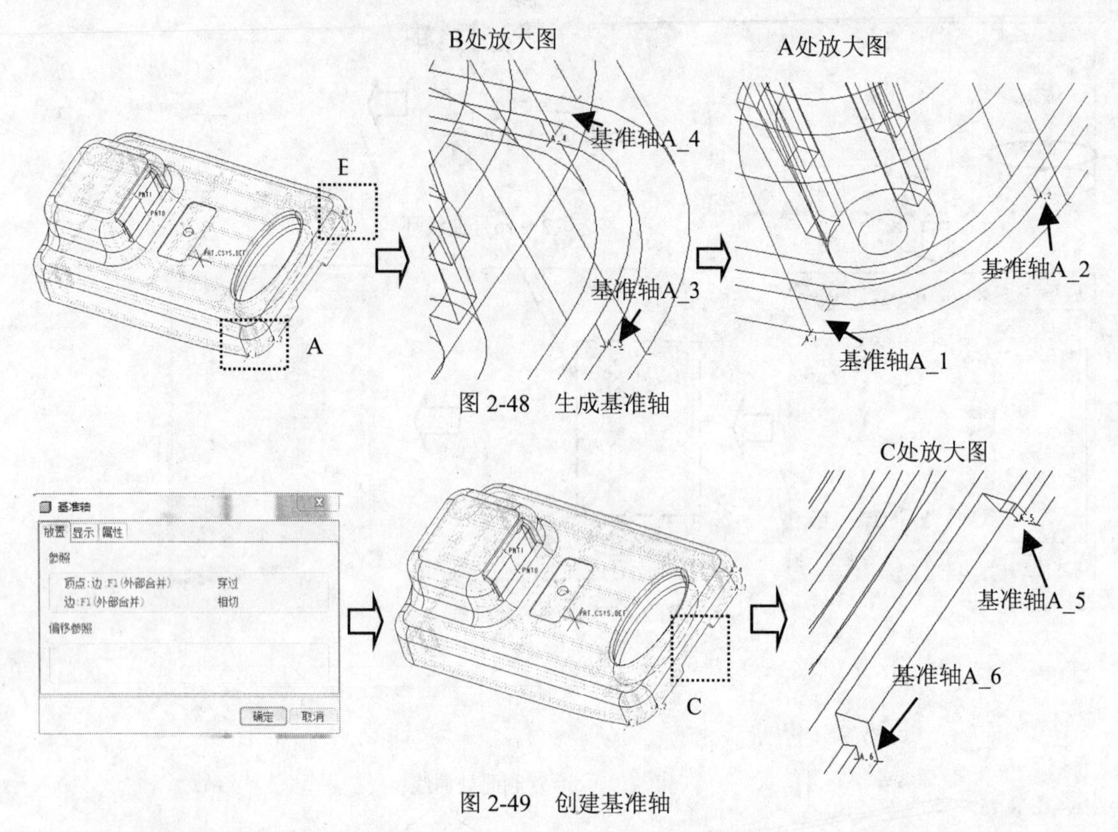

图 2-48　生成基准轴

图 2-49　创建基准轴

4．创建 PL 面

方法：利用上步创建的曲线，使用裙边曲面功能来初步造曲面。打开分模装配文件，确保仅将参考零件显示出来，未显示毛坯。

（1）先创建本次需要的毛坯

在右侧的工具栏里单击【自动工件】按钮，系统弹出【自动毛坯】对话框，单击【模具原点】的选取按钮，然后在图形上选取模具坐标系 MOLD_DEF_CSYS，按照参考零件设置外扩偏移距离为 6，即设置参数为，其余参数不变，结果如图 2-50 所示。最后单击【确定】按钮，新毛坯文件名为 ch02-02-fcab_wrk_1.prt。

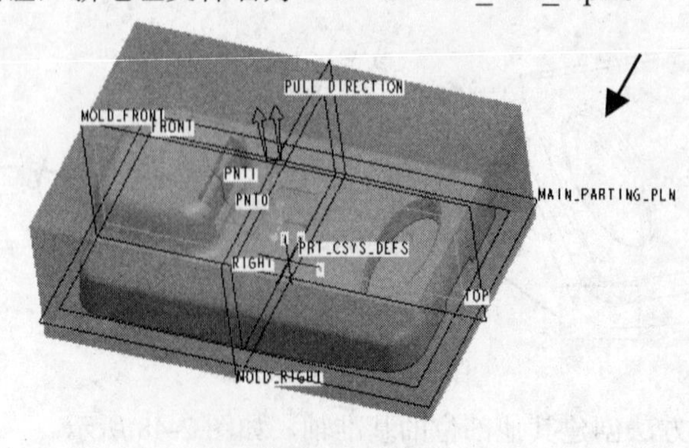

图 2-50　创建新毛坯

（2）进入裙边曲面界面并选线

在工具栏里单击【分型面】按钮，界面有所变化，再单击【裙边曲面】按钮，弹出【裙边曲面】对话框，系统自动选取【曲线】选项，按系统要求选取如图 2-51 所示的线条，该线条是之前所创建的最大外形线，然后在【菜单管理器】中选取【完成】选项。

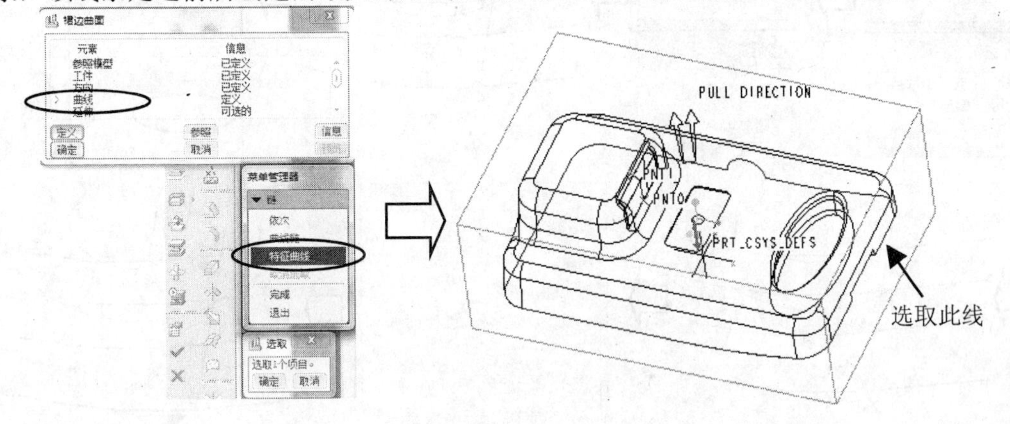

图 2-51　选取外形线

（3）启动延伸功能

在【裙边曲面】对话框里选取【延伸】选项，再单击【定义】按钮，系统弹出【延伸控制】对话框，再选取【延伸方向】选项卡，同时图形显示默认延伸方向的箭头，如图 2-52 所示。

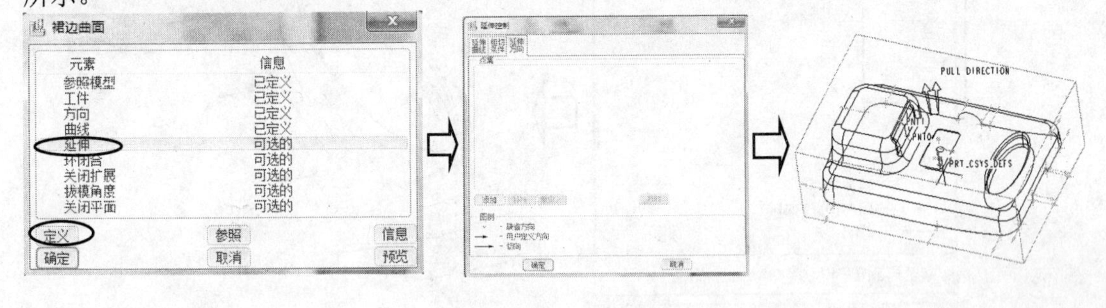

图 2-52　启动延伸功能

（4）调整基准轴 A_1 处的延伸方向

在如图 2-52 所示的【延伸方向】选项卡里单击【添加】按钮，然后选取基准轴 A_1 处的箭头起点，在系统弹出的【选取】对话框里单击【确定】按钮，在【一般点选取】下拉菜单里选取【完成】选项，再在系统弹出的【菜单管理器】的【一般选取方向】里选取【曲线/边/轴】选项，然后在图形上选取基准轴 A_1 或者在目录树里选取参考零件的特征 A_1，在【方向】下拉菜单里选取【反向】选项，这样可以调整图形上显示的箭头方向朝外，单击【确定】按钮，结果如图 2-53 所示。

同理，调整其他基准轴附近的点方向为相应的基准轴，且方向朝外，结果如图 2-54 所示。

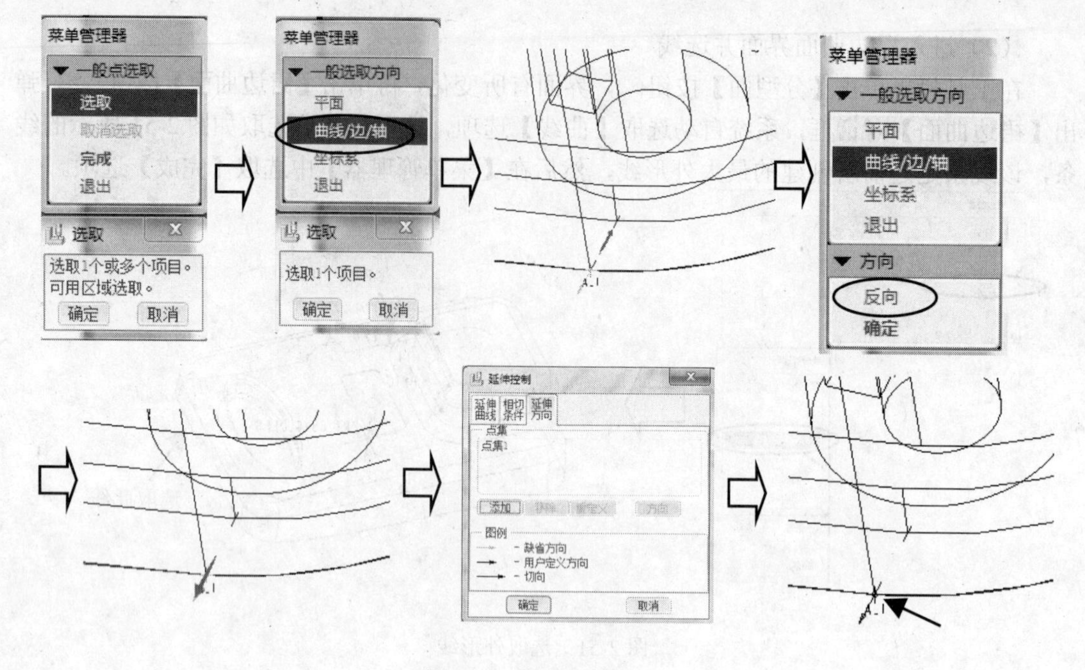

图 2-53　添加延伸方向

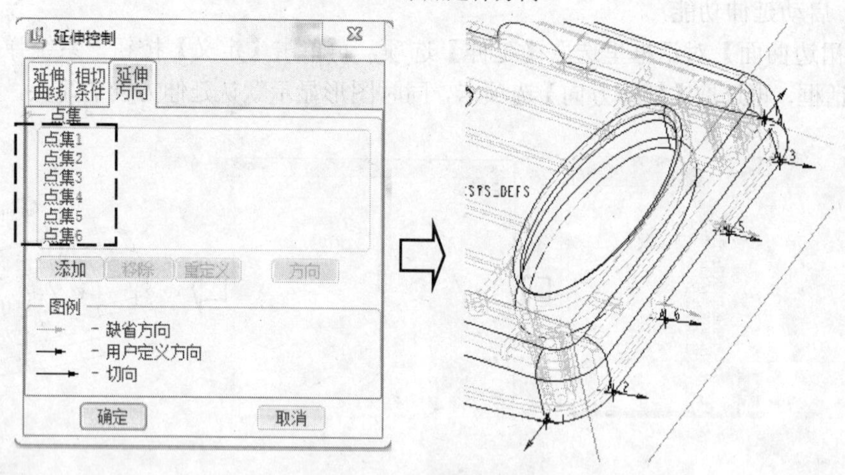

图 2-54　调整延伸方向

（5）初步生成曲面

在【延伸控制】对话框里单击【确定】按钮，系统返回【裙边曲面】对话框，其他参数不变，单击【确定】按钮。

单击工具栏右侧的【确定】按钮✔，关闭毛坯显示，并关闭基准轴显示，结果如图 2-55 所示。

5．延伸 PL 面

显示毛坯 ch02-02-fcab_wrk.prt，先选取 PL 面，再选取右侧曲面的边缘线，在主菜单里执行【编辑】|【延伸】命令，系统弹出延伸曲面的工具栏，单击【将曲面延伸到参照面】按钮，在图形上选取毛坯左侧的平面，结果如图 2-56 所示。

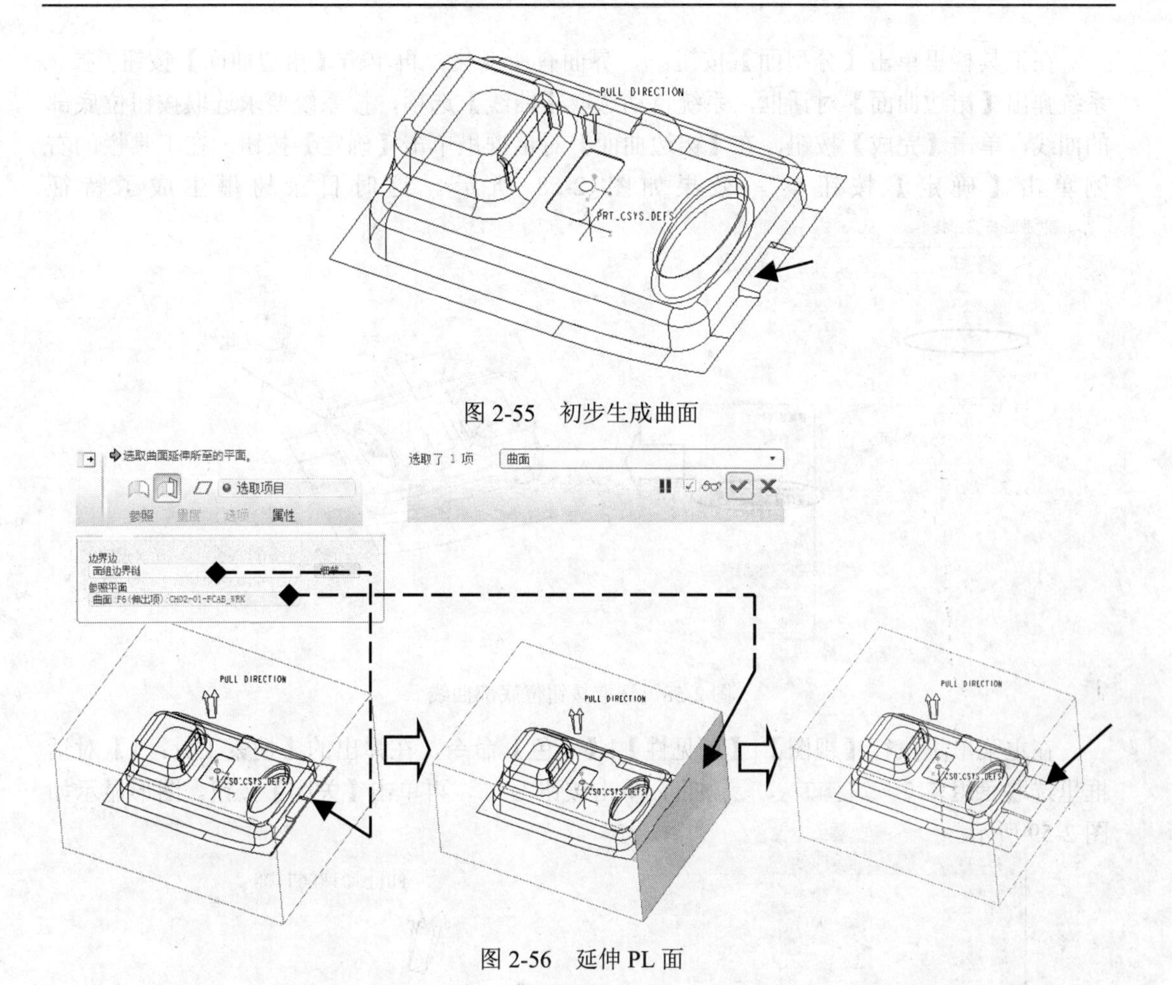

图 2-55　初步生成曲面

图 2-56　延伸 PL 面

同理，延伸 PL 曲面的其他 3 边，使其边缘线延伸到毛坯平面，结果如图 2-57 所示。

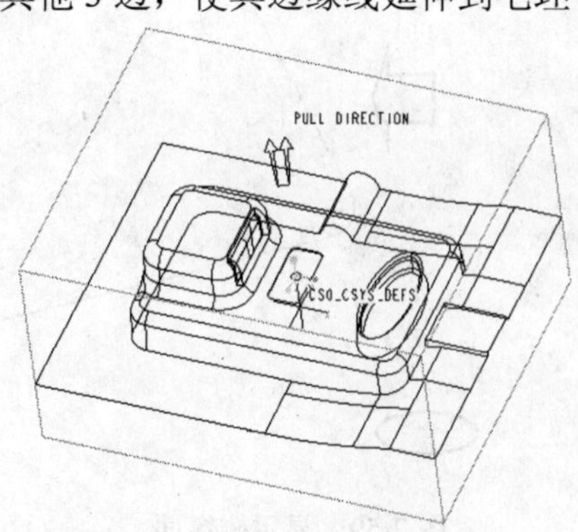

图 2-57　延伸曲面到毛坯

6．创建椭圆孔位碰穿面

方法：与 2.5.1 节的方法不同，采用裙边曲面的方法，利用之前复制的按钮位底部曲线来创建。先确保参考零件和毛坯已显示。

在工具栏里单击【分型面】按钮，界面有所变化，再单击【裙边曲面】按钮，系统弹出【裙边曲面】对话框，系统自动选取【曲线】选项，按系统要求选取按钮位底部的曲线，单击【完成】按钮，在【裙边曲面】对话框里单击【确定】按钮。在工具栏的右侧单击【确定】按钮，效果如图 2-58 所示。这时目录树里生成了特征 裙边曲面 标识1315 [PART_SURF_2 - 分型面]。

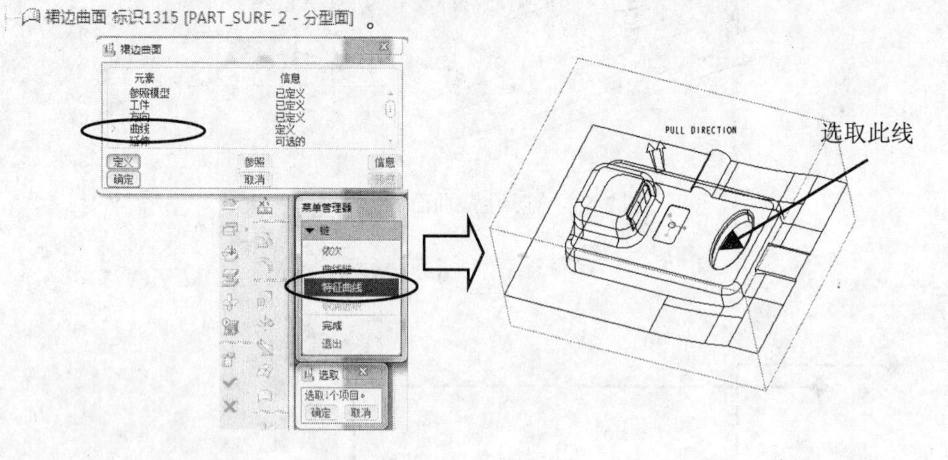

图 2-58　选取按钮位底部曲线

在主菜单里执行【视图】|【可见性】|【着色】命令，在弹出的【搜索工具：1】对话框里选取 面组:F15(PART_SURF_2) 项目，单击按钮 >>，再单击【关闭】按钮。图形显示如图 2-59 所示。

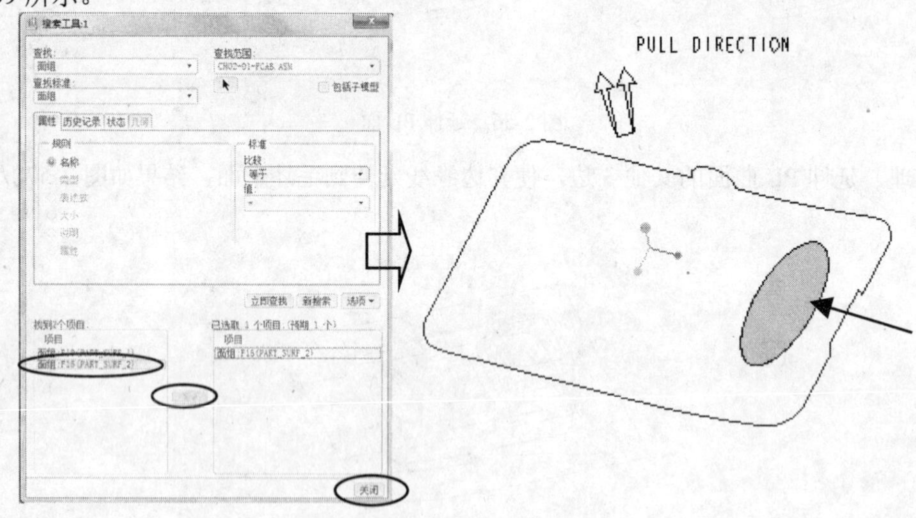

图 2-59　显示碰穿面

7．绘制模锁面

方法：与第 2.5.1 节中的第 7 步基本相同，请读者自行完成。要注意的问题是，因为是在装配环境里绘图，所以绘图命令要通过主菜单里的【插入】或【编辑】等命令来绘制。另外在曲面合并时要注意先选取大面，再选取模锁面。绘图结果如图 2-60 所示。

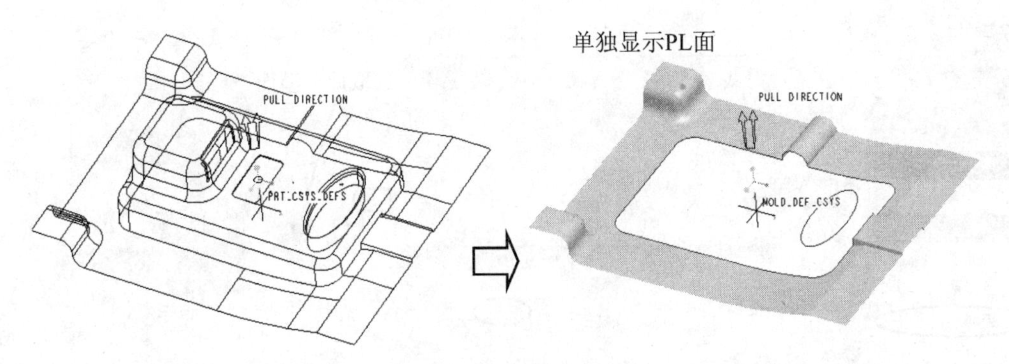

图 2-60　完成的大 PL 面

本节讲课视频：\ch02\03-video\ch02-04-分型面造型方法 2.exe

2.6　输出模型文件

本节任务：根据之前创建的分模面分割毛坯，创建体积块，然后输出体积块生成前后模文件。分别对第 2.5 节中的两种分型面进行介绍。

2.6.1　使用分型面 1 分模

方法：利用在参考零件里创建的 PL 曲面来分割毛坯。首先要确保参考零件里的 PL 面显示出来。

1．分模准备

在 Pro/E 软件的主菜单里执行【视窗】|【关闭】命令，将当前图形关闭，再在主菜单里执行【文件】|【拭除】|【不显示】命令，在弹出的【拭除未显示的】对话框里单击【确定】按钮，这样可以拭除内存中的文件。在主菜单里执行【文件】|【设置工作目录】命令，选取目录为 D:\ch02-01。打开分模装配文件 ch02-01-fcab.asm，设置毛坯和参考零件显示。

2．分割毛坯工件

在右侧的工具栏里单击【体积块分割】按钮，右侧的【菜单管理器】里弹出下拉菜单，选取【两个体积块】|【所有工件】|【完成】选项，弹出【分割】对话框。系统要求选取分型面，这时图形选择过滤器系统自动设置为“面组”，在图形区里选取分型面，在【选取】对话框里单击【确定】按钮，如图 2-61 所示。

系统返回【分割】对话框。单击【确定】按钮，下半部分后模变亮，系统弹出【属性】对话框，先单击【着色】按钮以便观察图形是否为后模，无误后，输入后模文件名为 ch02-01-facb-hm，单击【确定】按钮，系统又弹出【属性】对话框，另外一部分前模文件名输入为 ch02-01-fcab-qm，结果如图 2-62 所示。

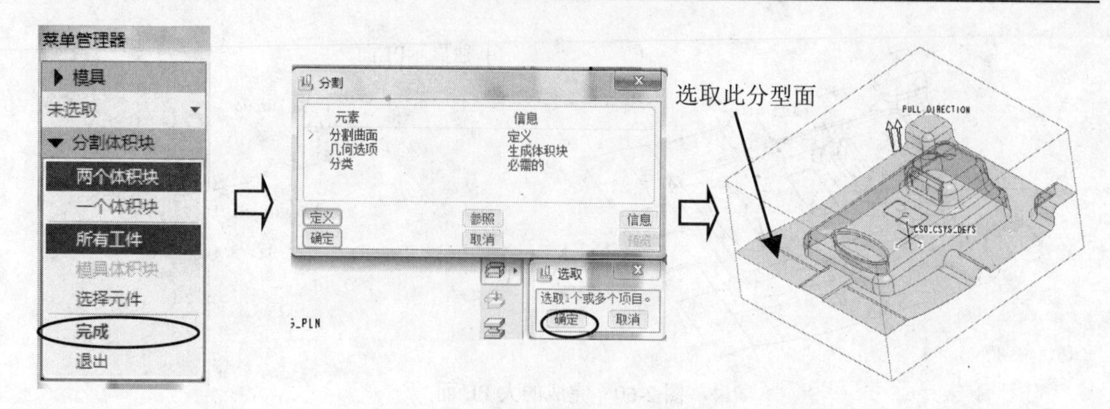

图 2-61　分割毛坯工件

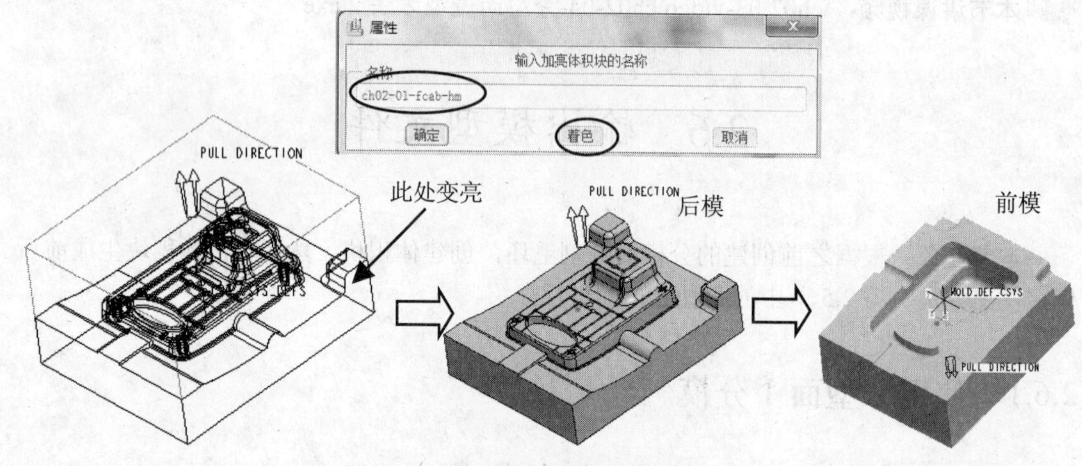

图 2-62　生成后模体积块和前模体积块

3．建立空文件

在主菜单里执行【文件】|【新建文件】命令，在弹出的【新建】对话框中选中【零件】和【实体】单选按钮，输入文件名为 ch02-01，取消选中【使用缺省模板】复选框，系统弹出【新文件选项】对话框，在其中选取公制模板 mmns_part_solid，单击【确定】按钮，生成新的零件文件，如图 2-63 所示。该图形里有默认的基准面和坐标系，为后续生成前模文件做样板。

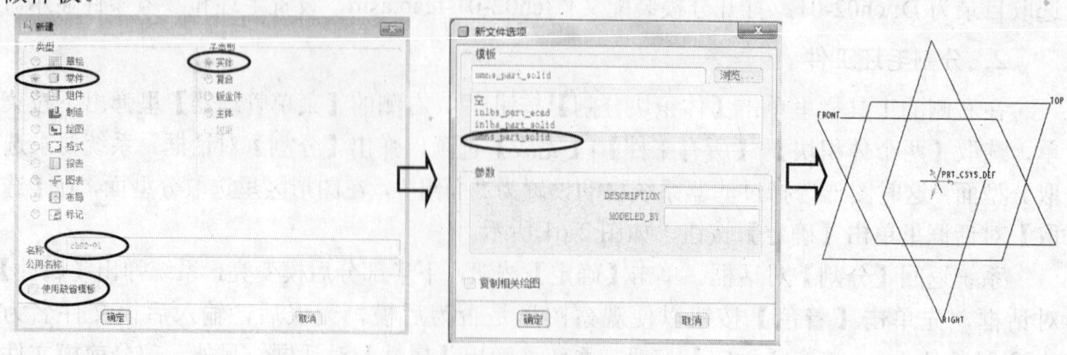

图 2-63　新建文件

4．体积块输出

该步骤的作用是将模具体积块转化为磁盘文件。先在主菜单里执行【窗口】|【CH02-01-FCAB.ASM】命令，这样可以切换工作窗口为分模装配。

在右侧的工具栏里单击【型腔插入】按钮，系统弹出【创建模具元件】对话框，单击【全选】按钮，选取全部体积块，再单击【高级】按钮展开对话框视窗，在下半部分的窗口里单击【全选】按钮，再次选取全部体积块，单击【复制自】按钮，选取上一步创建的空文件 ch02-01.prt，单击【确定】按钮。这时目录树里就生成了前后模文件，如图 2-64 所示。

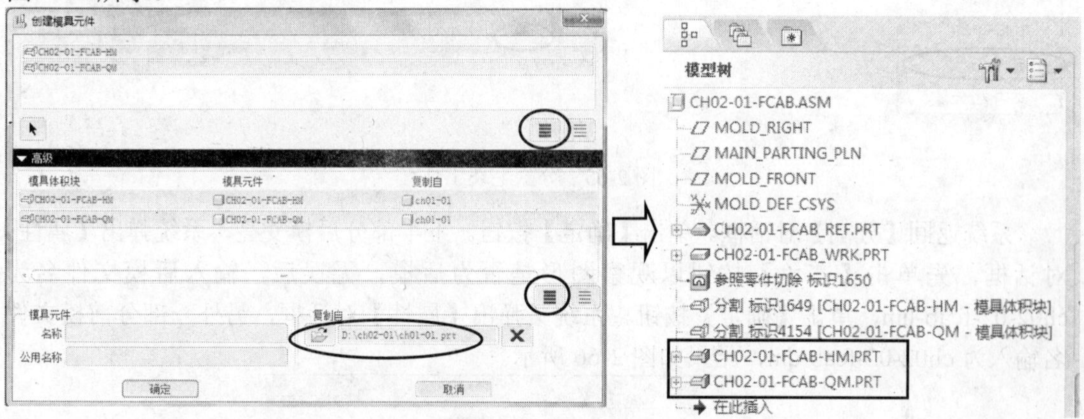

图 2-64　创建模具零件

在工具栏里单击【保存】按钮，这时就在磁盘里生成了前后模。这样前后模文件就创建了基准面和坐标系，为后续进行数控编程提供了便利。

本节讲课视频：\ch02\03-video\ch02-05-分模方法 1.exe。

2.6.2　使用分型面 2 分模

方法：利用在模具装配里创建的 PL 曲面和在参考零件里创建的插穿面来分割毛坯。首先要确保参考零件里的插穿面显示出来，方法与第 2.6.1 节大致相同。

1．分模准备

在 Pro/E 软件的主菜单里执行【视窗】|【关闭】命令，将当前图形关闭。在主菜单里执行【文件】|【拭除】|【不显示】命令，在弹出的【拭除未显示的】对话框里单击【确定】按钮，这样可以将内存中的文件拭除。在主菜单里执行【文件】|【设置工作目录】命令，选取目录为 D:\ch02-02。打开分模装配文件 ch02-02-fcab.asm，设置毛坯和参考零件显示。

2．分割毛坯工件

在右侧的工具栏里单击【体积块分割】按钮，右侧的【菜单管理器】里弹出下拉菜单，选取【两个体积块】|【所有工件】|【完成】选项，系统弹出【分割】对话框。系统要

求选取分型面，这时图形选择过滤器系统自动设置为“面组”，在图形区里，按住 Ctrl 键，选取 3 处分型面，在【选取】对话框里单击【确定】按钮，结果如图 2-65 所示。

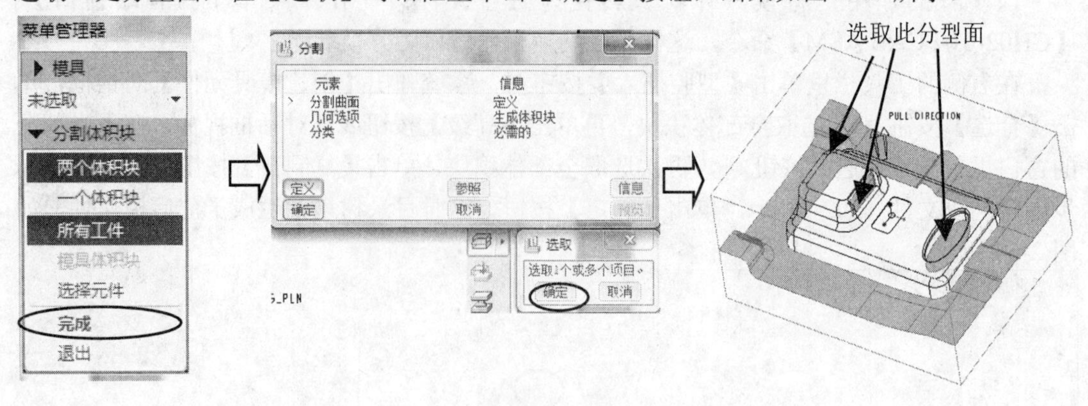

图 2-65 分割毛坯工件

系统返回【分割】对话框。单击【确定】按钮。下半部分后模变亮，系统弹出【属性】对话框，先单击【着色】按钮以观察图形是否为后模，无误后，输入后模文件名为 ch02-02-fcab-hm，单击【确定】按钮。系统又弹出【属性】对话框，另外一部分前模文件名输入为 ch02-02-fcab-qm，结果如图 2-66 所示。

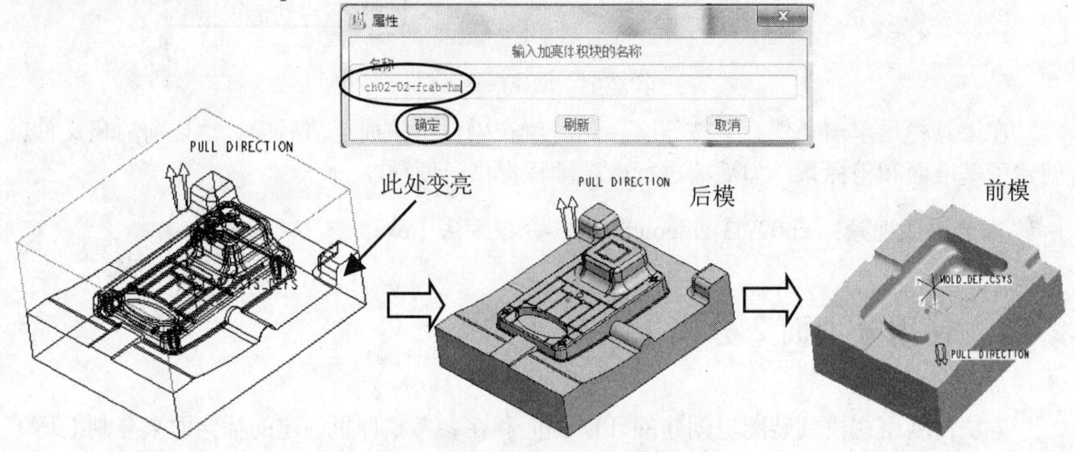

图 2-66 生成后模体积块和前模体积块

3．建立文件

建立空文件，文件名为 ch02-02.prt，注意选取公制模板。

4．体积块输出

先在主菜单里执行【窗口】|CH02-02-FCAB.ASM 命令，这样可以切换工作窗口为分模装配。

在右侧的工具栏里单击【型腔插入】按钮，系统弹出【创建模具元件】对话框，单击【全选】按钮，选取全部体积块，在单击【高级】按钮展开对话框视窗。在下半部分的窗口里单击【全选】按钮，再次选取全部体积块，单击【复制自】按钮，选取上一步刚创建的空文件 ch02-02.prt，单击【确定】按钮。这时目录树里就生成了前、后模文件，如图 2-67 所示。

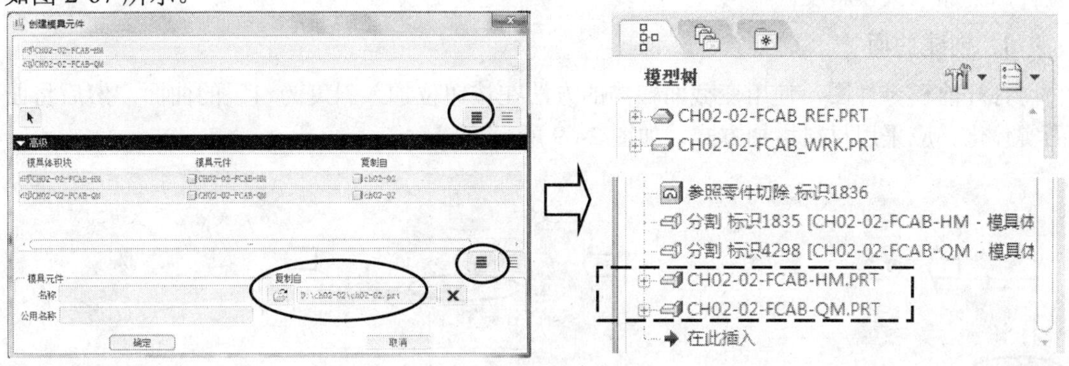

图 2-67　创建模具零件

5. 移动曲面到层

建立新层，将 PL 面移动到新层，关闭层，这样可以关闭 PL 面的显示，以便清晰地观察模具。操作方法如图 2-68 所示。

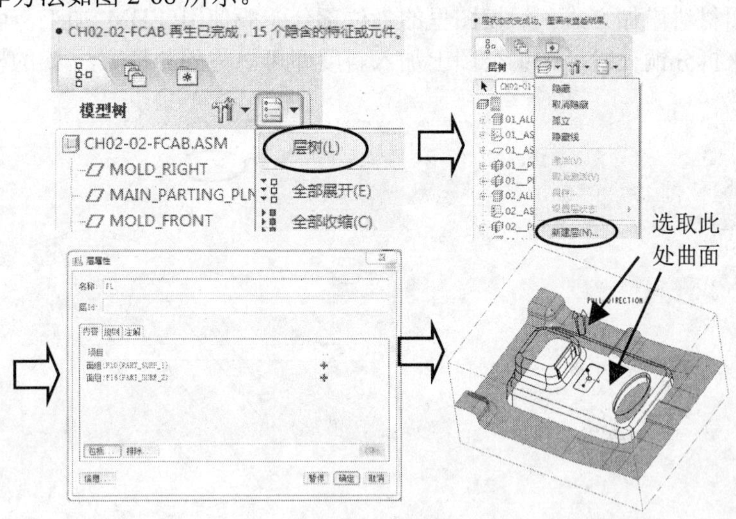

图 2-68　移动曲面到层

在主菜单里单击【保存】按钮，这时就在磁盘里生成了前、后模。

本节讲课视频：\ch02\03-video\ch02-05-分模方法 2.exe。

2.7　模具图整理

模具图整理的作用在于弥补产品图设计的不足，例如，本例产品图的按钮位和插穿位都是直身，不符合模具制造要求，在实际工作中，必须加入适当的拔模斜度。可以在模具零件图中加入拔模斜度。

1. 创建曲面

打开前模零件图，使用变截面扫描的方法在按钮位加入斜度为 1° 的曲面，然后将曲面实体化。应采用材料增加方式，如图 2-69 所示。

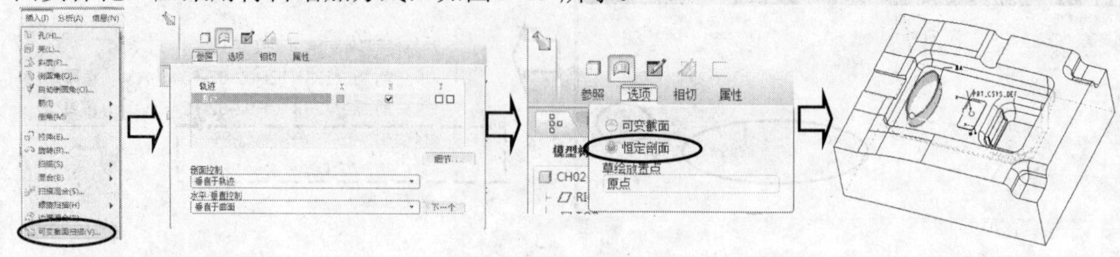

图 2-69 创建曲面

2. 加入斜度

在前模图里，使用拔模功能在插穿位处加入斜度 1°，如图 2-70 所示。注意大头在下的部分。应采用材料增加方式。后模图里的骨位部分一般使用 EDM 加工，可以不在模具图上加入，将来拆分铜公时，在铜公图上加入斜度即可。另外分模方法 2 的模具 PL 还需要倒圆角 R6。

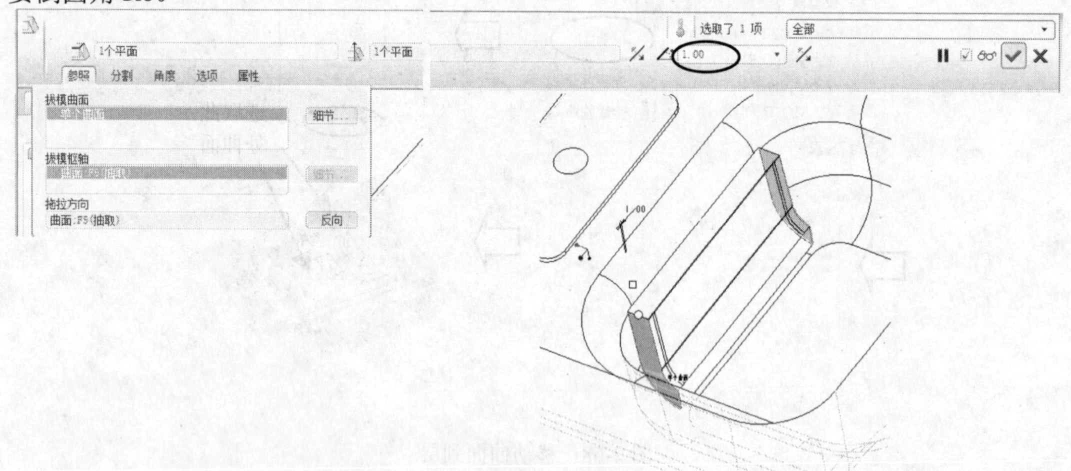

图 2-70 加入斜度

3. 开模模拟检查

重新打开模具装配图文件，将毛坯、参照零件隐藏。通过建立新的层将 PL 曲面隐藏。在右侧工具栏单击【模具开模】按钮，可以定义模具的开模距离，从而以动画的形式演示开模过程。

将文件存盘，整理文件。在主菜单里执行【窗口】|【打开系统窗口】命令，在弹出的 DOS 命令行里输入命令 purge，再关闭这个窗口，这样可以将因多次存盘而产生的旧版本图形文件删除，以精简文件数量。

4．模具图输出

为了使模具图能够被其他软件读取以进行数控编程等工作，有必要将其转化为 IGS 等通用格式的文件。可以单独将前模图、后模图或者行位斜顶等单个的模具图通过保存副本命令进行转化，也可以在装配文件中转化，方法如下。

方法 1：单独调出前模图，在主菜单里执行【文件】|【保存副本】命令，在系统弹出的【保存副本】对话框里设置【类型】参数为类型 IGES (*.igs)，单击【确定】按钮。在弹出的【导出 IGES】对话框里选取分模坐标系，这样可以输出前模的 IGS 文件。用同样的方法对后模进行转化。

方法 2：调出分模装配文件，仅显示前模图和后模图。在主菜单里执行【文件】|【保存副本】命令，在系统弹出的【保存副本】对话框里设置【类型】参数为类型 IGES (*.igs)，单击【确定】按钮。在弹出的【导出 IGES】对话框里设置参数【文件结构】为文件结构 所有零件，选取分模坐标系，这样可以单独输出前、后模和装配文件的 IGS 文件。

2.8　本章总结

本章以遥控器面壳产品模具 3D 图设计为例，讲解了分模过程。重点讲解手工分型面的制作和部分常用的自动分型面的创建方法。为了解决类似分模问题，防止工作中出现错误，请注意以下问题。

问题 1：造毛坯时中心偏移

在 Pro/E 软件中绘制的毛坯虽然形状简单，造型技术也比较简单，但所生成的是前、后模具图的外形，如果所造毛坯错误地偏移了，会导致模具基准错，甚至会使行位、斜顶等结构的基准出现错误，这类错误是现实工作中常发生的。

解决方案：仔细分析模具设计工程师所提供的模具工程图，弄清楚产品基准和模具基准。造毛坯时尽量使用手工方法，多检查尺寸。

问题 2：忘记乘缩水率

因为塑胶材料经过加热，会成为可流动的高温液体被注射到模具型腔里，经过保温和保压过程，然后在型腔外围冷却水的作用下会迅速冷却，温度急剧下降，由液态变为固态，这时塑胶产品整体的体积会收缩。如果分模时没有乘上缩水率会导致产品的外形尺寸比产品图纸的尺寸偏小，孔位尺寸又偏大，以致这个塑胶产品与其他配件装配时发生错误，会导致已成型的塑胶产品报废。最终会导致模具返工甚至报废。

解决方案：仔细分析模具工程图，弄清楚塑胶产品材料的类型，查阅资料，确定本厂规定的缩水率，然后在分模过程中正确地乘上缩水率。刚入职的新员工要事先向上级或者老员工请教，不要擅自确定数值。

问题 3：曲面有“空洞”不能合并实体

分模过程中经常会遇到分不开的情况，有人会尝试用很多方法进行分模，影响工作效率。尤其在见工考试时，主考官可能会拿出一些有缺陷的产品图让应聘者来分模，以考察应聘者的工作熟练程度。

解决方案：首先调整屏幕的背景颜色为老版本的那种深蓝色，这样可以清晰地观察到有缺陷的曲面，另外可以用软件主菜单的【信息】功能分析曲面的几何情况，寻找“空洞”部位。找到后，先修改精度，再合并曲面。如果还是不行就将有问题的曲面裁剪出一个规则的孔洞，用边界混合的方法创建曲面并将它们合并。

问题 4：创建的插穿面倒扣

如果造型方法不合理就会出现这种情况。这样的模具无法加工，而会影响合模，前后模合在一起时且会有空隙，导致注塑的水平出现“走批峰”的缺陷。

解决方案：要仔细用曲面的斜度分析功能分析所造的插穿面，看有无倒扣的情况，如果有，就要从造面时所用的线条入手检查是否合理。分模完成的最后阶段要整体检查前模的斜率，如果发现问题，要及时处理。利用 Pro/E 软件的参数化功能修改 PL 面后，重新生成整个分模装配图形。

问题 5：PL 大面与产品后模面过渡不自然

首先要明白 PL 大面的作用是封胶，如果过渡不自然，会导致加工不到位，影响 FIT 模工作，合模时会出现空隙，可能会导致塑胶件“走批峰”而产生溢流现象。

解决方案：尽量用大 R 过渡，尽量不出现夹角，以便能用大刀加工。

问题 6：裙边面方向设置错误

本章分型面造型方法中用到了裙边面，如果按照默认的方向来创建可能会出现曲面扭曲，不符合制模需要，导致分型面歧义。

解决方案：要针对模具分型面的形状定义轴线作为方向特征。

问题 7：模具有直身面

模具中的直身面如果出现在前模型腔或者后模胶位处会导致注塑产品出现拖花现象，如果出现在碰擦面或者枕位面会导致 FIT 模困难，在长期工作时模具易磨损，导致产品出现“走批峰”，所以模具分模时要避免出现直身面情况。

解决方案：产品开始分模时应尽可能对图形加入斜度，如果因为加入斜度导致造分型面困难，可以记录此情况，分模完成后再在模具图上加入斜度。

问题 8：模具有单薄钢位

开始分模时，有些人会把自己的主要工作精力放在如何造分型面上，没有注意模具有单薄钢位的情况。这样的模具经过几次注塑就会在单薄的部分出现断裂或者变形，使产品出现多胶现象，最坏的结果是产品报废。

解决方案：分模完成后要仔细检查模具图形，发现问题后仔细分析并找出原因，有针对性地改进。初学者可以将模具 3D 图交给有经验的模具师傅、上级或其他同事检查，尤其是造分型面时，要力争改进方法，避免出现此类错误。

2.9　本章思考练习和答案提示

思考练习

1．如果产品图出现倒扣，应如何分模？

2．分模完成后，如果收到产品改动的信息应如何处理？

3．如何拆分模具的镶件部分？

4．根据本书配套光盘提供的图形文件进行分模：

图 2-71 为某型号灯座装配图，请对面壳进行分模。文件名为 light-fcab.prt.19。

要求：模具为一模一腔（也写为 1×1），材料为 ABS。

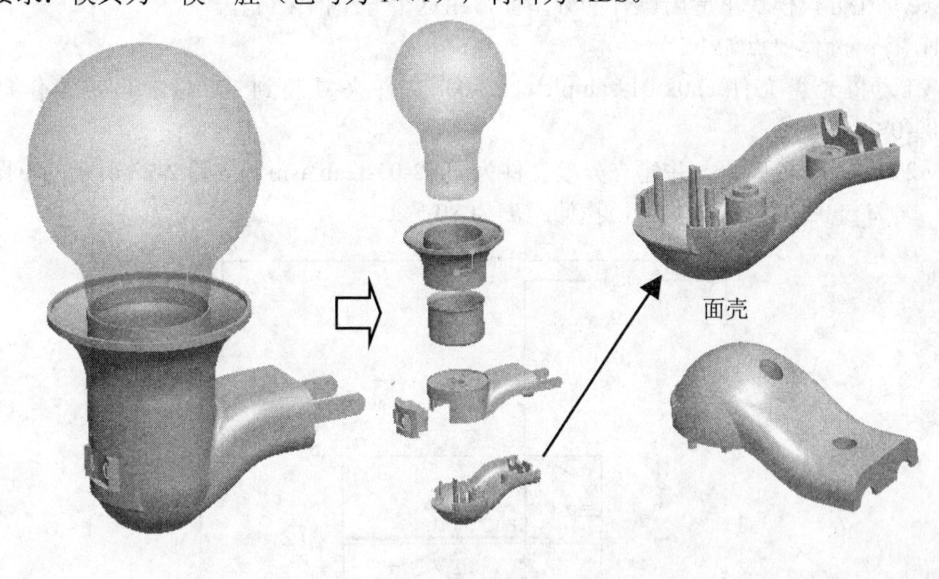

图 2-71　灯座

答案提示

1．答：分模时检查斜度，如果发现产品图出现倒扣，可以按照以下情况处理。

（1）微小的胶位倒扣。多数情况下是由于产品设计工程师专注于造外形曲面和调整产品装配的结构，没有意识到此类错误。尽量和产品设计工程师沟通并将此错误告知他们，共同协商确定产品的修改方案。方案确定后，可以修改产品，经过确认后再进行分模，避免出现错误。

（2）倒扣深度比较大。经过与设计工程师沟通得知，如果必须要这样设计，就要考虑模具上出行位。行位分模时，先造出行位曲面，分割毛坯工件，再用 PL 分模面分割剩下的体积块。

2．答：分模完成后收到产品改动的信息，这就是模具工厂里经常出现的非正常改模。作为分模工程师，接收图形后，首先要乘缩水率，然后将图形装配到分模装配文件中，通过设定不同的颜色将新旧图形进行比较，了解哪些部位有改动。分以下几种情况处理。

（1）如果只是某个特征的尺寸改动，就可以将新产品图复制到分模工作目录里，删除旧产品图。重新启动 Pro/E 软件，打开分模图，重新生成各个文件。这时如果有失败就要有针对性地修改，并重新生成。检查生成的前后模观察变化。

（2）如果结构改动较大，就要将新图形乘缩水率，然后将图形装配进入到分模装配文件里来。将改动的产品部位的曲面复制到前后模或者行位等图形上，对这些模具图形进行对应部位的修改。

3．答：拆分模具的镶件部分通常有以下方法。

（1）在完成后的模具图里进行切割操作，将图形另外存盘。

（2）在分模模块里造出镶件的分型面，用这个分型面来分模。

4．答：分模要点如下。

（1）将光盘文件\ch02\01-sample\ch02-03 文件夹复制到 D:\盘，设定工作目录为 D:\ch02-03。

（2）进入分模模块，并建立分模文件为 ch02-03-fcab.asm，按图 2-72 所示的草图创建毛坯，名为 ch02-03-fcab-wk.prt，拉伸距离为 80。

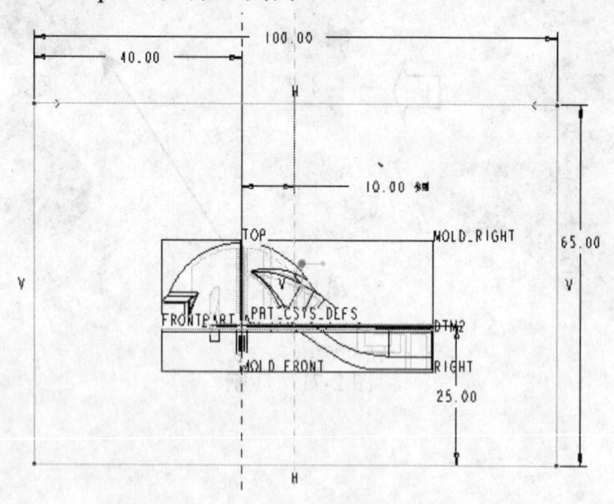

图 2-72　创建毛坯的草图

（3）乘缩水率 1.005。

（4）创建补碰穿面。可以复制曲面，并在【选项】栏里选中◉ 排除曲面并填充孔单选按钮，将孔补上，如图 2-73 所示。

（5）用拉伸体方法直接创建枕位面，再用线条进行裁剪，如图 2-74 所示。

（6）用拉伸体方法创建半圆枕位面，如图 2-75 所示。之所以选取上部分为分型面是为了到防止“吃前模”现象的发生。

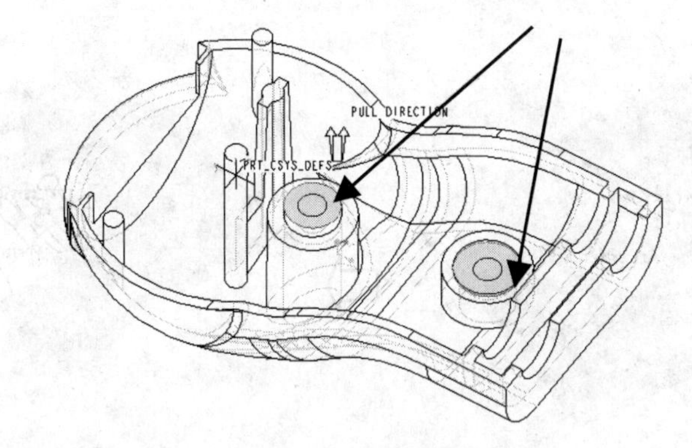

图 2-73　补碰穿面

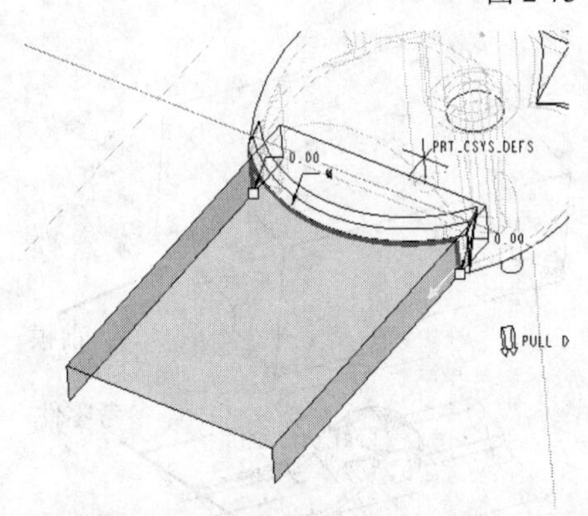

图 2-74　创建枕位面

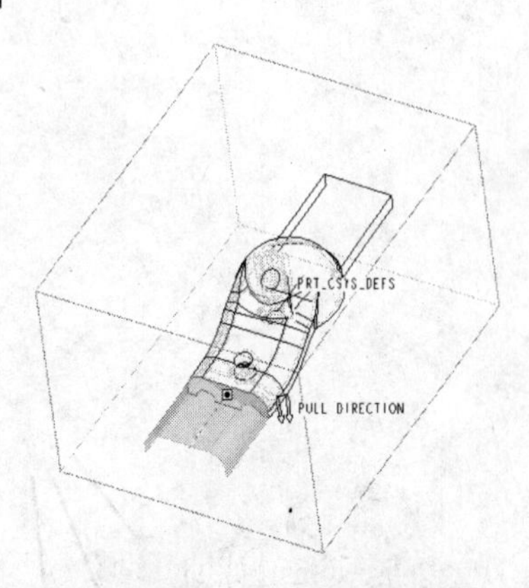

图 2-75　创建半圆枕位面

（7）用拉伸体方法创建大面，如图 2-76 所示。

（8）复制产品图周边曲面，如图 2-77 所示。

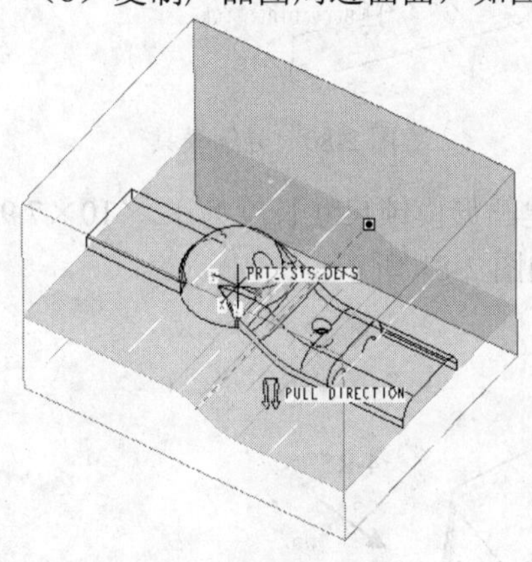

图 2-76　创建拉伸面

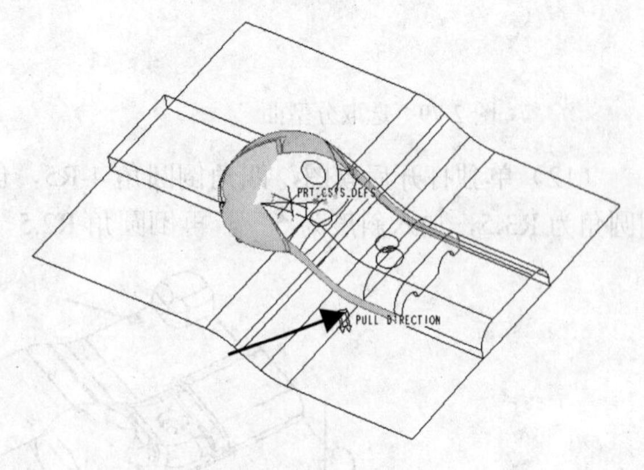

图 2-77　复制曲面

（9）合并曲面，如图 2-78 所示。

（10）使用如图 2-79 所示的曲面对毛坯进行分割。定义前模体积块名称为 ch02-03-fcab-qm，后模体积块名称为 ch02-03-fcab-hm。

（11）输出模具并定义模具打开距离，如图 2-80 所示。

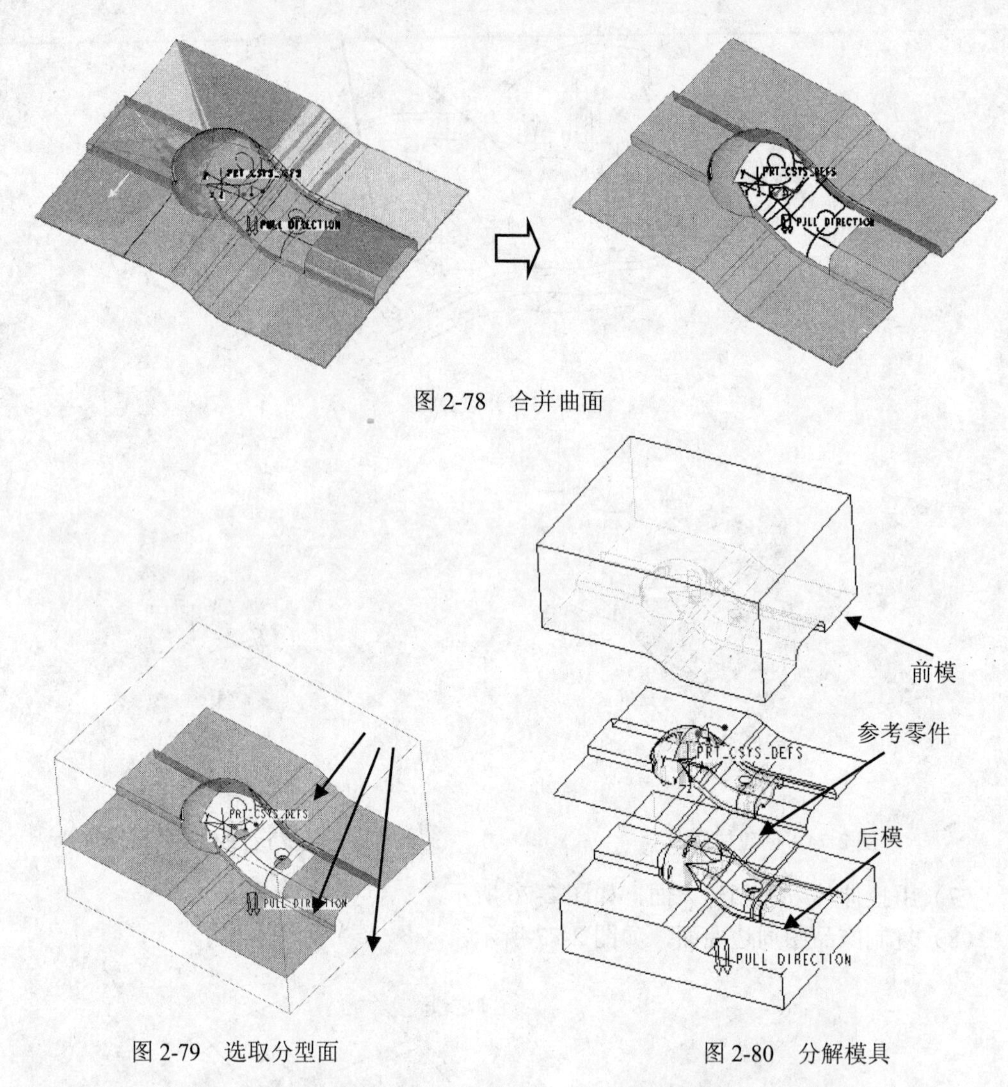

图 2-78　合并曲面

图 2-79　选取分型面

图 2-80　分解模具

（12）单独打开后模图，四角倒圆角 4-R5，创建凸形模锁尺寸长度为 12×10×7.97，倒圆角为 R3.5，加入斜度为 5°，再倒圆角 R2.5，如图 2-81 所示。

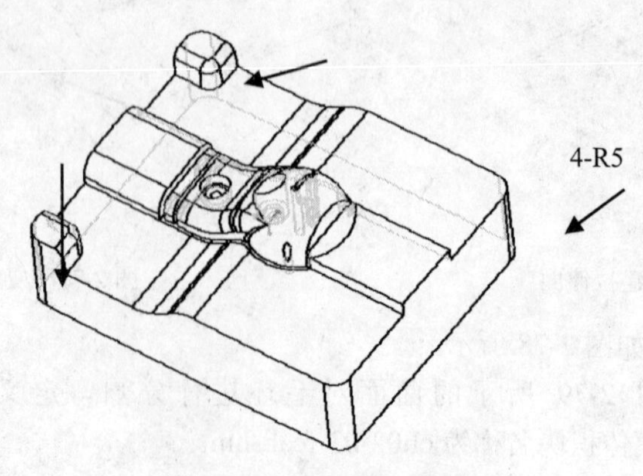

图 2-81　创建后模凸形模锁

（13）在分模装配文件 ch02-03-fcab.asm 中建立新层 PL，将 PL 曲面移到该层，将其隐藏。将前模激活，四角倒圆角 4-R5，将后模的模锁曲面复制到前模，并用此曲面切除前模实体。在前模另外一侧创建凸形模锁尺寸长度为 12×10×7.97，倒圆角为 R3.5，加入斜度为 5°，再倒圆角 R2.5，如图 2-82 所示。

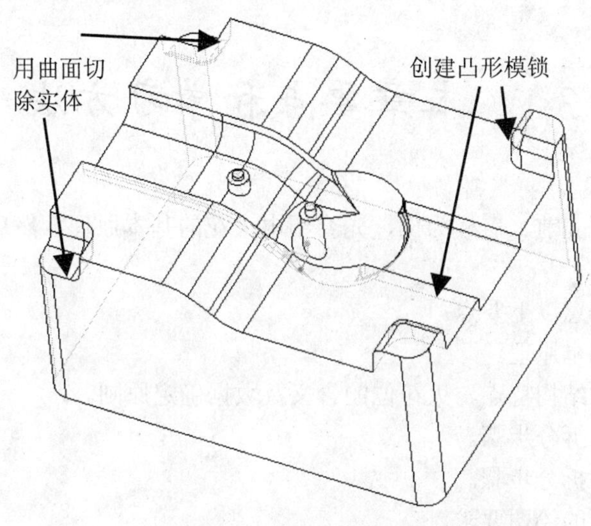

图 2-82　创建前模模锁

（14）在分模装配文件中将后模激活，再将前模的模锁曲面复制到后模，并用此曲面切除前模实体，如图 2-83 所示。

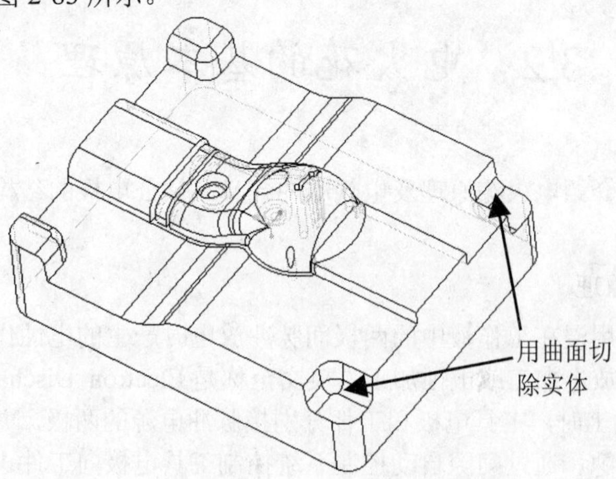

图 2-83　创建后模凹形模锁

完成结果可以参考 ch02-03-fcab.asm 文件。本例还可以用自动分模方法，请自行完成。

第3章 遥控器面壳拆分铜公

3.1 本章要点和学习方法

本章以遥控器面壳前、后模为例，先介绍电火花的基本原理，然后介绍电极铜公的设计方法。

学习本章时请注意以下要点：

- ❑ 电火花的基本原理。
- ❑ 铜公电极的结构特点、火花位的含义及数据确定原则。
- ❑ 前模铜公的拆分步骤。
- ❑ 组合铜公的拆分步骤。
- ❑ 铜公避空面的绘图要求。

建议初学者按照书上步骤先掌握一种拆分方法，然后思考和实践其他更好的方法。本章难点是正确确定铜公的部位及避空面的绘图。

3.2 电火花的基本原理

本节主要内容：介绍电火花原理及电规准的含义、铜公电极的结构及在模具制造里的作用。

1. 电火花加工原理

电火花加工是利用浸在工作液中的两极间脉冲放电时产生的电蚀作用蚀除导电材料的特种加工方法，又称放电加工或电蚀加工，英文全称是Electron Discharge Machine，简称EDM。进行电火花加工时，工具电极和工件分别接脉冲电源的两极，并浸入工作液中，或将工作液充入放电间隙。通过间隙自动控制系统控制工具电极向工件进给，当两电极间的间隙达到一定距离时，两电极上施加的脉冲电压将工作液击穿，产生火花放电。

在放电的微细通道中瞬时集中大量的热能，温度可高达一万摄氏度以上，压力也有急剧变化，从而使这一点工作表面局部微量的金属材料立刻熔化甚至气化，并爆炸式地飞溅到工作液中，迅速冷凝，形成固体的金属微粒，被工作液带走。这时在工件表面便留下一个微小的凹坑痕迹，放电短暂停歇，两电极间工作液恢复绝缘状态。紧接着，下一个脉冲电压又在两电极相对接近的另一点处击穿，产生火花放电，重复上述过程。这样，虽然每个脉冲放电蚀除的金属量极少，但因每秒有成千上万次脉冲放电作用，就能蚀除较多的金属，具有一定的生产率。在保持工具电极与工件之间恒定放电间隙的条件下，一边蚀除工件金属，一边使工具电极不断地向工件进给，最后便加工出与工具电极形状相对应的形状来。因此，只要改变工具电极的形状和工具电极与工件之间的相对运动方式，就能加工出各种复杂的型面。

火花放电的时间必须极短，且是间歇性、脉冲性的瞬时放电。一般每一脉冲延续时间应小于 0.001s 才能使热量来不及传导和扩散出去，从而局部地蚀掉金属，否则就会像电弧持续放电那样，只能起焊接和切割作用，无法用于尺寸加工。一般采用工件接正极，工具电极接负极的正极性接法。电蚀加工中，要确保工件蚀除的速度远远超过工具电极蚀除的速度，为此电蚀加工的电源应选择直流脉冲电源。电蚀加工是在液体介质中进行的，常用的液体介质有煤油、10 号机油等，液体介质不仅将电蚀产物从间隙中排除，并应起绝缘、冷却和提高电蚀的作用。EDM 过程中没有显著的切削力，通常称为无力切削。

电火花加工主要用于加工具有复杂形状的型孔和型腔的模具及其他各种硬、脆材料，如硬质合金和淬火钢等，弥补了普通切削加工的不足，与普通切削相配合可以高效地加工复杂的模具工件。

2．铜公的含义

铜公就是电火花加工中用来对工件进行放电腐蚀加工的工具电极。“铜公”是珠三角地区制模行业的从业人员对电极的通俗而形象的叫法，因电火花电极大多为铜制造，又多为凸形，因而得名，有时也写为“铜工”。因为“铜公”一词已经是现实模具工厂里工程技术交流的正式工程语言，所以本书也将电极称为铜公。当然现代电火花加工工具除了用铜制造外，也用石墨（也叫石墨公）、特种铜等材料制造，其外形设计的思路和方法与铜公相同。铜公的设计习惯上也叫“铜公的拆分”、“拆铜公”、“拆公”或“剪铜公”等。

3．铜公在模具制造中的作用

模具加工中，在 CNC 加工未完全到位的模具部位，一般都要设计铜公进行电火花放电加工，即 EDM 加工。有些产品的外观要求有火花纹，这也需要专门设计电极进行加工。复杂模具的加工，由于目前 CNC 的技术所限制，加工后会在很多角落留下余料，因而需要大量的铜公进行 EDM 加工，因此在制模工作中，铜公的加工量很大，几乎占到总加工量的一半以上。因此做好铜公的设计及编程工作是编程员的基础性工作，必须熟练掌握。

4．铜公的结构特点

塑胶模具中常用的铜公结构及部位术语如图 3-1 所示。

5．电极铜公的火花位及电规准

如图 3-1 所示是游戏手柄面壳前模的大身铜公，其作用是加工前模型腔，其工作过程如图 3-2 所示。因铜公电极放电会把周边的模具材料腐蚀掉，使模具型腔变大，故铜公制造时要均匀缩小一定的数值，这个数值就是放电间隙，俗称为“火花位”。

火花位一般根据铜公的放电面积及产品形状要求来确定，按下列方式给定：

① 放电面积在 20mm×20mm 以下，粗公单边-0.15mm，幼公单边-0.05mm。

② 放电面积在 20mm×20mm 以上，100mm×100mm 以下，粗公单边-0.25mm，幼公

单边-0.075mm。

③ 放电面积在 100mm×100mm 以上 200mm×200mm 以下，粗公单边-0.30mm，幼公单边-0.1mm。

④ 放电面积在 200mm×200mm 以上，粗公单边-0.50mm，幼公单边-0.15mm。

如有特殊情况，要具体问题具体分析，灵活处理。粗公是 EDM 粗加工时所用的电极，幼公是 EDM 精加工所用的电极。

EDM 加工时，操作员要根据铜公的大小和模具加工部位的不同来选取放电的脉冲参数，这些参数主要是指脉冲宽度、电流和电压，选取好这些参数就可以连续进行粗加工、半精加工和精加工。这些参数通常叫做电规准，而电流参数往往影响了放电间隙，即火花位的大小。粗公通常给定较大的电流，以提高 EDM 的加工效率，幼公进行精加工，可以给定较小的电流以提高表面粗糙度和尺寸精度。通常 EDM 精加工的尺寸精度可达 0.01mm，表面粗糙度达 Ra0.8um。这些基本可以满足大部分制模的要求。

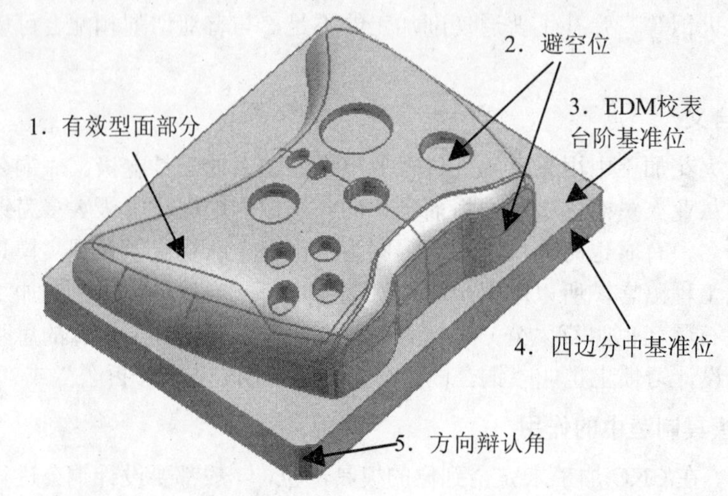

图 3-1　铜公结构

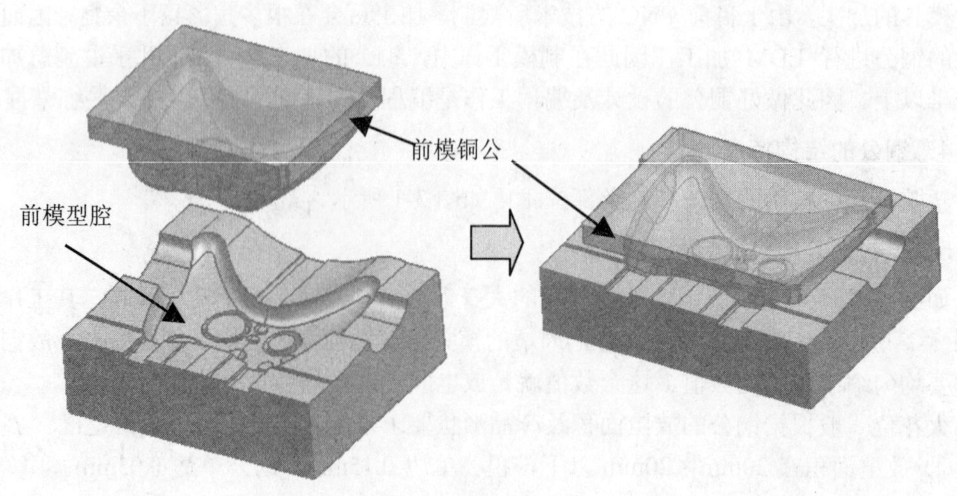

图 3-2　铜公的工作过程

3.3　铜公拆分部位的判断

本节任务：对分模图进行加工分析，判断哪些部位需要 EMD 加工而拆分铜公。

3.3.1　前模加工分析

（1）在 Pro/E 软件里设置工作目录为 D:\ch03-01，打开前模图 ch02-02-fcab-qm.prt。

（2）前模 CNC 加工方案是：用 ED16R0.8 飞刀开粗，然后用 ED12 平底刀进行中光，最后再用 ED8 平底刀进行清角，PL 曲面需要用 BD8R4 球刀中光及光刀，模锁面则用 ED8 清角后再用 BD3R1.5 球刀进行光刀。经过这样的 CNC 加工后，在型腔部分 A 处和 B 处仍残存大量的钢料无法加工到位，如果继续用更小的刀具加工，加工效率必然很低，甚至不能加工。需要用铜公进行 EDM 加工，况且产品的外观要求是高光，最后需要大身铜公来进行 EDM 加工。如图 3-3 所示。

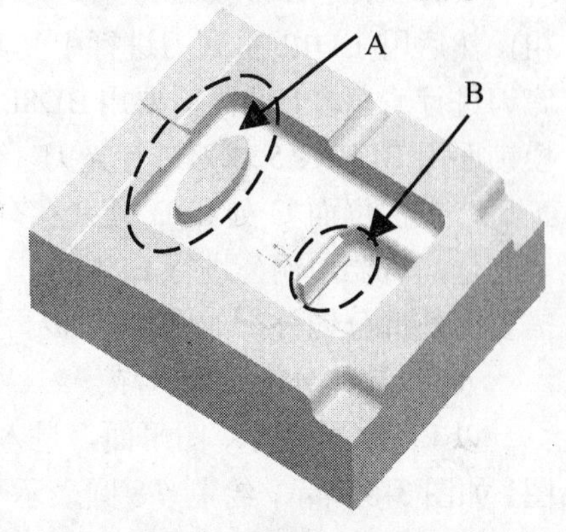

图 3-3　前模拆分部位

（3）具体分析残留区域

以 PL 面平位为草图平面，进入草图界面，绘制草图，如图 3-4 所示，绘制 Φ8 圆表示平底刀的加工范围。注意图中的圆与角落处大致相切，不需要太精确。

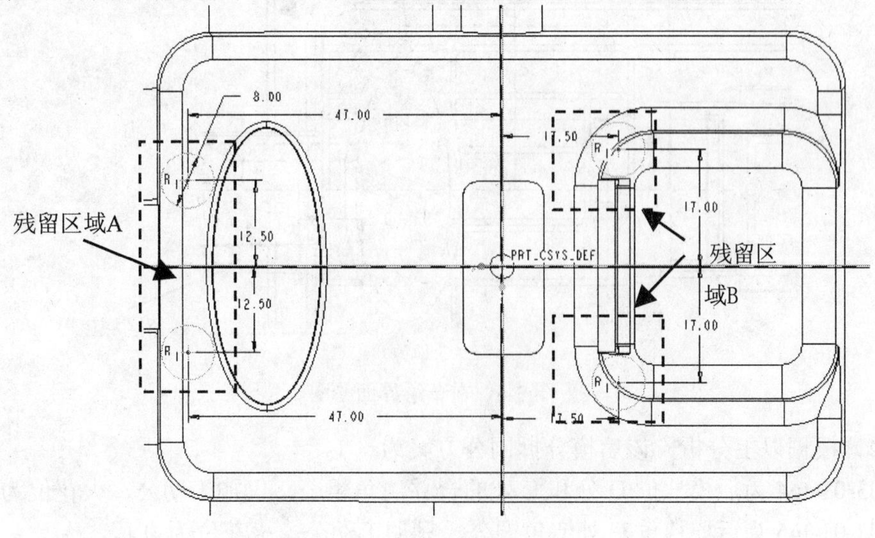

图 3-4　在草图界面绘图

（4）根据以上分析，该前模分拆铜公方案为

ch03-01-tg1 为前模型腔大身铜公，需要加工幼公，火花位为-0.1，粗公火花位为-0.3。

ch03-01-tg2 为前模 A 处的清角粗公，仅加工粗公，火花位为-0.25。

ch03-01-tg3 为前模 B 处的清角粗公，仅加工粗公，火花位为-0.25。

（5）在前模文件里建立层 C1，将草图移到此层并关闭显示。将层状态存盘。

3.3.2　后模加工分析

（1）打开后模图 ch02-02-fcab-hm.prt。

（2）后模 CNC 加工方案是：用 ED16R0.8 飞刀开粗，然后用 ED12 平底刀进行中光，最后再用 ED8 平底刀进行清角，PL 曲面需要用 BD8R4 球刀中光及光刀，模锁面用 BD3R1.5 球刀进行光刀。经过这样的 CNC 加工后，在枕位面 C 处和 D 处残存有大量的钢料无法加工到位，需要用铜公进行 EDM 加工。另外骨位部分也需要另外拆分铜公，如图 3-5 所示。

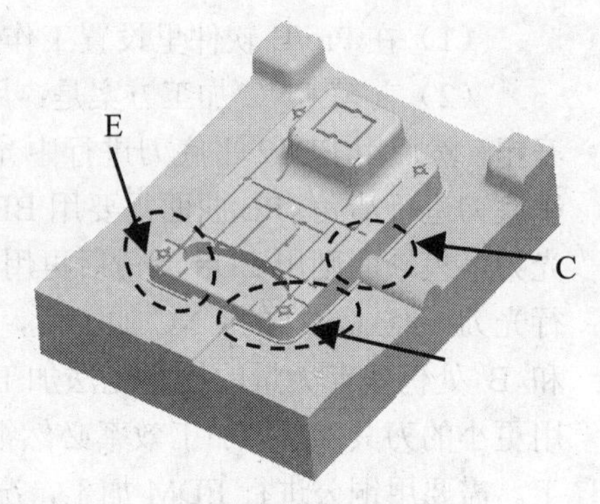

图 3-5　后模拆分部位分析

（3）具体分析残留区域

以 PL 面平位为草图平面，进入草绘界面，绘制草图，如图 3-6 所示，绘制 $\Phi8$ 圆表示平底刀的加工范围。

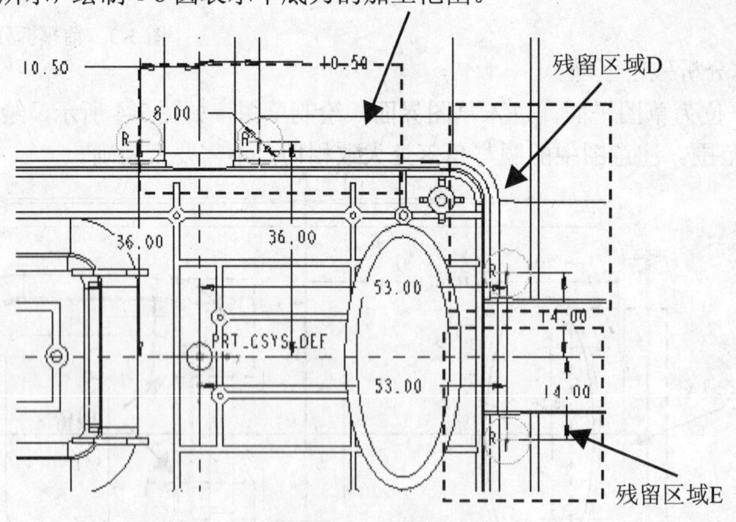

图 3-6　在草绘界面绘图

（4）根据以上分析，该后模分拆铜公方案为：

ch03-01-tg4 为后模枕位 D 处和 E 处的合并清角粗公，仅加工幼公，火花位为-0.1。

ch03-01-tg5 为后模枕位 C 处清角铜公，只加工幼公，火花位为-0.1。

ch03-01-tg6 为后模骨位铜公，可以拆成一体，火花位为-0.1。

ch03-01-tg7 为后模枕位 D 处和 E 处上一级的合并清角粗公，仅加工幼公，火花位为-0.1。

（5）在后模文件里建立层 C2，将草图移到此层并关闭显示。将层状态存盘。

为了说明铜公设计的要点，本章仅以 1#6#计为例，其余铜公设计请读者自行完成。

本节讲课视频：\ch02\03-video\ch03-01-tg1 拆铜公准备.exe。

3.4　大身 1#铜公设计

所谓大身铜公是指形状与产品外观大致相似的铜公，为前模型腔的主要成型部分。

本节任务：针对前模型腔 1#大身铜公的拆分，说明拆分铜公要注意的问题，包括提取曲面、创建台阶位、铜公实体化、铜公避空面处理和输出铜公。

3.4.1　提取铜公曲面

（1）启动 Pro/E 软件，设定工作目录为 D:\ch03-01。先建立空零件文件，文件名为 temp，选取空模板，如图 3-7 所示。

图 3-7　创建空文件

（2）进入分模模块

打开分模装配文件 ch02-02-fcab.asm，在工具栏里单击【遮蔽/取消遮蔽】按钮，在弹出的【遮蔽-取消遮蔽】对话框里选取后模，再单击【遮蔽】按钮，将后模关闭显示，仅显示前模，如图 3-8 所示。单击【关闭】按钮。

（3）创建铜公图

在右侧的【菜单管理器】里选取【模具型腔】|【装配】|【模具元件】选项，在弹出的【打开】对话框里选取 TEMP.PRT 文件，按照默认模式进行装配，目录树里有了 TEMP.PRT

文件。在主菜单里执行【文件】|【重命名】命令，在弹出的【重命名】对话框里单击【命令和设置】按钮，然后在目录树里选取 TEMP.PRT，改名为 ch03-01-tg1，单击【确定】按钮，结果如图 3-9 所示。

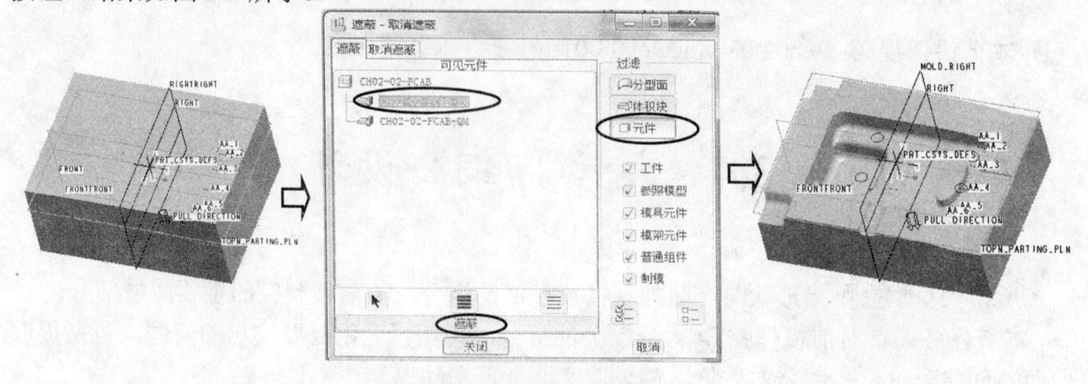

图 3-8　关闭后模图

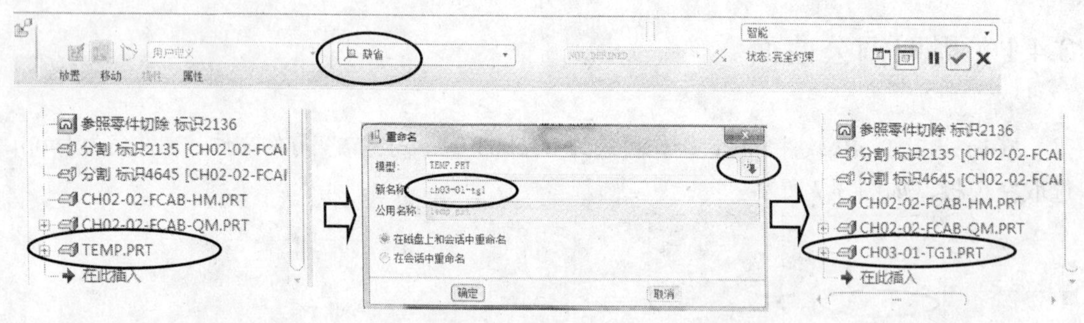

图 3-9　装配空文件

这样做的目的是，如果日后丢失装配文件，能够通过默认装配的方式来将铜公图档和前模图档进行装配。

（4）复制铜公曲面

在目录树里选取 CH03-01-TG1.PRT，使其为激活状态。先在型腔内选取一个面，再按住 Shift 键，选取型腔面周围的 PL 面，移动光标，结果如图 3-10 所示。

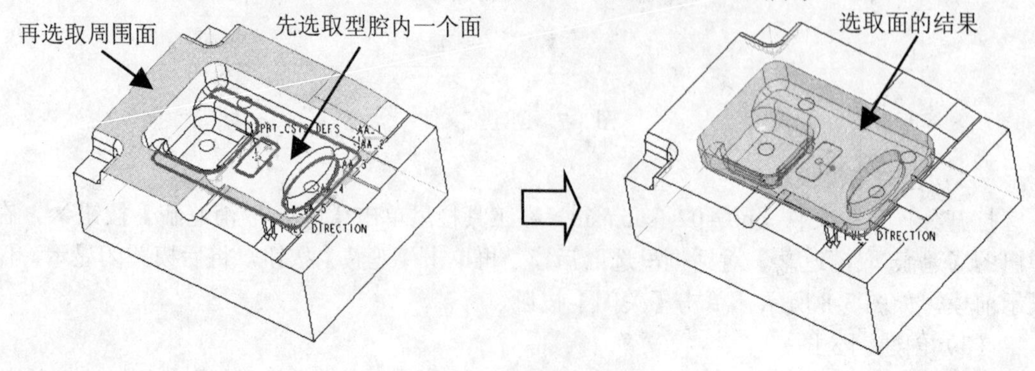

图 3-10　选取曲面

这是用“种子-边界面”的方法来选取面，如果有些图形并不规则，则可以用其他方式来选取面，包括用“单个面”的方法来选取，虽然效率低，但是确实是最为有效的方法。

在主菜单里执行【编辑】|【复制】命令，再执行【编辑】|【粘贴】命令，或者在工具栏里单击【复制】按钮，再选取【粘贴】按钮，在系统弹出的曲面复制工具栏里单击【应用】按钮，曲面复制结果如图 3-11 所示。

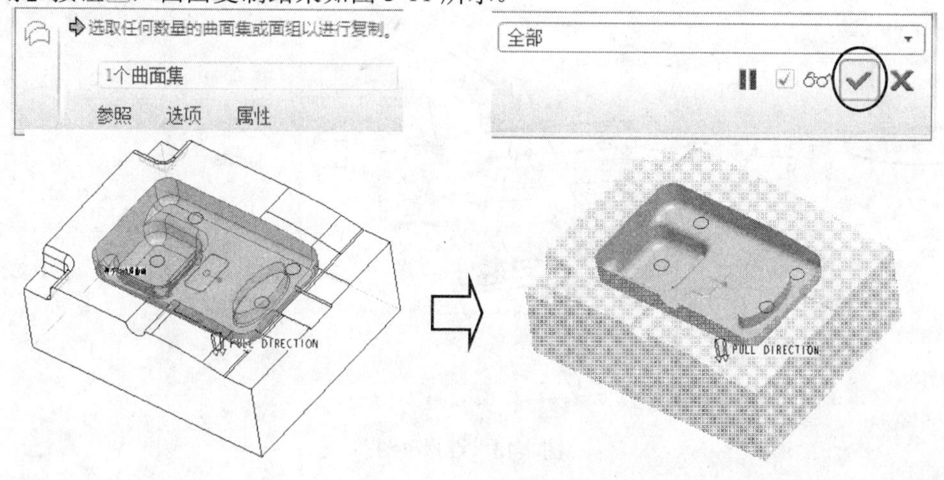

图 3-11　曲面复制

3.4.2　绘制铜公的台阶基准面

目前有两种方法：方法 1 是直接使用拉伸特征来创建；方法 2 是先构造用户特征，然后根据用户特征建造铜公台阶基准面，这种方法适合多种铜公，操作简捷，可以简化绘图步骤。此铜公将采用方法 1 来绘制。方法 2 在后续铜公拆分时给予介绍。

1. 生成基准面

在模具装配图里，确保铜公图为激活状态。绘制时沿水平基准面 MAIN_PARTINGR_PLN 向上平移，距离为 5，成为基准面 DTM1，如图 3-12 所示。

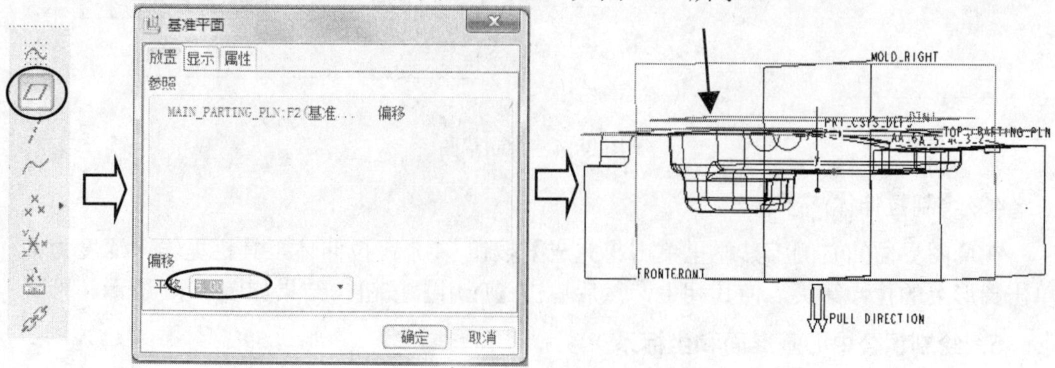

图 3-12　生成此基准面 DTM1

2．启动拉伸体工具

在主菜单里执行【插入】|【拉伸】命令，系统弹出拉伸的操控面板工具栏，在图形区右击鼠标，在弹出的快捷菜单里执行【定义内部草绘】命令，系统弹出【草绘】对话框，选取上一步刚生成的基准面 DTM1 为草图平面，MAIN_RIGHT 基准面方向为右，如图 3-13 所示。

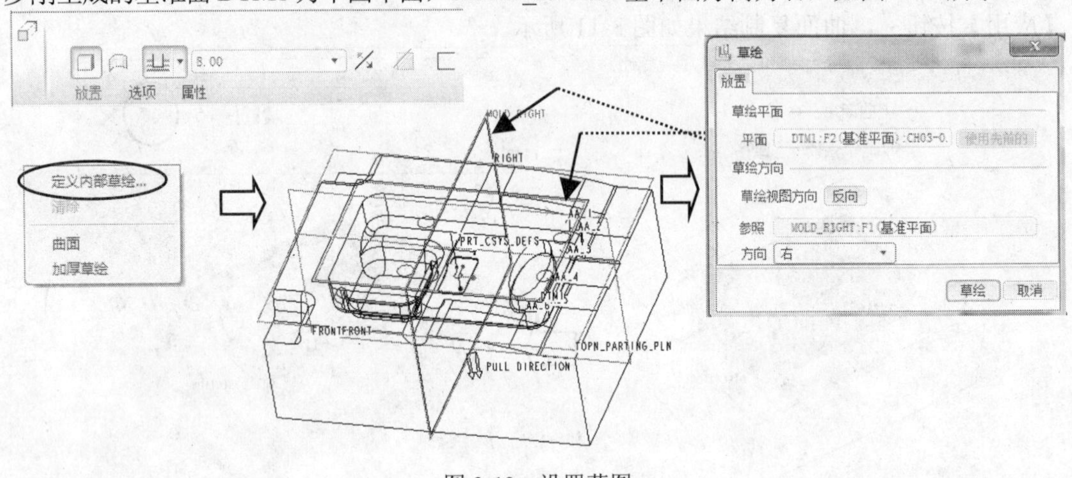

图 3-13　设置草图

3．绘制草图

在【草绘】对话框里单击【草图】按钮，系统进入草绘界面，选取垂直的两个基准面为草图参照，然后按图 3-14 所示绘制尺寸为 110×80 的矩形。铜公台阶沿着有效型面单边外扩 2～5mm 即可。

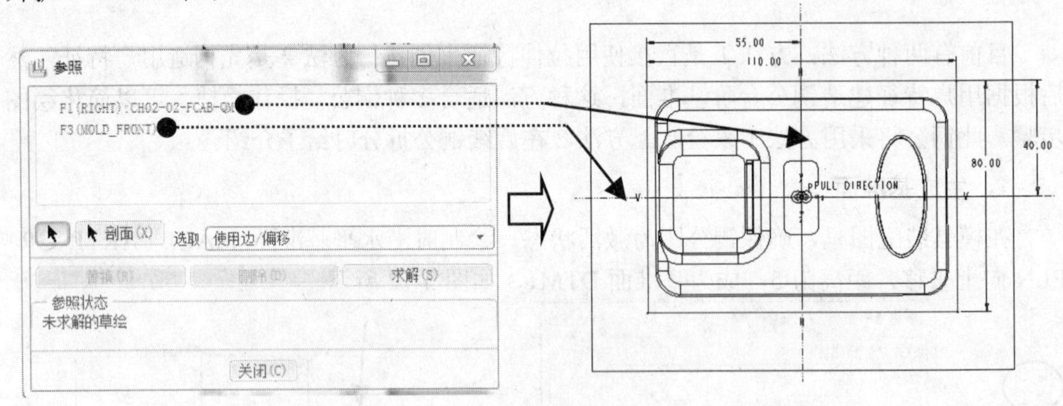

图 3-14　绘制草图

4．绘制拉伸体

在草图界面的右侧工具栏里单击【完成】按钮✔。在拉伸体工具栏里输入深度为 8，单击图形上的拉伸箭头，使其朝上，然后单击【应用】按钮，结果如图 3-15 所示。

5．绘制铜公中心基准面和坐标系

方法：先创建中点再创建基准面，最后创建铜公坐标系。

在主菜单里执行【插入】|【模具基准】|【点】|【点】命令，然后在刚绘制的铜公基准

面的实体边选取一点，在【基准点】对话框里，给定【偏移】数值为 0.5，方式为【比率】，创建此实体边的中点 PNT0。再单击【新点】选项，在铜公图形上选取另外一条实体边的一点，给定比率数值为 0.5，成为点 PNT1。单击【确定】按钮，结果如图 3-16 所示。

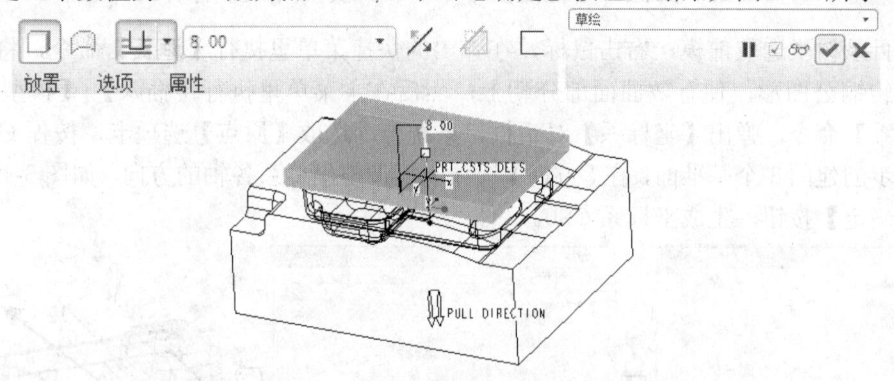

图 3-15　绘制拉伸体

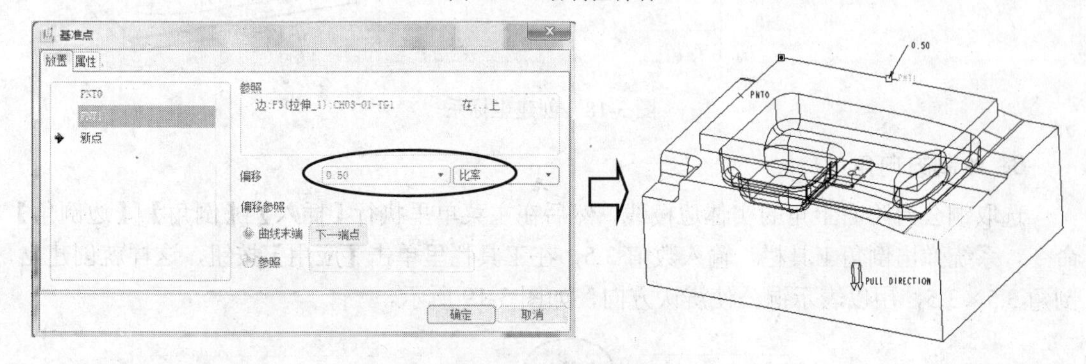

图 3-16　创建基准中点

为了能清晰绘图，将前模隐藏遮蔽。

在主菜单里执行【插入】|【模具基准】|【平面】命令，弹出【基准平面】对话框，系统自动选取【放置】选项卡，然后在铜公台阶实体上选取上一步刚创建的点 PNT0，系统自动将此点的约束定为“穿过”，按住 Ctrl 键，在铜公台阶实体上选取另外一个与实体垂直的面 A，此时系统自动确定约束为“平行”，单击【确定】按钮，生成中心基准面 DTM2，如图 3-17 所示。同理，生成另外一个中心基准面 DTM3。

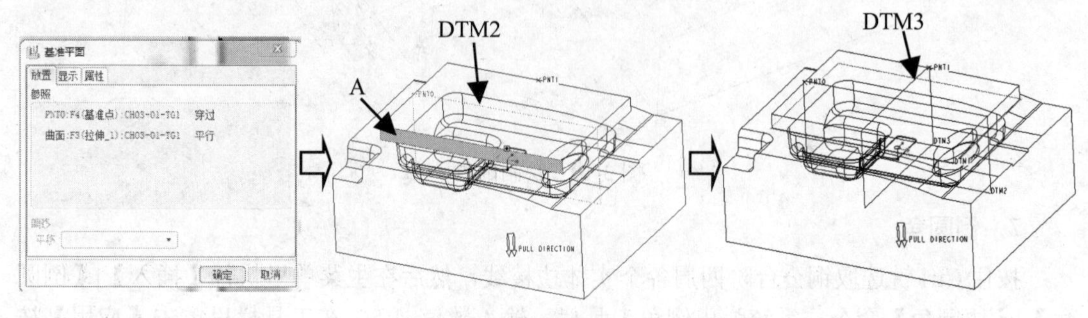

图 3-17　生成基准面

小提示： 此处为了显示得更加清晰，可以将前模的 3 个基准面和分模装配的 3 个基准面都遮蔽隐藏。可以展开目录树，选取相应基准面特征后右击鼠标，在弹出的快捷菜单里执行【遮蔽】命令，在需要的时候再将其显示出来。

在目录树里选取前模，右击鼠标，在弹出的快捷菜单里执行【遮蔽】命令，将前模遮蔽，旋转铜公图形，使有效曲面部分朝上，然后在主菜单里执行【插入】|【模型基准】|【坐标系】命令，弹出【坐标系】对话框，系统自动选取【原点】选项卡，按住 Ctrl 键选取上一步创建的 3 个基准面，在【方向】选项卡里调整坐标系各轴的方向，如图 3-18 所示。单击【确定】按钮，生成坐标系 CS0。

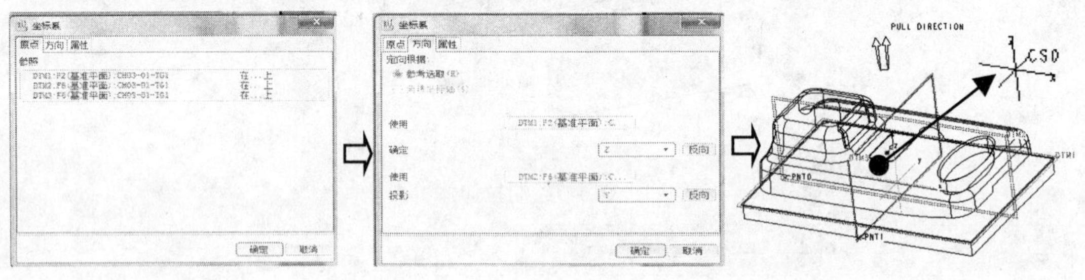

图 3-18　创建坐标系

6．绘制方向角

选取铜公台阶右上角的实体边棱线，然后在主菜单里执行【插入】|【倒角】|【边倒角】命令，系统弹出倒角工具栏，输入数值 3.5，在工具栏里单击【应用】按钮，这样就创建出倒角 3.5×3.5，用以表示铜公使辨认方向，如图 3-19 所示。

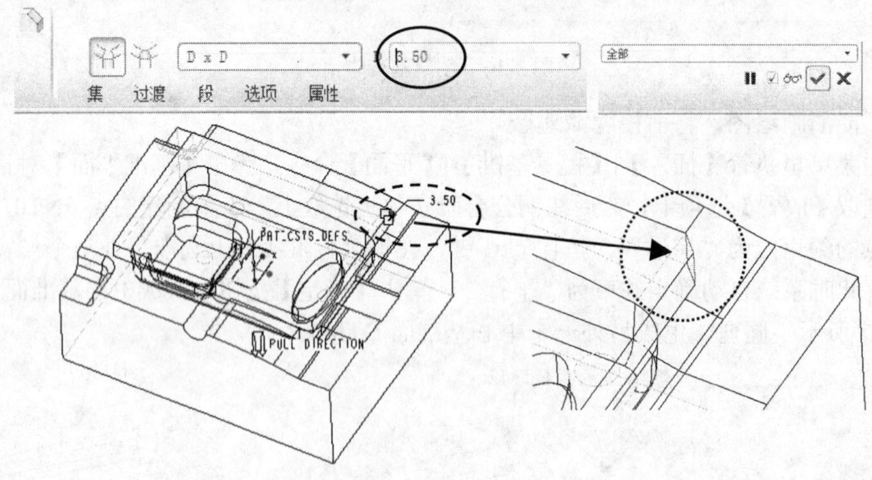

图 3-19　绘制倒角

7．倒圆角

按住 Ctrl 键选取铜公台阶四周各个实体边棱线，然后在主菜单里执行【插入】|【倒圆角】|【边倒角】命令，系统弹出倒角工具栏，输入数值 1.5，在工具栏里单击【应用】按钮，这样就创建出圆角 R1.5，目的是防止挂手，如图 3-20 所示。

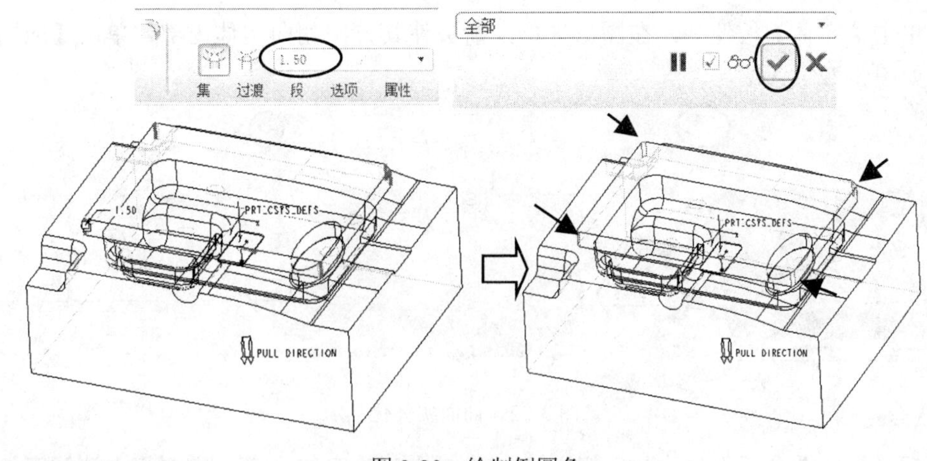

图 3-20　绘制倒圆角

单击工具栏里的【保存】按钮，将装配文件存盘。

3.4.3　铜公曲面实体化

方法：先将曲面向台阶位方向延伸，然后将曲面实体化。

1．曲面延伸

单独打开铜公文件 ch03-01-tg1.prt，或者在目录树里选取铜公文件并右击鼠标，在弹出的快捷菜单里执行【打开】命令将其打开。

先选取曲面，再选取曲面上任意一条边线，在主菜单里执行【编辑】|【延伸】命令，系统弹出曲面延伸工具栏，单击【将曲面延伸到平面】按钮，在图形上选取台阶平面，再选取【参照】选项卡，在弹出的对话框里选取【细节】选项，系统弹出【链】对话框，选中【基于规则】和【完整环】单选按钮，再选中【标准】单选按钮，可以将全部边线选上，单击【确定】按钮。在工具栏里单击【应用】按钮，结果如图 3-21 所示。

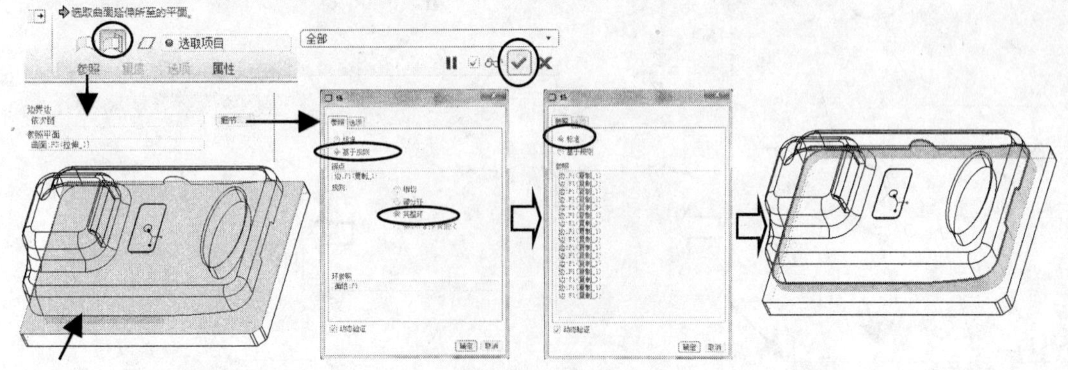

图 3-21　曲面延伸

2．曲面实体化

在图形区选取铜公的曲面组，在主菜单里执行【编辑】|【实体化】命令，系统弹出工

具栏，单击【实体】按钮□，在图形区单击箭头使其方向朝向实体内部，单击【应用】按钮☑，如图 3-22 所示。

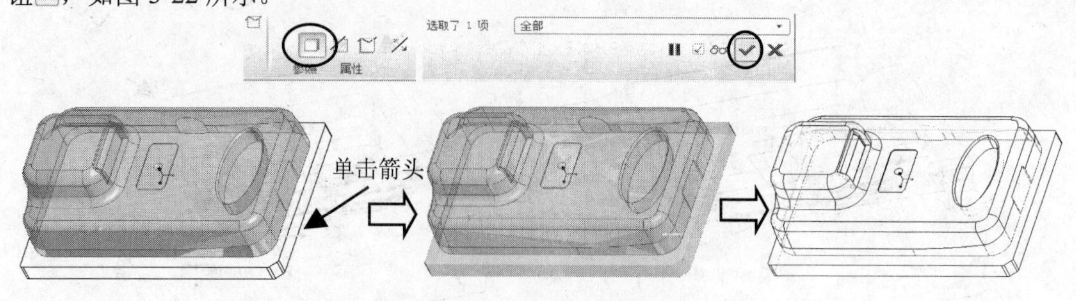

图 3-22　曲面实体化

从铜公零件图分析得知，很多部位仍然不能用普通 CNC 加工，需要将无法加工的部位进行切割处理，以便铜公能够被 CNC 简洁地加工出来。另外，铜公周边也需要进行圆顺处理，以便 EDM 加工时能使前模型腔相接光顺。

3.4.4　铜公避空处理

方法：（1）利用替代的方法将铜公右侧枕位处圆顺处理；（2）将铜公半圆枕位处做拉伸体切除一块材料，再利用替代的方法将半圆枕位处圆顺处理；（3）利用拉伸体将插穿位处切除；（4）利用拉伸体将商标 Lable 位材料切除；（5）利用拉伸体将按钮位材料切除。

1．右侧枕位处圆顺处理

（1）在图形上选取 C 面，然后在主菜单里执行【编辑】|【偏移】命令，系统弹出偏移工具栏，单击【选取替换曲面特征】，按钮⟦，在图形里选取基准面 DTM2，单击【应用】按钮，如图 3-23 所示。

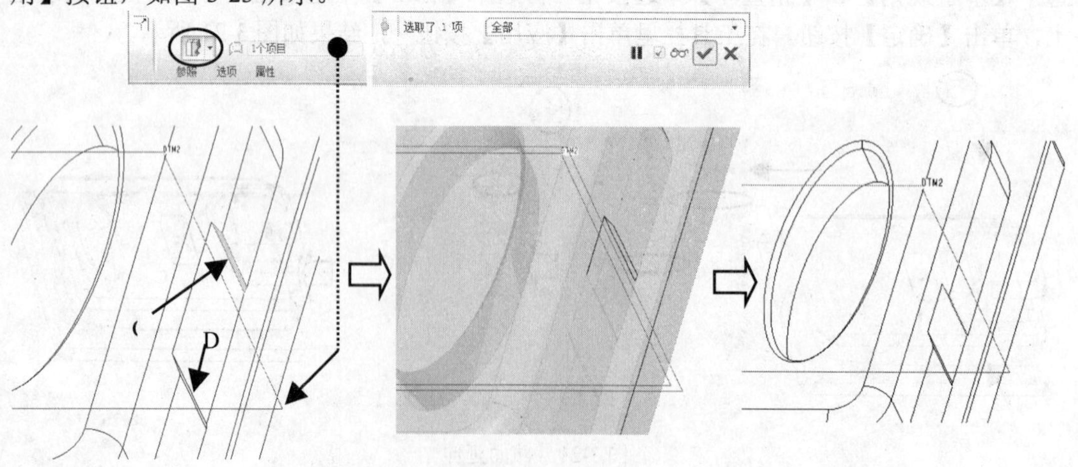

图 3-23　替换实体面 C

（2）同理，替换另外一部分实体面 D，结果如图 3-24 所示。

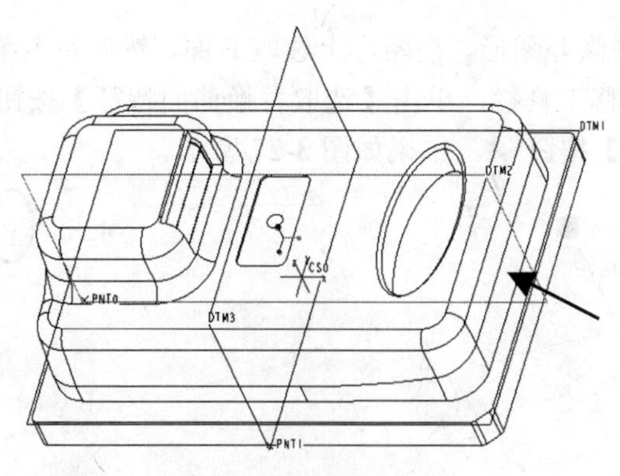

图 3-24　已经圆顺处理

2．半圆枕位处圆顺处理

如果直接使用上述替代方法，会出现特征重新生成失败的情况，必须先切除，再替代。

（1）将铜公半圆枕位处做拉伸体切出一块规则的材料。在工具栏里单击【拉伸】按钮，系统弹出拉伸工具栏，选取 E 面为草图平面，DTM3 基准面为草图参照平面，进入草图界面，绘制如图 3-25 所示的草图。

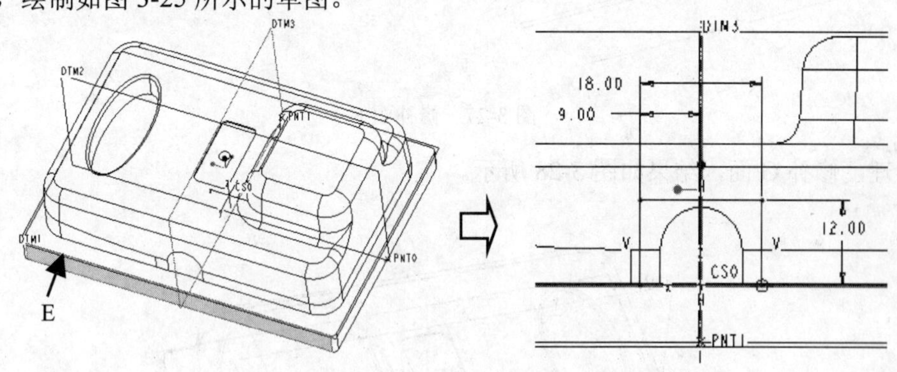

图 3-25　绘制草图

在草绘工具栏里单击【完成】按钮，系统返回拉伸工具栏，单击【移除材料】按钮，数值给定为 10，单击【应用】按钮，结果如图 3-26 所示。

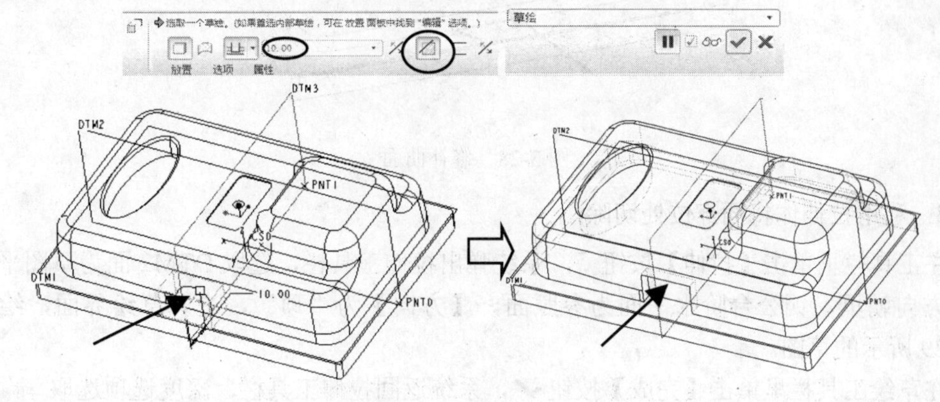

图 3-26　创建拉伸体

（2）利用替代方法修补图形。在图形上选取 F 面，然后在主菜单里执行【编辑】|【偏移】命令，系统弹出偏移工具栏，单击【选取替换曲面特征】按钮，在图形里选取基准面 DTM3，单击【确定】按钮，结果如图 3-27 所示。

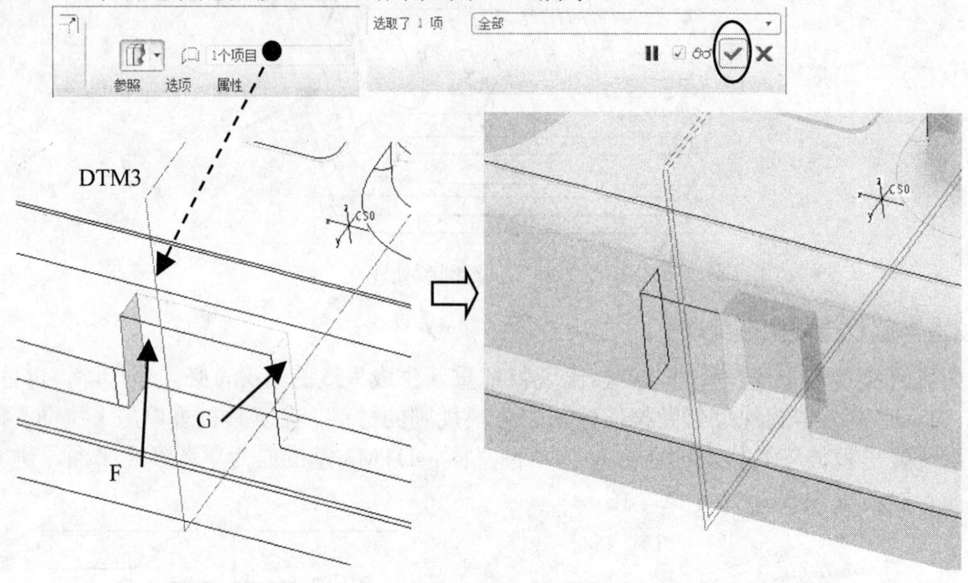

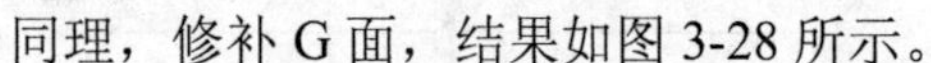

图 3-27　修补面 F

同理，修补 G 面，结果如图 3-28 所示。

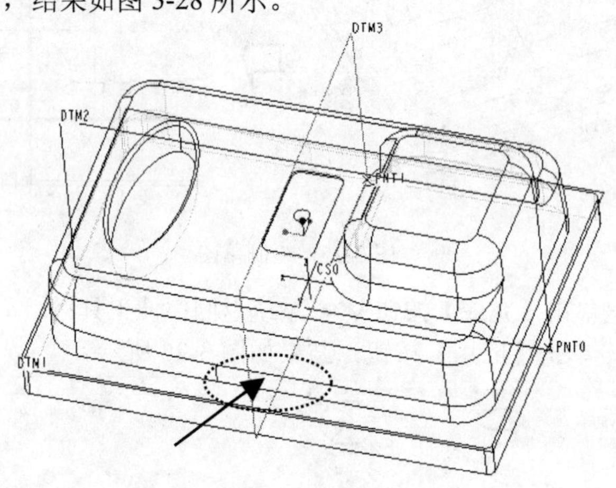

图 3-28　修补曲面

3．利用拉伸体将插穿位处切除

在工具栏里单击【拉伸】按钮，系统弹出拉伸工具栏，选取 DTM2 面为草图平面，调整方向朝里，铜公台阶水平面为参照面，【方向】为“顶”，进入草绘界面，绘制如图 3-29 所示的草图。

在草绘工具栏里单击【完成】按钮，系统返回拉伸工具栏，深度选项选取，然后在图形上选取 H 面，单击【移除材料】按钮，再单击【应用】按钮，结果如图 3-30

所示。

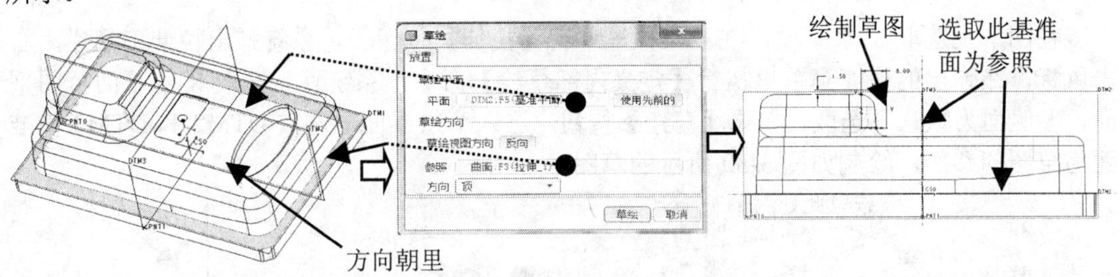

图 3-29　绘制草图

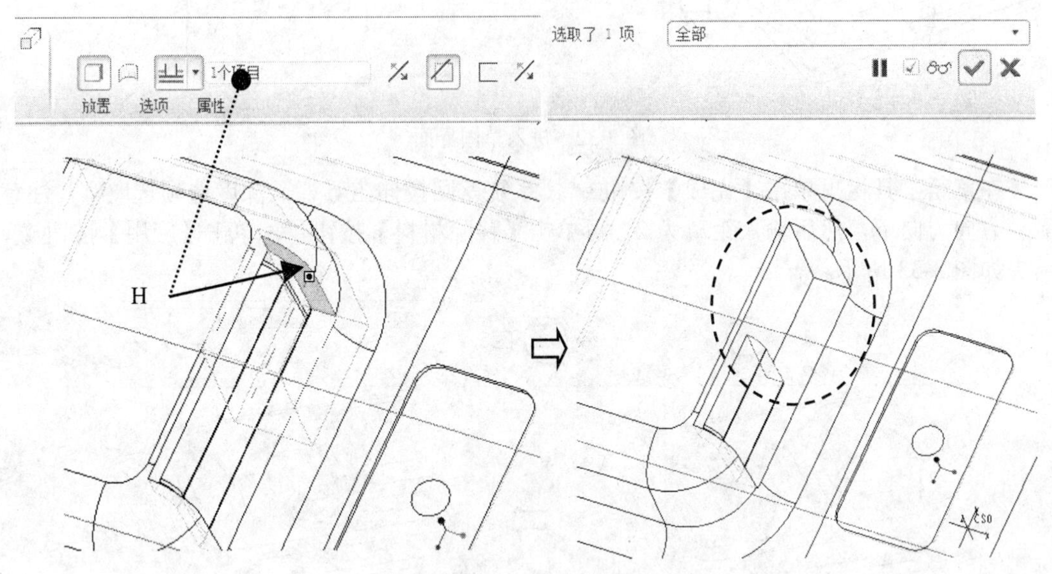

图 3-30　切除避空位

同理，改变拉伸方向，选取 I 面为拉伸终止面，切除多余的材料，再选取 J 面，在主菜单里执行【编辑】|【偏移】命令，使用偏移的方法将 J 处水平面向下偏移 0.2，结果如图 3-31 所示。

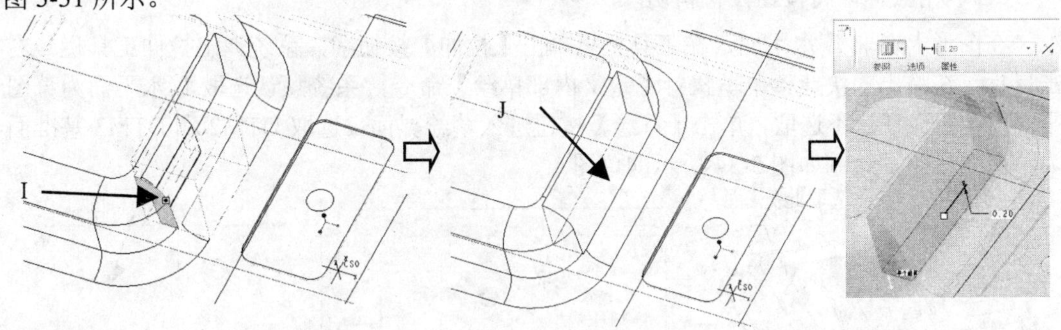

图 3-31　处理插穿面处的避空位

小提示：之所以对 J 处水平面也进行避空处理，是为了防止电火花加工前模时在此处出现积炭现象导致模具过切。

4．利用拉伸体将商标 Lable 位材料切除

在图形上选取 K 水平面，在工具栏里单击【拉伸】按钮，系统弹出拉伸工具栏，右击鼠标，在弹出的快捷菜单里执行【定义内部草绘】命令，系统默认选取 K 水平面草图平面，参照面为默认不选取，单击【草绘】按钮，进入草绘界面，选取 DTM2 和 DTM3 基准面为草图的参照，绘制如图 3-32 所示的草图。

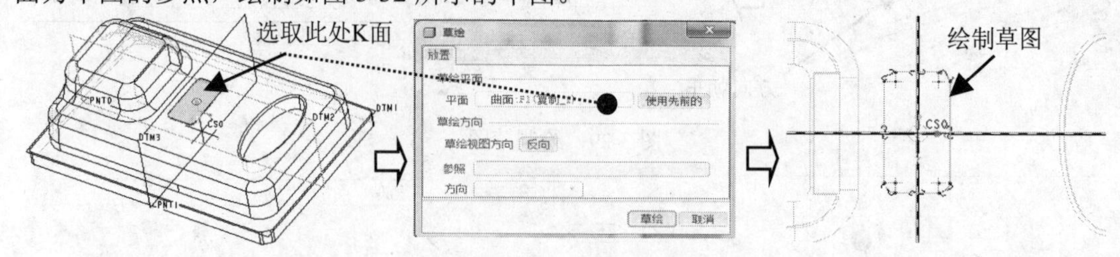

图 3-32　进入草图界面

在草绘工具栏里单击【完成】按钮，系统返回拉伸工具栏，深度选项选取，注意箭头方向为向下，然后输入距离为 2，再单击【移除材料】按钮，单击【应用】按钮，结果如图 3-33 所示。

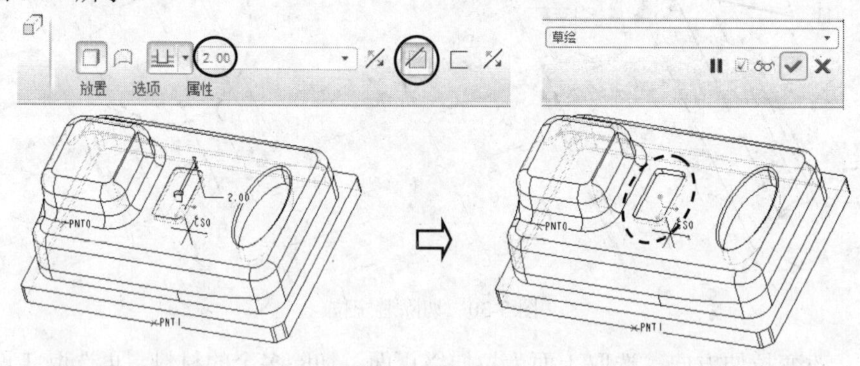

图 3-33　切除实体

5．利用拉伸体将按钮位材料切除

在图形上选取 L 水平面，在工具栏里单击【拉伸】按钮，系统弹出拉伸工具栏，右击鼠标，在弹出的快捷菜单里执行【定义内部草绘】命令，系统默认选取 L 水平面为草图平面，参照面默认不选取，单击【草绘】按钮进入草绘界面，选取 DTM2 和 DTM3 基准面为草图的参照，绘制如图 3-34 所示的草图。

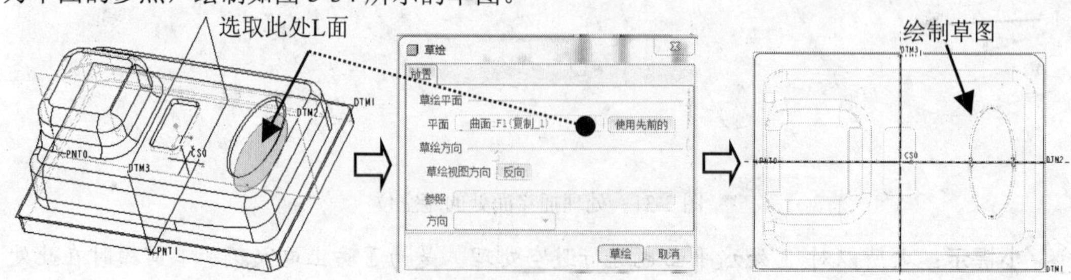

图 3-34　绘制草图

在草绘工具栏里单击【完成】按钮✔，系统返回拉伸工具栏，深度选项选取，注意箭头方向为向下，然后输入距离为 2，单击【移除材料】按钮，再单击【应用】按钮，结果如图 3-35 所示。

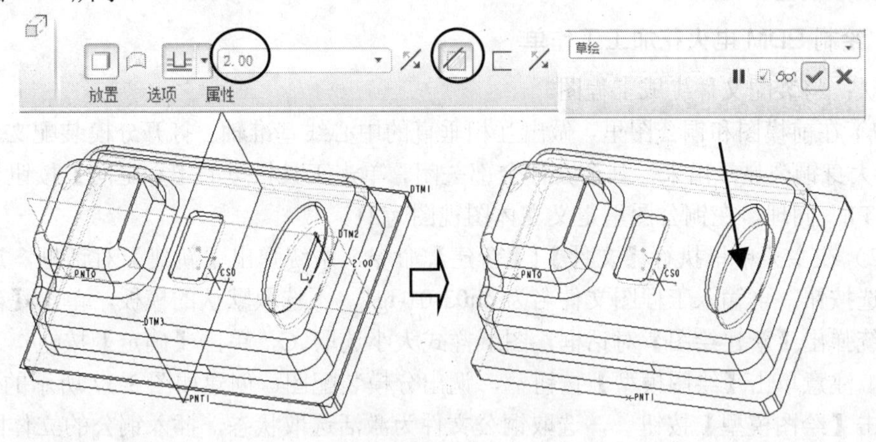

图 3-35　切除实体

3.4.5　铜公图输出

本节任务：设计完铜公后需要进行下一步工作：（1）输出图形用于数控编程；（2）绘制 EDM 电火花加工工作单。

1．整理图形输出 IGS 文件

单独打开铜公文件 ch03-01-tg1.prt，检查坐标系是否正确。本例的坐标系在第 3.4.2 节已经完成。经检查发现 CS0 的 Z 轴朝上，零点在铜公的四边分中的台阶面的位置，符合加工要求。

在主菜单里执行【文件】|【保存副本】命令，系统弹出【保存副本】对话框，在【类型】里选取 IGES（*.igs），系统弹出【导出 IGES】对话框，在【几何】栏里选中【实体】复选框，在【坐标系】栏里单击【选取和创建坐标系】按钮，在图形上选取坐标系 CS0，在右侧的【菜单管理器】下拉菜单中的【选取】对话框里单击【确定】按钮，然后在【导出 IGES】对话框里单击【确定】按钮。这样在信息栏里就显示“已经创建 IGES 文件 ch03-01-tg1.igs”，结果如图 3-36 所示。

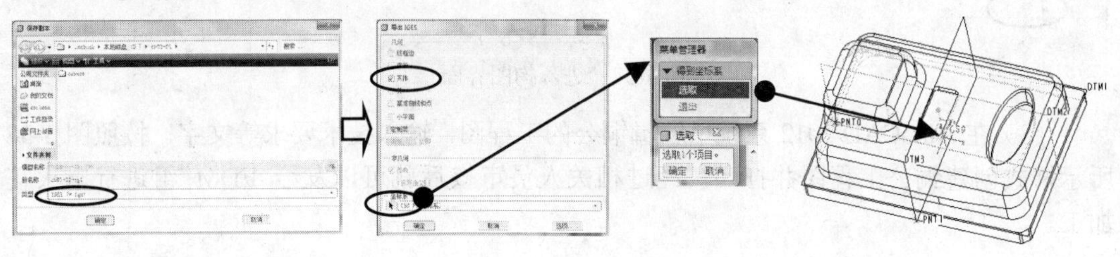

图 3-36　输出 IGS 文件

同理，可以将此图形转化为 STP 文件或者 X_T 文件，这些文件都可以供数控编程软件进行数控编程。如果仍然采取 Pro/E 软件进行数控编程，这一步可以省略，直接对 PRT 文件进行数控编程即可。

2. 绘制 EDM 电火花加工工作单

方法：将装配文件生成工程图。

（1）在前模图和铜公图里，做出互相垂直的中心线基准轴。打开分模装配文件，将前模和 1#大身铜公显示出来，其余文件全部关闭。单击工具栏里的【重定向】按钮，定义俯视图 T1。同理，在铜公图里定义立体图视图为 I1。

（2）在主菜单里执行【文件】|【新建】命令，系统弹出【新建】对话框，选中【绘图】单选按钮，再输入工程图文件名为 ch03-01-tg1，不选取默认的模板，单击【确定】按钮，系统弹出【新建绘图】对话框，图纸样式大小选取 C，单击【确定】按钮，进入工程图界面。注意单击【绘图模型】按钮，调出分模装配图，创建如图 3-37 所示的三视图。再次单击【绘图模型】按钮，选取铜公文件为激活选取状态，插入铜公的立体图。将主要视图存为 DWG 文件，版本号取 2004 版以便能顺利被 AutoCAD 软件读取。

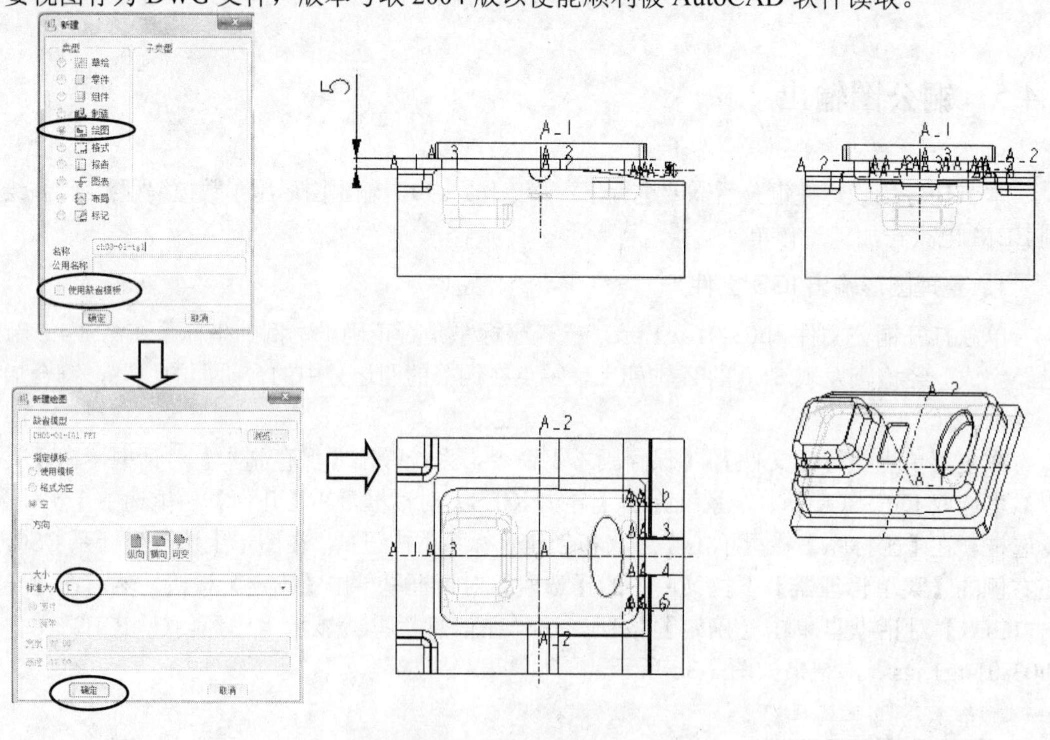

图 3-37　进入构图界面

（3）在 AutoCAD 2012 系统里编辑铜公的工程图，输入技术要求等文字。按照图 3-38 所示样式创建铜公工程图并打印，经过相关人员审核后就可以发给 EDM 组进行电火花加工。

本节讲课视频：\ch03\03-video\ch03-01-tg1 大身铜公设计.exe

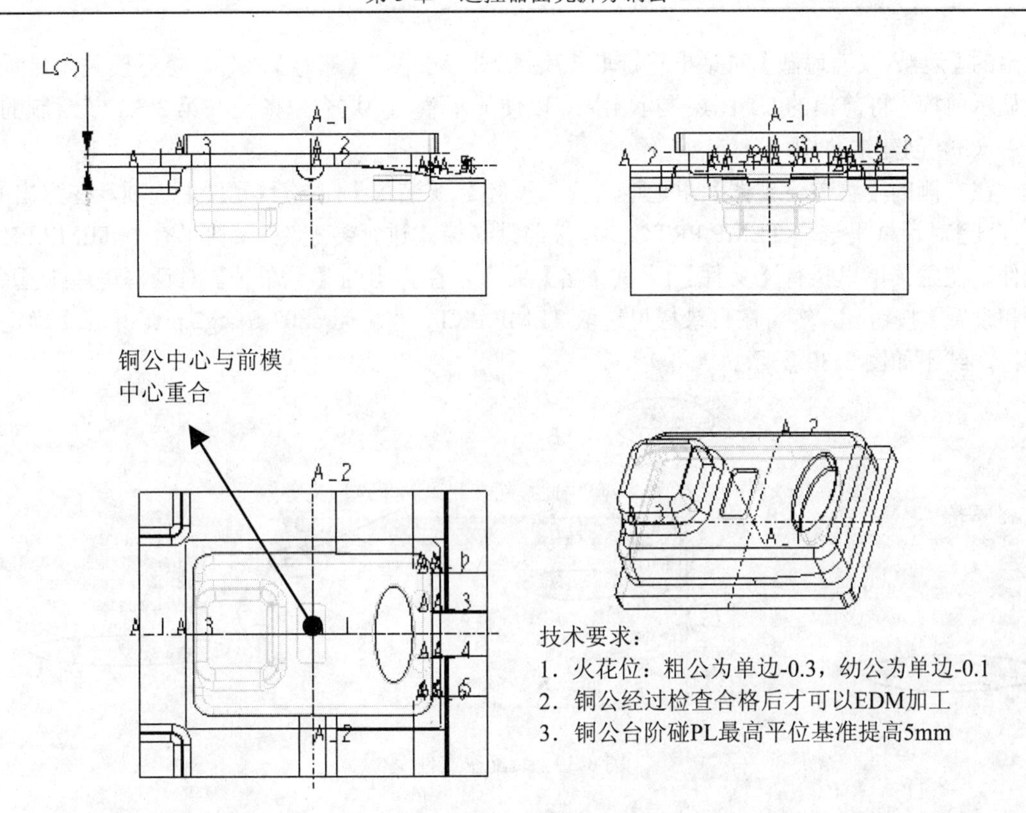

图 3-38　生成铜公工程图

3.5　前模清角 2#铜公设计

前模清角 2#铜公指在如图 3-4 所示的 A 区，对前模的钮位清除大量的残留余量，事先在此处进行 EDM 粗加工，可以显著提高大身 1#铜公 EDM 的工作效率，并且可以减少铜公损公。

本铜公设计要点：本铜公设计方法与 1#铜公主要步骤相同，但有自己的特点。提取曲面后要进行裁剪保留有效部分，台阶位的创建采取用户定义特征方法，而且要注意不能碰伤前模，铜公避空面处理也有自己的特点，其他步骤相同。

3.5.1　提取铜公曲面

（1）启动 Pro/E 软件，设定工作目录为 D:\ch03-01。采用第 3.4.1 节的方法创建空文件 temp.prt 并存盘。

（2）进入分模模块

打开分模装配文件 ch02-02-fcab.asm，在工具栏里单击【遮蔽/取消遮蔽】按钮，在弹出的【遮蔽-取消遮蔽】对话框里选取 1#铜公图，再单击【遮蔽】按钮，将后模关闭显示，仅显示前模。将前模的 C1 图层显示出来，以便显示草图，这个草图是在第 3.3.1 节绘制的。

（3）创建铜公图

在右侧的【菜单管理器】里选取【模具型腔】|【装配】|【模具元件】选项，在弹出的【打开】对话框里选取 TEMP.PRT 文件，按照默认模式进行装配，目录树里有了 TEMP.PRT 文件。在主菜单里执行【文件】|【重命名】命令，在弹出的【重命名】对话框里单击【命令和设置】按钮，然后在目录树里选取 TEMP.PRT，改名为 ch03-01-tg2.prt，单击【确定】按钮，结果如图 3-39 所示。

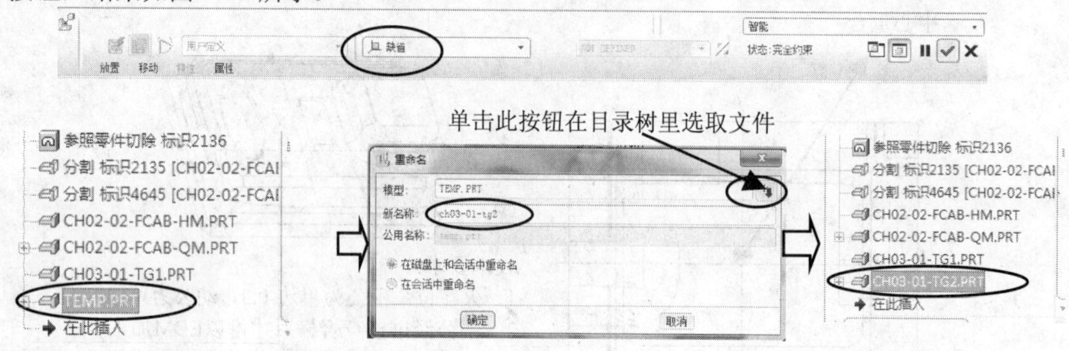

图 3-39　装配空文件

（4）复制铜公曲面

在目录树里设置 ch03-01-tg2.prt 为激活状态。先用鼠标左键选取前模，再在型腔的按钮位 A 区域处选取一个面，再按住 Ctrl 键选取其他曲面，如图 3-40 所示。在工具栏里单击【复制】按钮，再单击【粘贴】按钮，在复制曲面的工具栏里单击【应用】按钮。

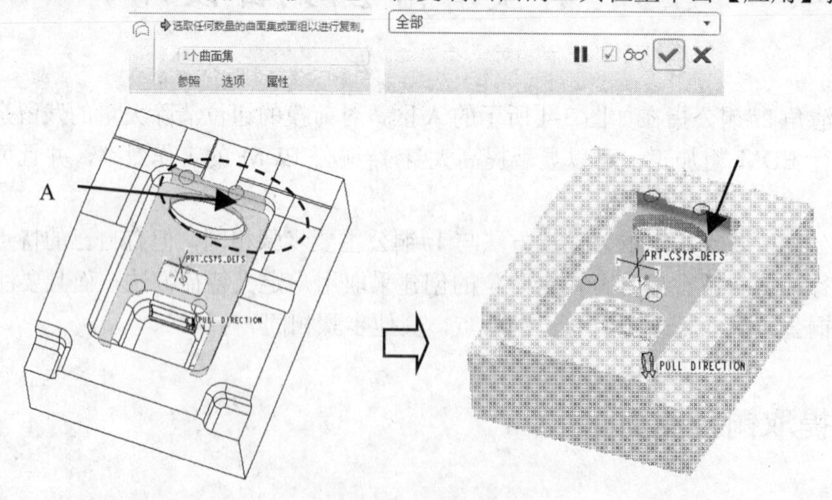

图 3-40　复制曲面

（5）修剪曲面

在主菜单里执行【插入】|【拉伸】命令，系统弹出拉伸操控面板，单击【拉伸为曲面】

按钮，右击鼠标，在弹出的快捷菜单里执行【定义内部草绘】命令，在图形上选取 PL 平位水平面，系统默认选取 RIGHT 基准面为草图参照面，单击【草绘】按钮进入草绘界面，选取 RIGHT 和 FRONT 基准面为草图的参照，如图 3-41 所示。

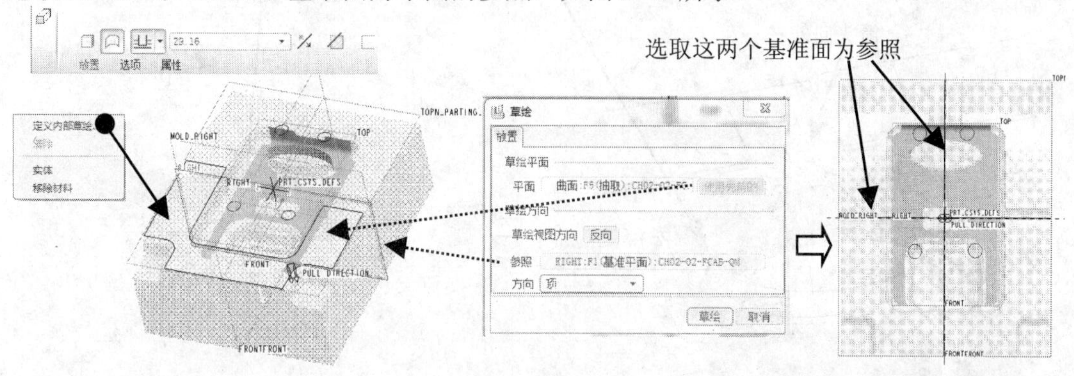

图 3-41　进入草绘界面

在草绘界面里绘制如图 3-42 所示的草图。注意这个草图要包住第 3.3.1 节绘出的刀具残留区域。图中的两个 $\Phi 8$ 圆为刀具加工的极限位置。

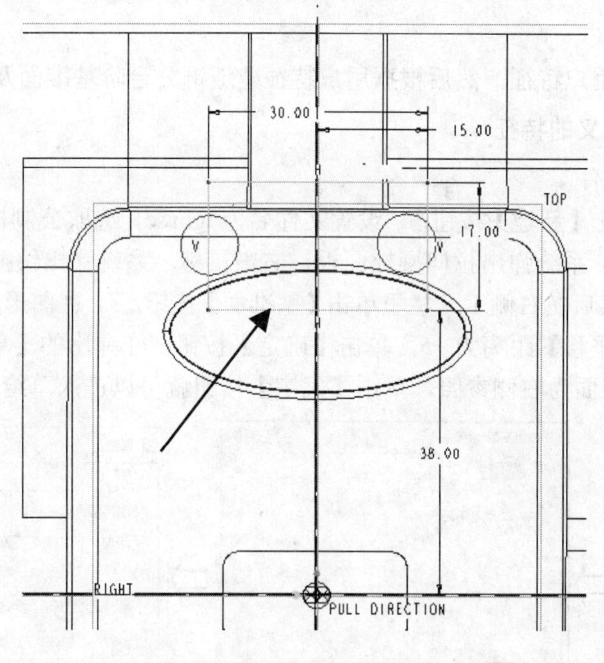

图 3-42　绘制草图

在草绘工具栏里单击【完成】按钮✔，系统返回拉伸操控面板，再单击【移除材料】按钮，然后在图形上选取刚复制的曲面面组，调整拉伸距离和方向使本次生成的曲面能够完全切割这个曲面面组。调整去除材料方向的箭头为向矩形外。单击【应用】按钮，完成对曲面面组的修剪，如图 3-43 所示。将装配文件存盘。

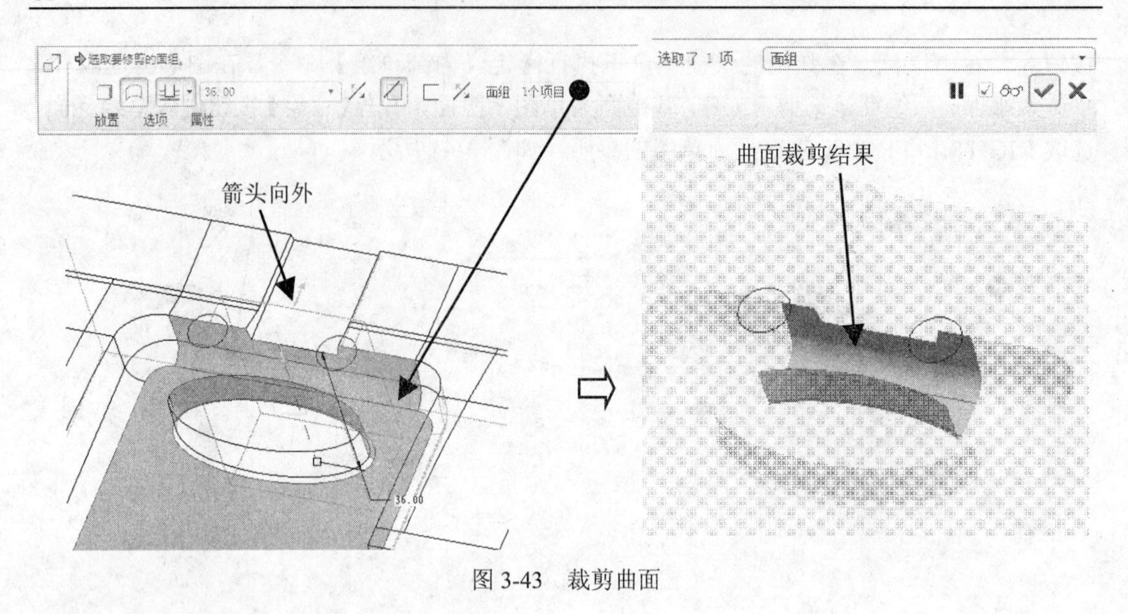

图 3-43　裁剪曲面

3.5.2　绘制铜公的台阶基准位

方法：先构造用户特征，然后根据用户特征建造铜公台阶基准面及其坐标系。

1．构建用户定义的特征

（1）建立新文件

在工具栏里单击【新建】按钮，设置文件名为 tgbase，选取公制模板。在工具栏里单击【拉伸】按钮，系统弹出拉伸操控面板，右击鼠标，系统弹出快捷菜单，执行【定义内部草绘】命令，然后在右侧工具栏里单击【基准面】按钮，在图形上选取基准面 TOP，输入向上偏移的【平移】距离为 15，单击【确定】按钮。在弹出的【草绘】对话框里，系统默认 RIGHT 基准面为右侧参照，单击【确定】按钮就可以进入草绘界面。

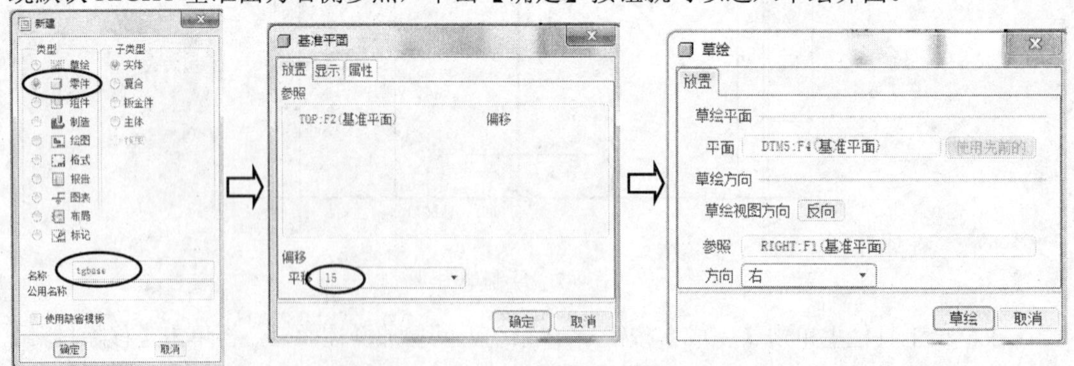

图 3-44　进入草绘界面

在草绘界面里，创建如图 3-45 所示的草图。先绘制互相垂直的中心线为对称中心线，再绘制大小为 125×60 的矩形，设定对称约束。

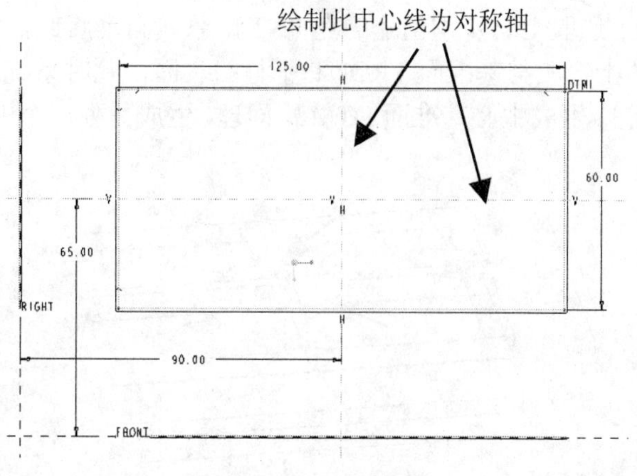

图 3-45　绘制草图

在草绘工具栏里单击【完成】按钮✔，系统返回拉伸操控面板，设置调整拉伸距离为 8，方向向上。单击【应用】按钮☑，生成基本拉伸体，如图 3-46 所示。

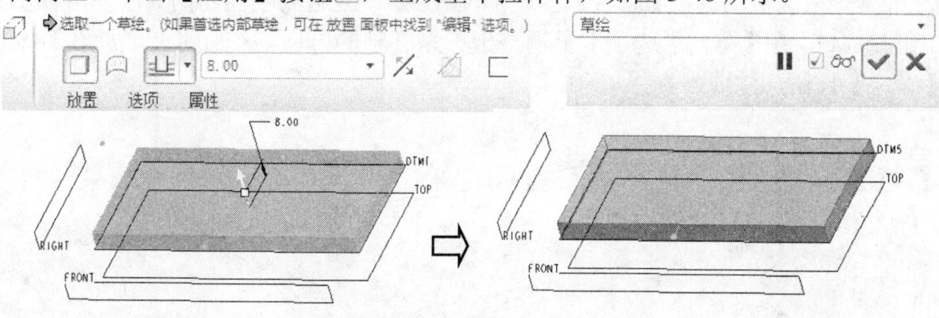

图 3-46　生成拉伸体

（2）绘制中心基准面和坐标系

方法：先创建中点，再创建基准面，最后创建坐标系。

在工具栏里单击【基准点】按钮，然后在刚绘制的拉伸体边选取一点，在【基准点】对话框里，给定【偏移】数值为 0.5，方式为“比率”，创建此实体边的中点 PNT0。再选取【新点】选项，选取另外一条实体边的一点，给定比率数值为 0.5，成为点 PNT1。单击【确定】按钮，结果如图 3-47 所示。

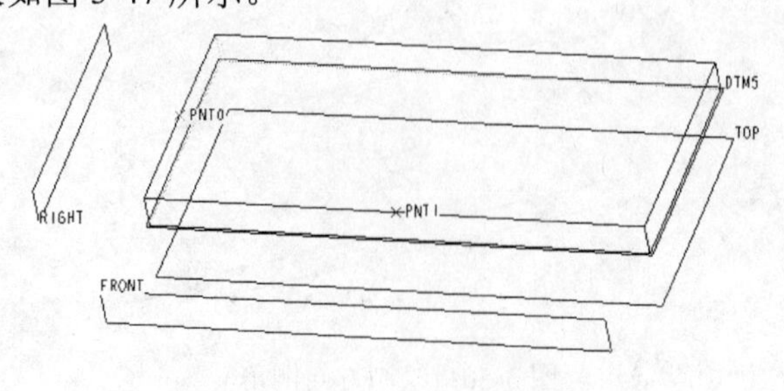

图 3-47　创建基准点

在工具栏里单击【基准面】按钮▱，弹出【基准平面】对话框，系统自动选取【放置】

选项卡，然后在实体上选取上一步刚创建的点 PNT0，系统自动将此点的约束定为“穿过”，按住 Ctrl 键，在实体上选取与基准面 FRONT 平行的表面，此时系统自动确定约束为“平行”，单击【确定】按钮，生成中心基准面 DTM2。同理，生成另外一个中心基准面为 DTM3。如图 3-48 所示。

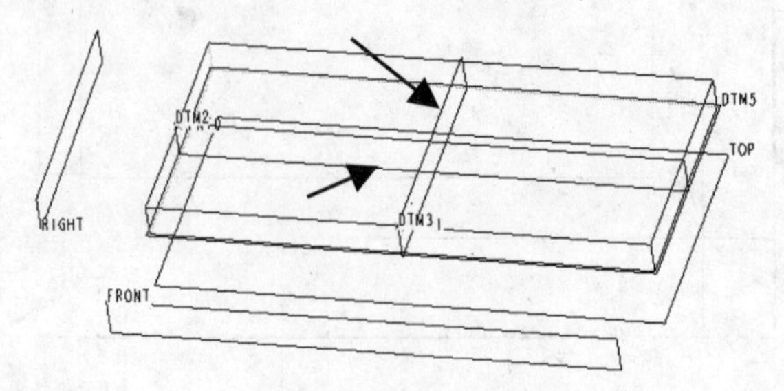

图 3-48　创建中心基准面

旋转图形使 TOP 基准面在实体以上，然后在工具栏里单击【坐标系】按钮，弹出【坐标系】对话框，系统自动选取【原点】选项卡，按住 Ctrl 键选取刚创建的 3 个基准面 DTM1、DTM2 和 DTM3，在【方向】选项卡里调整坐标系各轴的方向，Z 轴朝上，如图 3-49 所示，单击【确定】按钮，生成坐标系 CS0。

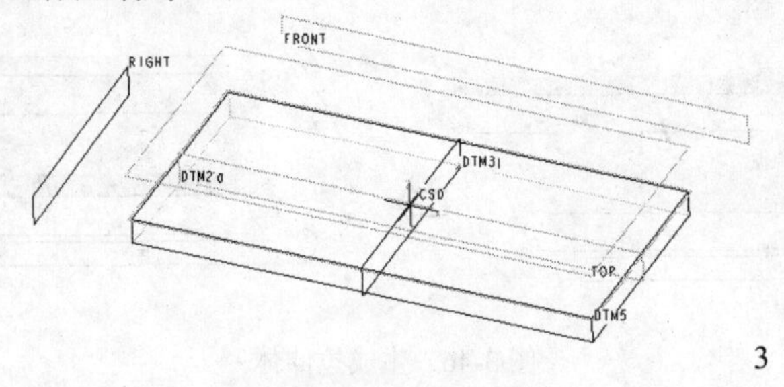

图 3-49　创建中心坐标系

（3）绘制方向角

选取铜公台阶右下角的实体边棱线，然后在工具栏里单击【边倒角】按钮，系统弹出倒角工具栏，输入数值 3.5，在工具栏里单击【应用】按钮，这样就创建出倒角 3.5×3.5 用以表示铜公使用的辨认方向，如图 3-50 所示。

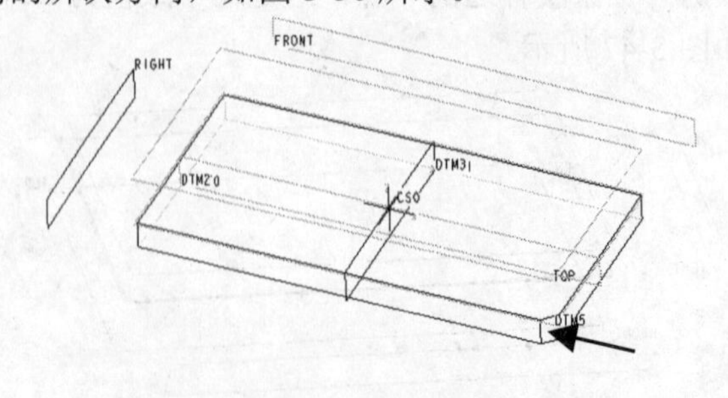

图 3-50　绘制方向倒角

（4）倒圆角

按住 Ctrl 键选取实体四周各个实体边棱线，然后在工具栏里单击【倒圆角】按钮，系统弹出倒角工具栏，输入数值 1.5，在工具栏里单击【应用】按钮，这样就创建出圆角 R1.5，如图 3-51 所示。将该文件存盘。

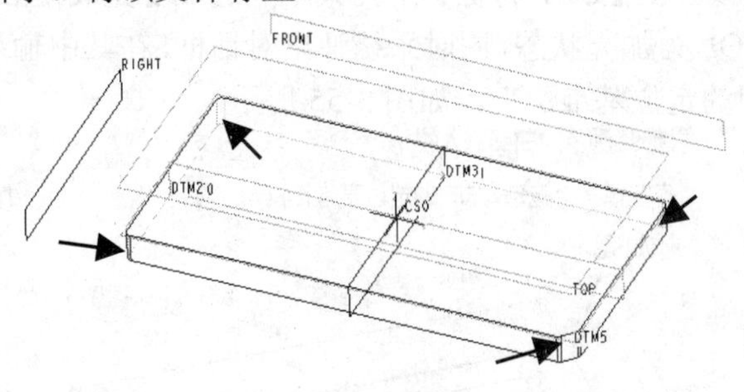

图 3-51　绘制倒圆角

（5）定义用户特征

在主菜单里执行【工具】|【UDF 库】命令，在系统弹出的【UDF】下拉菜单里选取【创建】选项，在系统弹出的参数栏里输入自定义特征名称 tgbase，单击【接受】按钮，如图 3-52 所示。

在系统弹出的【UDF 选项】下拉菜单里选取【单一的】选项，再选取【完成】选项，系统弹出【确认】对话框，单击【否】按钮，如图 3-53 所示。

图 3-52　输入自定义特征的名称　　　　图 3-53　确认信息

系统弹出【UDF:tgbase,独立】对话框，按要求在目录树里选取拉伸特征，再按住 Shift 键选取最后一个倒圆角特征，如图 3-54 所示。

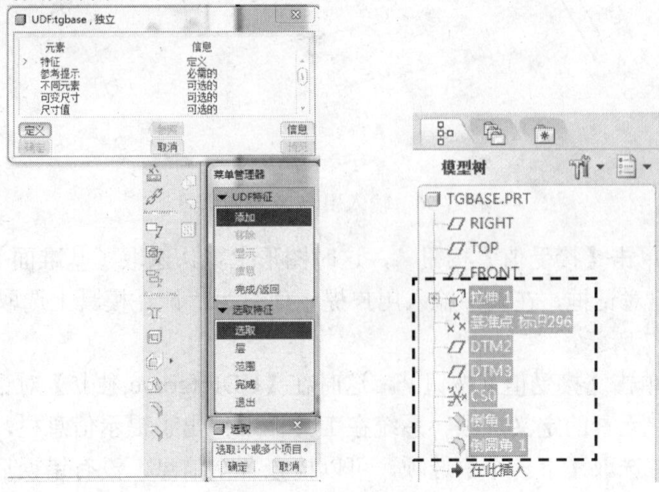

图 3-54　在目录树里选取特征

在如图 3-54 所示的【选取】对话框里选取【确定】选项，然后在【选取特征】下拉菜单里选取【完成】选项。在【UDF 特征】下拉菜单里选取【完成/返回】选项。这时图形上默认选取了基准面 TOP 为加亮状态，同时系统弹出对话框，在其中输入用户提示信息为“请在模具上选取 Z 方向的定位基准面”，如图 3-55 所示。

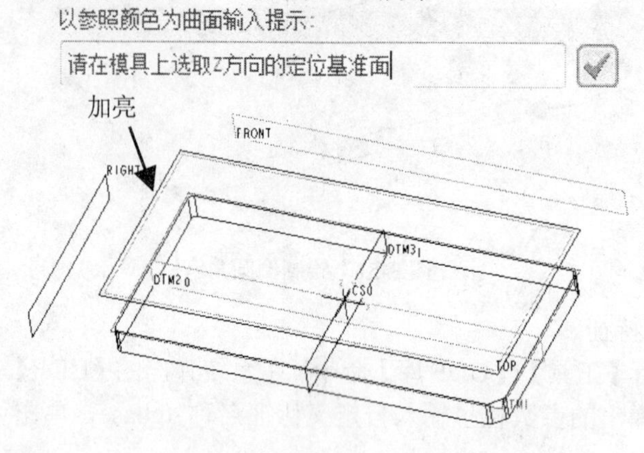

图 3-55 输入用户 Z 方向信息

在图 3-55 中单击【接受值】按钮☑，这时图形上默认选取了基准面 RIGHT 为加亮状态，同时系统弹出对话框，在其中输入用户提示信息为“请在模具上选取 X 方向的定位基准面”，如图 3-56 所示。

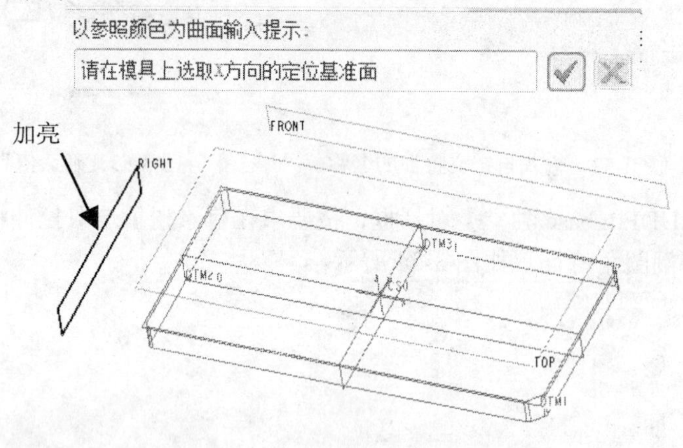

图 3-56 输入用户 X 方向信息

在图 3-56 中单击【接受值】按钮☑，这时图形上默认选取了基准面 FRONT 为加亮状态，同时系统弹出对话框，在其中输入用户提示信息为“请在模具上选取 Y 方向的定位基准面”，如图 3-57 所示。

在图 3-57 中单击【接受值】按钮☑，这时在【UDF:tgbase,独立】对话框里系统自动选取了【参考提示】元素的定义选项。系统在工具栏中弹出了提示信息栏，要求对之前的用户信息进行检查，选取【下一个】选项，可以检查各个信息，没有错误后就在系统弹出的【提示设置】下拉菜单里选取【完成/返回】选项，如图 3-58 所示。

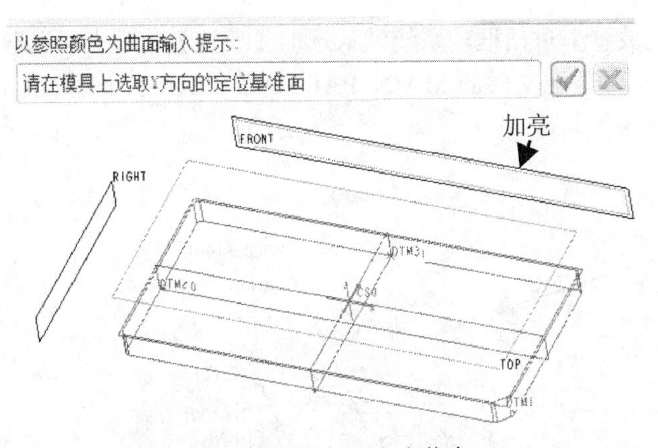

图 3-57　输入用户 Y 方向信息

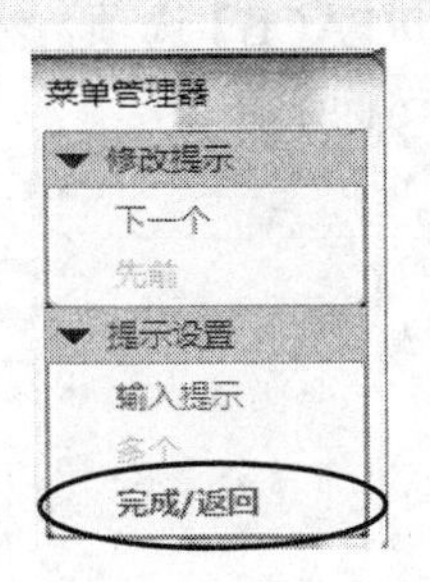

图 3-58　检查提示信息

在【UDF:tgbase1,独立】对话框里选取【可变尺寸】选项，单击【定义】按钮，在图形上选取尺寸 15，如图 3-59 所示。在【可变尺寸】下拉菜单里选取【完成/返回】选项。

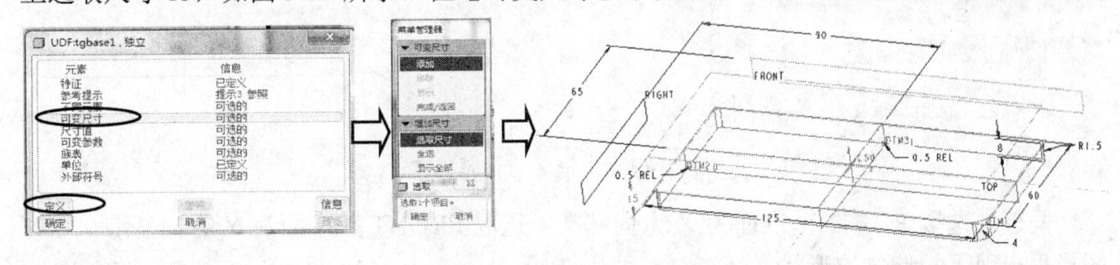

图 3-59　选取可变尺寸

系统要求输入尺寸值的提示信息，在信息栏里输入文字“请输入铜公台阶面到模具基准面的距离”，单击【接受值】按钮☑。在【UDF:tgbase1,独立】对话框里单击【确定】按钮。

查看 Windows 文件工作目录得知，系统生成的文件 tgbase.gph.1 就是用户定义的特征文件。

2．根据用户特征建造铜公台阶基准面及其坐标系

（1）打开分模装配文件，将铜公 2#文件，即 ch03-01-tg2.prt 激活。

（2）在主菜单里执行【插入】|【用户定义特征】命令，在系统弹出的【打开】对话框里选取 tgbase.gph 文件，单击【打开】按钮，如图 3-60 所示。在弹出的【插入用户定义的...】对话框里单击【确定】按钮。

图 3-60　选取用户自定义特征文件

（3）系统弹出【用户定义的特征放置】对话框，系统默认选取【放置】选项卡。选取【1.SURFACE】选项，然后在图形上选取装配文件的 MAIN_PARTING_PLN 水平基准面，如图 3-61 所示。

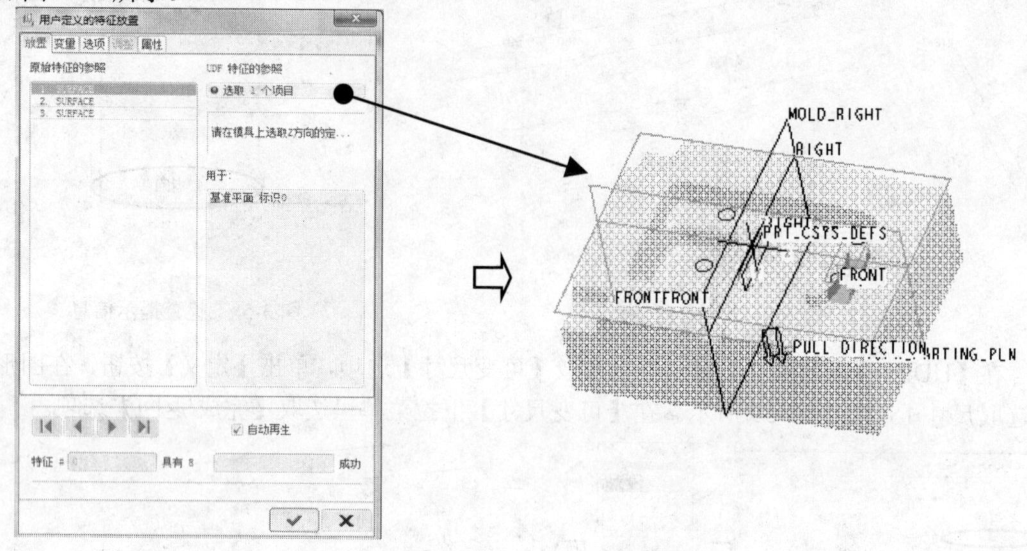

图 3-61　定位 Z 方向基准

同理，选取 RIGHT 基准面为 X 方向基准，选取 FRONT 基准面为 Y 方向基准。这时图形里出现了拉伸体的形状。

在【用户定义的特征放置】对话框里选取【变量】选项卡，修改尺寸 d12 的值为 5，如图 3-62 所示。

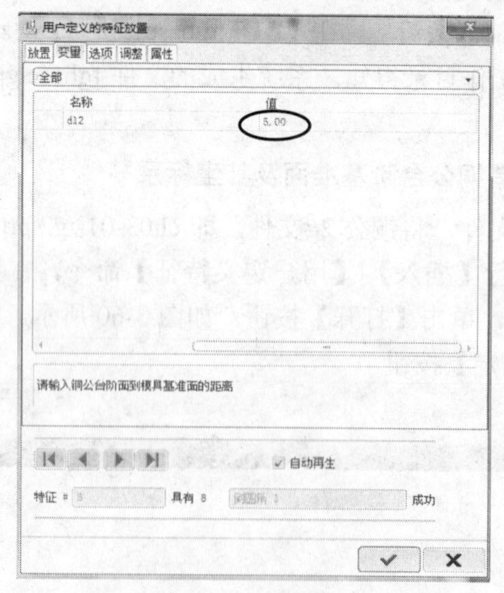

图 3-62　修改变量值

在【选项】选项卡里，在【重新定义这些特征】栏内选中【拉伸 1】复选框作为重定义特征，如图 3-63 所示。

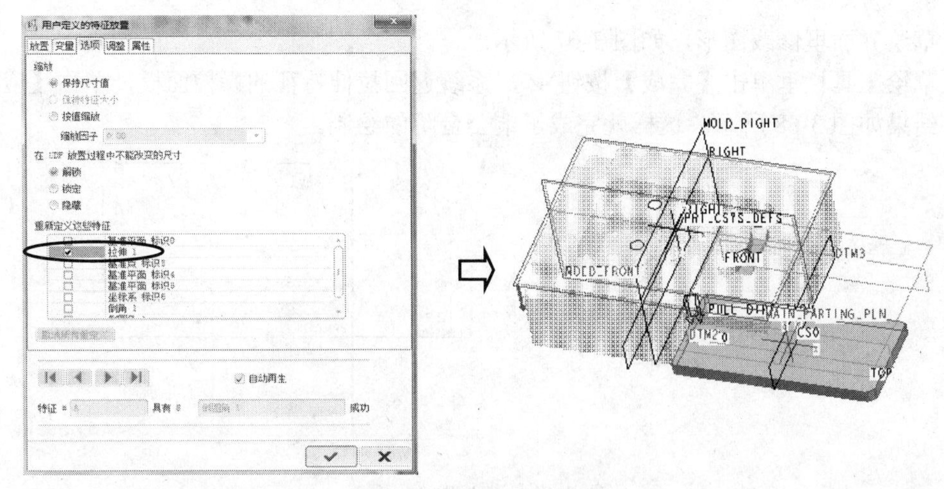

图 3-63　设置重定义的特征

在【调整】选项卡里，选取【偏移方向基准平衡】选项，单击【反向】按钮使箭头朝上，如图 3-64 所示。

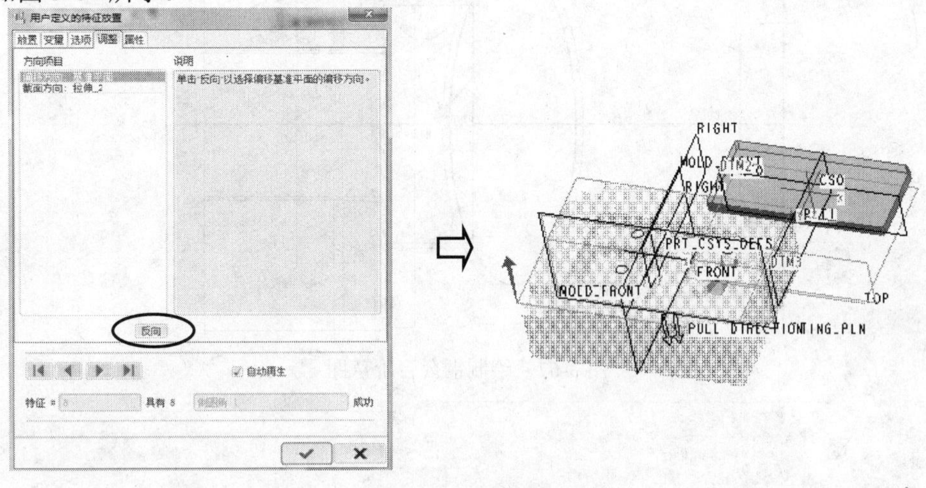

图 3-64　调整方向

单击【应用】按钮 ✓ ，系统弹出【确认】对话框，单击【确定】按钮，如图 3-65 所示。

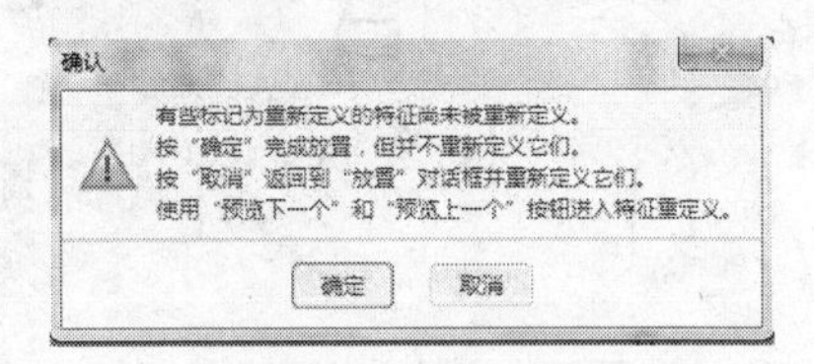

图 3-65　确认信息

（4）重新定义拉伸特征

在图形上选取刚插入的拉伸特征，右击鼠标，在系统弹出的快捷菜单里执行【编辑定义】命令，弹出拉伸特征的操控面板，单击【放置】按钮，在弹出的【草绘】菜单里单击【编辑】按钮，系统进入草绘界面，如图 3-66 所示。

在草绘界面里修改图形，如图 3-67 所示。

在草绘工具栏里单击【完成】按钮✔，系统返回拉伸特征的操控面板，单击【应用】按钮，结果如图 3-68 所示。这样就完成了铜公台阶的绘制。

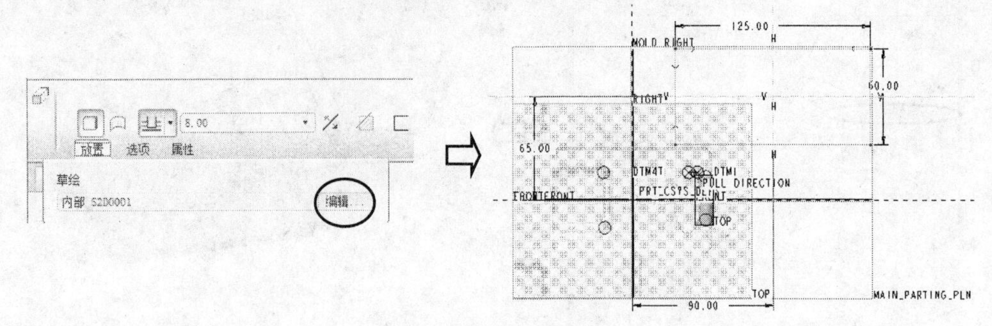

图 3-66　进入草绘界面

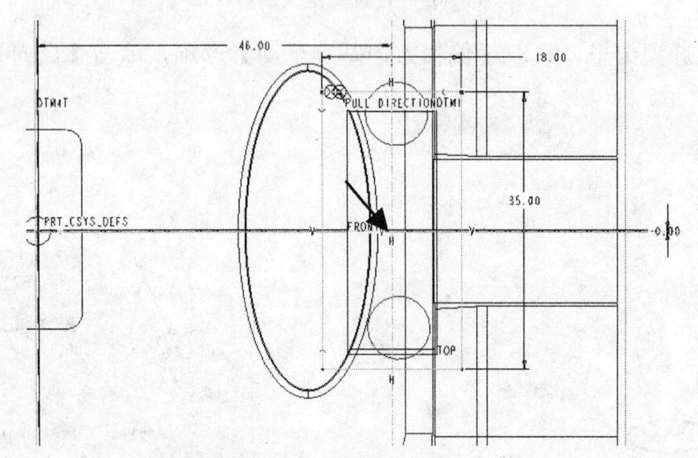

图 3-67　绘制铜公台阶草图

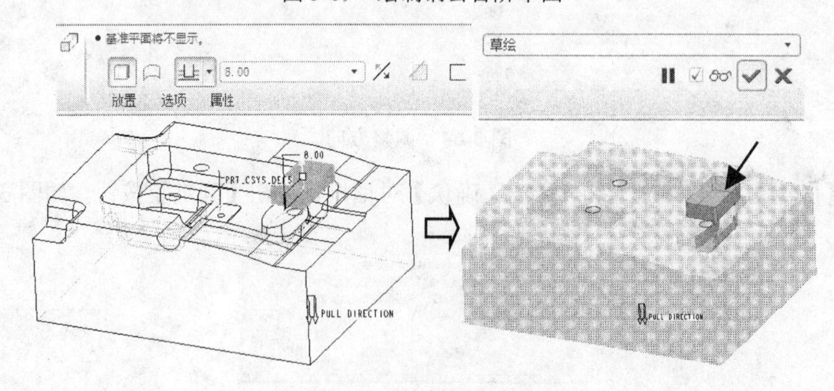

图 3-68　绘制铜公台阶

3.5.3　铜公曲面实体化

方法：现将曲面向台阶位方向延伸，然后将曲面实体化。

1．曲面延伸

单独打开铜公文件 ch03-01-tg2.prt，或者在目录树里选取铜公文件右击鼠标，在弹出的快捷菜单里执行【打开】命令将其打开。

先选取曲面，再选取曲面上任意一条边线，在主菜单里执行【编辑】|【延伸】命令，系统弹出曲面延伸工具栏操控面板，单击【将曲面延伸到平面】按钮，在图形上选取台阶平面。再单击【参照】按钮，在弹出的对话框里单击【细节】按钮，系统弹出【链】对话框，选中【基于规则】和【完整环】单选按钮，再选中【标准】单选按钮，可以将全部边线选上，单击【确定】按钮。在工具栏里单击【应用】按钮，结果如图 3-69 所示。

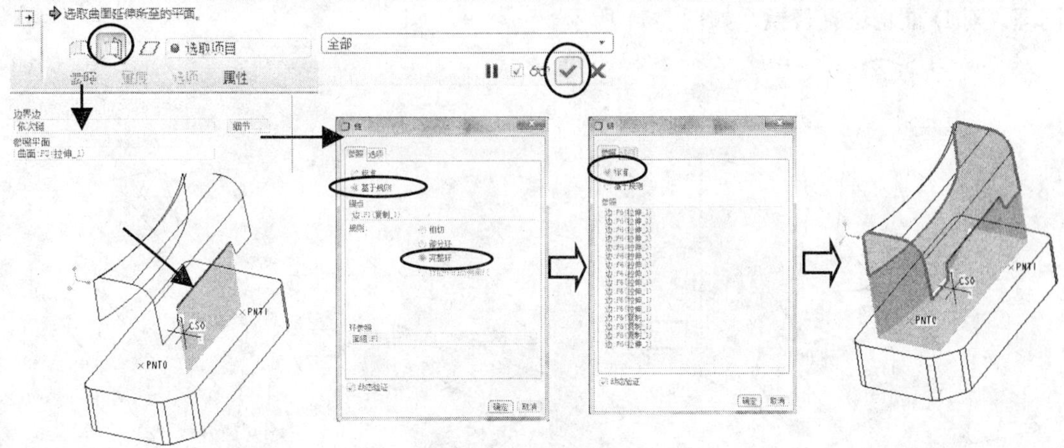

图 3-69　曲面延伸

2．曲面实体化

在图形区选取铜公的曲面组，在主菜单里执行【编辑】|【实体化】命令，系统弹出工具栏，单击【实体】按钮，在图形区单击箭头使其方向朝向实体内部，单击【应用】按钮，结果如图 3-70 所示。

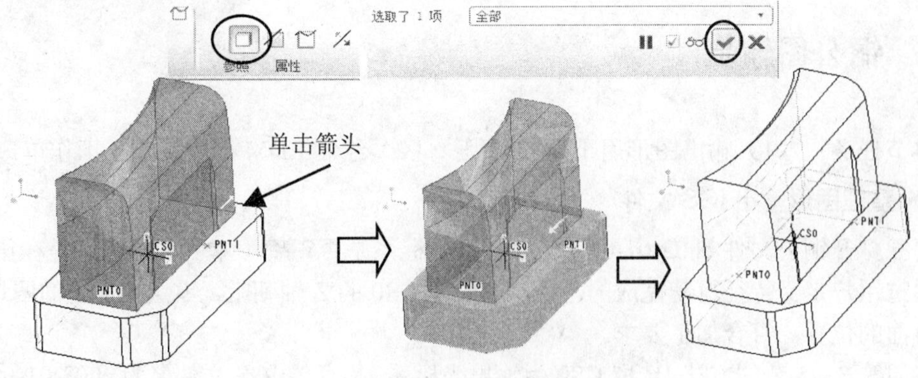

图 3-70　曲面实体化

从铜公零件图分析得知，与 1#铜公类似，2#铜公仍然有些部位不能用普通 CNC 加工，需要圆顺处理，以便 EDM 加工时能使前模型腔相接光顺。

3.5.4　铜公避空处理

方法：因为 2#铜公是 1#铜公的一部分，仍然利用替代的方法将铜公右侧枕位处圆顺处理，步骤与第 3.4.4 节相同。

在图形上选取 C 面，然后在主菜单里执行【编辑】|【偏移】命令，系统弹出偏移工具栏，单击【选取替换曲面特征】按钮，在图形里选取基准面 DTM2，单击【应用】按钮。同理，对 D 面也进行替换，如图 3-71 所示。

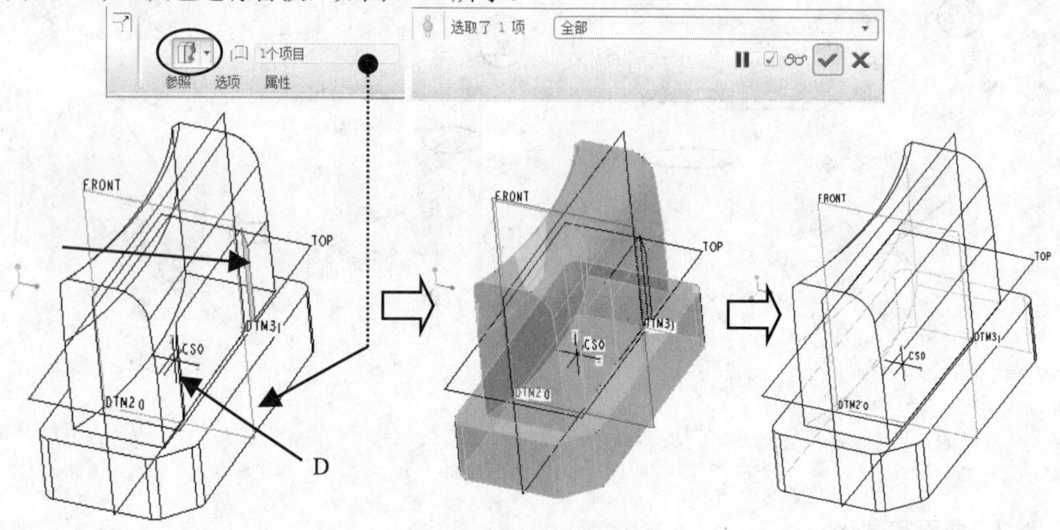

图 3-71　替换实体面

检查铜公无误后，将文件存盘。

3.5.5　铜公图输出

本节任务：（1）输出图形用于数控编程；（2）绘制 EDM 电火花加工工作单。

1．整理图形输出 IGS 文件

单独打开铜公文件 ch03-01-tg2.prt 并检查坐标系是否正确。本例的坐标系是在第 3.5.2 节中通过用户定义特征自动完成的，经检查发现 CS0 的 Z 轴朝上，零点在铜公的四边分中的台阶面的位置，符合加工要求。

参照第 3.4.5 节的方法，选取 CS0 为输出坐标系，另存的 IGS 文件名为 ch03-01-tg2.igs。

2．绘制 EDM 电火花加工工作单

方法：将装配文件生成工程图，与第 3.4.5 节的方法基本相同。

（1）在前模图和铜公图里，检查已经完成的互相垂直的中心线基准轴，打开分模装配

文件，将前模和 2#铜公显示出来，其余文件全部关闭。单击工具栏里的【重定向】按钮，定义俯视图 T1。同理，在铜公图里定义立体图视图为 I1。在前模里将 C1 图层关闭。

（2）创建如图 3-72 所示的工程图。

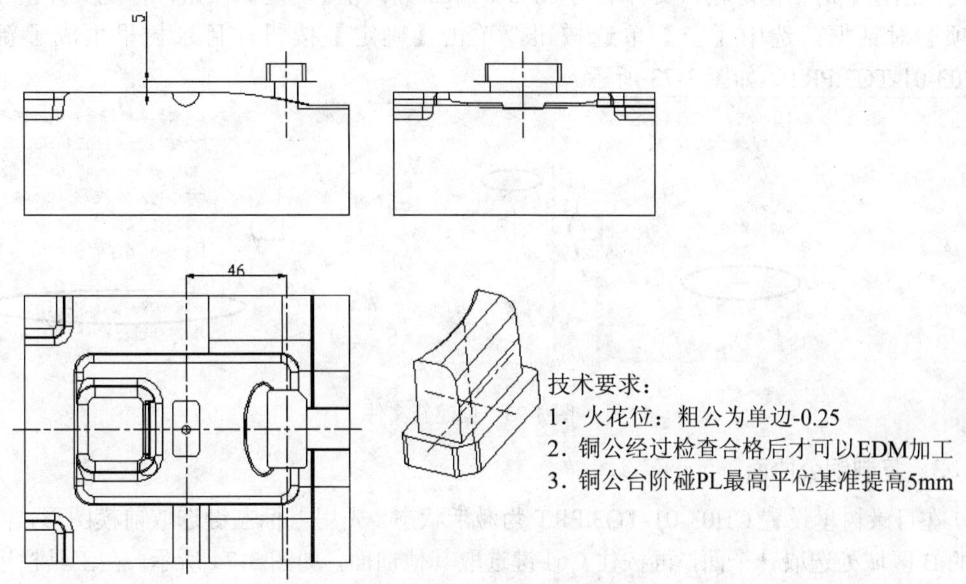

图 3-72　生成铜公工程图

本节讲课视频：\ch03\03-video\ch03-01-tg2 铜公设计.exe。

3.6　前模清角 3#铜公设计

前模清角 3#铜公指在如图 3-4 所示的 B 区，清除前模的角落处大量的残留余量，与 2#铜公类似。

本铜公设计要点：本铜公设计方法与 2#铜公主要步骤相同，但有自己的特点。在装配里创建新文件，提取曲面后要进行裁剪以保留有效部分，台阶位的创建仍采取用户定义特征方法，而且要注意不能碰伤前模，铜公避空面处理也有自己的特点，其他步骤相同。

3.6.1　提取铜公曲面

1．进入分模模块

启动 Pro/E 软件，设置工作目录为 D:\ch03-01，打开分模装配文件 ch02-02-fcab.asm，在工具栏里单击【遮蔽/取消遮蔽】按钮，在弹出的【遮蔽-取消遮蔽】对话框里，选取 2#铜公图，再单击【遮蔽】按钮，关闭后模显示，仅显示前模。另外将前模的 C1 图层显示出来，以便关闭草图，这个草图是在第 3.3.1 节绘图的。

2．创建铜公文件

在右侧的【菜单管理器】里选取【模具型腔】|【创建】|【模具元件】选项，系统弹出【元件创建】对话框，输入文件名为 ch03-01-tg3，单击【确定】按钮，系统又弹出【创建选项】对话框，选中【空】单选按钮，单击【确定】按钮。目录树里生成了新文件 CH03-01-TG3.PRT，如图 3-73 所示。

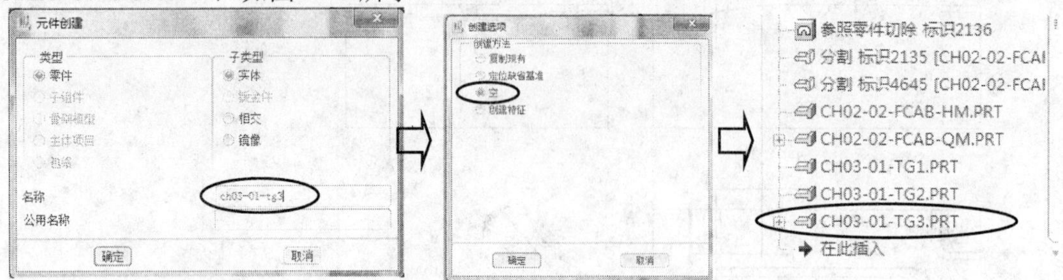

图 3-73　创建新文件

3．复制铜公曲面

在目录树里设置 CH03-01-TG3.PRT 为激活状态。先用鼠标左键选取前模图形，再在型腔的 B 区域处选取一个面，再按住 Ctrl 键选取其他曲面，如图 3-74 所示。在工具栏里单击【复制】按钮，再单击【粘贴】按钮，在复制曲面的工具栏里单击【应用】按钮。

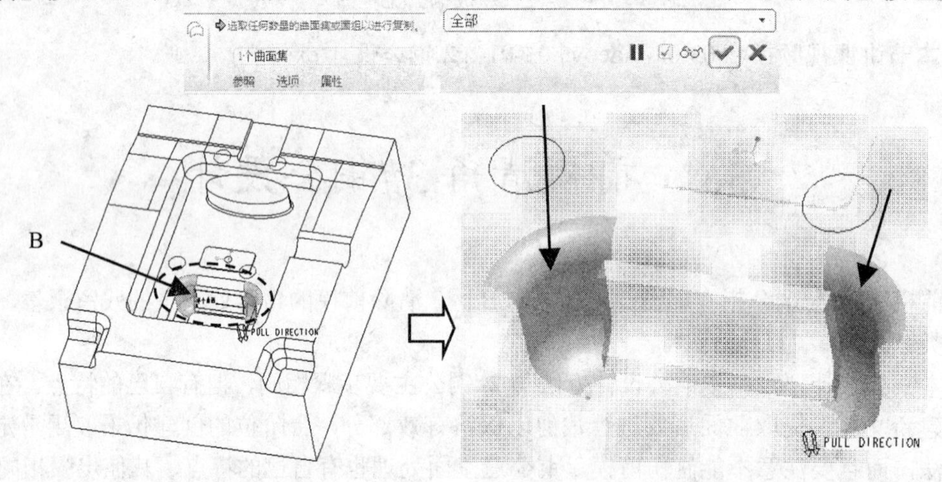

图 3-74　复制曲面

4．修剪曲面

在主菜单里执行【插入】|【拉伸】命令，系统弹出拉伸操控面板，单击【拉伸为曲面】按钮，右击鼠标，在弹出的快捷菜单里执行【定义内部草绘】命令，在图形上选取 PL 平位水平面，系统默认选取 RIGHT 基准面为草图参照面，单击【草绘】按钮进入草绘界面，选取 RIGHT 和 FRONT 基准面为草图的参照，如图 3-75 所示。

在草绘界面里绘制如图 3-76 所示的草图。注意这个草图要包住第 3.3.1 节绘出的刀具残留区域。图中的两个 $\Phi 8$ 圆为刀具加工的极限位置。

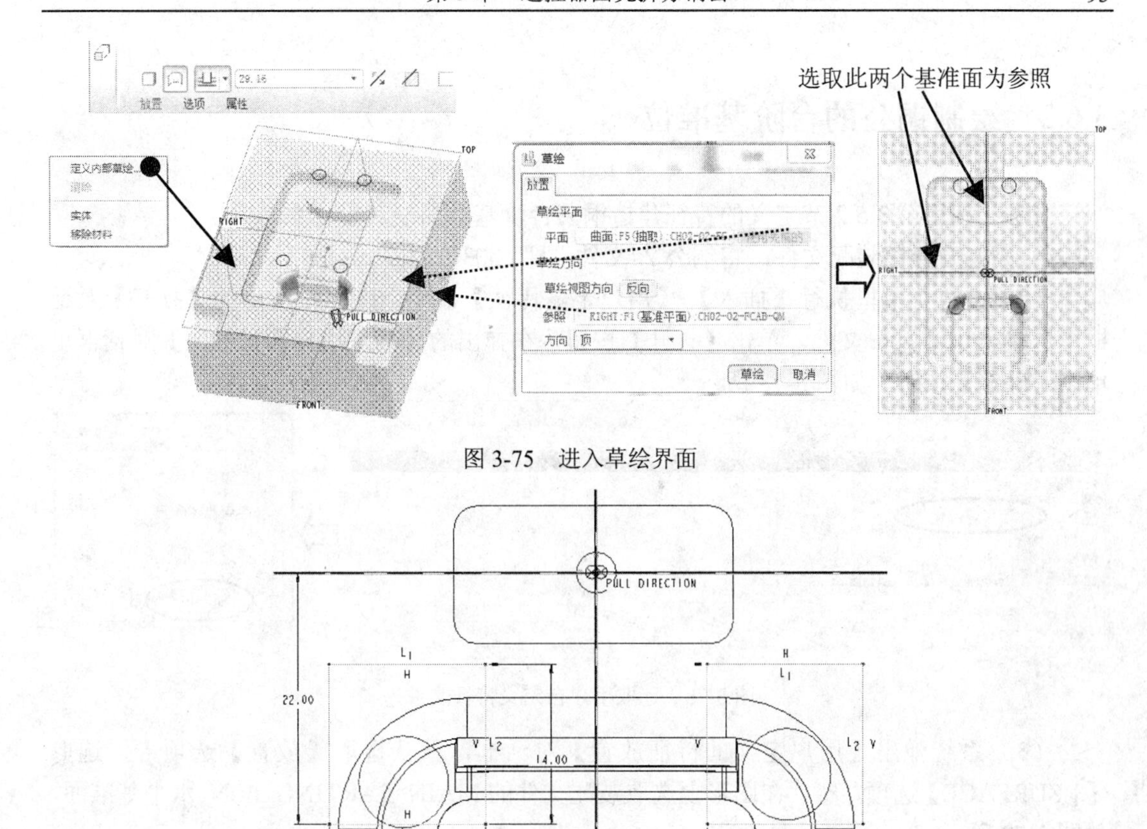

图 3-75　进入草绘界面

图 3-76　绘制草图

在草绘工具栏里单击【完成】按钮✔，系统返回拉伸操控面板，再单击【移除材料】按钮，然后在图形上选取第 3 步中复制的曲面面组，调整拉伸距离和方向使本次生成的曲面能够完全切割这个曲面面组。调整去除材料方向的箭头为向矩形以外。单击【应用】按钮✔，完成对曲面面组的修剪，结果如图 3-77 所示。将装配文件存盘。

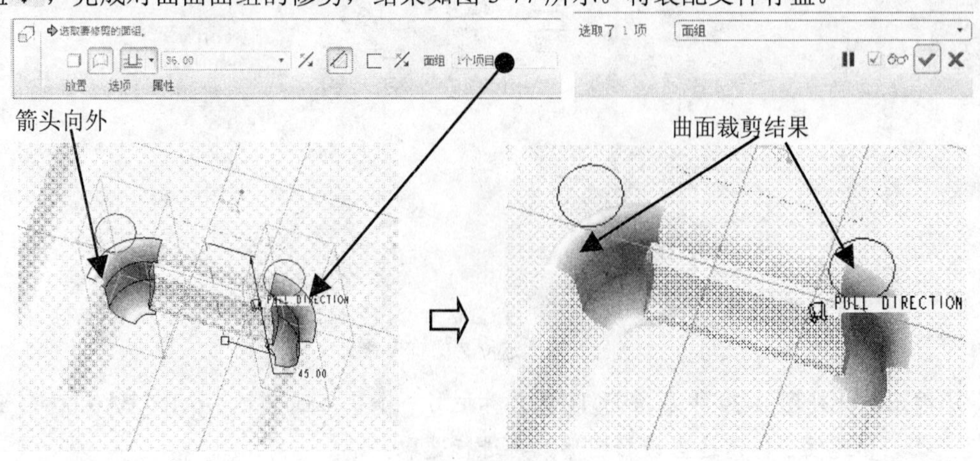

图 3-77　裁剪曲面

3.6.2　绘制铜公的台阶基准位

方法：利用第 3.5.2 节定义的特征建造铜公台阶基准面及其坐标系。

（1）打开分模装配文件，将铜公 2#文件，即 ch03-01-tg3.prt 激活。

（2）在主菜单里执行【插入】|【用户定义特征】命令，在系统弹出的【打开】对话框里选取 tgbase.gph 文件，单击【打开】按钮，在弹出的【插入用户定义的...】对话框里单击【确定】按钮，如图 3-78 所示。

图 3-78　选取用户自定义特征文件

（3）系统弹出【用户定义的特征放置】对话框，默认选取【放置】选项卡，选取【1.SURFACE】选项，然后在图形上选取装配文件的 MAIN_PARTING_PLN 水平基准面，如图 3-79 所示。

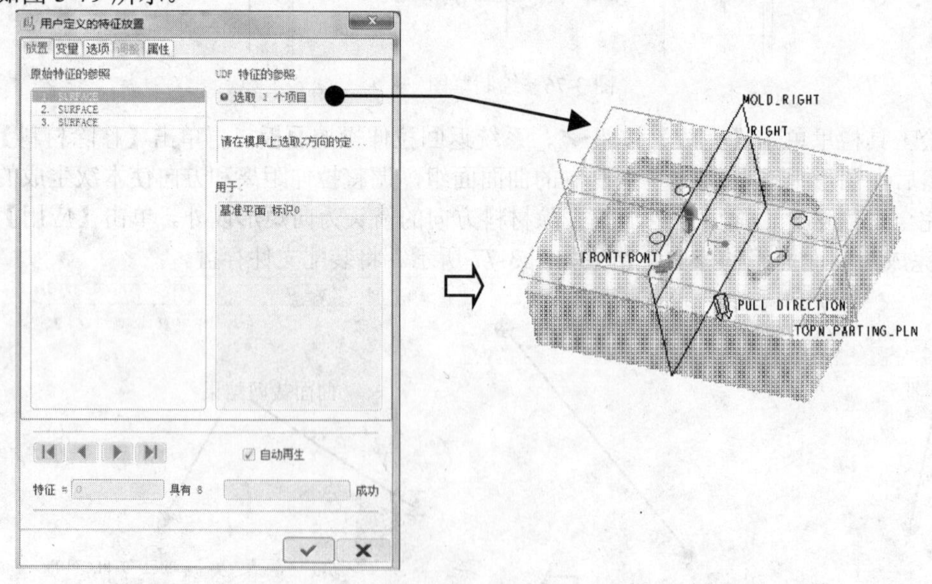

图 3-79　定位 Z 方向基准

小提示： 此处图 3-79 中基准面 TOP 名称把另一个基准面名称 MAIN_PARTING_PLN 遮住了，请适当旋转图形，再进行选取。

同理，选取 RIGHT 基准面为 X 方向基准，选取 FRONT 为 Y 方向基准面。这时图形里出现了拉伸体的形状。

在【用户定义的特征放置】对话框里选取【变量】选项卡，修改尺寸 d12 的尺寸为-10。如图 3-80 所示。

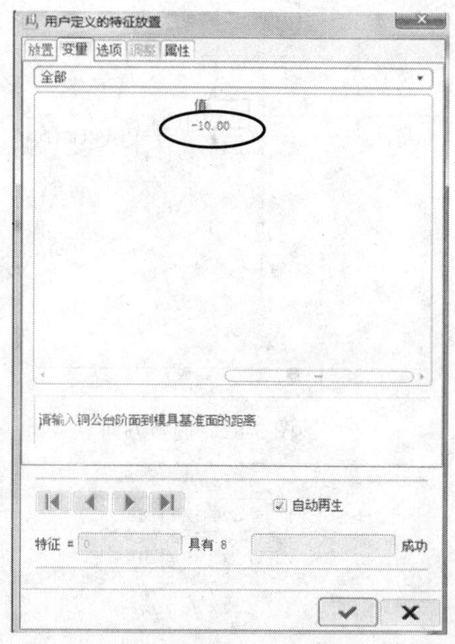

图 3-80　修改变量值

在【选项】选项卡里的【重新定义这些特征】栏里选中【拉伸 1】复选框作为重定义特征，如图 3-81 所示。

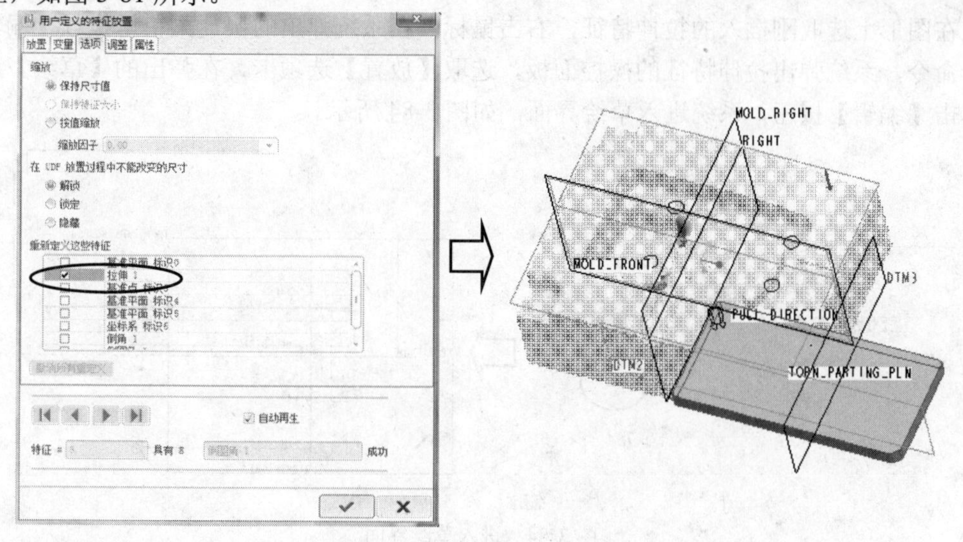

图 3-81　设置重定义的特征

在【调整】选项卡里选取【偏移方向：基准平面】选项，单击【反向】按钮，使箭头朝上，如图 3-82 所示。

单击【应用】按钮，系统弹出【确认】对话框，单击【确定】按钮，如图 3-83 所示。

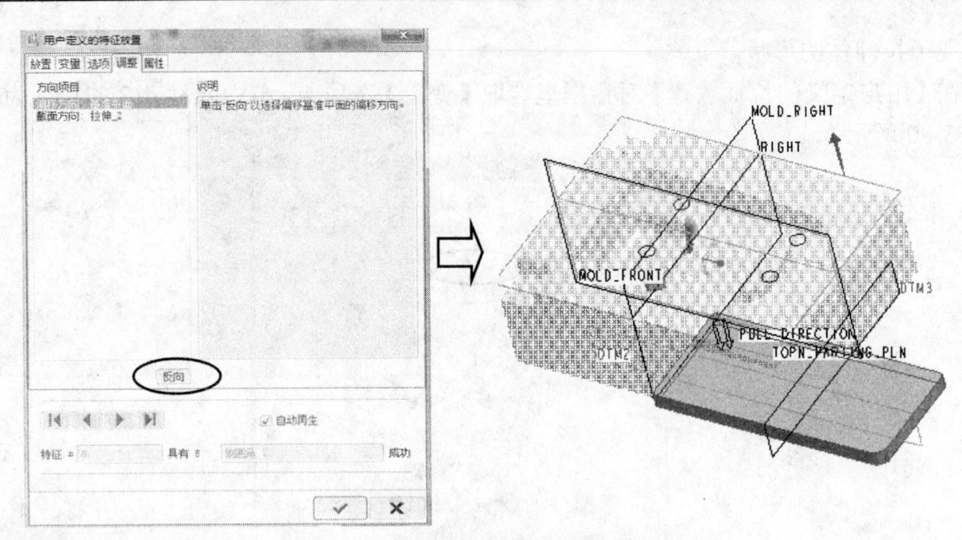

图 3-82　调整方向

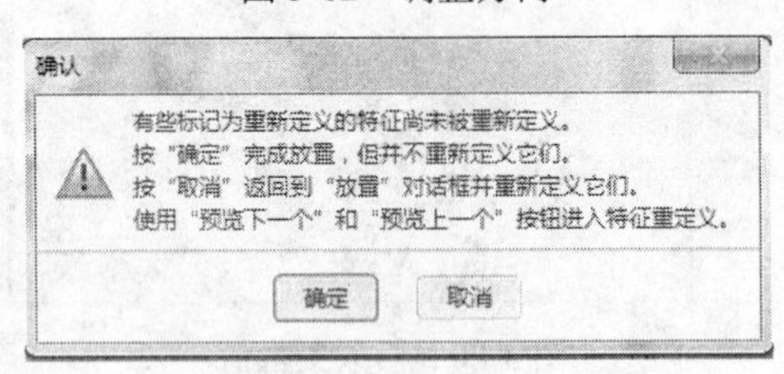

图 3-83　确认信息

（4）重新定义拉伸特征

在图形上选取刚插入的拉伸特征，右击鼠标，在系统弹出的快捷菜单里执行【编辑定义】命令，系统弹出拉伸特征的操控面板，选取【放置】选项卡，在弹出的【草绘】菜单里单击【编辑】按钮，系统进入草绘界面，如图 3-84 所示。

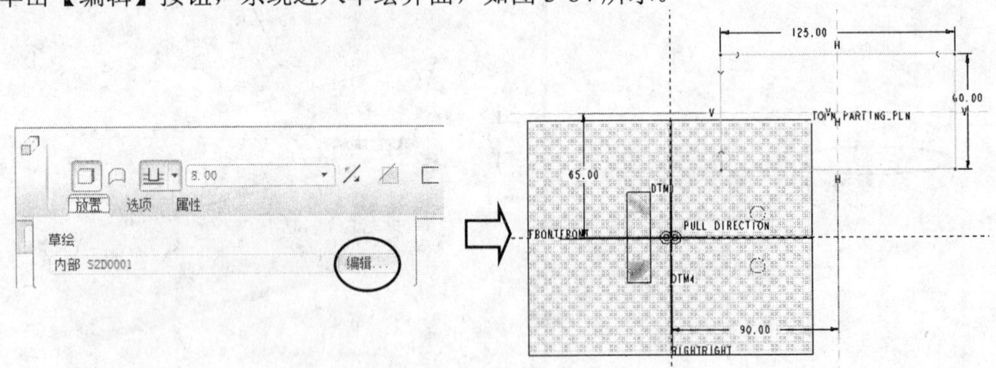

图 3-84　进入草绘界面

在草绘界面里绘制铜公台阶草图，如图 3-85 所示。

在草绘界面工具栏里单击【完成】按钮☑，系统返回拉伸特征的操控面板，调整拉伸生成方向向上，单击【应用】按钮☑，结果如图 3-86 所示。这样就完成了铜公台阶的绘制。

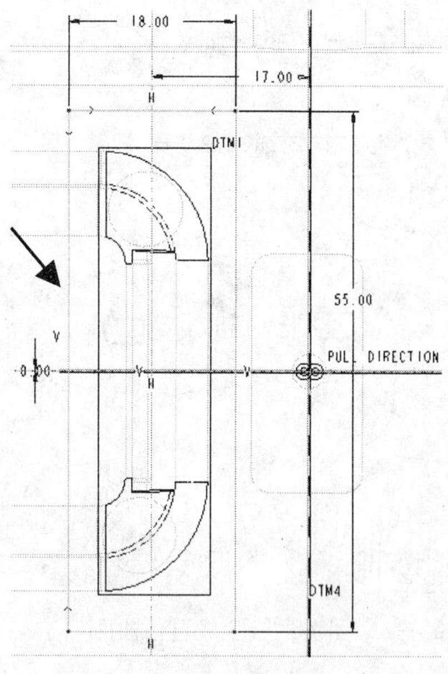

图 3-85　绘图铜公台阶草图

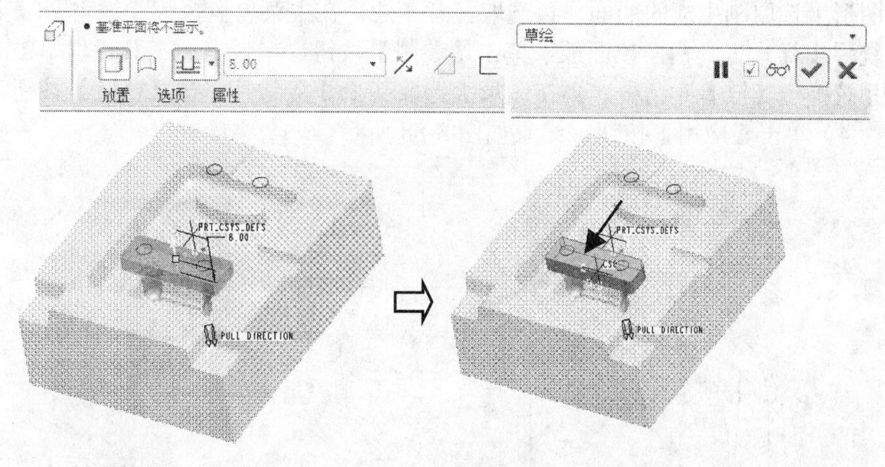

图 3-86　绘制铜公台阶

3.6.3　铜公曲面实体化

方法：在铜公零件图里进一步修剪曲面，将曲面向台阶位方向延伸，然后将曲面实体化。

1．进一步修剪曲面

（1）创建自由曲面

单独打开铜公文件 ch03-01-tg3.prt，在主菜单里执行【插入】|【高级】|【曲面自由形状】命令，系统弹出【曲面：自由形状】对话框，按系统要求在图形上选取如图 3-87 所示的 N 面，按提示输入控制曲线号，两次均按 Enter 键，在系统弹出的【修改曲面】对话框里单击【确定】按钮☑，生成自由曲面。

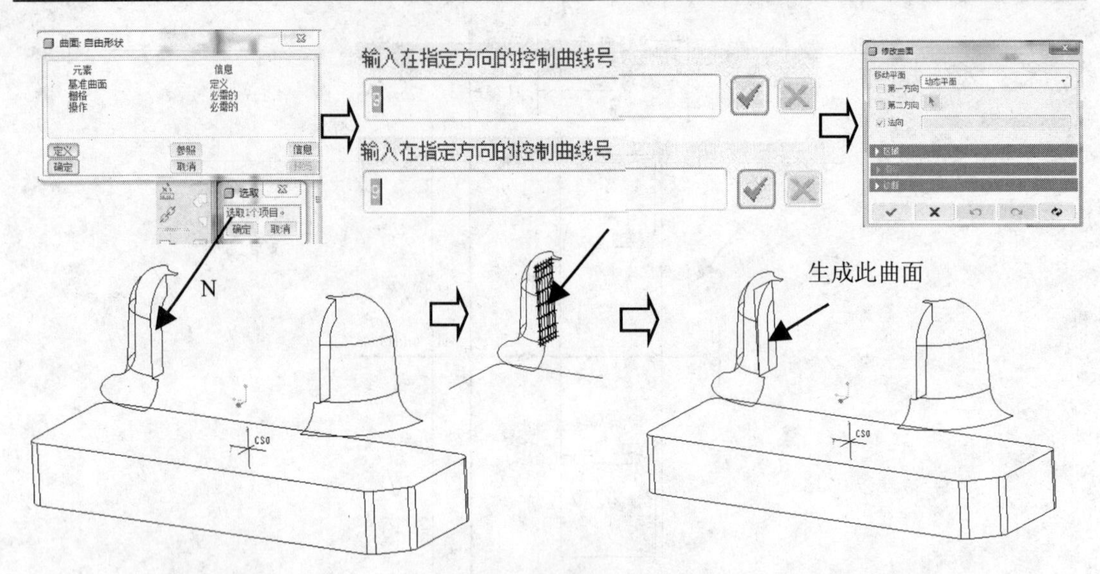

图 3-87 生成自由曲面

（2）延伸曲面

在图形上选取刚生成的曲面，再选取任意一边，在主菜单里执行【编辑】|【延伸】命令，系统弹出样式工具栏操控面板，单击【参照】按钮，在弹出的工具栏里单击【细节】按钮，系统弹出【链】对话框，再在图形上选取其余 3 条边后单击【确定】按钮。输入延伸距离为 4，单击【应用】按钮，结果如图 3-88 所示。

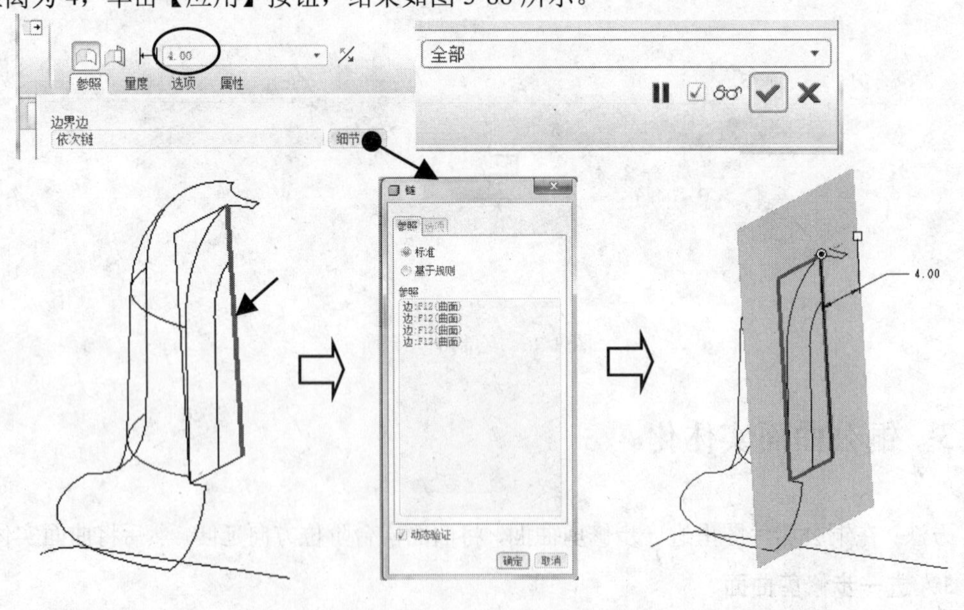

图 3-88 延伸曲面

（3）曲面合并

选取如图 3-89 所示的上步创建的左侧大面 N，按住 Ctrl 键再选取 M 面，在右侧工具栏里单击【合并】按钮，按图调整箭头方向，使以曲面在 M 曲面以内保留，单击【应用】按钮。

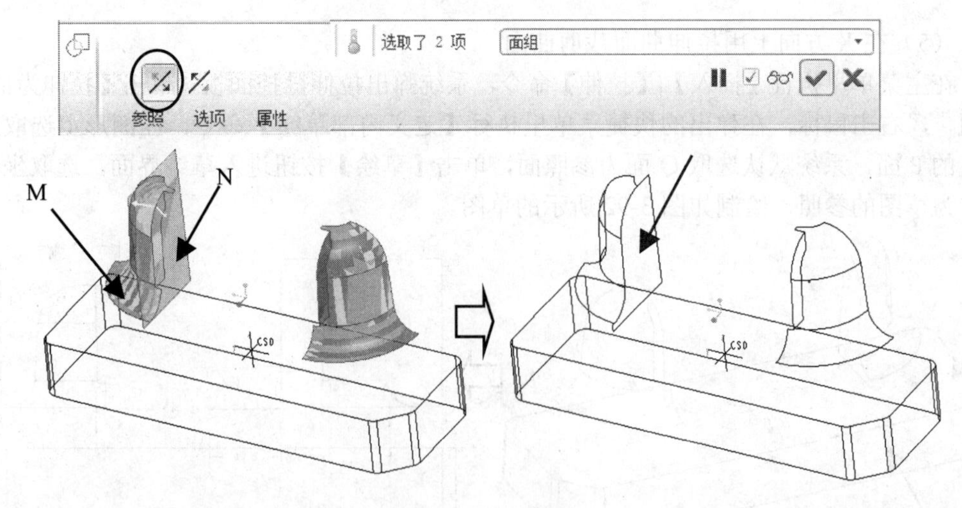

图 3-89　合并曲面

（4）在 Z 方向上用拉伸曲面裁剪曲面

在主菜单里执行【插入】|【拉伸】命令，系统弹出拉伸操控面板，单击【拉伸为曲面】按钮，右击鼠标，在弹出的快捷菜单里执行【定义内部草绘】命令，在图形上选取台阶水平面，系统默认选取参照面，单击【草绘】按钮进入草绘界面，选取坐标系 CS0 为草图的参照，绘制如图 3-90 所示的草图。

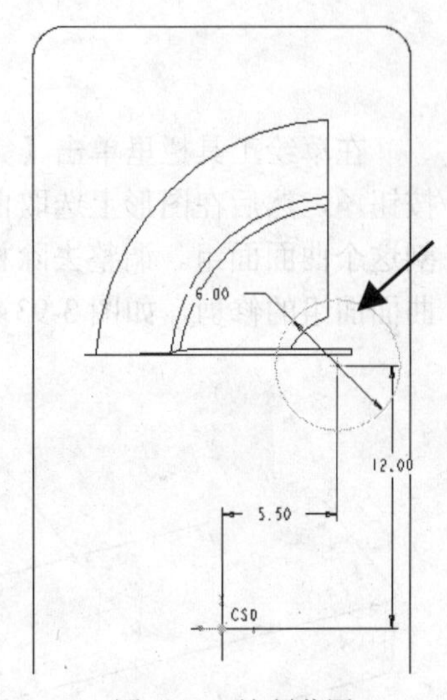

图 3-90　绘制草图

在草绘工具栏里单击【完成】按钮，系统返回拉伸操控面板，再单击【移除材料】按钮，然后在图形上选取曲面面组，调整拉伸距离和方向使本次生成的曲面能够完全切割这个曲面面组。调整去除材料方向的箭头朝向圆内部单击【应用】按钮，完成对曲面面组的修剪，结果如图 3-91 所示。

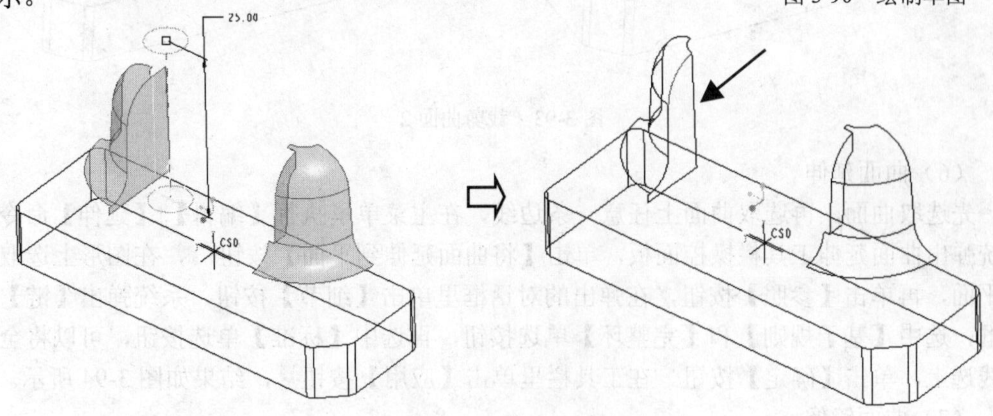

图 3-91　裁剪曲面 1

（5）在 X 方向上用拉伸曲面裁剪曲面

在主菜单里执行【插入】|【拉伸】命令，系统弹出拉伸操控面板，单击【拉伸为曲面】按钮，右击鼠标，在弹出的快捷菜单里执行【定义内部草绘】命令，在图形上选取台阶垂直的 P 面，系统默认选取 Q 面为参照面，单击【草绘】按钮进入草绘界面，选取坐标系 CS0 为草图的参照，绘制如图 3-92 所示的草图。

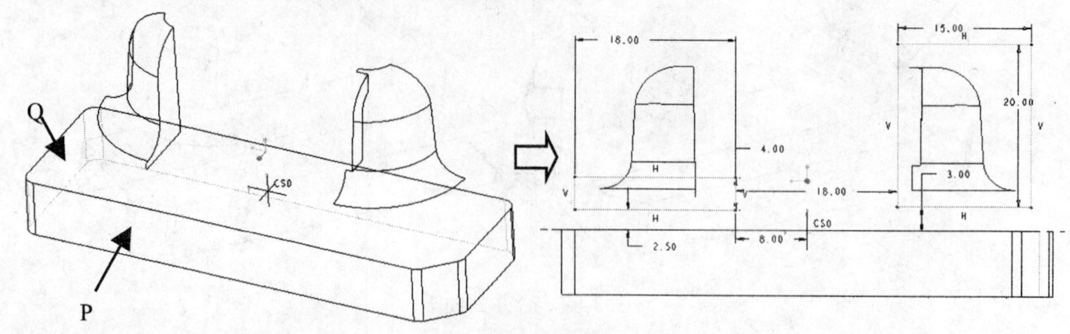

图 3-92　绘制草图

在草绘工具栏里单击【完成】按钮✔，系统返回拉伸操控面板，再单击【移除材料】按钮，然后在图形上选取曲面面组，调整拉伸距离和方向使本次生成的曲面能够完全切割这个曲面面组。调整去除材料方向的箭头朝向矩形内部。单击【应用】按钮，完成对曲面面组的修剪，如图 3-93 所示。

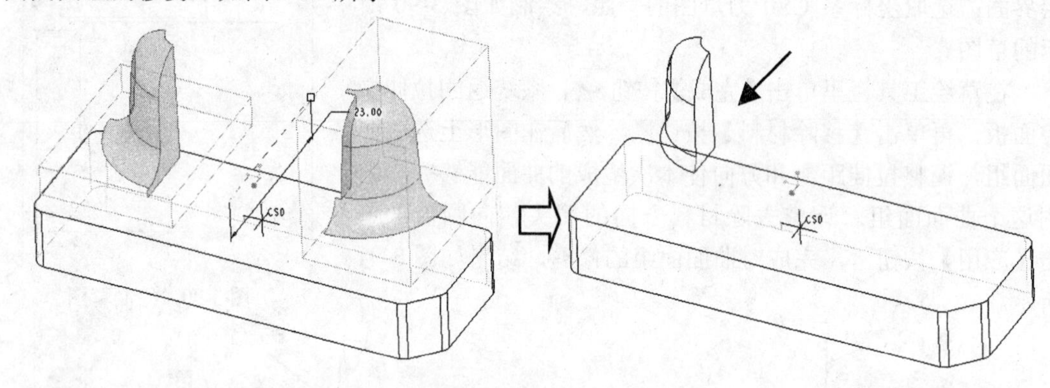

图 3-93　裁剪曲面 2

（6）曲面延伸

先选取曲面，再选取曲面上任意一条边线，在主菜单里执行【编辑】|【延伸】命令，系统弹出曲面延伸工具栏操控面板，单击【将曲面延伸到平面】按钮，在图形上选取台阶平面，再单击【参照】按钮，在弹出的对话框里单击【细节】按钮，系统弹出【链】对话框，选中【基于规则】和【完整环】单选按钮，再选中【标准】单选按钮，可以将全部边线选上，单击【确定】按钮。在工具栏里单击【应用】按钮，结果如图 3-94 所示。

（7）曲面镜像

选取上一步创建的曲面面组，在右侧工具栏里单击【镜像】按钮，然后按系统要求再选取镜像基准面 DTM2，单击【应用】按钮，结果如图 3-95 所示。

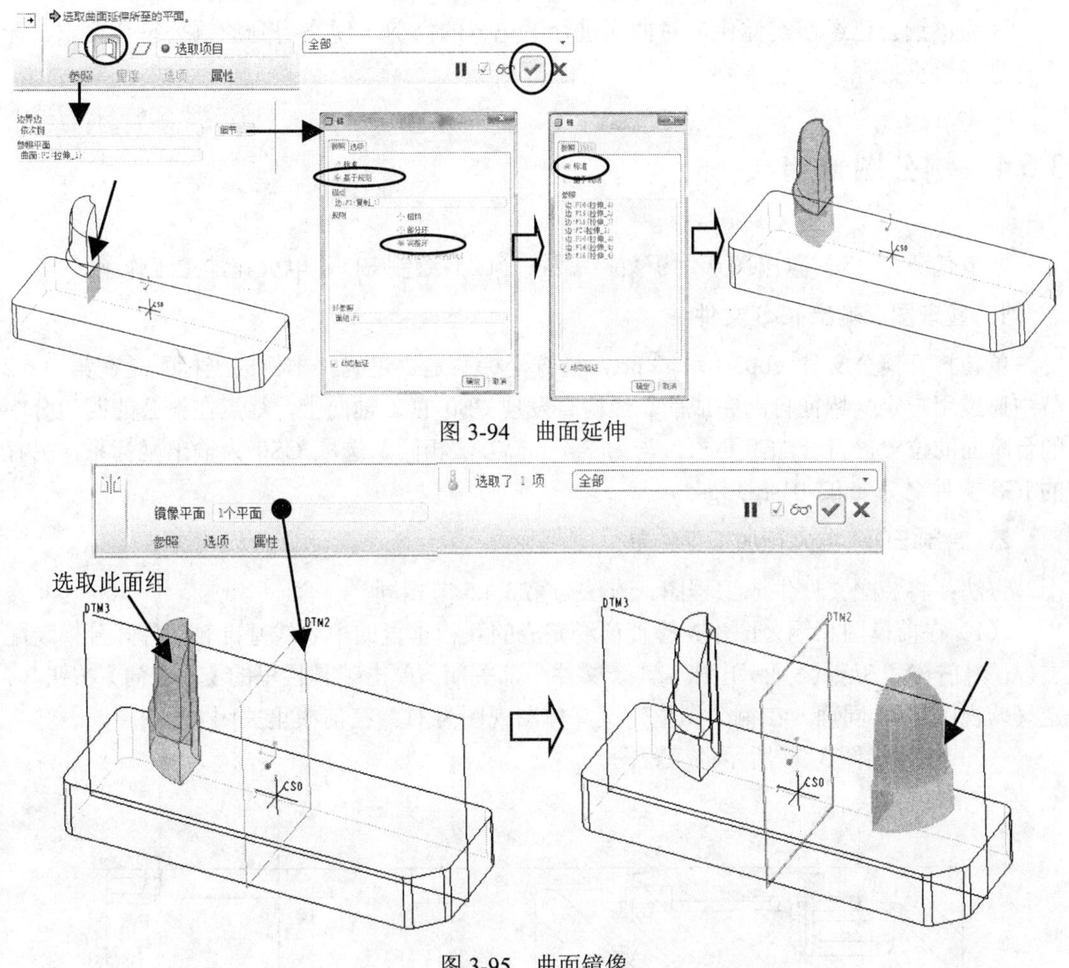

图 3-94 曲面延伸

图 3-95 曲面镜像

（8）曲面实体化

在图形区选取铜公的左侧曲面面组，在主菜单里执行【编辑】|【实体化】命令，系统弹出工具栏，单击【实体】按钮▢，在图形区单击箭头使其方向朝向实体内部，单击【应用】按钮☑，结果如图 3-96 所示。同理对右侧曲面进行实体化。将文件存盘。

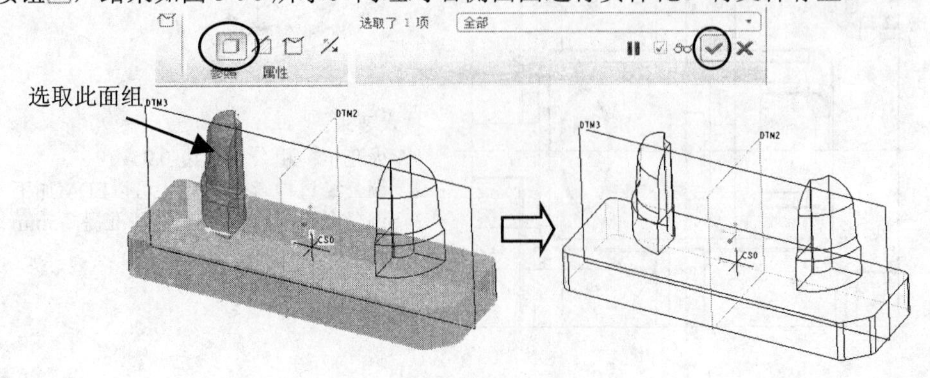

图 3-96 曲面实体化

因为该铜公已经在实体化前对曲面进行了充分的修剪，现在得到的铜公符合要求，无需再进行避空处理。

3.6.4 铜公图输出

本节任务：（1）输出图形用于数控编程；（2）绘制 EDM 电火花加工工作单。

1．整理图形输出 IGS 文件

单独打开铜公文件 ch03-01-tg3.prt，检查坐标系是否正确。本例的坐标系是在第 3.6.2 节中通过用户定义特征自动完成的。经检查发现 CS0 的 Z 轴向上，零点在铜公的四边分中的台阶面的位置，符合加工要求。与第 3.4.5 节方法相同。选取 CS0 为输出坐标系，另存的 IGS 文件名为 ch03-01-tg3.igs。

2．绘制 EDM 电火花加工工作单

方法：将装配文件生成工程图。方法与第 3.4.5 节相同。

（1）在前模图和铜公图里，检查已经完成的互相垂直的中心线基准轴。打开分模装配文件，将前模和 3#铜公显示出来，其余文件全部关闭。单击工具栏里的【重定向】按钮，定义俯视图 T1。同理，在铜公图里定义立体图视图为 I1。在前模里关闭 C1 图层。

（2）创建如图 3-97 所示的工程图。

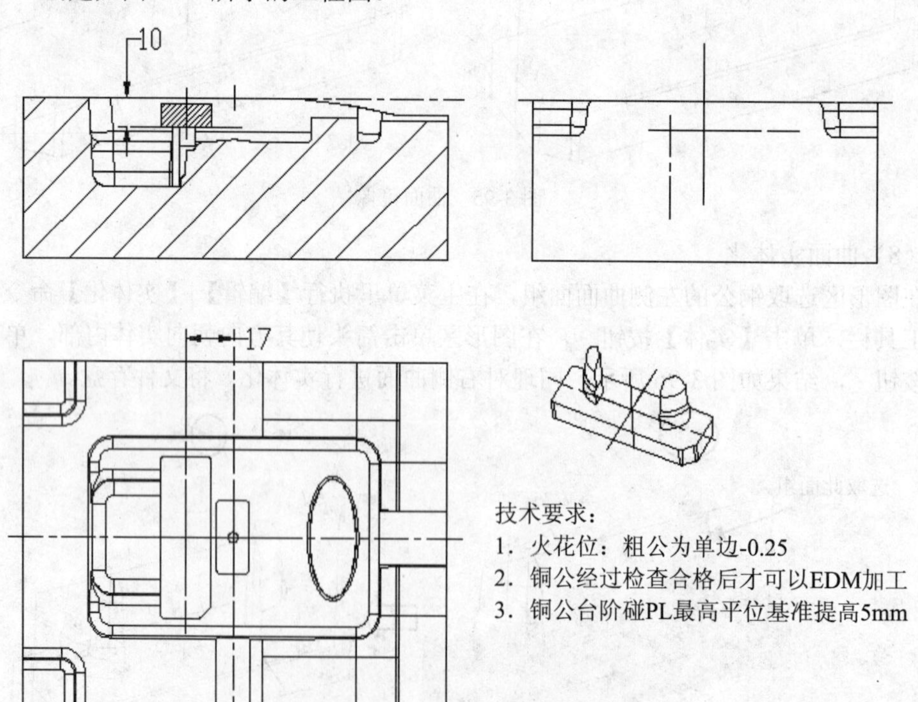

图 3-97　铜公 3#工程图

本节讲课视频：\ch03\03-video\ch03-01-tg3 铜公设计.exe。

3.7　后模清角 4#铜公设计

后模清角 4#铜公指在如图 3-5 所示的 D 区及 E 区，对后模的角落处清除大量的残留余量。因为后模的 D 区和 E 区有台阶位，如果这部分组合在一个铜公上必然使铜公加工出现困难。为了使铜公便于加工，尚需要再进行分割。本节所讲的 4#铜公将用 EDM 加工从台阶位以下到分型面的一级残料，而 5#铜公将加工上一部分台阶。

本铜公设计要点：本铜公设计方法与 3#铜公主要步骤相同，但有自己的特点。先提取 D 处的曲面后进行裁剪，用同样的方法复制提取 E 处的曲面，将 E 处的曲面平移到 D 处，再将这两部分曲面合并为一体。这样可以节约材料并提高加工效率。其余台阶位的创建等步骤仍采取用户定义特征方法，但要注意不能碰伤后模。

3.7.1　提取铜公曲面

1．进入分模模块

启动 Pro/E 软件，设置工作目录为 D:\ch03-01，打开分模装配文件 ch02-02-fcab.asm。在工具栏里单击【遮蔽/取消遮蔽】按钮，在弹出的【遮蔽-取消遮蔽】对话框里选取 3#铜公图，然后选取前模，再单击【遮蔽】按钮，将铜公和前模关闭显示。用同样方法显示后模。另外将后模的 C2 图层显示出来，以便显示草图，这个草图是在 3.3.2 节绘制的。

2．创建铜公文件

在右侧的【菜单管理器】里选取【模具型腔】|【创建】|【模具元件】选项，弹出【元件创建】对话框，输入文件名为 ch03-01-tg4，单击【确定】按钮，系统弹出【创建选项】对话框，选中【空】单选按钮，单击【确定】按钮。观察到目录树里生成了新文件 CH03-01-TG4.PRT。

3．复制铜公曲面

在目录树里设置 CH03-01-TG4.PRT 为激活状态。先用鼠标左键选取后模图形，再在型芯 D 区域处选取一个面，按住 Ctrl 键，选取其他曲面，如图 3-98 所示。注意不要选取台阶上的曲面。在工具栏里单击【复制】按钮，再单击【粘贴】按钮，在复制曲面的工具栏里单击【应用】按钮。

4．修剪曲面突出部位

在主菜单里执行【插入】|【拉伸】命令，系统弹出拉伸操控面板，单击【拉伸为曲面】按钮，右击鼠标，在弹出的快捷菜单里执行【定义内部草绘】命令，在图形上选取水平基准面 MAIN_PARTING_PLN 为绘图平面，系统默认选取 MOLD_RIGHT 基准面为草图参

照面，单击【草绘】按钮，进入草绘界面，选取 RIGHT 和 FRONT 基准面为草图的参照。在草绘界面里绘制如图 3-99 所示的草图。注意这个草图是过 A 点做水平线。

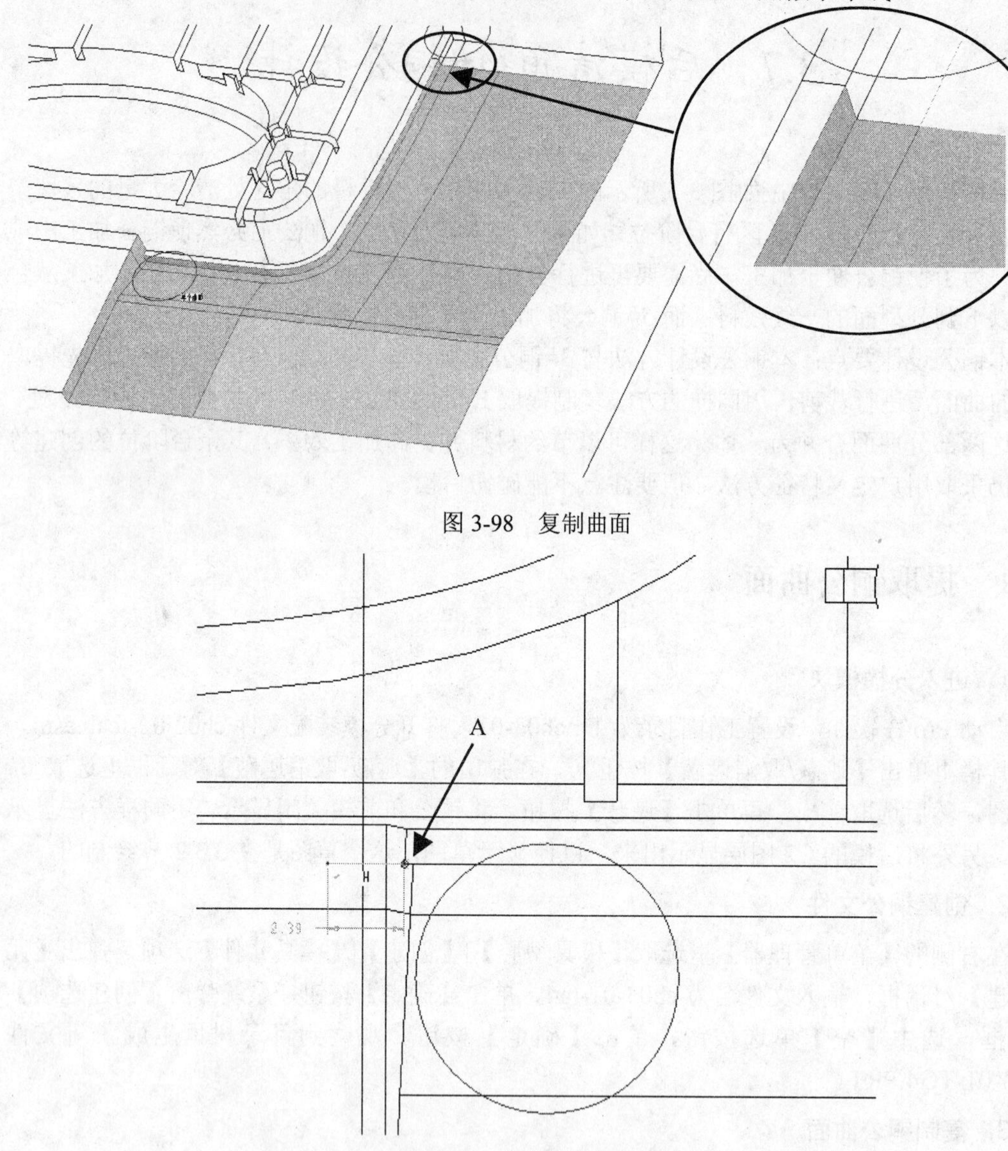

图 3-98　复制曲面

图 3-99　绘制水平线草图

在草绘工具栏里单击【完成】按钮✔，系统返回拉伸操控面板，再单击【移除材料】按钮◿，然后在图形上选取第 3 步复制的曲面面组，调整拉伸距离和方向使本次生成的曲面能够完全切割这个曲面面组。调整去除材料方向的箭头为指向型芯内。单击【应用】按钮☑，完成对曲面面组突出部位的修剪，结果如图 3-100 所示。

5．修剪曲面主要部分

在主菜单里执行【插入】|【拉伸】命令，系统弹出拉伸操控面板，单击【拉伸为曲面】按钮▭，右击鼠标，在弹出的快捷菜单里执行【定义内部草绘】命令，在图形上选取水平

基准面 MAIN_PARTING_PLN 为绘图平面，系统默认选取 MOLD_RIGHT 基准面为草图参照面，单击【草绘】按钮，进入草绘界面，选取 RIGHT 和 FRONT 基准面为草图的参照。在草绘界面里绘制如图 3-101 所示的草图。注意这个矩形草图要包住左下角的 Φ8 圆。

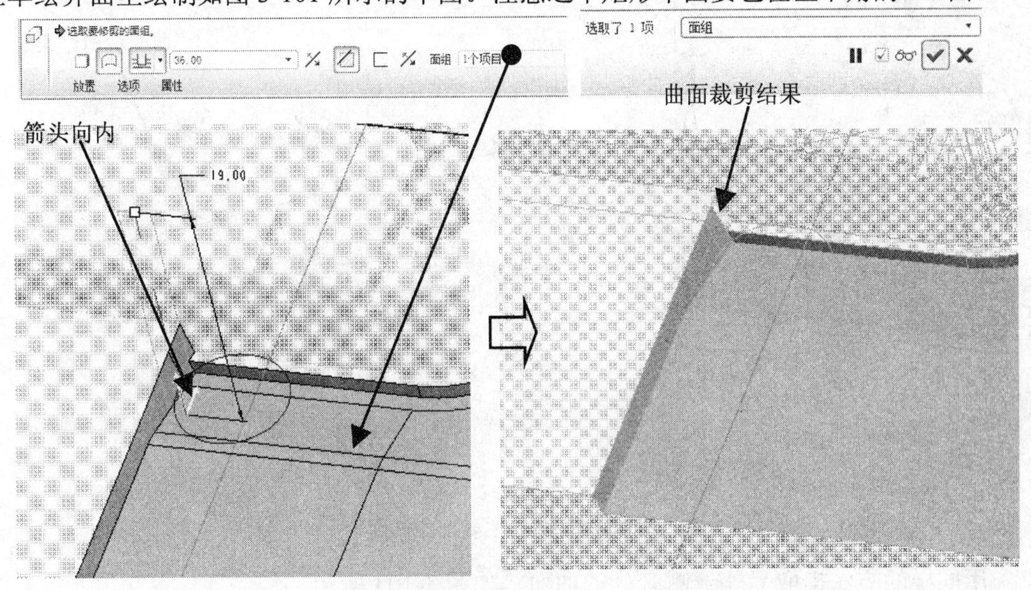

图 3-100　裁剪突出部位曲面

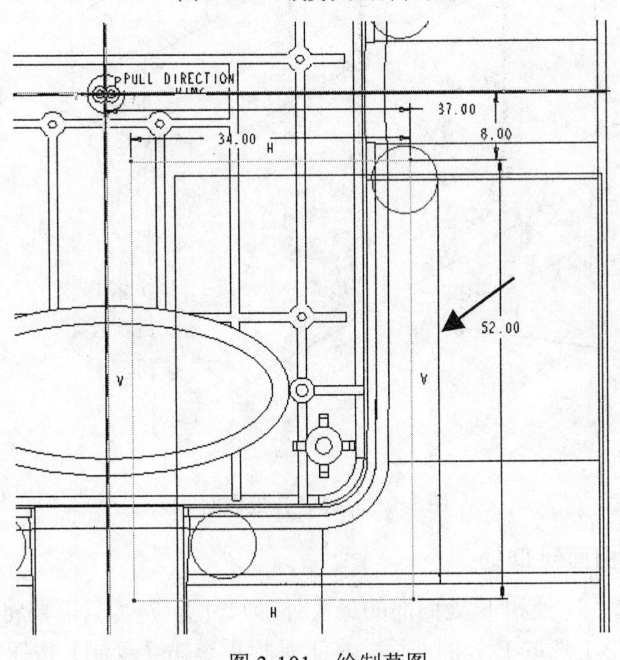

图 3-101　绘制草图

在草绘工具栏里单击【完成】按钮✔，系统返回拉伸操控面板，再单击【移除材料】按钮◪，然后在图形上选取第 3 步复制的曲面面组，调整拉伸距离和方向使本次生成的曲面能够完全切割这个曲面面组。调整去除材料方向的箭头指向矩形以外。单击【应用】按钮☑，完成对曲面面组主要部分的修剪，结果如图 3-102 所示。

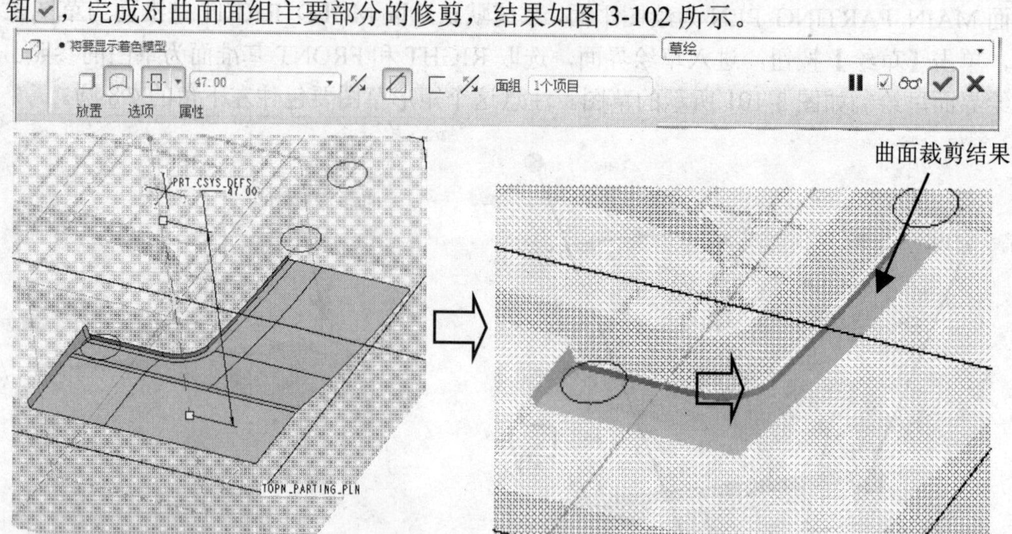

图 3-102　裁剪主要部分曲面

用同样的方法提取另外一侧 E 处的曲面，如图 3-103 所示。

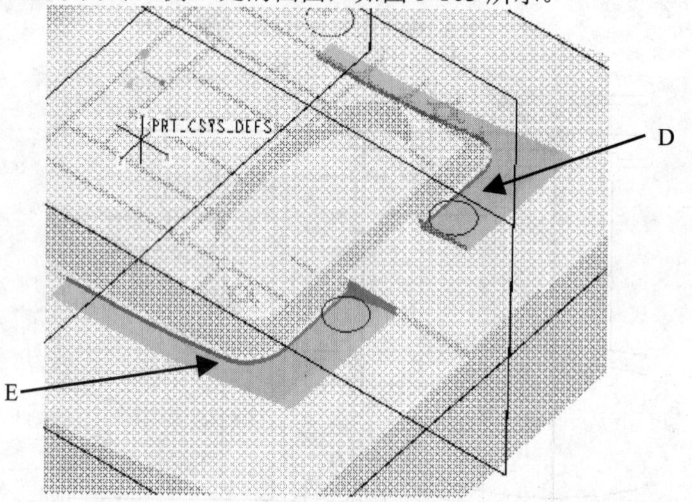

图 3-103　提取 E 处曲面

6．平移 E 处的曲面到 D 处

从图形测量得知，D 处和 E 处曲面的最大外形尺寸为 74，只需要将 E 处曲面向 D 处平移 74 即可。在图形上选取 E 处的曲面，在工具栏里单击【复制】按钮，再单击【选择性粘贴】按钮，在图形上选取基准面 MOLD_FRONT 为平移方向，输入平移数值为 74，在【选项】里取消选中【复制原始几何】复选框，单击【应用】按钮，再选取这两个面并将其合并，结果如图 3-104 所示。

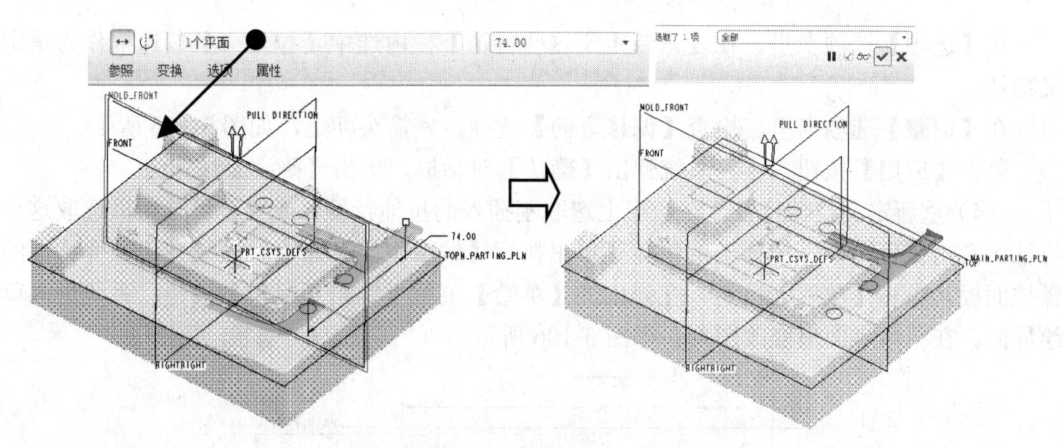

图 3-104　平移并合并曲面

3.7.2　绘制铜公的台阶基准位

方法：与第 3.6.2 节做法基本相同，只是台阶位的数值大小不同。

（1）注意在分模装配文件里将铜公 4#文件，即 ch03-01-tg4.prt 激活。

（2）在主菜单里执行【插入】|【用户定义特征】命令，在系统弹出的【打开】对话框里选取 tgbase.gph 文件，单击【打开】按钮，在弹出的【插入用户定义的…】对话框里单击【确定】按钮。

（3）系统弹出【用户定义的特征放置】对话框，默认选取【放置】选项卡，选取【1.SURFACE】选项，然后在图形上选取装配文件的 MAIN_PARTING_PLN 水平基准面。

同理，选取 RIGHT 基准面为 X 方向基准，选取 FRONT 为 Y 方向基准面。这时图形里出现了拉伸体的形状。

在【用户定义的特征放置】对话框里选取【变量】选项卡，修改尺寸 d12 的值为 17，如图 3-105 所示。

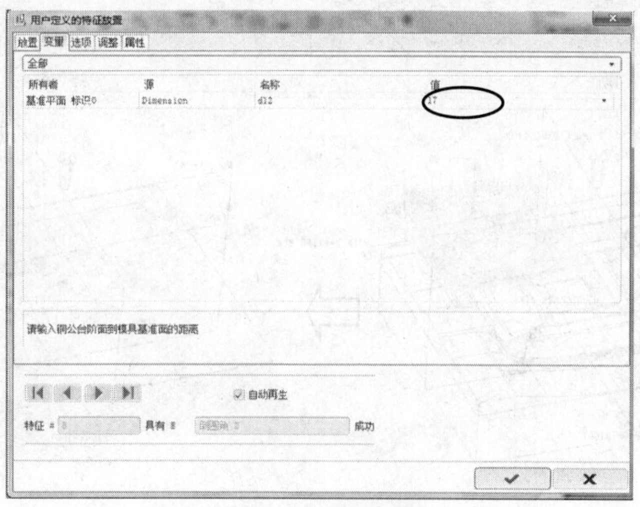

图 3-105　修改变量数值

在【选项】选项卡里，在【重新定义这些特征】栏内选中【拉伸 1】复选框作为重定义特征。

在【调整】选项卡里，检查【偏移方向】选项，使箭头朝上，如图 3-106 所示。

单击【应用】按钮，系统弹出【确认】对话框，单击【确定】按钮。

（4）重新定义拉伸特征。在图形上选取刚插入的拉伸特征，或者在目录树里选取这个特征，右击鼠标，在系统弹出的快捷菜单里执行【编辑定义】命令，系统弹出拉伸特征的操控面板，单击【放置】按钮，在弹出的【草绘】菜单里单击【编辑】按钮，系统进入草绘界面。在草绘界面里修改图形，如图 3-106 所示。

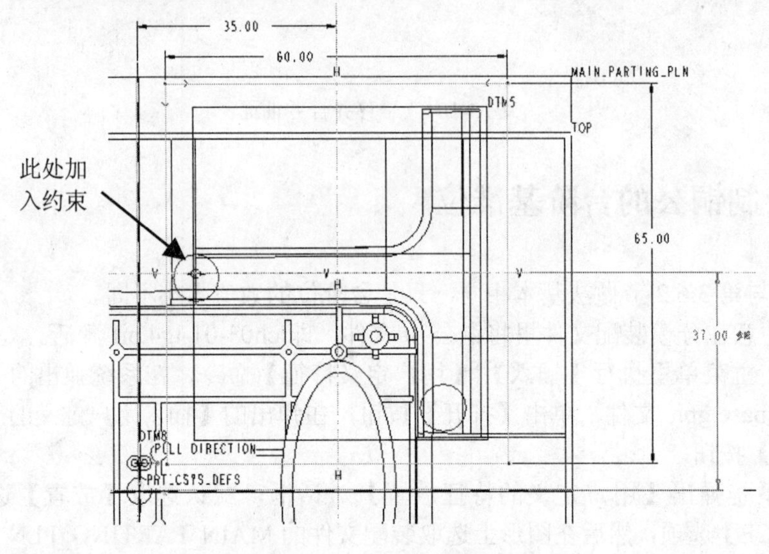

图 3-106　绘制草图

在草绘工具栏里单击【完成】按钮✔，系统返回拉伸特征的操控面板，调整拉伸生成方向向上，单击【应用】按钮，如图 3-107 所示。这样就完成了铜公台阶的绘制。

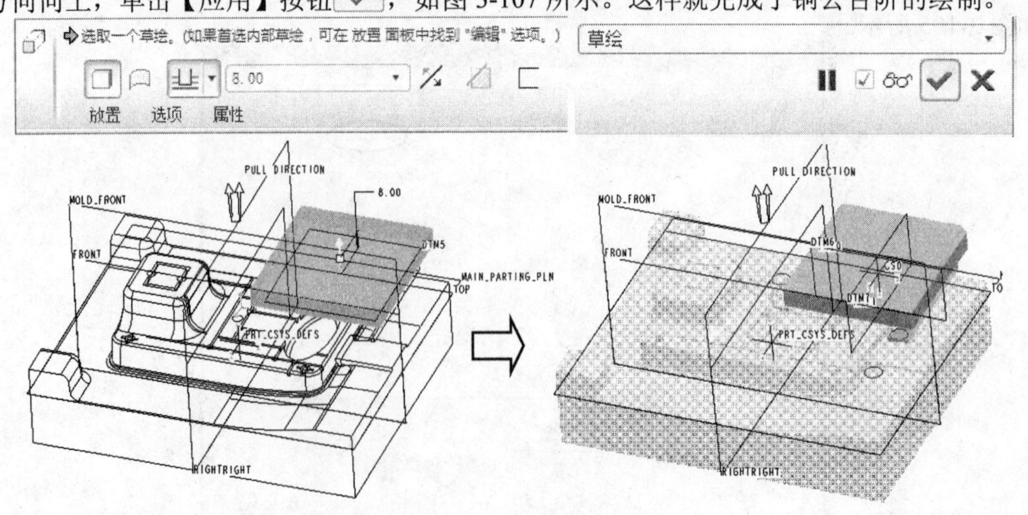

图 3-107　生成铜公台阶基准

3.7.3　铜公曲面实体化

方法：现将曲面向台阶位方向延伸，然后将曲面实体化，与第 3.5.3 节方法基本相同。

1．曲面延伸

单独打开铜公文件 ch03-01-tg4.prt，或者在目录树里选取铜公文件并右击鼠标，在弹出的快捷菜单里执行【打开】命令将其打开。

先选取曲面，再选取曲面上任意一条边线，在主菜单里执行【编辑】|【延伸】命令，系统弹出曲面延伸工具栏操控面板，单击【将曲面延伸到平面】按钮，在图形上选取台阶平面。再单击【参照】按钮，在弹出的对话框里单击【细节】按钮，系统弹出【链】对话框，选中【基于规则】和【完整环】单选按钮，再选中【标准】单选按钮，可以将全部边线选上，单击【确定】按钮。在工具栏里单击【应用】按钮，结果如图 3-108 所示。

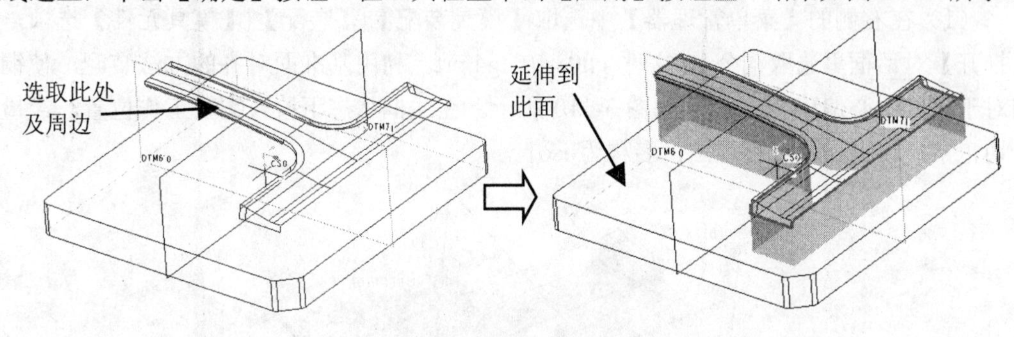

图 3-108　向台阶位延伸

2．曲面实体化

在图形区选取铜公的曲面组，在主菜单里执行【编辑】|【实体化】命令，系统弹出工具栏，单击【实体】按钮，在图形区单击箭头使其方向朝向实体内部，单击【应用】按钮，结果如图 3-109 所示。

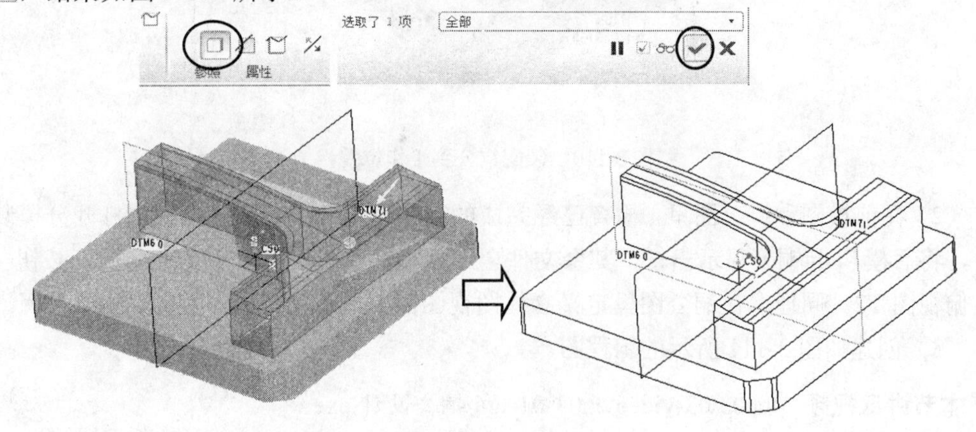

图 3-109　曲面实体化

3.7.4 铜公图输出

本节任务：（1）输出图形用于数控编程；（2）绘制 EDM 电火花加工工作单。

1．整理图形输出 IGS 文件

单独打开铜公文件 ch03-01-tg4.prt，检查坐标系是否正确。本例的坐标系是在第 3.7.2 节中通过用户定义特征自动完成的。经检查发现 CS0 的 Z 轴向上，零点在铜公的四边分中的台阶面的位置，符合加工要求。选取 CS0 为输出坐标系，另存的 IGS 文件名为 ch03-01-tg4.igs。

2．绘制 EDM 电火花加工工作单

方法：将 4#铜公装配在 E 处，然后将装配文件生成工程图。方法与 3.4.5 节相同。

（1）在右侧的【菜单管理器】中选取【模具装配】|【装配】|【模具元件】选项，在【打开】对话框里选取铜公 4#文件 ch03-01-tg4.prt。利用基准面对齐的方法装配，使铜公相对于模具中心偏移 37，结果如图 3-110 所示。在线框状态下检查铜公工作位置，经检查一切正常。将当前位置存视图，名称为 iso1。

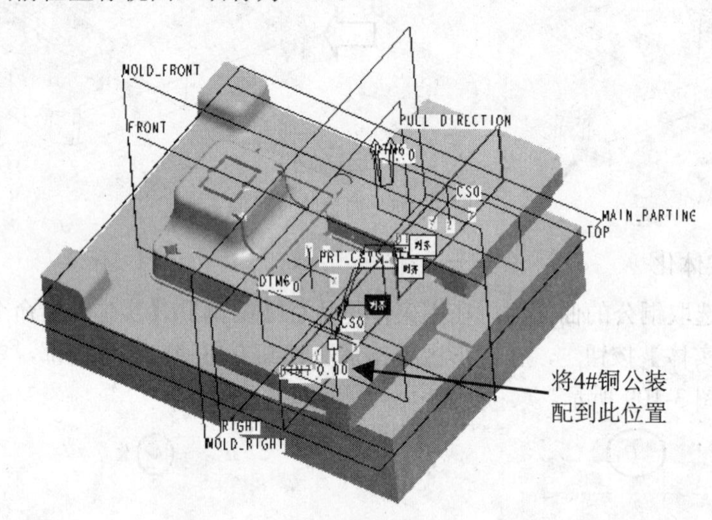

图 3-110 装配铜公到工作位置

（2）在前模图和铜公图里，检查已经完成的互相垂直的中心线基准轴。打开分模装配文件，将后模和 4#铜公显示出来，其余文件全部关闭。单击工具栏的【重定向】按钮，定义俯视图 T2。同理，在铜公图里定义立体图视图为 I1。在后模里，将 C1 图层关闭。

（3）创建如图 3-111 所示的工程图。

本节讲课视频：\ch03\03-video\ch03-01-tg4 铜公设计.exe。

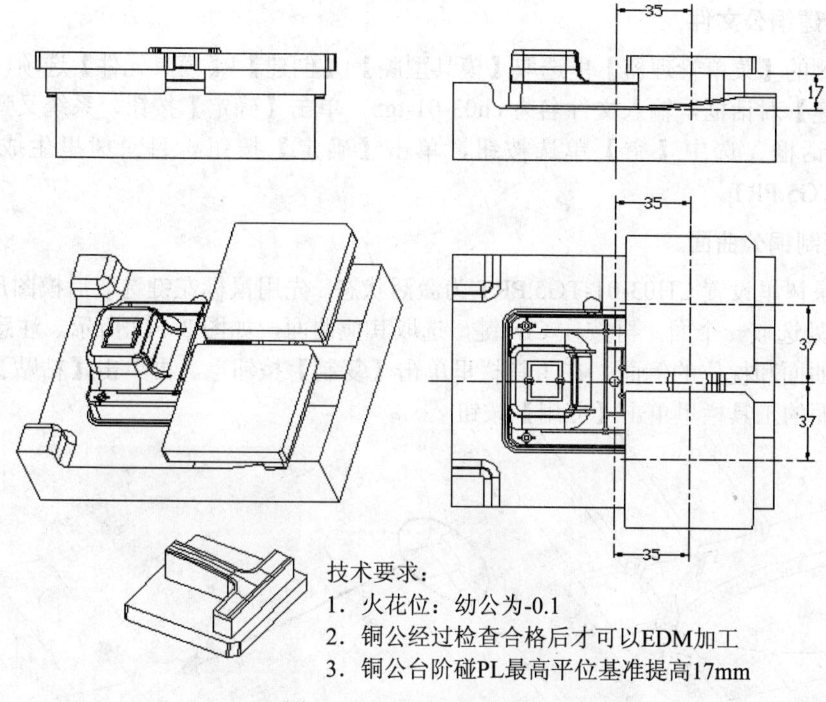

图 3-111　铜公 4#工程图

3.8　后模清角 5#铜公设计

后模清角 5#铜公与 4#铜公都指在如图 3-6 所示的 D 区及 E 区，对按后模的角落处清除大量的残留余量。4#铜公加工下一级，而 5#铜公将加工上一部分台阶。

本铜公设计要点：本铜公设计方法与 4#铜公主要步骤相同，但有自己的特点。关键的区别是提取曲面的部位略不同，先提取 D 处的上一级曲面后进行裁剪整理，用同样的方法复制提取 E 处的曲面，将 E 处的曲面平移到 D 处，再将这两部分曲面合并成一体。其余台阶位的创建等步骤仍采取用户定义特征方法，但仍要注意不能碰伤后模。

3.8.1　提取铜公曲面

1．进入分模模块

启动 Pro/E 软件，设置工作目录为 D:\ch03-01，打开分模装配文件 ch02-02-fcab.asm。在工具栏里单击【遮蔽/取消遮蔽】按钮，在弹出的【遮蔽-取消遮蔽】对话框里选取 4#铜公图，再单击【遮蔽】按钮关闭显示。另外将后模的 C2 图层显示出来，以便显示草图，这个草图是在 3.3.2 节绘制的。

2．创建铜公文件

在右侧的【菜单管理器】里选取【模具型腔】|【创建】|【模具元件】选项，系统弹出【元件创建】对话框，输入文件名为 ch03-01-tg5，单击【确定】按钮，系统又弹出【创建选项】对话框，选中【空】单选按钮，单击【确定】按钮。目录树里生成了新文件 CH03-01-TG5.PRT。

3．复制铜公曲面

在目录树里设置 CH03-01-TG5.PRT 为激活状态。先用鼠标左键选取后模图形，再在型芯 D 区域处选取一个面，再按住 Ctrl 键，选取其他曲面，如图 3-112 所示。注意不要选取台阶下的曲面和枕位的侧面。在工具栏里单击【复制】按钮，再单击【粘贴】按钮，在复制曲面的工具栏里单击【应用】按钮。

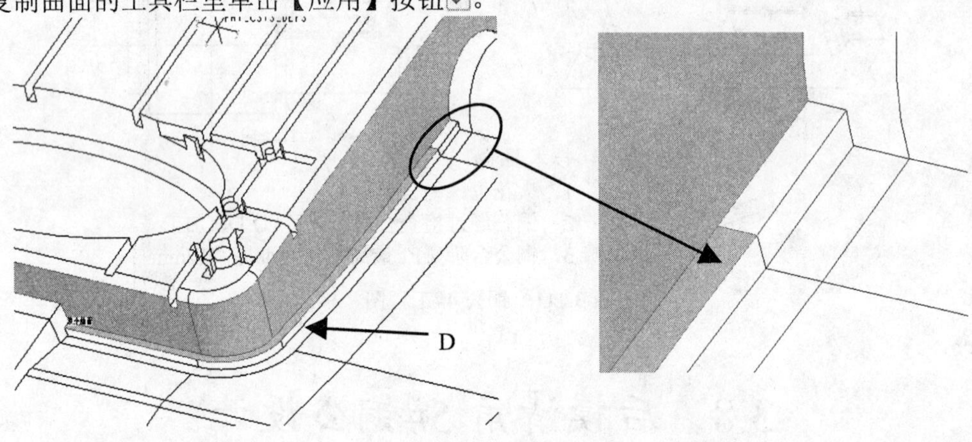

图 3-112　复制曲面

4．延伸曲面

选取如图 3-113 所示曲面的边线，在主菜单里执行【编辑】|【延伸】命令，在系统弹出的延伸工具栏操控面板里输入延伸距离为 5，单击【应用】按钮。

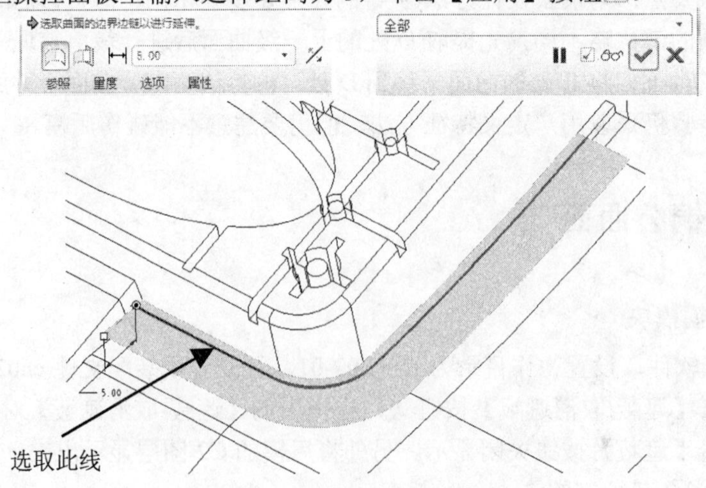

图3-113　延伸曲面

注意：为了后续操作中能顺利合并曲面，注意检查延伸曲面的【选项】为“沿着”。

5．复制枕位侧曲面

先用鼠标左键选取后模图形，再在枕位处选取如图 3-114 所示的侧面，在工具栏里单击【复制】按钮，再单击【粘贴】按钮，在复制曲面的工具栏里单击【应用】按钮。

6．延伸曲面

在空白处单击鼠标，再选取如图 3-115 所示的曲面边线，在主菜单里执行【编辑】|【延伸】命令，在系统弹出的延伸工具栏操控面板里输入延伸距离为 6，单击【应用】按钮。

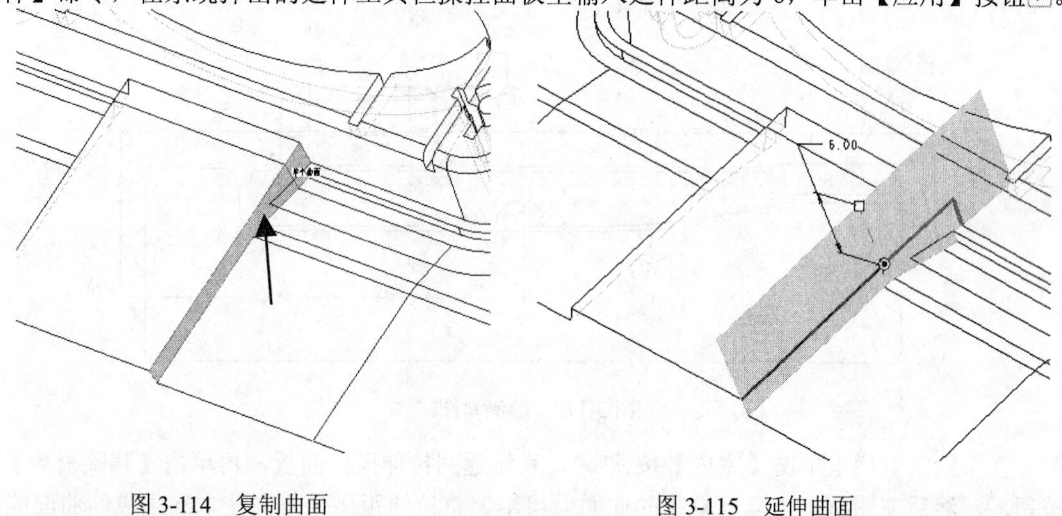

图 3-114　复制曲面　　　　图 3-115　延伸曲面

7．合并曲面

选取如图 3-116 所示的两组曲面，在主菜单里执行【编辑】|【合并】命令，调整方向，单击【应用】按钮。

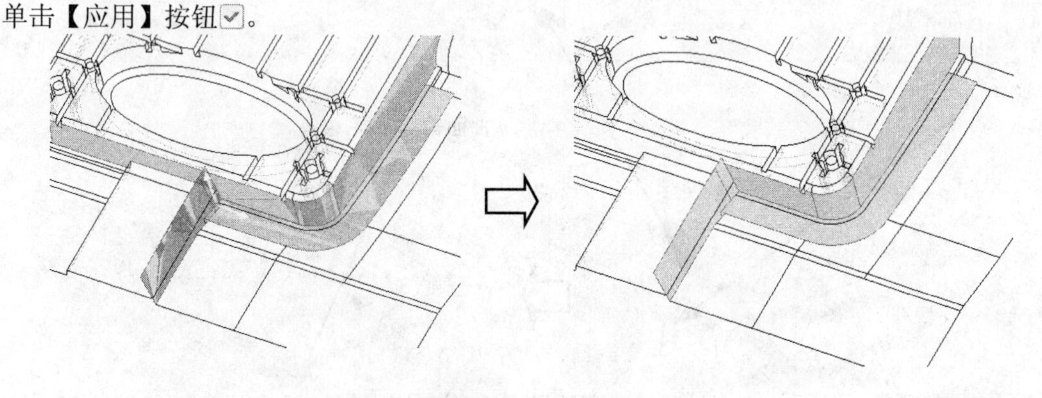

图 3-116　合并曲面

8．修整曲面

在主菜单里执行【插入】|【拉伸】命令，系统弹出拉伸操控面板，单击【拉伸为曲面】按钮，右击鼠标，在弹出的快捷菜单里执行【定义内部草绘】命令，在图形上选取 S 面为绘图平面，系统默认选取参照面，单击【草绘】按钮，进入草绘界面，选取坐标系为草

绘的参照。在草绘界面里绘制如图 3-117 所示的草图。注意这个草图是水平线。

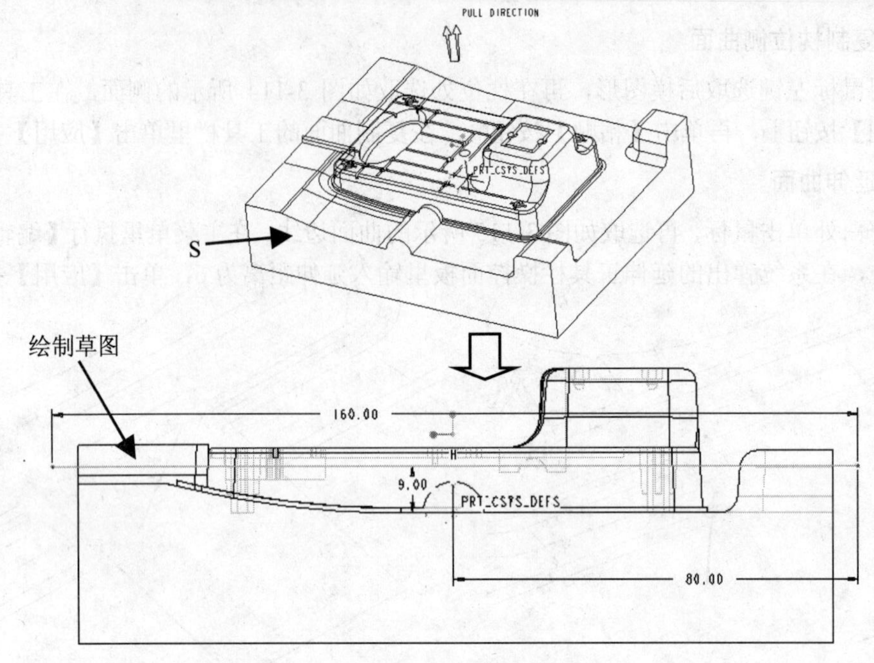

图 3-117　绘制草图

在草绘工具栏里单击【完成】按钮，系统返回拉伸操控面板，再单击【移除材料】按钮，然后在图形上选取已复制的曲面面组，调整拉伸距离和方向使本次生成的曲面能够完全切割这个曲面面组。调整去除材料方向的箭头为水平线以上。单击【应用】按钮，完成对曲面面组的修剪，如图 3-118 所示。

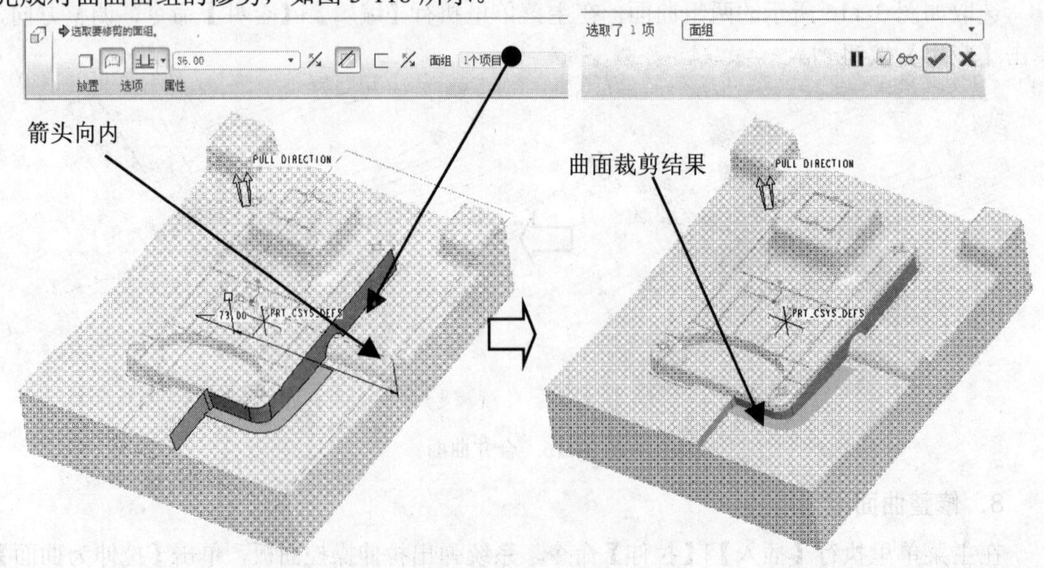

图 3-118　修整曲面

9. 进一步修整曲面

在主菜单里执行【插入】|【拉伸】命令，系统弹出拉伸操控面板，单击【拉伸为曲面】按钮，右击鼠标，在弹出的快捷菜单里执行【定义内部草绘】命令，在图形上选取水平基准面 MAIN_PARTING_PLN 为绘图平面，系统默认选取参照面，单击【草绘】按钮，进入草绘界面，选取坐标系为草图的参照。在草绘界面里绘制如图 3-119 所示的草图。注意这个草图是直线。

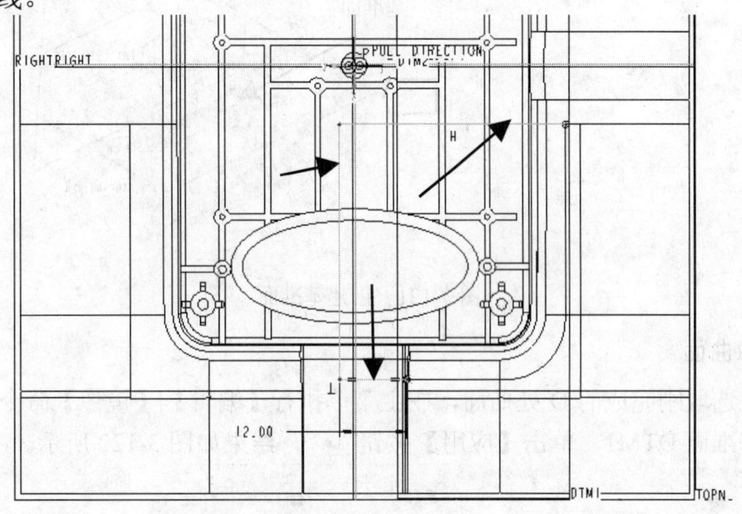

图 3-119　绘制草图

在草绘工具栏里单击【完成】按钮，系统返回拉伸操控面板，再单击【移除材料】按钮，然后在图形上选取已复制的曲面面组，调整拉伸距离和方向使本次生成的曲面能够完全切割这个曲面面组。调整去除材料方向，单击【应用】按钮，完成对曲面面组的修剪，结果如图 3-120 所示。

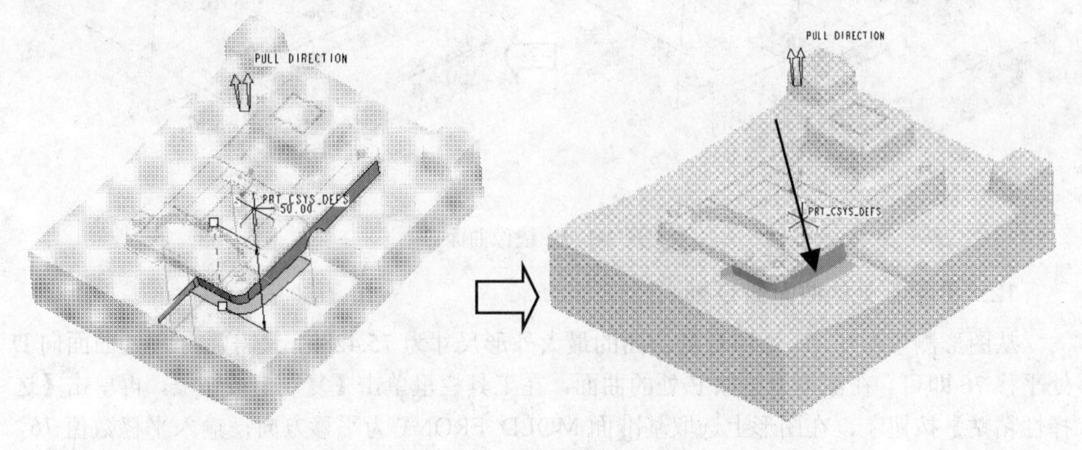

图 3-120　进一步修整建曲面

10. 创建基准面

在主菜单里执行【插入】|【模具基准】|【平面】命令，然后在图形上选取基准面

MOLD_FRONT，单击【确定】按钮，结果如图 3-121 所示。创建该基准面的目的是为了创建镜像曲面。

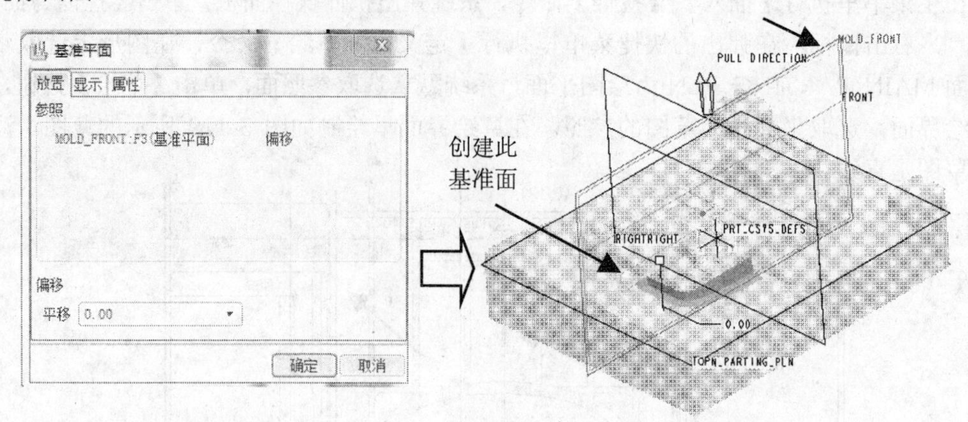

图 3-121 创建基准面

11．镜像曲面

在图形上选取刚完成的 D 处曲面，在主菜单执行【编辑】|【镜像】命令，在图形上选取已创建的基准面 DTM1，单击【应用】按钮，结果如图 3-122 所示。

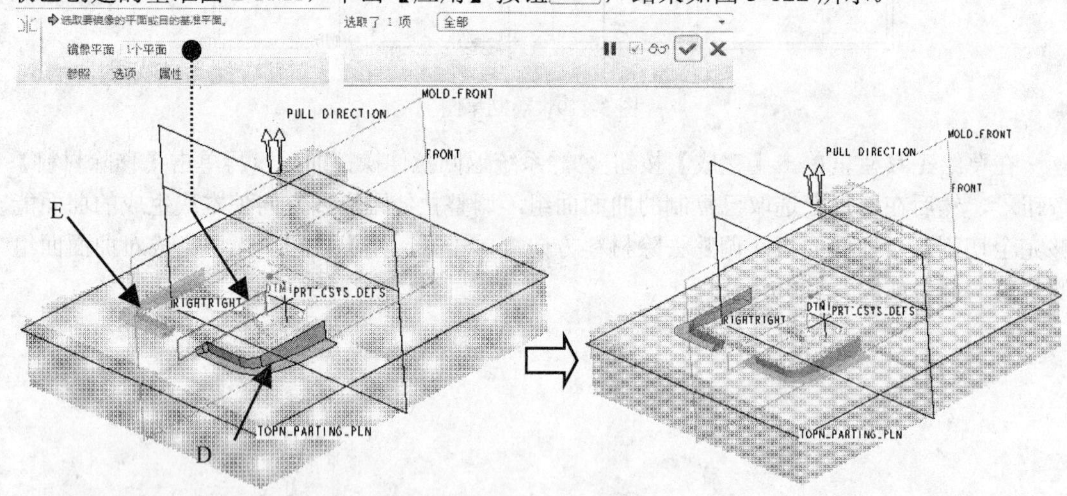

图 3-122 镜像曲面

12．平移 E 处的曲面到 D 处

从图形测量得知，D 处和 E 处曲面的最大外形尺寸为 75.4282，只需要将 E 处曲面向 D 处平移 76 即可。在图形上选取 E 处的曲面，在工具栏里单击【复制】按钮，再单击【选择性粘贴】按钮，在图形上选取基准面 MOLD_FRONT 为平移方向，输入平移数值 76，单击【应用】按钮，结果如图 3-123 所示。

13．补面

在工具栏里单击【遮蔽/取消遮蔽】按钮，在弹出的【遮蔽-取消遮蔽】对话框里选

取后模图，再单击【遮蔽】按钮关闭显示。将后模隐藏显示，单独显示 5#铜公文件 ch03-01-tg5.prt。在主菜单里执行【插入】|【边界混合】命令，按图 3-124 所示选取两侧曲面的边线，单击【应用】按钮，生成曲面。

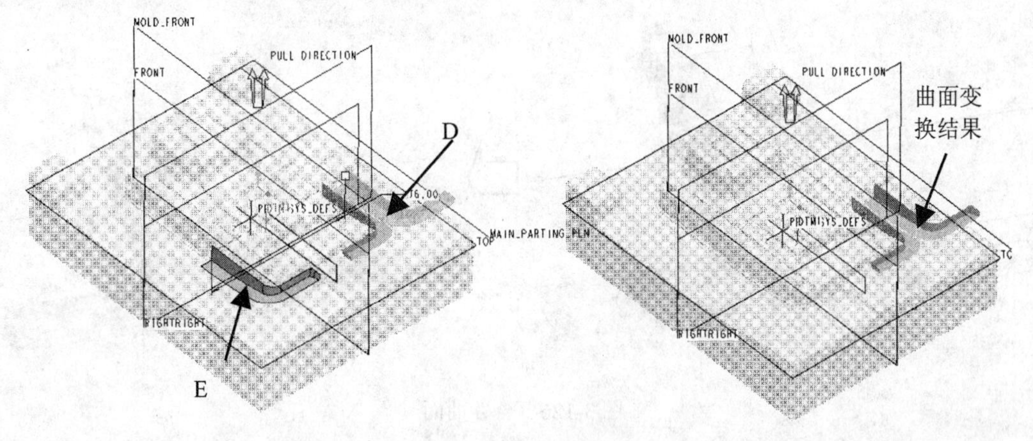

图 3-123　平移曲面

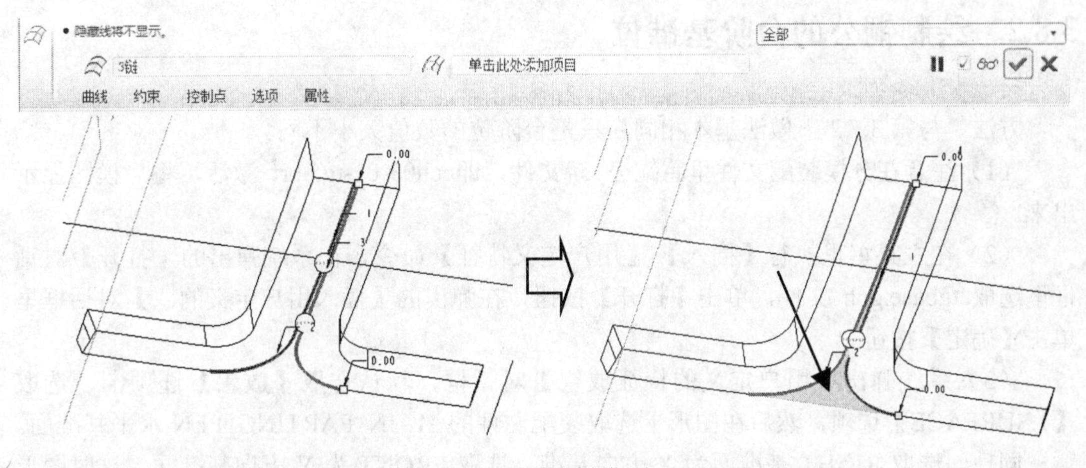

图 3-124　创建曲面

14. 合并曲面

在合并曲面之前需要设置精度，否则可能出现合并失败的情况。单独打开 5#铜公文件 ch03-01-tg5.prt，在主菜单里执行【文件】|【属性】命令，在系统弹出的【模型属性】对话框的【精度】选项里单击【更改】按钮，在【精度】对话框里设置为绝对精度，数值为 0.02。单击【再生模型】按钮，再单击【关闭】按钮，如图 3-125 所示。

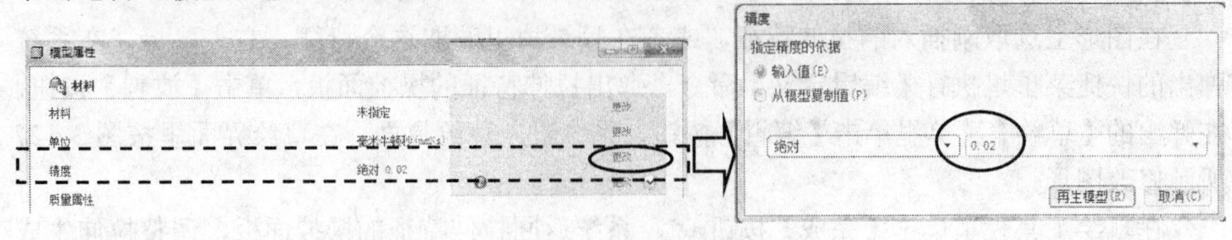

图 3-125　设置精度

返回到分模装配文件状态。在图形上选取两组相邻曲面，在主菜单里执行【编辑】|【合并】命令，调整图形中的箭头，单击【应用】按钮，结果如图 3-126 所示。同理，合并另外一部分曲面。

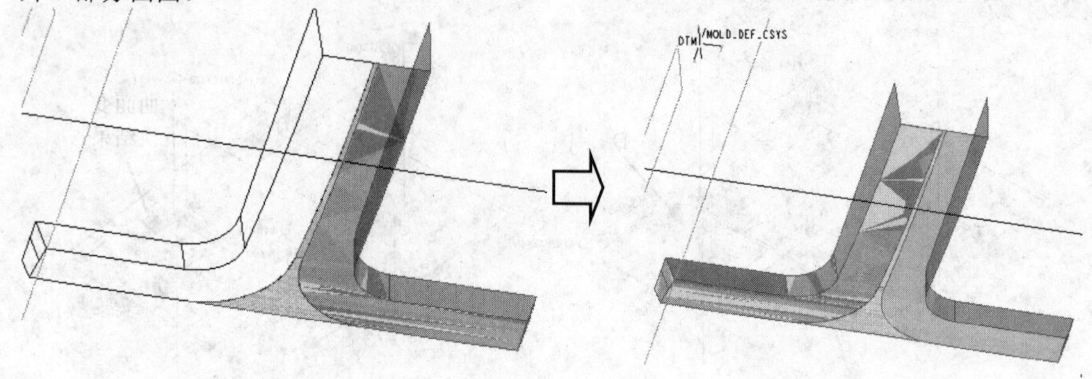

图 3-126　合并曲面

3.8.2　绘制铜公的台阶基准位

方法：与第 3.7.2 节做法基本相同，只是台阶位的数值大小不同。

（1）注意在分模装配文件里将铜公 5#文件，即 ch03-01-tg5.prt 激活，将后模图显示出来。

（2）在主菜单里执行【插入】|【用户定义特征】命令，在系统弹出的【打开】对话框里选取 tgbase.gph 文件，单击【打开】按钮，在弹出的【插入用户定义的...】对话框里单击【确定】按钮。

（3）系统弹出【用户定义的特征放置】对话框，默认选取【放置】选项卡，选取【1.SURFACE】选项，然后在图形上选取装配文件的 MAIN_PARTING_PLN 水平基准面。

同理，选取 RIGHT 基准面为 X 方向基准，选取 FRONT 为 Y 方向基准面。这时图形里出现了拉伸体的形状。

在【用户定义的特征放置】对话框里选取【变量】选项卡，修改尺寸 d12 的值为 17。

在【选项】选项卡的【重新定义这些特征】栏内设置【拉伸 1】为重定义特征。

在【调整】选项卡里检查【偏移方向】选项，使箭头朝上。

单击【应用】按钮，系统弹出【确认】对话框，单击【确定】按钮。

（4）重新定义拉伸特征

在图形上选取刚插入的拉伸特征，或者在目录树里选取这个特征，右击鼠标，在系统弹出的快捷菜单里执行【编辑定义】命令，弹出拉伸特征的操控面板，单击【放置】按钮，在弹出的【草绘】菜单里单击【编辑】按钮，系统进入草绘界面。在草绘界面里按图 3-127 所示修改图形。

在草绘工具栏里单击【完成】按钮✔，系统返回拉伸特征的操控面板，调整拉伸生成方向向上，单击【应用】按钮，如图 3-128 所示。这样就完成了铜公台阶的绘制。

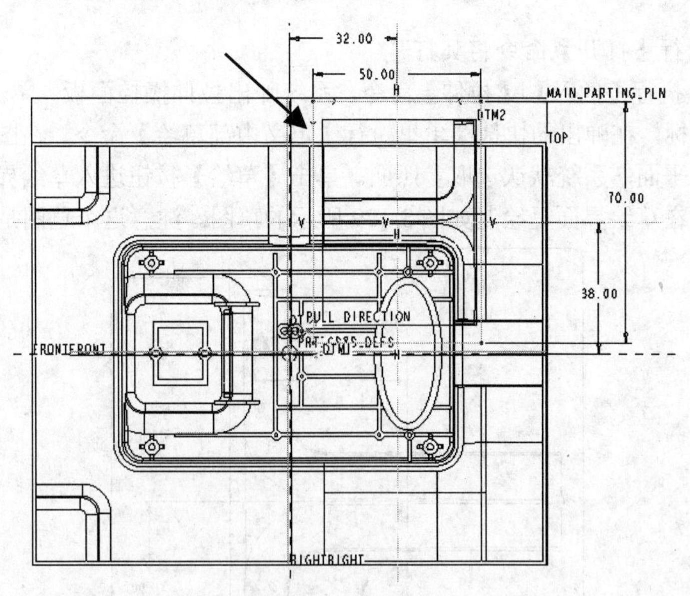

图 3-127　修改草图

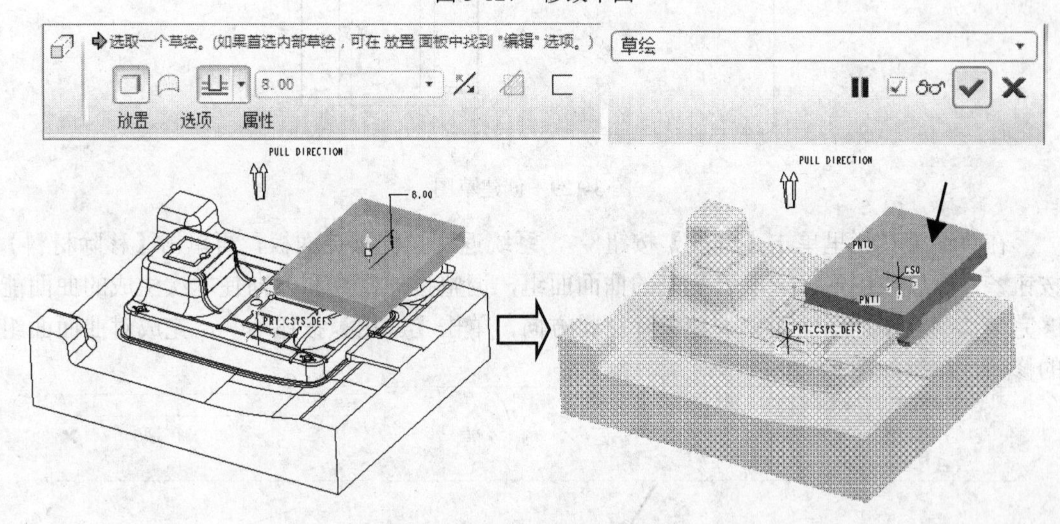

图 3-128　生成铜公台阶基准

3.8.3　铜公曲面实体化

方法：现将曲面向台阶位方向延伸，然后将曲面实体化，与第 3.7.3 节方法基本相同。

由于在创建边界混合面时使用了延伸曲面的边缘线，该线条是一个复杂曲线，创建的面边界不整齐，如果直接用这个面向台阶面延伸可能会导致操作失败，所以必须将这个曲面组合进一步进行裁剪，使其边界整齐，方可正常操作。

1．进一步裁剪曲面

单独打开铜公文件 ch03-01-tg5.prt，或者在目录树里选取铜公文件后右击鼠标，在弹出的快捷菜单里执行【打开】命令将其打开。

在主菜单里执行【插入】|【拉伸】命令，系统弹出拉伸操控面板，单击【拉伸为曲面】按钮，右击鼠标，在弹出的快捷菜单里执行【定义内部草绘】命令，在图形上选取铜公台阶基准面为绘图平面，系统默认选取参照面。单击【草绘】按钮进入草绘界面，选取坐标系为草图的参照。在草绘界面里绘制如图 3-129 所示的草图。注意这个草图是一条垂直线。

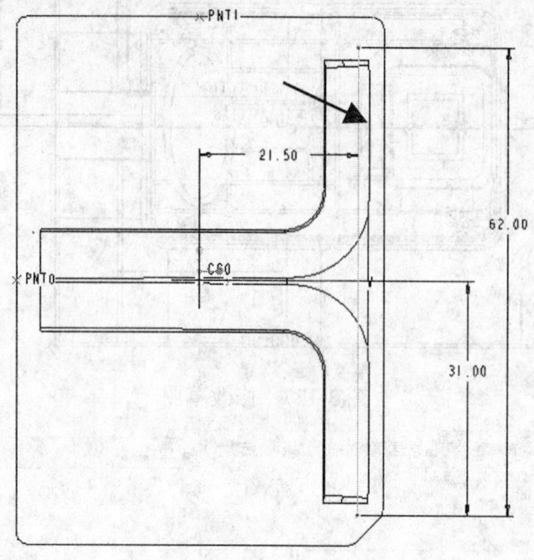

图 3-129　创建草图

在草绘工具栏里单击【完成】按钮✔，系统返回拉伸操控面板，再单击【移除材料】按钮，然后在图形上选取已复制的曲面面组，调整拉伸距离和方向使本次生成的曲面能够完全切割这个曲面面组。调整去除材料方向，单击【应用】按钮，完成对曲面面组的修剪，结果如图 3-130 所示。

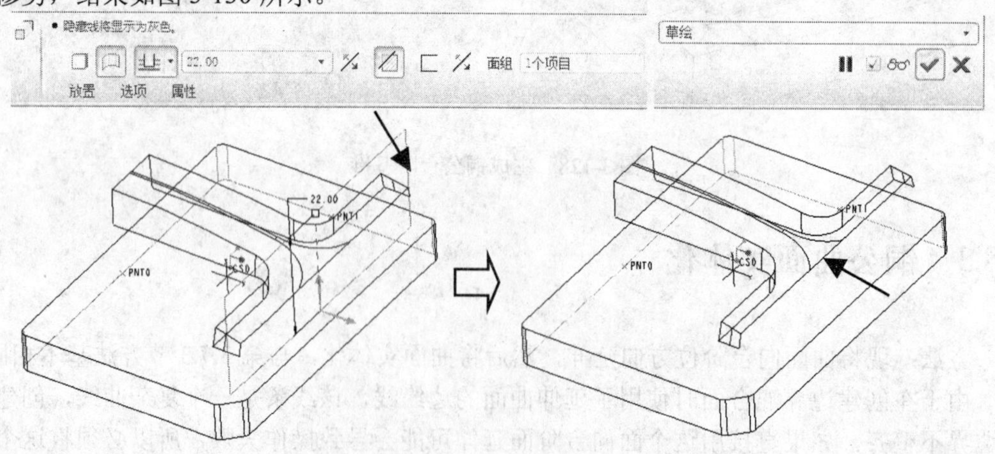

图 3-130　进一步修剪曲面

2．曲面延伸

先选取曲面，再选取曲面上任意一条边线，在主菜单里执行【编辑】|【延伸】命令，

系统弹出曲面延伸工具栏操控面板，单击【将曲面延伸到平面】按钮，在图形上选取台阶平面。再单击【参照】按钮，在弹出的对话框里单击【细节】按钮，系统弹出【链】对话框，选中【基于规则】和【完整环】单选按钮，再选中【标准】单选按钮，可以将全部边线选上，单击【确定】按钮。在工具栏里单击【应用】按钮，结果如图 3-131 所示。

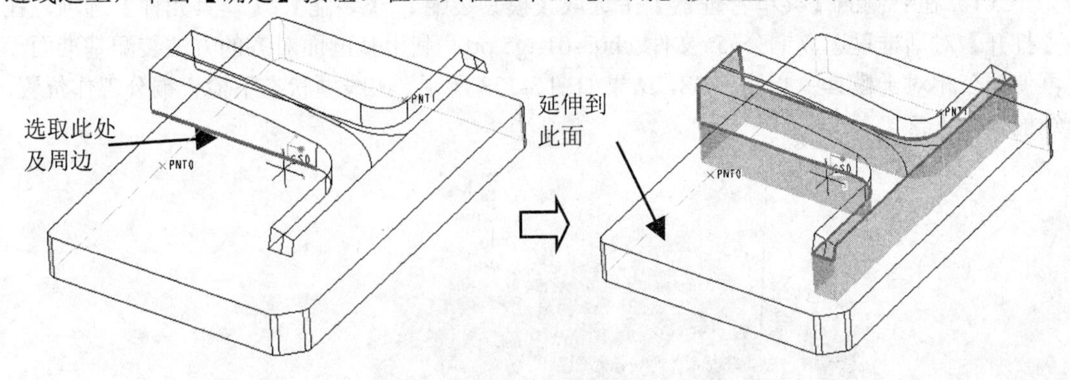

图 3-131　向台阶位延伸

3. 曲面实体化

在图形区选取铜公的曲面组，在主菜单里执行【编辑】|【实体化】命令，系统弹出工具栏，单击【实体】按钮，在图形区单击箭头使其方向朝向实体内部，单击【应用】按钮，如图 3-132 所示。

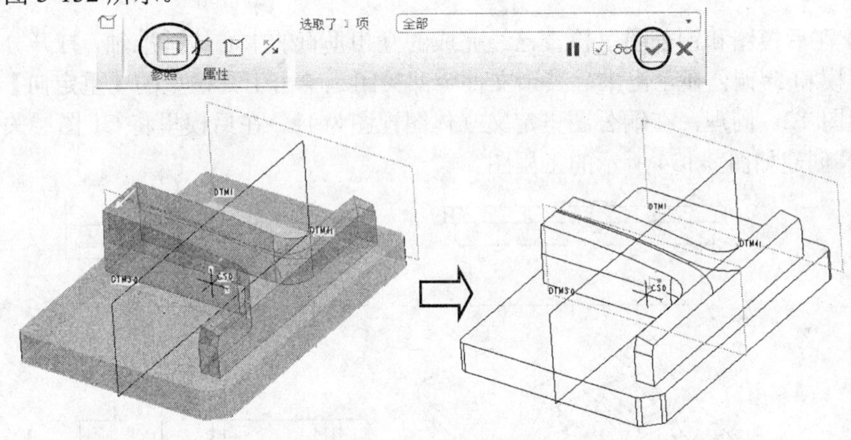

图 3-132　曲面实体化

3.8.4　铜公图输出

本节任务：（1）输出图形用于数控编程；（2）绘制 EDM 电火花加工工作单。

1. 整理图形输出 IGS 文件

单独打开铜公文件 ch03-01-tg5.prt 检查坐标系是否正确。本例的坐标系在第 3.8.2 节中通过用户定义特征自动完成的。经检查发现 CS0 的 Z 轴向上，零点在铜公的四边分中的台阶面的位置，符合加工要求。选取 CS0 为输出坐标系，另存的 IGS 文件名为 ch03-01-tg5.igs。

2．绘制 EDM 电火花加工工作单

方法：将 5#铜公装配在 E 处，然后将装配文件生成工程图。方法与第 3.4.5 节相同。

（1）在右侧的【菜单管理器】中选取【模具装配】|【装配】|【模具元件】选项，在【打开】对话框里选取铜公 5#文件 ch03-01-tg5.prt。利用基准面对齐的方法装配基准面，再使铜公相对于模具中心偏移 38，结果如图 3-133 所示。在线框状态下检查铜公工作位置，经检查为正常。

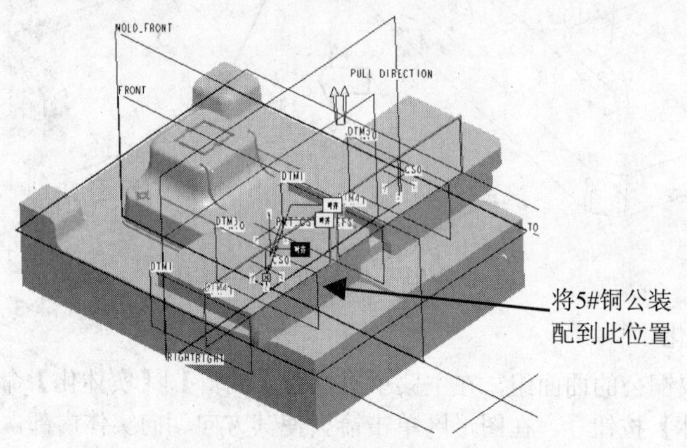

图 3-133 装配铜公到工作位置

（2）在后模图和铜公图里检查已经完成的互相垂直的中心线基准轴，打开分模装配文件，将后模和 5#铜公显示出来，其余文件全部关闭。单击工具栏里的【重定向】按钮，定义俯视图 T2。同理，在铜公图里定义立体图视图为 I1。在后模里将 C1 图层关闭。

（3）创建如图 3-134 所示的工程图。

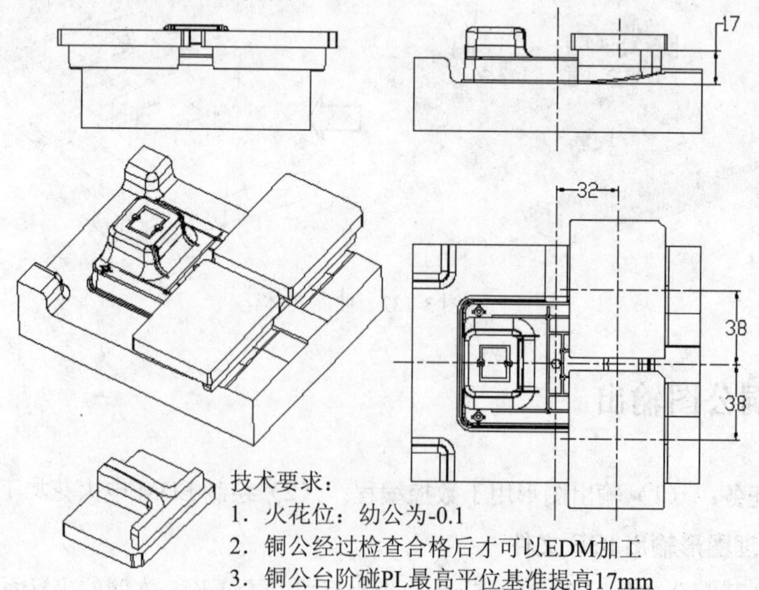

图 3-134 铜公 5#工程图

本节讲课视频：\ch03\03-video\ch03-01-tg5 铜公设计.exe。

3.9　后模清角 6#铜公设计

后模清角 6#铜公加工部位是在如图 3-5 所示的 C 区，对后模的角落处清除大量的残留余量。

本铜公设计要点：本铜公设计方法与 3#铜公主要步骤相同，但避空面做法较简单。

3.9.1　提取铜公曲面

1．进入分模模块

启动 Pro/E 软件，设置工作目录为 D:\ch03-01，打开分模装配文件 ch02-02-fcab.asm。在工具栏里单击【遮蔽/取消遮蔽】按钮，在弹出的【遮蔽-取消遮蔽】对话框里选取 5#铜公图，再单击【遮蔽】按钮，关闭显示。

另外将后模的 C2 图层显示出来，以便显示草图，这个草图是在第 3.3.2 节绘制的。

2．创建铜公文件

在右侧的【菜单管理器】里选取【模具型腔】|【创建】|【模具元件】选项，系统弹出【元件创建】对话框，输入文件名为 ch03-01-tg6，单击【确定】按钮，系统又弹出【创建选项】对话框，选中【空】单选按钮，单击【确定】按钮。观察到目录树里生成了新文件 CH03-01-TG6.PRT。

3．复制铜公曲面

在目录树里设置 CH03-01-TG6.PRT 为激活状态。先用鼠标左键选取一下后模图形，再在型芯 C 区域处选取一个面，再按住 Ctrl 键，选取其他曲面，如图 3-135 所示。在工具栏里单击【复制】按钮，再单击【粘贴】按钮，在复制曲面的工具栏里单击【应用】按钮。

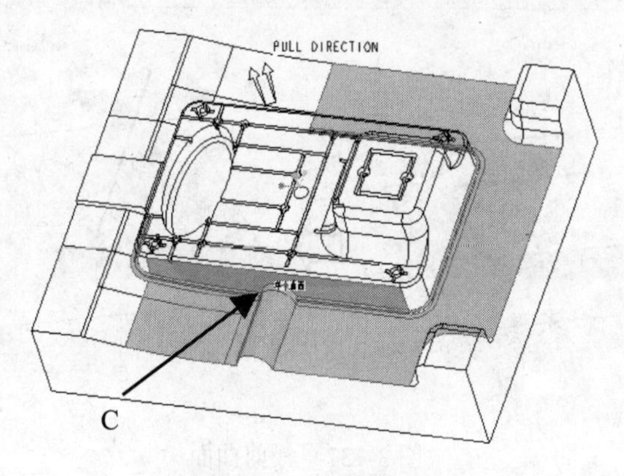

图 3-135　复制曲面

4．修剪曲面

在主菜单里执行【插入】|【拉伸】命令，系统弹出拉伸操控面板，单击【拉伸为曲面】按钮，右击鼠标，在弹出的快捷菜单里执行【定义内部草绘】命令，在图形上选取水平基准面 MAIN_PARTING_PLN 为绘图平面，系统默认选取参照面，单击【草绘】按钮，进入草绘界面，选取坐标系为草图的参照。在草绘界面里绘制如图 3-136 所示的草图。注意这个草图是矩形。

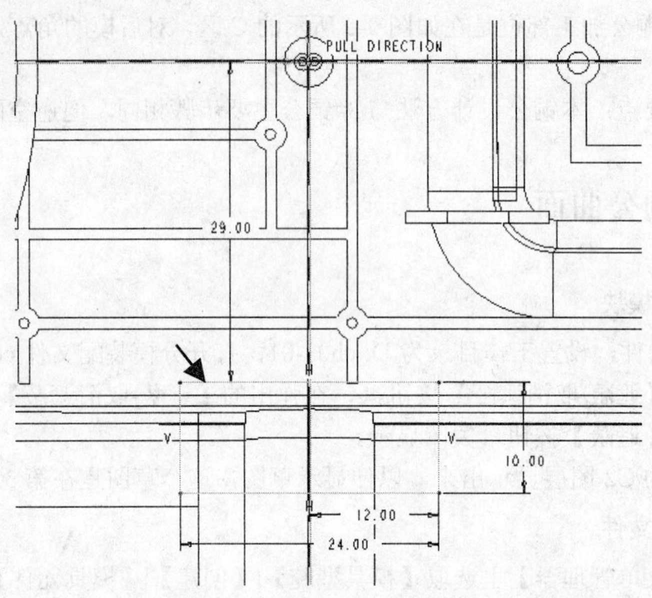

图 3-136　绘制草图

在草绘工具栏里单击【完成】按钮✔，系统返回拉伸操控面板，再单击【移除材料】按钮，然后在图形上选取已复制的曲面面组，调整拉伸距离和方向，使本次生成的曲面能够完全切割这个曲面面组。调整去除材料方向，单击【应用】按钮，完成对曲面面组的修剪，如图 3-137 所示。

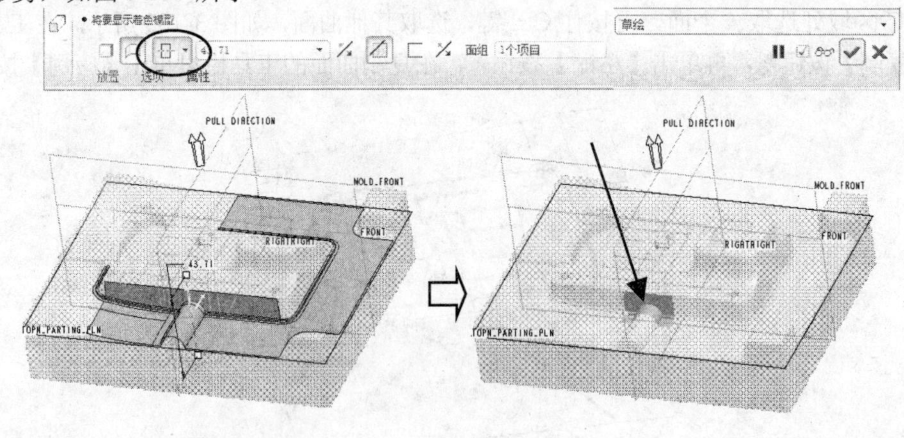

图 3-137　裁剪曲面

3.9.2　绘制铜公的台阶基准位

方法：与 3.8.2 节做法基本相同，只是台阶位的数值大小不同。

（1）注意在分模装配文件里将 6#铜公文件 ch03-01-tg6.prt 激活。

（2）在主菜单里执行【插入】|【用户定义特征】命令，在系统弹出的【打开】对话框里选取 tgbase.gph 文件，单击【打开】按钮，在弹出的【插入用户定义的...】对话框里单击【确定】按钮。

（3）系统弹出【用户定义的特征放置】对话框，默认选取【放置】选项卡，选取【1.SURFACE】选项，然后在图形上选取装配文件的 MAIN_PARTING_PLN 水平基准面。

同理，选取 RIGHT 基准面为 X 方向基准，选取 FRONT 为 Y 方向基准面。这时图形里出现了拉伸体的形状。

在【用户定义的特征放置】对话框中选取【变量】选项卡，修改尺寸 d12 的值为 17。

在【选项】选项卡的【重新定义这些特征】栏内选中【拉伸 1】复选框作为重定义特征。

在【调整】选项卡里，检查【偏移方向】选项，使箭头朝上。

单击【应用】按钮，系统弹出【确认】对话框，单击【确定】按钮。

（4）重新定义拉伸特征。在图形上选取刚插入的拉伸特征，或者在目录树里选取这个特征，右击鼠标，在系统弹出的快捷菜单里执行【编辑定义】命令，系统弹出拉伸特征的操控面板，单击【放置】按钮，在弹出的【草绘】菜单里单击【编辑】按钮，系统加入草绘界面。在草绘界面里，按图 3-138 所示修改图形。

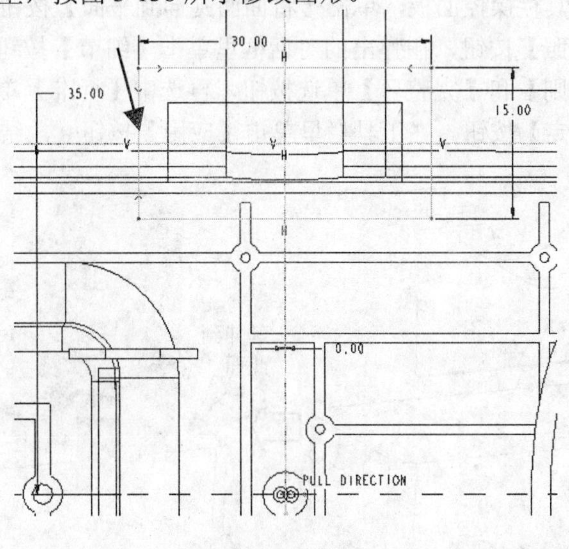

图 3-138　绘制草图

在草绘界面工具栏里单击【完成】按钮✔，系统返回拉伸特征的操控面板，调整拉伸生成方向向上，单击【应用】按钮，如图 3-139 所示。这样就完成了铜公台阶的绘制。

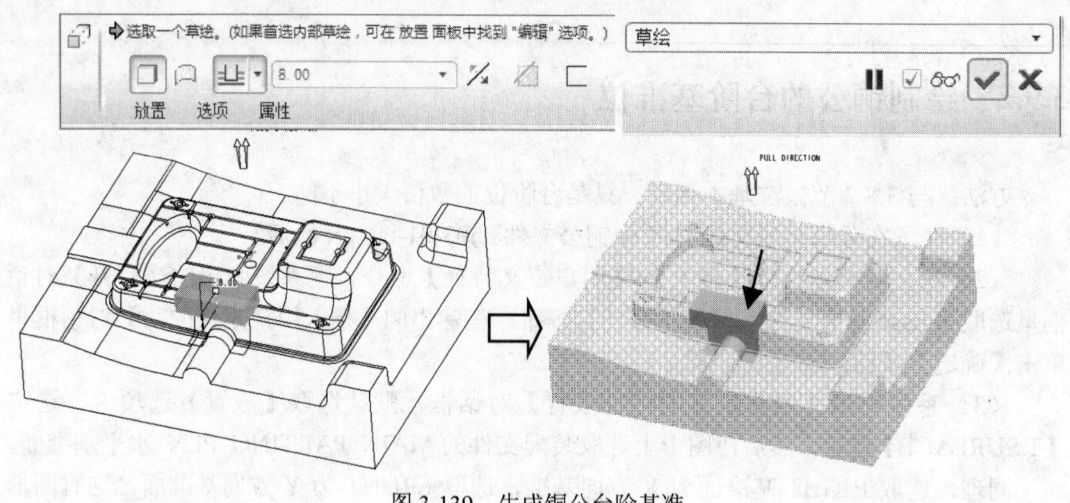

图 3-139　生成铜公台阶基准

3.9.3　铜公曲面实体化

方法：现将曲面向台阶位方向延伸，然后将曲面实体化，方法与第 3.5.3 节基本相同。

1．曲面延伸

单独打开铜公文件 ch03-01-tg6.prt，或者在目录树里选取铜公文件并右击鼠标，在弹出的快捷菜单里执行【打开】命令将其打开。

先选取曲面，再选取曲面上任意一条边线，在主菜单里执行【编辑】|【延伸】命令，系统弹出曲面延伸工具栏操控面板，单击【将曲面延伸到平面】按钮，在图形上选取台阶平面。再单击【参照】按钮，在弹出的对话框里单击【细节】按钮，系统弹出【链】对话框，选中【基于规则】和【完整环】单选按钮，再选中【标准】单选按钮，可以将全部边线选上，单击【确定】按钮。在工具栏里单击【应用】按钮，结果如图 3-140 所示。

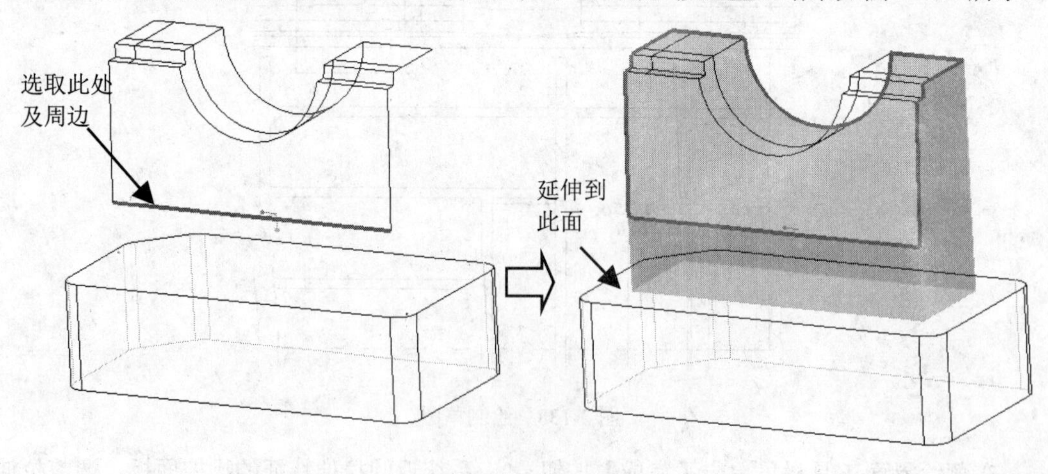

图 3-140　延伸曲面

2．曲面实体化

在图形区选取铜公的曲面组，在主菜单里执行【编辑】|【实体化】命令，系统弹出工具栏，单击【实体】按钮，在图形区单击箭头使其方向朝向实体内部，单击【应用】按钮，如图 3-141 所示。

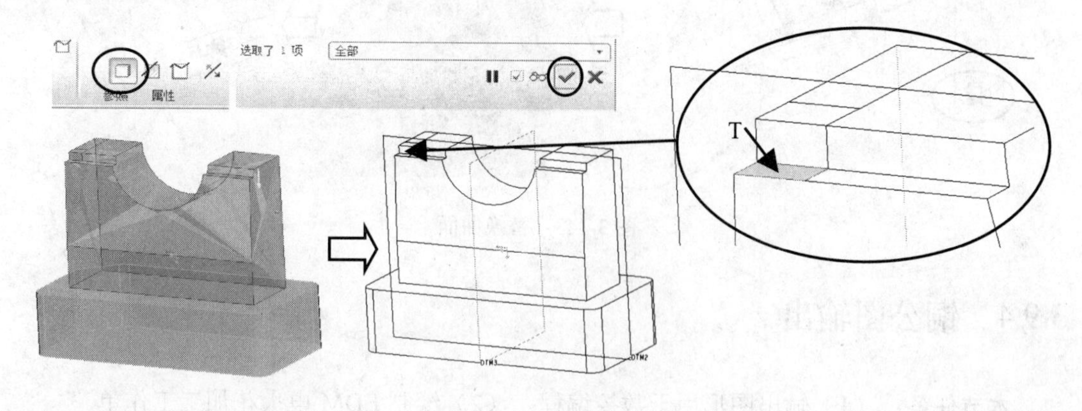

图 3-141　曲面实体化

观察铜公得知，铜公 T 处不是水平面，不能正常用 CNC 加工出来，需要进一步用替代的方法修整。

3．复制曲面

选取铜公图形，再进一步选取如图 3-142 所示的 U 面，在工具栏里单击【复制】按钮，再单击【粘贴】按钮，在复制曲面的工具栏里单击【应用】按钮。

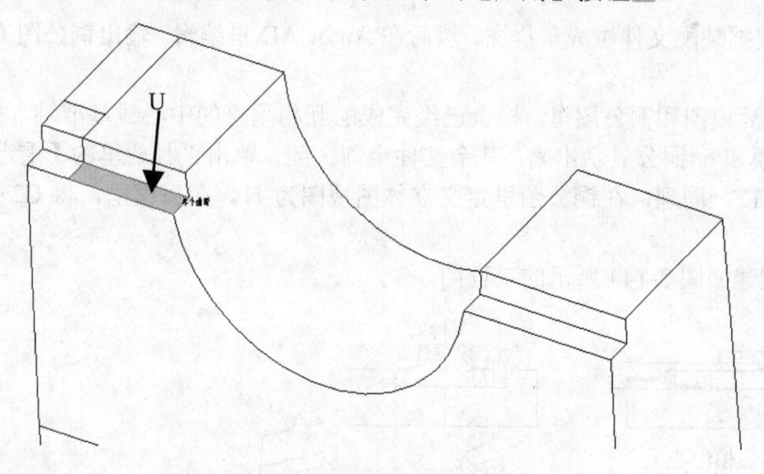

图 3-142　复制曲面

4．替换曲面

在图形上先选取 T 面，然后在主菜单里执行【编辑】|【偏移】命令，系统弹出偏移工具栏操控面板，在下拉菜单里单击【替换曲面特征】按钮，按系统要求选取上一步复制的曲面 U，单击【应用】按钮，结果如图 3-143 所示。

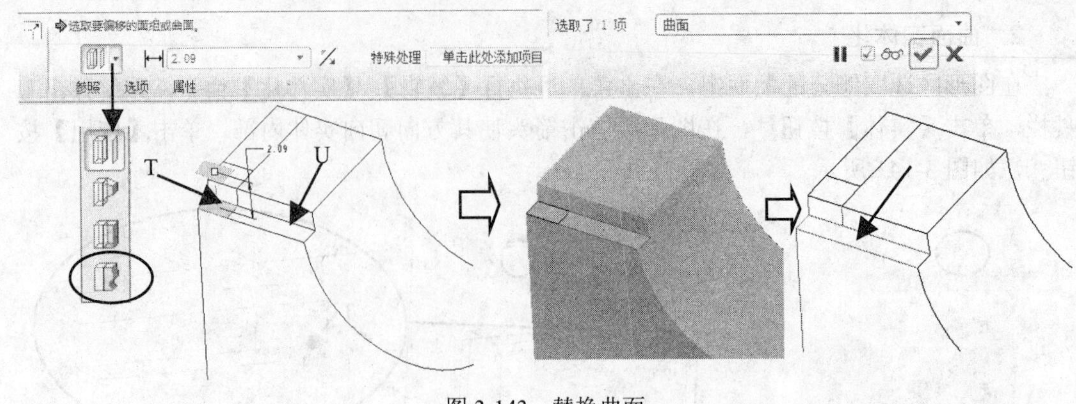

图 3-143　替换曲面

3.9.4　铜公图输出

本节任务：（1）输出图形用于数控编程；（2）绘制 EDM 电火花加工工作单。

1．整理图形输出 IGS 文件

单独打开铜公文件 ch03-01-tg6.prt 检查坐标系是否正确。本例的坐标系是在第 3.7.2 节中通过用户定义特征自动完成的。经检查发现 CS0 的 Z 轴向上，零点在铜公的四边分中的台阶面的位置，符合加工要求。选取 CS0 为输出坐标系，另存的 IGS 文件名为 ch03-01-tg6.igs。

2．绘制 EDM 电火花加工工作单

方法：根据装配文件生成工程图，然后在 AutoCAD 里编辑。输出铜公图方法与第 3.4.5 节相同。

（1）在后模图和铜公图里，检查已经完成的互相垂直的中心线基准轴。打开分模装配文件，将后模和 6#铜公显示出来，其余文件全部关闭。单击工具栏里的【重定向】按钮，定义俯视图 T2。同理，在铜公图里定义立体图视图为 I1。在后模里，将 C2 图层和 PL 图层关闭。

（2）创建如图 3-144 所示的工程图。

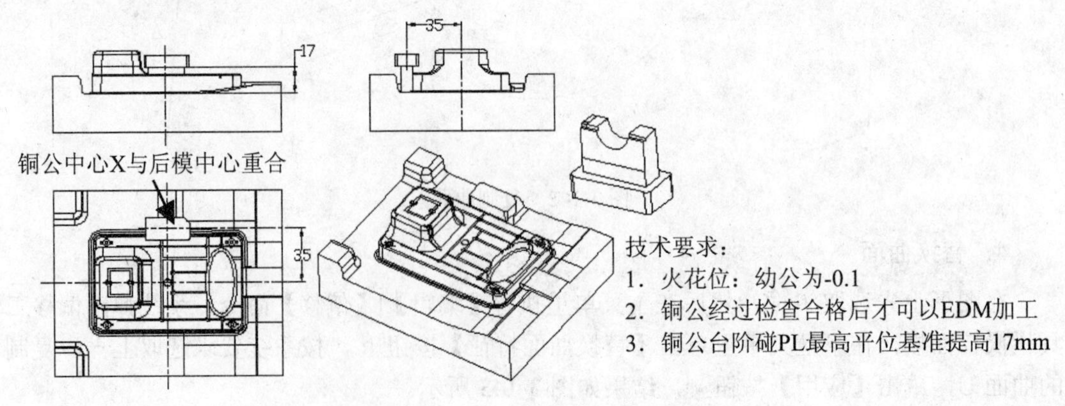

图 3-144　生成铜公 6#工程图

本节讲课视频：\ch03\03-video\ch03-01-tg6 铜公设计.exe。

3.10 本 章 总 结

本章是以遥控器面壳模具为例，讲解了拆分铜公的技术要点，完成类似工作要注意以下问题。

1．要结合 CNC 加工的可能性全面分析残留部位，全面规划需要拆铜公进行 EDM 加工的部位，不能遗漏。如果遗漏，在日后的制模中才发现，会影响制模进度和按时交付。

2.拆分出的铜公要进行CNC加工工艺分析。之所以拆铜公是为了弥补当前技术中CNC加工工艺的不足等缺陷，所拆的铜公绝对不能出现无法加工或者加工更加困难的情况。要做到这一点就要充分对铜公进行避空处理。

3．对于模具里相似的部位进行 EDM 加工，为了提高效率尽量设计成为组合铜公。即尽可能把不同部位的曲面集中到一个铜公上，如本章的 5#和 6#组合铜公。

4．为了防止多个铜公加工模具出现接痕，要适当延伸铜公，使相邻部位铜公加工有重叠部位。

5．要仔细检查拆分完成的铜公与周边模具有无干涉，发现问题要及时处理。

6．合理确定铜公的台阶结构形式，本章所举的例子虽然都是四边分中，但实践工作中可能还会出现单边碰的形式，要结合实际情况灵活处理。

3.11 本章思考练习和答案提示

思考练习

1．如何确定粗公铜公的火花位？

2．本章后模骨位铜公如何设计？

3．除了本章介绍的铜公提取曲面的方法外还有什么方法？

4．根据本章所述的铜公设计思路，对第 2 章设计的模具进行铜公设计（至少拆一个铜公）。

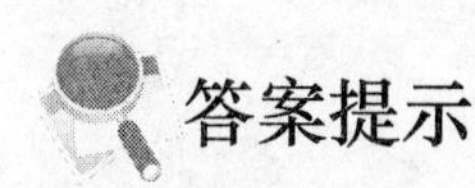

答案提示

1．答：除了参照本章第 3.2 节相关内容外，还要注意粗公的目的是为了清除大量残留余量，后续工序还需要用幼公加工，所以不求加工多么精细但求提高加工效率。所以在 EDM

加工时尽可能设定较大的放电的电流参数，这样必然导致火花位较大，这就要求在加工铜公时要多缩小一定的数值。但是如果铜公过于单薄，火花位太大，则加工中容易变形，所以对于这种情况就不必机械地套用以上规则，火花位不必太大，要灵活处理。

2．答：后模的骨位原则上可以用本章介绍的方法拆分，但是为了加工方便，这种铜公不需要像常规铜公那样设计成整体，实际工作中多用镶件的方法，将骨位形状用线切割切除得到凸形，然后镶在铁板上，与铁板上线切割的凹形相匹配。这种铜公不需要加工粗公，可以做两个相同的幼公。火花位可给定为-0.05。

3．答：铜公型面设计时除了本章介绍的提取曲面方法外，还可以选取装配里的【高级实用工具】中的【切除】选项，然后用实体避空处理得到有效型面。操作方法如图 3-145 所示。第 4 题中就用这种方法。

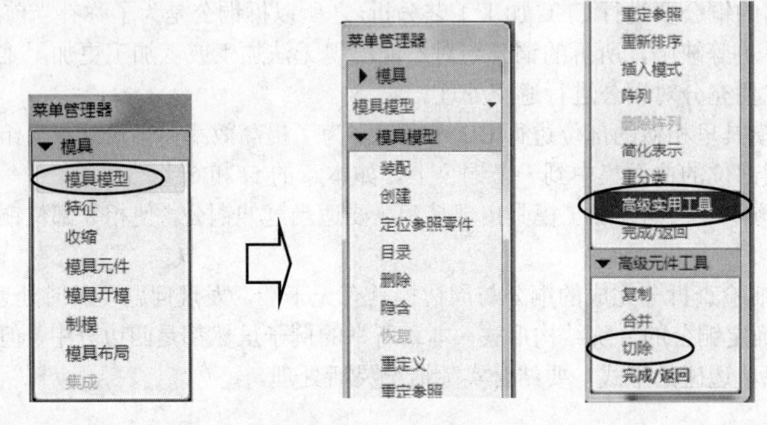

图 3-145　高级工具菜单

4．答：以前模大身 1#铜公为例，操作要点说明如下。

（1）将光盘文件\ch03\01-sample\ch03-02 文件夹复制到 D:\盘，设定工作目录为 D:\ch03-02。

（2）进入分模模块，创建新文件名称为 ch03-02-tg1，同时创建拉伸体，以高处的 PL 大面为草绘平面，创建如图 3-146 所示的草图，完成草图后给定拉伸距离为 30，创建拉伸体。

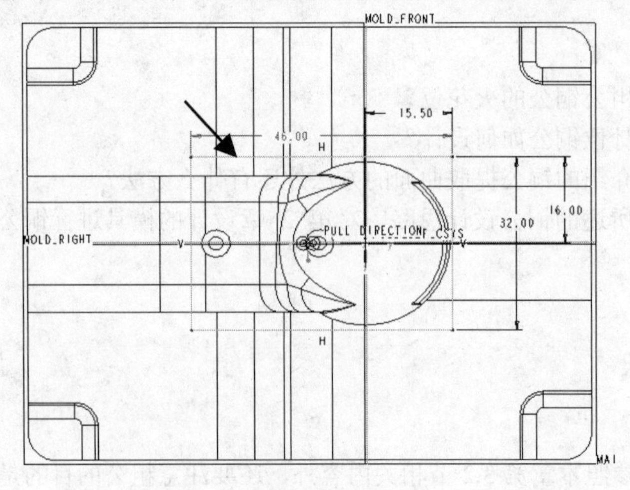

图 3-146　创建草图

（3）在装配模块里，选取右侧【菜单管理器】里的【模具模型】|【高级实用工具】|【切除】选项，根据系统提示先选取拉伸实体，再选取前模实体，切除实体文件，结果如图 3-147 所示。将装配文件存盘。

（4）单独打开铜公文件 ch03-02-tg1.prt，铜公上反向 PL 曲面，并且将其向下延伸，结果如图 3-148 所示。

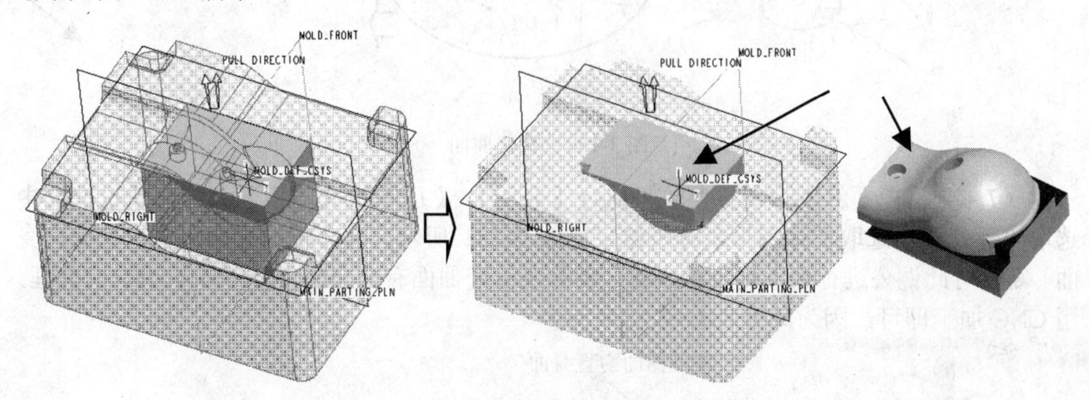

图 3-147　切除实体文件

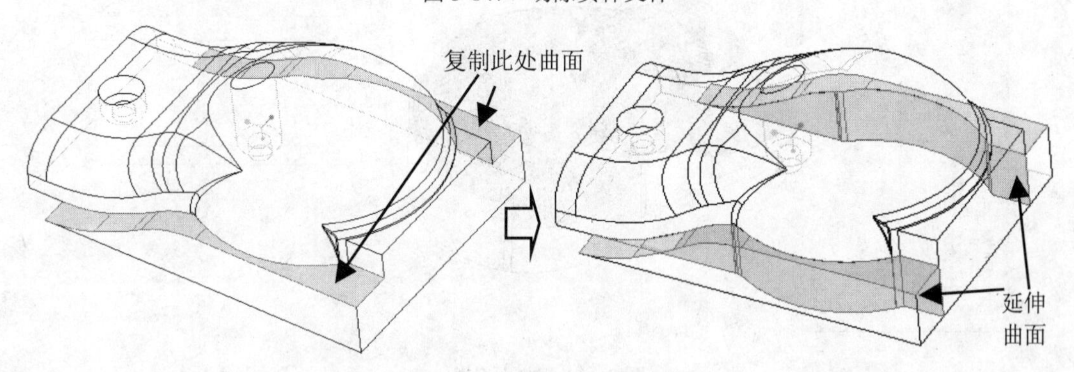

图 3-148　复制曲面并延伸

（5）用此面切除这些实体，结果如图 3-149 所示。

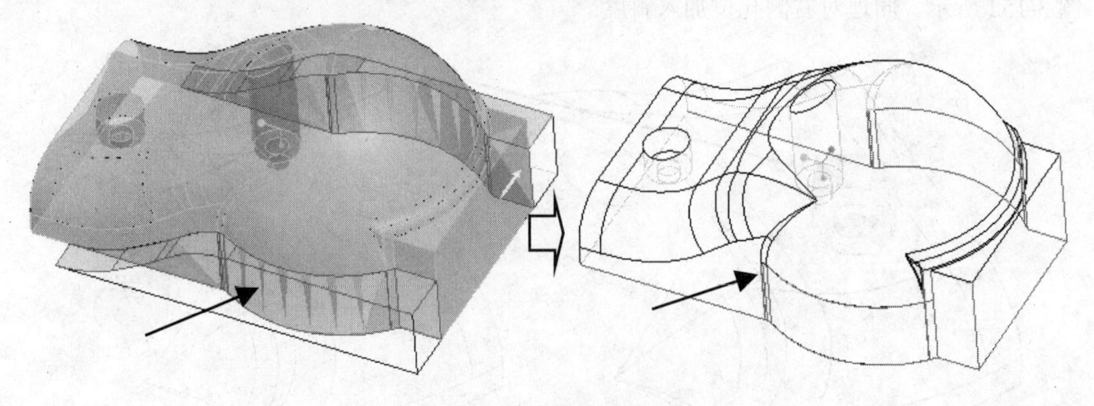

图 3-149　用曲面切除实体

（6）复制枕位处的型面 P，然后执行主菜单里的【编辑】|【偏移】命令，单击【替代

曲面特征】按钮，将实体 Q 用 P 面替代，结果如图 3-150 所示。

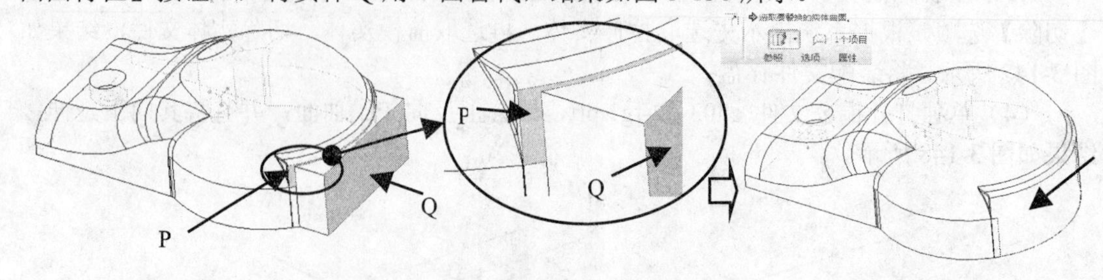

图 3-150　替代曲面

（7）分析曲面斜度。在主菜单里执行【分析】|【几何】|【拔模】命令，从过滤器中选取“元件”后选取实体图形，分析结果如图 3-151 所示。从分析结果得知孔位处为直身面。需要对此铜公进行加入斜度的操作。铜公枕位处曲面有微小的倒扣可以不用专门处理，用 CNC 加工即可，因为此处为外观。

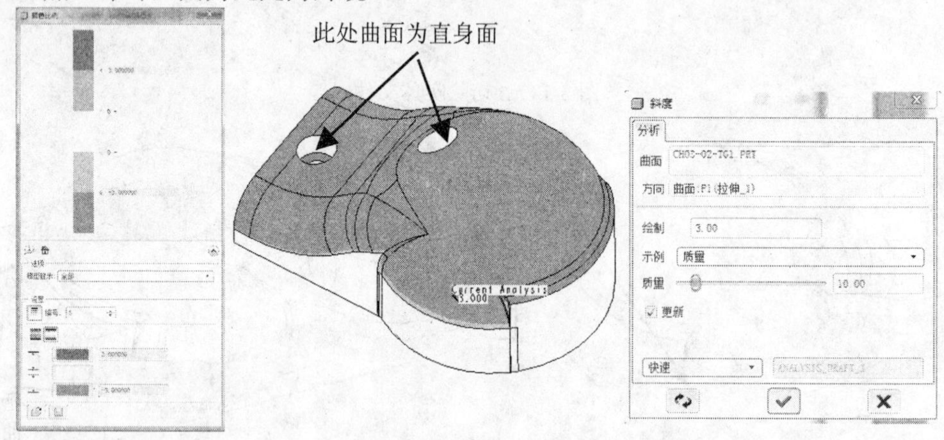

图 3-151　曲面分析

（8）先选取左侧孔位侧面，再单击工具栏里的【拔模】按钮，角度为 1°，结果如图 3-152 所示。同理对右侧孔位加入斜度。

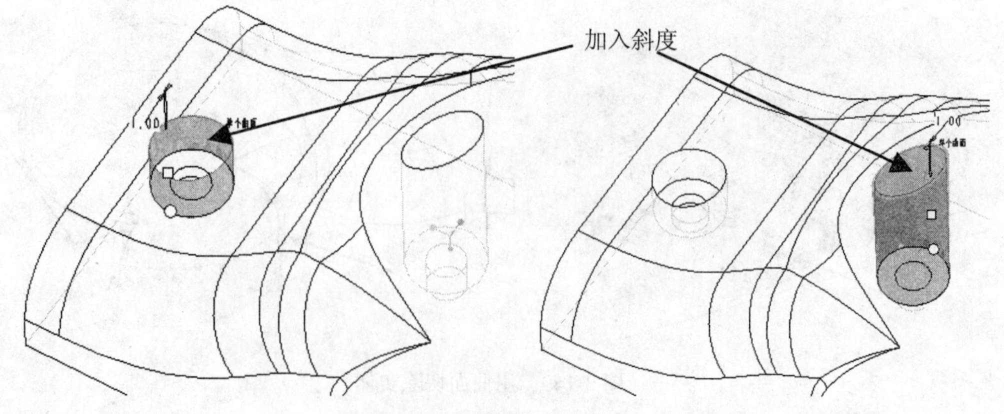

图 3-152　给孔位加斜度

（9）先用拉伸体的方法切除左侧孔位底部以创建避空位，结果如图 3-153 所示。

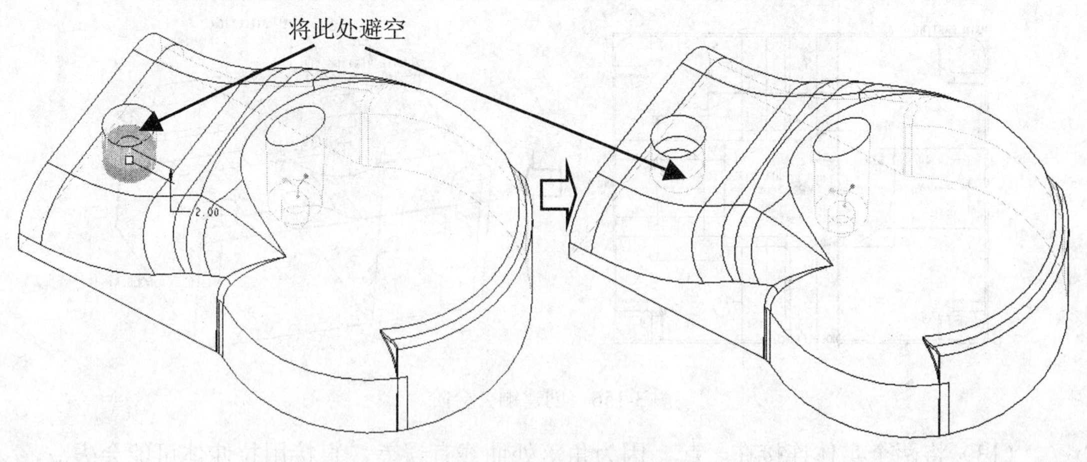

图 3-153　左侧孔位避空

（10）同理，用拉伸体的方法切除右侧孔位底部以创建避空位，结果如图 3-154 所示。

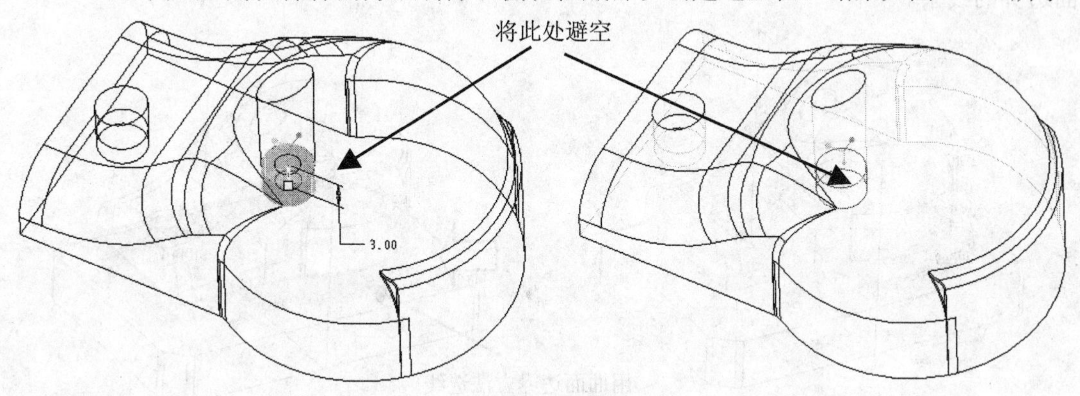

图 3-154　右侧孔位避空

（11）创建铜公台阶。将铜公文件激活，在主菜单里执行【插入】|【用户定义特征】命令，选取 tgbase.gph 特征文件，按照图 3-155 所示设置基准面。在【变量】选项卡里设定尺寸 1 的值为 5，在【选项】选项卡里选中【拉伸 1】复选框作为重新定义特征，单击【应用】按钮。

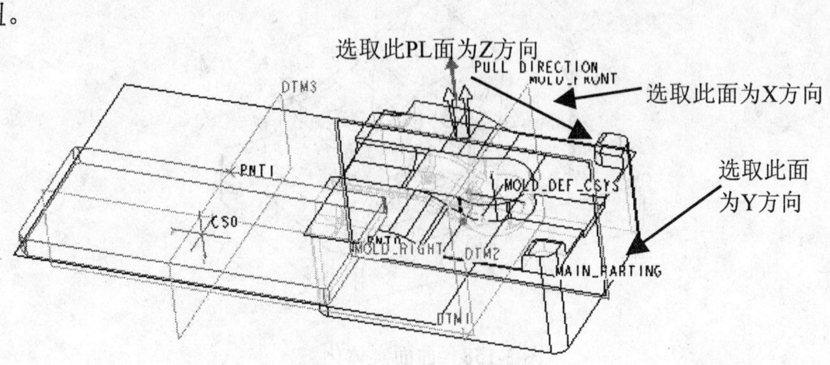

图 3-155　设定基准面

（12）重新定义台阶拉伸体，按图 3-156 所示修改草图，生成台阶实体。

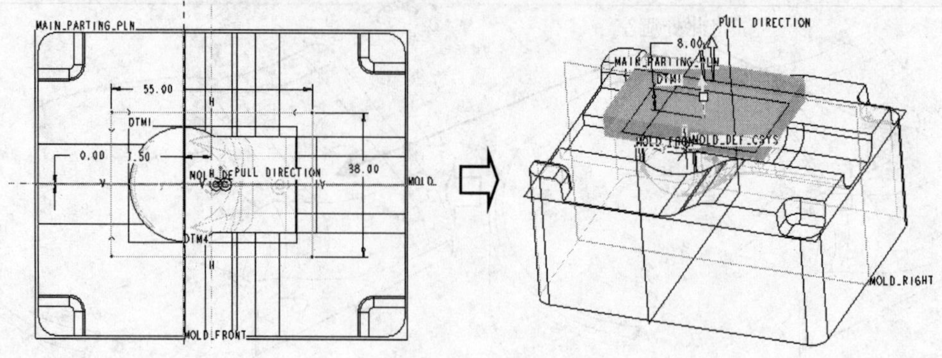

图 3-156　创建铜公台阶

（13）将两个实体连接在一起。因为角落处曲线有误差，直接用拉伸体可能会失败，改用复制型面底部曲面，再延伸到台阶位的方法，结果如图 3-157 所示。注意选线采用曲面边界的线条。

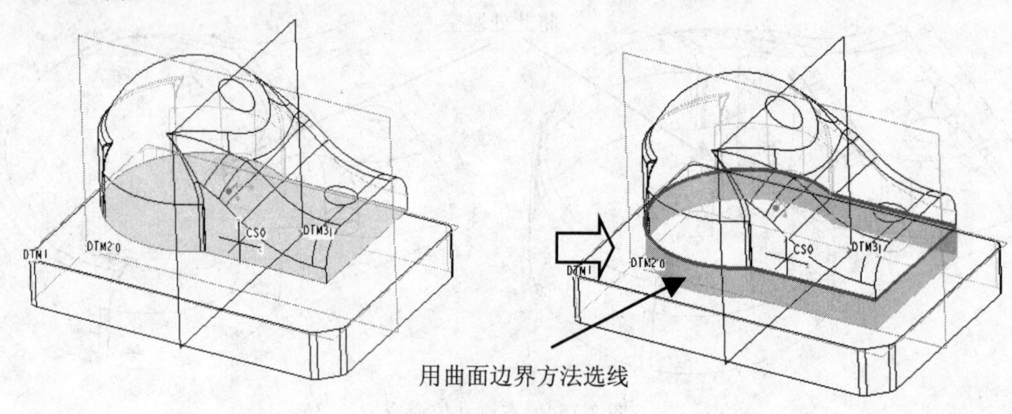

图 3-157　延伸曲面

（14）将曲面实体化，结果如图 3-158 所示，将文件存盘，并输出为 IGS 文件。

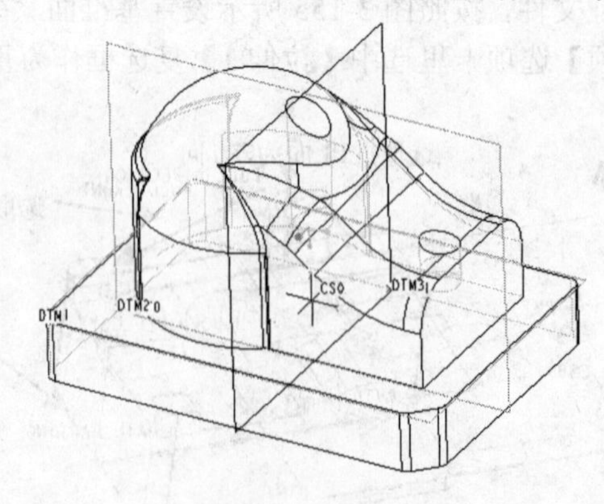

图 3-158　曲面实体化

（15）将装配文件存盘。可以参考光盘中的文件。

第 4 章　遥控器面壳铜公编程

4.1　本章要点和学习方法

本章以第 3 章所设计的遥控器面壳铜公为例，介绍如何用 Pro/E 进行数控编程，着重介绍其编程过程以及设置参数的技巧。

学习本章时请注意以下要点：

- ❑ Pro/E 软件数控编程的基本步骤。
- ❑ 铜公电极加工切削工艺安排。
- ❑ 重点加工参数的含义。
- ❑ 后处理及 NC 程序检查。

建议初学者先复习 1.3 节的相关内容，再学习本章会更容易理解。尽可能多练习几遍，掌握要点，加深对铜公加工方式和加工参数的理解，有助于解决实际工作中可能遇到的类似问题。

4.2　铜公 2#数控编程

本节将介绍第 3 章完成的铜公 2#的数控编程。ch03-01-tg2 为前模 A 处的清角粗公。

铜公编程要点：分析铜公的大小和结构特点，制定加工方案，有效型面精加工时要留出火花位，基准台阶位要按图加工到数。

4.2.1　CNC 加工工艺分析及刀路规划

1．开料尺寸

一般来说，对于小一些的铜公，加工时都是用虎钳夹持，开料时 XY 方向外形尺寸加单边约 2.5 以上，Z 高度按图加 15 以上，即为 40×25×45。如果采取锁板方式装夹，高度方向可以适当减少以节约材料。

2．材料

红铜，1 件料。

3．火花位放电间隙

该铜公的目的是清角，本例仅加工粗公，火花位为-0.25。

4．铜公加工方案

（1）操作程序名为 K1A，粗加工，也叫开粗，刀具为 ED8 平底刀，加工余量为 0.2。

（2）操作程序名为 K1B，精加工，也叫外形光刀，刀具为 ED8 平底刀，四周台阶面余量为 0，上部分有效型面最大直身面外形余量为-0.25。

（3）操作程序名为 K1C，型面精加工，也叫光刀顶面外形，刀具为 BD4R2 球头刀，型面曲面余量为-0.25。

4.2.2 调图及图形整理

本节任务：接受铜公图形及编程任务后，先要转图，使其符合编程要求，再对其进行尺寸分析加工工艺规划，调整坐标系使其符合加工要求，将不需要的图素移到层并隐藏。

（1）首先进入 Pro/E 界面，设置工作目录为 D:\ch04-01，将事先复制到此处的文件 ch03-01-tg2.prt 打开。该图形为第 3 章所完成的 Pro/E 图。

（2）经过尺寸分析和工艺分析，得出第 4.2.1 节的加工方案。

（3）调整坐标系，铜公加工时的一般要求是：长方向为 X 轴，台阶位的四边分中（即图形的对称中心，这是模具工厂里的工人师傅和工程技术人员对此类情形的通俗叫法）为 XY 的零点，台阶平位为 Z=0。经过分析得知，本图形坐标系的长方向需要调整。

在图形上或目录树是选取坐标系 CS0，右击鼠标，在弹出的快捷菜单里执行【编辑定义】命令，在弹出的【坐标系】对话框里选择【方向】选项卡，根据图形坐标系显示的情况灵活调整各参数，使新坐标系符合要求，如图 4-1 所示。

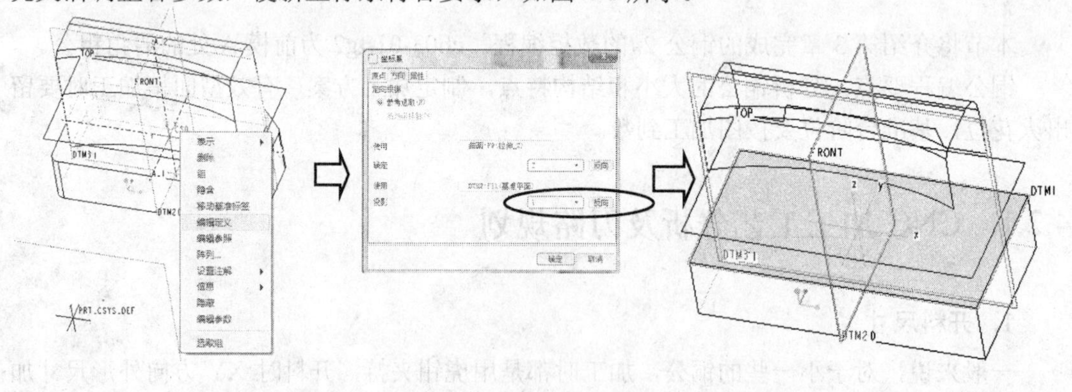

图 4-1 调整铜公坐标系

（4）图形设定层。在目录树里单击【显示】按钮，在弹出的菜单里执行【层树】命令，在层目录树里右击【层】按钮，在弹出的快捷菜单里执行【新建层】命令，然后在弹出的【层属性】对话框里设置层的名称为 temp，再在图形上选取基准面 RIGHT 和 TOP，选取轴线 A_1、A_2 和 A_3，选取坐标系 PRT_CSYS_DEF，单击【确定】按钮。然后再次右击

【层】按钮，在弹出的快捷菜单里执行【隐藏】命令，将该图层隐藏，如图 4-2 所示。

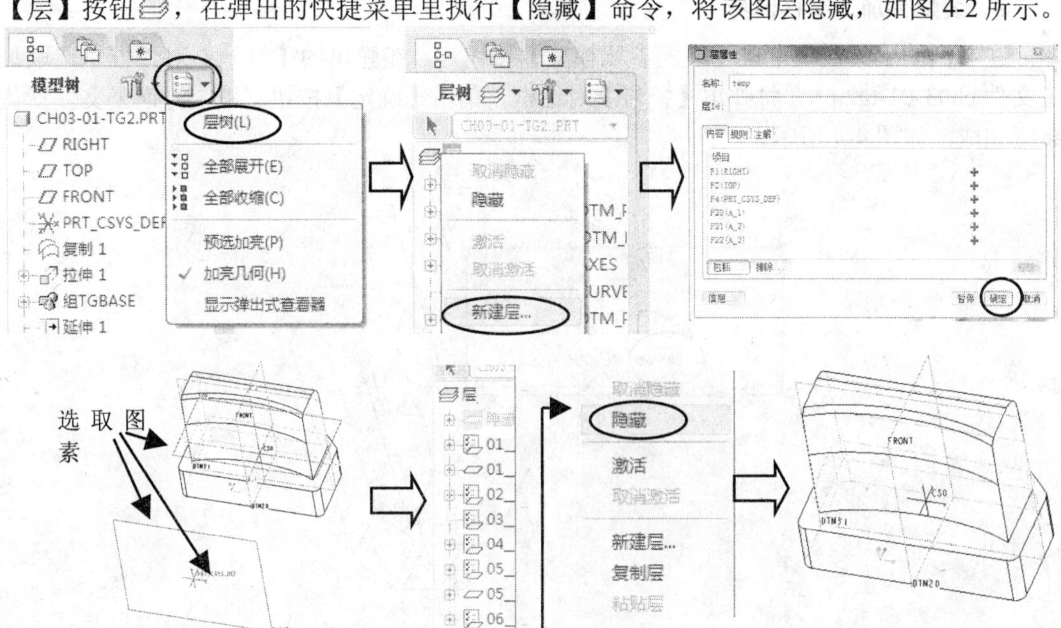

图 4-2　隐藏图层

再右击【层】按钮，在弹出的快捷菜单里执行【保存状态】命令，在工具栏里单击【保存】按钮，这样就可以把图层及图形存盘。

4.2.3　进入加工模块

1. 新建加工文件

在工具栏里单击【新建】按钮，系统弹出【新建】对话框，按图 4-3 所示进行设置，并输入加工总文件名称为 ch04-01-tg，最后单击【确定】按钮。在弹出的【新文件选项】对话框里选取【空】模板。

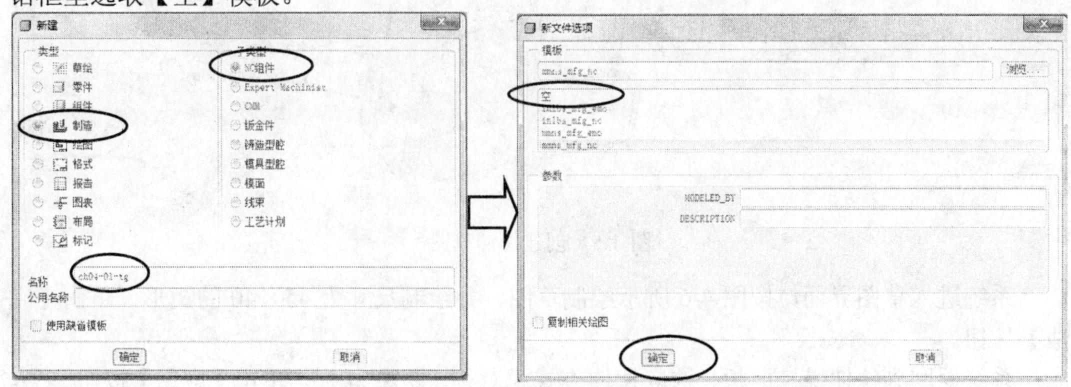

图 4-3　建立加工新文件

2．装配待加工零件图形

在右侧的工具栏里单击【装配参照模型】按钮，在弹出的【打开】对话框里选取加工文件 ch03-01-tg2.prt，将弹出【警告】对话框，单击【确定】按钮。系统将铜公文件默认装配完成，如图 4-4 所示。

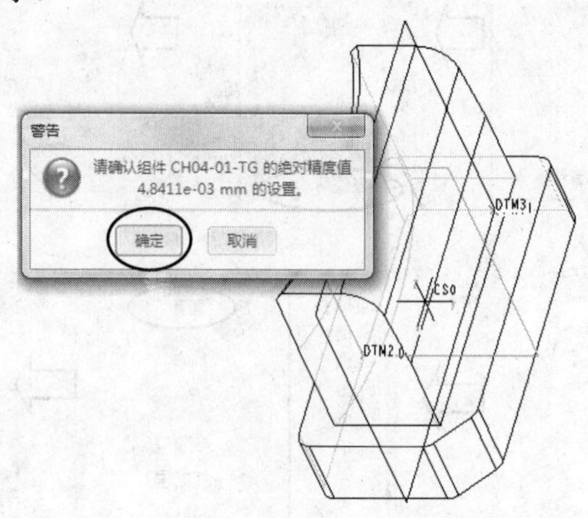

图 4-4　装配文件

3．创建毛坯工件

在右侧工具栏里单击【自动工件】按钮旁的三角按钮，再单击【新工件】按钮，在弹出的信息栏里输入毛坯文件名为 ch04-01-tg-wk，单击【接受值】按钮。在右侧【菜单管理器】里选取【实体】|【伸出项】选项，再选取【拉伸】|【实体】|【完成】选项，系统弹出拉伸工具栏操控面板。右击鼠标，在弹出的快捷菜单里执行【定义内部草绘】命令，以 DTM3 为草图平面，台阶平面为默认参照平面，单击【草绘】按钮，如图 4-5 所示。

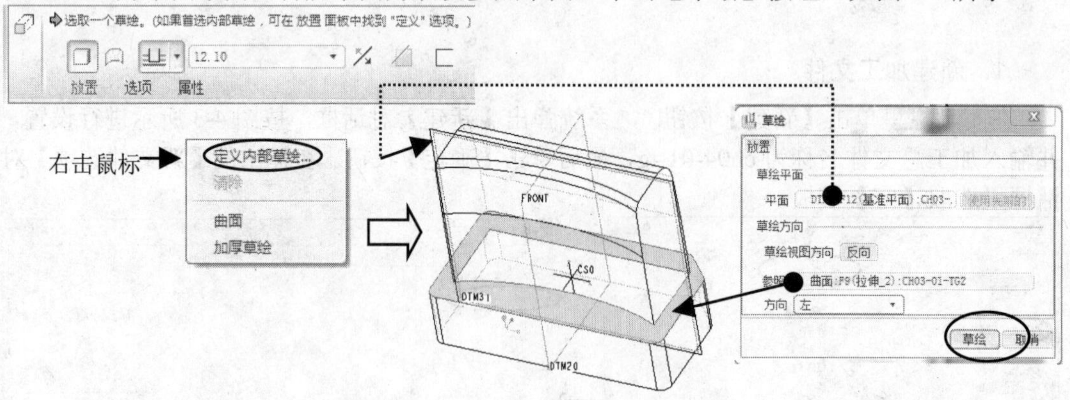

图 4-5　创建拉伸草图

系统进入草图界面，按图 4-6 所示绘制草图，并绘制尺寸为 45×40 的矩形。单击【完成】按钮。

系统返回到拉伸操控面板，选取拉伸方式为对称，距离为 25，单击【应用】按钮。创建的毛坯如图 4-7 所示。

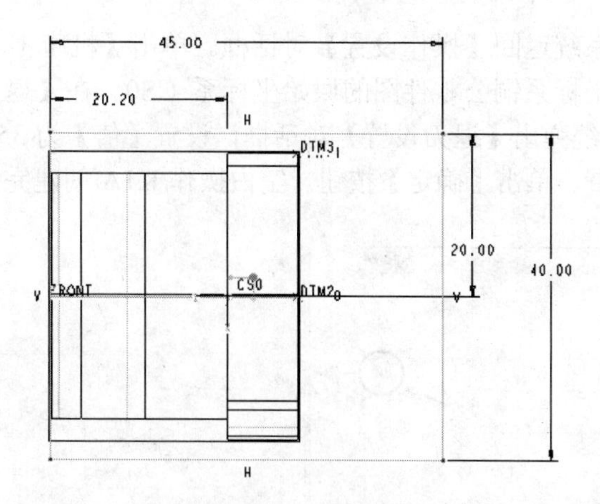

图 4-6　绘制草图

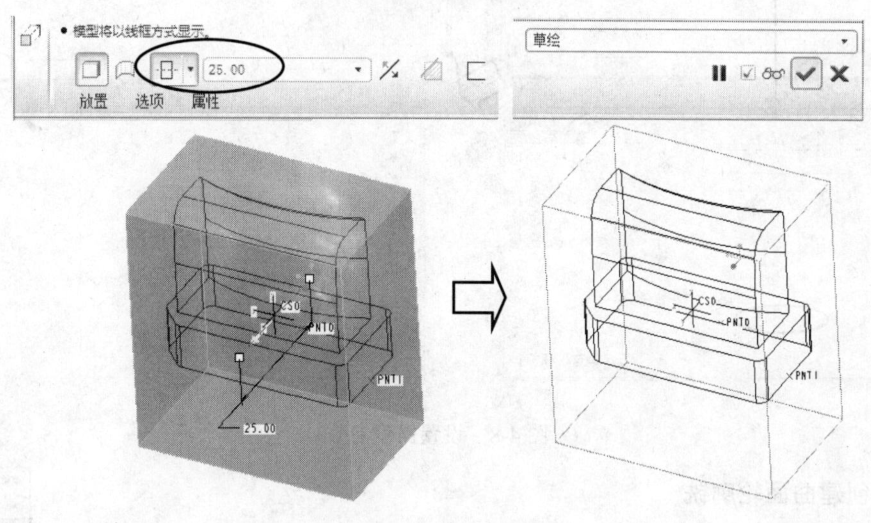

图 4-7　创建毛坯

为便于后续操作时选取加工面，可以将毛坯暂时隐藏。在目录树里右击 CH04-01-TG-WK，在弹出的快捷菜单里执行【隐藏】命令。

小提示： 尽量按照实际开料大小来创建毛坯，以便观察刀路有无踩刀等异常情况发生。

4.2.4　创建开粗刀路 K1A

本节任务：（1）创建操作 K1A；（2）创建曲面轮廓加工序列。

1．创建操作 K1A

这里的“操作”就是多个加工序列的集合。后处理时可以通过选取操作来把里面的各个序列处理为一个数控文本文件，其文件名就是操作名。

在主菜单里执行【步骤】|【操作】命令，将弹出【操作设置】对话框，先输入【操作名称】为 K1A，再单击【创建机床】按钮，弹出【机床设置】对话框，默认为三轴机床，

单击【确定】按钮，系统返回【操作设置】对话框。单击【机床零点】后的选取按钮 ，然后在目录树里选取坐标系铜公零件图的原始坐标系 CS0。在【退刀】栏里单击【曲面】后的选取按钮 ，系统弹出【退刀设置】对话框，设置【值】为 35，如图 4-8 所示。夹具等其余参数不另外设置。单击【确定】按钮。空白操作 K1A 创建完成后，后续创建的系列就是它的子集。

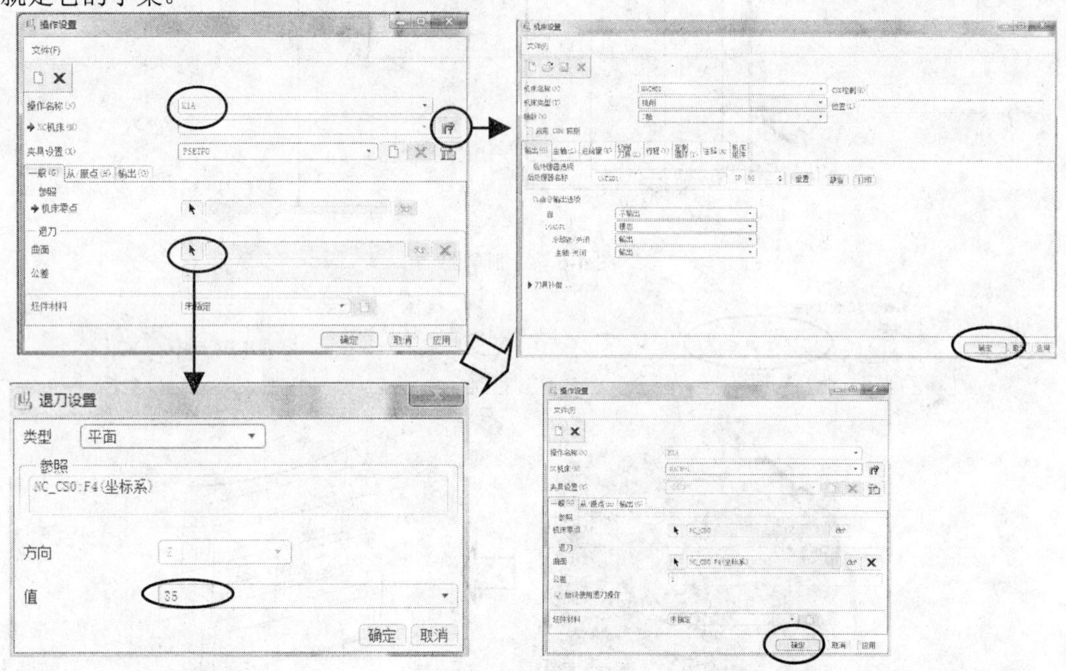

图 4-8　设置操作参数

2．创建曲面轮廓铣

（1）设置菜单参数

在主菜单里执行【步骤】|【轮廓铣削】命令，系统在右侧弹出【菜单管理器】下拉菜单，按图 4-9 所示设置参数。

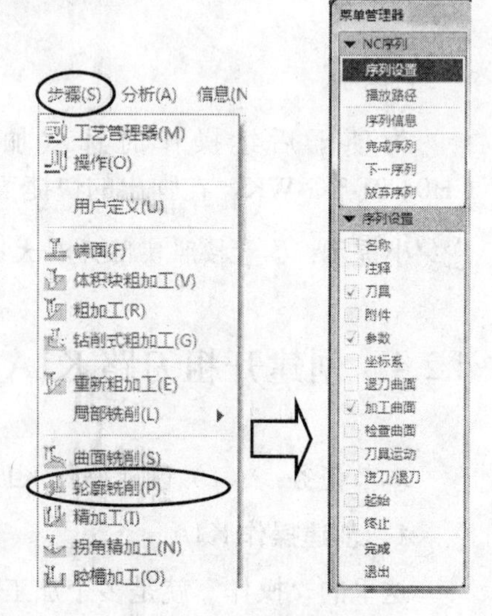

图 4-9　设置菜单参数

（2）定义刀具

系统弹出【刀具设定】对话框，按图 4-10 所示定义刀具。

注意： 本书对于刀具的命名规则是：ED 表示平底刀，其中的 E 是英文 End Mill 的开头字母，D 是英文 Diameter 的开头字母，ED8 表示直径为 8 的平底刀，ED16R0.8 表示直径为 16 装 0.8 刀粒的飞刀。BD 表示球头刀，其中 B 是英文 Ball 的开头字母，BD8R4 就是球头刀，直径为 8，半径为 4 的球头刀。

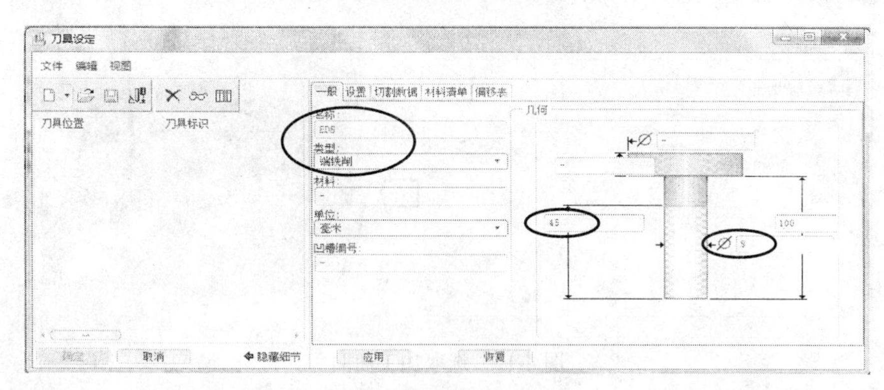

图 4-10　定义刀具

（3）设置加工参数

单击【确定】按钮，系统弹出【编辑序列参数“轮廓铣削”】对话框，按图 4-11 所示设置加工参数。其中进给速度参数【切削进给】为 1200，层深参数【步长深度】为 0.5，余量参数【允许轮廓坯件】为 0.2，进刀方式设定【切削_进入_延拓】为“引入”，【切削_退出_延拓】为“引出”，进刀和退刀的圆弧角度参数【入口角】和【退刀角】均为 90°。

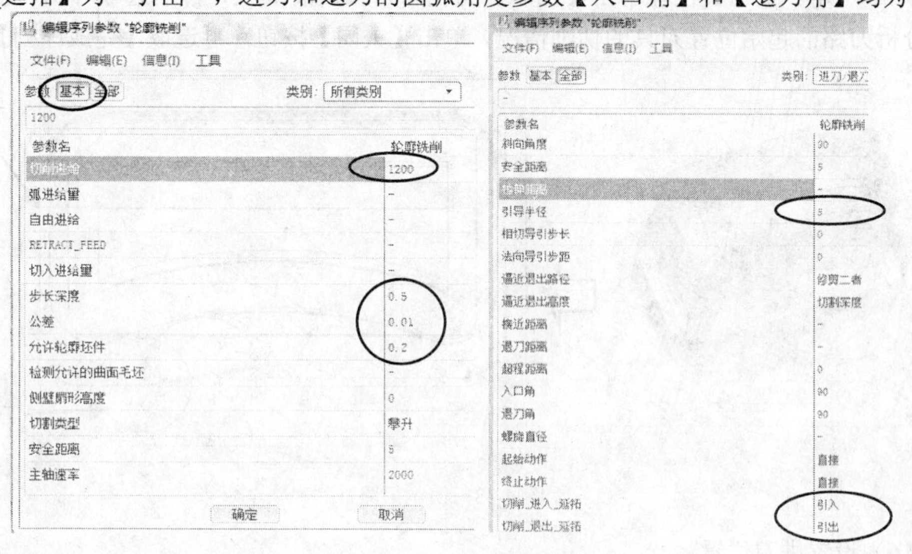

图 4-11　设置加工参数

（4）选取加工曲面

在【编辑序列参数“轮廓铣削”】对话框里单击【确定】按钮，按系统要求选取加工面。用边界和种子面选取图形上除了底部面外的其他所有实体表面。方法是先选顶面，按住 Shift 键选取底面，移开光标观察选取结果，单击【应用】按钮✔。这样就完成了曲面设置。单击【应用】按钮✔，如图 4-12 所示。

小提示：如果在毛坯显示的情况下选取加工面，要尽可能用单击右键的多重选面方法，注意观察图形上面的颜色变化。为了操作方便，可以先将毛坯隐藏，需要时再取消隐藏。

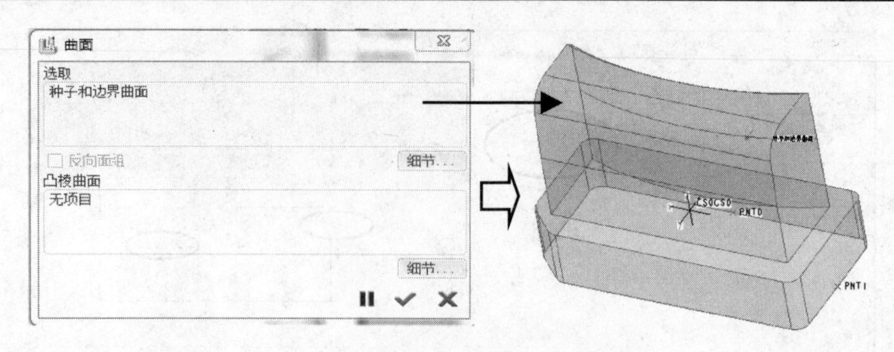

图 4-12 选取加工曲面

（5）显示并检查刀路

先在工具栏里单击【重定向】按钮，在弹出的【方向】对话框里定义前视图 FRONT，再用旋转方法定义俯视图 TOP，分别命名保存。

在右侧的【菜单管理器】的【NC 序列】下拉菜单里选取【播放路径】|【屏幕演示】选项，在系统弹出的【播放路径】对话框里单击【播放】按钮，则图形显示出开粗的刀路，如图 4-13 所示。在工具栏里单击【已命名的视图列表】按钮，然后选取 TOP 视图。观察并分析刀路的起始位置刀具的切削情况，单击【关闭】按钮，再选取【完成序列】选项。

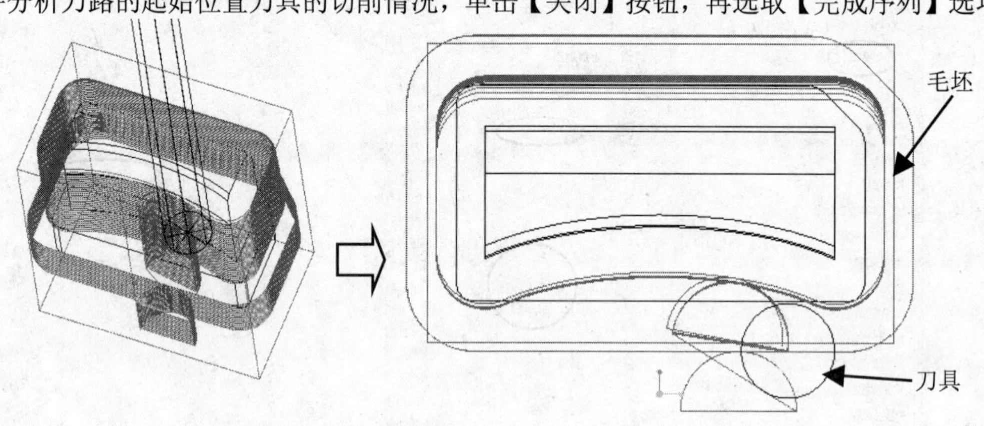

图 4-13 演示刀路

（6）设置进刀位置

观察刀路会发现刀具在材料上直接踩刀，这样会出现切削不平稳现象，严重时会导致刀具损坏。因此必须设法调整进刀位置。Pro/E 软件里要先定义轴线，然后设置以此轴线为进刀位置。

① 定义轴线

定义轴线前，先要定义点。在右侧工具栏里单击【草绘】按钮，然后以毛坯顶面为草绘平面，默认参照平面，进入草图界面，选取坐标系为草绘参照，再选取 × 几何点绘图工具，在图上绘制点，如图 4-14 所示。单击【完成】按钮 ✓，生成 APNT0 点特征。

在右侧工具栏里单击【基准轴】按钮，系统弹出【基准轴】对话框，先选取上一步创建的 APNT0 点为穿过，按住 Ctrl 键，选取毛坯顶面为垂直法向垂直特征，单击【确定】按钮，系统生成轴线 AA_1，如图 4-15 所示。

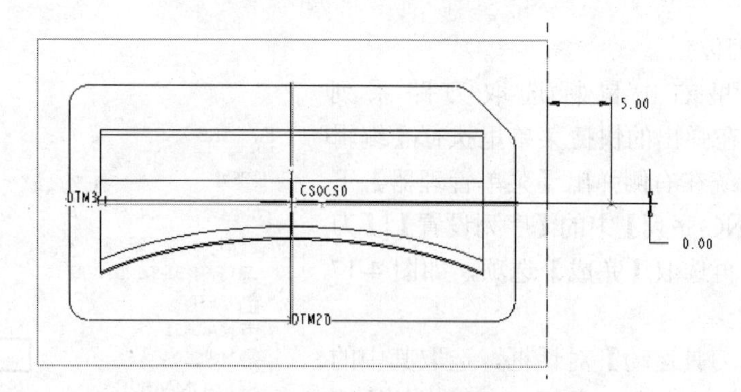

图 4-14　绘制点草绘

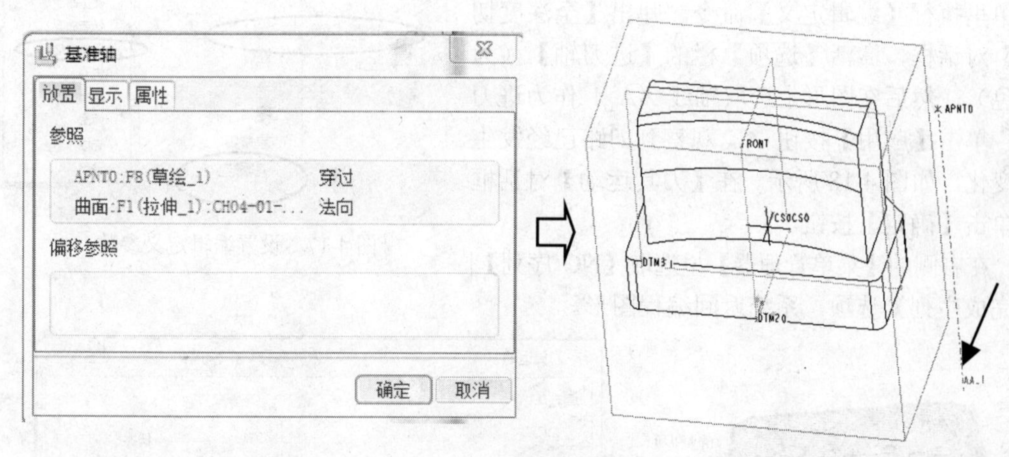

图 4-15　创建轴线 AA_1

② 轴线特征排序

因为 Pro/E 软件是参数化的，各个特征生成有相应的顺序和依存基础。本次的轮廓铣削特征为 1. 轮廓铣削 [K1A]。如果要利用轴线特征，必须要在轴线特征之后生成，这样轴线才能被选取利用，所以要对轴线特征进行排序。

在目录树里选取特征 草绘 1，将其移到刀路特征 1. 轮廓铣削 [K1A]之前，操作特征 K1A [MACH01]之后。系统弹出【重新排序】对话框，单击【确定】按钮。同理，将轴线特征 AA_1 拖动到 1. 轮廓铣削 [K1A]之前，草绘 1之后，如图 4-16 所示。

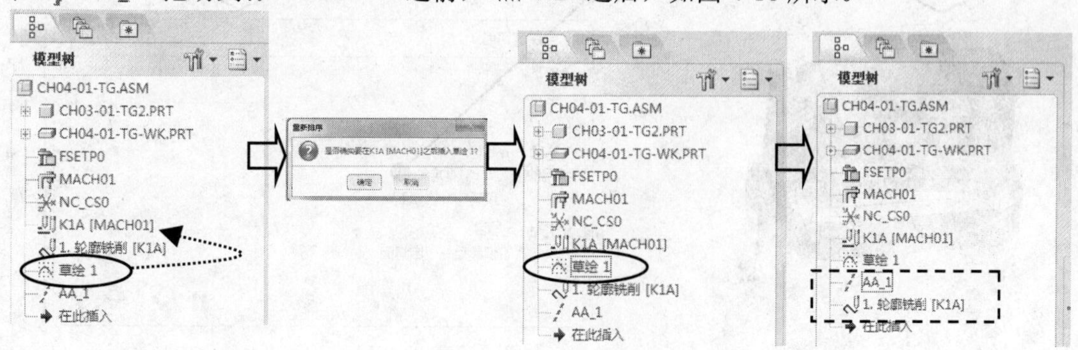

图 4-16　特征排序

③ 改变进刀位置

在目录树里右击鼠标选取刀路系列 1. 轮廓铣削 [K1A]，在弹出的快捷菜单里执行【编辑定义】命令，系统在右侧弹出【菜单管理器】下拉菜单，选取【NC 序列】中的【序列设置】|【刀具运动】选项，再选取【完成】选项，如图 4-17 所示。

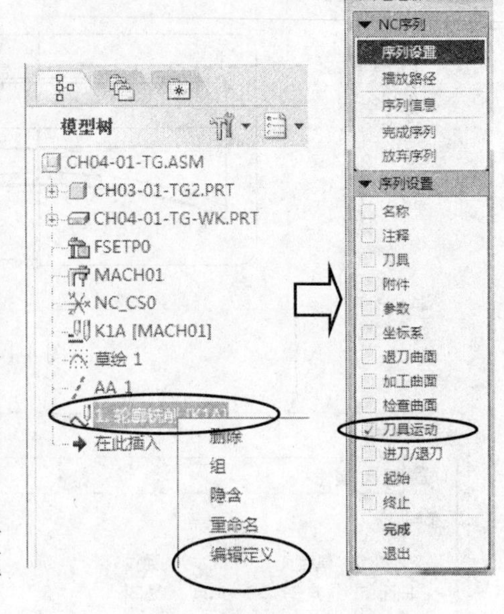

图 4-17　设置编辑定义参数

系统弹出【刀具运动】对话框，选取其中的【全深度切削】选项，右击鼠标，在弹出的快捷菜单里执行【编辑定义】命令，弹出【全深度切削】对话框，激活【选项】栏的【进刀轴】（为黄色），然后在图形上选取轴线 AA_1 作为进刀轴，单击【应用】按钮✔。观察到刀路已经发生了变化，如图 4-18 所示。在【刀具运动】对话框里单击【确定】按钮。

在右侧的【菜单管理器】里选取【NC 序列】|【完成序列】选项，系统返回编程图形。

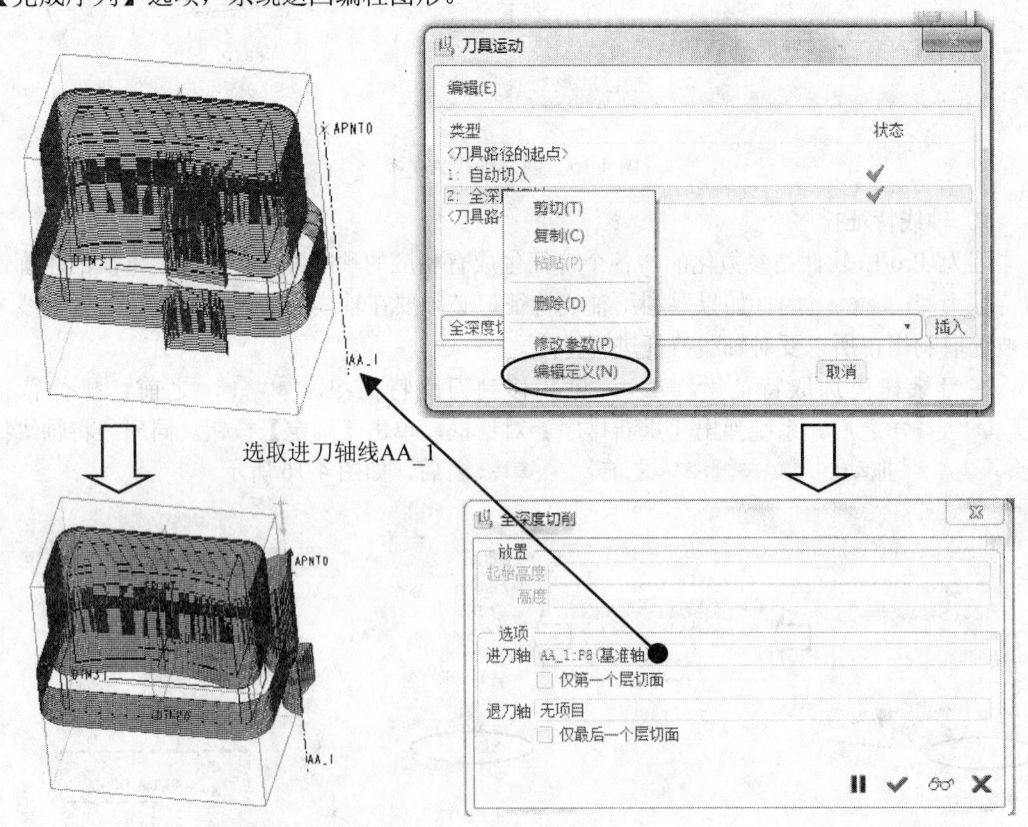

图 4-18　改变进刀

本节讲课视频：\ch04\03-video\k1a.exe。

4.2.5　创建铜公平位基准面光刀 K1B

本节任务：（1）创建操作 K1B；（2）创建轨迹铣削刀路 1，用来加工外形基准面四周；（3）创建轨迹铣削刀路 2，用来加工上半部分外形周边；（4）创建轨迹铣削刀路 3，用来加工顶部平面。

1. 创建操作 K1B

在主菜单里执行【步骤】|【操作】命令，在弹出的【操作设置】对话框里单击【创建新操作】按钮，先输入【操作名称】为 K1B，再单击【创建机床】按钮，系统弹出【机床设置】对话框，默认为三轴机床，单击【确定】按钮，返回【操作设置】对话框。其余做法与 4.2.4 节的相关内容相同。在目录树里生成新的操作 K1B，如图 4-19 所示。

2. 创建轨迹铣削刀路 1

创建该刀路的目的是加工外形基准面四周。

（1）设置菜单参数

在主菜单里执行【步骤】|【轨迹】命令，系统在右侧弹出【菜单管理器】下拉菜单，按图 4-20 所示设置参数。

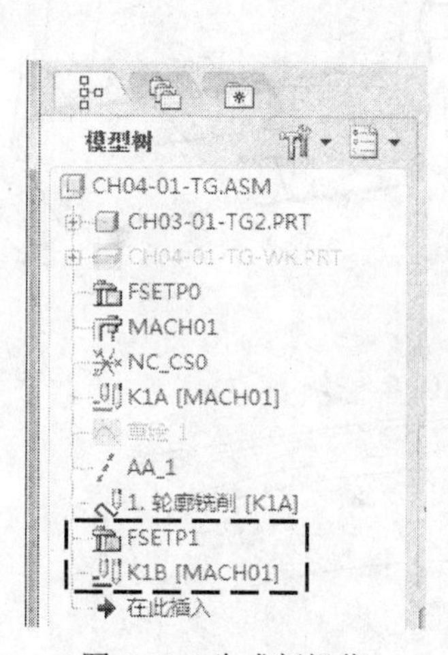

图 4-19　生成新操作

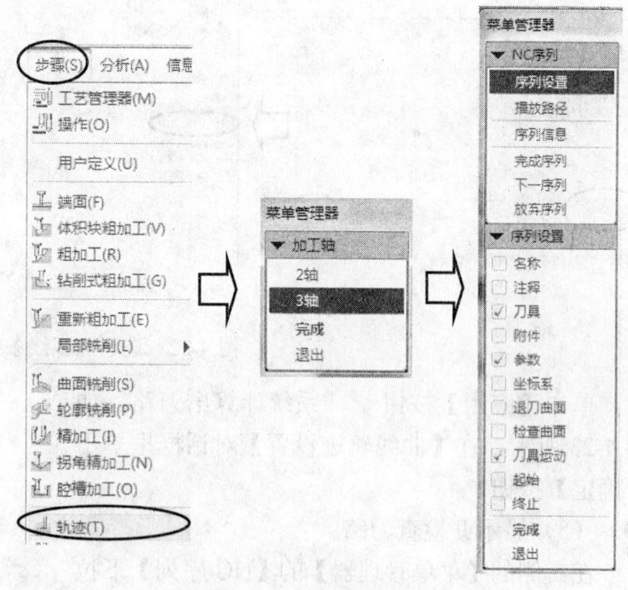

图 4-20　设置菜单参数

（2）定义刀具

系统弹出【刀具设定】对话框，选取 ED8 刀具。

（3）设置加工参数

单击【确定】按钮，系统弹出【编辑序列参数“轨迹铣削”】对话框，按图 4-21 所示设置加工参数。

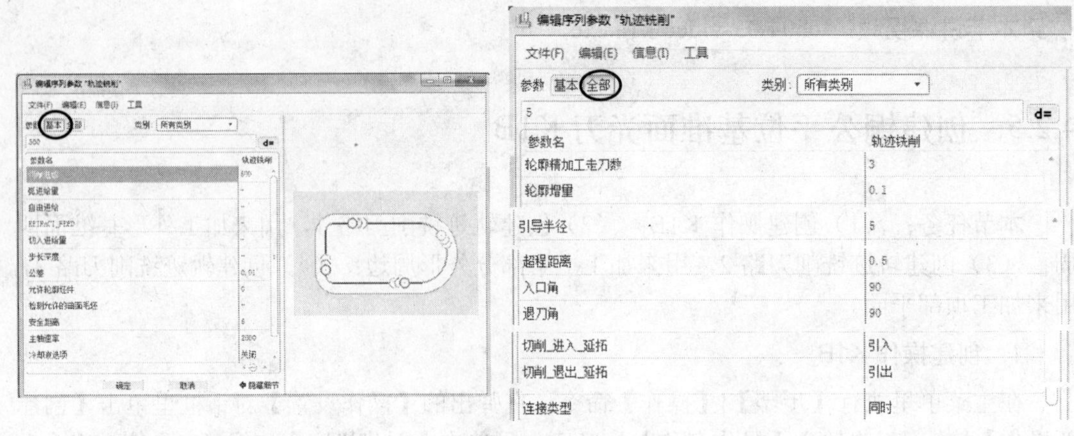

图 4-21 设置加工参数

在对话框里执行【文件】|【另存为】命令，输入文件名为 k1b-01。这样做是为了以后遇到类似刀路时备用。

（4）选取加工线条

在【编辑序列参数“轨迹铣削”】对话框里单击【确定】按钮，系统弹出【刀具运动】对话框，单击【插入】按钮，系统弹出【曲线轨迹设置】对话框，按系统要求，用相切线的办法选取图形底部实体边线。按图 4-22 所示设置参数，使刀具补偿的方向为左。

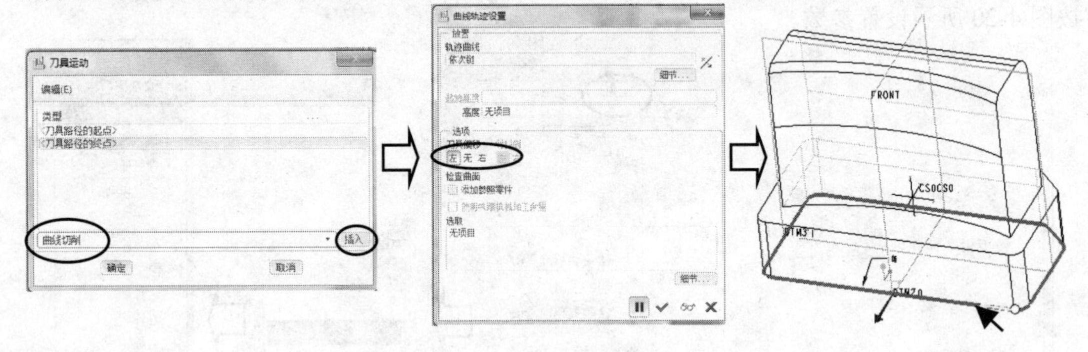

图 4-22 选取加工线条

单击【应用】按钮✔，系统计算出刀路，如图 4-23 所示。在【曲线轨迹设置】对话框里单击【确定】按钮。

（5）显示并检查刀路

在右侧的【菜单管理器】的【NC 序列】下拉菜单里选取【播放路径】|【屏幕演示】选项，在系统弹出的【播放路径】对话框里单击【播放】按钮，则图形显示出光刀刀路。在工具栏里单击【已命名的视图列表】按钮，然后选取 TOP 视图。观察并分析刀路，如图 4-24 所示。单击【关闭】按钮，再选取【完成序列】选项。经检查，刀路正常。

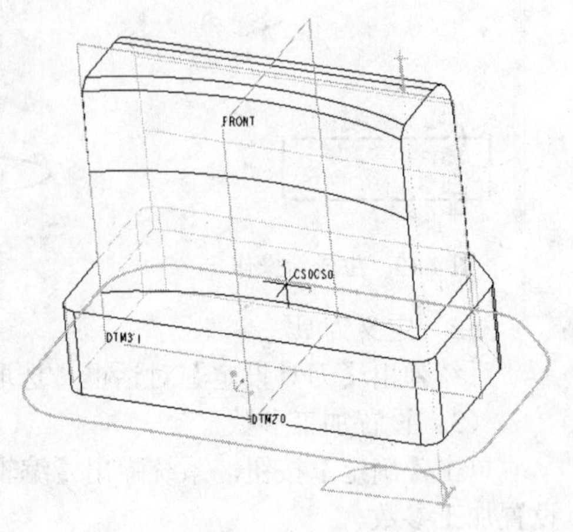

图 4-23 生成轨迹刀路

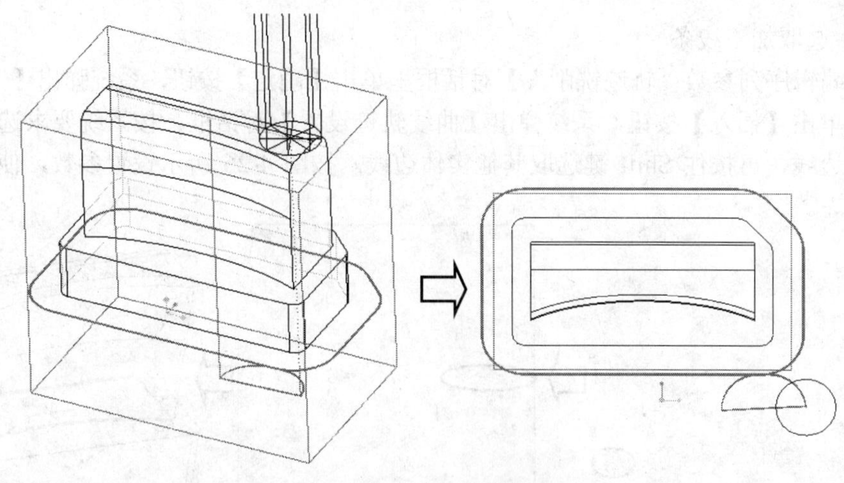

图 4-24　生成基准面光刀

3．创建轨迹铣削刀路 2

创建该刀路的目的是加工铜公台阶以上有效型面外形。

（1）设置菜单参数

在主菜单里执行【步骤】|【轨迹】命令，系统在右侧弹出【菜单管理器】下拉菜单，参数设置与图 4-20 所示相同。

（2）定义刀具

系统弹出【刀具设定】对话框，选取 ED8 刀具。

（3）设置加工参数

单击【确定】按钮，系统弹出【编辑序列参数“轨迹铣削”】对话框，执行【文件】|【打开】命令，选取之前已经存盘的参数文件 k1b-01，在弹出的信息窗口里单击【确定】按钮，再按图 4-25 所示修改加工参数。

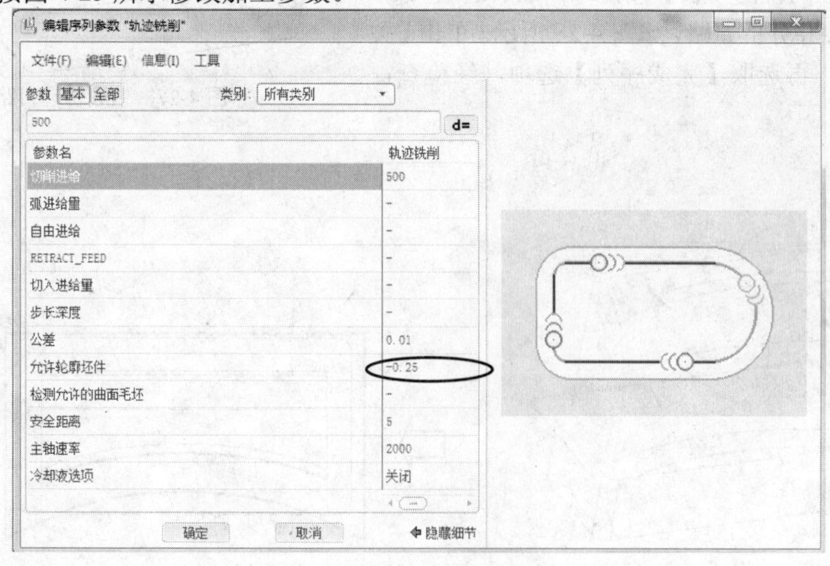

图 4-25　设置加工参数

（4）选取加工线条

在【编辑序列参数“轨迹铣削”】对话框里单击【确定】按钮，系统弹出【刀具运动】对话框，单击【插入】按钮，系统弹出【曲线轨迹设置】对话框，按系统要求选线，先选取右侧的边线，再按住 Shift 键选取其他实体边线。按图 4-26 所示设置参数，使刀具补偿的方向为左。

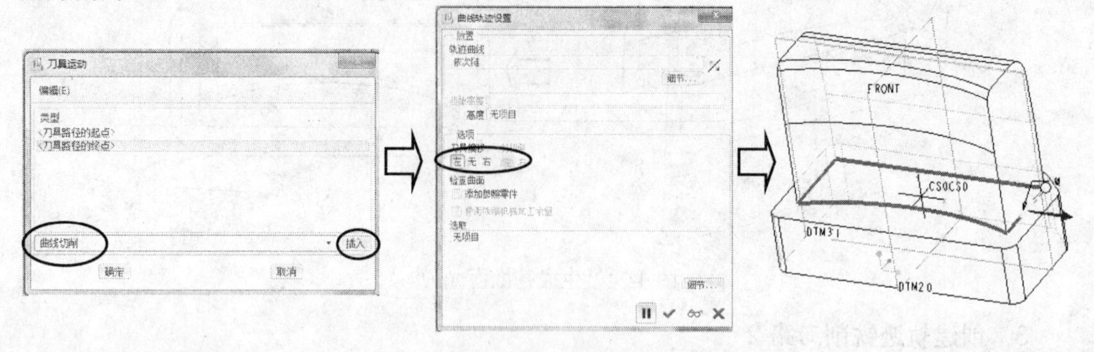

图 4-26　选取加工线条

单击【应用】按钮✔，系统计算出刀路，如图 4-27 所示。在【曲线轨迹设置】对话框里单击【确定】按钮。

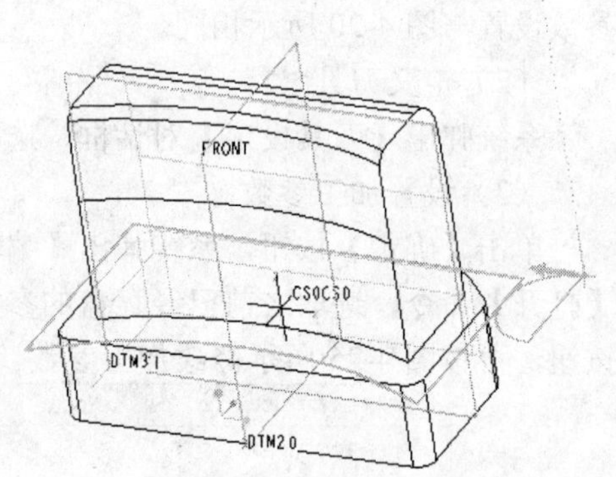

图 4-27　生成轨迹刀路 2

（5）显示并检查刀路

在右侧的【菜单管理器】的【NC 序列】下拉菜单里选取【播放路径】|【屏幕演示】选项，在系统弹出的【播放路径】对话框里单击【播放】按钮，则图形显示出光刀的刀路。在工具栏里单击【已命名的视图列表】按钮，然后选取 TOP 视图。观察并分析刀路，如图 4-28 所示。单击【关闭】按钮，再选取【完成序列】选项。经检查，刀路正常。

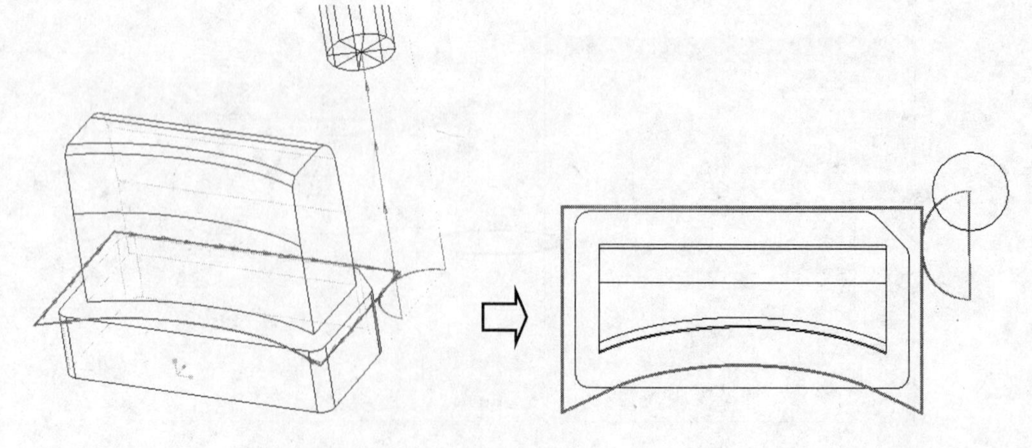

图 4-28　生成型面外形光刀

4．创建轨迹铣削刀路 3

创建该刀路的目的是加工铜公顶面。

（1）设置菜单参数

在主菜单里执行【步骤】|【轨迹】命令，系统在右侧弹出【菜单管理器】下拉菜单，参数设置与图 4-20 所示相同。

（2）定义刀具

系统弹出【刀具设定】对话框，选取 ED8 刀具。

（3）设置加工参数

单击【确定】按钮，系统弹出【编辑序列参数“轨迹铣削”】对话框，执行【文件】|【打开】命令，选取之前已经存盘的参数文件 k1b-01，在弹出的信息窗口里单击【确定】按钮，再按图 4-29 所示修改加工参数。【轴_转换】设置为 0.25 的含义为将整体刀路向下平移 0.25，这样可以保证顶部有火花位负余量。

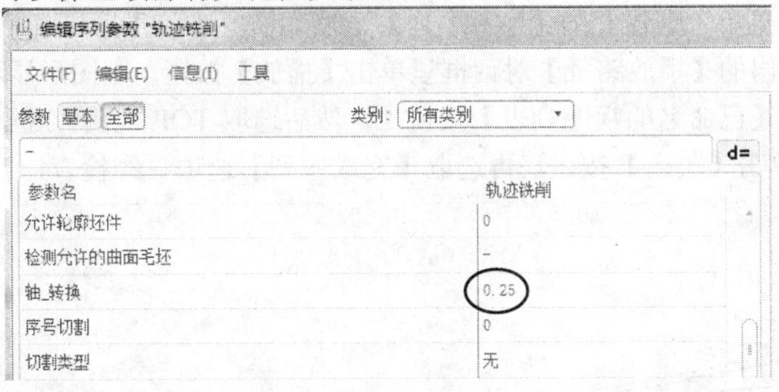

图 4-29　修改参数

（4）选取加工线条

在【编辑序列参数“轨迹铣削”】对话框里单击【确定】按钮，系统弹出【刀具运动】对话框，单击【插入】按钮，系统弹出【曲线轨迹设置】对话框，按系统要求选取铜公顶面的一条直的实体边线。按图 4-30 所示设置参数，使刀具补偿的方向为无。

图 4-30　选取加工线条

单击【应用】按钮✔，系统计算出刀路，如图 4-31 所示。在【曲线轨迹设置】对话框里单击【确定】按钮。

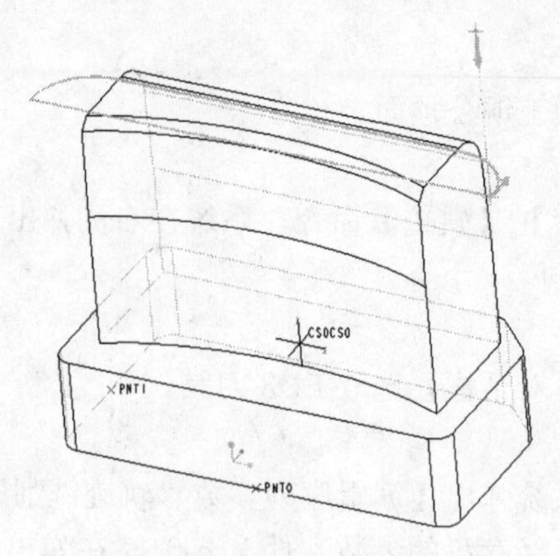

图 4-31　生成轨迹刀路 3

（5）显示并检查刀路

在右侧的【菜单管理器】的【NC 序列】下拉菜单里选取【播放路径】|【屏幕演示】选项，在系统弹出的【播放路径】对话框里单击【播放】按钮，则图形显示出光刀的刀路。在工具栏里单击【已命名的视图列表】按钮，然后选取 TOP 视图。观察并分析刀路，如图 4-32 所示。单击【关闭】按钮，再选取【完成序列】选项。经检查，刀路正常。

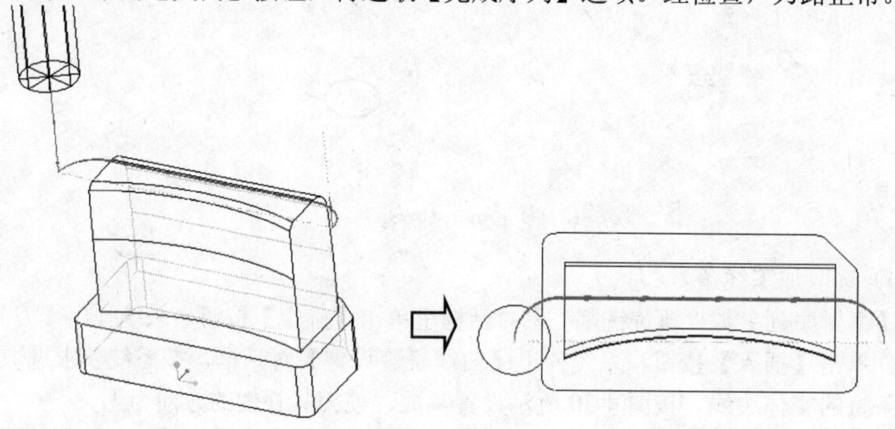

图 4-32　生成顶面光刀

本节讲课视频：\ch04\03-video\k1b.exe。

4.2.6　创建铜公顶面外形光刀 K1C

本节任务：（1）创建操作 K1C；（2）创建曲面铣削刀路 1，用来加工 Y 负方向斜面；（3）创建轨曲面铣削刀路 2，用来加工 Y 正方向 R 面及斜面。

1．创建操作 K1C

在主菜单里执行【步骤】|【操作】命令，在弹出的【操作设置】对话框里单击【创建新操作】按钮，先输入【操作名称】为 K1C，再单击【创建机床】按钮，弹出【机床

设置】对话框，默认为三轴机床，单击【确定】按钮，返回【操作设置】对话框。其余做法与 4.2.4 节的相关内容相同。在目录树里生成新的操作 K1C，如图 4-33 所示。

图 4-33　生成新操作

2．创建曲面铣削刀路 1

创建该刀路的目的是生成 Y 负方向的斜面。

（1）设置菜单参数

在主菜单里执行【步骤】|【曲面铣削】命令，系统在右侧弹出【菜单管理器】下拉菜单，按图 4-34 所示设置参数。

注意：Pro/E 软件的下拉菜单有时很长，为了节约版面，将其分开排列，请对照软件界面阅读。

（2）定义刀具

系统弹出【刀具设定】对话框，单击【新建刀具】按钮，按图 4-35 所示定义球头刀具。单击【应用】按钮，生成 2#刀具 BD4R2。

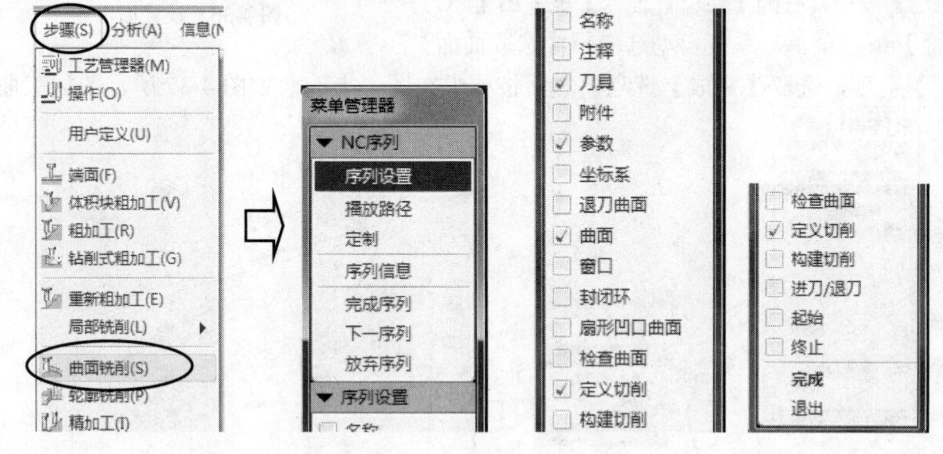

图4-34　设置菜单参数

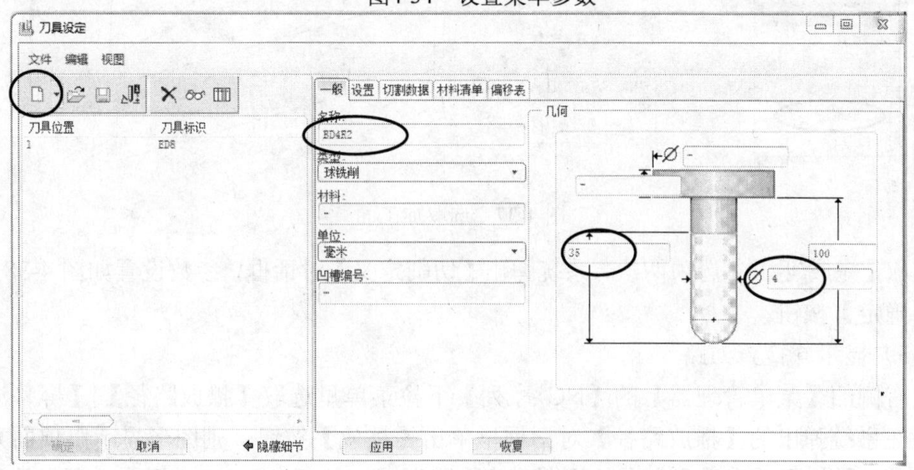

图 4-35　定义刀具

（3）设置加工参数

单击【确定】按钮，系统弹出【编辑序列参数“曲面铣削”】对话框，按图 4-36 所示设置加工参数。关键设置是进给率【切削进给】为 800，【公差】为 0.01，步距参数【跨度】为 0.08，余量参数【允许轮廓坯件】为-0.25，残留高度参数【扇形高度】为 0.001，切削角【切割角】为 45°，转速【主轴速率】为 4000。

在对话框里执行【文件】|【另存为】命令，输入文件名为 k1c-01。这样做是为了以后遇到类似刀路时备用。

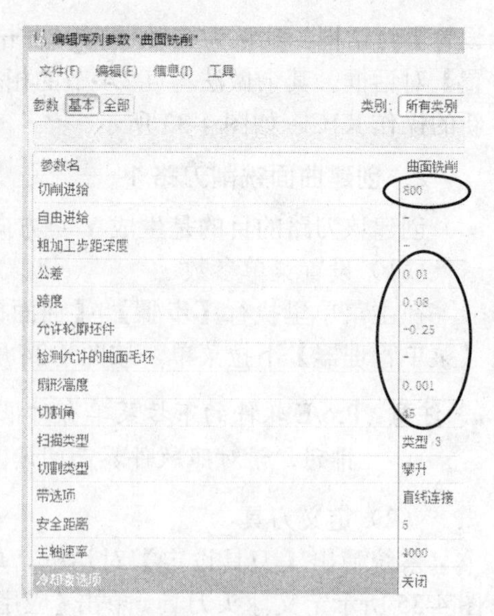

图 4-36　设置加工参数

（4）选取加工曲面

在【编辑序列参数“曲面铣削”】对话框里单击【确定】按钮，右侧【菜单管理器】里弹出【NC 序列 曲面】下拉菜单，系统自动选取了【选取曲面】|【模型】选项，选取【完成】选项，然后按要求在图形上选取如图 4-37 所示的加工曲面。

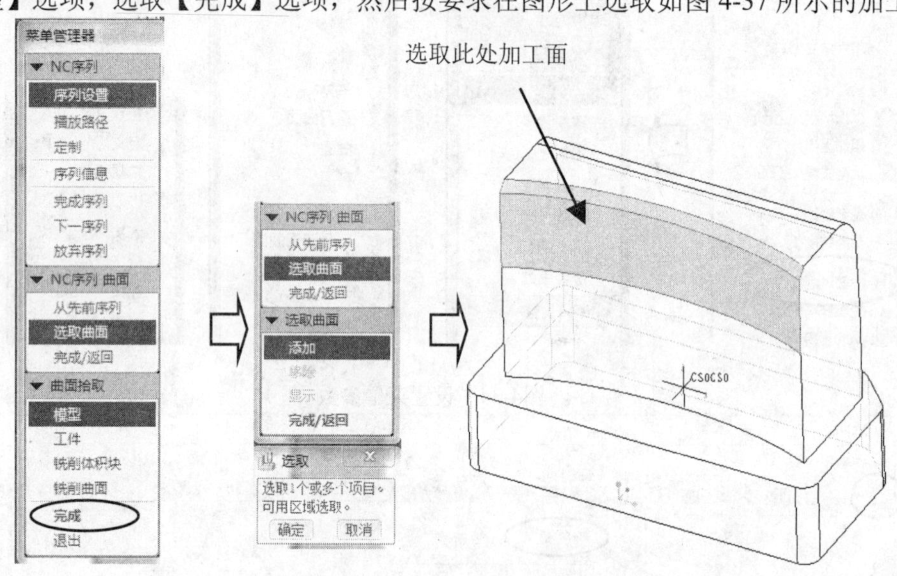

图 4-37　选取加工面

选取【完成/返回】选项两次，系统弹出【切削定义】对话框，参数设置如图 4-38 所示。单击【确定】按钮。

（5）显示并检查刀路

在右侧的【菜单管理器】的【NC 序列】下拉菜单里选取【播放路径】|【屏幕演示】选项，在系统弹出的【播放路径】对话框里单击【播放】按钮，则图形显示出顶面光刀的刀路。在工具栏里单击【已命名的视图列表】按钮，然后选取 TOP 视图，观察并分析刀路；如图 4-39 所示。单击【关闭】按钮，再选取【完成序列】选项。经检查，刀路正常。

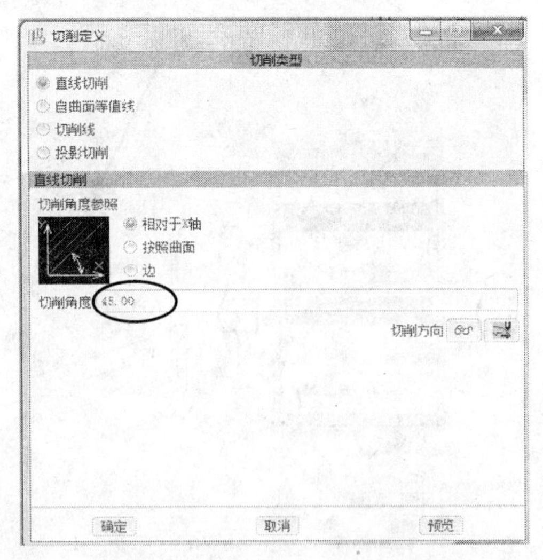

图 4-38　【切削定义】对话框

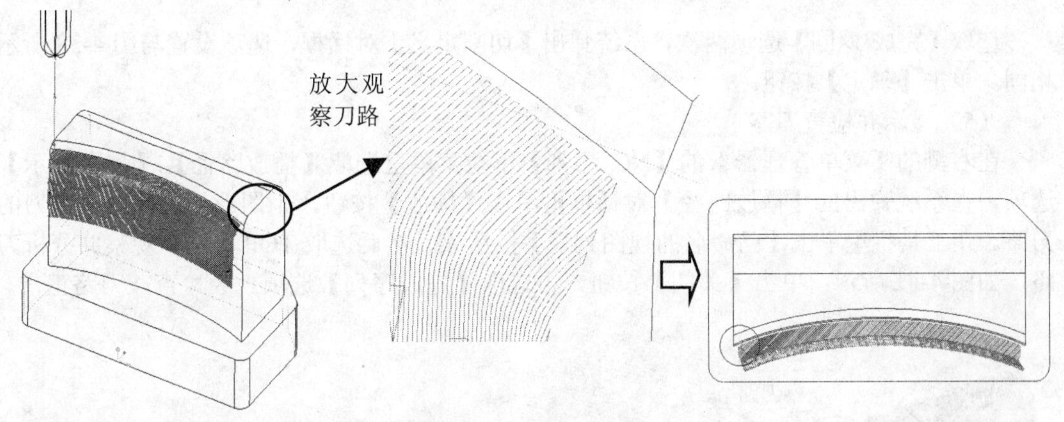

图 4-39　生成顶面光刀

3．创建曲面铣削刀路 2

创建该刀路的目的是生成 Y 方向 R 面和斜面。

（1）设置菜单参数

在主菜单里执行【步骤】|【曲面铣削】命令，系统在右侧弹出【菜单管理器】下拉菜单，参数设置与图 4-34 所示相同。

（2）定义刀具

系统弹出【刀具设定】对话框，选取 2#刀具 BD4R2。

（3）设置加工参数

单击【确定】按钮，系统弹出【编辑序列参数“曲面铣削”】对话框，在对话框里执行【文件】|【打开】命令，选取参数文件 k1c-01。

（4）选取加工曲面

在【编辑序列参数“曲面铣削”】对话框里单击【确定】按钮，右侧【菜单管理器】里弹出【NC 序列 曲面】下拉菜单，系统自动选取了【选取曲面】|【模型】选项，选取【完成】选项，然后按要求在图形上选取如图 4-40 所示的加工曲面。

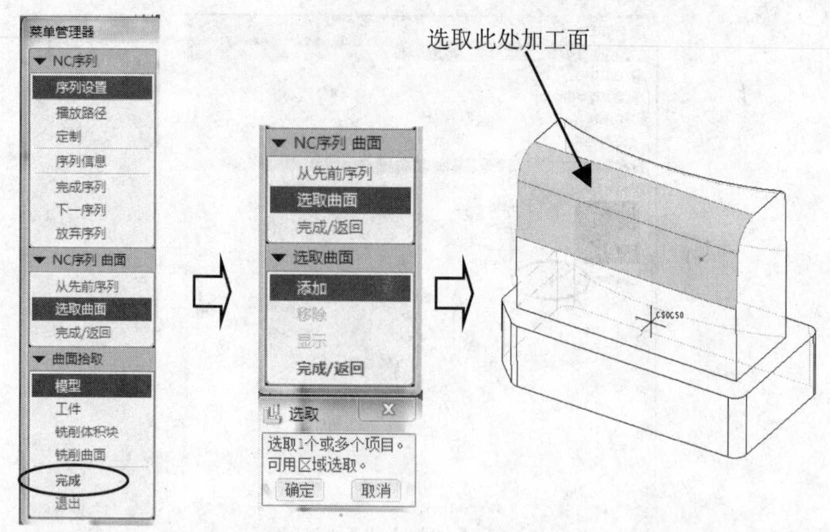

图 4-40　选取加工面

选取【完成/返回】选项两次，系统弹出【切削定义】对话框，选项设置与图 4-38 所示相同。单击【确定】按钮。

（5）显示并检查刀路

在右侧的【菜单管理器】的【NC 序列】下拉菜单里选取【播放路径】|【屏幕演示】选项，在系统弹出的【播放路径】对话框里单击【播放】按钮，则图形显示出顶面光刀的刀路。在工具栏里单击【已命名的视图列表】按钮，然后选取 TOP 视图，观察并分析刀路，如图 4-41 所示。单击【关闭】按钮，再选取【完成序列】选项。经检查，刀路正常。

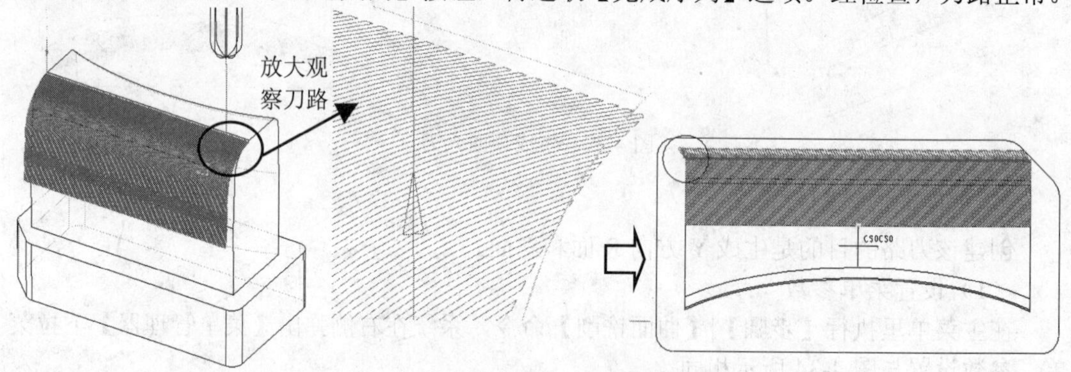

图 4-41　生成顶面光刀

在主菜单里单击【保存】按钮，将编程装配文件存盘。

4.2.7　后处理

所谓后处理，就是把计算机中显示出来的刀路线条转化为数控机床能够识别的机床代码文件的过程。Pro/E 软件一般是先将刀路线条转化为以标准 APT 语言来表达机床运动动作的通用格式的文本文件 NCL，然后根据不同机床的特点转化为适合特定机床运行的代码文件 TAP。目前工厂里最常用的机床代码是 G 代码。

在主菜单里执行【编辑】|【CL 数据】|【输出】命令，在右侧的【菜单管理器】里弹出的【选取特征】下拉菜单里选取【操作】选项，在弹出的选项里选取 K1A，系统弹出新的下拉菜单，按图 4-42 所示设置参数，单击【完成】按钮，系统弹出【保存副本】对话框，系统自动给定 NCL 文件名为 k1a。

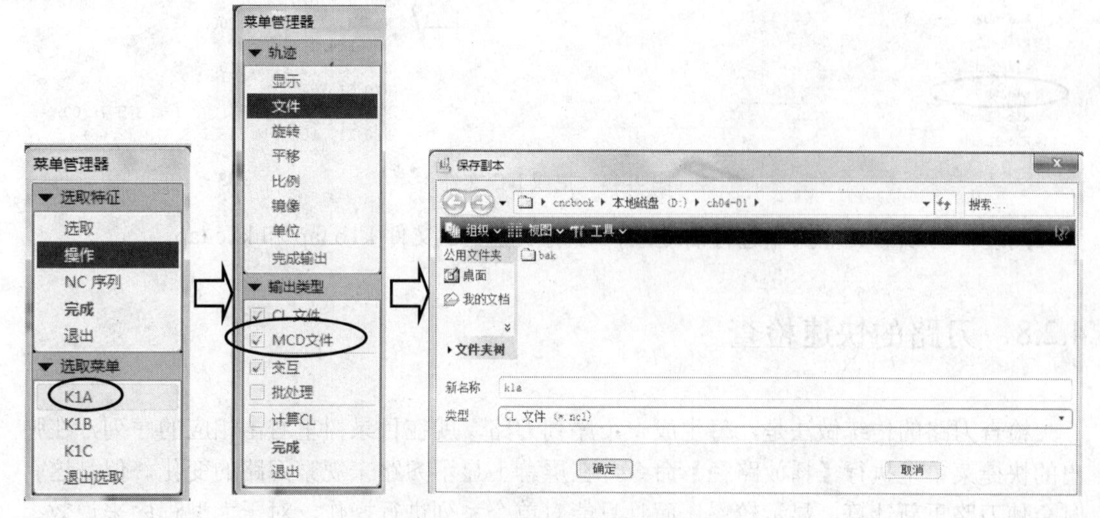

图 4-42　保存 NCL 刀路文件

单击【确定】按钮。在右侧的【菜单管理器】里选择【完成】选项，在弹出的后处理器下拉菜单里选取 FANUC 机床系统 NIIGATA HN50A - FANUC 15MA - B TABLE 的后处理器 UNCX01.P12，再选取【完成】选项，如图 4-43 所示。

选取后处理器后系统开始计算 NC 刀路，打开如图 4-44 所示的【信息窗口】，单击【关闭】按钮。

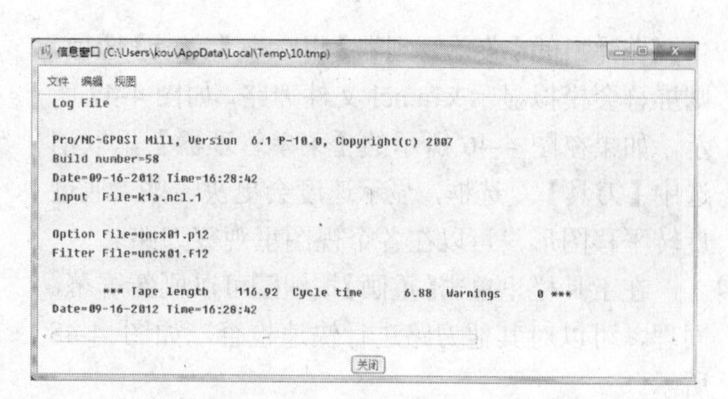

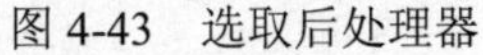

图 4-43　选取后处理器　　　　图 4-44　信息窗口

查看工作目录 D:\ch04-01，发现生成了 k1a.tap 文件，该文件经过少量修改后就可以传送给数控机床进行加工。打开该文件，内容如图 4-45 所示。

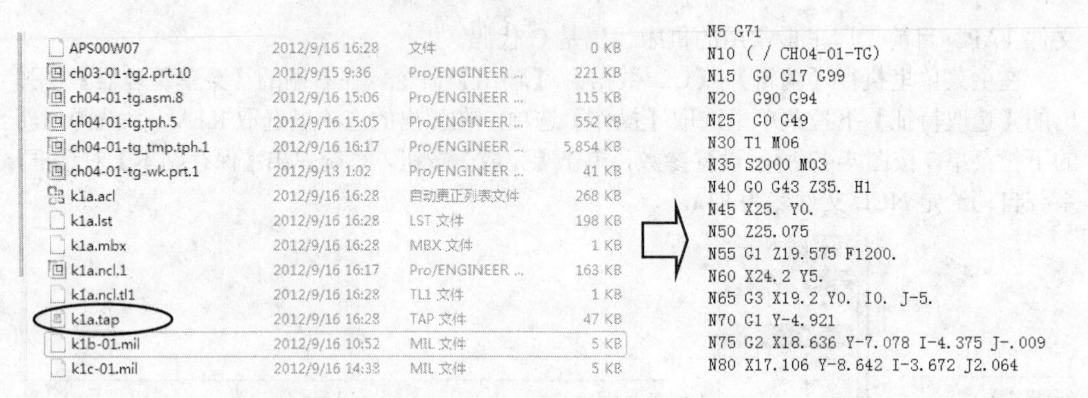

图 4-45　生成 NC 文件

同理，可以对其他操作进行后处理，分别生成 NC 文件 k1b.tap 和 k1c.tap。

4.2.8　刀路的快速检查

检查刀路的传统做法是，每生成一个序列刀路，就在目录树里右击相应的序列，在弹出的快捷菜单里执行【播放路径】命令，在屏幕上显示刀路来观察刀路的变化。但是这有时会使刀路重新计算，显示较慢，而且只能对单个系列进行操作，对于大型程序来说效率很低。为了快速检查刀路，通常采取以下方法。

以 k1a 操作为例。在主菜单里执行【工具】|【CL 数据】|【播放路径】命令，系统弹出【打开】对话框，选取 k1a.ncl 文件，单击【打开】按钮，如图 4-46 所示。

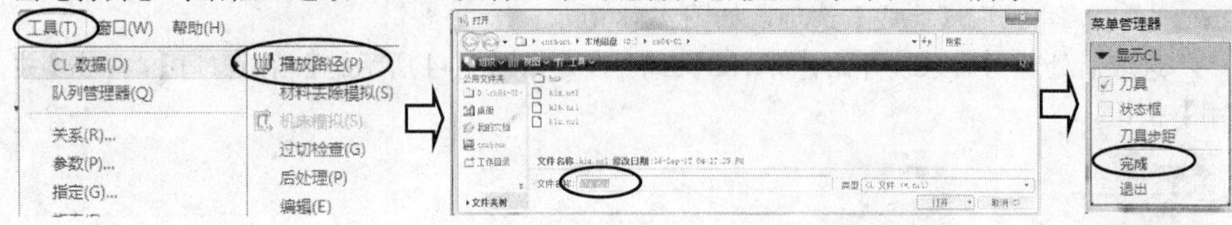

图 4-46　选取 NCL 文件

在弹出的【菜单管理器】里选取【完成】选项，则屏幕会模拟显示 k1a.ncl 文件刀路，如图 4-47 所示。如果在图 4-46 所示的【菜单管理器】里取消选中【刀具】复选框，显示速度会更快一些。通过旋转平移图形，可以在各个视图里观察刀路。

在工具栏里单击【重画】按钮可以刷新屏幕。同理，可以对其他刀路进行快速检查，如图 4-48 所示。

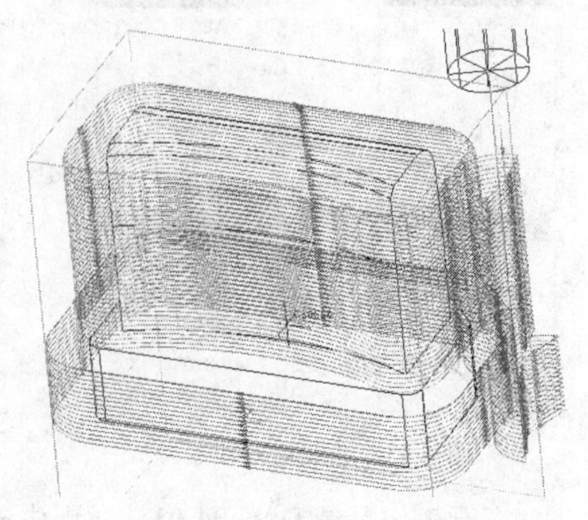

图 4-47　显示刀路 k1a.ncl

知识拓展：除了上述模拟演示刀路的方法外，还可以用 Vericut 软件。方法是在目

录树里选取相应序列，右击鼠标，在弹出的快捷菜单里执行【编辑定义】命令，在右侧的下拉菜单里选取【播放路径】|【NC 检查】选项，系统弹出 Vericut 软件视窗，单击【播放】按钮。如果拥有 Vericut 软件的全部仿真功能，就可以对整个加工过程进行仿真，将可能存在的问题提前预告给编程员，以便采取有利措施予以纠正。

本节讲课视频：\ch04\03-video\k1c.exe。

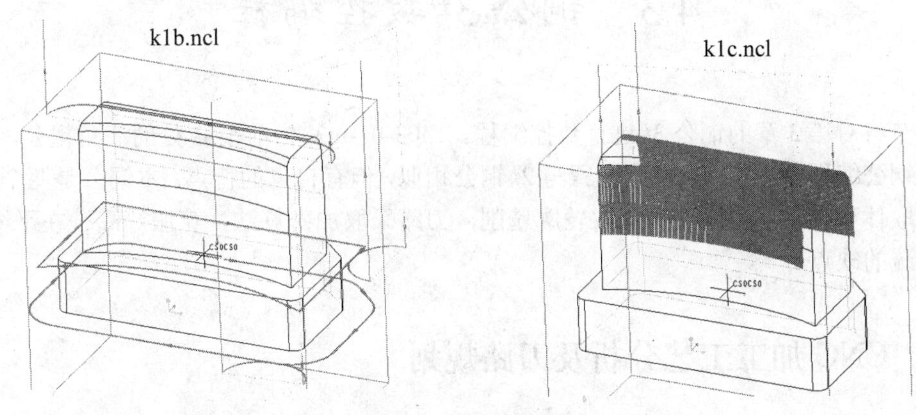

图 4-48　显示其他刀路

4.2.9　数控程序单的填写

数控程序编制完成并检查无误后，就要通过填写《CNC 加工程序单》等书面形式送达给 CNC 车间，然后组织生产，安排加工。对于初学者来说，要务必跟进加工过程和结果，发现问题后及时处理，积极配合 CNC 生产。

可供参考的程序单样式如图 4-49 所示。

CNC加工程序单

型号		模具名称	遥控器面	工件名称	前模铜公2#	
编程员		编程日期		操作员		加工日期
				对刀方式:	四边分中 对顶z=20.2	
				装配文件名	ch04-01-tg.asm	
				材料号	铜	
				大小	40×25×45	
程序名		余量	刀具	装刀最短长	加工内容	加工时间
K1A　.TAP		0.2	ED8	30	开粗	
K1B　.TAP		-0.25	ED8	30	光刀	
K1C　.TAP		-0.25	BD4R2	10	光刀	

图 4-49　CNC 加工程序单

至此，一个完整的铜公从设计到编程就讲述完毕，切记要及时存盘，方法是在主菜单

里单击【保存】按钮，然后在主菜单里执行【窗口】|【打开系统窗口】命令，在弹出的DOS界面里输入命令purge，按Enter键。这样就将各个文件的旧版本删除，只留下最新版本的文件。再输入命令exit，按Enter键，则可以退出该窗口，返回Pro/E软件界面。

本节讲课视频：\ch04\03-video\ch04-01-tg.exe。

4.3 铜公3#数控编程

本节将对第3章的铜公3#进行数控编程。ch03-01-tg3 为前模B处的清角粗公。

本铜公编程要点是：大部分步骤与2#铜公相似，但有自己的特点。本铜公是两个型面，开粗采取体积加工，型面光刀采取轮廓铣削，刀路采取加密算法，克服等高铣在平缓曲面刀路稀疏的缺点。

4.3.1 CNC加工工艺分析及刀路规划

1．开料尺寸

60×25×45。

2．材料

红铜，1件料。

3．火花位放电间隙

该铜公的目的是清角，仅加工粗公，火花位为-0.25。

4．铜公加工方案

（1）操作程序名为K1E，粗加工，也叫开粗，刀具为ED8平底刀，加工余量为0.2。

（2）操作程序名为K1F，精加工，也叫外形光刀，刀具为ED8平底刀，四周台阶面余量为0，上部分有效型面最大直身面外形余量为-0.25。

（3）操作程序名为K1G，型面精加工，也叫光刀顶面外形，刀具为BD6R3球头刀，型面曲面余量为-0.25。

4.3.2 调图及图形整理

本节任务：调整坐标系符合加工要求，将不需要的图素移到层并隐藏。

（1）首先进入Pro/E界面，设定工作目录为D:\ch04-02，打开图形ch03-01-tg3.prt。

（2）经过尺寸分析和工艺分析，得出第4.3.1节的加工方案。

（3）调整坐标系，经过分析得知，要对本图形坐标系的长方向进行调整。

在目录树里单击【组 TGBASE】前的加号图标，选取 CS0，右击鼠标，在弹出的快捷菜单里执行【编辑定义】命令，在弹出的【坐标系】对话框里选择【方向】选项卡，根据图形坐标系显示的情况，灵活调整各参数，使新坐标系符合要求。单击【确定】按钮，如图 4-50 所示。

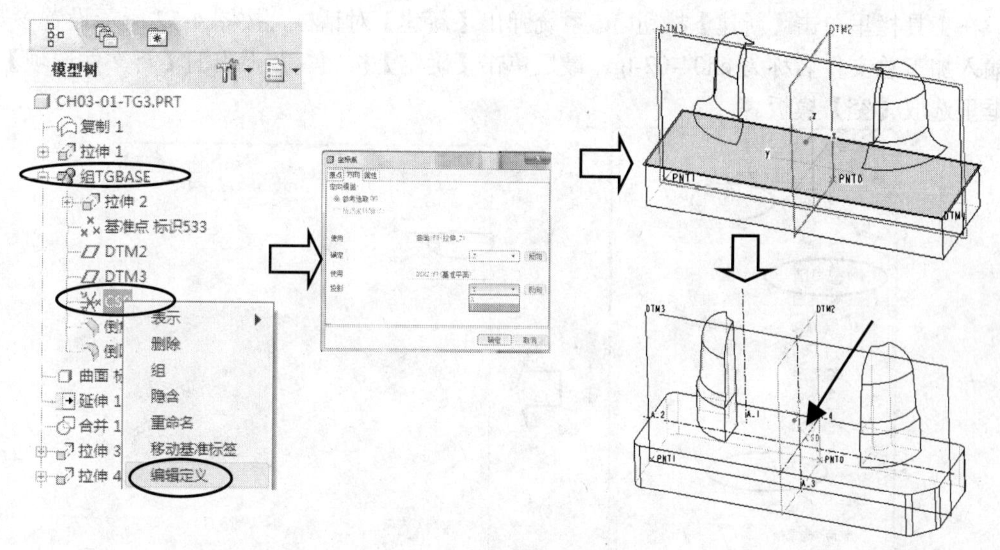

图 4-50　调整坐标系

（4）图形设定层。在目录树里单击【显示】按钮，在弹出的菜单里选取【层树】选项，在层目录树里右击【层】按钮，在弹出的快捷菜单里执行【新建层】命令，然后在图形上选取轴线 A_1、A_2、A_3 和 A_4，选取点 PNT0 和 PNT1。在【层属性】对话框里，设置层的名称为 temp，单击【确定】按钮。然后将该图层隐藏，结果如图 4-51 所示。

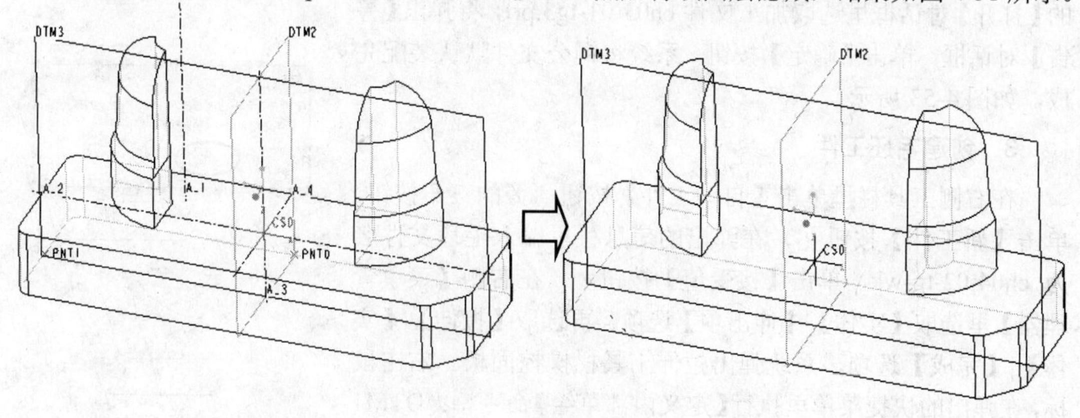

图 4-51　隐藏多余的特征

再右击【层】按钮，在弹出的快捷菜单里执行【保存状态】命令，在工具栏里单击【保存】按钮。这样就可以把图层及图形存盘。

4.3.3　进入加工模块

1．新建加工文件

在工具栏里单击【新建】按钮，系统弹出【新建】对话框，按图 4-52 所示设置参数，并输入加工总文件名称为 ch04-02-tg，最后单击【确定】按钮。在弹出的【新文件选项】对话框里选取【空】模板。

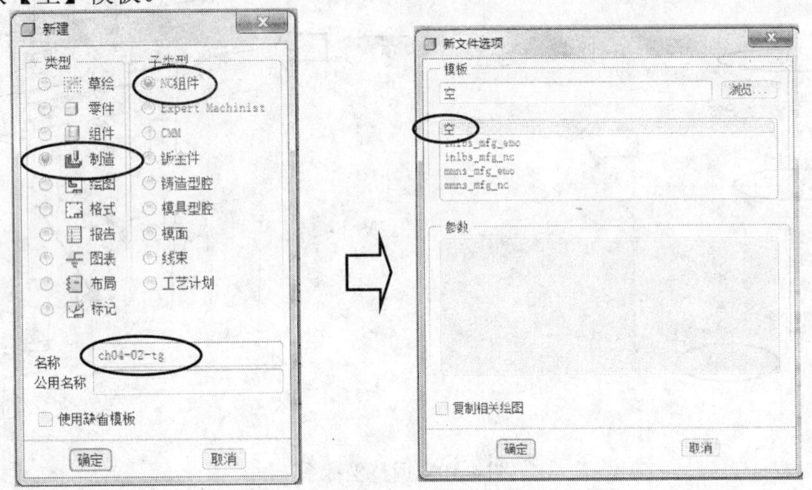

图 4-52　新建加工文件

2．装配待加工零件图形

在右侧的工具栏里单击【装配参数模型】按钮，在弹出的【打开】对话框里选取加工文件 ch03-01-tg3.prt，将弹出【警告】对话框，单击【确定】按钮。系统将铜公文件默认装配完成，如图 4-53 所示。

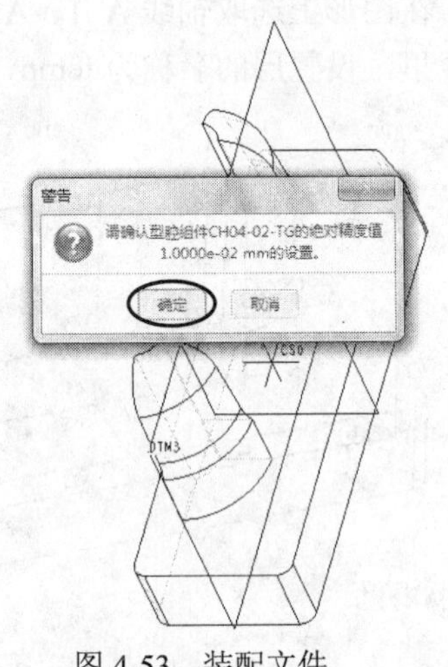

图 4-53　装配文件

3．创建毛坯工件

在右侧工具栏里单击【自动工件】按钮旁的三角按钮，单击【新工件】按钮，在弹出的信息栏里输入毛坯文件名为 ch04-02-tg-wk，单击【接受值】按钮。在右侧【菜单管理器】里选取【实体】|【伸出项】选项，再选取【拉伸】|【实体】|【完成】选项，系统弹出拉伸工具栏操控面板。右击鼠标，在弹出的快捷菜单里执行【定义内部草绘】命令，以 DTM1 为草图平面，台阶平面为默认参照平面，单击【草绘】按钮，如图 4-54 所示。

系统进入草图界面，按图 4-55 所示绘制草图，并绘制尺寸为 60×45 的矩形。单击【完成】按钮。

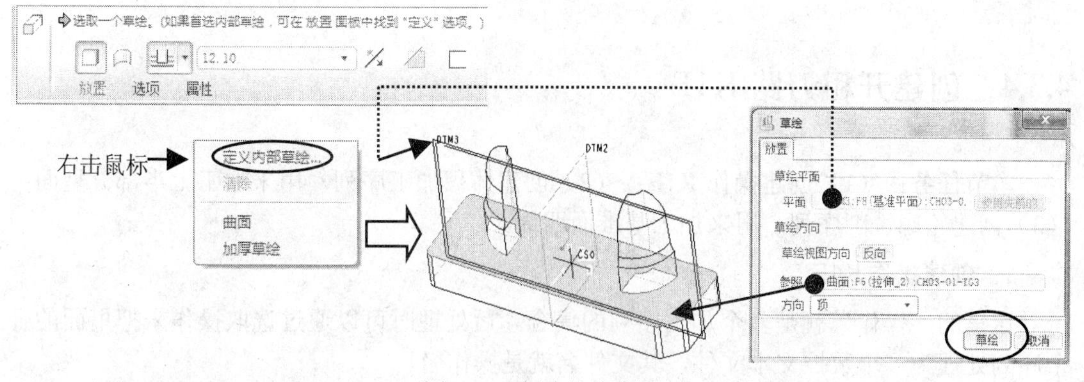

图 4-54　创建拉伸草图

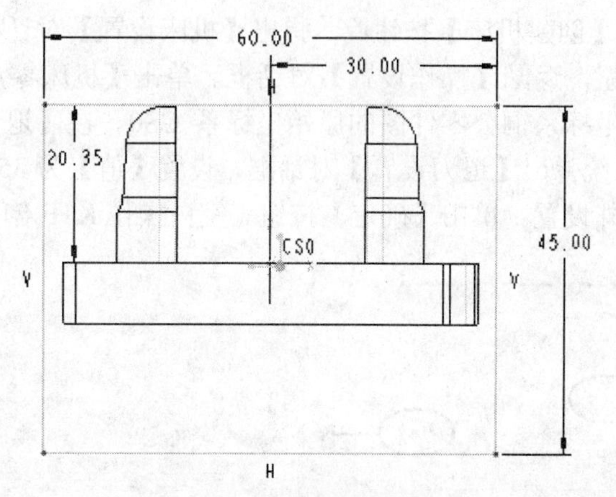

图 4-55　绘制草图

系统返回到拉伸操控面板，选取拉伸方式为对称，距离为 25，单击【应用】按钮。创建的毛坯如图 4-56 所示。

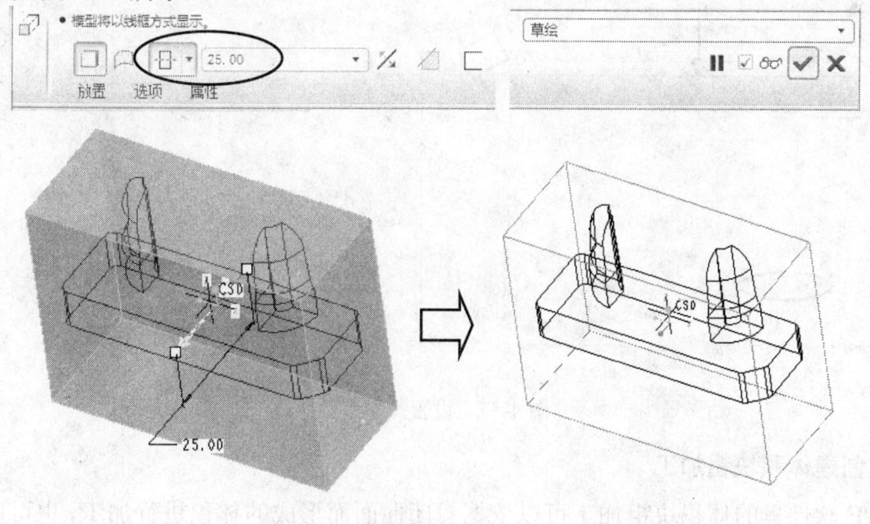

图 4-56　创建毛坯

4.3.4　创建开粗刀路 K1E

本节任务：（1）创建操作 K1E；（2）创建体积加工序列，用来加工上半部分型面；（3）创建轮廓铣削序列，用来加工基准面四周。

1．创建操作 K1E

这里的“操作”就是多个加工序列的集合。后处理时可以通过选取操作来把里面的各个序列处理为一个数控文本文件，其文件名就是操作名。

在主菜单里执行【步骤】|【操作】命令，弹出【操作设置】对话框，先输入【操作名称】为 K1E，再单击【创建机床】按钮，弹出【机床设置】对话框，系统默认为三轴机床，单击【确定】按钮，返回【操作设置】对话框。单击【机床零点】后的选取按钮，然后在目录树里选取坐标系铜公零件图的原始坐标系 CS0。在【退刀】栏里单击【曲面】后的选取按钮，系统弹出【退刀设置】对话框，设置【值】为 35，结果如图 4-57 所示。夹具等其余参数不另外设置。单击【确定】按钮。空白操作 K1E 创建完成后，后续创建的系列就是它的子集。

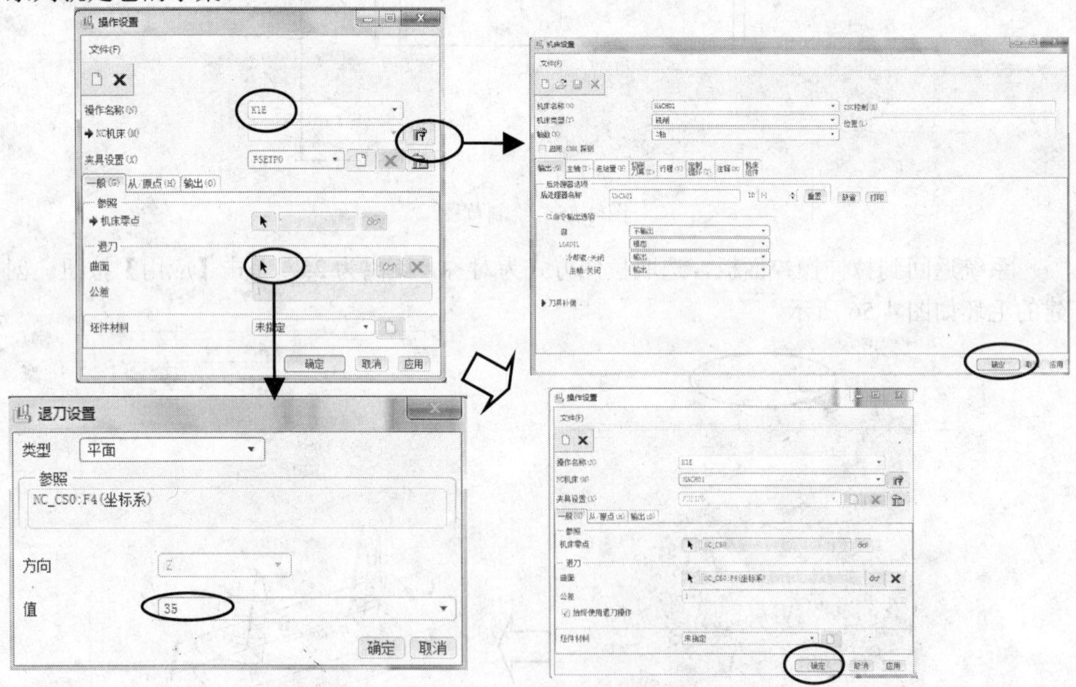

图 4-57　设置操作参数

2．创建体积块粗加工

Pro/E 软件里的体积块粗加工可以依据封闭曲面而形成的体积进行加工，也可以依据窗口进行加工，本例以窗口为例来讲述体积块加工的用法。所谓窗口，类似于 Mastercam 里的边界，但是比边界的功能要强，它以一个封闭的 2D 线条为加工范围来进行相关加工。

（1）创建窗口特征

① 在右侧工具栏里单击【铣削窗口】按钮，系统弹出窗口的工具栏操控面板，单击【草绘窗口】按钮，再选取【放置】选项卡，按系统要求选取毛坯顶面为草绘平面，单击【草绘】按钮，系统弹出【草绘】对话框，如图 4-58 所示。

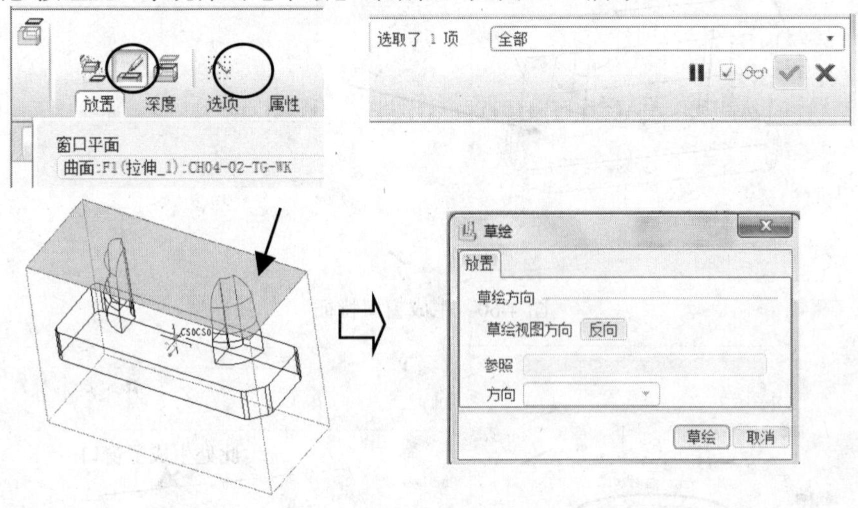

图 4-58　选取草绘平面

② 在【草绘】对话框里保持默认设置，单击【草绘】按钮，系统进入草绘界面。选取坐标系 CY0 为草图的参照，以毛坯最大外形边线来绘制如图 4-59 所示的草图。

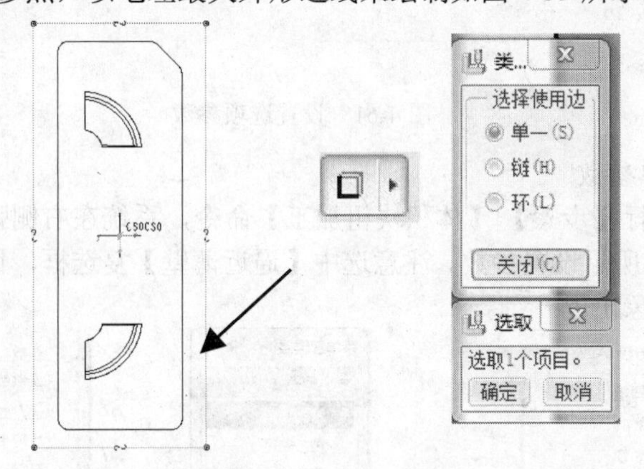

图 4-59　绘制草图

③ 在草绘工具栏里单击【完成】按钮，系统返回到窗口工具栏，选取【深度】选项卡，选中【指定深度】复选框，然后在【深度选项】下拉列表框里选取到选定项，在图形上选取铜公的台阶水平面，如图 4-60 所示。

④ 进一步设置窗口参数。在窗口工具栏里，选取【选项】选项卡，在系统弹出的参数下拉列表里选中【在窗口围线上】单选按钮。选取该参数的目的是使刀具中心在窗口边线上，保证铜公型面能够完全切削。单击【应用】按钮，这样就在毛坯顶面生成了窗口，如图 4-61 所示。

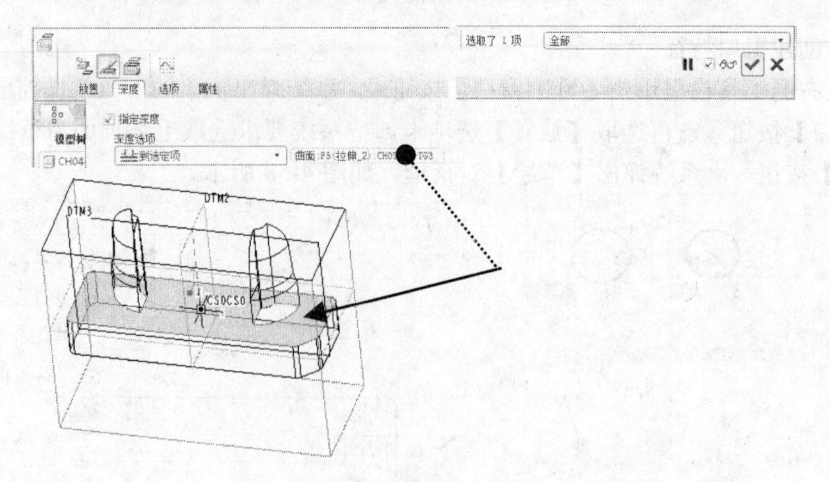

图 4-60　生成窗口特征

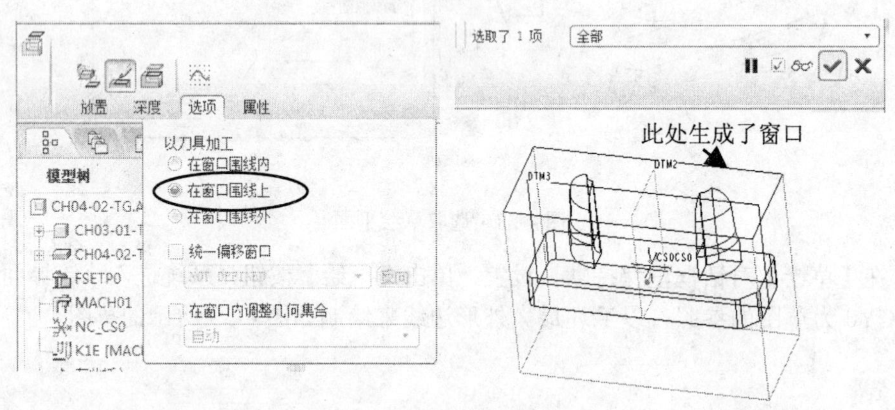

图 4-61　设置选项参数

（2）设置菜单参数

在主菜单里执行【步骤】|【体积块粗加工】命令，系统在右侧弹出【菜单管理器】下拉菜单，按图 4-62 所示设置参数。注意选中【逼近薄壁】复选框，目的是控制刀具从料外进刀，防止踩刀现象出现。

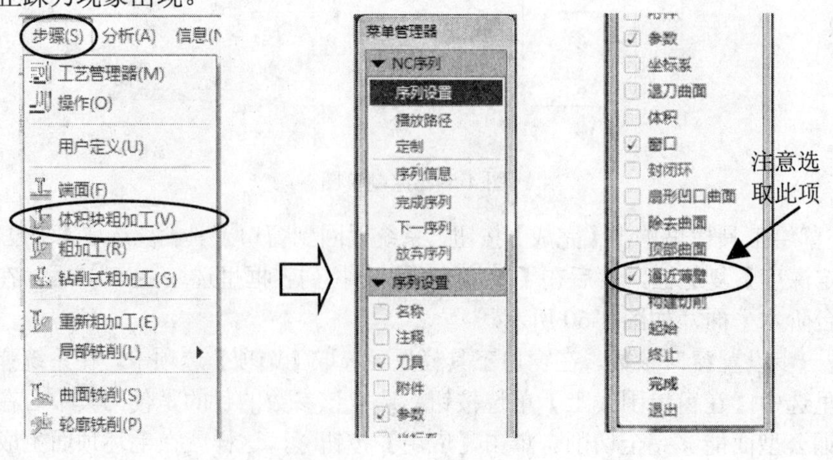

图 4-62　设置菜单参数

（3）定义刀具

系统弹出【刀具设定】对话框，按图 4-63 所示定义刀具。

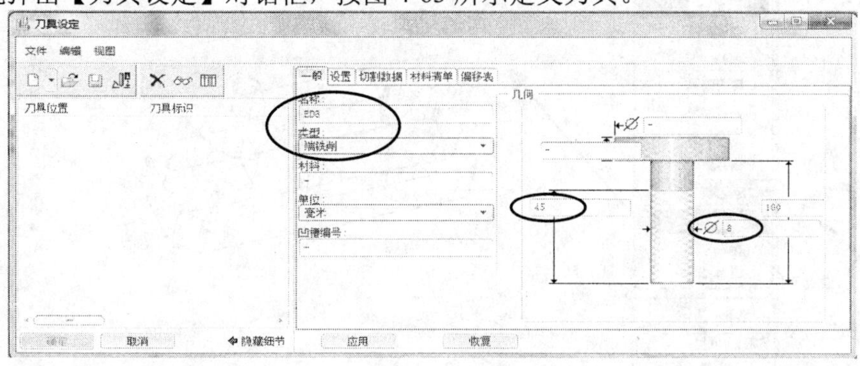

图 4-63　定义刀具

（4）设置加工参数

单击【确定】按钮，系统弹出【编辑序列参数“体积块铣削”】对话框，按图 4-64 所示设置加工参数。

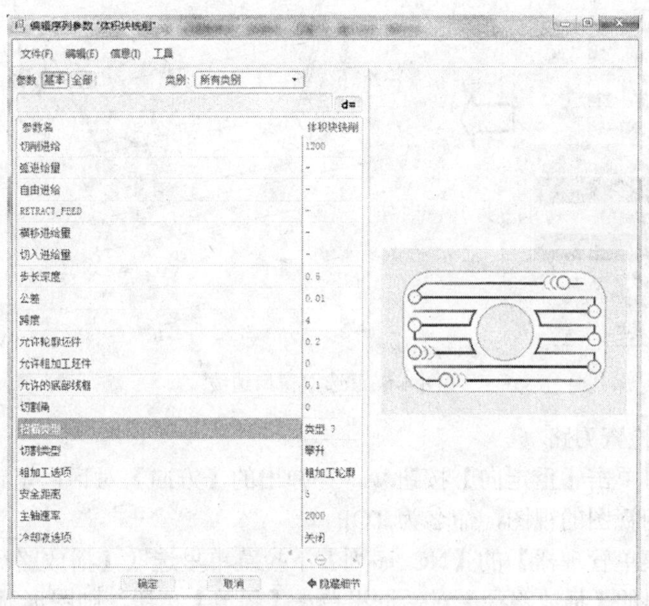

图 4-64　设置加工参数

（5）选取加工曲面

在【编辑序列参数“体积块铣削”】对话框里单击【确定】按钮，按系统要求，选取图形上顶部刚创建的窗口，如图 4-65 所示。

（6）选取窗口开口边

在图形上选取完窗口后，提示栏出现 ➡选取用作刀具进入的窗口侧. 信息，在右侧的【菜单管理器】里又弹出新的菜单，要求选取窗口的开口边线，即要求选取【逼近薄壁】选项对应的图形。在图形的顶部选取窗口的右侧边线，如图 4-66 所示。选取【完成】选项。

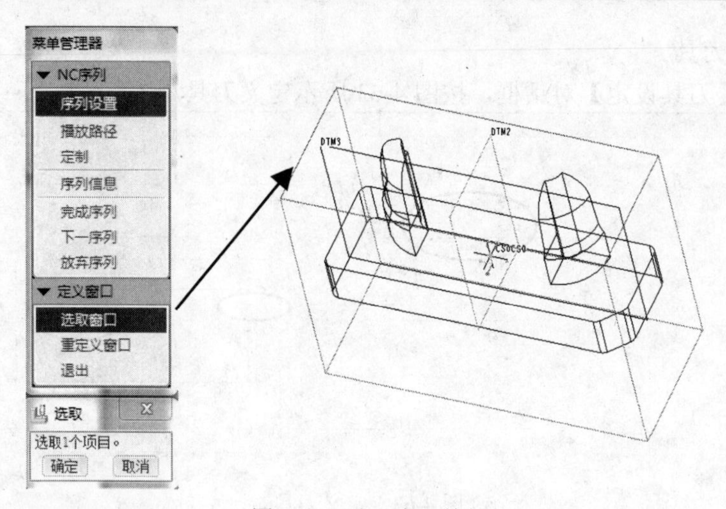

图 4-65　选取窗口特征

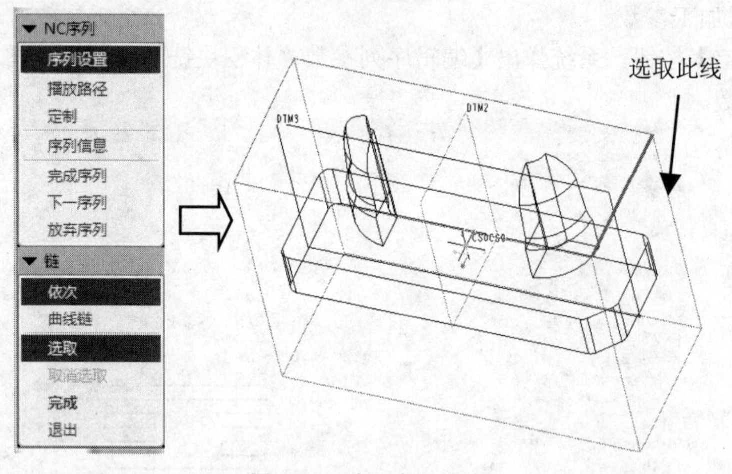

图 4-66　选取窗口边线

（7）显示并检查刀路

先在工具栏里单击【重定向】按钮，在弹出的【方向】对话框里定义并保存沿着 Z 轴负方向观察的俯视图的视图，命名为 TOP。

在右侧的【菜单管理器】的【NC 序列】下拉菜单里选取【播放路径】|【屏幕演示】选项，在系统弹出的【播放路径】对话框里单击【播放】按钮，则图形显示出开粗的刀路，如图 4-67 所示。在工具栏里单击【已命名的视图列表】按钮，然后选取 TOP 视图，观察并分析刀路的起始位置刀具的切削情况。单击【关闭】按钮。

观察刀路会发现刀具在材料外下刀。在右侧的【菜单管理器】里选取【NC 序列】|【完成序列】选项，系统返回编程图形。

3．创建曲面轮廓铣

创建该刀路的目的是加工基准面四周。

（1）设置菜单参数

在主菜单里执行【步骤】|【轮廓铣削】命令，系统在右侧弹出【菜单管理器】下拉菜

单，按图 4-68 所示设置参数。

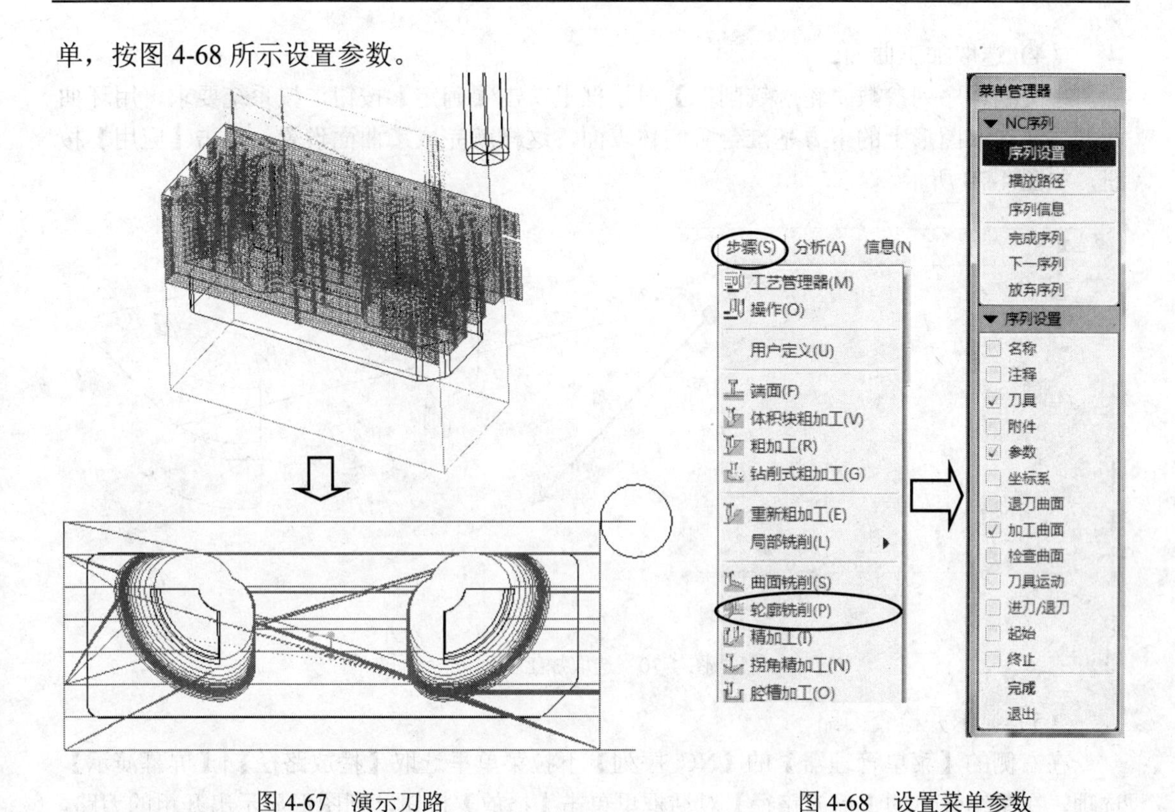

图 4-67　演示刀路　　　　图 4-68　设置菜单参数

（2）定义刀具

系统弹出【刀具设定】对话框，选取已经定义的刀具 ED8。

（3）设置加工参数

单击【确定】按钮，系统弹出【编辑序列参数“轮廓铣削”】对话框，按图 4-69 所示设置加工参数。

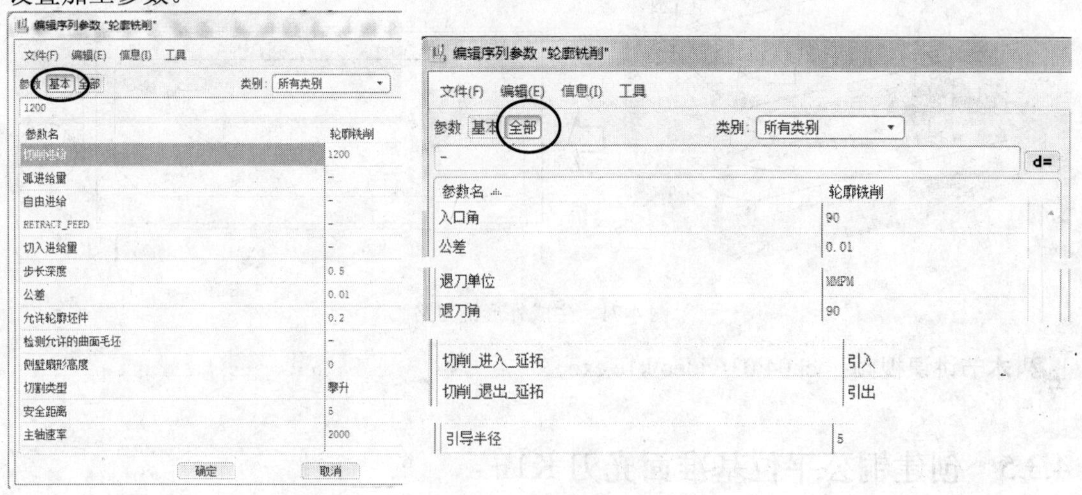

图 4-69　设置加工参数

（4）选取加工曲面

在【编辑序列参数“轮廓铣削”】对话框里单击【确定】按钮，按系统要求，用环曲面的方法选取图形上的下方基准台阶实体表面，这样就完成了曲面设置。单击【应用】按钮，如图 4-70 所示。

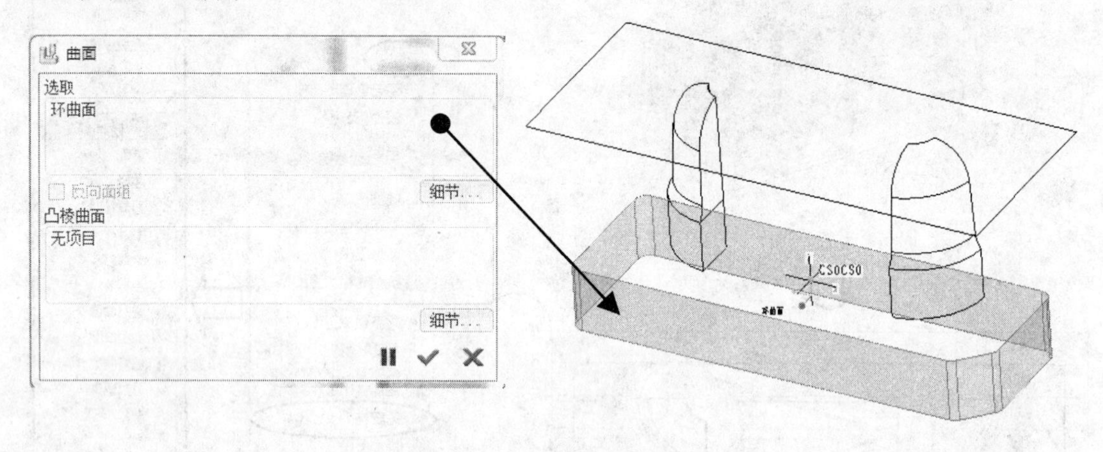

图 4-70 选取加工曲面

（5）显示并检查刀路

在右侧的【菜单管理器】的【NC 序列】下拉菜单里选取【播放路径】|【屏幕演示】选项，在系统弹出的【播放路径】对话框里单击【播放】按钮，则图形显示出开粗的刀路，如图 4-71 所示。在工具栏里单击【已命名的视图列表】按钮，然后选取 TOP 视图，观察并分析刀路的起始位置刀具的切削情况。经检查，刀路正常。单击【关闭】按钮，再单击【完成序列】按钮完成刀路的编程。

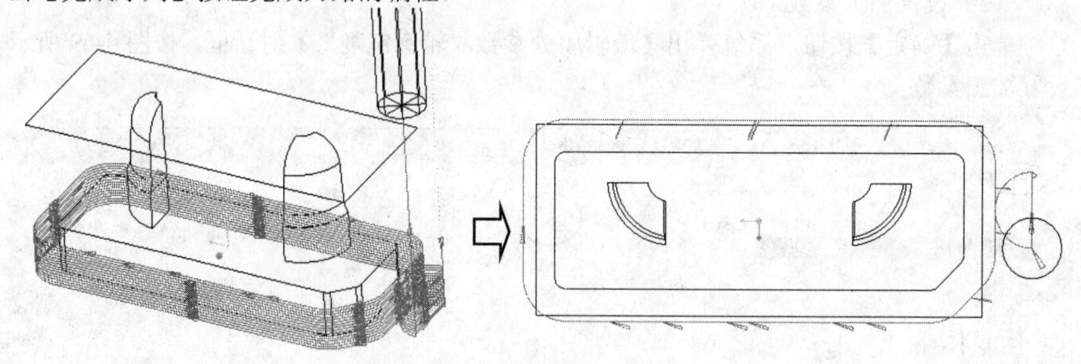

图 4-71 生成外形铣刀路

本节讲课视频：\ch04\03-video\k1e.exe。

4.3.5 创建铜公平位基准面光刀 K1F

本节任务：（1）创建操作 K1F；（2）创建轨迹铣削刀路 1，用来加工外形基准面四周；（3）创建轨迹铣削刀路 2，用来加工上半部分外形周边；（4）创建单层体积块粗加工刀路，用来加工台阶水平面。

1．创建操作 K1F

在主菜单里执行【步骤】|【操作】命令，在弹出的【操作设置】对话框里单击【创建新操作】按钮，先输入【操作名称】为 K1F，再单击【创建机床】按钮，弹出【机床设置】对话框，默认为三轴机床，单击【确定】按钮，返回【操作设置】对话框。其余做法与第 4.2.4 节的相关内容相同。在目录树里生成新的操作 K1F，如图 4-72 所示。

2．创建轨迹铣削刀路 1

创建该刀路的目的是加工外形基准面四周。

（1）设置菜单参数

在主菜单里执行【步骤】|【轨迹】命令，系统在右侧弹出【菜单管理器】下拉菜单，按图 4-73 所示设置参数。

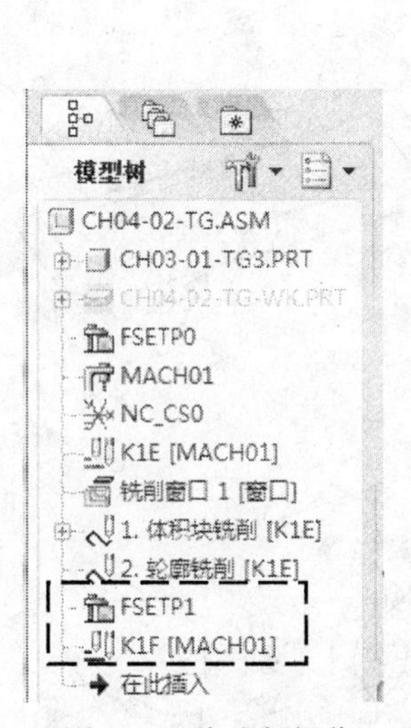

图 4-72　生成新操作

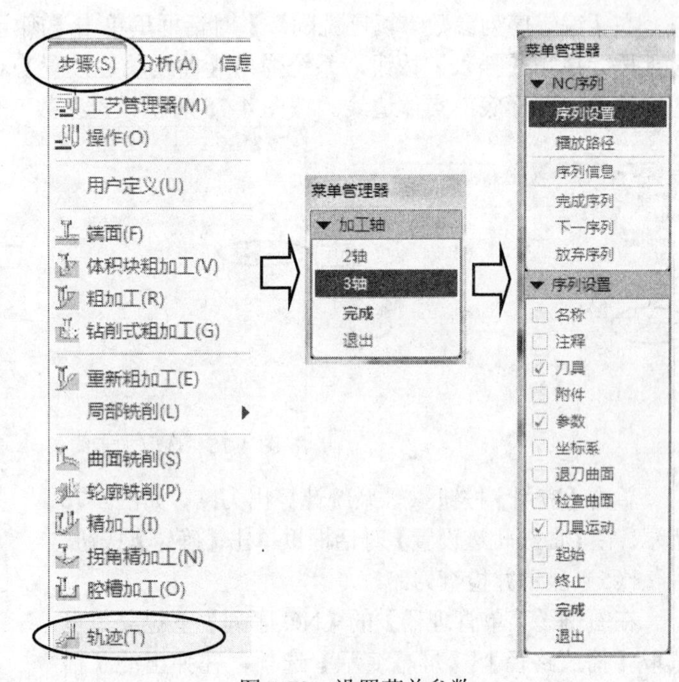

图 4-73　设置菜单参数

（2）定义刀具

系统弹出【刀具设定】对话框，选取 ED8 刀具。

（3）设置加工参数

单击【确定】按钮，系统弹出【编辑序列参数“轨迹铣削”】对话框，按图 4-74 所示设置加工参数。

在对话框里执行【文件】|【另存为】命令，输入文件名为 k1f-01。除了用这种方式保存参数外，还可以在完成刀路后在目录树里选取步骤3. 轨迹铣削 [K1F]，右击鼠标，在弹出的快捷菜单里执行【保存步骤参数】命令。

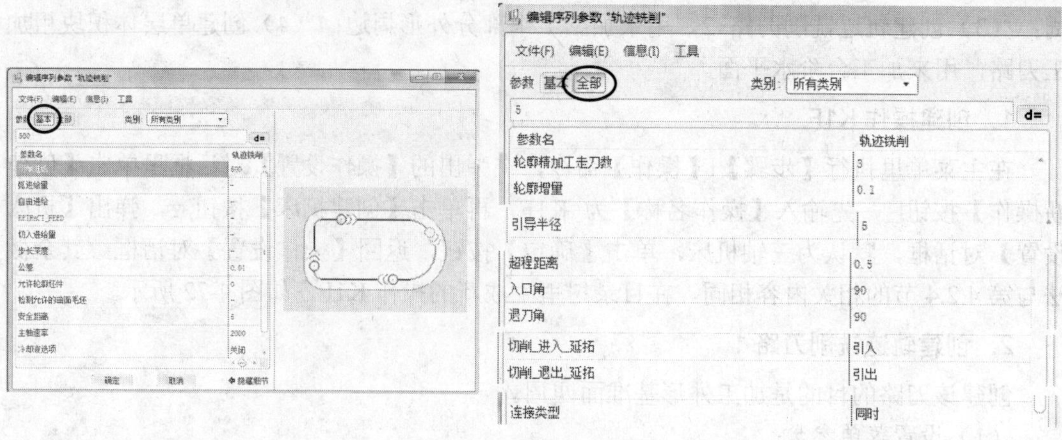

图 4-74　设置加工参数

（4）选取加工线条

在【编辑序列参数“轨迹铣削”】对话框里单击【确定】按钮，系统弹出【刀具运动】对话框，单击【插入】按钮，系统弹出【曲线轨迹设置】对话框，按系统要求，用相切线的方法选取图形底部实体边线。按图 4-75 所示设置参数，使刀具补偿的方向为左。

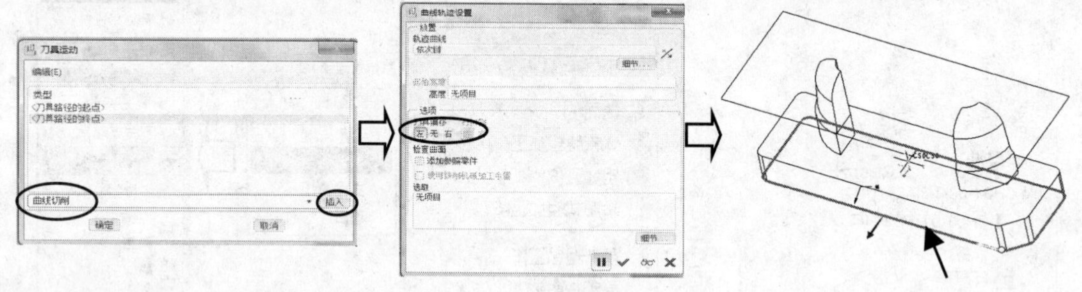

图 4-75　选取加工线条

单击【应用】按钮，系统计算出刀路，如图 4-76 所示。在【曲线轨迹设置】对话框里单击【确定】按钮。

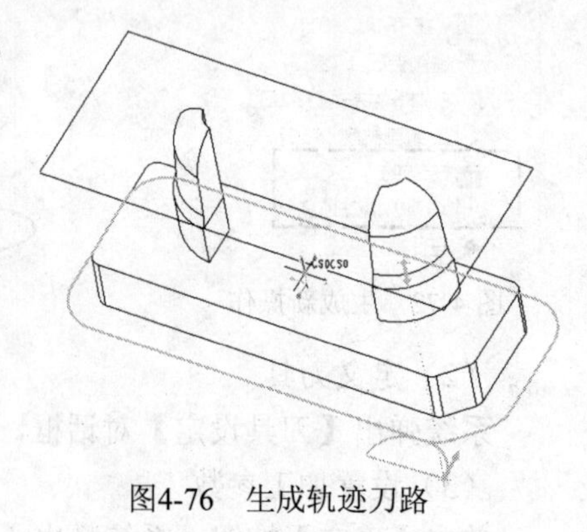

图4-76　生成轨迹刀路

（5）显示并检查刀路

在右侧【菜单管理器】的【NC 序列】下拉菜单里选取【播放路径】|【屏幕演示】选项，在弹出的【播放路径】对话框里单击【播放】按钮，则图形显示出光刀刀路。在工具栏里单击【已命名的视图列表】按钮，然后选取 TOP 视图，观察并分析刀路，如图 4-77 所示。单击【关闭】按钮，再选取【完成序列】选项。经检查，刀路正常。

3．创建轨迹铣削刀路 2

创建该刀路的目的是加工铜公台阶以上有效型面外形。

（1）设置菜单参数

在主菜单里执行【步骤】|【轨迹】命令，系统在右侧弹出【菜单管理器】下拉菜单，

参数设置与图 4-73 所示相同。

（2）定义刀具

系统弹出【刀具设定】对话框，选取 ED8 刀具。

（3）设置加工参数

单击【确定】按钮，系统弹出【编辑序列参数“轨迹铣削”】对话框，执行【文件】|【打开】命令，选取之前已经存盘的参数文件 k1f-01，在弹出的信息窗口里单击【确定】按钮，再按图 4-78 所示修改加工参数。

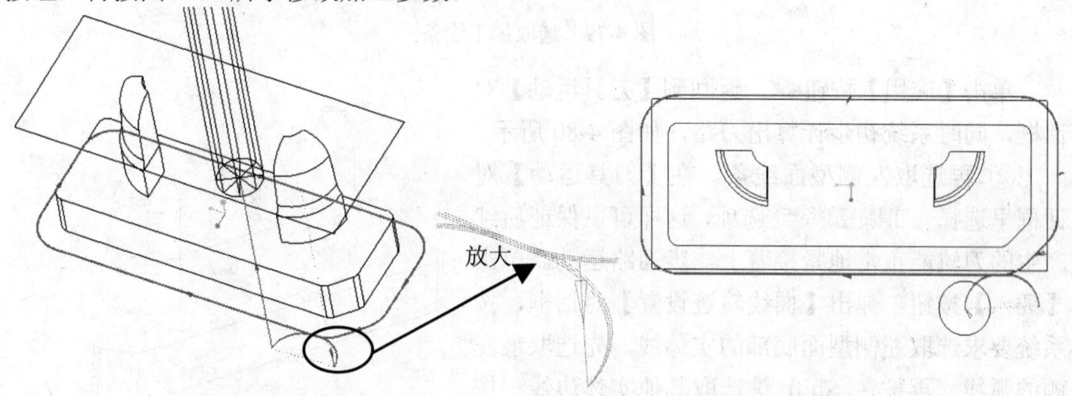

图 4-77　生成基准面光刀

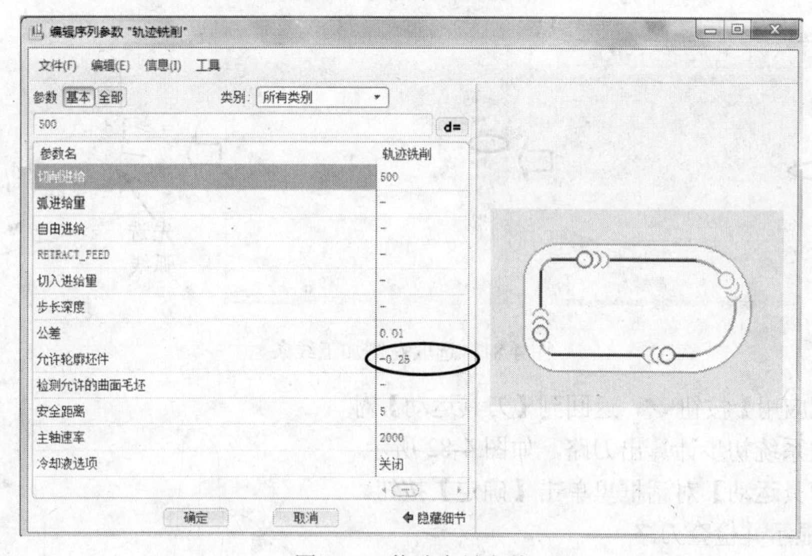

图 4-78　修改余量参数

（4）选取加工线条

此处需要分两次选取线条。

① 先选取右侧型面线条。在【编辑序列参数“轨迹铣削”】对话框里单击【确定】按钮，弹出【刀具运动】对话框，单击【插入】按钮，弹出【曲线轨迹设置】对话框，按系统要求选取右侧型面底部的实体线。先选取最右侧的弧线，再按住 Shift 键选取其他实体边线。按图 4-79 所示设置参数，使刀具补偿的方向为左。

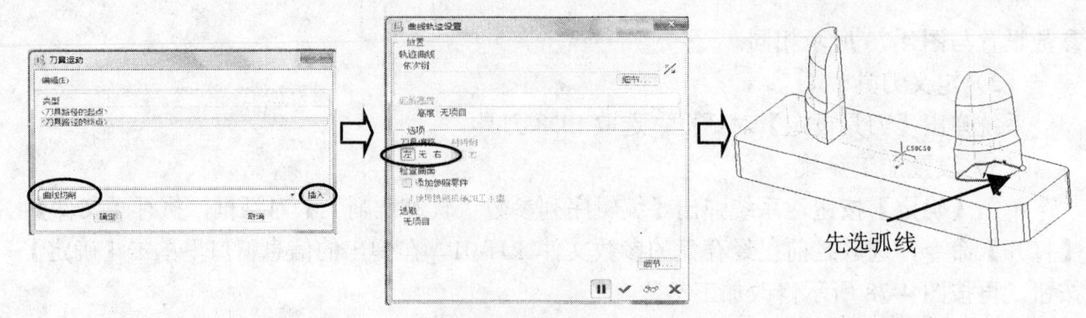

图 4-79　选取加工线条

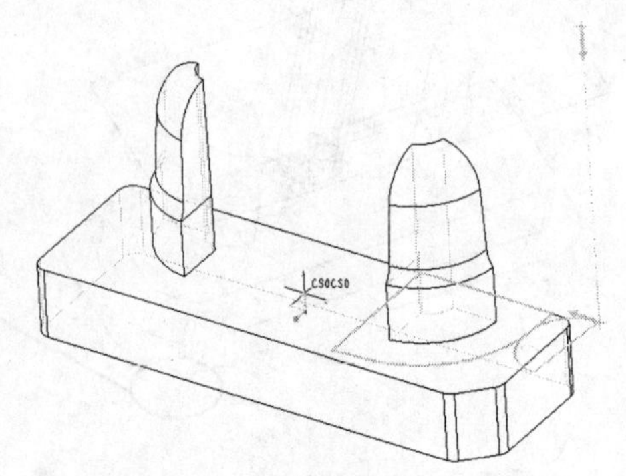

图4-80　初步生成轨迹刀路

单击【应用】按钮✔，返回到【刀具运动】对话框，同时系统初步计算出刀路，如图 4-80 所示。

② 再选取左侧型面线条。在【刀具运动】对话框里选择〈刀具路径的终点〉选项，这样可以保证后续产生的刀轨能正常地紧接着上一步刀路运动。单击【插入】按钮，弹出【曲线轨迹设置】对话框，按系统要求选取左侧型面底部的实体线。先选取最左侧的弧线，再按住 Shift 键选取其他实体边线。按图 4-81 所示设置参数，使刀具补偿的方向为左。

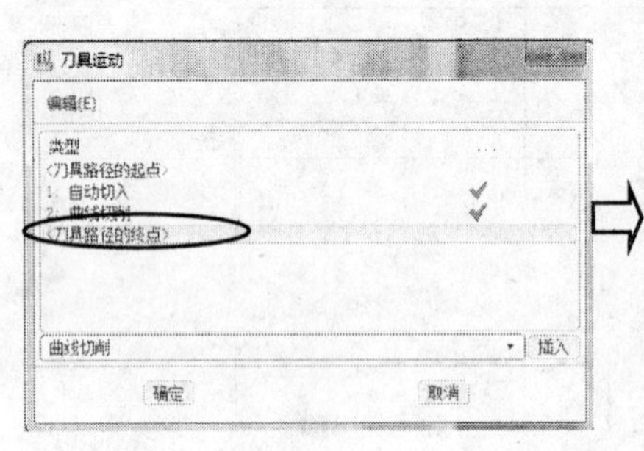

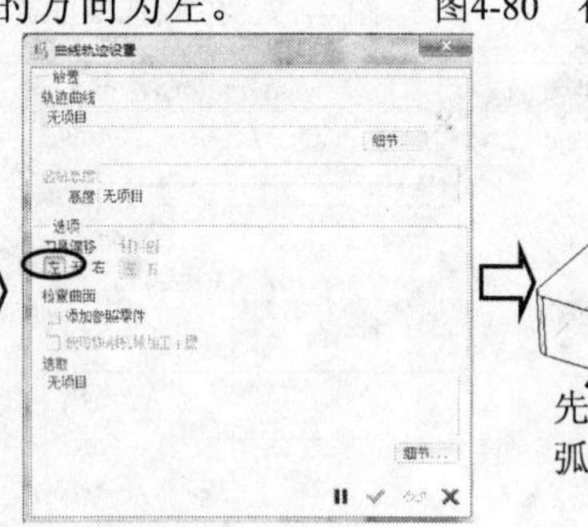

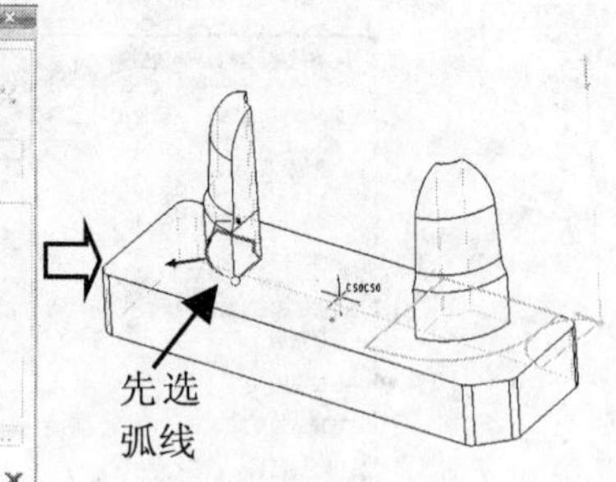

图 4-81　选取左侧加工线条

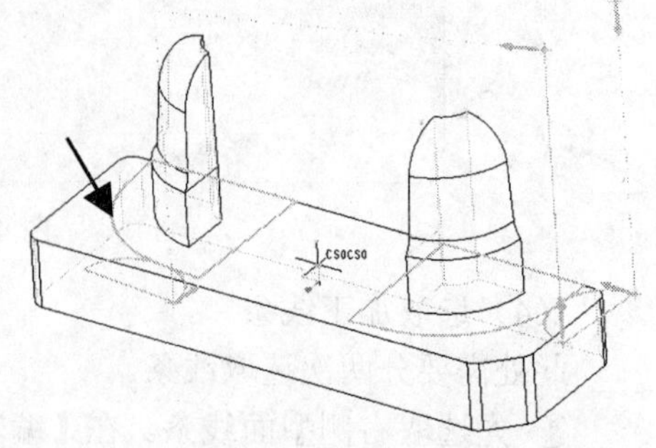

图4-82　生成左侧刀路

单击【应用】按钮✔，返回到【刀具运动】对话框，同时系统初步计算出刀路，如图 4-82 所示。

在【刀具运动】对话框里单击【确定】按钮。

（5）显示并检查刀路

在右侧【菜单管理器】的【NC 序列】下拉菜单里选取【播放路径】|【屏幕演示】选项，在弹出的【播放路径】对话框里单击【播放】按钮，则图形显示出光刀的刀路。在工具栏里单击【已命名的视图列表】按钮，然后选取 TOP 视图，观察并分析刀路，如图 4-83 所示。单击【关闭】按钮，再选取【完成序列】选项。经检查刀路会留出一些残料，需要进一步补刀路清除。

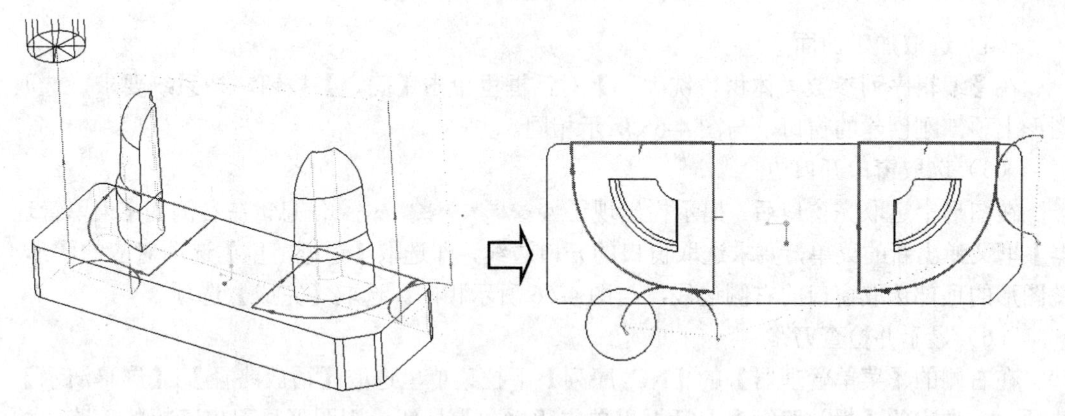

图 4-83　生成型面外形光刀

4．创建体积块粗加工刀路

创建该刀路的目的是加工铜公水平台阶面上的残料，只加工一层。

（1）设置菜单参数

在主菜单里执行【步骤】|【体积块粗加工】命令，在右侧弹出【菜单管理器】下拉菜单，参数设置与图 4-62 所示相同。仍注意要选中【逼近薄壁】复选框，目的是控制刀具从料外进刀，防止踩刀现象出现。

（2）定义刀具

系统弹出【刀具设定】对话框，选取已经定义的刀具 ED8。

（3）设置加工参数

单击【确定】按钮，系统弹出【编辑序列参数“体积块铣削”】对话框，按图 4-84 所示设置加工参数。【步长深度】设置为 50，要大于铜公型面高度。

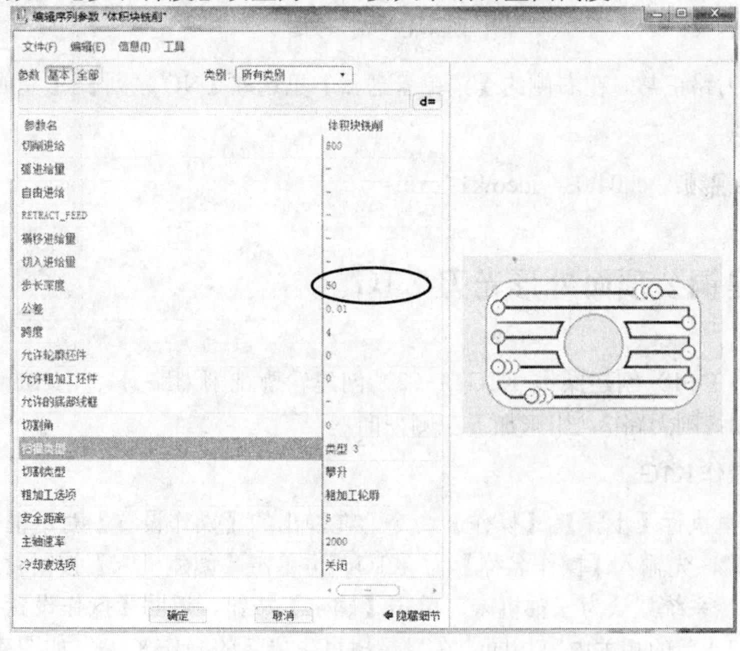

图 4-84　设置加工参数

（4）选取加工曲面

在【编辑序列参数“体积块铣削”】对话框里单击【确定】按钮，按系统要求，选取图形上顶部刚创建的窗口，与图 4-65 所示相同。

（5）选取窗口开口边

在图形上选取完窗口后，提示栏出现了“选取用作刀具进入的窗口侧。”信息，在右侧的【菜单管理器】里又弹出新的菜单，要求选取窗口的开口边线，即选取【逼近薄壁】选项对应的图形。在图形的顶部选取窗口的右侧边线，与图 4-66 所示相同。选取【完成】选项。

（6）显示并检查刀路

在右侧的【菜单管理器】的【NC 序列】下拉菜单里选取【播放路径】|【屏幕演示】选项，在弹出的【播放路径】对话框里单击【播放】按钮，则图形显示出开粗的刀路，如图 4-85 所示。在工具栏里单击【已命名的视图列表】按钮，然后选取 TOP 视图，观察并分析刀路的起始位置刀具的切削情况。单击【关闭】按钮。

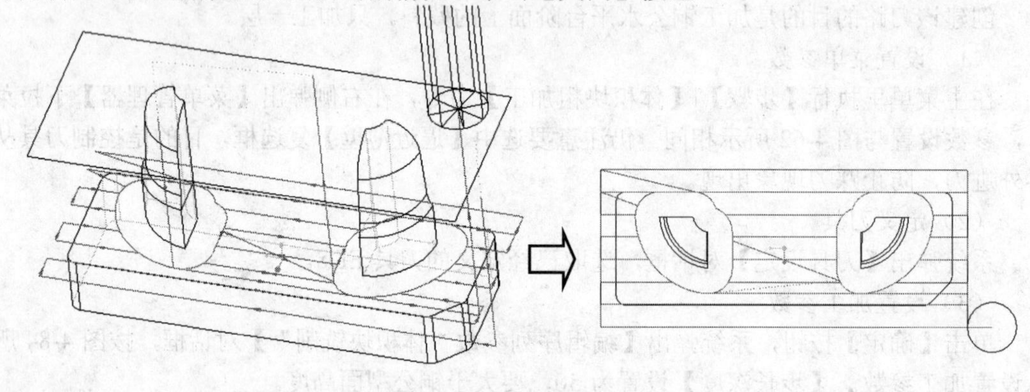

图 4-85　演示刀路

经检查，刀路正常。在右侧的【菜单管理器】里选取【NC 序列】|【完成序列】选项，返回编程图形。

本节讲课视频：\ch04\03-video\k1f.exe。

4.3.6　创建铜公顶面外形光刀 K1G

本节任务：（1）创建操作 K1G；（2）创建轮廓铣削刀路 1，用来加工右侧型面；（3）创建轮廓铣削刀路 2，用来加工左侧型面。

1. 创建操作 K1G

在主菜单里执行【步骤】|【操作】命令，在弹出的【操作设置】对话框里单击【创建新操作】按钮，先输入【操作名称】为 K1G，再单击【创建机床】按钮，弹出【机床设置】对话框，系统默认为三轴机床，单击【确定】按钮，返回【操作设置】对话框。其余做法与第 4.2.4 节的相关内容相同。在目录树里生成新的操作 K1G，如图 4-86 所示。

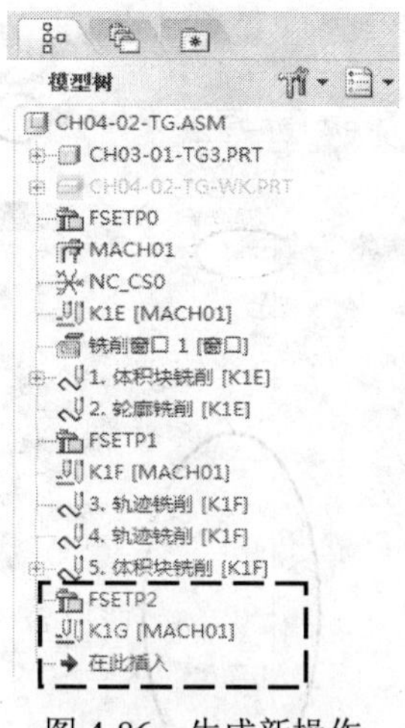

图 4-86　生成新操作

2. 创建轮廓铣削刀路 1

创建该刀路的目的是加工右侧型面。

（1）设置菜单参数

在主菜单里执行【步骤】|【轮廓铣削】命令，系统在右侧弹出【菜单管理器】下拉菜单，参数设置与图 4-68 所示相同。

（2）定义刀具

系统弹出【刀具设定】对话框，单击【新建刀具】按钮，按图 4-87 所示定义刀具 BD6R3。

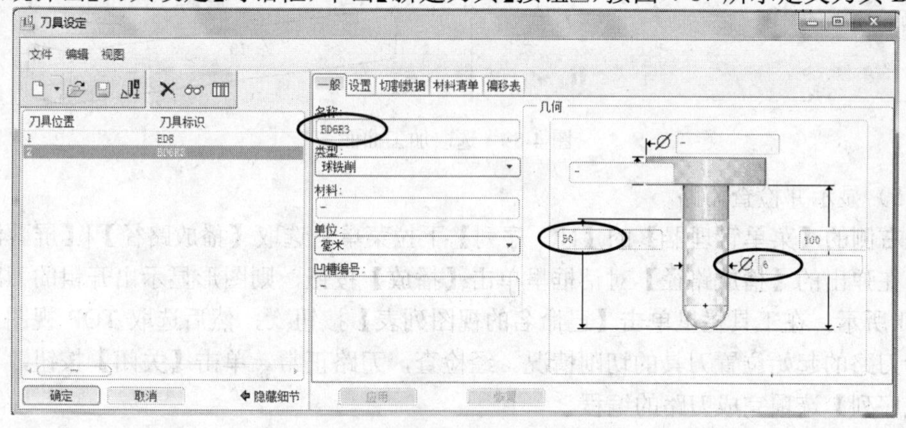

图 4-87　定义刀具

（3）设置加工参数

单击【确定】按钮，系统弹出【编辑序列参数“轮廓铣削”】对话框，按图 4-88 所示设置加工参数。执行菜单里的【文件】|【另存为】命令，将该参数存盘为 k1g-01。

（4）选取加工曲面

在【编辑序列参数“轮廓铣削”】对话框里单击【确定】按钮，按系统要求，选取图形右侧的型面。这样就完成了曲面设置。单击【应用】按钮，结果如图 4-89 所示。

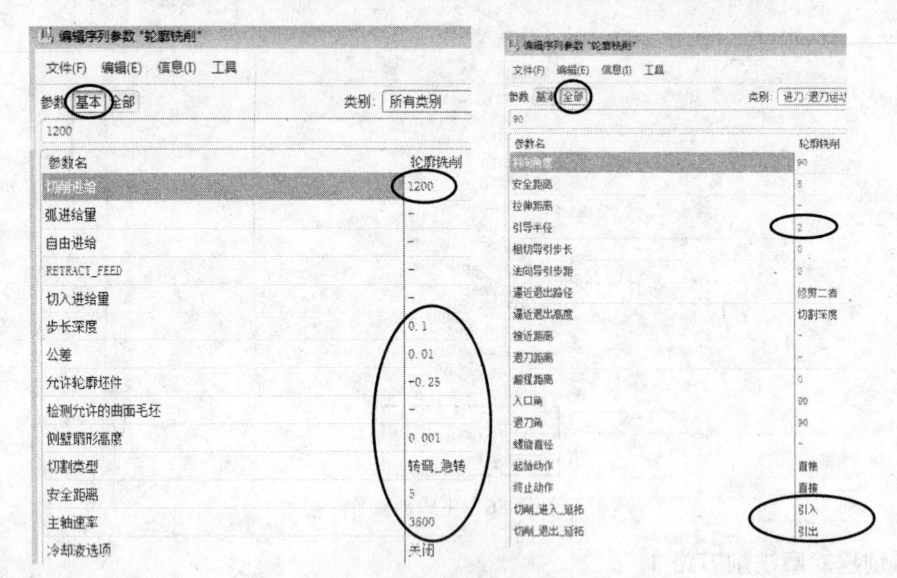

图 4-88　设置加工参数

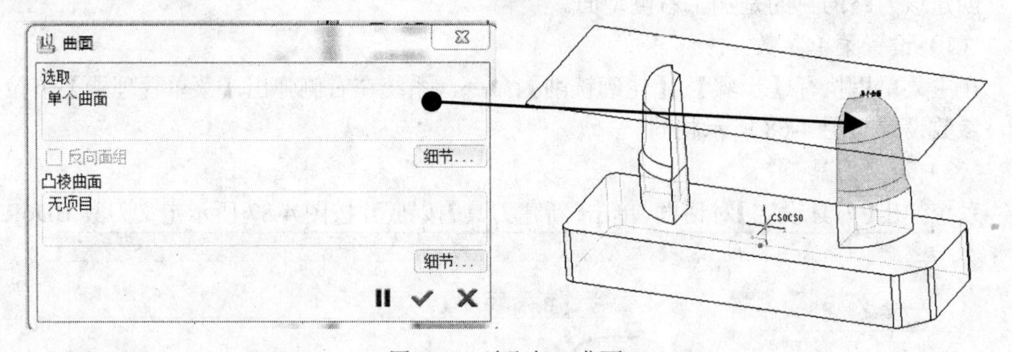

图 4-89　选取加工曲面

（5）显示并检查刀路

在右侧的【菜单管理器】的【NC 序列】下拉菜单里选取【播放路径】|【屏幕演示】选项，在弹出的【播放路径】对话框里单击【播放】按钮，则图形显示出开粗的刀路，如图 4-90 所示。在工具栏里单击【已命名的视图列表】按钮，然后选取 TOP 视图，观察并分析刀路的起始位置刀具的切削情况。经检查，刀路正常。单击【关闭】按钮，再选取【完成序列】选项完成刀路的编程。

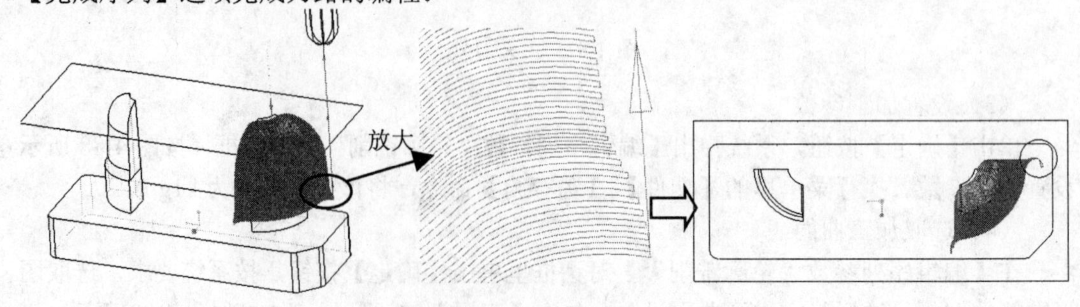

图 4-90　生成右侧刀路

3．创建轮廓铣削刀路 2

创建该刀路的目的是加工左侧型面。

（1）设置菜单参数

在主菜单里执行【步骤】|【轮廓铣削】命令，系统在右侧弹出【菜单管理器】下拉菜单，参数设置与图 4-68 所示相同。

（2）定义刀具

系统弹出【刀具设定】对话框，选取已经定义的刀具 BD6R3。

（3）设置加工参数

单击【确定】按钮，系统弹出【编辑序列参数“轮廓铣削”】对话框，执行【文件】|【打开】命令，读取已经存盘的参数 k1g-01。

（4）选取加工曲面

在【编辑序列参数“轮廓铣削”】对话框里单击【确定】按钮，按系统要求，选取图形左侧的型面。这样就完成了曲面设置。单击【应用】按钮 ，如图 4-91 所示。

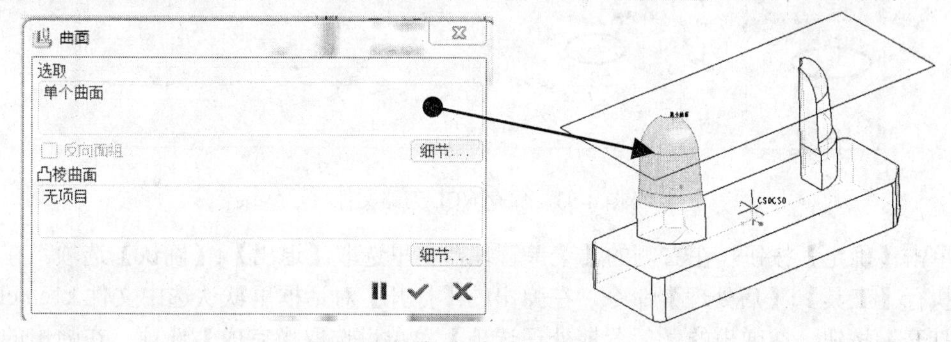

图 4-91　选取加工曲面

（5）显示并检查刀路

在右侧的【菜单管理器】的【NC 序列】下拉菜单里选取【播放路径】|【屏幕演示】选项，在弹出的【播放路径】对话框里单击【播放】按钮，则图形显示出开粗的刀路，如图 4-92 所示。在工具栏里单击【已命名的视图列表】按钮 ，然后选取 TOP 视图，观察并分析刀路的起始位置刀具的切削情况。经检查，刀路正常。单击【关闭】按钮，再选取【完成序列】选项完成刀路的编程。

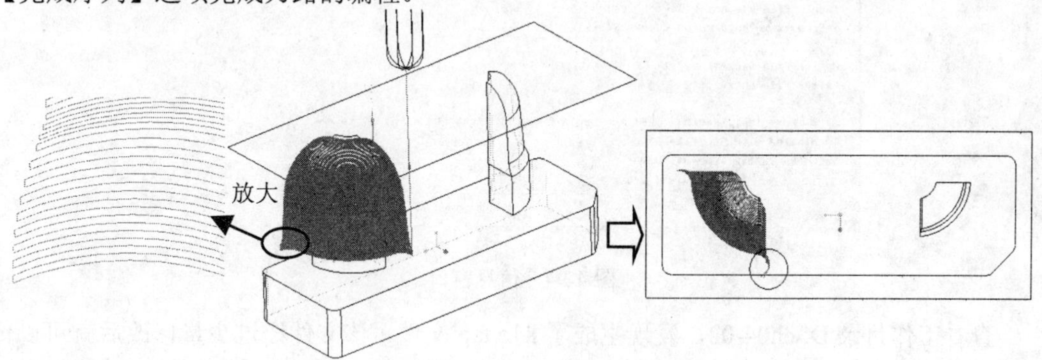

图 4-92　生成左侧刀路

在工具栏里单击【保存】按钮，将编程装配文件存盘。

4.3.7 后处理

本节介绍另外一种后处理的方法。

在主菜单里执行【工具】|【CL 数据】|【编辑】命令，在右侧的【菜单管理器】的【选取特征】下拉菜单里选取【操作】选项，单击【确定】按钮，弹出【保存副本】对话框，系统自动给定 NCL 文件名为 k1e，如图 4-93 所示。

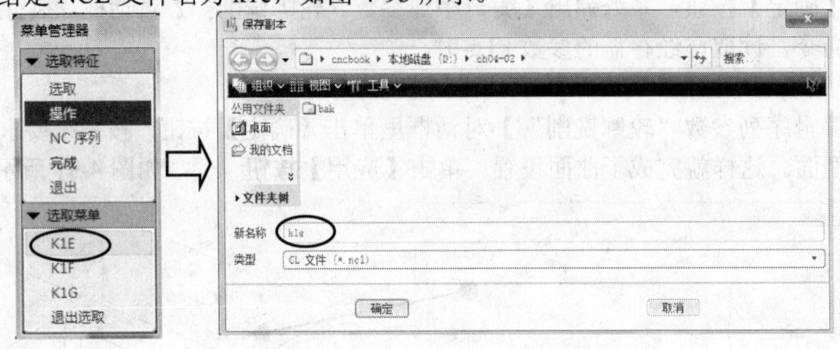

图 4-93　保存 NCL 刀路文件

单击【确定】按钮。在右侧的【菜单管理器】里选取【退出】|【确认】选项。在主菜单里执行【工具】|【后处理】命令，在弹出的【打开】对话框里默认选中文件 k1e.ncl，单击【打开】按钮。在弹出的【后置期处理选项】菜单里选取【完成】选项。在弹出的后处理器下拉菜单里选取 FANUC 机床系统 NIIGATA HN50A - FANUC 15MA - B TABLE 的后处理器 UNCX01.P12 ，系统开始计算 NC 刀路，打开如图 4-94 所示的【信息窗口】，单击【关闭】按钮。

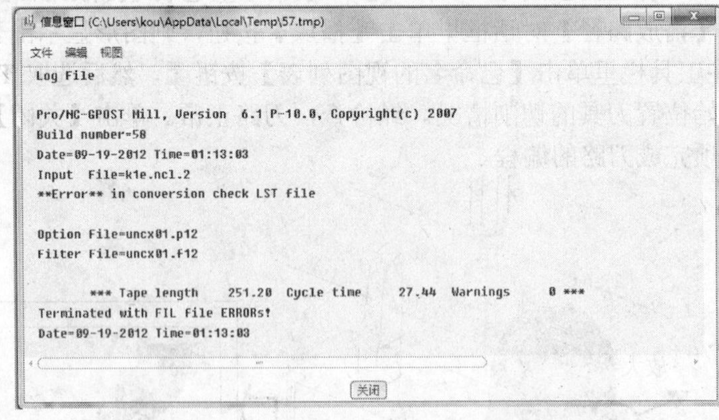

图 4-94　信息窗口

查看工作目录 D:\ch04-02，发现生成了 k1e.tap 文件，该文件经过少量修改后就可以传送给数控机床进行加工。打开该文件，内容如图 4-95 所示。

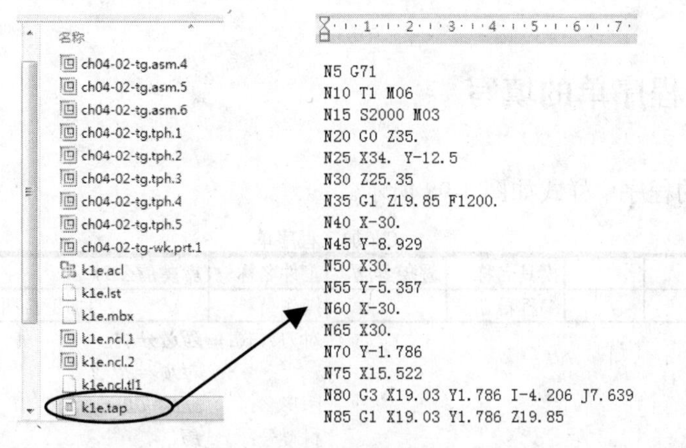

图 4-95　生成 NC 文件

同理，可以对其他操作进行后处理，分别生成 NC 文件 k1f.tap 和 k1g.tap。

4.3.8　刀路的快速检查

方法与第 4.2.8 节基本相同。在主菜单里执行【工具】|【CL 数据】|【播放路径】命令，系统弹出【打开】对话框，选取 k1a.ncl 文件，单击【打开】按钮。

在系统弹出的【菜单管理器】里选取【完成】选项，则屏幕会模拟显示 k1e.ncl 文件刀路，如图 4-96 所示。通过旋转、平移图形，可以在各个视图里观察刀路。

在工具栏里单击【重画】按钮可以刷新屏幕。同理，可以对其他刀路进行快速检查，如图 4-97 所示。

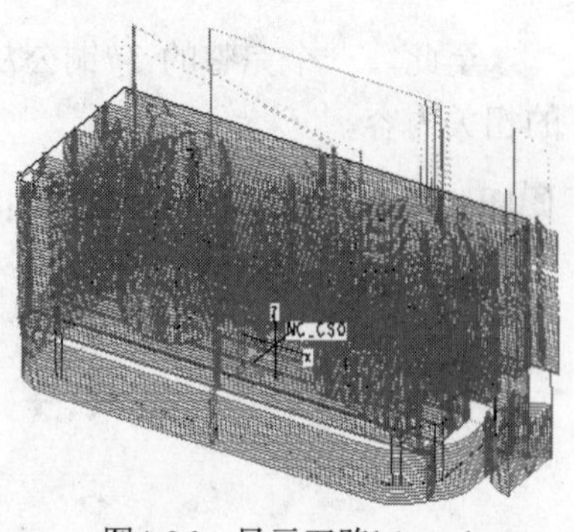

图4-96　显示刀路k1a.ncl

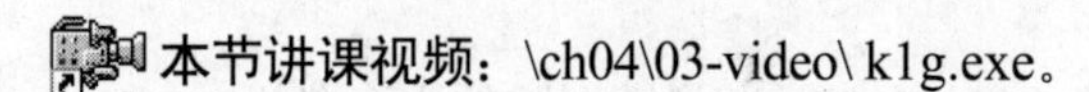

本节讲课视频：\ch04\03-video\ k1g.exe。

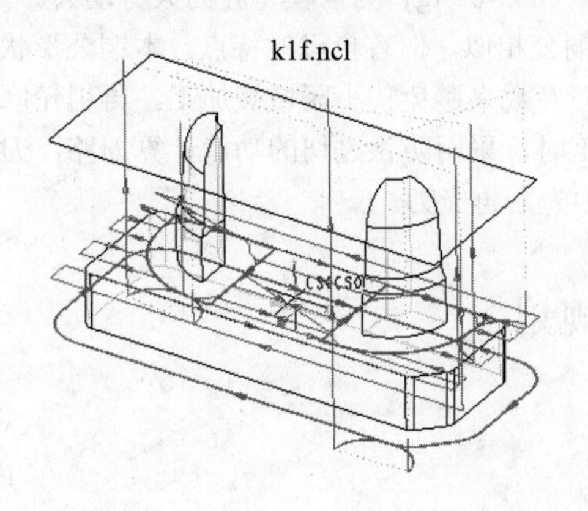

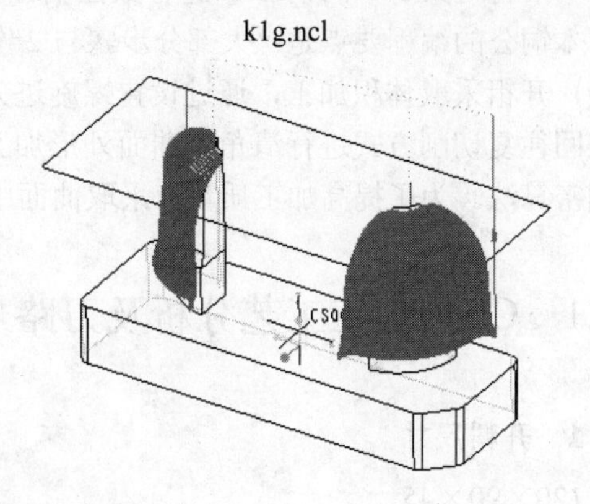

图 4-97　显示其他刀路

4.3.9　数控程序单的填写

本例参考的程序单样式如图 4-98 所示。

CNC加工程序单

型号		模具名称	遥控器面	工件名称	前模铜公3#		
编程员		编程日期		操作员		加工日期	
				对刀方式： 对顶z=20.2 图形名： 材料号： 大小：	四边分中 ch04-02-tg.asm 铜 60×25×45		
程序名		余量	刀具	装刀最短长	加工内容		加工时间
K1F.NC		0.2	ED8	30	开粗		
K1F.NC		-0.075	ED8	30	光刀		
K1G.NC		-0.075	BD6R3	22	光刀		

图 4-98　CNC 加工程序单

至此，一个完整的 3#铜公从设计到编程就讲述完毕，要及时存盘，方法同第 4.2.9 节的相关内容。

本节讲课视频：\ch04\03-video\ch04-02-tg.exe。

4.4　铜公 1#数控编程

本节将对第 3 章的铜公 1#进行数控编程。ch03-01-tg1 为前模型腔的大身幼公。

本铜公的编程要点是：大部分步骤与 2#铜公相似，但有自己的特点。本铜公形状较为复杂，开粗采取体积加工，通过设置螺旋进刀参数来避免狭小区域被加工。再用轮廓铣削的来回往复切削方式进行清角。曲面外形加工时，采用防止过切的功能计算刀路，刀路采取加密算法。为了提高加工质量，采取曲面中光后再光刀。

4.4.1　CNC 加工工艺分析及刀路规划

1．开料尺寸

120×90×45。

2．材料

红铜，2 件料。

3．火花位放电间隙

生产该铜公的目的是加工前模型腔，需要粗公和幼公各 1 个，幼公火花位为-0.1，粗公火花位为-0.3。

4．铜公加工方案

本例先详细讲解幼公的编程，然后简要介绍粗公编程的思路。

幼公的加工方案如下。

（1）操作程序名为 K1H，整体开粗，刀具为 ED12 平底刀，加工余量为 0.2。

（2）操作程序名为 K1I，铜公精加工，包括外形直身面和水平面光刀，刀具为 ED12 平底刀，四周台阶面外形和水平台阶面余量为 0，上半部分有效型面的最大直身外形和型面的水平面余量均为-0.1。

（3）操作程序名为 K1J，型面二次开粗，刀具为 ED6 平底刀，孔位局部开粗余量为 0.1。

（4）操作程序名为 K1K，型面孔位精加工，刀具为 ED4 平底刀，最终光刀余量为-0.1。

（5）操作程序名为 K1L，型面半精加工，刀具为 BD8R4 球头刀，余量为 0。仅加工曲面部分，因为水平面和直身面均已光刀。

（6）操作程序名为 K1M，型面清角精加工，刀具为 BD3R1.5 球头刀，余量为-0.09。仅加工铜公曲面的内 R 部分，为以后采用大刀光刀而清除余量做准备。

（7）操作程序名为 K1N，型面精加工，刀具为 BD6R3 球头刀，余量为-0.1，加工曲面部分。

粗公的加工方案与幼公相似，与以下操作程序相对应。

（1）K1O，开粗，ED12，余量为 0.1。与 K1H 对应。

（2）K1P，精加工，ED12，余量为-0.3。与 K1I 对应

（3）K1Q，二次开粗，ED6，余量为 0。与 K1J 对应。

（4）K1R，孔位光刀，ED4，余量为-0.3。与 K1K 对应。

（5）K1S，型面光刀，BD8R4，余量为-0.15。与 K1L 对应。

（6）K1T，清角，BD3R1.5，余量为-0.29。与 K1M 对应。

（7）K1U，型面光刀，BD6R3，余量为-0.3。与 K1N 对应。

CNC 加工不到的直角部位应采用线切割或者插削方法进行加工。

4.4.2 调图及图形整理

本节任务：调整坐标系，使其符合加工要求，将不需要的图素移到层并隐藏。

（1）首先进入 Pro/E 界面，设置工作目录为 D:\ch04-03，打开图形 ch03-01-tg1.prt。

（2）经过尺寸分析和工艺分析，得出第 4.4.1 节的加工方案。

（3）经过分析得知，本图形坐标系符合要求，不需要调整。

（4）图形设定层。方法如下：在目录树里单击【显示】按钮，在弹出的快捷菜单里执行【层树】命令，在层目录树里右击【层】按钮，在弹出的快捷菜单里执行【新建层】命令，然后在图形上选取轴线 A_1、A_2、A_3，选取点 PNT0 和 PNT1。在【层属性】

对话框里，设置层的名称为 temp，单击【确定】按钮。然后将该图层隐藏，结果如图 4-99 所示。

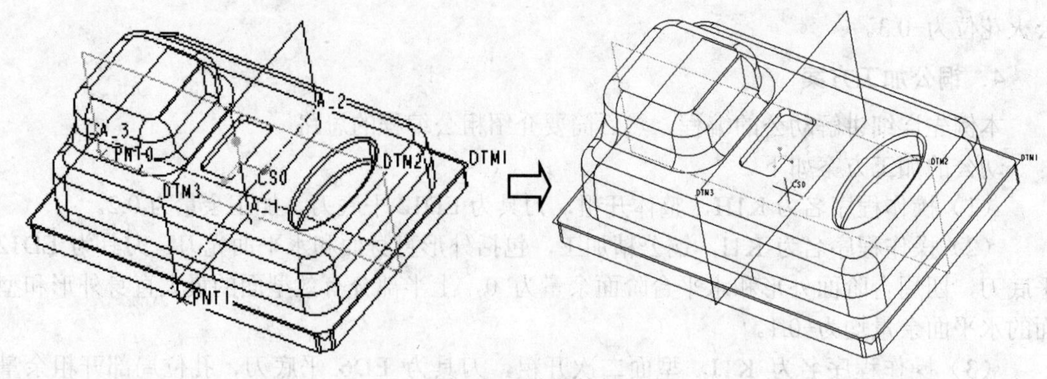

图 4-99 隐藏特征

再右击【层】按钮，在弹出的快捷菜单里执行【保存状态】命令，在工具栏里单击【保存】按钮。这样就可以把图层及图形存盘。

4.4.3 进入加工模块

1．新建加工文件

在工具栏里单击【新建】按钮，系统弹出【新建】对话框，按图 4-100 所示设置参数，并输入加工总文件名为 ch04-03-tg，最后单击【确定】按钮。在弹出的【新文件选项】对话框里选取【空】模板。

图 4-100 新建加工文件

2．装配待加工零件图形

在右侧的工具栏里单击【装配参照模型】按钮，在弹出的【打开】对话框里选取加工文件 ch03-01-tg1.prt，将弹出【警告】对话框，单击【确定】按钮。系统将铜公文件默认装配完成，如图 4-101 所示。

3．创建毛坯工件

在右侧工具栏里单击【自动工件】按钮旁的三角按钮，单击【新工件】按钮，在弹出的信息栏里输入毛坯文件名为 ch04-03-tg-wk，单击【接受值】按钮☑。在右侧【菜单管理器】里选取【实体】|【伸出项】选项，再选取【拉伸】|【实体】|【完成】选项，系统弹出拉伸工具栏操控面板。右击鼠标，在弹出的快捷菜单里执行【定义内部草绘】命令，以 DTM2 为草图平面，台阶平面为默认参照平面，单击【草绘】按钮，如图 4-102 所示。

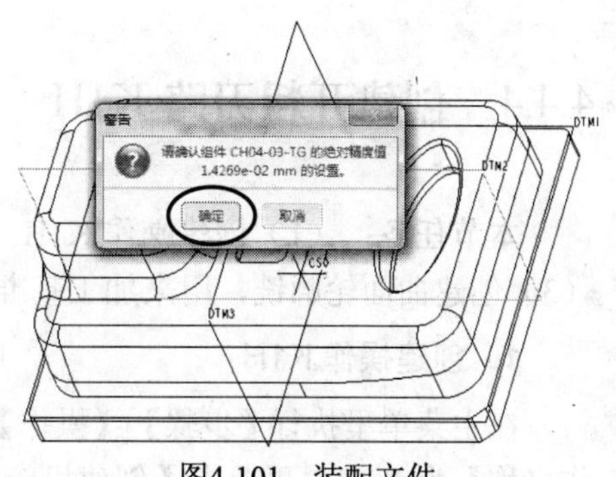

图4-101　装配文件

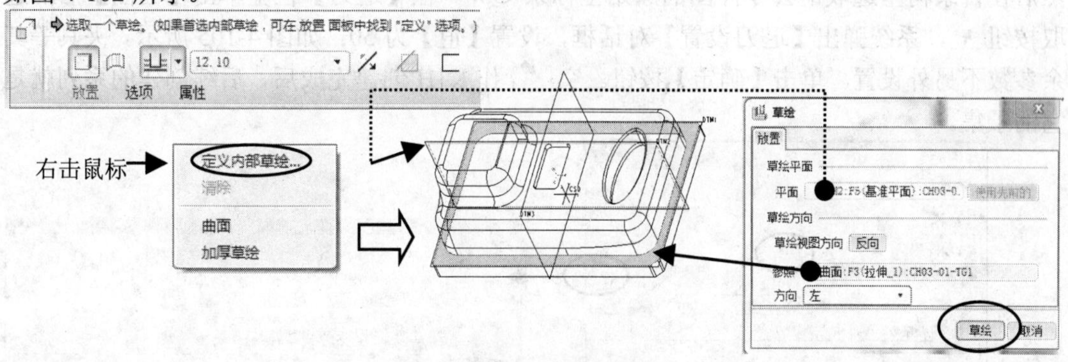

图 4-102　创建拉伸草图

进入草绘界面，按图 4-103 所示绘制草图，并绘制尺寸为 120×45 的矩形。单击【完成】按钮。

系统返回到拉伸操控面板，选取拉伸方式为对称，距离为 90，单击【应用】按钮。创建的毛坯如图 4-104 所示。

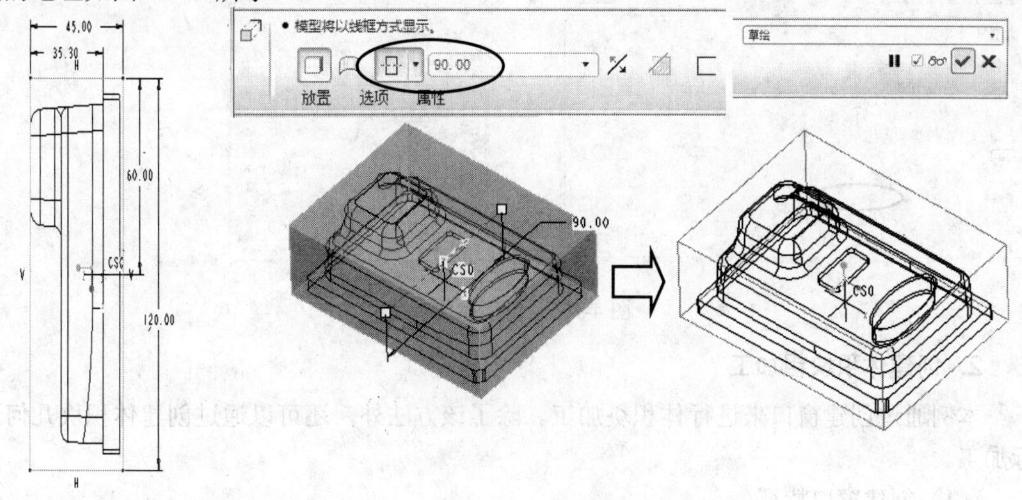

图 4-103　绘制草图　　　　图 4-104　创建毛坯

4.4.4　创建开粗刀路 K1H

本节任务：（1）创建操作 K1H；（2）创建体积块粗加工，用来加工上半部分型面；（3）创建曲面轮廓铣，用来加工基准面四周。

1．创建操作 K1H

在主菜单里执行【步骤】|【操作】命令，在弹出的【操作设置】对话框里，先输入【操作名称】为 K1H，再单击【创建机床】按钮，弹出【机床设置】对话框，系统默认为三轴机床，单击【确定】按钮，返回【操作设置】对话框。单击【机床零点】后的选取按钮，然后在目录树里选取铜公零件图的原始坐标系 CS0。在【退刀】栏里单击【曲面】后的选取按钮，系统弹出【退刀设置】对话框，设置【值】为 50；如图 4-105 所示。夹具等其余参数不另外设置。单击【确定】按钮。空白操作 K1H 创建完成后，后续创建的系列就是它的子集。

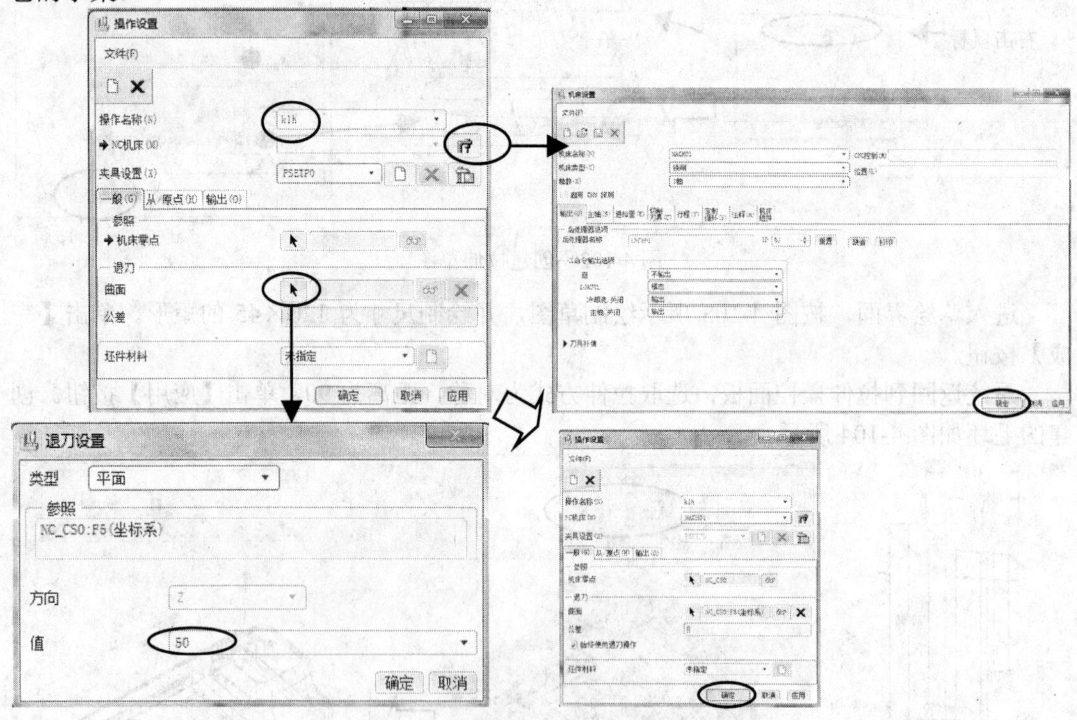

图 4-105　设置操作参数

2．创建体积块粗加工

本例通过创建窗口来进行体积块加工。除了该方法外，还可以通过创建体积块几何进行加工。

（1）创建窗口特征

① 在右侧工具栏里单击【铣削窗口】按钮，系统弹出窗口的工具栏操控面板，单击

【草绘窗口】按钮，再单击【放置】按钮，按系统要求选取毛坯顶面为草绘平面，单击【草绘】按钮，系统弹出【草绘】对话框，如图 4-106 所示。

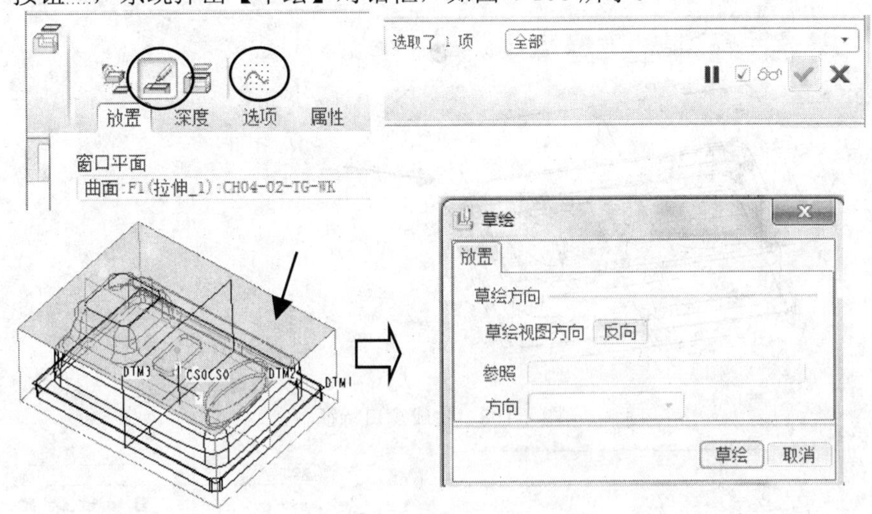

图 4-106　选取草绘平面

② 在【草绘】对话框里保持默认设置，单击【草绘】按钮，系统进入草绘界面，选取坐标系 CY0 为草图的参照，以毛坯最大外形边线来绘制如图 4-107 所示的草图。

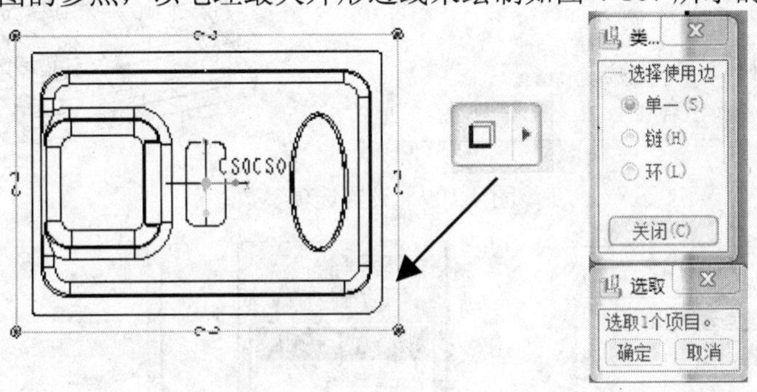

图 4-107　绘制草图

③ 在草绘工具栏里单击【完成】按钮，系统返回窗口工具栏，选取【深度】选项卡，选中【指定深度】复选框，然后在【深度选项】下拉列表框里选取到选定项选项，再在图形上选取铜公的台阶水平面，如图 4-108 所示。

④ 进一步设置窗口参数。在窗口工具栏里选取【选项】选项卡，在系统弹出的参数下拉表里选中【在窗口围线上】单选按钮。单击【应用】按钮。这样就在毛坯顶面生成了窗口，如图 4-109 所示。

（2）设置菜单参数

在主菜单里执行【步骤】|【体积块粗加工】命令，系统在右侧弹出【菜单管理器】下拉菜单，按图 4-110 所示设置参数。注意选中【逼近薄壁】复选框，目的是控制刀具从料外进刀，防止踩刀现象出现。

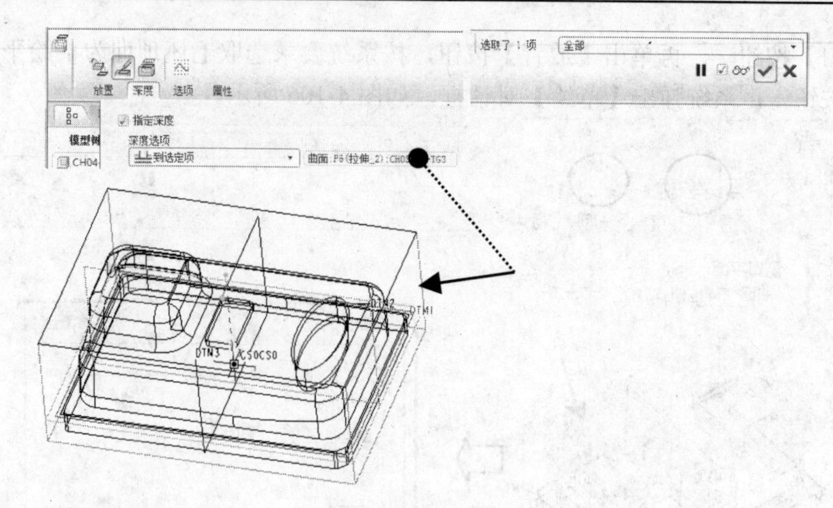

图 4-108 生成窗口特征

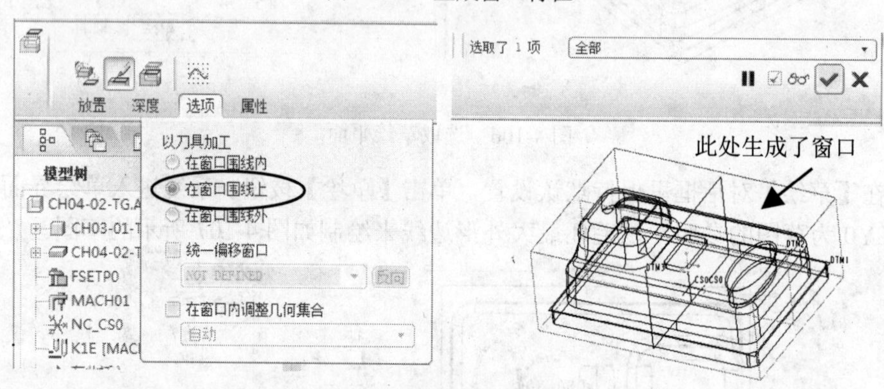

图 4-109 设置选项参数

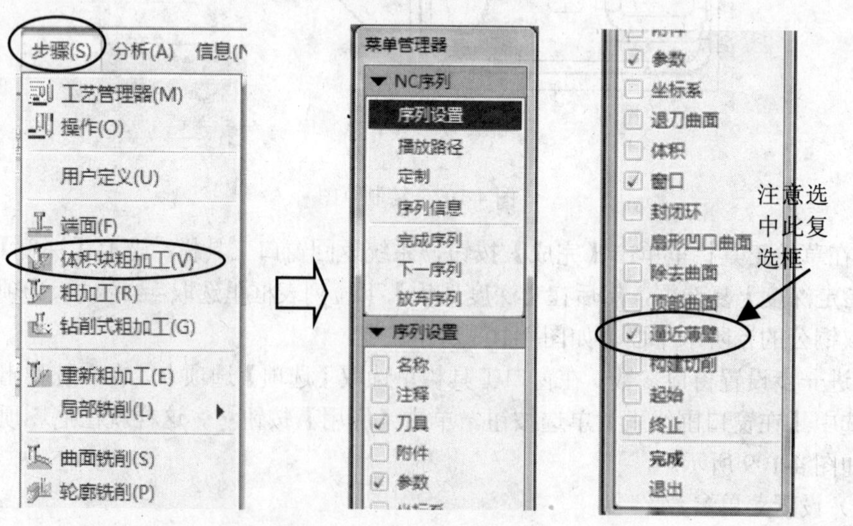

图 4-110 设置菜单参数

（3）定义刀具

系统弹出【刀具设定】对话框，按图 4-111 所示定义刀具。

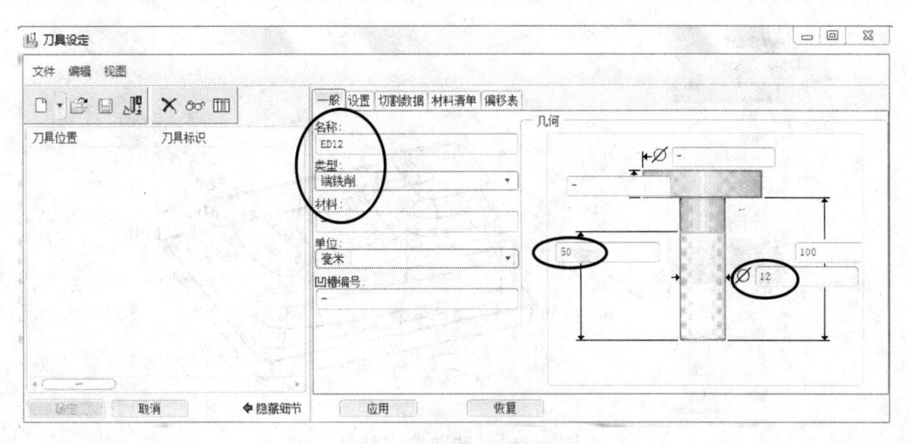

图 4-111　定义刀具

（4）设置加工参数

单击【确定】按钮，系统弹出【编辑序列参数“体积块铣削”】对话框，按图 4-112 所示设置加工参数。

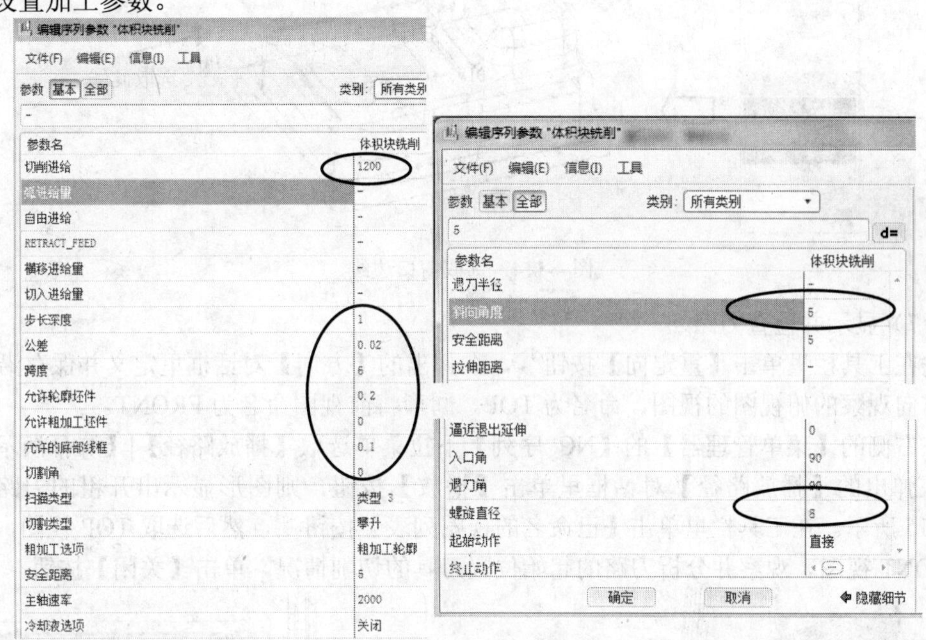

图 4-112　设置加工参数

（5）选取加工曲面

在【编辑序列参数“体积块铣削”】对话框里单击【确定】按钮，按系统要求，选取图形顶部刚创建的窗口，如图 4-113 所示。

（6）选取窗口开口边

在图形上选取窗口后，提示栏出现了 ➔选取用作刀具进入的窗口侧。信息，在右侧的【菜单管理器】里又弹出新的菜单，要求选取窗口的开口边线，即要求选取【逼近薄壁】选项对应的图形。在图形的顶部选取窗口的右侧边线，如图 4-114 所示。选取【完成】选项。

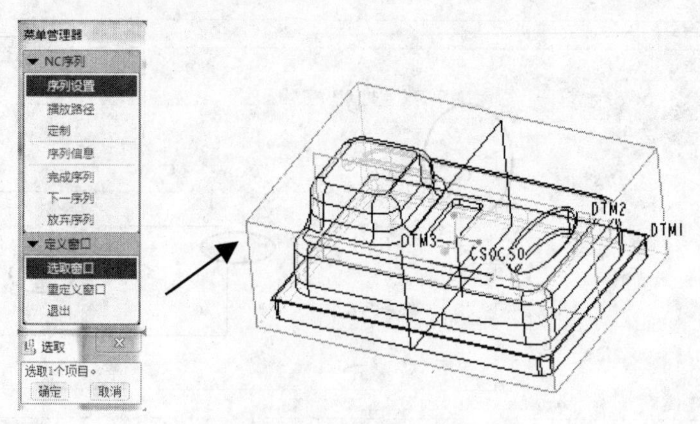

图 4-113　选取窗口特征

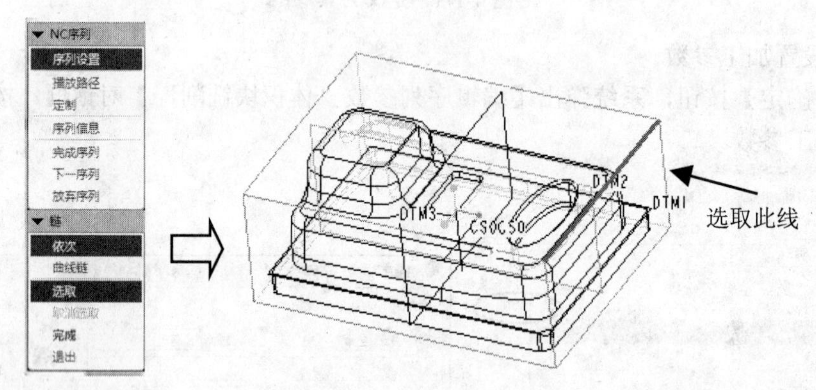

图 4-114　选取窗口边线

（7）显示并检查刀路

先在工具栏里单击【重定向】按钮，在弹出的【方向】对话框里定义并保存沿着 Z 轴负方向观察的俯视图的视图，命名为 TOP。同理将前视图命名为 FRONT。

在右侧的【菜单管理器】的【NC 序列】下拉菜单选取【播放路径】|【屏幕演示】选项，在弹出的【播放路径】对话框里单击【播放】按钮，则图形显示出开粗的刀路，如图 4-115 所示。在工具栏里单击【已命名的视图列表】按钮，然后选取 TOP 视图，再选取 FRONT 视图。观察并分析刀路的起始位置刀具的切削情况。单击【关闭】按钮。

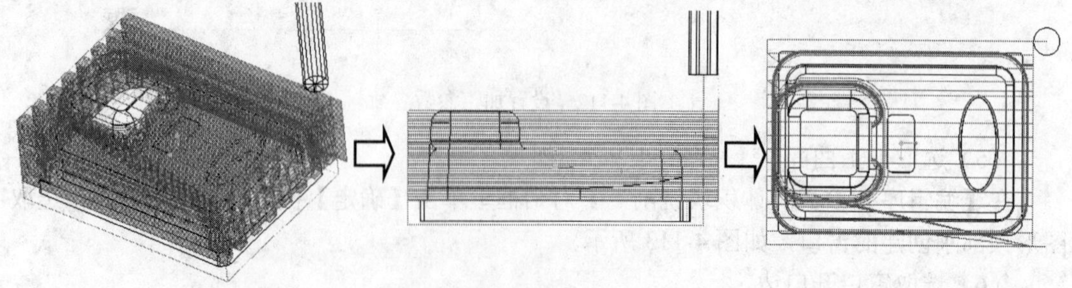

图 4-115　演示刀路

观察刀路会发现刀具在材料外下刀，且在孔位没有刀路。在右侧的【菜单管理器】里选取【NC 序列】|【完成序列】选项，返回编程图形。

3．创建曲面轮廓铣

创建该刀路的目的是加工基准面四周。

（1）设置菜单参数

在主菜单里执行【步骤】|【轮廓铣削】命令，系统在右侧弹出【菜单管理器】下拉菜单，按图 4-116 所示设置参数。

（2）定义刀具

系统弹出【刀具设定】对话框，选取已经定义的刀具 ED8。

（3）设置加工参数

单击【确定】按钮，系统弹出【编辑序列参数“轮廓铣削”】对话框，按图 4-117 所示设置加工参数。

（4）选取加工曲面

在【编辑序列参数“轮廓铣削”】对话框里单击【确定】按钮，按系统要求，用环曲面的方法选取图形下方基准台阶实体表面，这样就完成了曲面设置。单击【应用】按钮，如图 4-118 所示。

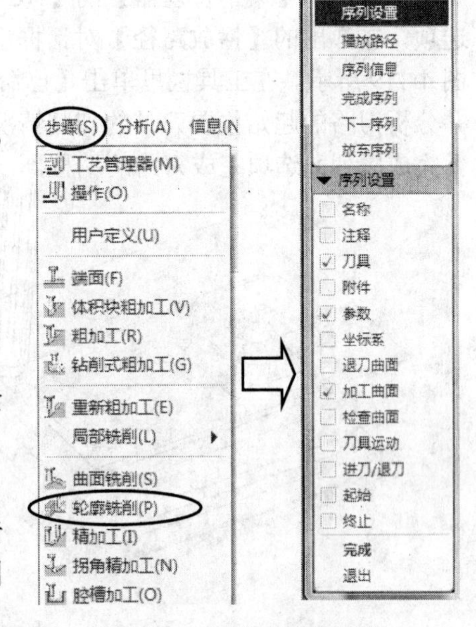

图4-116　设置菜单参数

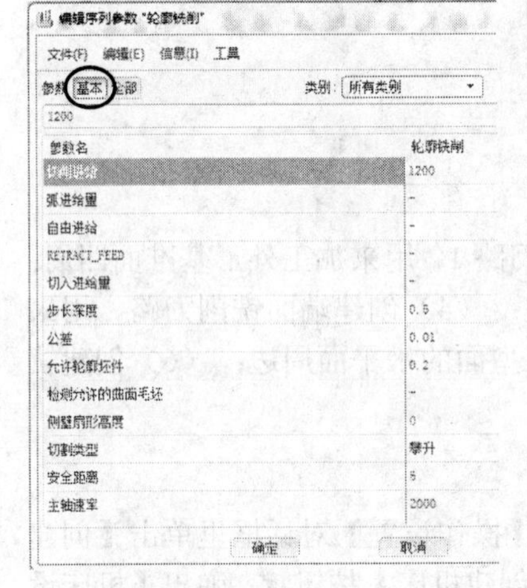

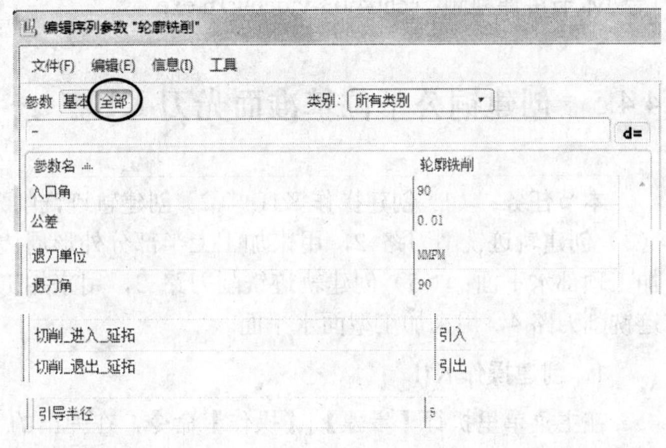

图 4-117　设置加工参数

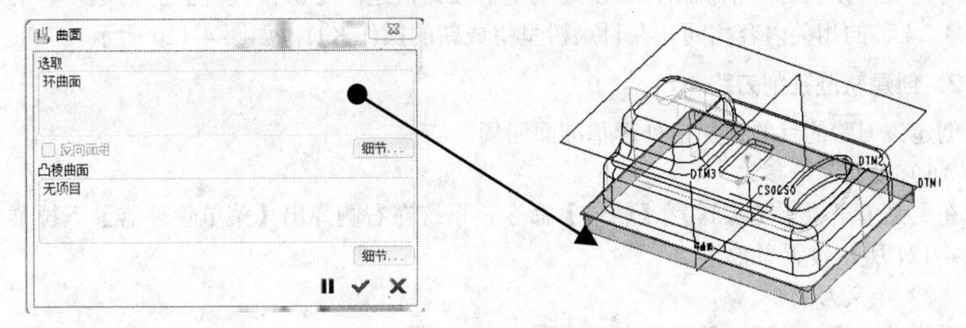

图 4-118　选取加工曲面

（5）显示并检查刀路

在右侧的【菜单管理器】的【NC 序列】下拉菜单里选取【播放路径】|【屏幕演示】选项，在弹出的【播放路径】对话框里单击【播放】按钮，则图形显示出开粗的刀路，如图 4-119 所示。在工具栏里单击【已命名的视图列表】按钮，然后选取 TOP 视图，观察并分析刀路的起始位置刀具的切削情况。经检查，刀路正常。单击【关闭】按钮，再选取【完成序列】选项完成刀路的编程。

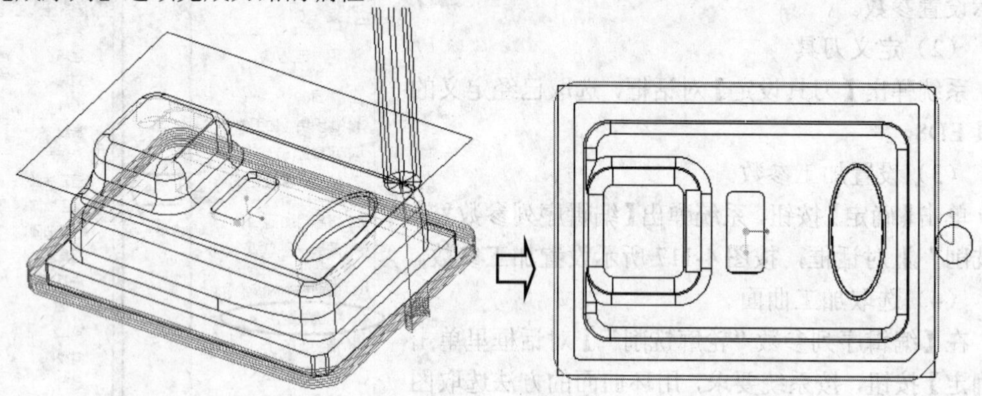

图 4-119　生成外形铣刀路

本节讲课视频：\ch04\03-video\k1h.exe。

4.4.5　创建铜公平位基准面光刀 K1I

本节任务：（1）创建操作 K1I；（2）创建轨迹铣削刀路 1，用来加工外形基准面四周；（3）创建轨迹铣削刀路 2，用来加工上半部分外形周边；（4）创建端面铣削刀路，用来加工顶部水平面；（5）创建轨迹铣削刀路 3，用来加工型面的水平面周边；（6）创建轨迹铣削刀路 4，用来加工型面水平面。

1．创建操作 K1I

在主菜单里执行【步骤】|【操作】命令，在弹出的【操作设置】对话框里单击【创建新操作】按钮，先输入【操作名称】为 K1I，再单击【创建机床】按钮，弹出【机床设置】对话框，默认为三轴机床，单击【确定】按钮，返回【操作设置】对话框。其余做法与第 4.2.4 节的相关内容相同。在目录树里生成新的操作 K1I，如图 4-120 所示。

2．创建轨迹铣削刀路 1

创建该刀路的目的是加工外形基准面四周。

（1）设置菜单参数

在主菜单里执行【步骤】|【轨迹】命令，系统在右侧弹出【菜单管理器】下拉菜单，按图 4-121 所示设置参数。

（2）定义刀具

系统弹出【刀具设定】对话框，选取 ED12 刀具。

（3）设置加工参数

单击【确定】按钮，系统弹出【编辑序列参数“轨迹铣削”】对话框，按图 4-122 所示设置加工参数。

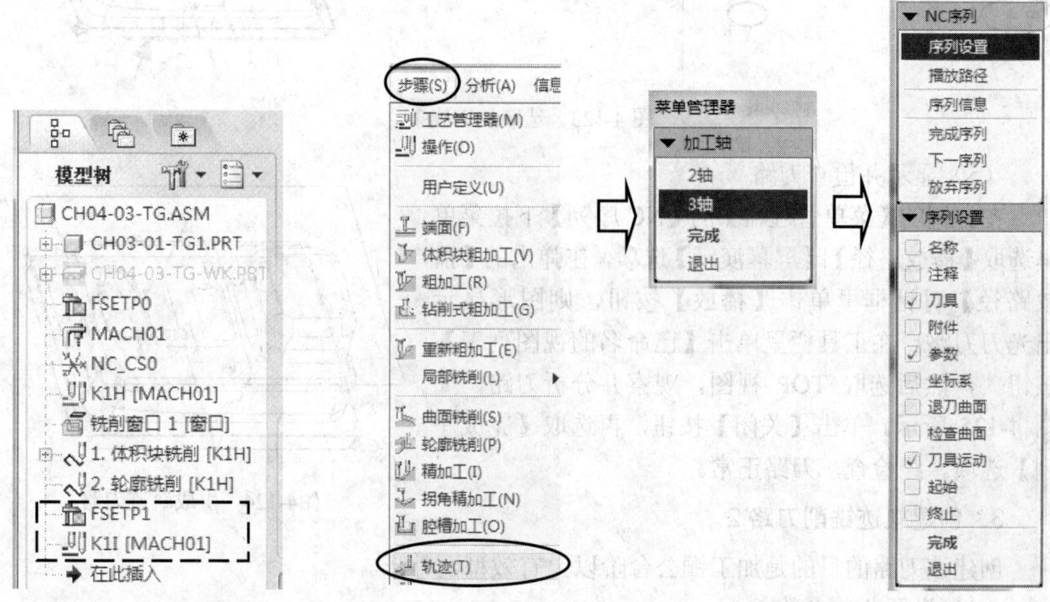

图 4-120　生成新操作　　　图 4-121　设置菜单参数

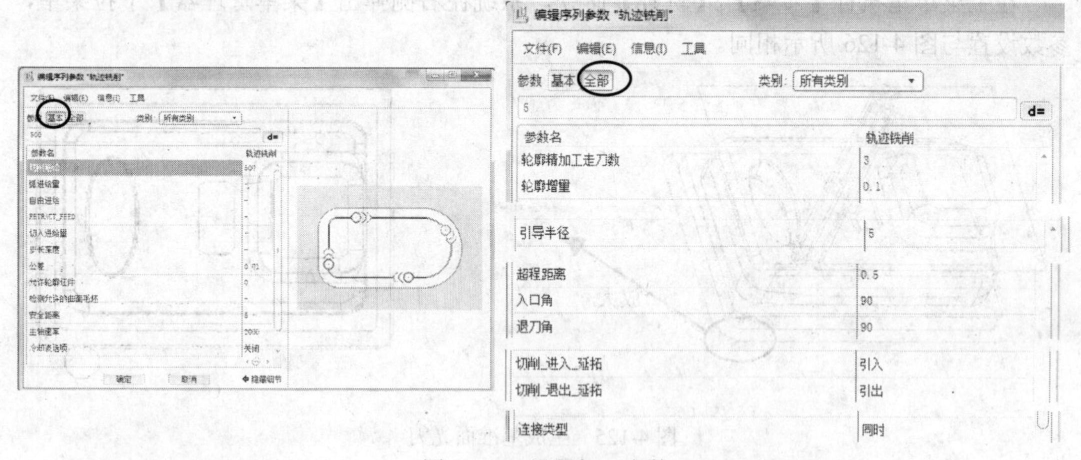

图 4-122　设置加工参数

（4）选取加工线条

在【编辑序列参数“轨迹铣削”】对话框里单击【确定】按钮，弹出【刀具运动】对话框，单击【插入】按钮，弹出【曲线轨迹设置】对话框，按系统要求，用相切线的方法选取图形底部实体边线。按图 4-123 所示设置参数，使刀具补偿的方向为左。

单击【应用】按钮✔，系统计算出刀路，如图 4-124 所示。在【曲线轨迹设置】对话框里单击【确定】按钮。

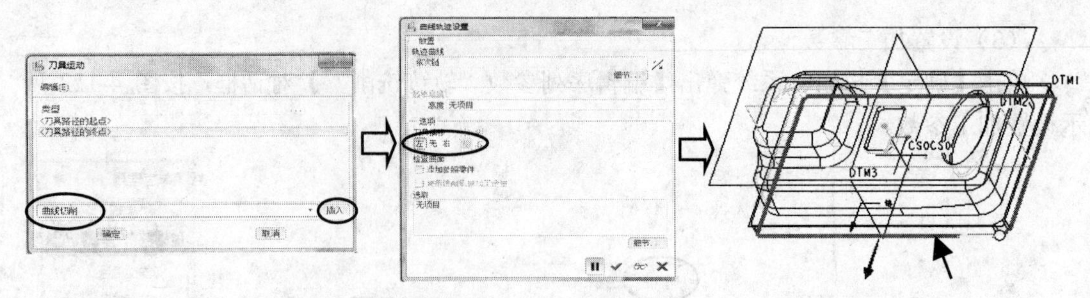

图 4-123 选取加工线条

（5）显示并检查刀路

在右侧的【菜单管理器】的【NC 序列】下拉菜单里选取【播放路径】|【屏幕演示】选项，在弹出的【播放路径】对话框里单击【播放】按钮，则图形显示出光刀刀路。在工具栏里单击【已命名的视图列表】按钮，然后选取 TOP 视图，观察并分析刀路，如图 4-125 所示。单击【关闭】按钮，再选取【完成序列】选项。经检查，刀路正常。

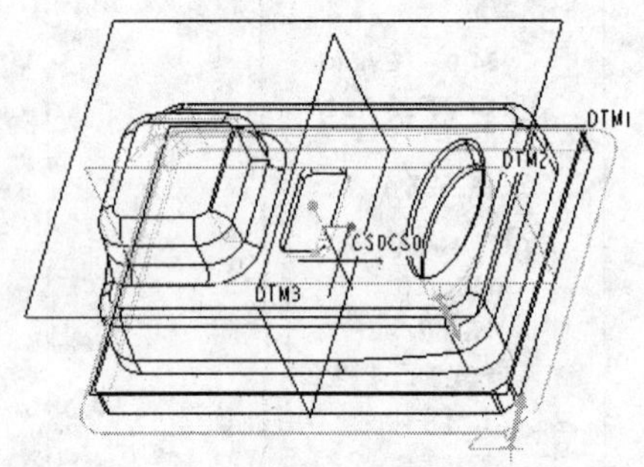

图4-124 生成轨迹刀路

3. 创建轨迹铣削刀路 2

创建该刀路的目的是加工铜公台阶以上有效型面外形。

（1）设置菜单参数

在主菜单里执行【步骤】|【轨迹】命令，系统在右侧弹出【菜单管理器】下拉菜单，参数设置与图 4-126 所示相同。

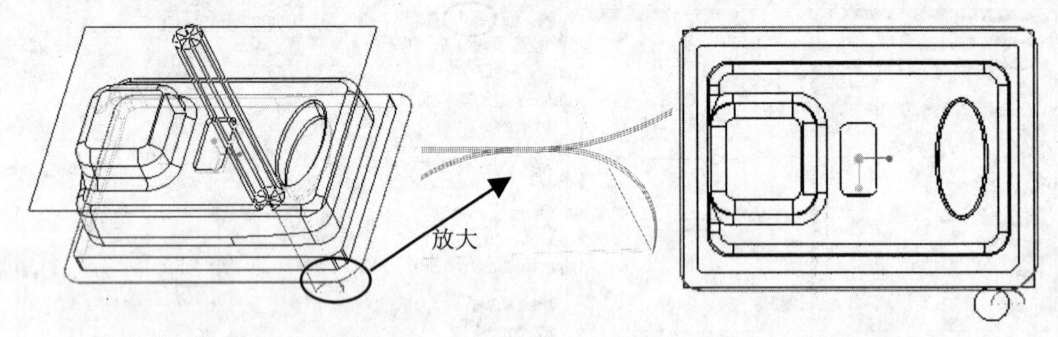

图 4-125 生成基准面光刀

（2）定义刀具

系统弹出【刀具设定】对话框，选取 ED12 刀具。

（3）设置加工参数

单击【确定】按钮，系统弹出【编辑序列参数“轨迹铣削”】对话框，执行【编辑】|【从步骤复制】命令，在打开的【选取步骤】对话框里选取 3: 轨迹铣削，操作: K1I ，这样就将之前序列的加工参数复制到此参数表里，单击【确定】按钮，再按图 4-126 所示修改加工参数。

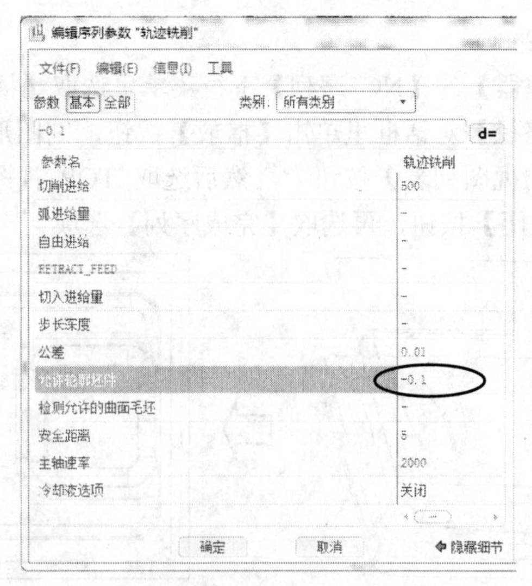

图 4-126　修改加工参数

（4）选取加工线条

在【编辑序列参数“轨迹铣削”】对话框里单击【确定】按钮，弹出【刀具运动】对话框，单击【插入】按钮，弹出【曲线轨迹设置】对话框，按系统要求选取型面底部的实体线。先选取最右侧的弧线，再按住 Shift 键选取其他实体边线。按图 4-127 所示设置参数，使刀具补偿的方向为左。

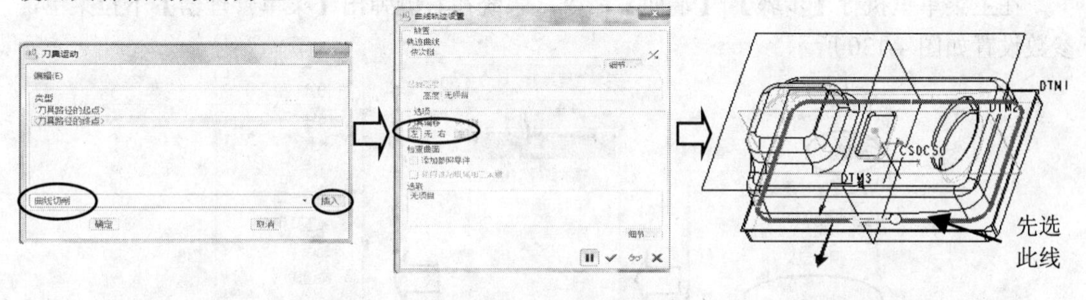

图 4-127　选取加工线条

单击【应用】按钮✔，返回【刀具运动】对话框，同时系统初步计算出刀路，如图 4-128 所示。

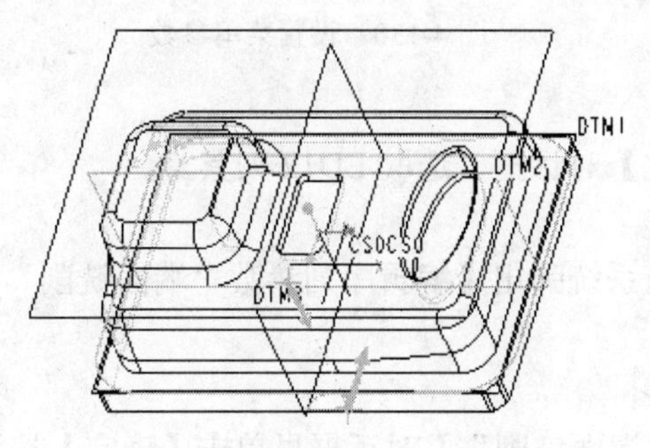

图 4-128　初步生成轨迹刀路

（5）显示并检查刀路

在右侧的【菜单管理器】的【NC 序列】下拉菜单里选取【播放路径】|【屏幕演示】命令，在弹出的【播放路径】对话框里单击【播放】按钮，则图形显示出光刀的刀路。在工具栏里单击【已命名的视图列表】按钮，然后选取 TOP 视图，观察并分析刀路，如图 4-129 所示。单击【关闭】按钮，再选取【完成序列】选项。

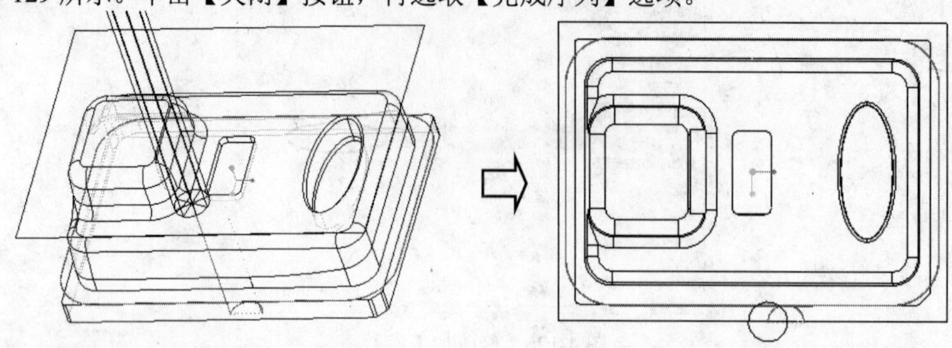

图 4-129　生成型面外形光刀

4. 创建端面铣削刀路

创建该刀路的目的是加工铜公顶部水平面。

（1）设置菜单参数

在主菜单里执行【步骤】|【端面】命令，系统在右侧弹出【菜单管理器】下拉菜单，参数设置如图 4-130 所示。

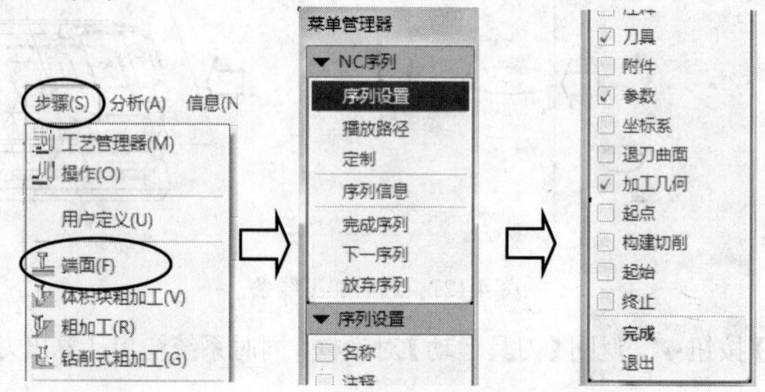

图 4-130　设置菜单参数

（2）定义刀具

系统弹出【刀具设定】对话框，选取 ED12 刀具。

（3）设置加工参数

单击【确定】按钮，系统弹出【编辑序列参数“端面铣削”】对话框，按图 4-131 所示修改加工参数。

（4）选取加工曲面

在【编辑序列参数“端面铣削”】对话框里单击【确定】按钮，弹出【曲面】对话框，按系统要求选取铜公最高面，如图 4-132 所示。单击【应用】按钮。

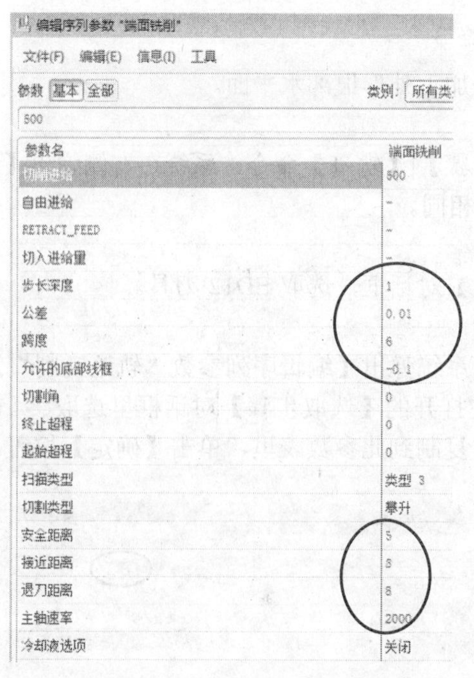

图 4-131　设置加工参数

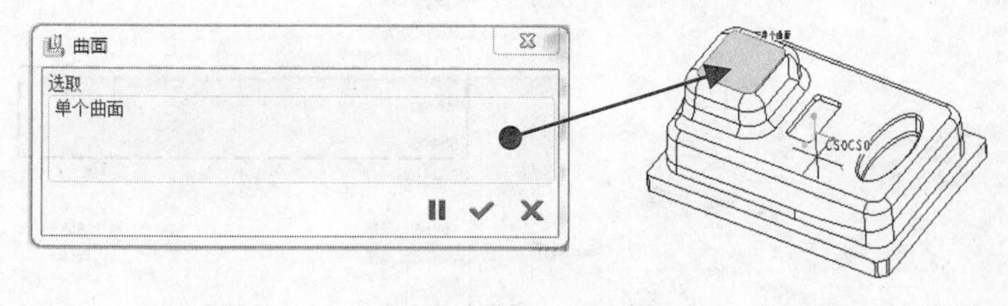

图 4-132　选取顶部水平面

（5）显示并检查刀路

在右侧的【菜单管理器】的【NC 序列】下拉菜单里选取【播放路径】|【屏幕演示】选项，在弹出的【播放路径】对话框里单击【播放】按钮，则图形显示出光刀的刀路。在工具栏里单击【已命名的视图列表】按钮，然后选取 TOP 视图，观察并分析刀路，如图 4-133 所示。单击【关闭】按钮，再选取【完成序列】选项。

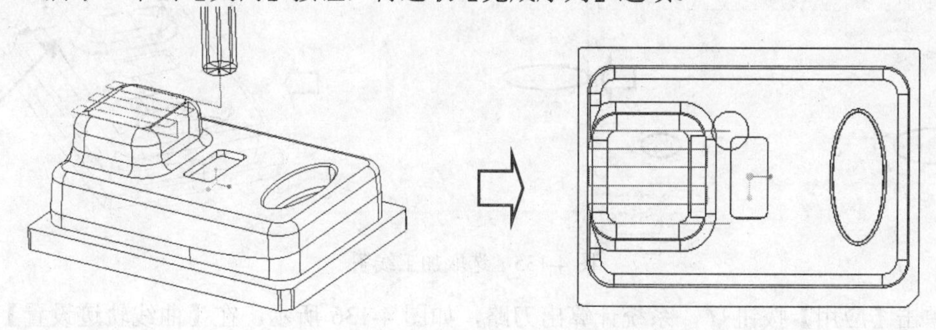

图 4-133　生成顶面光刀

5．创建轨迹铣削刀路 3

创建该刀路的目的是加工外形根部水平面。

（1）设置菜单参数

在主菜单里执行【步骤】|【轨迹】命令，系统在右侧弹出【菜单管理器】下拉菜单，参数设置与图 4-121 所示相同。

（2）定义刀具

系统弹出【刀具设定】对话框，选取 ED12 刀具。

（3）设置加工参数

单击【确定】按钮，系统弹出【编辑序列参数“轨迹铣削”】对话框，执行【编辑】|【从步骤复制】命令，在打开的【选取步骤】对话框里选取 4: 轨迹铣削, 操作: K1I ，这样就将之前序列的加工参数复制到此参数表里，单击【确定】按钮。再按图 4-134 所示修改加工参数。

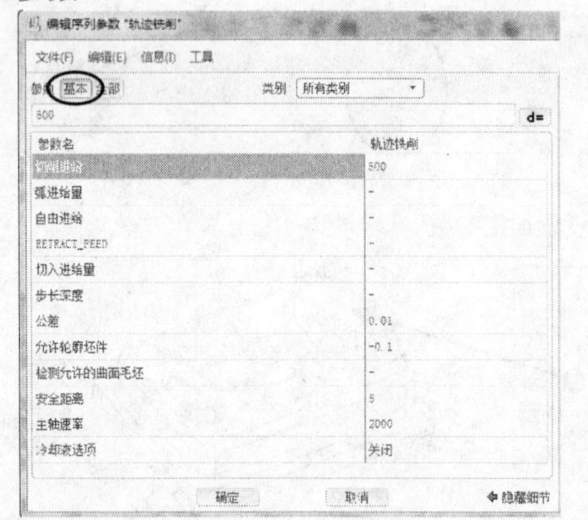

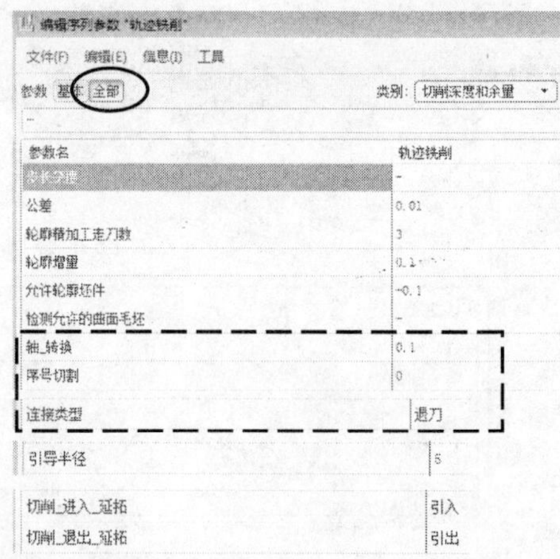

图 4-134　设置加工参数

（4）选取加工线条

在【编辑序列参数“轨迹铣削”】对话框里单击【确定】按钮，系统弹出【刀具运动】对话框，单击【插入】按钮，弹出【曲线轨迹设置】对话框，按系统要求，用相切线的方法选取图形实体 R 边线。按图 4-135 所示设置参数，使刀具补偿的方向为左。

图 4-135　选取加工线条

单击【应用】按钮，系统计算出刀路，如图 4-136 所示。在【曲线轨迹设置】对话框里单击【确定】按钮。

（5）显示并检查刀路

在右侧的【菜单管理器】的【NC 序列】下拉菜单里选取【播放路径】|【屏幕演示】选项，在弹出的【播放路径】对话框里单击【播放】按钮，则图形显示出光刀的刀路。在工具栏里单击【已命名的视图列表】按钮，然后选取 TOP 视图，观察并分析刀路，如图 4-137 所示。单击【关闭】按钮，再选取【完成序列】选项。经检查，刀路正常。

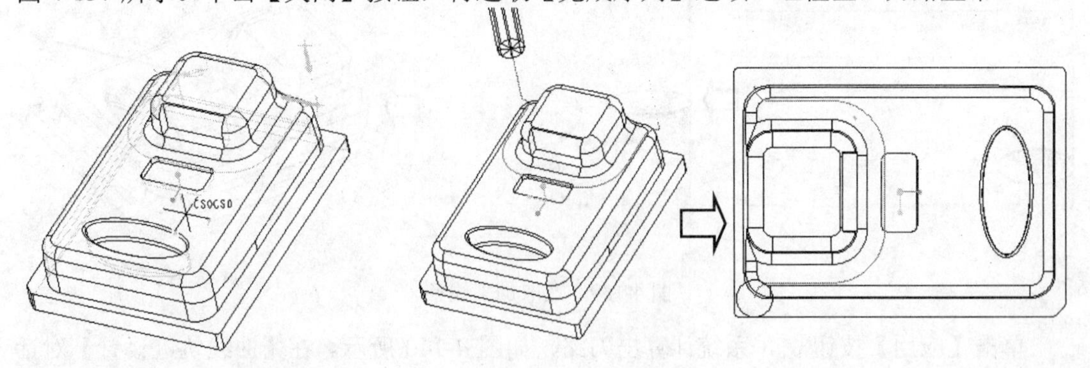

图 4-136　初步生成光刀刀路　　图 4-137　生成光刀刀路

6．创建轨迹铣削刀路 4

创建该刀路的目的是加工型面水平面。

（1）设置菜单参数

在主菜单里执行【步骤】|【轨迹】命令，系统在右侧弹出【菜单管理器】下拉菜单，参数设置与图 4-121 所示相同。

（2）定义刀具

系统弹出【刀具设定】对话框，选取 ED12 刀具。

（3）设置加工参数

单击【确定】按钮，系统弹出【编辑序列参数“轨迹铣削”】对话框，执行【编辑】|【从步骤复制】命令，在打开的【选取步骤】对话框里选取 6：轨迹铣削，操作：K11，这样就将之前序列的加工参数复制到此参数表里，单击【确定】按钮。再按图 4-138 所示修改加工参数。

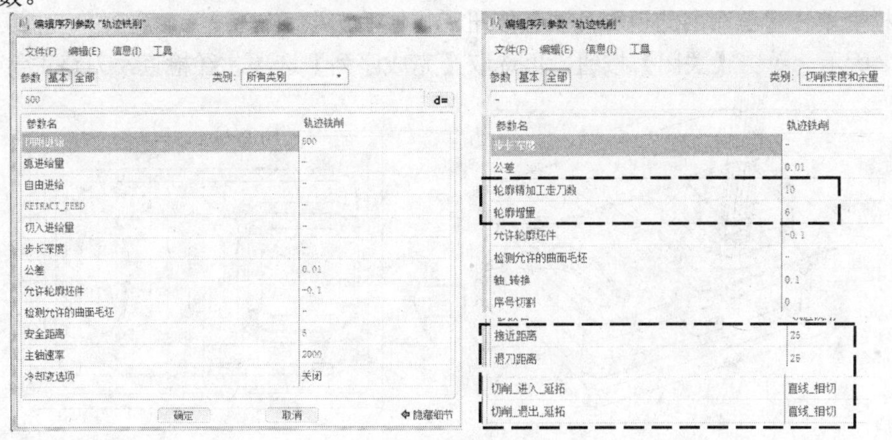

图 4-138　设置加工参数

（4）选取加工线条

在【编辑序列参数“轨迹铣削”】对话框里单击【确定】按钮，系统弹出【刀具运动】对话框，单击【插入】按钮，弹出【曲线轨迹设置】对话框，按系统要求，用相切线的方法选取图形实体 R 边线。按图 4-139 所示设置参数，使刀具补偿的方向为左。

图 4-139　选取加工线条

单击【应用】按钮，系统计算出刀路，如图 4-140 所示。在【曲线轨迹设置】对话框里单击【确定】按钮。

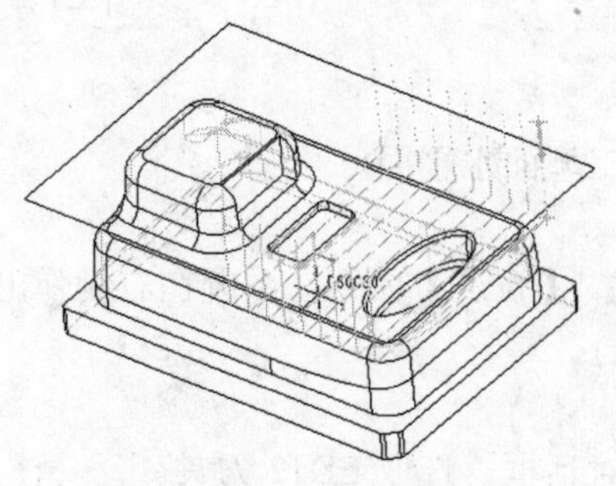

图 4-140　初步生成刀路

（5）显示并检查刀路

在右侧的【菜单管理器】的【NC 序列】下拉菜单里选取【播放路径】|【屏幕演示】选项，在弹出的【播放路径】对话框里单击【播放】按钮，则图形显示出光刀的刀路。在工具栏里单击【已命名的视图列表】按钮，然后选取 TOP 视图，观察并分析刀路，如图 4-141 所示。单击【关闭】按钮，再选取【完成序列】选项。经检查，刀路正常。

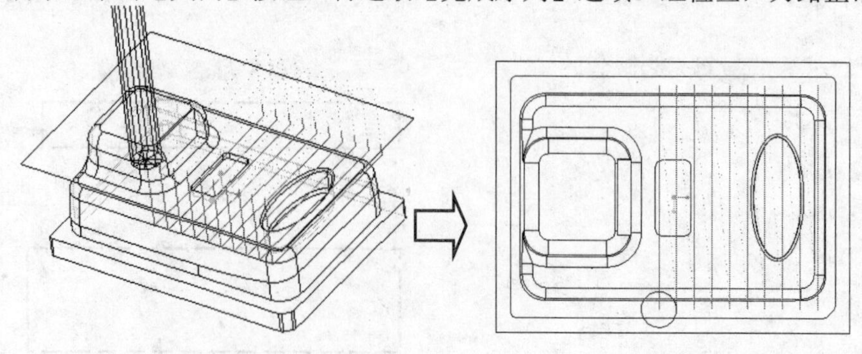

图 4-141　生成光刀刀路

本节讲课视频：\ch04\03-video\k1i.exe。

4.4.6　创建铜公二次开粗 K1J

本节任务：（1）创建操作 K1J；（2）创建体积块粗加工 1，用来加工方形孔位；（3）创建体积粗加工 2，用来加工右侧椭圆孔位。

1．创建操作 K1J

在主菜单里执行【步骤】|【操作】命令，在弹出的【操作设置】对话框里单击【创建新操作】按钮，先输入【操作名称】为 K1J，再单击【创建机床】按钮，弹出【机床设置】对话框，默认为三轴机床，单击【确定】按钮，返回【操作设置】对话框。其余做法与 4.2.4 节的相关内容相同。在目录树里生成新的操作 K1J，如图 4-142 所示。

2．创建体积块粗加工 1

本例通过创建窗口来进行体积块加工。

（1）创建窗口特征 1

① 在右侧工具栏里单击【铣削窗口】按钮，系统弹出窗口的工具栏操控面板，单击【草绘窗口】按钮，再单击【放置】按钮，按系统要求选取型面的水平面为草绘平面，单击【草绘】按钮，系统弹出【草绘】对话框，如图 4-143 所示。

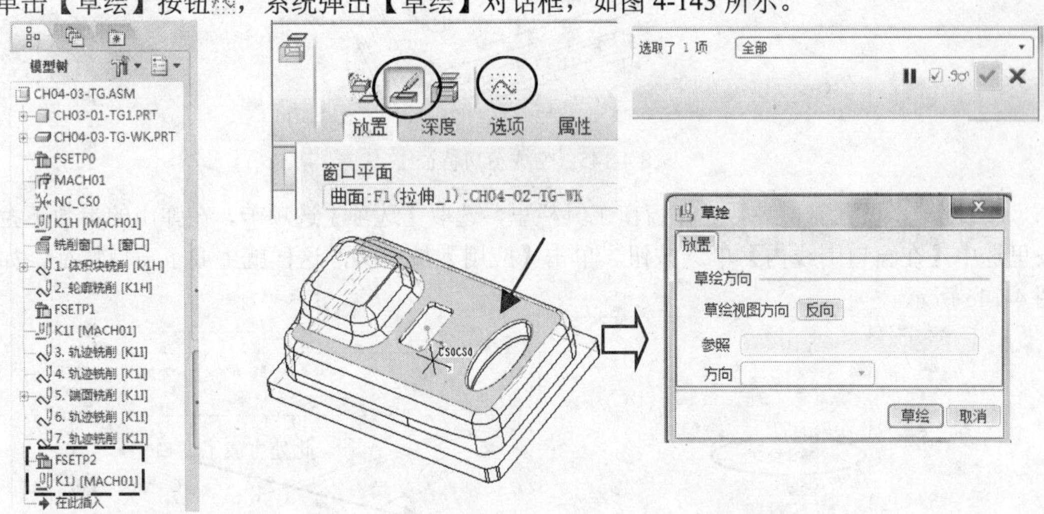

图 4-142　生成新操作　　　　图 4-143　选取草绘平面

② 在【草绘】对话框里保持默认设置，单击【草绘】按钮，系统进入草绘界面，选取坐标系 CY0 为草图的参照，以毛坯最大外形边线来绘制如图 4-144 所示的草图。

③ 在草绘工具栏里单击【完成】按钮，返回到窗口工具栏，选取【深度】选项卡，选中【指定深度】复选框，然后在【深度选项】下拉列表框选取到选定项选项，再在图形上选取铜公的方形孔位底部面，如图 4-145 所示。

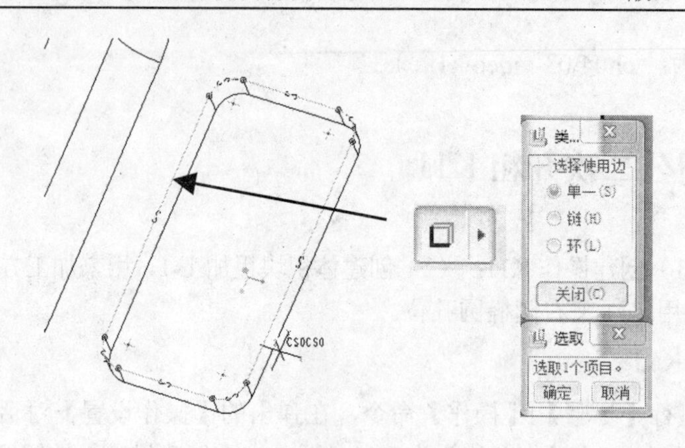

图 4-144　绘制草图

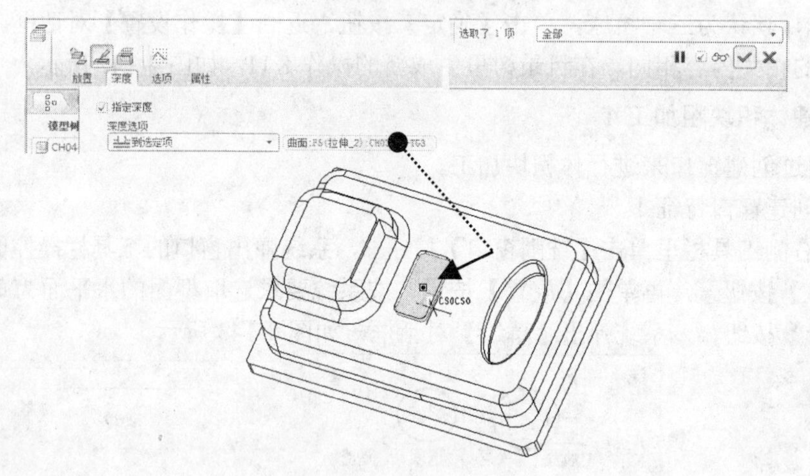

图 4-145　生成窗口特征 1

④ 进一步设置窗口参数。在窗口工具栏里，选取【选项】选项卡，在弹出的参数下拉表里选中【在窗口围线内】单选按钮。单击【应用】按钮☑，这样就生成了窗口特征，如图 4-146 所示。

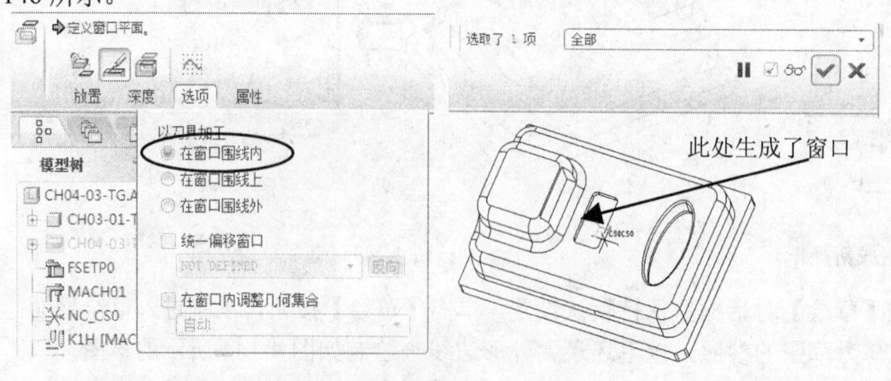

图 4-146　设置选项参数

（2）设置菜单参数

在主菜单里执行【步骤】|【体积块粗加工】命令，系统在右侧弹出【菜单管理器】下

拉菜单，按图 4-147 所示设置参数。

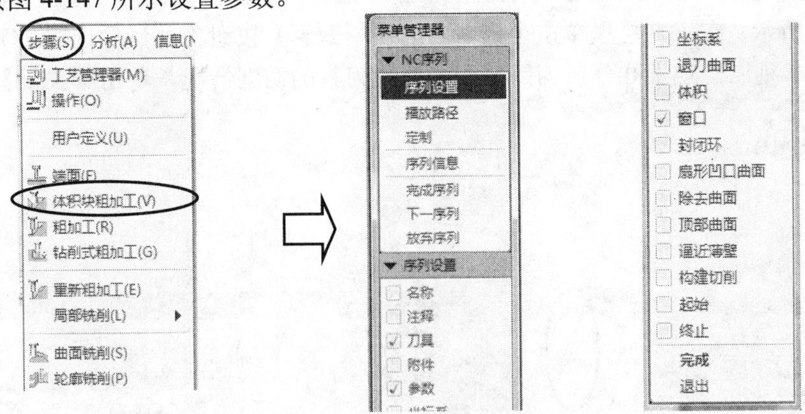

图 4-147　设置菜单参数

（3）定义刀具

系统弹出【刀具设定】对话框，按图 4-148 所示定义刀具，单击【应用】按钮。

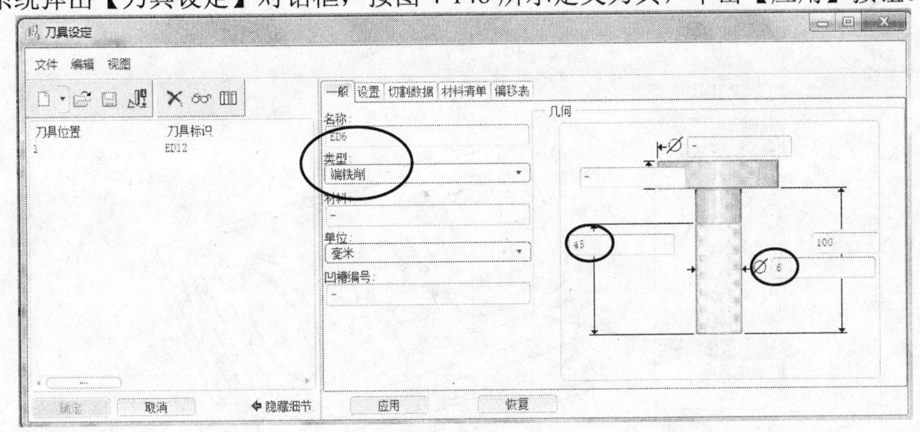

图 4-148　定义刀具 ED6

（4）设置加工参数

单击【确定】按钮，系统弹出【编辑序列参数“体积块铣削”】对话框，执行【编辑】|【从步骤复制】命令，在打开的【选取步骤】对话框里选取 1: 体积块铣削. 操作: K1H ，这样就将之前序列的加工参数复制到此参数表里，再按图 4-149 所示设置加工参数，单击【确定】按钮。

（5）选取加工曲面

在【编辑序列参数“体积块铣削”】对话框里单击【确定】按钮，按系统要求，选取图形刚创建的窗口，如图 4-150 所示。

（6）显示并检查刀路

先在工具栏里单击【重定向】按钮，在弹出的【方向】对话框里，定义并保存沿着 Z 轴负方向观察的俯视图的视图，命名为 TOP。同理设置前视图，命名为 FRONT。

在右侧的【菜单管理器】的【NC 序列】下拉菜单选取【播放路径】|【屏幕演示】选

项，在系统弹出的【播放路径】对话框里单击【播放】按钮，则图形显示出开粗的刀路。如图 4-151 所示。在工具栏里单击【已命名的视图列表】按钮，然后选取 TOP 视图。再选取 FRONT 视图。观察并分析刀路的起始位置刀具的切削情况，单击【关闭】按钮。

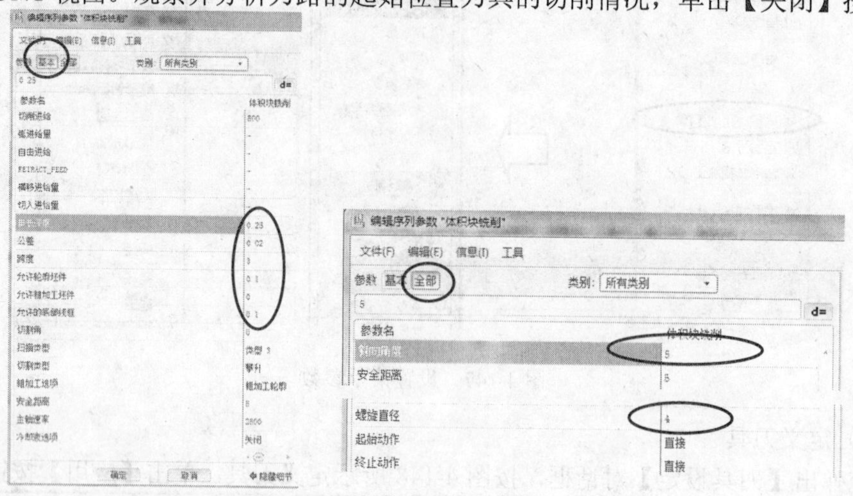

图 4-149　设置加工参数

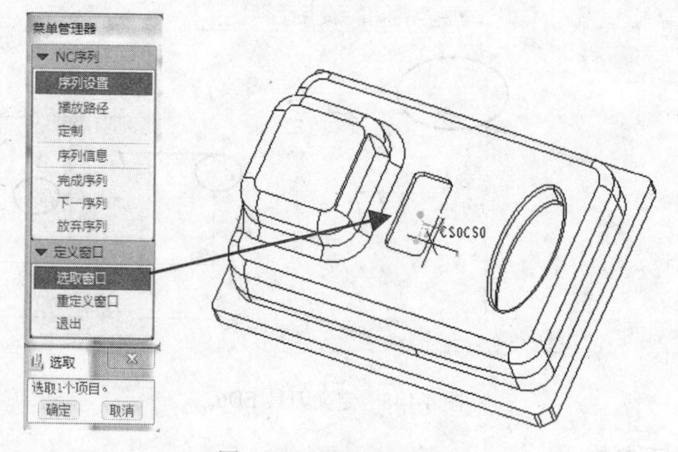

图 4-150　选取窗口特征

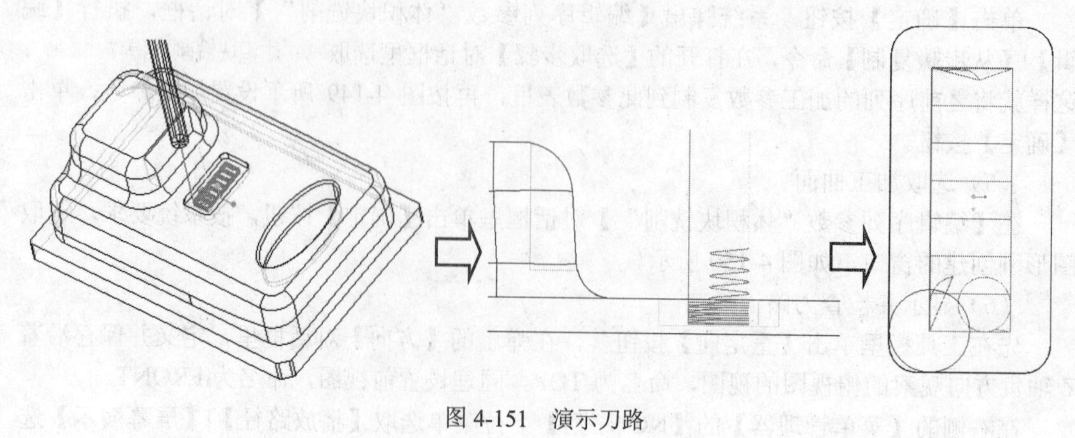

图 4-151　演示刀路

观察刀路会发现，从一层到下一层的过渡为斜线方式，这样可以避免直接下刀而出现踩刀现象。在右侧的【菜单管理器】里选取【NC 序列】|【完成序列】选项，返回编程图形。

3．创建体积块粗加工 2

本例仍通过创建窗口来进行体积块加工。

（1）创建窗口特征 2

① 在右侧工具栏里单击【铣削窗口】按钮，系统弹出窗口的工具栏操控面板，单击【草绘窗口】按钮，再单击【放置】按钮，按系统要求选取型面的水平面为草绘平面，单击【草绘】按钮，系统弹出【草绘】对话框，参数设置与图 4-143 所示相同。

② 在【草绘】对话框里保持默认设置，单击【草绘】按钮，系统进入草绘界面，选取坐标系 CY0 为草图的参照，以毛坯最大外形边线来绘制如图 4-152 所示的草图。

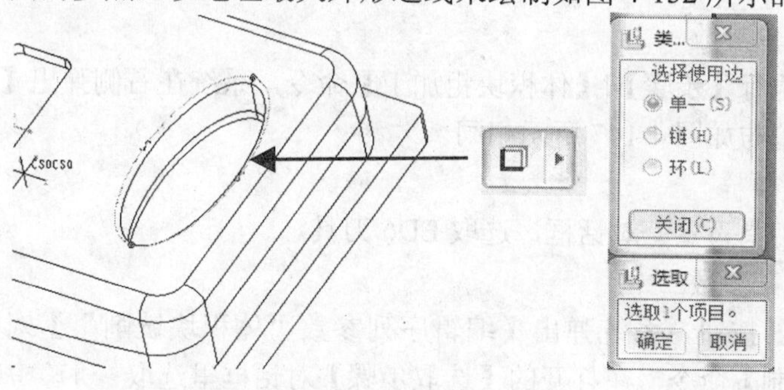

图 4-152　绘制草图

③ 在草绘工具栏里单击【完成】按钮，返回窗口工具栏，选取【深度】选项卡，选中【指定深度】复选框，然后在【深度选项】下拉列表框里选取到选定项选项，再在图形上选取铜公的椭圆孔位底部面，如图 4-153 所示。

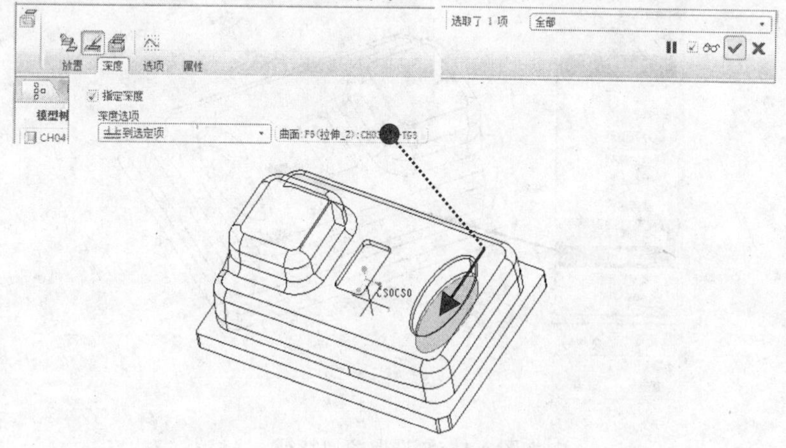

图 4-153　生成窗口特征 2

④ 进一步设置窗口参数。在窗口工具栏里选取【选项】选项卡，在弹出的参数下拉表里选中【在窗口围线内】单选按钮。单击【应用】按钮。这样就生成了窗口特征 2，如图 4-154 所示。

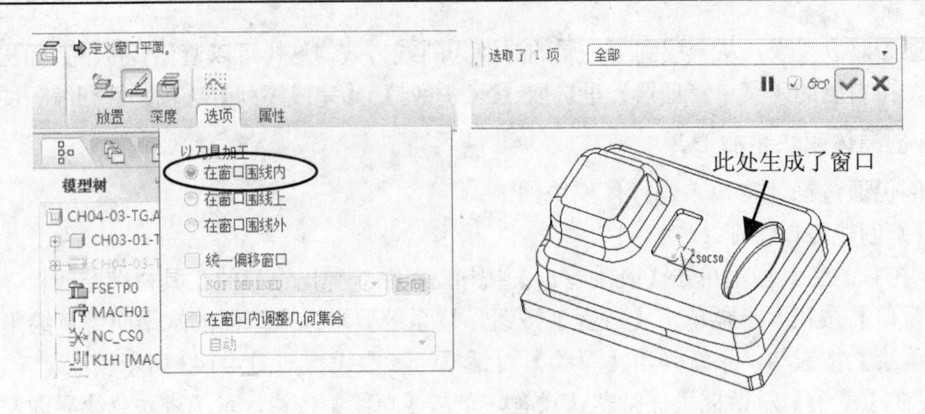

图 4-154　设置选项参数

（2）设置菜单参数

在主菜单里执行【步骤】|【体积块粗加工】命令，系统在右侧弹出【菜单管理器】下拉菜单，参数设置与如图 4-147 所示相同。

（3）定义刀具

系统弹出【刀具设定】对话框，选取 ED6 刀具。

（4）设置加工参数

单击【确定】按钮，系统弹出【编辑序列参数“体积块铣削”】对话框，执行【编辑】|【从步骤复制】命令，在打开的【选取步骤】对话框里选取 8: 体积块铣削，操作: K1J，这样就将之前序列的加工参数复制到此参数表里，单击【确定】按钮。

（5）选取加工曲面

在【编辑序列参数“体积块铣削”】对话框里单击【确定】按钮，按系统要求，选取图形刚创建的窗口，如图 4-155 所示。

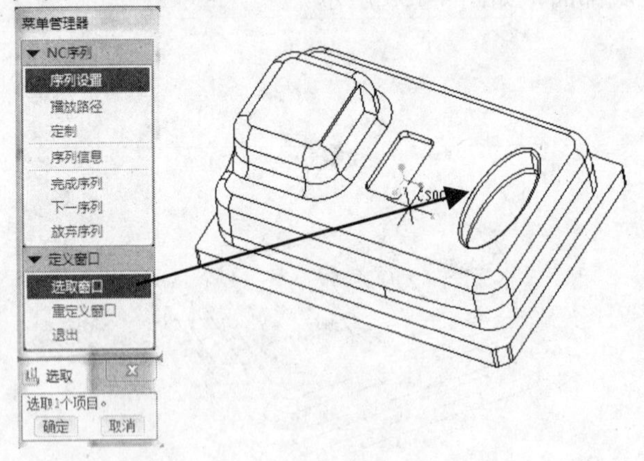

图 4-155　选取窗口特征

（6）显示并检查刀路

先在工具栏里单击【重定向】按钮，在弹出的【方向】对话框里定义并保存沿着 Z 轴负方向观察的俯视图的视图，命名为 TOP。同理，将前视图命名为 FRONT。

在右侧的【菜单管理器】的【NC 序列】下拉菜单里选取【播放路径】|【屏幕演示】

选项，在弹出的【播放路径】对话框里单击【播放】按钮，则图形显示出开粗的刀路，如图 4-156 所示。在工具栏里单击【已命名的视图列表】按钮，然后选取 TOP 视图，再选取 FRONT 视图，观察并分析刀路的起始位置刀具的切削情况。单击【关闭】按钮。

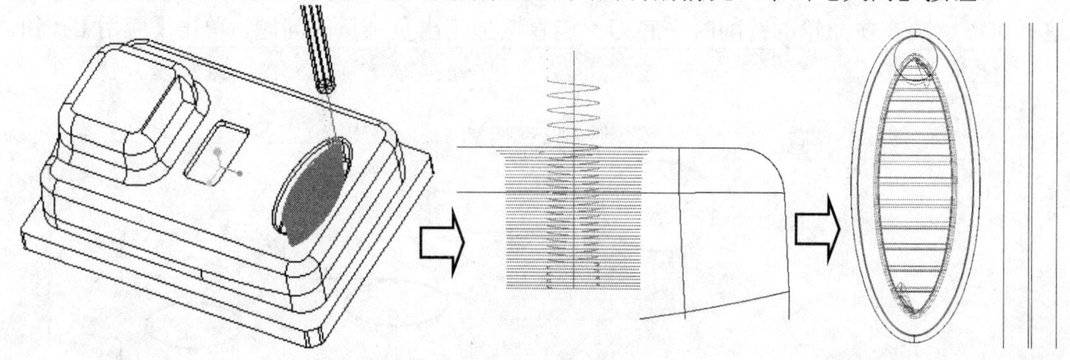

图 4-156　演示刀路

观察刀路会发现，从一层到下一层的过渡为斜线方式，这样可以避免直接下刀而出现踩刀现象。在右侧的【菜单管理器】里选取【NC 序列】|【完成序列】选项，返回编程图形。

本节讲课视频：\ch04\03-video\k1j.exe。

4.4.7　创建铜公清角及孔位光刀 K1K

本节任务：（1）创建操作 K1K；（2）创建曲面轮廓铣削刀路 1，清角精加工缺口；（3）创建曲面轮廓铣削刀路 2，清角精加工方形孔位；（4）创建曲面轮廓铣削刀路 3，用来精加工右侧椭圆孔位。

1. 创建操作 K1K

在主菜单里执行【步骤】|【操作】命令，在弹出的【操作设置】对话框里单击【创建新操作】按钮，先输入【操作名称】为 K1K，再单击【创建机床】按钮，弹出【机床设置】对话框，默认为三轴机床，单击【确定】按钮，返回【操作设置】对话框。其余做法与第 4.2.4 节的相关内容相同。在目录树里生成新的操作 K1K，如图 4-157 所示。

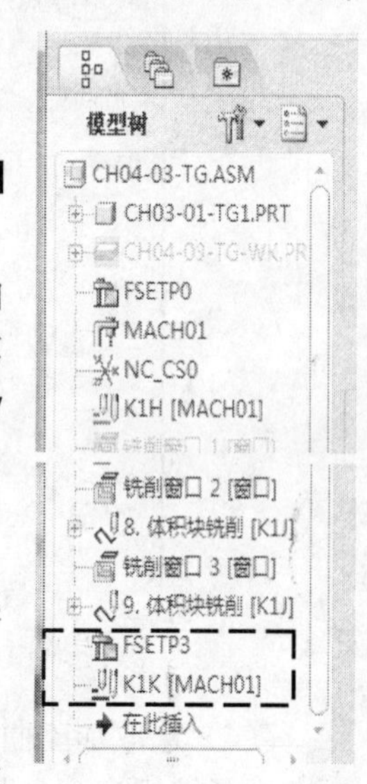

图 4-157　生成新操作

2. 创建曲面轮廓铣削刀路 1

创建该刀路的目的是精加工方形孔位。铜公加工不到的部分，还需要后续采取插削或者线切割的方法加工。

（1）设置菜单参数

在主菜单里执行【步骤】|【轮廓铣削】命令，系统在右侧弹出【菜单管理器】下拉菜单，参数设置与图 4-114 所示相同。

（2）定义刀具

系统弹出【刀具设定】对话框，单击【新建刀具】按钮，按图 4-158 所示定义刀具为 ED4，实际切削直径为 3.8。当加工余量为 0 时，可以在工件产生过切单边 0.1 的火花位，这样可以解决在曲面轮廓铣削时平底刀不能直接加工出负余量的问题。单击【应用】按钮。

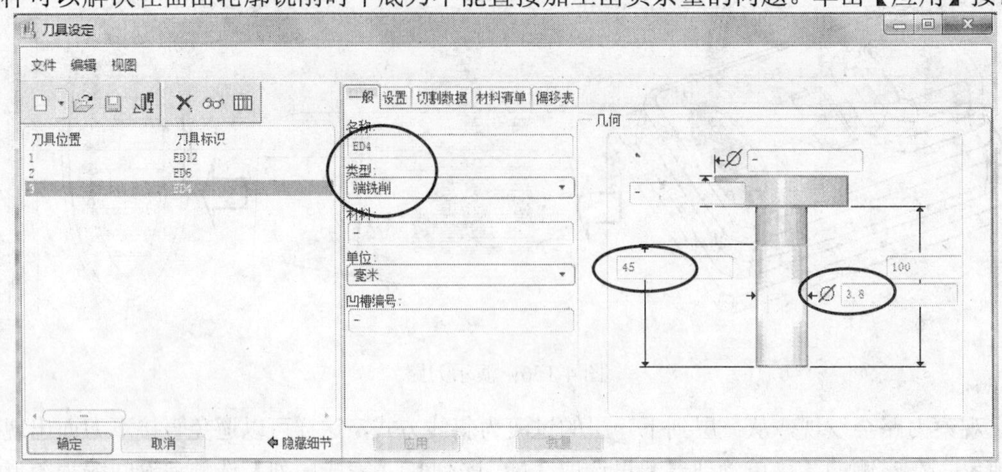

图 4-158 定义刀具

（3）设置加工参数

单击【确定】按钮，系统弹出【编辑序列参数“轮廓铣削”】对话框，执行【编辑】|【从步骤复制】命令，在系统弹出的【选取步骤】对话框里选取【所有操作】选项，再选取 2: 轮廓铣削, 操作: K1H 选项，然后按图 4-159 所示设置加工参数。

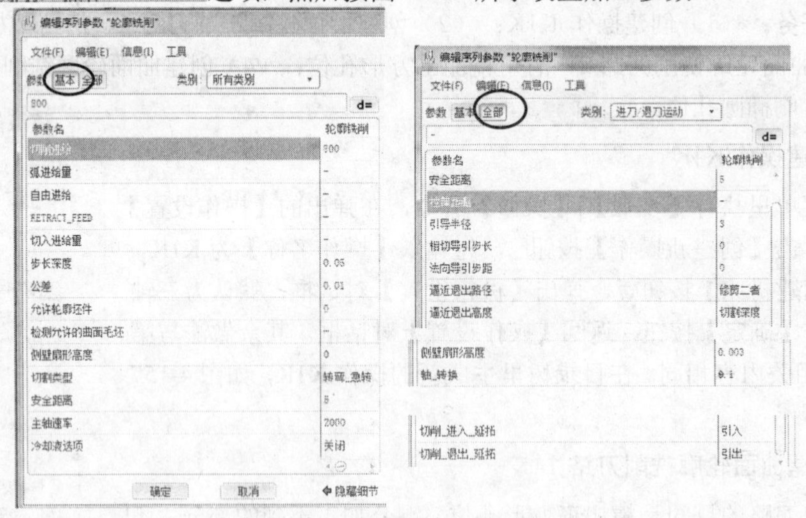

图 4-159 设置加工参数

（4）选取加工曲面

在【编辑序列参数“轮廓铣削”】对话框里单击【确定】按钮，按系统要求，选取图形缺口曲面。这样就完成了曲面设置。单击【应用】按钮，如图 4-160 所示。

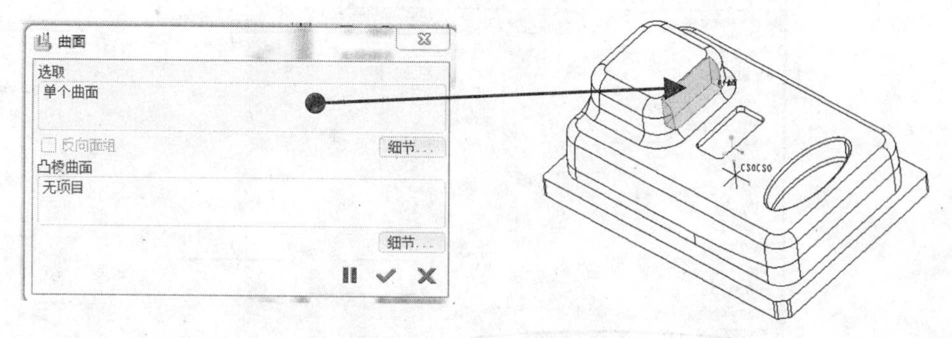

图 4-160　选取加工曲面

（5）显示并检查刀路

在右侧的【菜单管理器】的【NC 序列】下拉菜单里选取【播放路径】|【屏幕演示】选项，在弹出的【播放路径】对话框里单击【播放】按钮，则图形显示出清角光刀的刀路，如图 4-161 所示。在工具栏里单击【已命名的视图列表】按钮，然后选取 TOP 视图，观察并分析刀路的起始位置刀具的切削情况。经检查，刀路正常。单击【关闭】按钮，再选取【完成序列】选项完成刀路的编程。

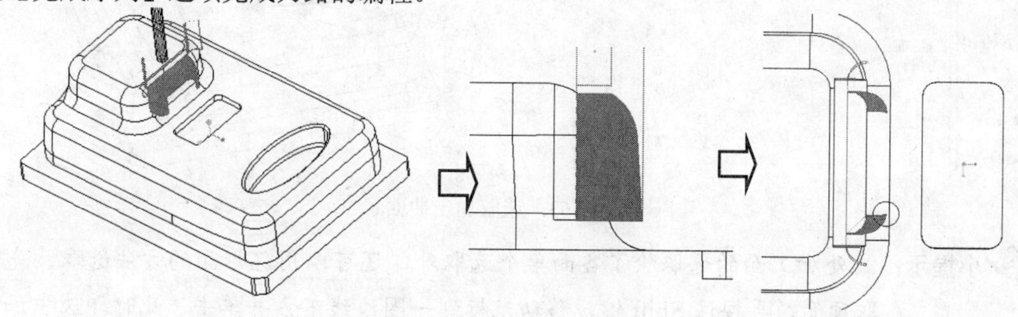

图 4-161　生成清角光刀

3. 创建曲面轮廓铣削刀路 2

创建该刀路的目的是精加工方形孔位。

（1）设置菜单参数

在主菜单里执行【步骤】|【轮廓铣削】命令，系统在右侧弹出【菜单管理器】下拉菜单，参数设置与图 4-116 所示相同。

（2）定义刀具

系统弹出【刀具设定】对话框，选取已经定义的平底刀 ED4。

（3）设置加工参数

单击【确定】按钮，系统弹出【编辑序列参数“轮廓铣削”】对话框，执行【编辑】|【从步骤复制】命令，在弹出的【选取步骤】对话框里选取【所有操作】选项，再选取 10: 轮廓铣削, 操作: K1K 选项，按图 4-162 所示修改参数。

（4）选取加工曲面

在【编辑序列参数“轮廓铣削”】对话框里单击【确定】按钮，按系统要求，选取图形方形孔位的侧面为加工曲面。单击【应用】按钮，如图 4-163 所示。

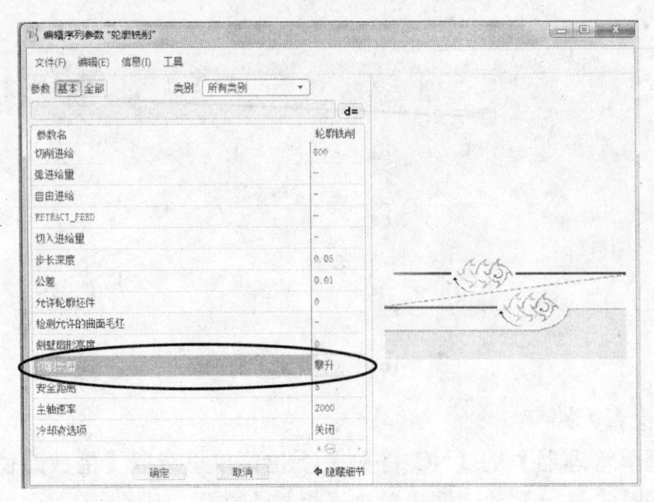

图 4-162　设置加工参数

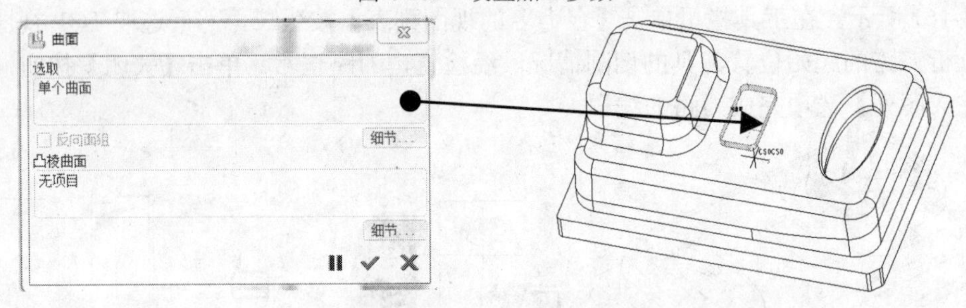

图 4-163　选取加工曲面

小提示：此处加工面的选取除了各面单个选取外，还可以用环形面的方法选取。先选取顶面，再按住 Shift 键，移动光标到一圈边线下方并单击，此时即选中加工面，可以参考本节讲课视频的有关操作。

（5）显示并检查刀路

在右侧的【菜单管理器】的【NC 序列】下拉菜单里选取【播放路径】|【屏幕演示】选项，在弹出的【播放路径】对话框里单击【播放】按钮，则图形显示出方孔光刀的刀路，如图 4-164 所示。在工具栏里单击【已命名的视图列表】按钮，然后选取 TOP 视图，观察并分析刀路的起始位置刀具的切削情况。经检查，刀路正常。单击【关闭】按钮，再选取【完成序列】选项完成刀路的编程。

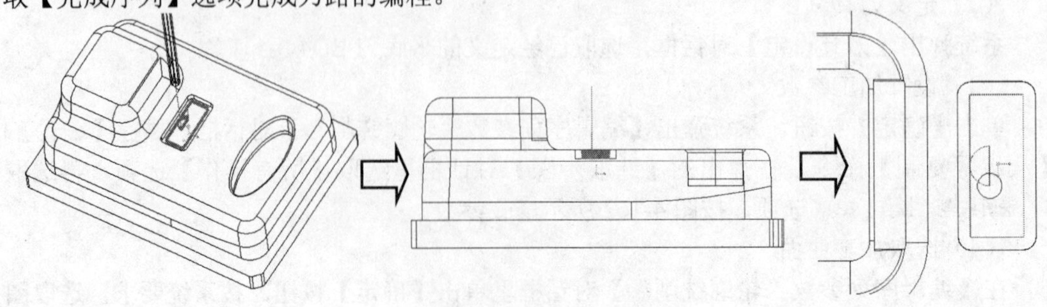

图 4-164　生成方孔光刀

4．创建曲面轮廓铣削刀路 3

创建该刀路的目的精加工椭圆孔位。在生成该刀路之前，先定义进刀的轴线，以便将进刀点调整到比较宽敞的位置。

（1）定义轴线

定义轴线前，先要定义点。在右侧工具栏里单击【草绘】按钮，然后以毛坯顶面为草绘平面，默认参照平面，进入草图界面，选取坐标系为草绘参照，再选取 **几何点**绘图工具，在图上绘制点，如图 4-165 所示。单击【完成】按钮，生成 APNT0 点特征。

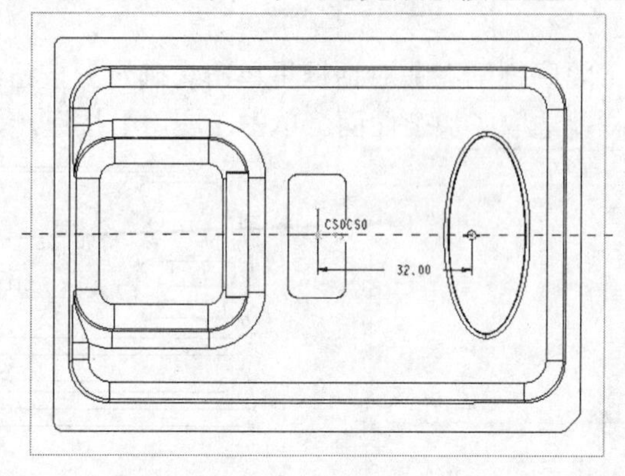

图 4-165　绘制点草绘

小提示：此处除了用草绘的方法绘制点外，还可以用工具栏的【基准点工具】通过设定偏移数据得到，可以参考本节讲课视频中的有关操作。

在右侧工具栏里单击轴按钮，系统弹出【基准轴】对话框，先选取创建的 APNT0 点为“穿过”，按住 Ctrl 键，选取毛坯顶面为垂直方向，约束设定为“法向”。单击【确定】按钮，系统生成轴线 AA_1，如图 4-166 所示。

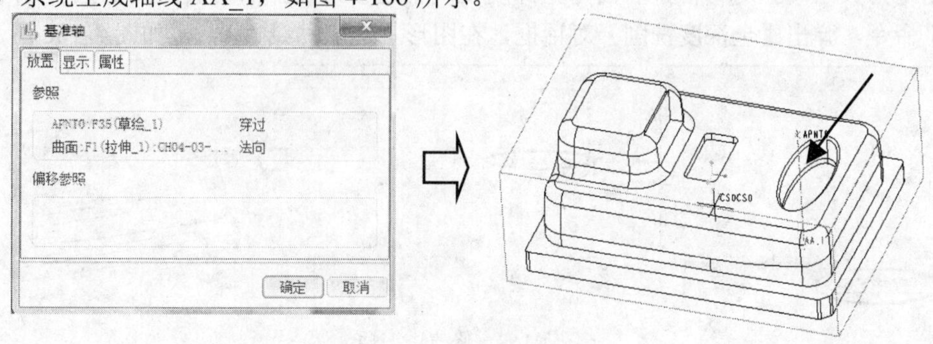

图 4-166　创建轴线 AA_1

小提示：此处除了用以上方法绘制轴线外，还可以用工具栏的【轴】工具通过设定偏移数据得到，可以参考本节讲课视频的有关操作。

（2）设置菜单参数

在主菜单里执行【步骤】|【轮廓铣削】命令，系统在右侧弹出【菜单管理器】下拉菜

单，参数设置与图 4-116 所示相同。

（3）定义刀具

系统弹出【刀具设定】对话框，选取已经定义的平底刀 ED4。

（4）设置加工参数

单击【确定】按钮，系统弹出【编辑序列参数“轮廓铣削”】对话框，执行【编辑】|【从步骤复制】命令，在弹出的【选取步骤】对话框里，选取【所有操作】选项，再选取 11: 轮廓铣削, 操作: K1K 选项。

（5）选取加工曲面

在【编辑序列参数“轮廓铣削”】对话框里单击【确定】按钮，按系统要求，选取图形椭圆孔位的侧面，这样就选取了加工曲面。单击【应用】按钮，如图 4-167 所示。

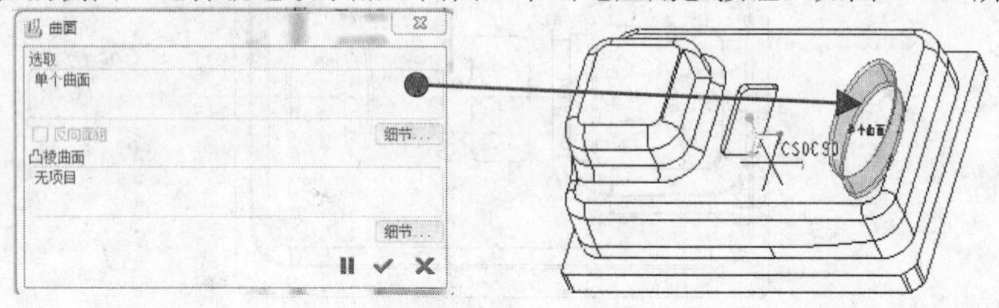

图 4-167　选取加工曲面

（6）调整进刀位置

在右侧的【菜单管理器】的【NC 序列】下拉菜单里选取【完成序列】选项，初步生成序列。

在目录树里右击刚产生的序列 12. 轮廓铣削 [K1K]，在弹出的快捷菜单里执行【编辑定义】命令，然后在右侧的【菜单管理器】里选取【序列设置】|【刀具运动】|【完成】选项，系统弹出【刀具运动】对话框，右击【全深度铣削】选项，在弹出的快捷菜单里执行【编辑定义】命令，弹出【全深度铣削】对话框，在图形上选取轴线 AA_1，如图 4-168 所示。

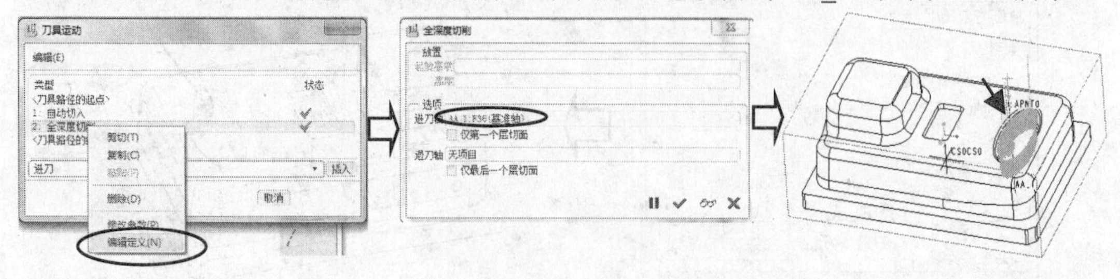

图 4-168　修改进刀轴

小提示：也可以在第（2）步选取【进刀/退刀】选项，这样在第（6）步时系统会自动提示选取进刀轴线，不必等该刀路完成后再次重新定义，可以参考本节讲课视频的相关操作。

（7）显示并检查刀路

在右侧的【菜单管理器】的【NC 序列】下拉菜单里选取【播放路径】|【屏幕演示】

选项，在弹出的【播放路径】对话框里单击【播放】按钮，则图形显示出椭圆孔位光刀的刀路，如图 4-169 所示。在工具栏里单击【已命名的视图列表】按钮，然后选取 TOP 视图，观察并分析刀路的起始位置刀具的切削情况。经检查，刀路正常。单击【关闭】按钮，再选取【完成序列】选项完成刀路的编程。

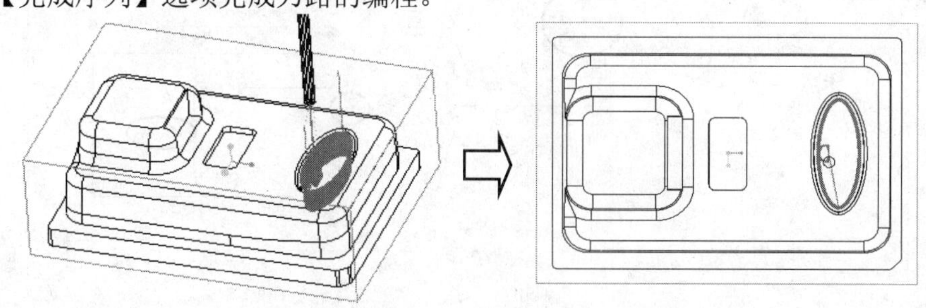

图 4-169　生成椭圆孔位光刀

本节讲课视频：\ch04\03-video\k1k.exe。

4.4.8　创建铜公型面半精加工 K1L

本节任务：（1）创建操作 K1L；（2）创建曲面轮廓铣削刀路 1，用来半精加工（又称中光刀路）铜公外形曲面。

1．创建操作 K1L

在主菜单里执行【步骤】|【操作】命令，在系统弹出的【操作设置】对话框里，单击【创建新操作】按钮，先输入【操作名称】为 K1L，再单击【创建机床】按钮，弹出【机床设置】对话框，系统默认为三轴机床，单击【确定】按钮，返回【操作设置】对话框。其余做法与 4.2.4 节的相关内容相同。在目录树里生成新的操作 K1L，如图 4-170 所示。

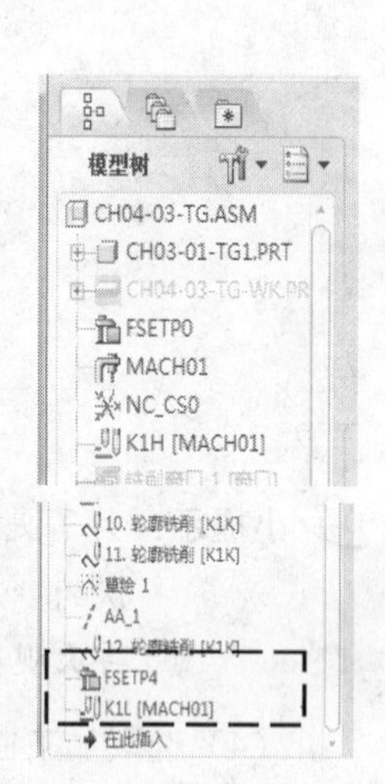

图 4-170　生成新操作

2．创建曲面轮廓铣削刀路 1

创建该刀路的目的是半精加工铜公外形曲面。铜公的水平面和直身面因为已经用平底刀加工，不需要再次用此方法加工。

（1）设置菜单参数

在主菜单里执行【步骤】|【轮廓铣削】命令，系统在右侧弹出【菜单管理器】下拉菜单，参数设置与图 4-116 所示相同。

（2）定义刀具

系统弹出【刀具设定】对话框，单击【新建刀具】按钮，按图 4-171 所示定义球头刀 BD8R4。单击【应用】按钮。

（3）设置加工参数

单击【确定】按钮，系统弹出【编辑序列参数“轮廓铣削”】对话框，按图 4-172 所示设置加工参数。

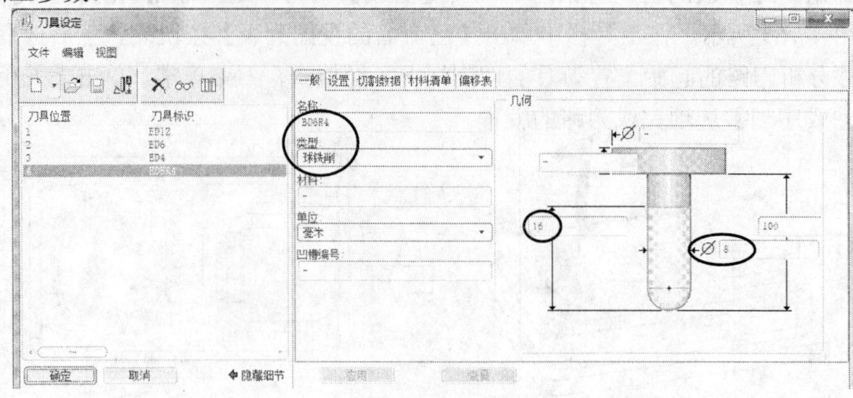

图 4-171　定义刀具

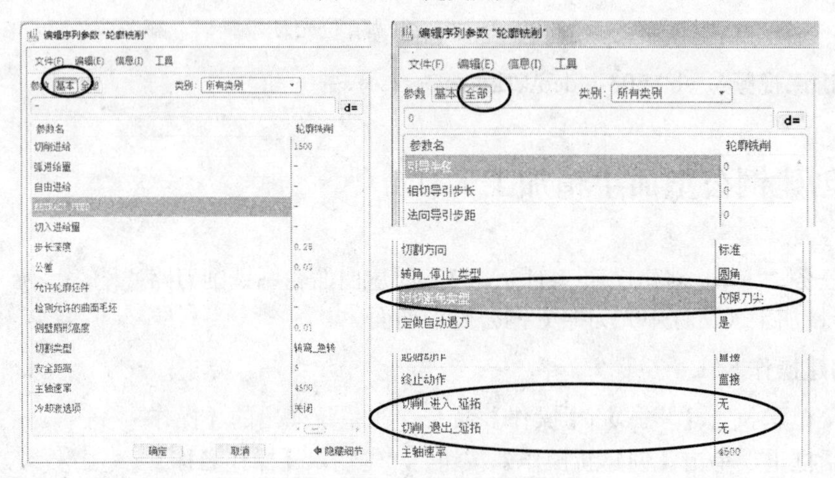

图 4-172　设置加工参数

小提示： 为了更清晰地了解【过切避免类型】各个参数的含义，暂时设定该参数为默认的"刀尖侧面"，观察刀路的变化，再重新定义参数，改为"仅限刀尖"，再次观察刀路变化。具体可以参考本节讲课视频的相关操作。

（4）选取加工曲面

在【编辑序列参数"轮廓铣削"】对话框里单击【确定】按钮，按系统要求，选取图形曲面。这样就完成了曲面的选取。单击【应用】按钮，如图 4-173 所示。

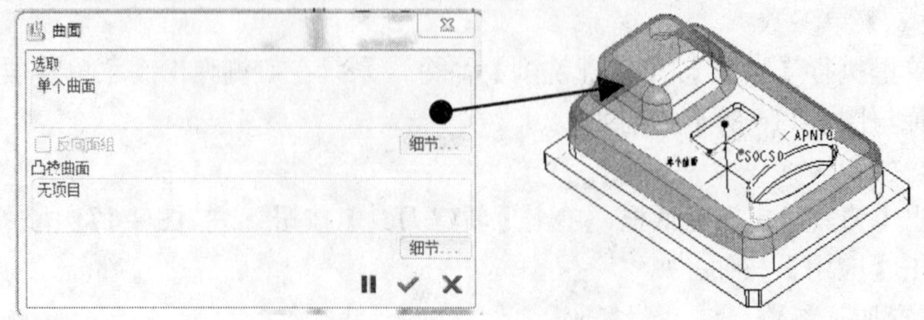

图 4-173　选取加工曲面

（5）显示并检查刀路

在右侧的【菜单管理器】的【NC 序列】下拉菜单里选取【播放路径】|【屏幕演示】选项，在弹出的【播放路径】对话框里单击【播放】按钮，则图形显示出刀路，如图 4-174 所示。在工具栏里单击【已命名的视图列表】按钮，然后选取 TOP 视图，观察并分析刀路的起始位置刀具的切削情况。经检查，部分区域未加工，但是刀路却是正常的。单击【关闭】按钮，再选取【完成序列】选项完成刀路的编程。

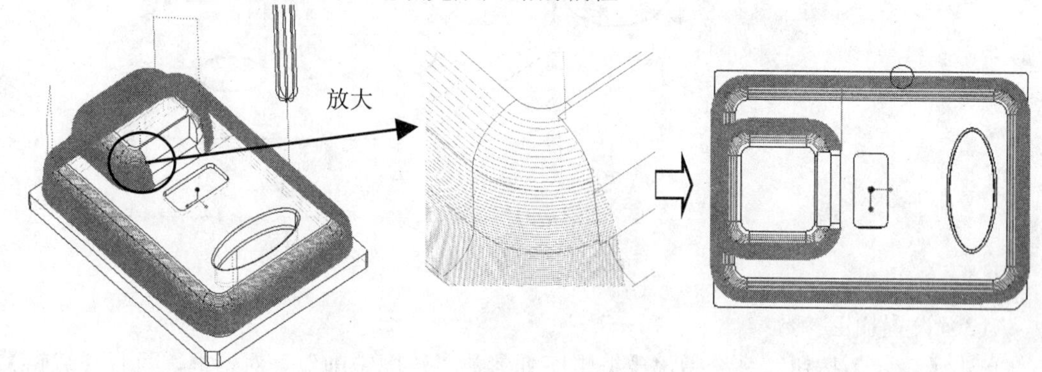

图 4-174　生成半精加工刀路

本节讲课视频：\ch04\03-video\k1l.exe。

4.4.9　创建铜公 R 位清角 K1M

本节任务：（1）创建操作 K1M；（2）创建曲面轮廓铣削刀路，用来精加工之前 BD8R4 未切削到位的内 R 部位。

1．创建操作 K1M

在主菜单里执行【步骤】|【操作】命令，在弹出的【操作设置】对话框里单击【创建新操作】按钮，先输入【操作名称】为 K1M，再单击【创建机床】按钮，弹出【机床设置】对话框，默认为三轴机床，单击【确定】按钮，返回【操作设置】对话框。其余做法与 4.2.4 节的相关内容相同。在目录树里生成新的操作 K1M，如图 4-175 所示。

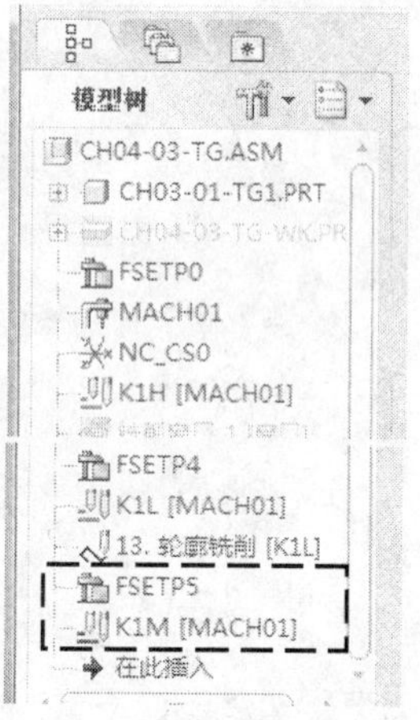

图 4-175　生成新操作

2．创建曲面轮廓铣削刀路

创建该刀路的目的是精加工铜公外形内 R 部位及椭圆孔倒角。

（1）设置菜单参数

在主菜单里执行【步骤】|【轮廓铣削】命令，系统在右侧弹出【菜单管理器】下拉菜单，参数设置与图 4-116 所示相同。

（2）定义刀具

系统弹出【刀具设定】对话框，单击【新建】按钮，按图 4-176 所示定义球头刀 BD3R1.5。

由于在 Pro/E 软件中定义刀具名称时不能识别小数点，所以名称定义为 BD3。单击【应用】按钮。

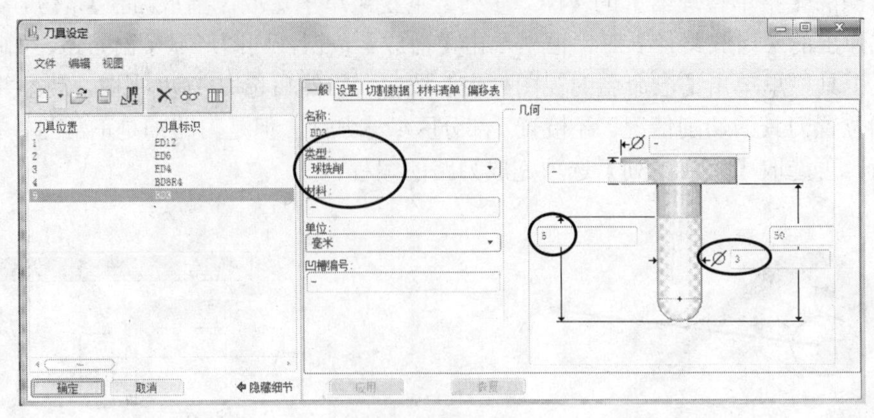

图 4-176 定义刀具

（3）设置加工参数

单击【确定】按钮，系统弹出【编辑序列参数“轮廓铣削”】对话框，执行【编辑】|【从步骤复制】命令，在弹出的【选取步骤】对话框里选取【所有操作】选项，再选取 13：轮廓铣削，操作：K1L 。然后按图 4-177 所示修改加工参数。

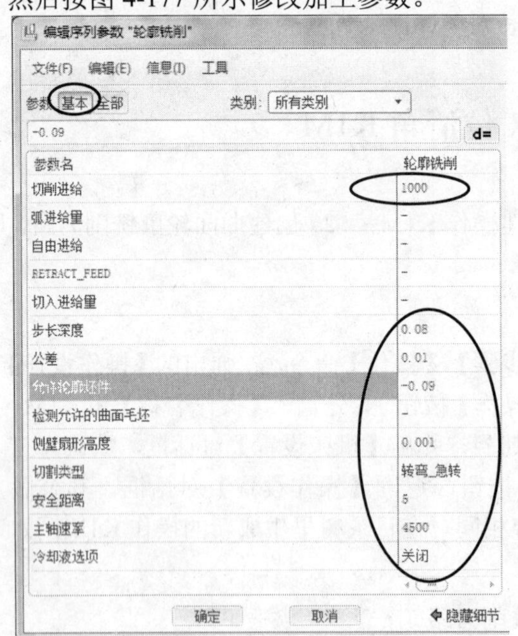

图 4-177 设置加工参数

注意：为了消除加工过程中的接刀误差，此处应有意识地将余量设置为比理论火花位 -0.1 多出 0.01，即为-0.09。因为在实际加工中，小刀具旋转时摆动误差通常比大刀具大一些。读者可以在实际工作中结合自己所在工厂的刀具的实际检测情况灵活处理。

（4）选取加工曲面

在【编辑序列参数“轮廓铣削”】对话框里单击【确定】按钮，按系统要求，选取图形内 R 面和椭圆孔倒角曲面，这样就完成了曲面设置。单击【应用】按钮，如图 4-178 所示。

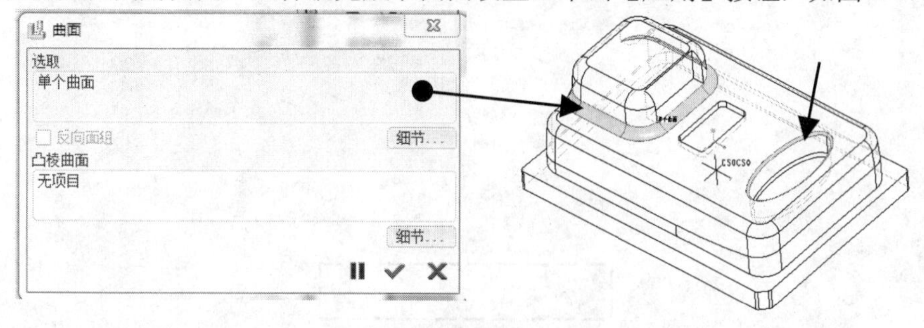

图 4-178　选取加工曲面

（5）显示并检查刀路

在右侧的【菜单管理器】的【NC 序列】下拉菜单里选取【播放路径】|【屏幕演示】选项，在弹出的【播放路径】对话框里单击【播放】按钮，则图形显示出精加工的刀路，如图 4-179 所示。在工具栏里单击【已命名的视图列表】按钮，然后选取 TOP 视图，观察并分析刀路的起始位置刀具的切削情况。经检查，刀路正常。单击【关闭】按钮，再选取【完成序列】选项完成刀路的编程。

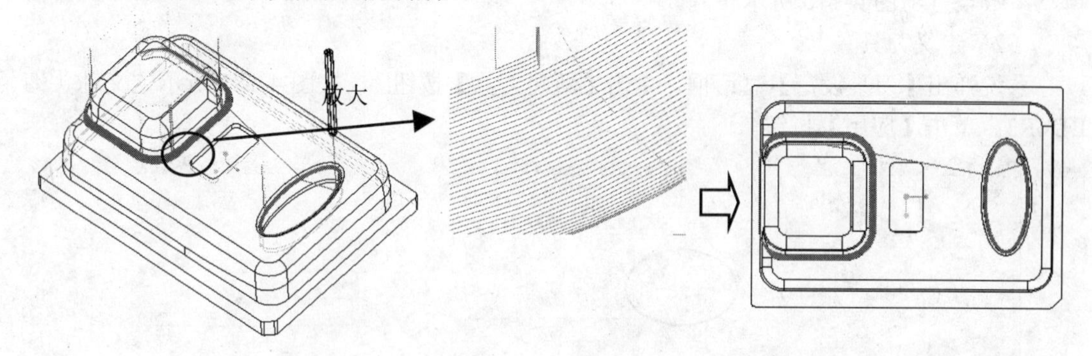

图4-179　生成精加工刀路

本节讲课视频：\ch04\03-video\k1m.exe。

4.4.10　创建铜公型面光刀 K1N

本节任务：（1）创建操作 K1N；（2）创建曲面轮廓铣削刀路，来精加工铜公外形曲面。

1．创建操作 K1N

在主菜单里执行【步骤】|【操作】命令，在系统弹出的【操作设置】对话框里单击【创建新操作】按钮，先输入【操作名称】为 K1N，再单击【创建机床】按钮，弹出【机床设置】对话框，默认为三轴机床，单击【确定】按钮，返回【操作设置】对话框。其余

做法与 4.2.4 节的相关内容相同。在目录树里生成新的操作 K1N，如图 4-180 所示。

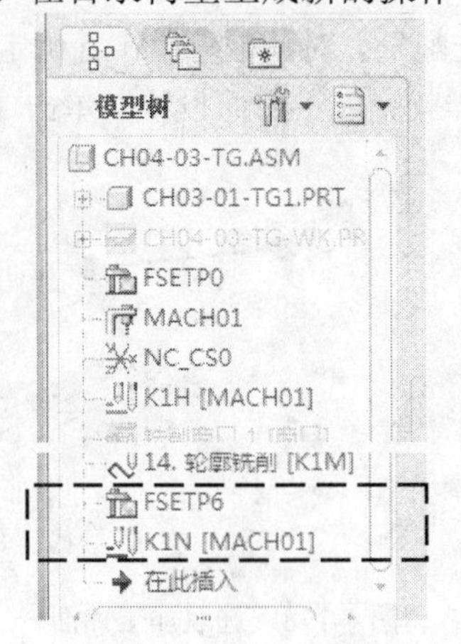

图 4-180　生成新操作

2. 创建曲面轮廓铣削刀路

创建该刀路的目的是精加工铜公外形曲面。

（1）设置菜单参数

在主菜单里执行【步骤】|【轮廓铣削】命令，系统在右侧弹出【菜单管理器】下拉菜单，参数设置与图 4-116 所示相同。

（2）定义刀具

系统弹出【刀具设定】对话框，单击【新建刀具】按钮，按图 4-181 所示定义球头刀 BD6R3。单击【应用】按钮。

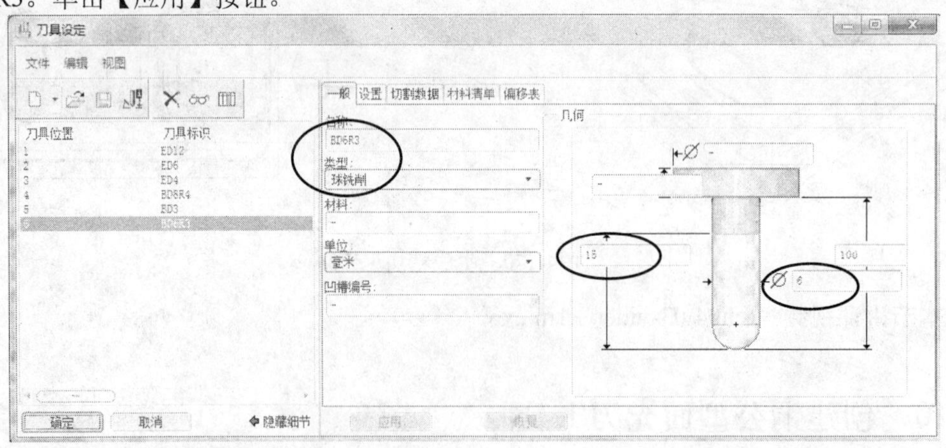

图 4-181　定义刀具

（3）设置加工参数

单击【确定】按钮，系统弹出【编辑序列参数“轮廓铣削”】对话框，执行【编辑】|【从步骤复制】命令，在弹出的【选取步骤】对话框里选取【所有操作】选项，再选取 14: 轮廓铣削, 操作: K1M 选项，然后按图 4-182 所示修改加工参数。

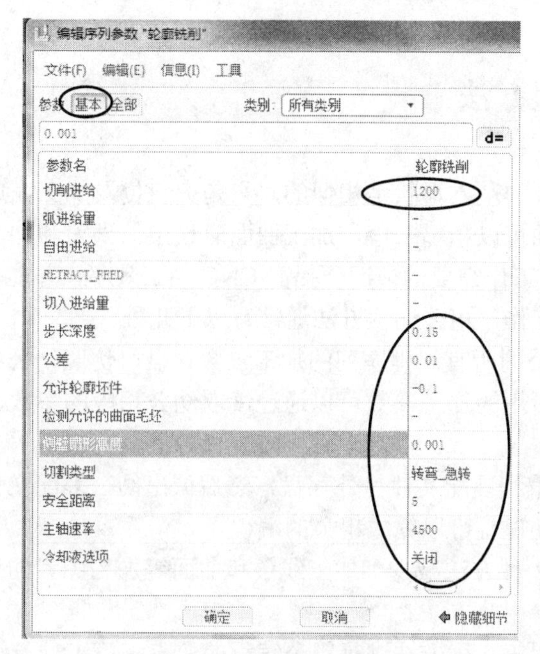

图 4-182　设置加工参数

（4）选取加工曲面

在【编辑序列参数“轮廓铣削”】对话框里单击【确定】按钮，按系统要求，选取图形曲面。所选取的曲面与图 4-173 相同，这样就完成了曲面设置。单击【应用】按钮。

（5）显示并检查刀路

在右侧的【菜单管理器】的【NC 序列】下拉菜单里选取【播放路径】|【屏幕演示】选项，在弹出的【播放路径】对话框里单击【播放】按钮，则图形显示出精加工的刀路，如图 4-183 所示。在工具栏里单击【已命名的视图列表】按钮，然后选取 TOP 视图或者 FRONT 视图。经检查，刀路正常。单击【关闭】按钮，再选取【完成序列】选项完成刀路的编程。

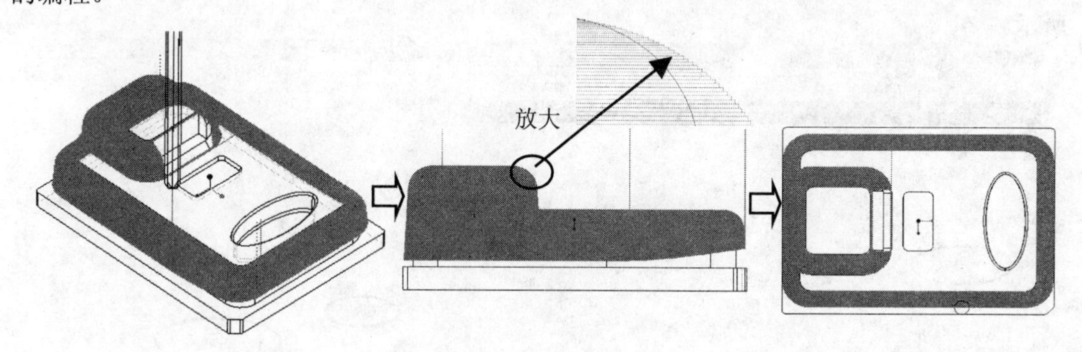

图 4-183　生成半精加工

这样就完成了幼公的编程。在主菜单里单击【保存】按钮，将编程装配文件存盘。

本节讲课视频：\ch04\03-video\k1n.exe。

4.4.11　粗公编程方法

本例中粗公和幼公的基本形状是相似的，只是火花位及加工完成后曲面的表面粗糙度要求不同。粗公的表面可以粗糙一些，加工曲面时设定的误差和加工步距可以适当加大，这样可以在满足 EDM 工作需要的情况下提高 CNC 加工效率，并能有效缩短制模周期。若已经完成了幼公编程工作，粗公编程方法通常有以下几种。

第 1 种：先将幼公的所有编程序列的加工参数存盘，仿照幼公的编程步骤对粗公全新编程。编制粗公刀路所用的加工参数可以通过读取幼公相应的参数，然后修改余量及步距而得到。

第 2 种：将幼公编程装配文件另外存盘，然后调出幼公装配文件，再修改加工余量和步距等参数，重新后处理就可以完成粗公的编程。

相比较而言，第 2 种方法减少了加工线条和曲面等加工图素的选取，编程方法较为简捷，在实际工作中要善用此方法。

下面着重介绍采用第 2 种方法进行粗公编程的要点，第 1 种方法留给读者自行完成。

1．幼公文件另外存盘

为了保留幼公编程的编程参数，需要在编程装配的环境下，对装配文件另外改名存盘。

在 Windows 界面下，复制文件夹 D:\ch04-03 中的所有文件至文件夹 D:\ch04-04。关闭当前窗口，从内存里删除旧文件，设定工作目录为 D:\ch04-04，再打开新文件夹中的文件，或者退出 Pro/E 软件，再次启动软件进入系统。

在主菜单里执行【文件】|【保存副本】命令，在弹出的【保存副本】对话框里输入新的文件名为 ch04-04-tg，单击【确定】按钮。在弹出的【组件保存为一个副本】对话框里，单击【全选】按钮≣把所有装配文件选中，再单击【生成新名称】按钮，这样系统自动在毛坯文件名和加工零件名后边加入符号“_”以示与原来幼公相应文件的区别，如图 4-184 所示。

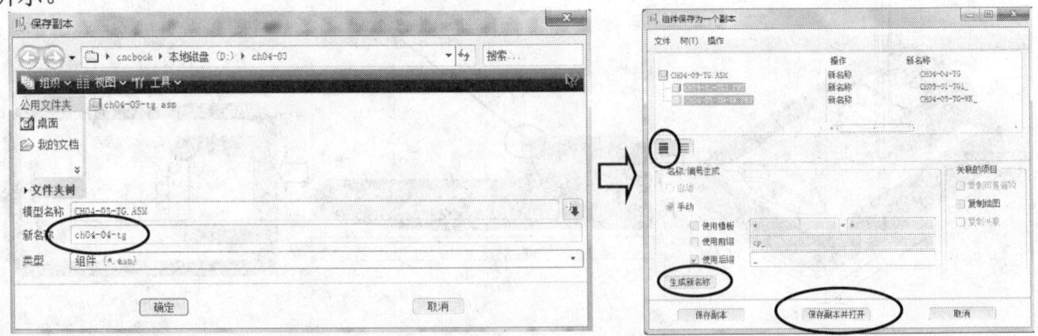

图 4-184　修改装配文件名

2．打开新的编程装配文件

在【组件保存为一个副本】对话框里单击 保存副本并打开 按钮，可以将粗公编程装配文件

ch04-04-tg.asm 打开。

除了该方法外，还可以单击 保存副本 按钮，再在主菜单里执行【文件】|【打开】命令，选取新的装配文件 ch04-04-tg.asm。

3．修改操作名称

根据第 4.4.1 节的粗公刀路规划，第一个开粗操作的名称由原来的 K1H 改为 K1O。在目录树里右击 K1H [MACH01]，在弹出的快捷菜单里执行【重命名】命令，在文本框里输入新文件名为 K1O（注意这里应该为字母 O 而不是数字 0），如图 4-185 所示。

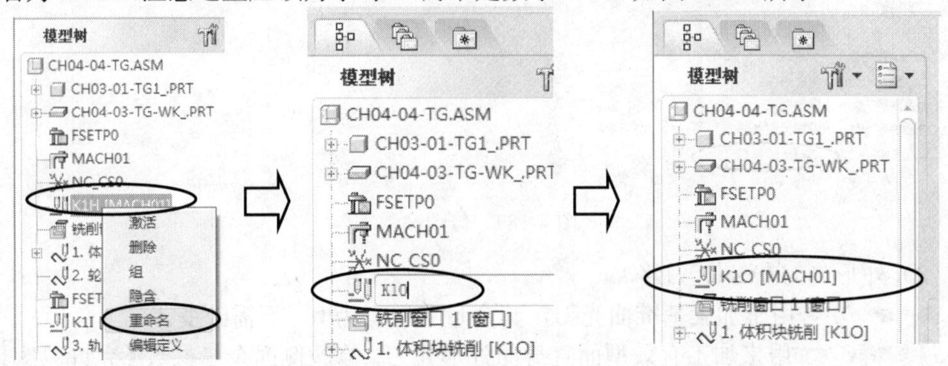

图 4-185　修改开粗操作名

同理，修改其他的操作，再注意与幼公的对应关系。观察目录树会发现，各个序列的名称也相应有所改变，如图 4-186 所示。

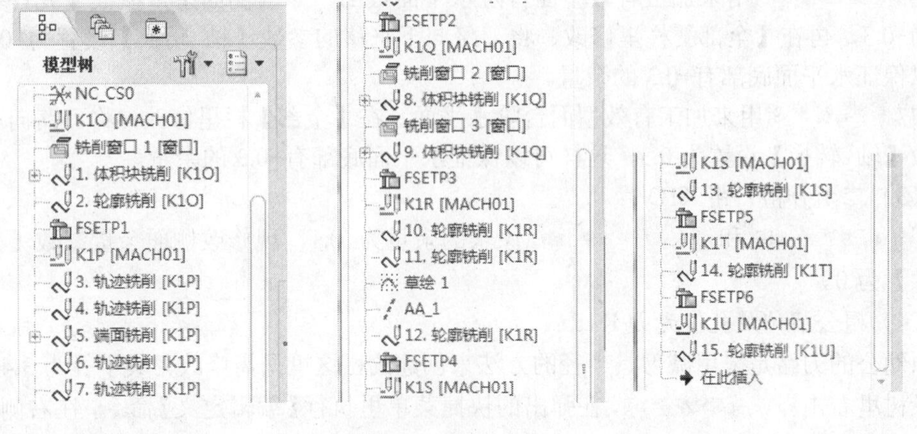

图 4-186　修改操作名称

4．修改操作序列的加工参数

（1）开粗刀路 K1O

在目录树里右击第一个序列 1. 体积块铣削 [K1O]，在弹出的快捷菜单里执行【编辑步骤参数】命令，系统弹出【编辑系列参数“体积块铣削”】对话框，修改侧面的余量参数【允许轮廓坯件】为 0，如图 4-187 所示。单击【确定】按钮。

对于第二个序列 2. 轮廓铣削 [K1O]，用来加工基准面开粗，其余量参数仍为 0.2，不需改变。同理，修改其他序列参数。

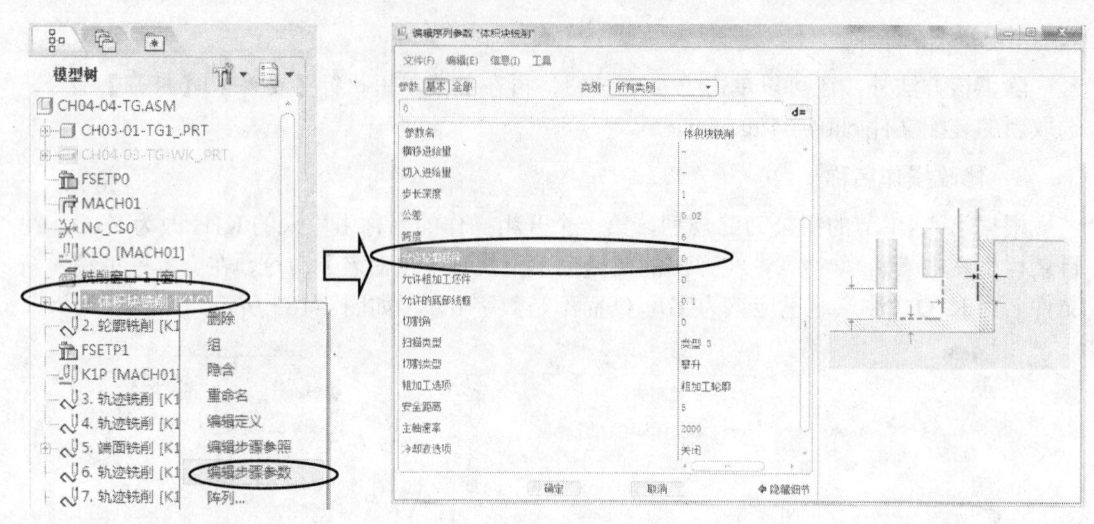

图 4-187 修改参数

（2）外形光刀在 K1P 刀路

3. 轨迹铣削 [K1P]用于加工基准面光刀，其余量参数仍为 0，不需改变。

4. 轨迹铣削 [K1P]用来加工有效型面直身面外形光刀，修改侧面余量参数【允许轮廓坯件】为-0.3。

5. 端面铣削 [K1P]用来加工顶部水平面光刀，修改顶部余量参数【允许底部线框】为-0.3，再修改【步长深度】为 0.1，这样可以多层分层切削，保证加工质量。

6. 轨迹铣削 [K1P]用来加工有效型面台阶水平面根部，修改侧面余量参数【允许轮廓坯件】为-0.3，再在【全部】栏里修改，将刀路向下平移的参数【轴_转换】设置为 0.3，这样可以保证水平面底部有-0.3 的余量。

7. 轨迹铣削 [K1P]用来加工有效型面台阶水平面，在【全部】栏里修改，将刀路向下平移的参数【轴_转换】设置为 0.3，这样可以保证水平面底部有-0.3 的余量。

（3）二次开粗刀路 K1Q

8. 体积块铣削 [K1Q]和 9. 体积块铣削 [K1Q]原来的余量为 0.1，现修改侧面余量参数【允许轮廓坯件】为 0。

（4）粗公清角及孔位光刀 K1R

原幼公的刀路是采用减刀具半径的方法来创建的，这里只需修改刀具半径为 3.4 即可。在目录树里右击 10. 轮廓铣削 [K1R]，在弹出的快捷菜单里执行【编辑定义】命令，在右侧的【菜单管理器】里选取【序列设置】|【刀具】|【完成】选项，系统弹出【刀具设定】对话框，修改刀具直径为 3.4，即 4−2×0.3=3.4，如图 4-188 所示。单击【应用】按钮，在弹出的确认对话框里单击【是】按钮，最后单击【确定】按钮。其他序列参数会自动更新，不需再次编辑刀具参数。

（5）粗公型面半精加工 K1S

修改 13. 轮廓铣削 [K1S]的余量参数【允许轮廓坯件】为-0.15。

（6）粗公型面半精加工 K1T

修改 14. 轮廓铣削 [K1T]的余量参数【允许轮廓坯件】为-0.29，【误差】参数为 0.02。

（7）粗公型面半精加工 K1U

修改 15. 轮廓铣削 [K1U] 的【步长深度】为 0.25，【误差】为 0.02，余量参数【允许轮廓坯件】为-0.3。为了能够在平缓位置产生均匀的刀路，再设置毛刺高度参数【侧壁扇形高度】为 0.002。

在工具栏里单击【保存】按钮将文件存盘。

本铜公的后处理方法与第 4.3.7 节基本相同，不同的是需要分别对幼公文件和粗公文件进行后处理；刀路快速检查方法与第 4.2.8 节基本相同，这些操作请读者自行完成。

本节讲课视频：\ch04\03-video\k1u.exe。

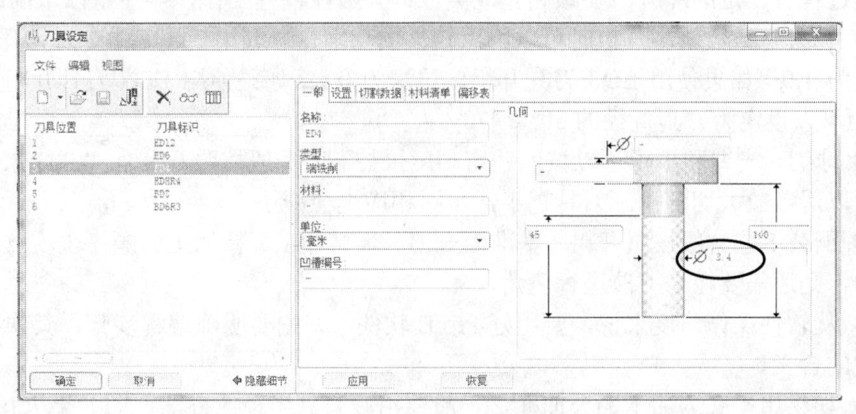

图 4-188　修改刀具参数

4.4.12　数控程序单的填写

本例参考的程序单样式如图 4-189 所示。

CNC加工程序单

型号		模具名称	遥控器面	工件名称	前模铜公1#	
编程员		编程日期		操作员	加工日期	
				对刀方式：	四边分中 对顶z=35.3	
				图形名	ch04-03-tg.asm	
				材料号	铜	
				大小	120×90×45	
程序名		余量	刀具	装刀最短长	加工内容	加工时间
K1H	.NC	0.2	ED12	45	开粗	
K1I	.NC	-0.1	ED12	45	光刀	
K1J	.NC	0	ED6	22	二次开粗	
K1K	.NC	-0.1	ED4	30	孔位光刀	
K1L	.NC	0	BD8R4	31	中光	
K1M	.NC	-0.09	BD3R1.5	25	清角光刀	
K1N	.NC	-0.1	BD6R3	31	光刀	
K1O	.NC	0	ED12	45	开粗	
K1P	.NC	-0.3	ED12	45	光刀	
K1Q	.NC	0	ED6	22	二次开粗	
K1R	.NC	-0.3	ED4	30	孔位光刀	
K1S	.NC	-0.15	BD8R4	31	中光	
K1T	.NC	-0.29	BD3R1.5	25	清角光刀	
K1U	.NC	-0.3	BD6R3	31	光刀	

图 4-189　CNC 加工程序单

最后，需对文件进行存盘处理，这里不再赘述。

4.5　本 章 总 结

本章以遥控器面壳模具中铜公为例，讲解了铜公的编程过程，使读者对铜公编程的特点及编程过程有一定的理解。要顺利完成类似铜公数控编程工作，要注意以下问题。

（1）铜公材料较软，开粗时可以给出较大的切削量，如果使用 ED12 刀具开粗切削，层深给定为 1.0；如果使用 ED8 刀具开粗，层深为 0.5；如果使用 ED6 刀具开粗，层深为 0.4。步距可以设定为刀具直径的 50%～70%。

（2）球刀、光刀和步距可以按照残留高度来控制，一般按照 0.001～0.003 来计算。中光刀具可以适当放大切削量。刀具越小，步距相应也会减小。

（3）铜公工艺一般按照开粗、基准面光刀、半精加工、精加工的顺序来安排。如果有角落部分，则还需要在光刀前进行清角。

（4）从软件操作角度来说，要用好 Pro/E 软件，首先要明确编程步骤，其次要搞清楚加工参数的含义。

（5）如果用平底刀加工铜公曲面，一般要用减刀具半径的办法。即如果火花位为 a，编程名义刀具半径为 R=D$_{刀}$/2-a。实际加工时就会使曲面过切，达到生成火花位刀路的目的。

4.6　本章思考练习和答案提示

思考练习

1．如果某位编程工程师在用 Pro/E 软件编程光刀时将负值错设为正值，这在制模工作中可能会带来什么后果？

2．Pro/E 软件的体积块铣削有哪些特点？如果用于加工铜公开粗应该注意什么问题？

3．Pro/E 软件的轮廓铣削加工分离曲面时可能会出现哪些缺陷？如何设定参数以提高效率？

4．根据本章铜公编程的思路，编制第 3 章所拆的铜公 4#和铜公 5#的数控程序，如图 4-190 和图 4-191 所示。

要求：只加工幼公各一件，火花位为-0.075。

文件在光盘 ch04-05 目录里，文件名为 ch03-01-tg4.prt.2 和 ch03-01-tg5.prt.2。

5．根据本章编程铜公数控程序的思路，编制第 3 章所拆的铜公 6#的数控程序，如图 4-192 所示。

要求：幼公火花位为-0.075，粗公火花位为-0.25。

文件在光盘 ch04-07 目录里，文件名为 ch03-01-tg6.prt.2。

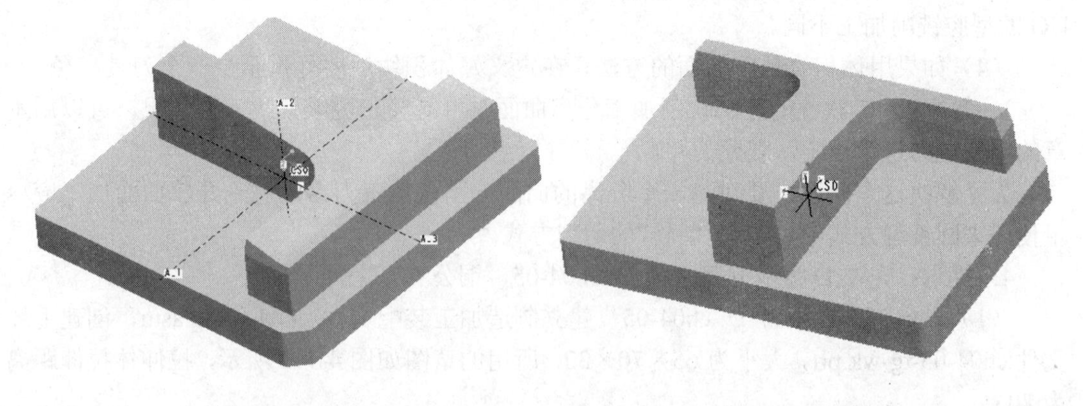

图 4-190　铜公 4#　　　　图 4-191　铜公 5#

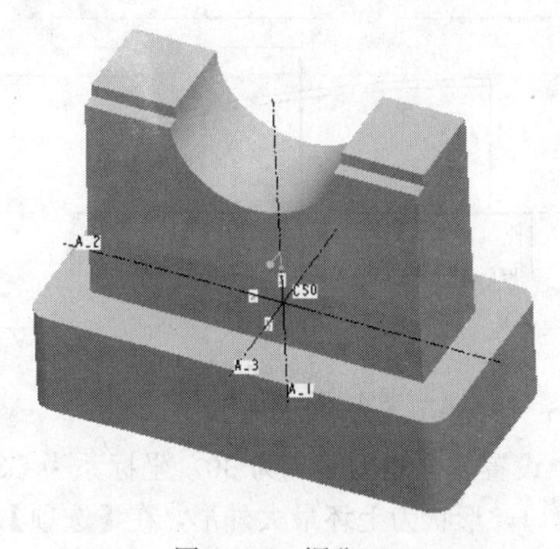

图 4-192　铜公 6#

答案提示

1．答：这样会使铜公有多余的余量，如果用 EMD 加工模具会导致模具过切。如果是前模型腔过切，由于不能烧焊，轻者会降 PL 返锣（重新返工，降低型面加工），重者可能导致更换材料，所有以前所进行的工作全部作废，需要重新返工，将严重影响制模进度。所以希望初学者要仔细检查程序，避免出现类似错误。

2．答：Pro/E 软件的体积块铣削是很有特色的加工功能，主要用于工件开粗，类似于 Mastercam 的曲面挖槽加工和 UG 的型腔铣削加工。可以用窗口特征 2D 草图和体积块封闭曲面两种方法定义加工元素。可以逐层加工工件，而且刀路切削样式多样，甚至有些功能还可以用于高速加工。

如果体积块铣削功能用于铜公开粗，应该注意以下问题。

（1）要设定从料外下刀，可以在【菜单管理器】的参数选项里选中【逼近薄壁】复选框。

（2）定义窗口特征时注意选中【在窗口围线上】单选按钮，这样刀路就可以到达窗口线。

（3）可以通过定义窗口的深度定义加工深度范围，这与 Mastercam 的曲面挖槽加工及 UG 的型腔铣削加工不同。

（4）如果用体积块封闭曲面的方法，在定义好体积块后要外扩至少一个刀具半径。

3．答：Pro/E 软件的轮廓铣削加工分离曲面时可能会出现频繁跳刀的情况，可以用本章的铜公光刀进行设定，观察刀路。

为了解决这个问题，要对每一个分离的曲面分别做加工刀路。对于开放曲面加工应尽量使用来回铣削方式中“转弯_急转”的切削方式。

4．提示：先在 D 盘建立目录为 D:\ch04-05，铜公 4#编程要点如下。

（1）设定工作目录为 D:\ch04-05，建立制造加工装配文件 ch04-05-tg.asm，创建毛坯文件 ch04-05-tg-wk.prt，大小为 65×70×32，所用的草图如图 4-193 所示，拉伸体拉伸距离为 70。

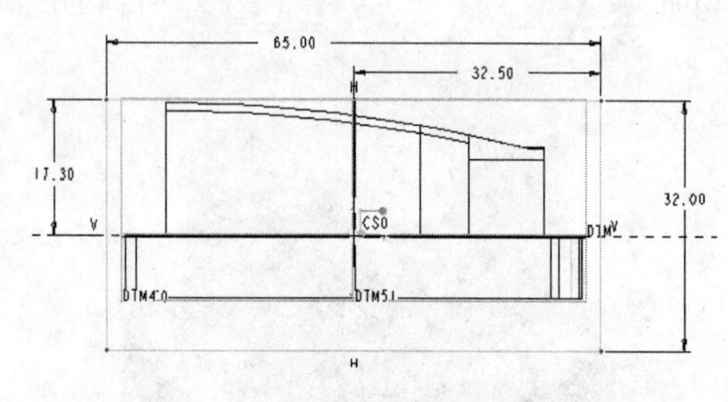

图 4-193　毛坯草绘

（2）创建操作 K1V，设置安全退刀距离为 30，坐标系为 CS0。

① 在毛坯顶面创建窗口，形状为毛坯最大外形，在【选项】选项卡里选中【在窗口围线上】单选按钮。在【深度】选项卡里定义深度截至面为铜公台阶基准面 DTM3，如图 4-194 所示。

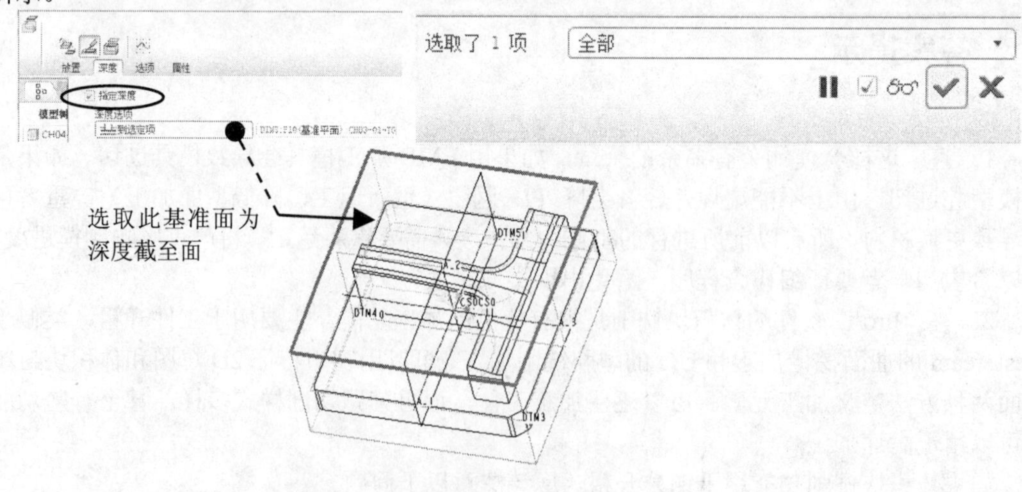

图 4-194　创建窗口

② 在主菜单里执行【步骤】|【体积块粗加工】命令，创建体积块粗加工刀路，做法

与第 4.3.4 节相关内容相同，生成刀路如图 4-195 所示。刀具为 ED8，选取窗口为加工几何，左边线为开口，切削层深为 0.5，步距为 4，侧面余量为 0.2，底部余量为 0.1。

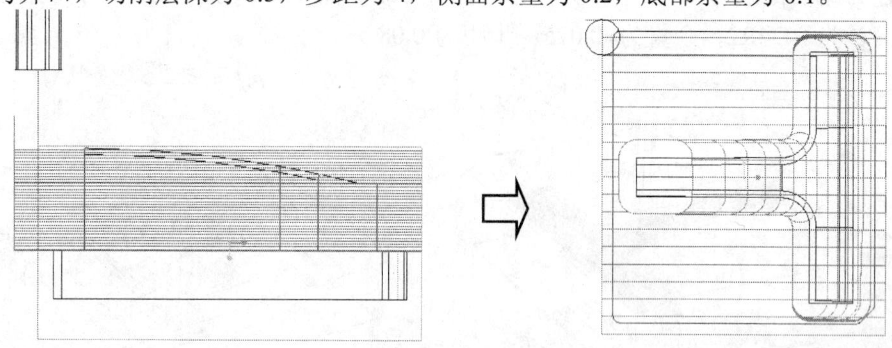

图 4-195　铜公上部开粗

③ 在主菜单里执行【步骤】|【轮廓铣削】命令，创建轮廓铣削刀路，做法与第 4.3.4 节相关内容相同，生成刀路如图 4-196 所示。余量为 0.2，层深为 0.5，进刀圆弧半径为 5，角度为 90°。

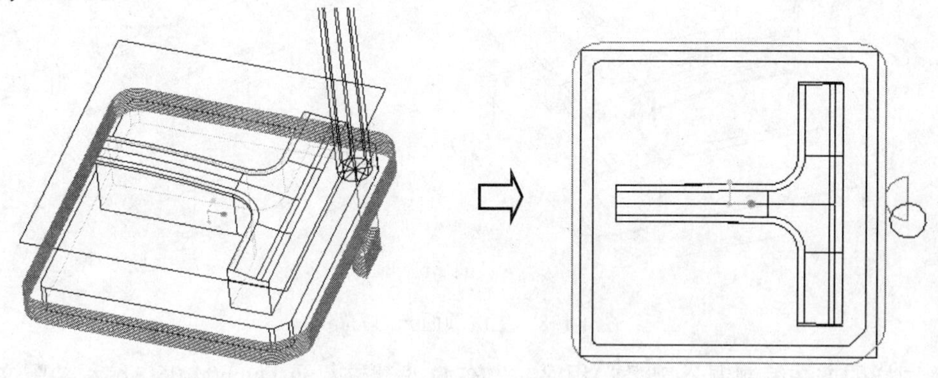

图 4-196　生成下部开粗

（3）创建操作 K1W，设置安全退刀距离为 30，坐标系为 NC_CS0。

创建刀路的做法与第 4.3.5 节相关内容相同，刀路如图 4-197 所示。注意 4 号刀路轨迹铣削余量为-0.075。要另外从台阶位向上提升 2mm 来创建 2 号窗口。

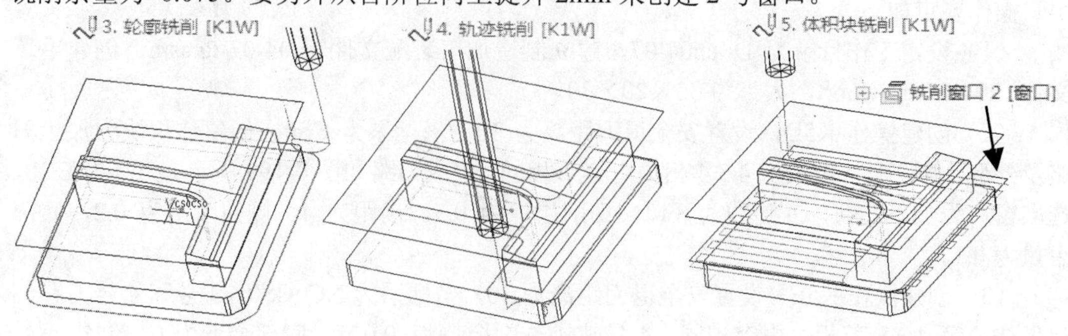

图 4-197　生成光刀刀路

（4）创建操作 K1X，设置安全退刀距离为 30，坐标系为 CS0。

创建刀路的做法与 4.3.6 节相关内容相同，刀路如图 4-198 所示。6～9 号刀路均为曲面铣削，刀具为 BD4R2，余量为-0.075，步距为 0.08。

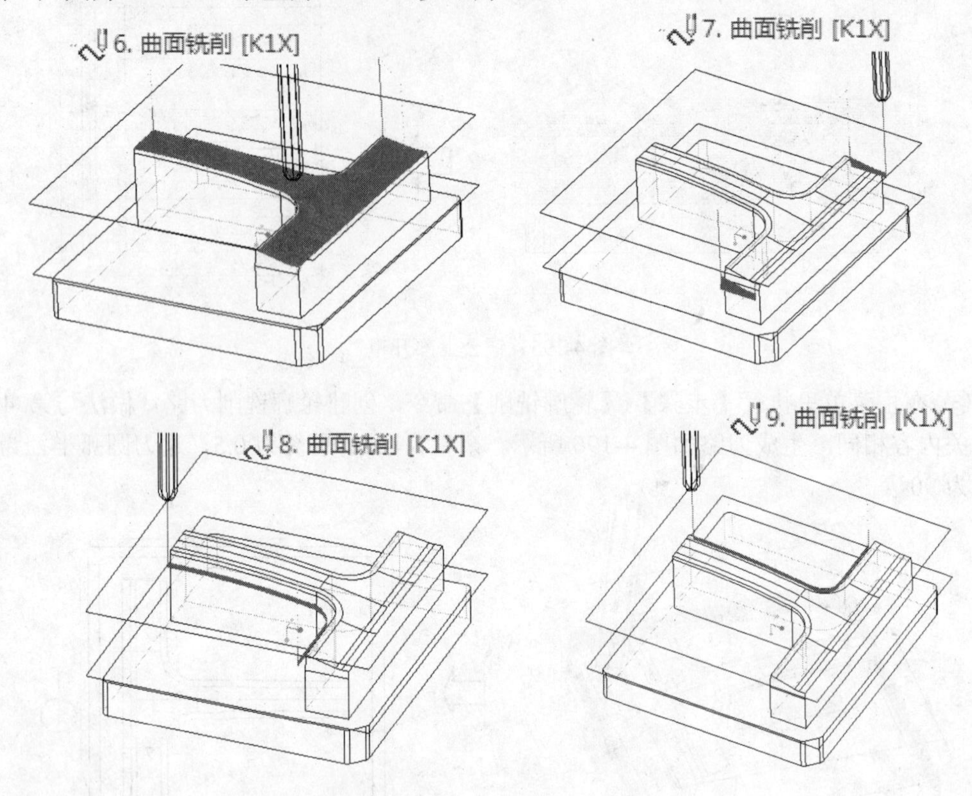

图 4-198　生成顶面光刀刀路

用同样的方法编制铜公 5#数控程序。先在 D 盘建立目录 D:\ch04-06，编程装配文件为 ch04-06-tg.asm。

5．提示：在对型面侧部斜面用轮廓铣削加工时，要复制此面，再分割曲面为 3 部分，从而建创 3 个铣削曲面，并分别创建 3 个刀路。半圆型面也采取分割曲面的方法加工，以防止频繁跳刀。

操作要点如下。

（1）设定工作目录为 D:\ch04-07，建立制造加工装配文件 ch04-07-tg.asm，创建毛坯文件 ch04-07-tg-wk.prt，大小为 35×20×30。

（2）创建操作 K5D，设置安全退刀距离为 30，坐标系为 CS0。创建体积块粗加工刀路及外形铣削刀路，做法与 4.3.4 相关内容节相同，生成刀路如图 4-199 所示。刀具为 ED8，选取窗口为加工几何，左边线为开口，切削层深为 0.5，步距为 4，侧面余量为 0.2，底部余量为 0.1。

（3）创建操作 K5E，设置安全退刀距离为 30，坐标系为 NC_CS0。3 号和 4 号刀路创建做法与第 4.3.5 节相关内容相同。4 号轨迹铣削余量为-0.075，底部余量为 0。创建 5 号和 6 号刀路时先连接直线，侧余量为-0.075，底部余量为-0.075，如图 4-200 所示。

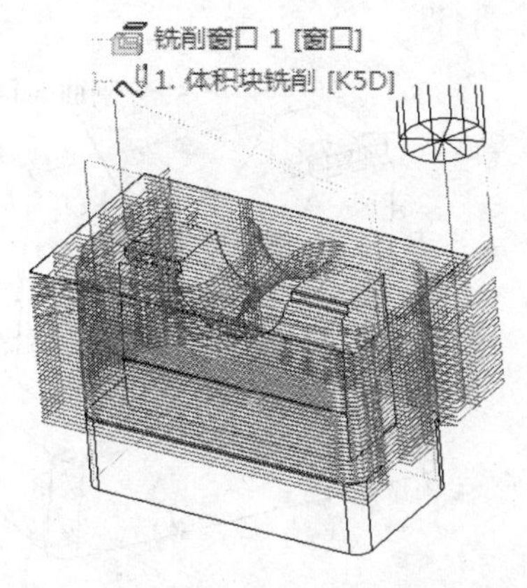

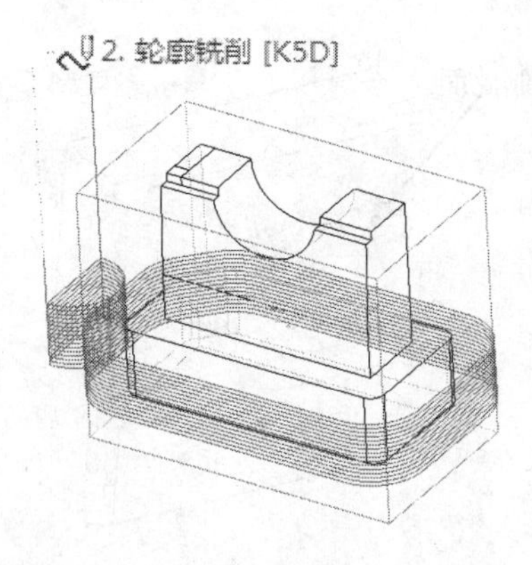

图 4-199　创建开粗刀路 K5D

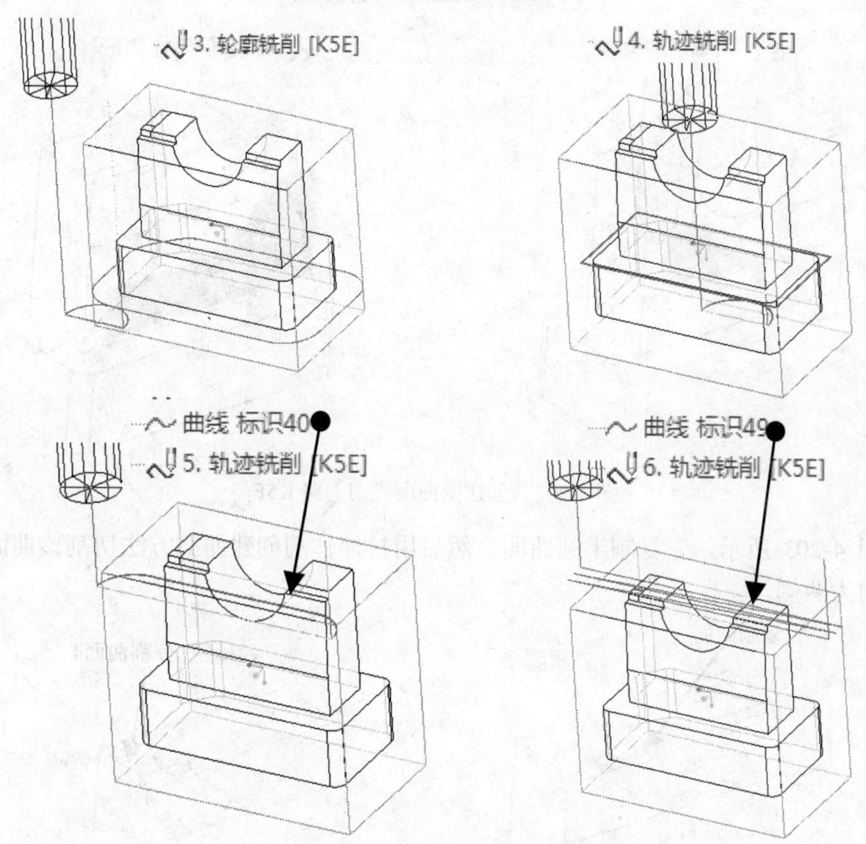

图 4-200　生成光刀刀路 K5E

（4）创建操作 K5F，设置安全退刀距离为 30，坐标系为 NC_CS0。

按图 4-201 所示，先复制曲面，然后用拉伸体的创建面的方法切割该曲面，材料保留方向为两侧。

根据以上 3 处曲面创建轮廓曲面铣削刀路，余量为-0.075，层深为 0.08，残留高度为 0.001，【过切避免类型】为“仅限刀尖”，【相切导引步长】为 1，进/退刀方式为“直线_相切”，如图 4-202 所示。

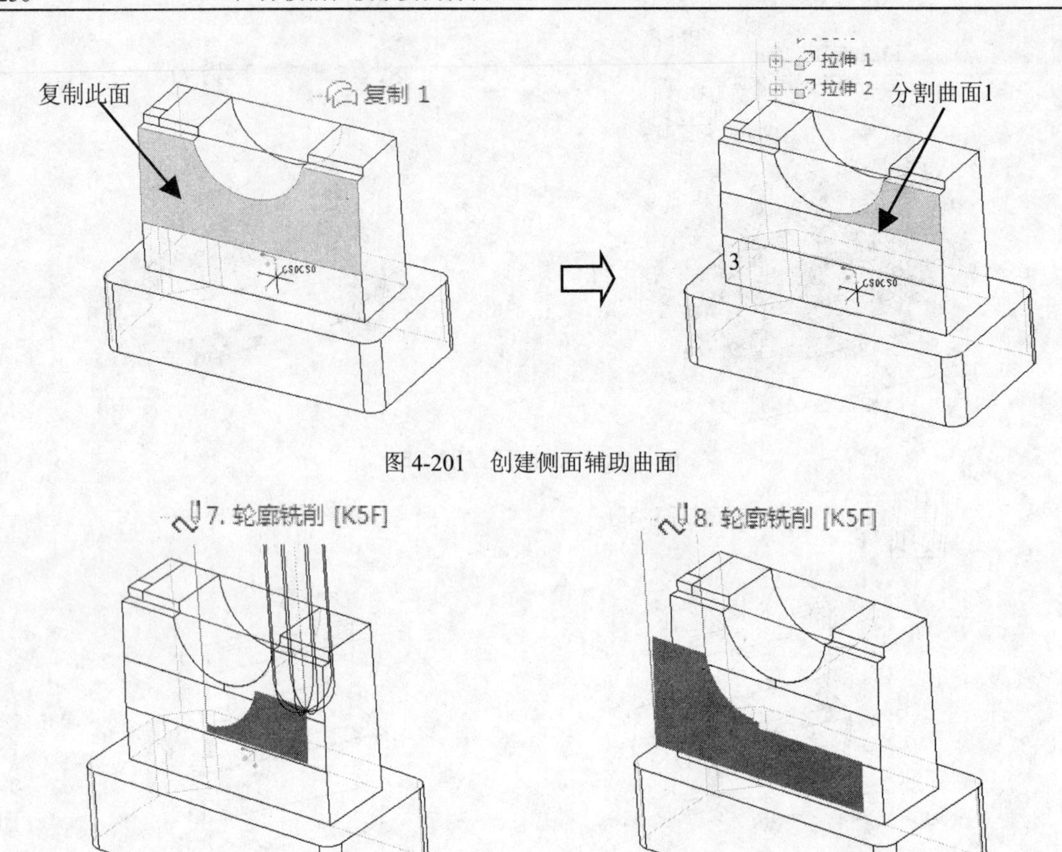

图 4-201　创建侧面辅助曲面

图 4-202　创建侧曲面光刀刀路 K5F

按图 4-203 所示，先复制半圆曲面，然后用拉伸体的创建面的方法切割该曲面，材料保留方向为两侧。

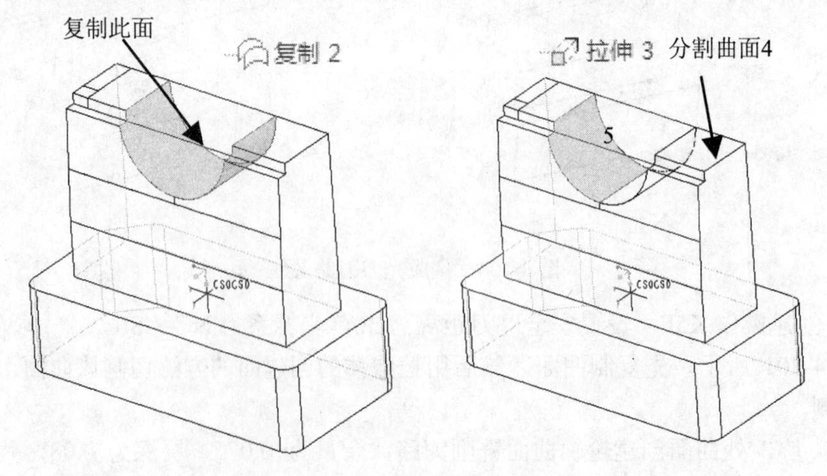

图 4-203　创建半圆辅助面

根据此两处曲面创建轮廓曲面铣削刀路，余量为-0.075，层深为 0.08，残留高度为 0.001，【过切避免类型】为“仅限刀尖”，【相切导引步长】为 2，进/退刀方式为“直线_相切”，如图 4-204 所示。

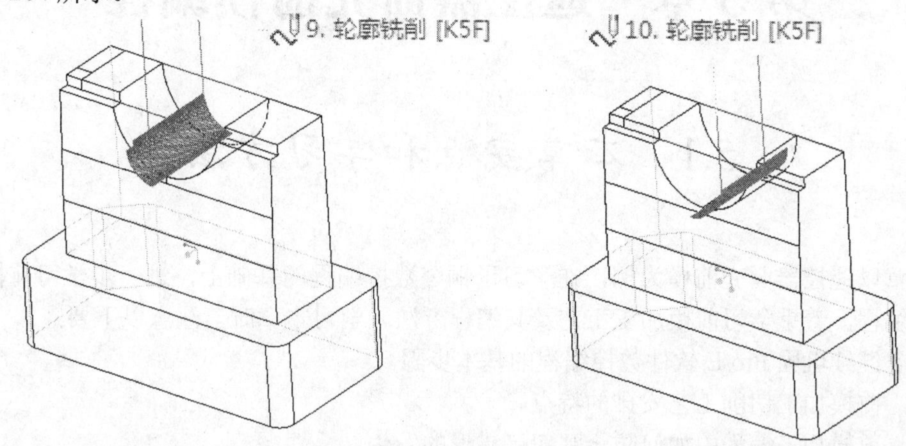

图 4-204　半圆面光刀 K5F

（5）创建操作 K5G，设置安全退刀距离为 30，坐标系为 NC_CS0。

创建轮廓曲面铣削刀路，如图 4-205 所示。刀具 ED4 实际切削直径给定为 3.85，余量为 0，层深为 0.03，残留高度参数为 0.001，【轴_转换】为 0.075，【相切导引步长】为 0.5，进/退刀方式为“直线_相切”。

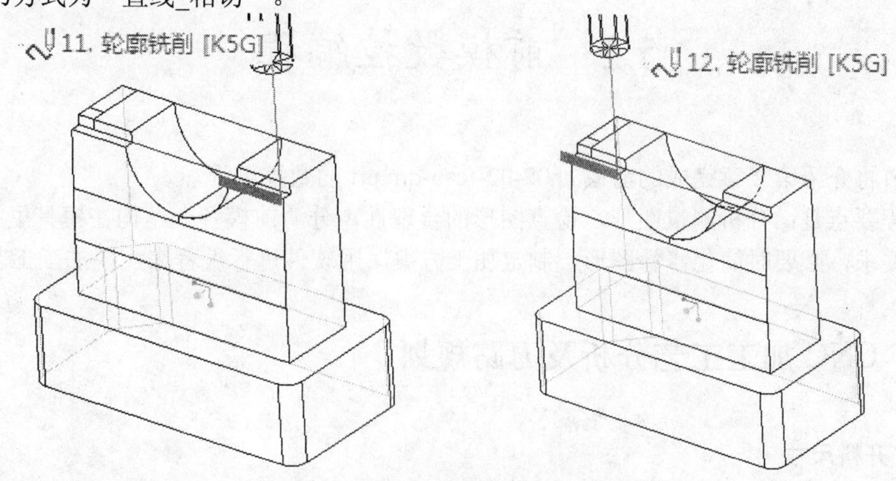

图 4-205　生成台阶斜面光刀 K5G

最后将文件存盘。具体可参考配套光盘中的相关文件。

第5章　遥控器面壳前模编程

5.1　本章要点和学习方法

本章以遥控器面壳前模为例，在学习了铜公数控编程的基础上，进一步学习前模钢件的数控编程，着重学习前模加工工艺及其编程方法。学习本章时请注意以下要点：

- 继续巩固 Pro/E 软件数控编程的基本步骤。
- 前模加工切削工艺安排的特点。
- 前模加工编程中如何防止踩刀等错误的发生。
- 体积块加工方法在前模二次开粗和局部清角中的应用技巧。

希望先按照书上步骤结合本章的讲课视频练习一遍，再尽可能多做几遍，直到熟练为止。通过训练体会加工参数的含义，掌握前模编程技巧，有助于解决实际工作中可能遇到的类似问题。

5.2　前模数控编程

本节将介绍第2章完成的前模 ch02-02-fcab-qm.prt 的数控编程。

编程要点是：分析测量图形，检查图形的合理性，分清前模各个结构在模具里的作用和加工要求，必要时简化修补图形。制定加工方案，用软件进行编程来实现加工工艺。

5.2.1　CNC 加工工艺分析及刀路规划

1．开料尺寸

测量图形得知材料尺寸为150×120×45。前模通常采取虎钳夹持或者锁板方式进行装夹。

2．材料

钢件 S136H，1件料。此材料出厂硬度通常为 HB29-330。

3．加工要求

本例型腔部分仅进行开粗，再清角，碰穿面顶部光刀时留余量为0.02，PL 面及枕位进行光刀到位，余量为0。

4．加工方案

（1）操作程序名为 K2A，粗加工，也叫开粗，刀具为 ED16R0.8 飞刀，加工余量为 0.3。

（2）操作程序名为 K2B，水平面精加工，也叫光刀，刀具仍为 ED16R0.8 平底刀，但要求操作员加工时更换新刀粒进行加工，底部余量为 0。

（3）操作程序名为 K2C，二次开粗，也叫清角，选用平底刀 ED8，型面曲面余量为 0.35。

（4）操作程序名为 K2D，三次开粗，刀具为 ED4 平底刀，加工余量为 0.4。

（5）操作程序名为 K2E，型面中光刀，刀具为 ED8 平底刀，侧余量为 0.2。

（6）操作程序名为 K2F，PL 面半精加工，也叫中光刀，选用球刀 BD8R4，型面曲面余量为 0.11。

（7）操作程序名为 K2G，PL 面光刀，选用球刀 BD8R4，型面曲面余量为 0。

（8）操作程序名为 K2H，模锁面光刀，选用球刀 BD3R1.5，型面曲面余量为 0。

5.2.2　调图及图形整理

本节任务：接受前模图形后，先要转化为符合编程要求的图形，再对其进行几何尺寸分析及加工工艺规划，调整坐标系使其符合加工要求。

（1）在 Windows 的资源管理器里建立目录 D:\ch05-01，将光盘的相应原始图形文件复制到此。启动并进入 Pro/E 界面，设置工作目录为 D:\ch05-01，打开 Pro/E 文件 ch02-01-fcab-qm.prt。该图形为第 2 章所完成的图。

注意：本例图形调入后自动变为实体，如果遇到图形不是实体的情况，就需要将其转化为实体图。另外尽量将原来分模图中多个特征合并为一个特征以简化图形。

（2）经过几何尺寸分析和工艺分析，得出了第 5.2.1 节的加工方案。

（3）调整坐标系，前模加工时一般要求是：长方向为 X 轴，工件的四边分中 XY 为零点，台阶 PL 平位为 Z=0。型腔朝向 Z 轴的正方向。本例坐标系需要调整。

先在图形上选取坐标系 PRT_CSYS_DEF，或者在目录树里选取 PRT_CSYS_DEF，右击鼠标，在弹出的快捷菜单里执行【删除】命令将其删除，如图 5-1 所示。

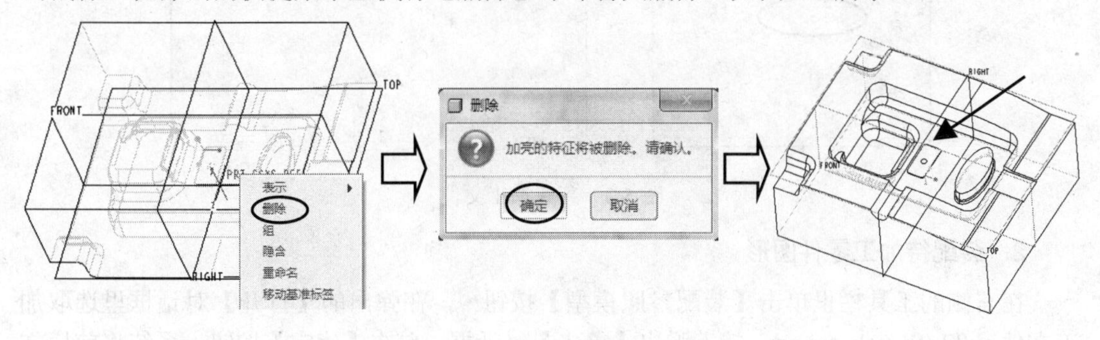

图 5-1　删除旧坐标系

再重新定义符合要求的坐标系 CS0。在工具栏里单击【坐标系】按钮，以 3 个基准面为参照定义坐标系，结果如图 5-2 所示。

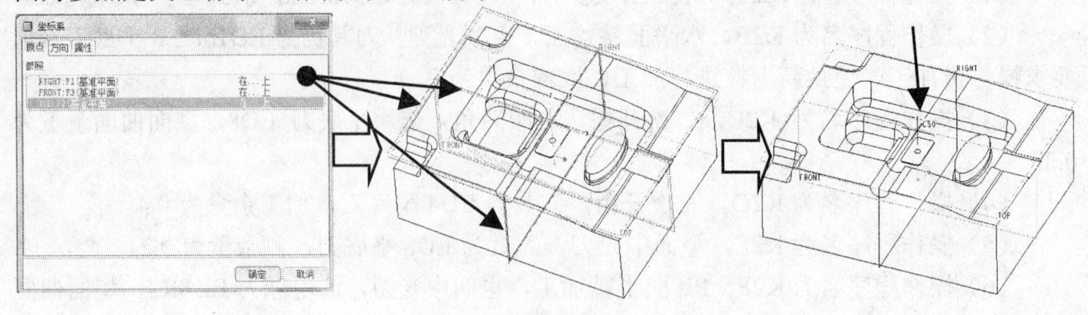

图 5-2　定义坐标系

在工具栏里单击【保存】按钮将该图形存盘。在主菜单里执行【窗口】|【关闭】命令，将当前图形关闭。

5.2.3　进入加工模块

1．新建加工文件

在工具栏里单击【新建】按钮，系统弹出【新建】对话框，按图 5-3 所示选取选项，并输入加工总文件名 ch05-01-qm，最后单击【确定】按钮。在弹出的【新文件选项】对话框里选取【空】模板。

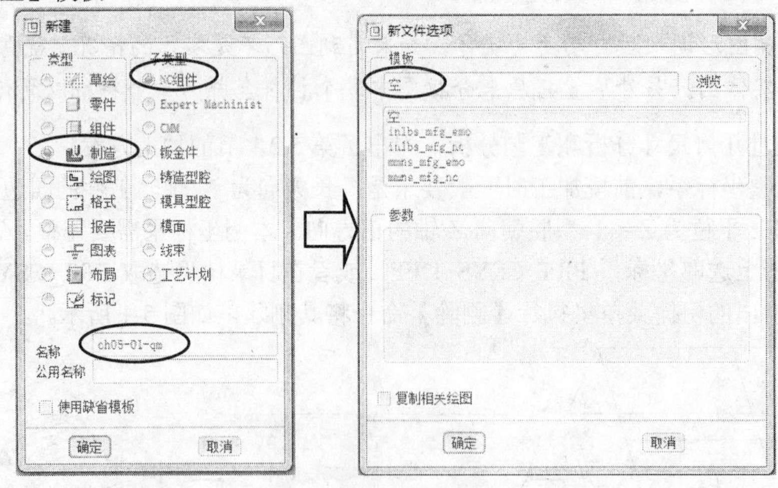

图 5-3　新建加工文件

2．装配待加工零件图形

在右侧的工具栏里单击【装配参照模型】按钮，在弹出的【打开】对话框里选取加工文件 ch02-01-fcab-qm.prt，接着弹出【警告】对话框，单击【确定】按钮。系统将前模文件以默认方式进行装配，如图 5-4 所示。

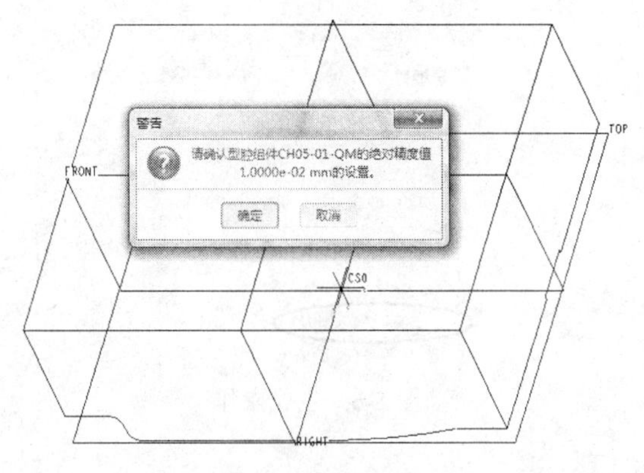

图 5-4　装配文件

3. 创建毛坯工件

在右侧工具栏里单击【自动工件】按钮，按照前模的最大外形用自动方式定义毛坯，系统自动给定文件名为 CH05-01-QM-WRK_01.PRT，单击【应用】按钮，结果如图 5-5 所示。

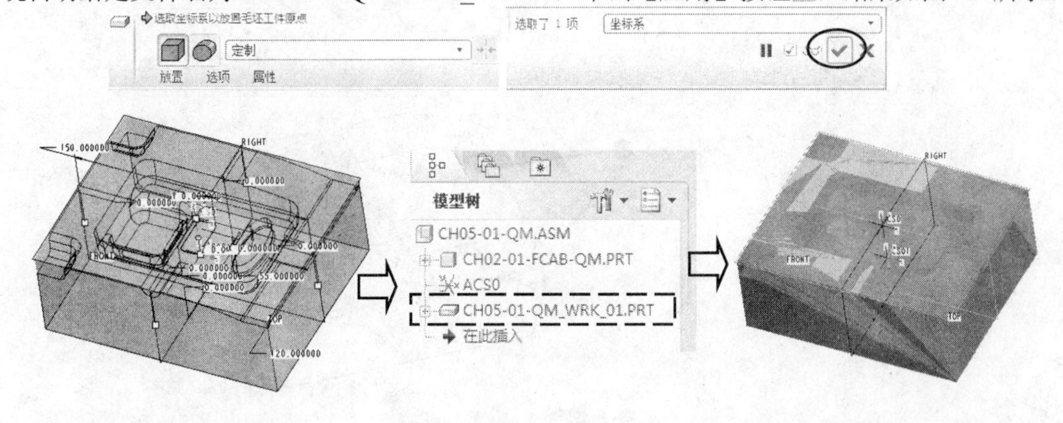

图 5-5　创建自动毛坯

小提示：为了防止后续建立操作时选错坐标系，将制造模块里生成的 ACS0 坐标系和毛坯里的坐标系 CS0 都隐藏，并在层树里保存层的状态。

5.2.4　创建开粗刀路 K2A

本节任务：（1）创建操作 K2A；（2）创建窗口；（3）创建粗加工刀路。

1. 创建操作 K2A

在主菜单里执行【步骤】|【操作】命令，在系统弹出的【操作设置】对话框里单击【创建新操作】按钮，先输入【操作名称】为 K2A，再单击【创建机床】按钮，系统弹出【机床设置】对话框，默认为三轴机床，单击【确定】按钮，系统返回【操作设置】对话框。其余做法与 4.2.4 节的相关内容相同。在目录树里生成新的操作 K2A，如图 5-6 所示。选取前模的坐标系 CS0 为加工坐标系，退刀安全高度为 35。

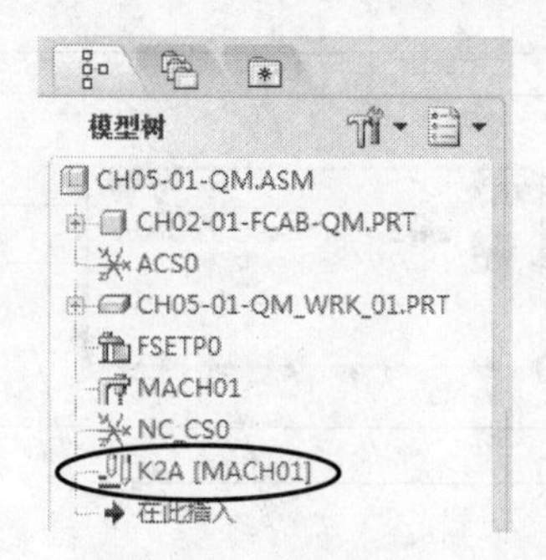

图 5-6 生成操作

2．创建体积块粗加工

（1）创建窗口特征

① 在右侧工具栏里单击【铣削窗口】按钮，系统弹出窗口的工具栏操控面板，单击【侧面影像窗口类型】按钮，再选取【放置】选项卡，按系统要求选取毛坯顶面为窗口平面，如图 5-7 所示。

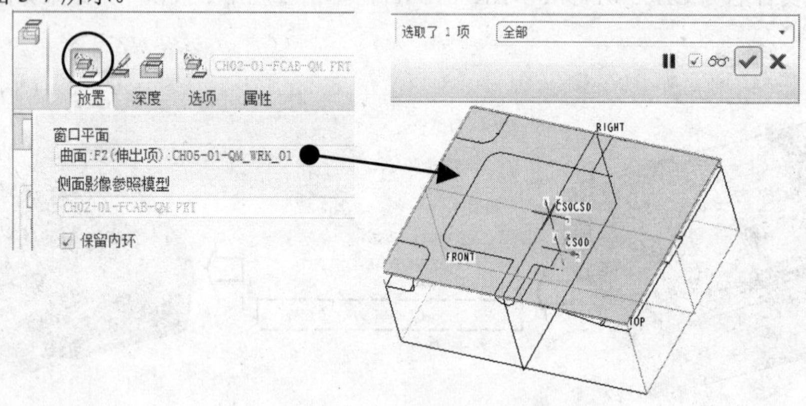

图 5-7 选取窗口平面

② 进一步设置窗口参数。在窗口工具栏里选取【选项】选项卡，在系统弹出的参数下拉表里选中【在窗口围线上】单选按钮。单击【应用】按钮，这样就在毛坯顶面生成了窗口，如图 5-8 所示。

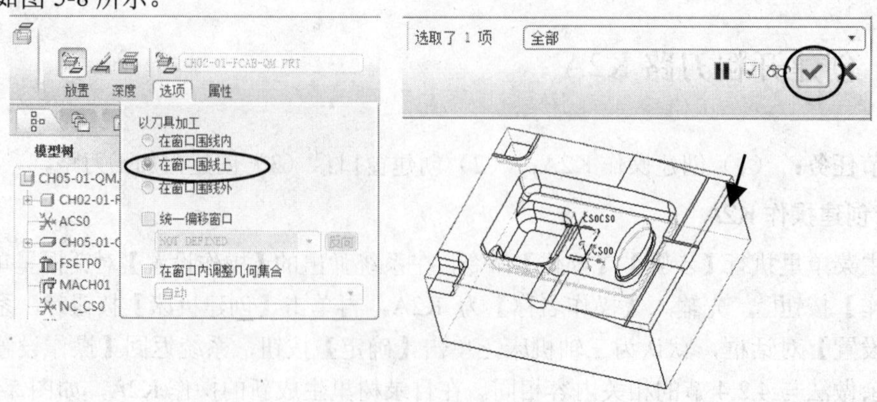

图 5-8 生成窗口

（2）设置菜单参数

在主菜单里执行【步骤】|【体积块粗加工】命令，系统在右侧弹出【菜单管理器】下拉菜单，按图 5-9 所示设置参数。注意选中【逼近薄壁】复选框，目的是在有开口的区域能够控制刀具从料以外进刀，以减少刀具的磨损量，或者直接在工具栏里单击【体积块粗加工】按钮。

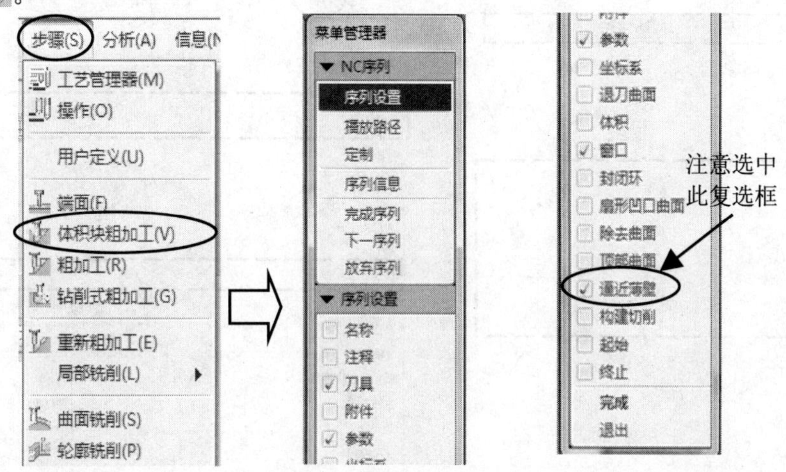

图 5-9　设置菜单参数

（3）定义刀具

接着系统弹出【刀具设定】对话框，按图 5-10 所示定义刀具。单击【应用】按钮，再单击【确定】按钮。

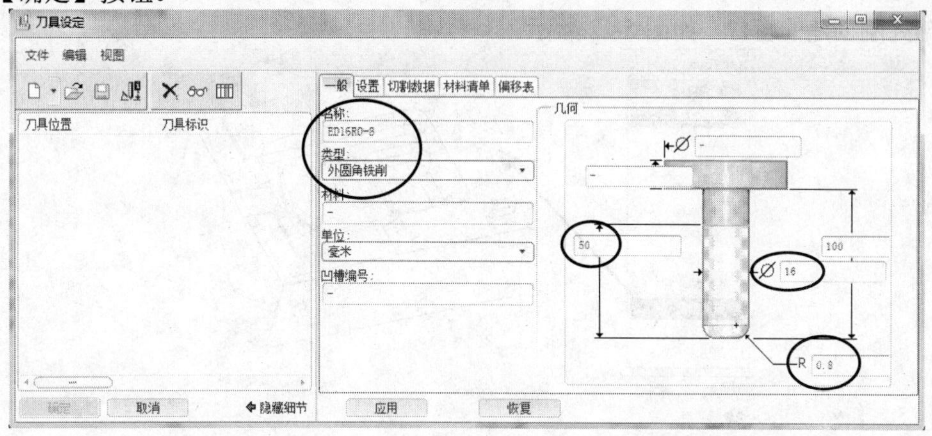

图 5-10　定义刀具

注意：因为系统刀具【名称】中对于小数点不能识别，所以此处用“-”代替。

（4）设置加工参数

单击【确定】按钮，系统弹出【编辑序列参数“体积块铣削”】对话框，按图 5-11 所示设置加工参数。进给速度参数【切削进给】为 1500，层深参数【步长深度】为 0.3，【公差】为 0.03，步距参数【跨度】为 8，侧面余量参数【允许轮廓坯件】为 0.3，底部余量参数【允许的底部线框】为 0.2。设置螺旋下刀参数角度参数【斜向角度】为 3°，安全距离为 5，【螺旋直径】为 8。

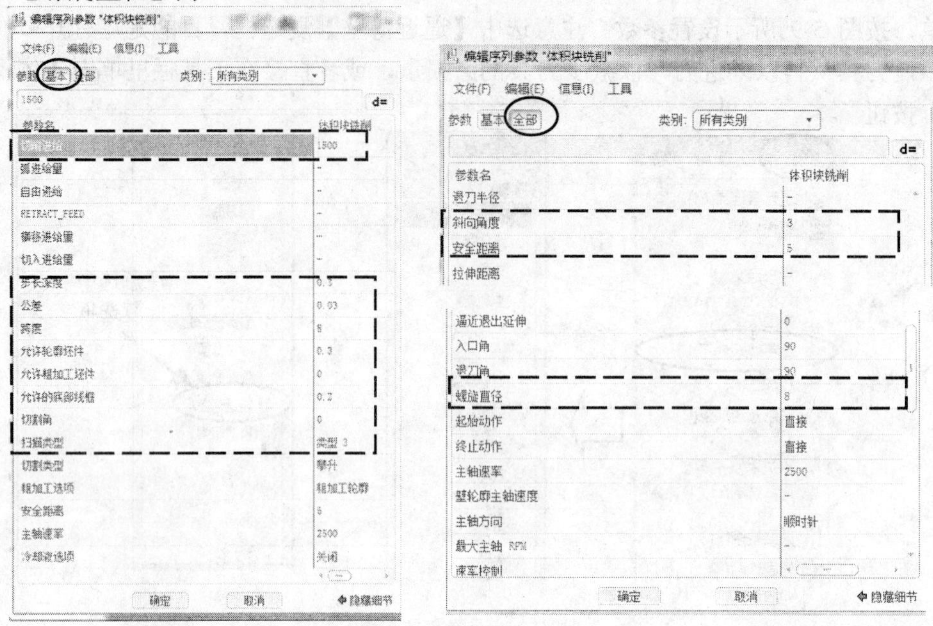

图 5-11　设置加工参数

（5）选取加工几何

在【编辑序列参数“体积块铣削”】对话框里单击【确定】按钮，按系统要求选取图形顶部处刚创建的窗口，如图 5-12 所示。

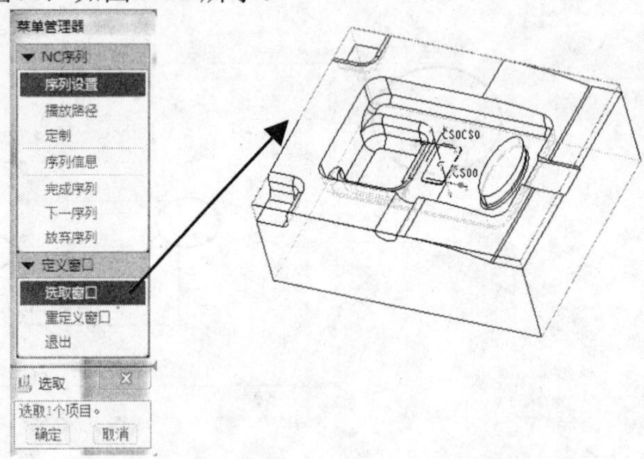

图 5-12　选取窗口特征

（6）选取窗口开口边

在图形上选取完窗口后，提示栏出现了信息 ➡选取用作刀具进入的窗口侧。，在右侧的【菜单管理器】里又弹出新的菜单，要求选取窗口的开口边线，即要求选取【逼近薄壁】复选框对应的图形。在图形的顶部选取窗口的左右两侧的边线，如图 5-13 所示。选取【完成】选项。

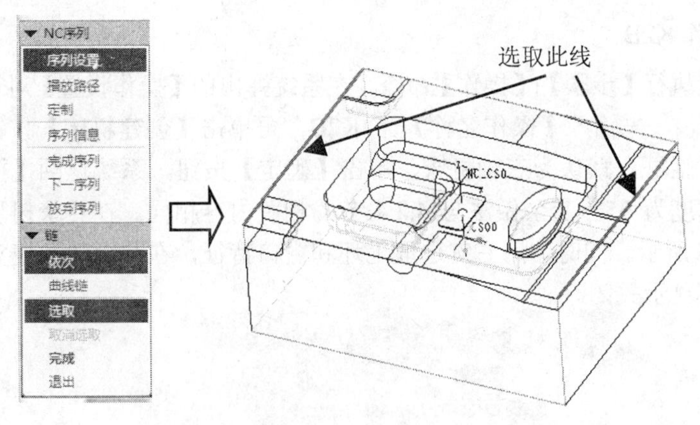

图 5-13　选取窗口边线

（7）显示并检查刀路

先在工具栏里单击【重定向】按钮，在弹出的【方向】对话框里定义并保存沿着 Z 轴负方向观察的俯视图的视图，命名为 TOP。同理设置前视图名为 FRONT。

在右侧的【菜单管理器】的【NC 序列】下拉菜单里选取【播放路径】|【屏幕演示】选项，在系统弹出的【播放路径】对话框里单击【播放】按钮，则图形显示出开粗的刀路，如图 5-14 所示。在工具栏里单击【已命名的视图列表】按钮，然后选取 FRONT 视图。观察并分析刀路得知，在型腔的层与层之间是通过斜线过渡的，这样避免了踩刀。单击【关闭】按钮，在右侧的【菜单管理器】里选取【NC 序列】|【完成序列】选项，系统返回编程图形。

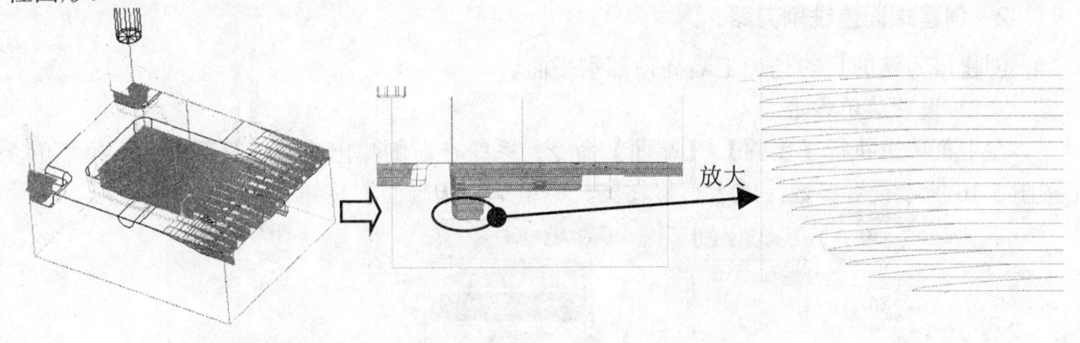

图 5-14　演示刀路

本节讲课视频：\ch05\03-video\k2a.exe。

5.2.5　创建水平面光刀 K2B

本节任务：（1）创建操作 K2B；（2）创建端铣削序列用来加工顶部水平面；（3）创建轨迹铣削序列 1 用来加工模锁水平面和 PL 水平面；（4）创建轨迹铣削序列 2 用来加工碰穿面水平面。

1．创建操作 K2B

在主菜单里执行【步骤】|【操作】命令，在系统弹出的【操作设置】对话框里单击【创建新操作】按钮，先输入【操作名称】为 K2B，再单击【创建机床】按钮，系统弹出【机床设置】对话框，默认为三轴机床，单击【确定】按钮，系统返回【操作设置】对话框。注意安全高度为 35。其余做法与 4.2.4 节的相关内容相同。在目录树里生成新的操作 K2B，如图 5-15 所示。同时，用右键选取毛坯和窗口特征，在弹出的快捷菜单里执行【隐藏】命令，将其显示关闭。

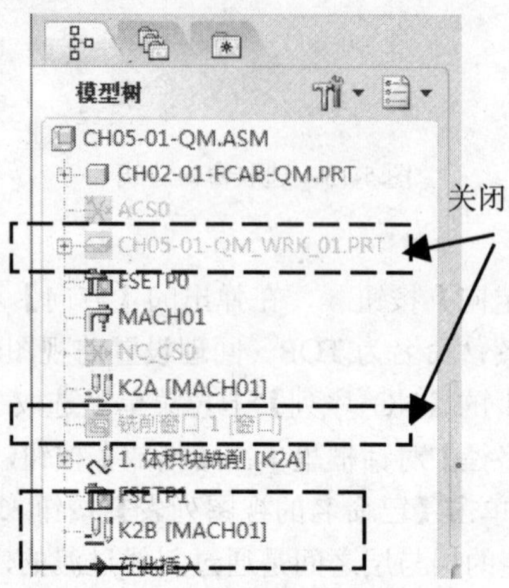

图 5-15　生成新的操作

2．创建端面迹铣削刀路

创建该刀路的目的是加工最高顶部水平面。

（1）设置菜单参数

在主菜单里执行【步骤】|【端面】命令，系统在右侧弹出【菜单管理器】下拉菜单，按图 5-16 所示设置参数，或者直接在工具栏里单击【端面】按钮。

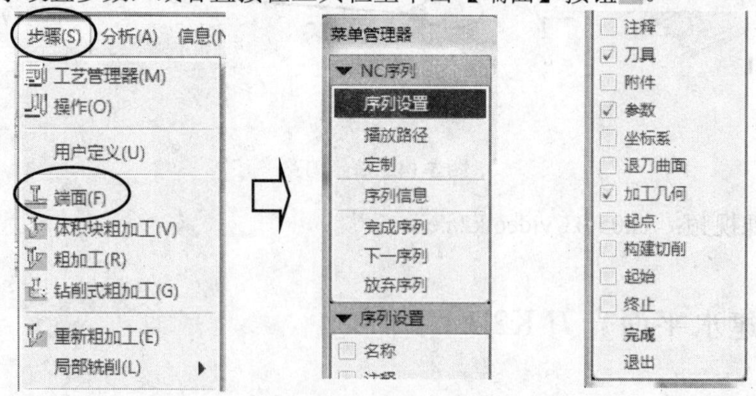

图 5-16　设置菜单参数

（2）定义刀具

接着系统弹出【刀具设定】对话框，选取 ED16R0.8 刀具。

（3）设置加工参数

单击【确定】按钮，系统弹出【编辑序列参数“端面铣削”】对话框，按图 5-17 所示设置加工参数。

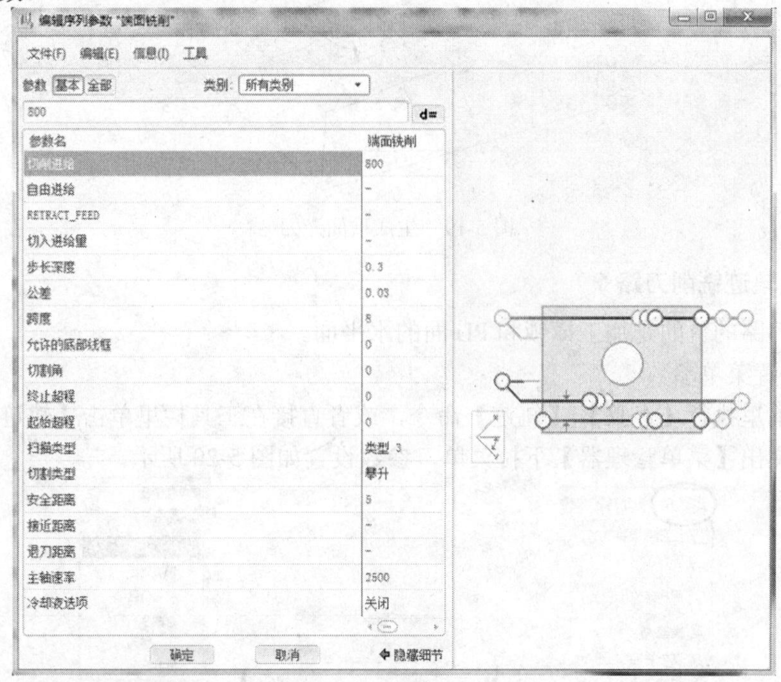

图 5-17　设置加工参数

（4）选取加工面

在【编辑序列参数“端面铣削”】对话框里单击【确定】按钮，系统弹出【曲面】对话框，按系统要求选取前模的顶部水平面，如图 5-18 所示。单击【应用】按钮✔。

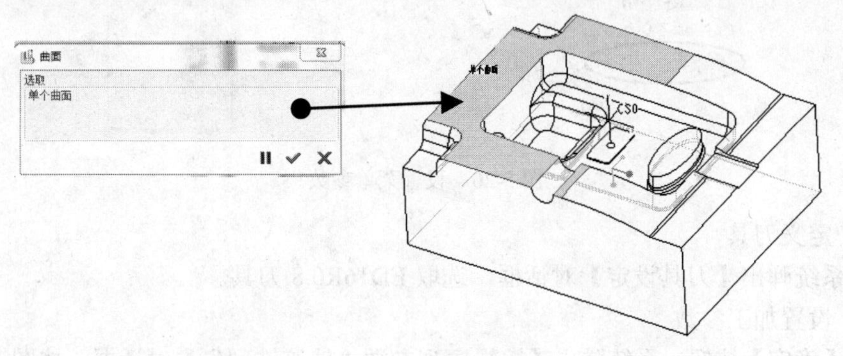

图 5-18　选取加工面

（5）显示并检查刀路

在右侧的【菜单管理器】的【NC 序列】下拉菜单里选取【播放路径】|【屏幕演示】选项，在系统弹出的【播放路径】对话框里单击【播放】按钮，则图形显示出光刀刀路，如图 5-19 所示。单击【关闭】按钮，再选取【完成序列】选项。经检查，刀路正常。

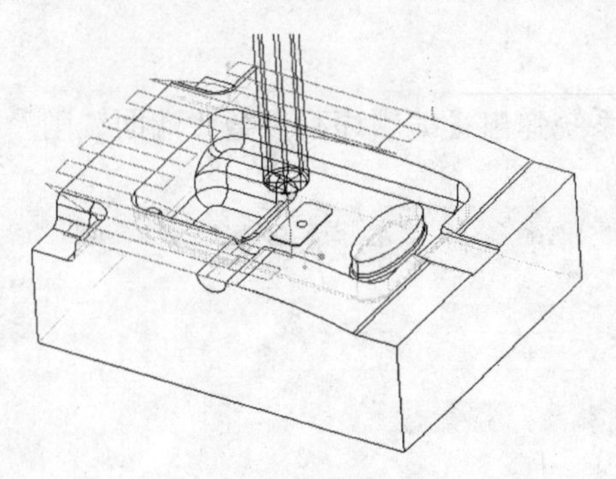

图 5-19　生成顶面光刀

3．创建轨迹铣削刀路 1

创建该刀路的目的是加工模锁和 PL 面的水平面。

（1）设置菜单参数

在主菜单里执行【步骤】|【轨迹】命令，或者直接在工具栏里单击【轨迹】按钮，系统在右侧弹出【菜单管理器】下拉菜单，参数设置如图 5-20 所示。

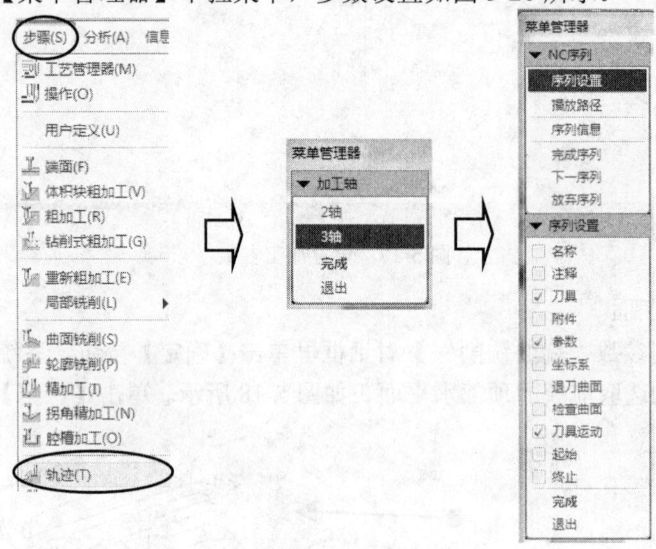

图 5-20　设置菜单参数

（2）定义刀具

接着系统弹出【刀具设定】对话框，选取 ED16R0.8 刀具。

（3）设置加工参数

单击【确定】按钮，系统弹出【编辑序列参数“轨迹铣削”】对话框，按图 5-21 所示修改所设置的加工参数。

（4）选取加工线条

① 在【编辑序列参数“轨迹铣削”】对话框里单击【确定】按钮，系统弹出【刀具运动】对话框，单击【插入】按钮，系统弹出【曲线轨迹设置】对话框，按系统要求先选取其中一个模锁的底部边线，按图 5-22 所示设置参数，使刀具补偿的方向为左。

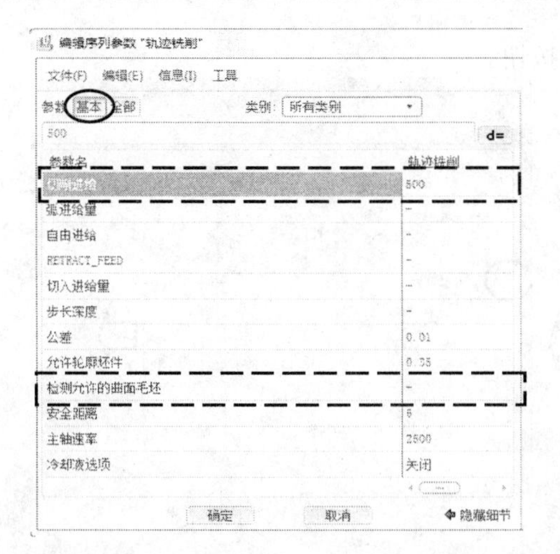

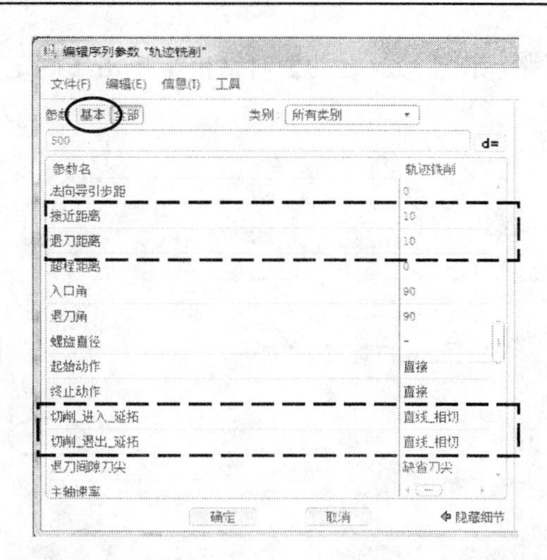

图 5-21　设置加工参数

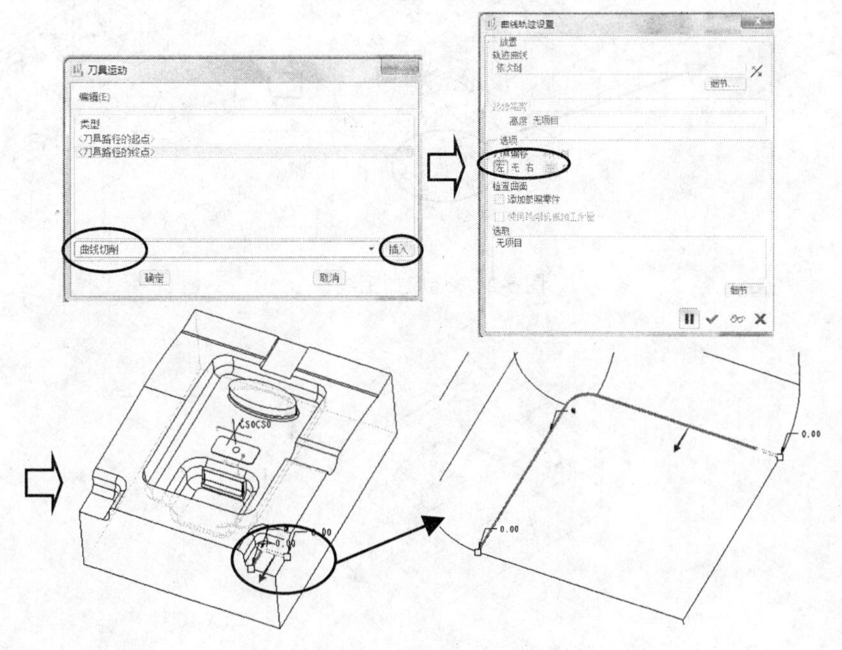

图 5-22　选取加工线条

单击【应用】按钮✔。系统初步计算出刀路，如图 5-23 所示。

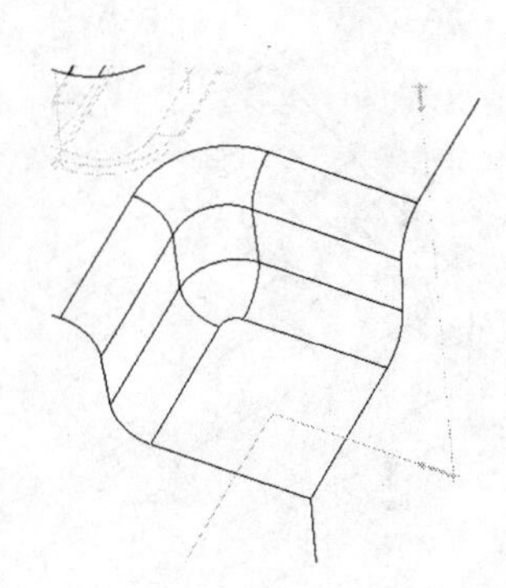

图 5-23　初步计算出刀路

② 系统返回到【刀具运动】对话框，选取【<刀具路径的终点>】选项，然后单击【插入】按钮，系统弹出【曲线轨迹设置】对话框，按系统要求选取另外一个模锁底部边线。按图 5-24 所示设置参数，使刀具补偿的方向为左。

单击【应用】按钮✔。系统初步计算出第二个刀路，如图 5-25 所示。

③ 同理，选取如图 5-26 所示的两条线，再次初步计算出

刀路。在【刀具运动】对话框里单击【确定】按钮。

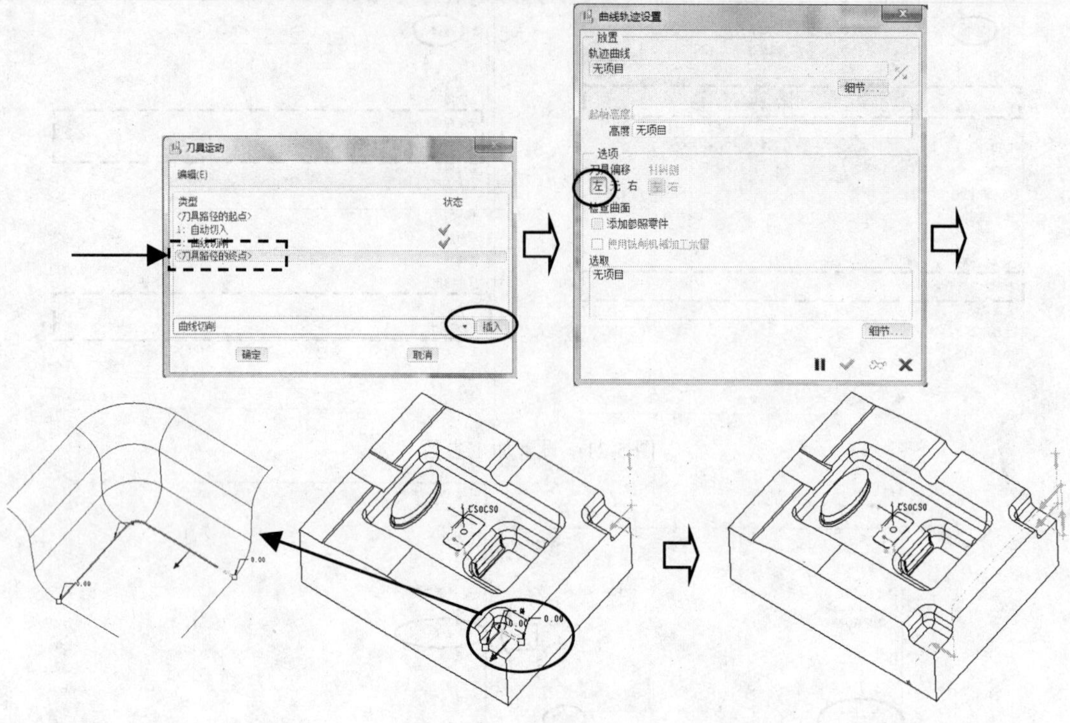

图 5-24 选取加工线条

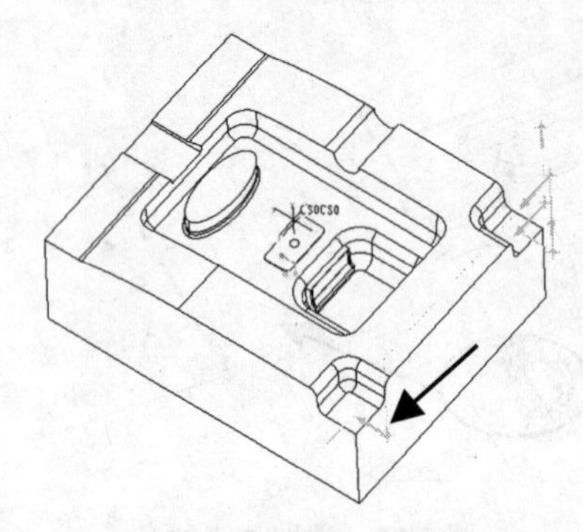

图 5-25 初步计算出第二个刀路

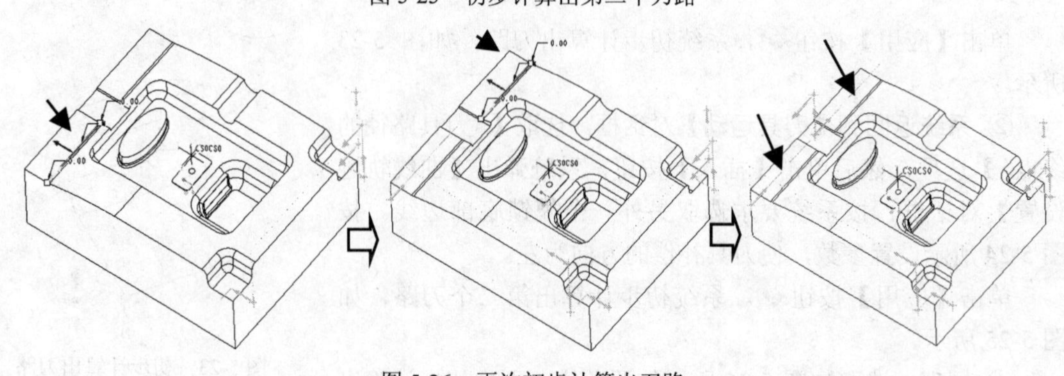

图 5-26 再次初步计算出刀路

（5）显示并检查刀路

在右侧的【菜单管理器】的【NC 序列】下拉菜单里选取【播放路径】|【屏幕演示】选项，在系统弹出的【播放路径】对话框里单击【播放】按钮，则图形显示出刀路，如图 5-27 所示。单击【关闭】按钮，再选取【完成序列】选项。经检查，刀路正常。

4．创建轨迹铣削刀路 2

创建该刀路的目的是加工前模水平的碰穿面。

（1）创建加工线条

之前进行轨迹线加工时均已选取图形边线作为加工线条来进行设置。本次与之前的做法不同。本次的加工线条将通过草绘的方法事先绘制，以便能灵活地掌控刀路的加工范围。

在工具栏里单击【草绘】按钮，选取前模水平碰穿面为绘图平面。进入草图绘图模式，按图 5-28 所示的尺寸绘制草图。

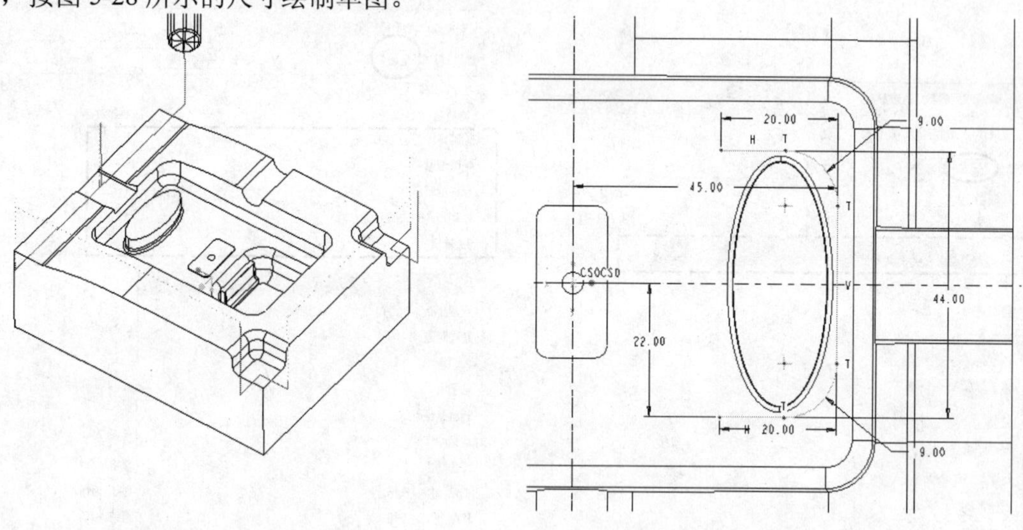

图 5-27　生成刀路　　　图 5-28　绘制草图 1

单击【完成】按钮，目录树里生成了新特征 草绘 1，如图 5-29 所示。

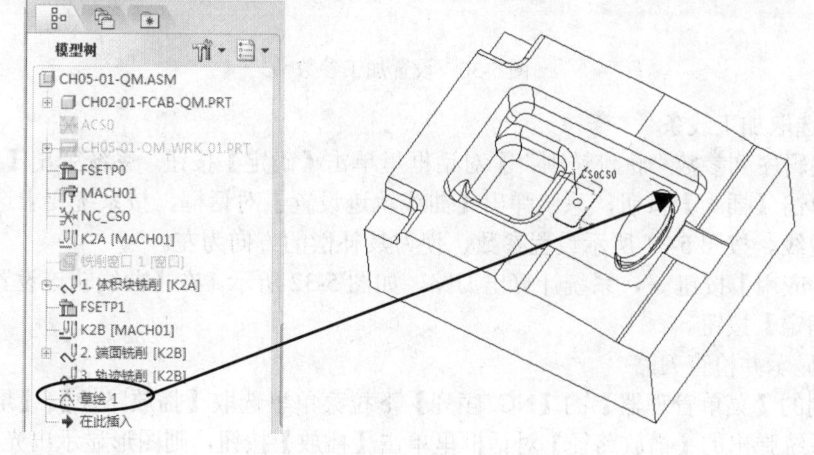

图 5-29　创建加工线条

（2）设置菜单参数

在主菜单里执行【步骤】|【轨迹】命令，系统在右侧弹出【菜单管理器】下拉菜单，参数设置与图 5-20 所示相同。

（3）定义刀具

接着系统弹出【刀具设定】对话框，选取 ED16R0.8 刀具。

（4）设置加工参数

单击【确定】按钮，系统弹出【编辑序列参数“轨迹铣削”】对话框，执行【编辑】|【从步骤复制】命令，在弹出的【选取步骤】对话框里选取 3: 轨迹铣削. 操作: K2B 选项，将其参数复制到当前步骤。修改进给速度参数【切削进给】为 100，余量参数【允许轮廓坯件】为 0，底部余量参数【轴_转换】为-0.02，其含义为给底部留出 0.02 的余量。【轮廓精加工走刀数】为 2，【轮廓增量】为 5，如图 5-30 所示。

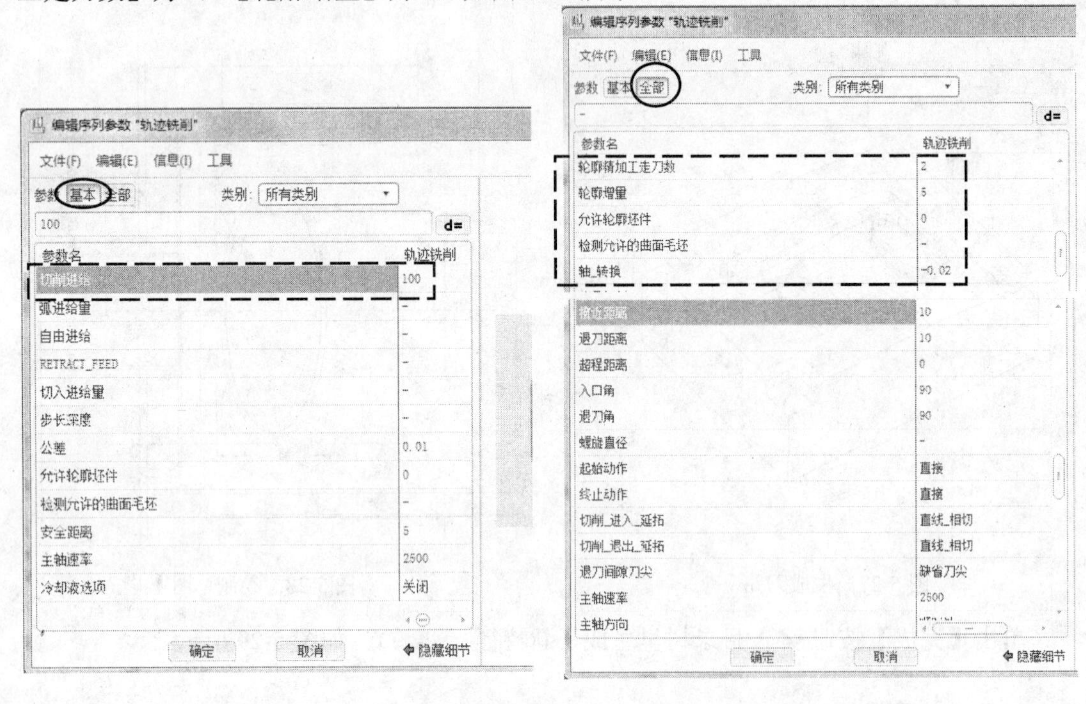

图 5-30　设置加工参数

（5）选取加工线条

在【编辑序列参数“轨迹铣削”】对话框里单击【确定】按钮，系统弹出【刀具运动】对话框，单击【插入】按钮，系统弹出【曲线轨迹设置】对话框，按系统要求选取刚创建的草图 1 边线。按图 5-31 所示设置参数，使刀具补偿的方向为左。

单击【应用】按钮✔，系统计算出刀路，如图 5-32 所示。在【曲线轨迹设置】对话框里单击【确定】按钮。

（6）显示并检查刀路

在右侧的【菜单管理器】的【NC 序列】下拉菜单里选取【播放路径】|【屏幕演示】选项，在系统弹出的【播放路径】对话框里单击【播放】按钮，则图形显示出光刀的刀路，如图 5-33 所示。单击【关闭】按钮，再选取【完成序列】选项。经检查，刀路正常。

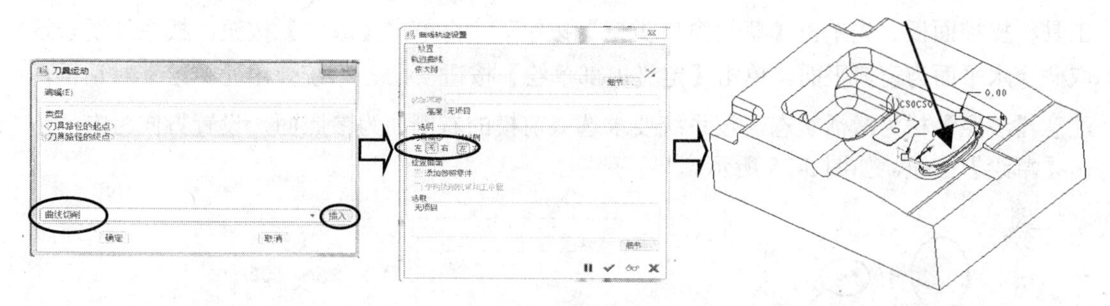
图 5-31 选取加工线条

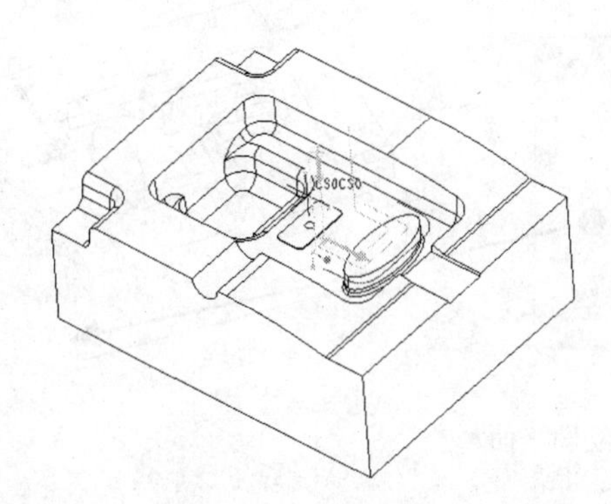
图 5-32 初步生成刀路

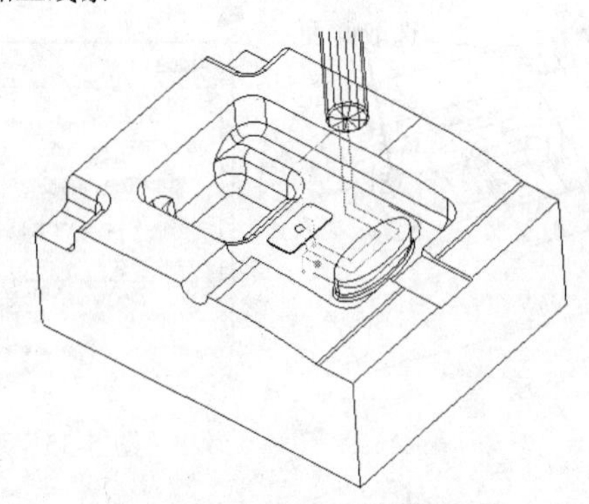
图 5-33 生成碰穿水平面光刀

本节讲课视频：\ch05\03-video\k2b.exe。

5.2.6 创建二次开粗刀路 K2C

本节任务：（1）创建操作 K2C；（2）创建局部加工的窗口；（3）创建体积块铣削序列用来加工大刀未完全加工的部分残料。

1．创建操作 K2C

在主菜单里执行【步骤】|【操作】命令，在系统弹出的【操作设置】对话框里单击【创建新操作】按钮，先输入【操作名称】为 K2C，再单击【创建机床】按钮，系统弹出【机床设置】对话框，默认为三轴机床，单击【确定】按钮，系统返回【操作设置】对话框。其余做法与 4.2.4 节的相关内容相同。目录树里生成新的操作 K2C，如图 5-34 所示。

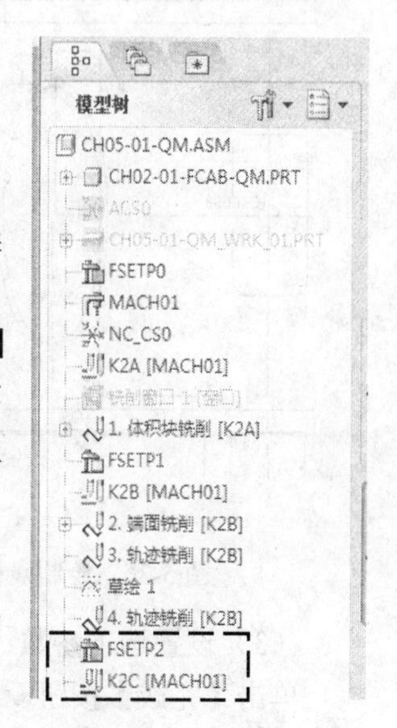

图 5-34 生成新操作

2．创建窗口

方法：在草绘界面里先进行残留材料区域分析，根据分析结果创建窗口。

（1）选取窗口绘制平面

在右侧工具栏里单击【铣削窗口】按钮，系统弹出窗口的工具栏操控面板。先单击【草绘窗口类型】按钮，再单击【放置】按钮，按系统要求选取碰穿水平面为窗口平面。单击【定义内部草绘】按钮，系统弹出【草绘】对话框，注意【参照】栏为激活状态，按系统要求选取前模的右侧面为参照面，设置方向为右。单击【草绘】按钮，如图 5-35 所示。

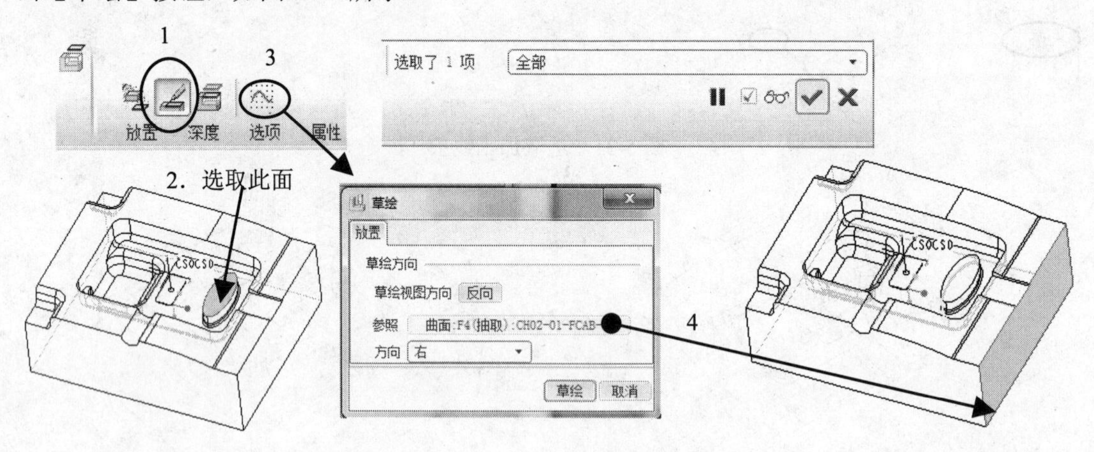

图 5-35　选取窗口绘图平面

（2）绘制草图

单击【草绘】按钮后系统进入草绘界面，选取坐标系 CS0 为绘图参照，先完成如图 5-36 所示的刀具残料位置的草图，图中 Φ16.6 表示开粗时刀具的加工极限位置。

根据 2- Φ16.6 的位置绘制其他图形表示此处的残料位置，如图 5-37 所示。

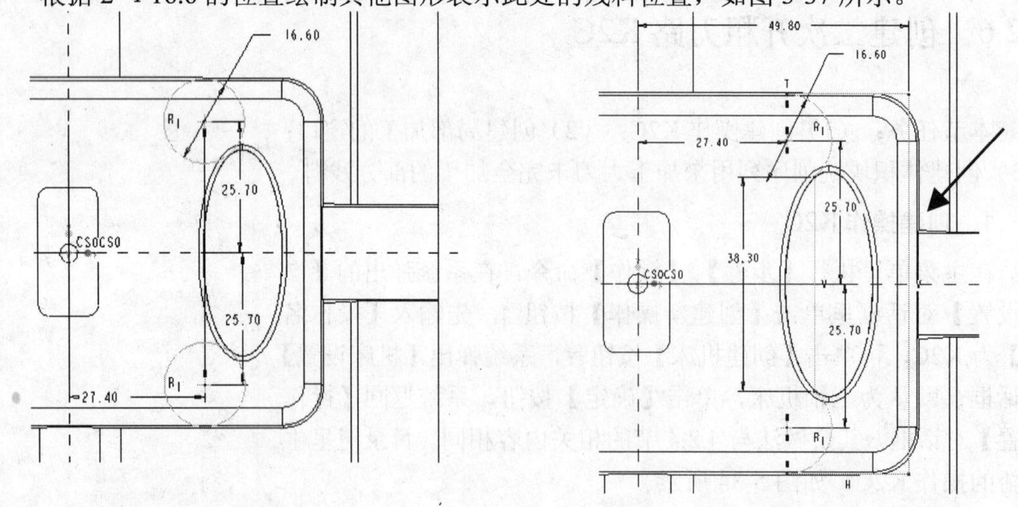

图 5-36　绘制残料位置　　　　图 5-37　绘制其他残料位置

（3）设置选项参数

单击【完成】按钮，系统返回窗口的操控面板，进一步设置窗口参数。在窗口工具栏里选取【选项】选项卡，在系统弹出的参数下拉表里选中【在窗口围线上】单选按钮。单击【应用】按钮，这样就在碰擦面上生成了窗口 铣削窗口 2 [窗口]，如图 5-38 所示。

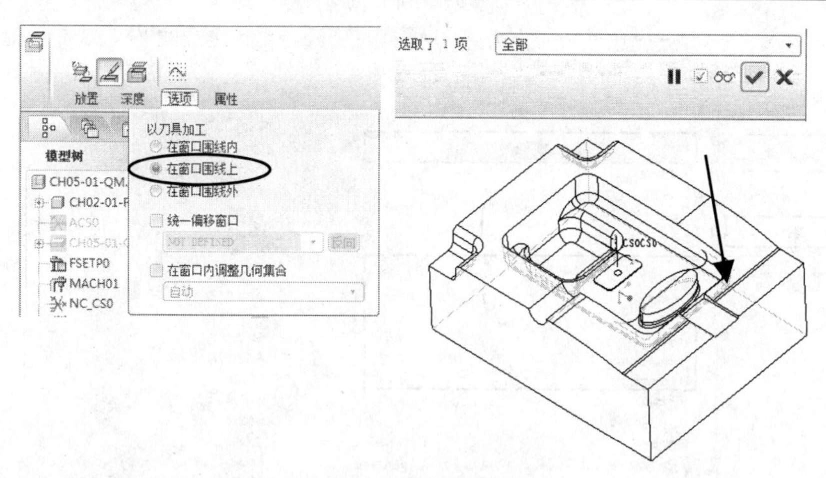

图 5-38　生成窗口

3. 创建开粗刀路

（1）设置菜单参数

在主菜单里执行【步骤】|【体积块粗加工】命令，系统在右侧弹出【菜单管理器】下拉菜单，设置参数与图 5-9 所示相同。

（2）定义刀具

接着系统弹出【刀具设定】对话框，单击【新建】按钮，按图 5-39 所示定义刀具。单击【应用】按钮，再单击【确定】按钮。

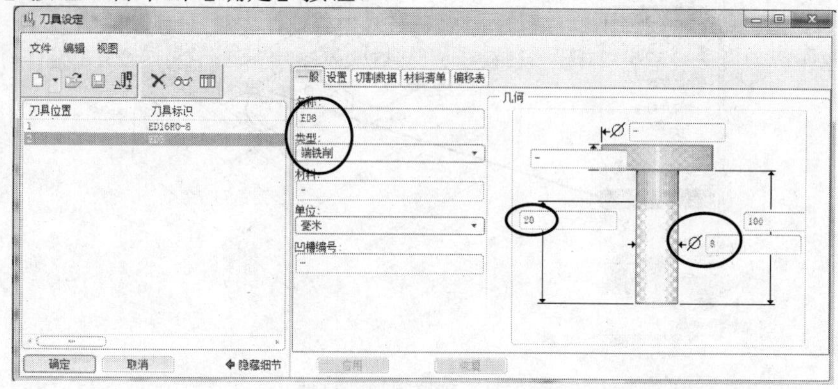

图 5-39　定义刀具

（3）设置加工参数

单击【确定】按钮，系统弹出【编辑序列参数“体积块铣削”】对话框，执行【编辑】|【从步骤复制】命令，在弹出的【选取步骤】对话框里选中【所有操作】复选框，再选取1：体积块铣削，操作：K2A，将其参数复制到当前步骤。修改进给速度参数【切削进给】为 1000，层深参数【步长深度】为 0.15，步距参数【跨度】为 4，侧面余量参数【允许轮廓坯件】为 0.35，底部余量参数【允许的底部线框】为 0.35，【螺旋直径】为 5，按图 5-40 所示设置加工参数。

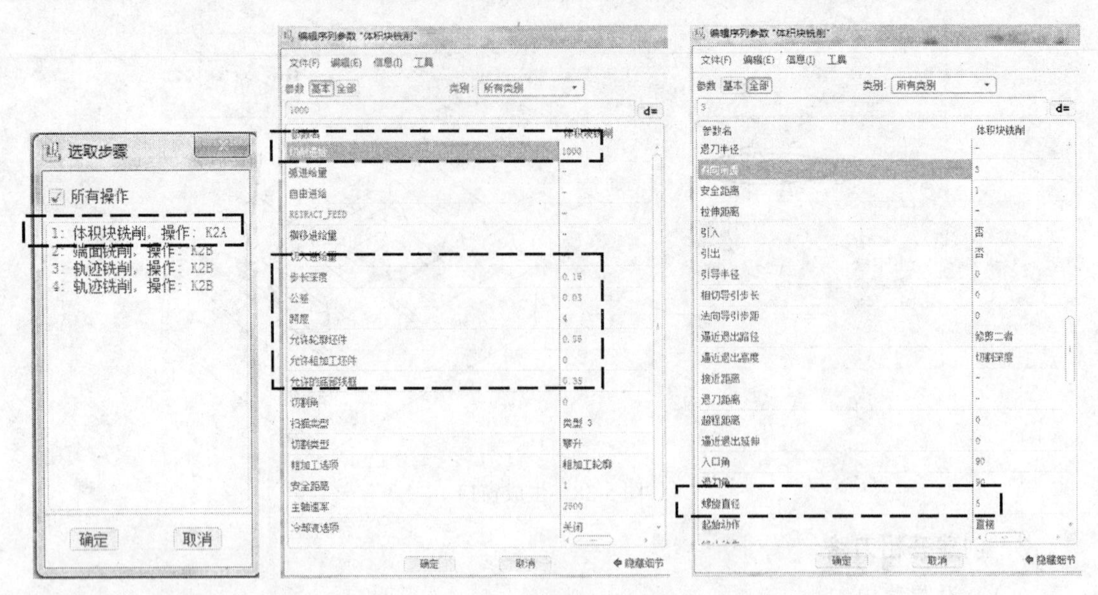

图 5-40　设置粗加工参数

（4）选取加工几何

在【编辑序列参数“体积块铣削”】对话框里单击【确定】按钮，按系统要求选取图形上刚创建的窗口 铣削窗口 2 [窗口]，如图 5-41 所示。

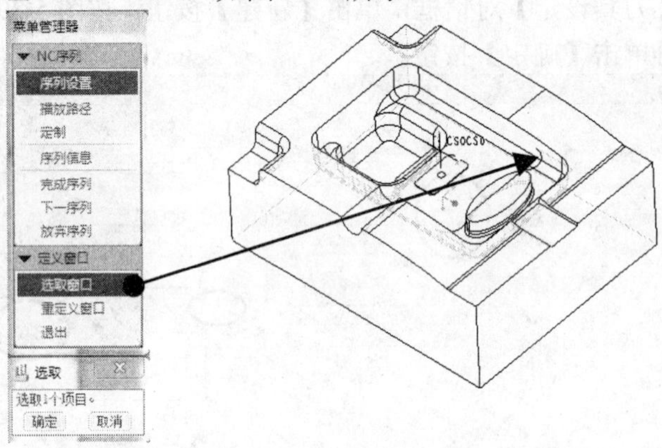

图 5-41　选取窗口 2 特征

（5）选取窗口开口边

在图形上选取窗口后，提示栏中出现了信息 选取用作刀具进入的窗口侧。，在右侧的【菜单管理器】里又弹出新的菜单，要求选取窗口的开口边线，即要求选取【逼近薄壁】复选框对应的图形。在图形的顶部选取窗口的两段弧线，如图 5-42 所示。选取【完成】选项。

（6）显示并检查刀路

在右侧的【菜单管理器】的【NC 序列】下拉菜单里选取【播放路径】|【屏幕演示】选项，在系统弹出的【播放路径】对话框里单击【播放】按钮，则图形显示出开粗的刀路，如图 5-43 所示。在工具栏里单击【已命名的视图列表】按钮，然后选取 TOP 视图。经检查，刀路仍有一部分未加工。单击【关闭】按钮，在右侧的【菜单管理器】里选取【NC

序列】|【完成序列】选项，系统返回编程图形。

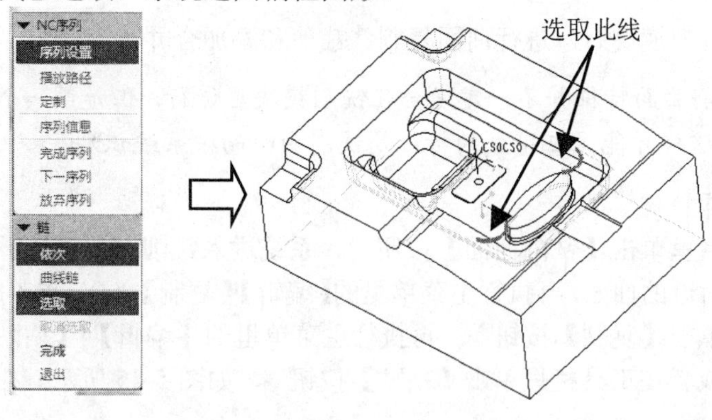

图 5-42　选取窗口边线

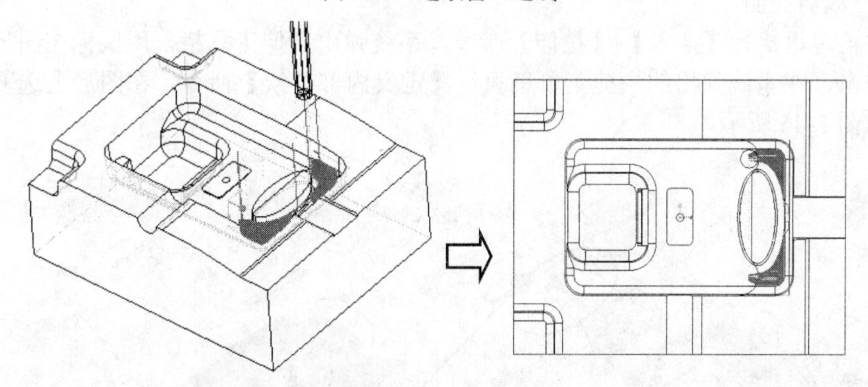

图 5-43　演示刀路

在层树里创建层 temp，将以上创建的窗口放置在此层里，并且设置此层为隐藏状态，这样可以使图面的显示更清晰。

本节讲课视频：\ch05\03-video\k2c.exe。

5.2.7　创建三次开粗刀路 K2D

本节任务：（1）创建操作 K2D；（2）创建铣削曲面特征；（3）创建轮廓铣削序列用来加工上一步大刀未完全加工的部分残料。

1．创建操作 K2D

在主菜单里执行【步骤】|【操作】命令，在系统弹出的【操作设置】对话框里单击【创建新操作】按钮，先输入【操作名称】为 K2D，再单击【创建机床】按钮，系统弹出【机床设置】对话框，默认为三轴机床，单击【确定】按钮，系统返回【操作设置】对话框。其余做法与第 4.2.4 节的相关内容相同。目录树里生成新的操作 K2D，如图 5-44 所示。

图 5-44　生成新操作

2．创建铣削曲面

方法：进入铣削模块后，进行曲面复制、裁剪和添加合并等操作。

注意：这些铣削曲面特征并不一定完全在铣削模块里进行，但是第一个特征必须为铣削曲面，这样才能保证完成的特征是铣削曲面而被系统识别。

（1）复制曲面

在右侧工具栏里单击【铣削曲面】按钮，系统进入铣削曲面模块。先选取型腔部分在残留材料区域附近的曲面，再执行主菜单里的【编辑】|【复制】命令，或者按快捷键 Ctrl+C，或者在工具栏里单击【复制】按钮。再执行主菜单里的【编辑】|【粘贴】命令，或者按快捷键 Ctrl+V，或者在工具栏里单击【粘贴】按钮，如图 5-45 所示。在右侧工具栏里单击【确定】按钮。

（2）裁剪曲面

在主菜单里执行【插入】|【拉伸】命令，系统弹出拉伸工具栏，用鼠标在图形任意空白位置右击，在系统弹出的快捷菜单里执行【定义内部草绘】命令，在图形上选取水平基准面，如图 5-46 所示。

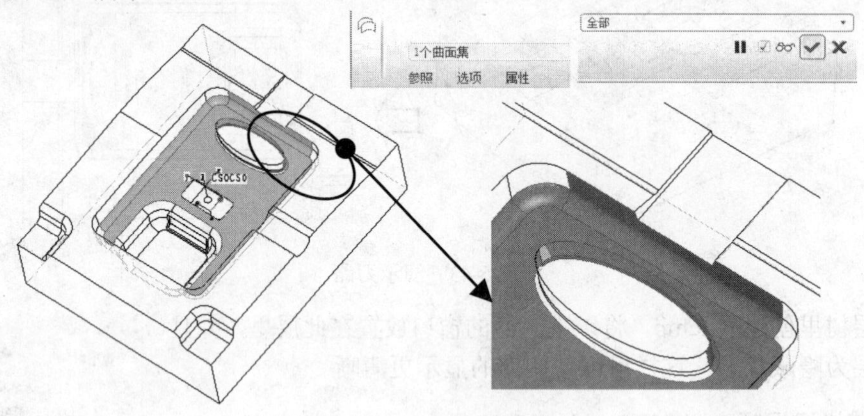

图 5-45　复制曲面

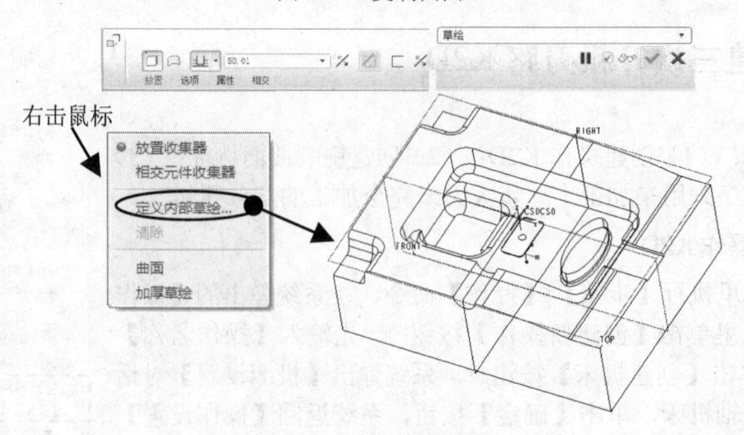

图 5-46　选取绘图平面

在系统弹出的【草绘】对话框里，默认选取【草绘平面】选项，在图形上选取水平基准面 TOP，再选取 RIGHT 基准面为右侧基准面，如图 5-47 所示。

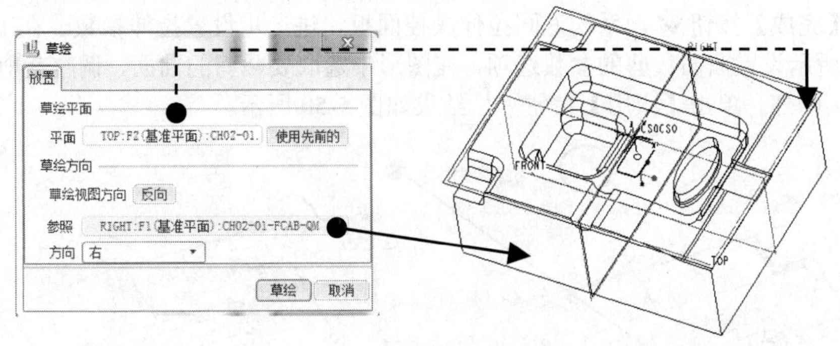

图 5-47　选取草图基准面

单击【草绘】按钮后系统进入草绘界面，选取坐标系 CS0 为草绘的绘图参照。先完成如图 5-48 所示的刀具残料位置的草图。图中 Φ9 圆表示上一步中刀具 ED8 加工的极限位置。

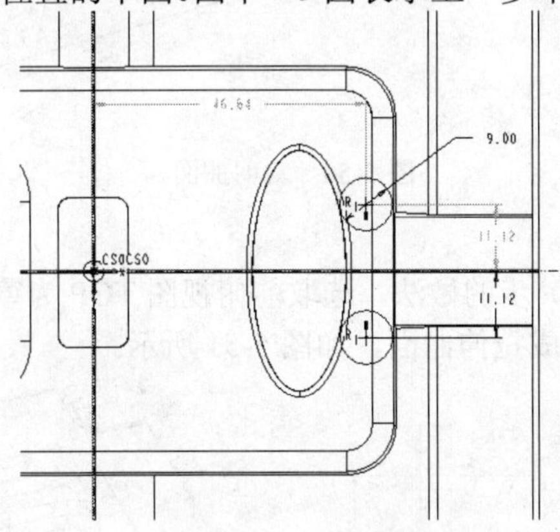

图 5-48　加工的极限位置

选取 2- Φ9 圆，再执行【编辑】|【切换构造】命令，将其转化为虚线。根据 2- Φ9 圆的位置绘制直线，注意要包住残料位置，如图 5-49 所示。

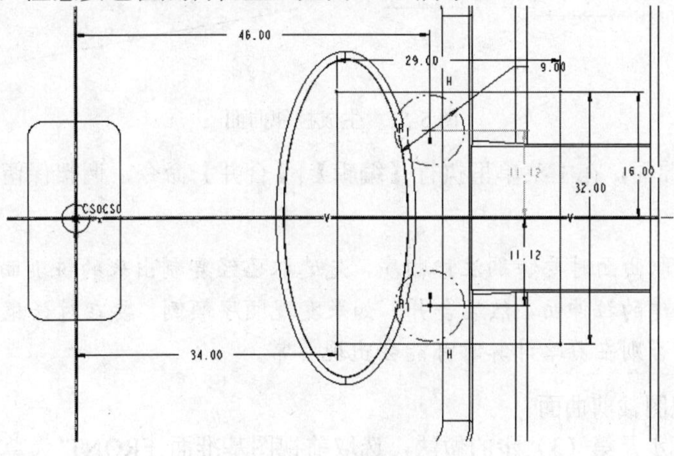

图 5-49　绘制草图

（3）设置选项参数

单击【完成】按钮✔，系统返回拉伸操控面板，进一步设置拉伸参数。在工具栏里，按图 5-50 所示设置曲面裁剪的参数选项，在图形中选取要裁剪的曲面，调整裁剪去除材料的方向箭头朝外。单击【应用】按钮☑，结果如图 5-50 所示。

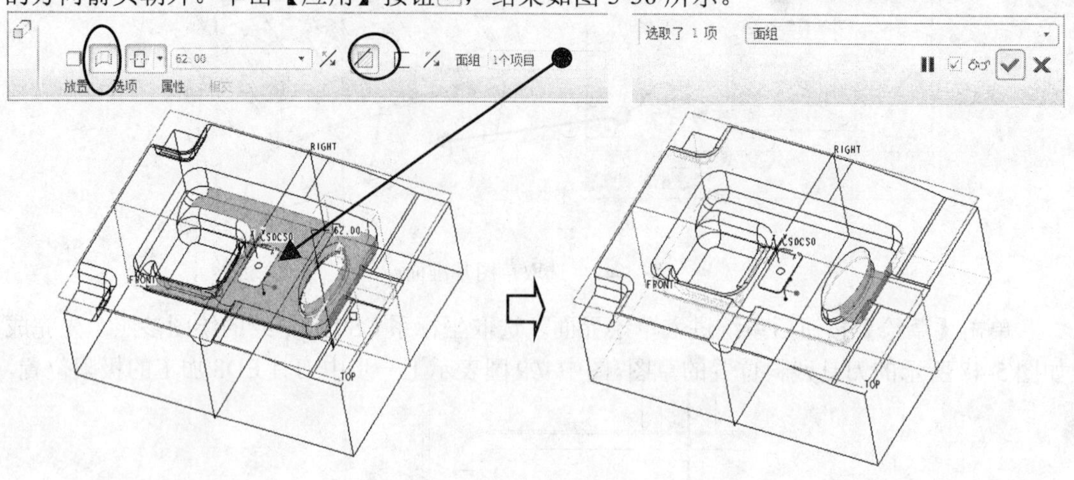

图 5-50　裁剪曲面

（4）补直身面

仿照第（2）步及第（3）步的做法，选取前俯视图 TOP 为草图平面，进入草绘界面绘制直线草图，完成草图后生成拉伸曲面，如图 5-51 所示。

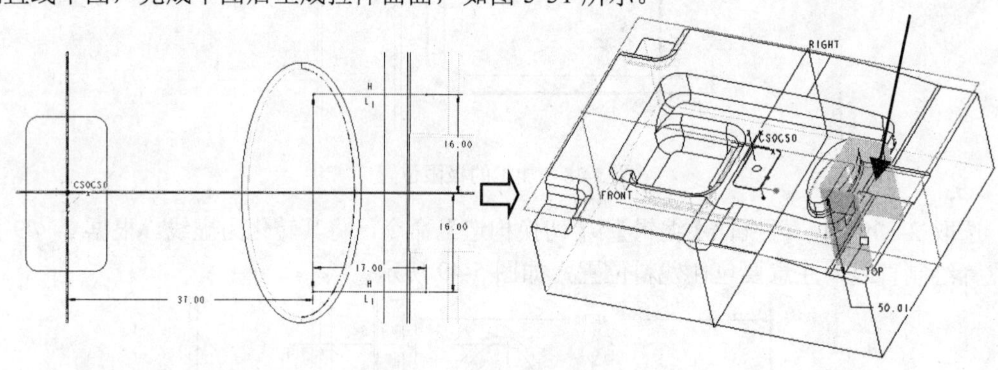

图 5-51　生成拉伸曲面

选取这两个曲面，在主菜单里执行【编辑】|【合并】命令，调整保留方向，曲面合并结果如图 5-52 所示。

注意：此处选取曲面时要特别注意顺序，先选取已经复制出来的铣削曲面，再选第（4）步刚创建的拉伸面，然后合并。如果发现顺序颠倒，要在对话框里调整或者重新选取，否则在刀路计算时可能会出现异常。

（5）从前视图裁剪曲面

仿照第（2）步及第（3）步的做法，选取前视图基准面 FRONT 为草图平面，进入草绘界面绘制直线草图，完成草图后裁剪曲面，如图 5-53 所示。

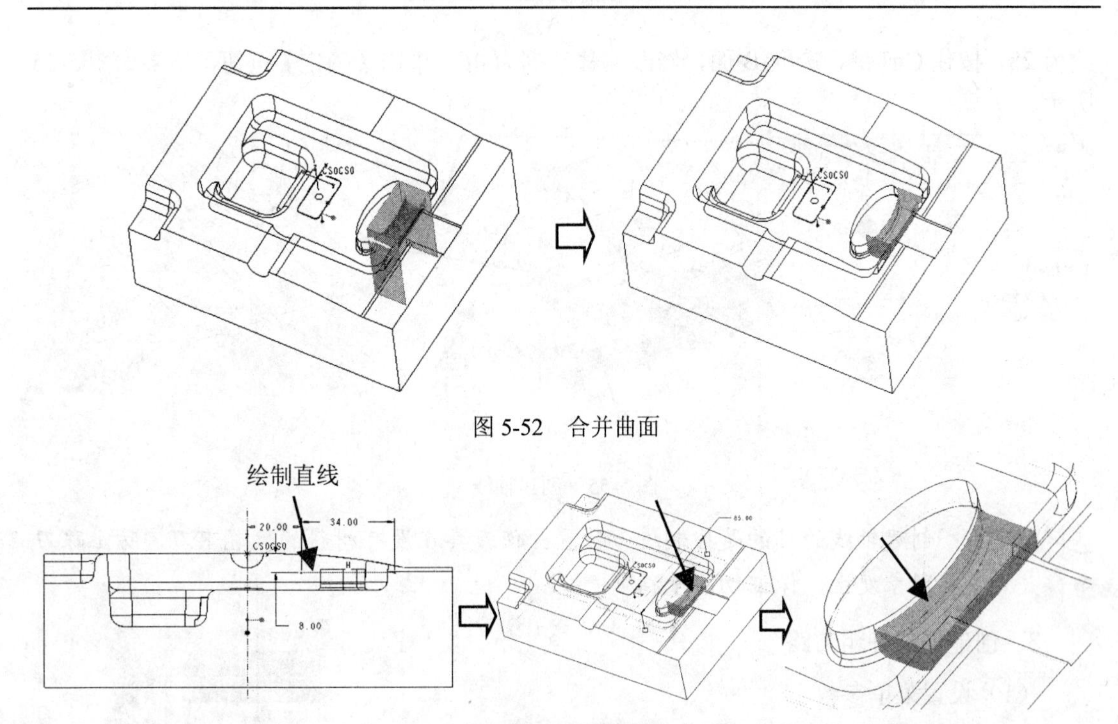

图 5-52　合并曲面

图 5-53　裁剪曲面

（6）延伸曲面

先选取曲面，再选取曲面的边线，在主菜单里执行【编辑】|【延伸】命令，输入延伸距离为 2，延伸结果如图 5-54 所示。

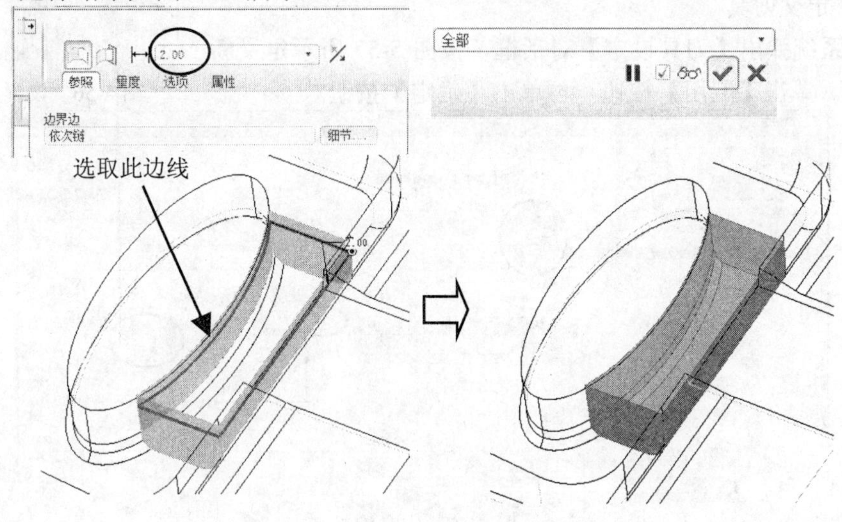

图 5-54　延伸曲面

（7）创建进刀轴线

在工具栏里单击【基准轴】按钮/，系统弹出【基准轴】对话框，选取水平基准面 TOP 为参照面，然后激活【偏移参照】选项，在模具图上选取 A 面，在图形上双击偏移数据修改为 28，按住 Ctrl 键，选取 B 面，修改偏移数据为 46。单击【确定】按钮，结果如图 5-55 所示。

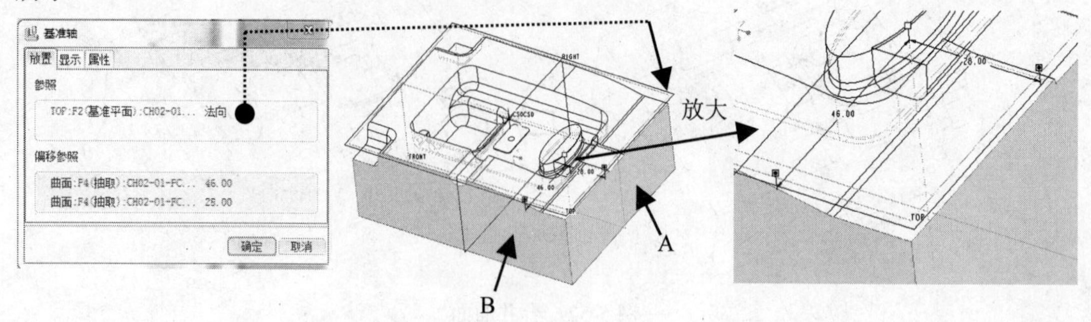

图 5-55　创建轴线

小提示：创建轴线的目的是控制进刀位置。使刀具在没有材料的位置下刀，防止踩刀现象发生，保证切削平稳。

3．创建局部开粗刀路

（1）设置菜单参数

在主菜单里执行【步骤】|【轮廓铣削】命令，系统在右侧弹出【菜单管理器】下拉菜单，参数设置如图 5-56 所示。

注意：这里注意要选中【检查曲面】和【进刀/退刀】复选框。

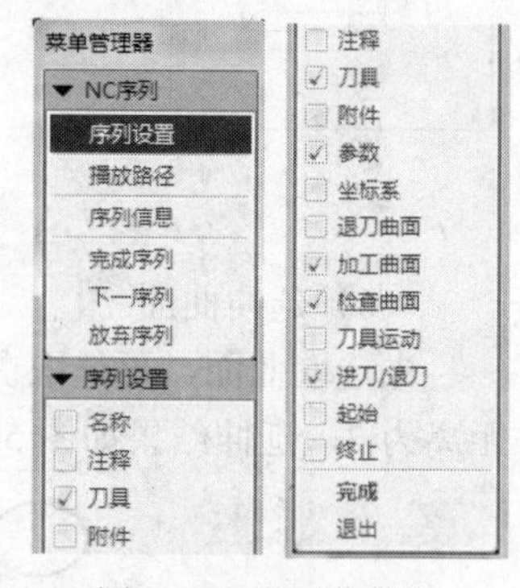

图 5-56　设置菜单参

（2）定义刀具

接着系统弹出【刀具设定】对话框，按图 5-57 所示定义新刀具 ED4。单击【应用】按钮，再单击【确定】按钮。

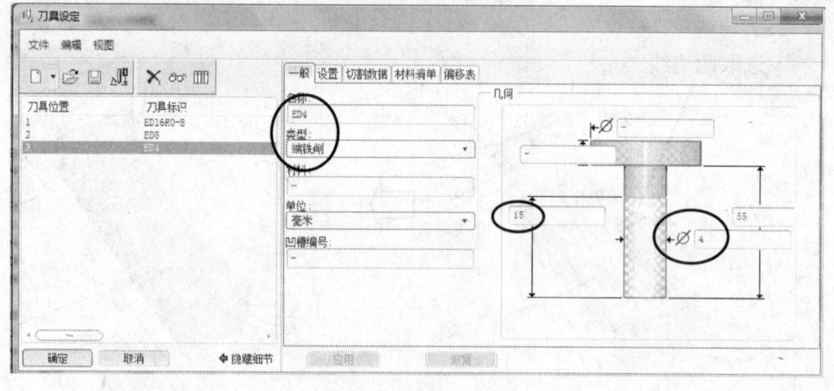

图 5-57　定义刀具

（3）设置加工参数

单击【确定】按钮，系统弹出【编辑序列参数“轮廓铣削”】对话框，设置进给速度参数【切削进给】为 1200，层深参数【步长深度】为 0.1，【公差】为 0.02，余量参数【允许轮廓坯件】为 0.4，【安全距离】为 3，【主轴速率】为 3500，如图 5-58 所示。

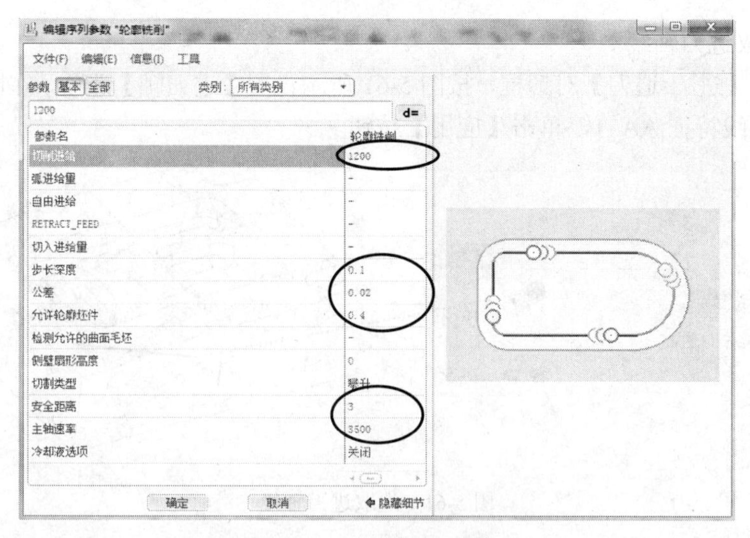

图 5-58　设置加工参数

（4）选取加工几何

在【编辑序列参数“轮廓铣削”】对话框里单击【确定】按钮，按系统要求，用“面组”的方式在图形上选取刚创建的铣削特征。注意表示曲面法向的箭头朝内，否则就需要调整，如图 5-59 所示。

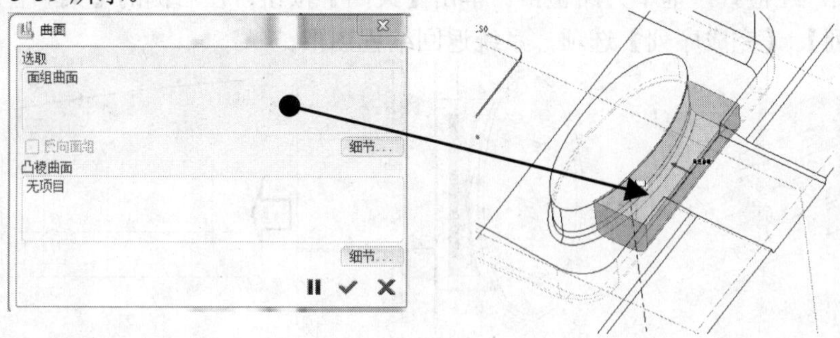

图 5-59　选取加工几何

（5）选取检查面

在图形上选取铣削曲面后，单击【应用】按钮☑，系统弹出【检查曲面】对话框，按图 5-60 所示选取【添加参照零件】选项，系统自动选取全部加工零件为检查面，单击【应用】按钮☑。

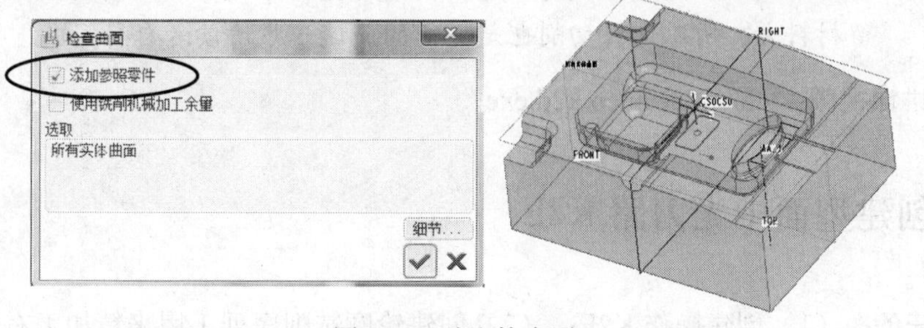

图 5-60　选取检查面

（6）选取进刀轴线

系统弹出【进刀/退刀】对话框，按图 5-61 所示设置【进刀轴】选项，在图形上或者目录树里选取轴线特征 AA_1，单击【应用】按钮☑。

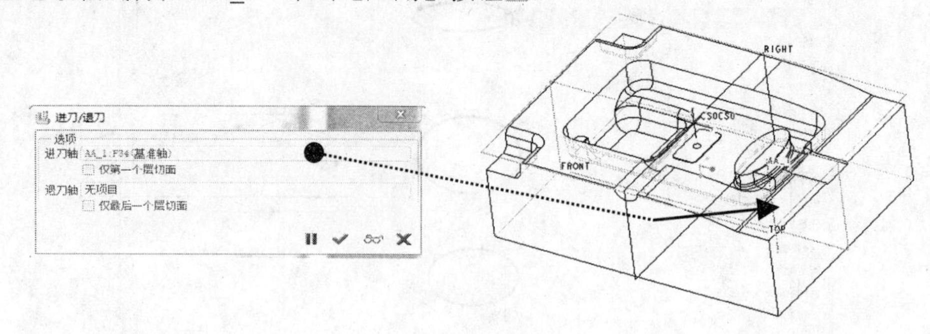

图 5-61　选取进刀轴线

（7）显示并检查刀路

在右侧的【菜单管理器】的【NC 序列】下拉菜单里选取【播放路径】|【屏幕演示】选项，在系统弹出的【播放路径】对话框里单击【播放】按钮，则图形显示出 3 次开粗的刀路，如图 5-62 所示。在工具栏里单击【已命名的视图列表】按钮，然后选取 FRONT 和 TOP 视图。经检查，基本刀路正常。单击【关闭】按钮，在右侧的【菜单管理器】里选取【NC 序列】|【完成序列】选项，系统返回编程图形。

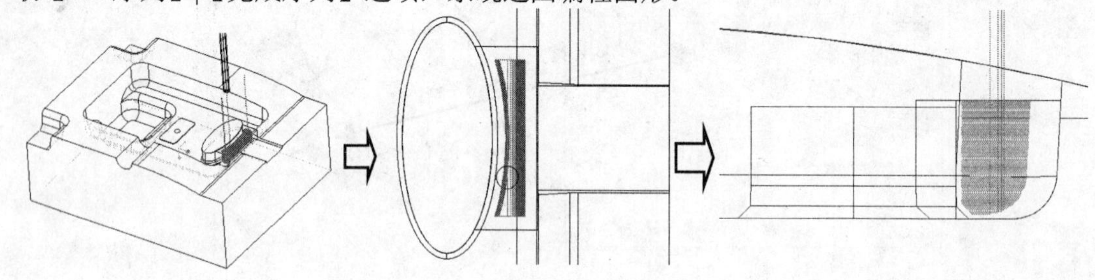

图 5-62　3 次开粗刀路

小提示：仔细观察刀路会发现刀路在每一层都有提刀，介绍这种方法的用意是引导读者在实际工作中尽量选用安全的加工方式，但不一定是最佳的方式。本例的改善方法是取消专门的进刀方式，依照曲面自身的数据顺序来进行。经过计算，本例默认进刀方式为从右上角进刀，由于此处所用的切削曲面比实际残留材料大，所以这样切削也是可行的。这一步请读者自行完成。

本节讲课视频：\ch05\03-video\k2d.exe。

5.2.8　创建型面中光刀路 K2E

本节任务：（1）创建操作 K2E；（2）创建轮廓铣削序列 1 用来精加工右侧枕位上方

一侧；（3）创建轮廓铣削序列 2 用来精加工右侧枕位下方的曲面；（4）创建轮廓铣削序列 3 用来加工半圆枕位曲面；（5）创建轨迹线铣削序列用来加工插穿位平面；（6）创建轮廓铣削序列 4 用来半精加工半圆枕位曲面；（7）创建轮廓铣削序列 5 用来半精加工左下模锁面；（8）创建轮廓铣削序列 6 用来半精加工左上模锁面；（9）创建轮廓铣削序列 7 用来半精加工型腔。

1．创建操作 K2E

在主菜单里执行【步骤】|【操作】命令，在系统弹出的【操作设置】对话框里单击【创建新操作】按钮，先输入【操作名称】为 K2E，再单击【创建机床】按钮，系统弹出【机床设置】对话框，默认为三轴机床，单击【确定】按钮，系统返回【操作设置】对话框。其余做法与第 4.2.4 节的相关内容相同。目录树里生成新的操作 K2E，如图 5-63 所示。

2．创建轮廓铣削序列 1 用来精加工右侧枕位上方的曲面

方法：利用实体面直接加工，不需要创建铣削曲面。

（1）设置菜单参数

在主菜单里执行【步骤】|【轮廓铣削】命令，系统在右侧弹出【菜单管理器】下拉菜单，参数设置如图 5-64 所示。

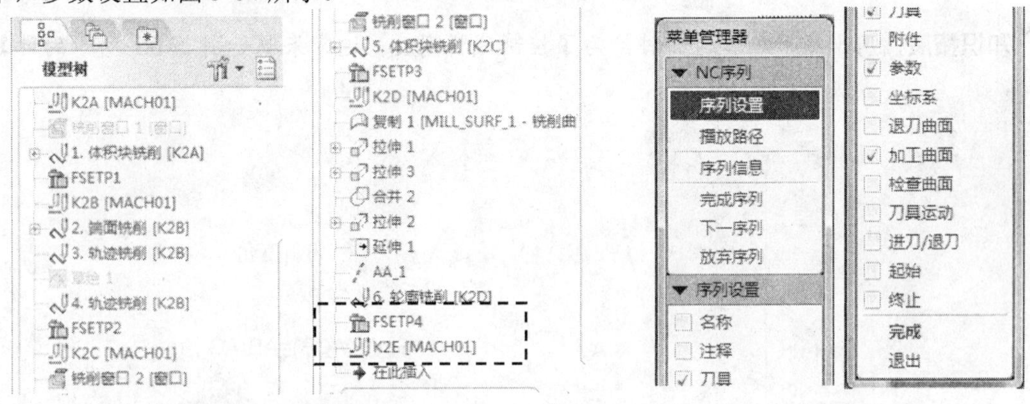

图 5-63　生成新操作　　　　图 5-64　设置菜单参数

（2）定义刀具

接着系统弹出【刀具设定】对话框，选取已经定义的刀具 ED8。

（3）设置加工参数

单击【确定】按钮，系统弹出【编辑序列参数“轮廓铣削”】对话框，执行【编辑】|【从步骤复制】命令，在弹出的【选择步骤】对话框里选中【所有操作】复选框，然后从中选取 6: 轮廓铣削, 操作: K2D，再以此参数表为基础设置新的参数。设置进给速度参数【切削进给】为 1000，层深参数【步长深度】为 0.03，【公差】为 0.01，余量参数【允许轮廓坯件】为 0，【切割类型】为“转弯-急转”，转速仍为 3500。再切换到【全部】参数栏，选取【类型】为“进刀/退刀”，设定【相切导引步长】为 1，同时选取【切削_进入_延拓】为“直线_相切”，选取【切削_退出_延拓】也为“直线_相切”，这样设置参数的目的是使每一层刀路都能够从料外下刀及直线进刀，防止踩刀。但所设置的数据为 1，而不必大

于刀具半径，因为此刀路加工时切削量进为 0.3，这样不会造成踩刀还会减少空刀时间，提高效率，如图 5-65 所示。

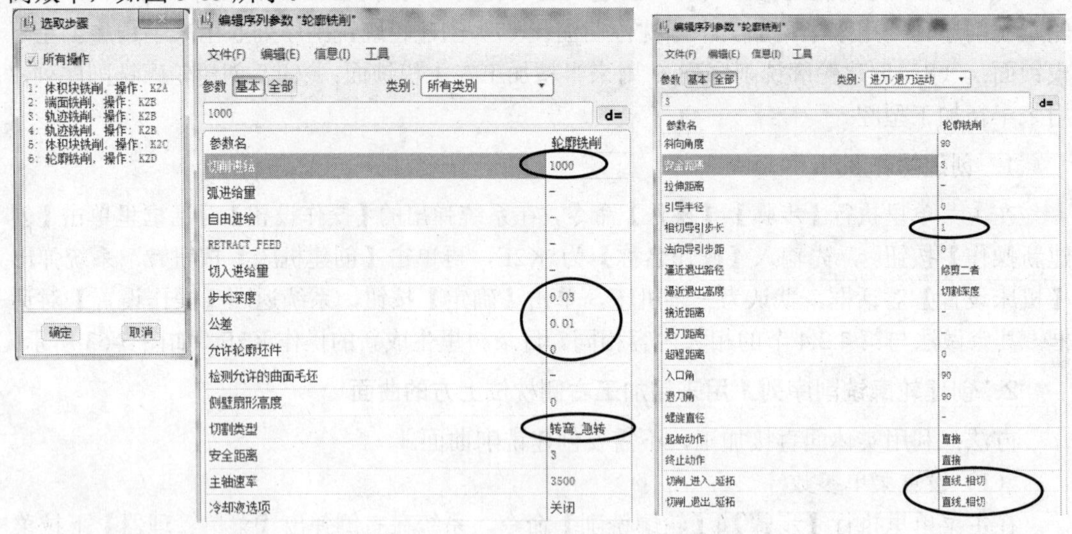

图 5-65 设置加工参数

知识拓展：用平底刀加工斜面时，为了控制残料高度，通常采取如图 5-66 所示的计算方法。

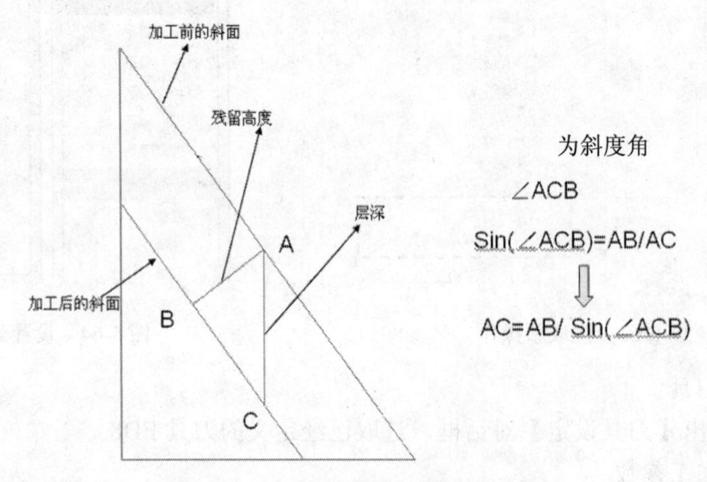

图 5-66 加工斜面时层深计算原理图

本例斜度角为∠ACB=2.5°，残留高度 AB=0.001，则层深参数，即步长深度计算公式为 AC=AB/sin(∠ACB)=0.001/sin(2.5°)= 0.0229，取值为 0.03。

（4）选取加工几何

在【编辑序列参数“轮廓铣削”】对话框里单击【确定】按钮，按系统要求，在图形上选取右侧枕位的上方曲面，如图 5-67 所示。

（5）显示并检查刀路

在右侧的【菜单管理器】的【NC 序列】下拉菜单里选取【播放路径】|【屏幕演示】

选项，在系统弹出的【播放路径】对话框里单击【播放】按钮，则图形显示出 3 次开粗的刀路，如图 5-68 所示。经检查，基本刀路正常。单击【关闭】按钮。在右侧的【菜单管理器】里选取【NC 序列】|【完成序列】选项，系统返回编程图形。

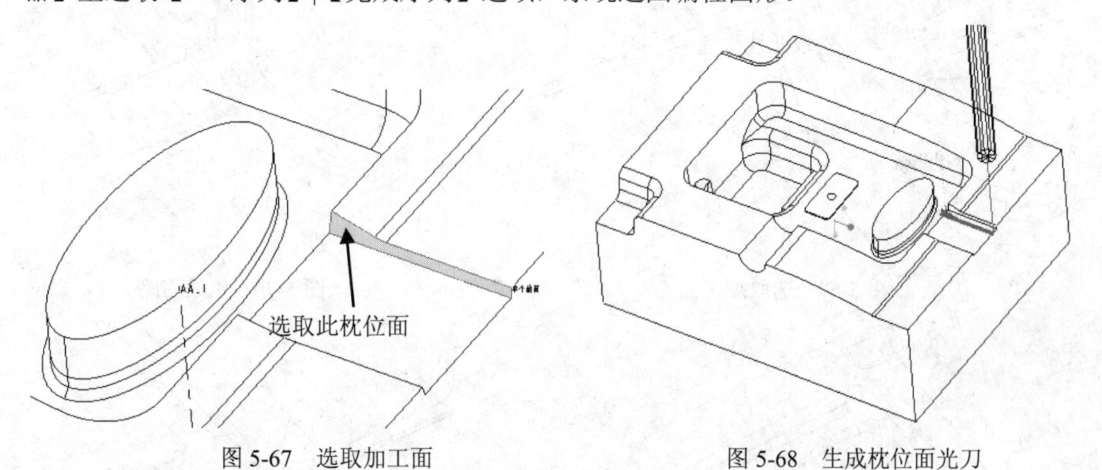

图 5-67　选取加工面　　　　图 5-68　生成枕位面光刀

3．创建轮廓铣削序列 2 用来精加工另外右侧枕位下方的曲面

方法：利用之前的加工参数，重新选取实体面作为加工面。

（1）设置菜单参数

在主菜单里执行【步骤】|【轮廓铣削】命令，系统在右侧弹出【菜单管理器】下拉菜单，参数设置与图 5-64 所示相同。

（2）定义刀具

接着系统弹出【刀具设定】对话框，选取已经定义的刀具 ED8。

（3）设置加工参数

单击【确定】按钮，系统弹出【编辑序列参数“轮廓铣削”】对话框，执行【编辑】|【从步骤复制】命令，在弹出的【选择步骤】对话框里选取 7: 轮廓铣削, 操作: K2E，再以此参数表为基础设置加工参数，内容与图 5-65 所示相同。

（4）选取加工几何

在【编辑序列参数“轮廓铣削”】对话框里单击【确定】按钮，按系统要求在图形上选取右侧枕位的下方曲面，如图 5-69 所示。

（5）显示并检查刀路

在右侧的【菜单管理器】的【NC 序列】下拉菜单里选取【播放路径】|【屏幕演示】选项，在系统弹出的【播放路径】对话框里单击【播放】按钮，则图形显示出 3 次开粗的刀路。如图 5-70 所示。经检查，基本刀路正常。单击【关闭】按钮，在右侧的【菜单管理器】里选取【NC 序列】|【完成序列】选项，系统返回编程图形。

4．创建轮廓铣削序列 3 用来对半圆枕位曲面进行开粗

方法：补正半圆枕位面，加工此处曲面。

（1）创建枕位补面

① 复制半圆枕位面，再将其延长距离设置为 6mm，如图 5-71 所示。

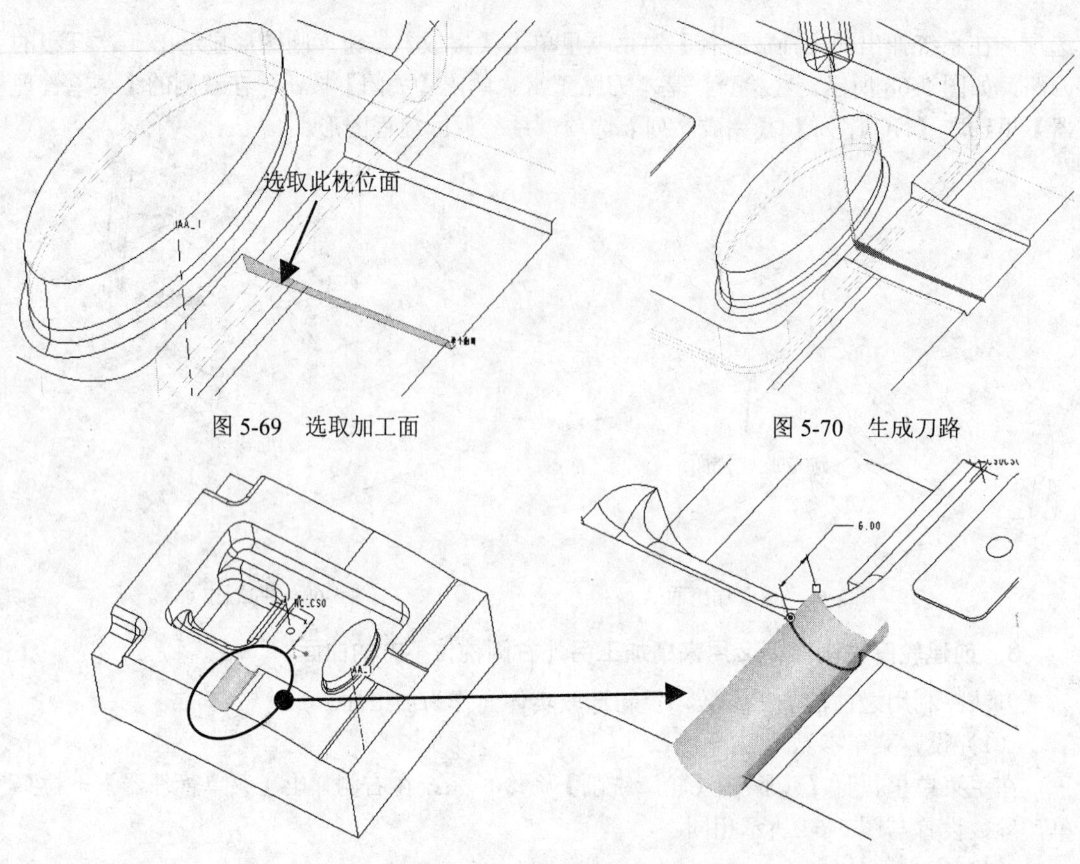

图 5-69　选取加工面　　　　图 5-70　生成刀路

图 5-71　复制并延长曲面

② 创建直身面，在主菜单里执行【插入】|【拉伸】命令，单击【拉伸为曲面】按钮，选取前俯视图 TOP 为草图平面，进入草绘界面绘制直线草图，完成草图后，生成拉伸曲面，如图 5-72 所示。

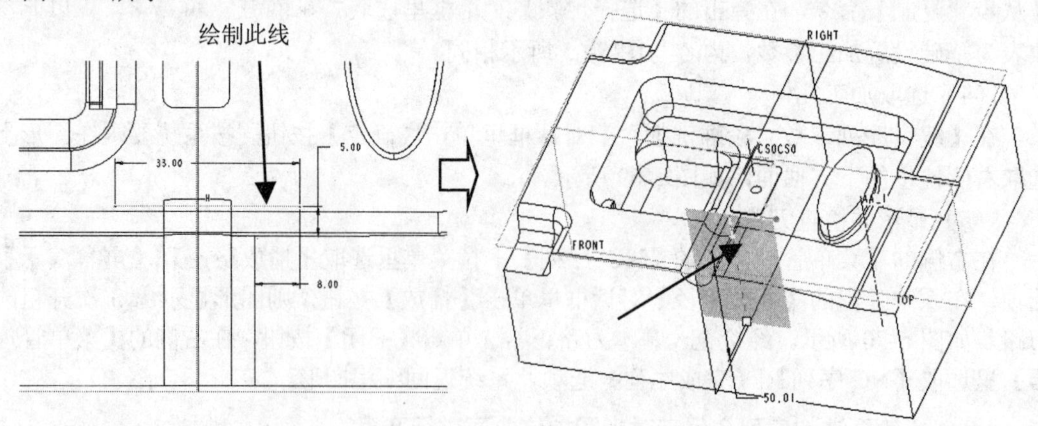

图 5-72　生成拉伸曲面

选取这两个曲面，在主菜单里执行【编辑】|【合并】命令，调整保留方向，曲面合并结果如图 5-73 所示。

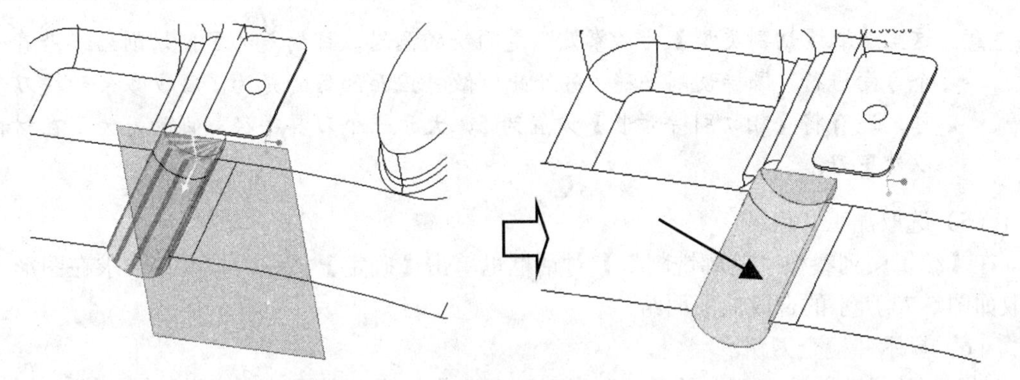

图 5-73　合并曲面

（2）设置菜单参数

在主菜单里执行【步骤】|【轮廓铣削】命令，系统在右侧弹出【菜单管理器】下拉菜单，参数设置与图 5-64 所示相同。

（3）定义刀具

接着系统弹出【刀具设定】对话框，选取已经定义的刀具 ED8。

（4）设置加工参数

单击【确定】按钮，系统弹出【编辑序列参数“轮廓铣削”】对话框，执行【编辑】|【从步骤复制】命令，在弹出的【选择步骤】对话框里选取7: 轮廓铣削. 操作: K2E，以此参数表为基础修改参数，设置层深参数【步长深度】为 0.15，【公差】为 0.03，余量参数【允许轮廓坯件】为 0.25，【切割类型】为“攀升”。再切换到【全部】参数栏，设定【相切导引步长】为 5，如图 5-74 所示。

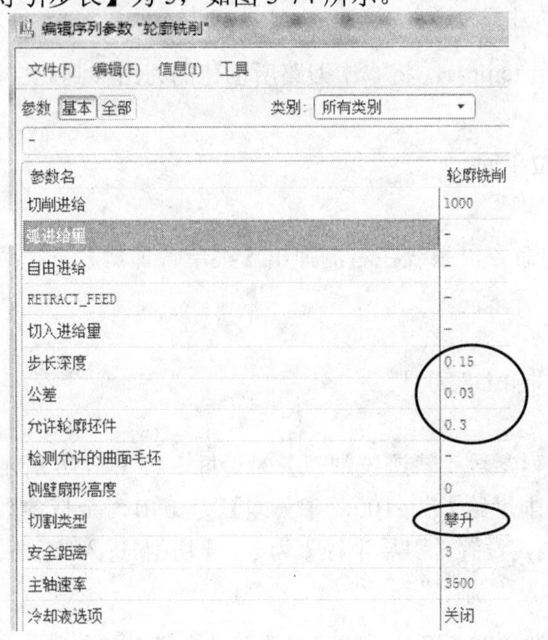

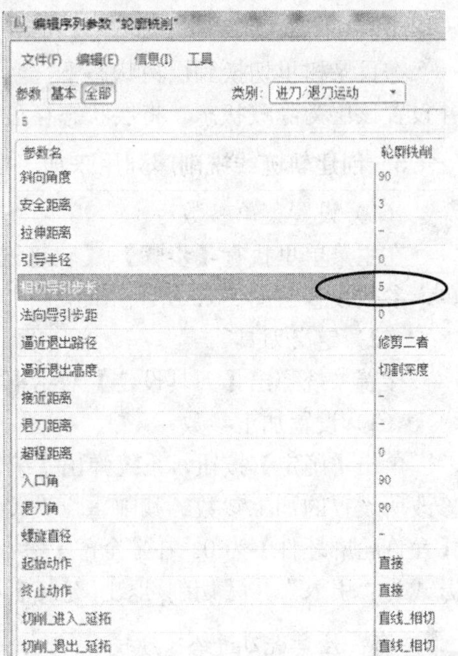

图 5-74　设置加工参数

注意： 这里选取【切割类型】为“攀升”是顺铣的意思，目的是为了使切削始终沿着一个方向进行，保持切削平稳。另外此处做补正面的目的是为了减少多余的提刀动作。还有将【相切引导步长】设置为 5，大于一个刀具半径，目的是为了在材料以外下刀。

（5）选取加工几何

在【编辑序列参数“轮廓铣削”】对话框里单击【确定】按钮，按系统要求在图形上选取如图 5-73 所示的合成曲面面组。

（6）显示并检查刀路

在右侧的【菜单管理器】的【NC 序列】下拉菜单里选取【播放路径】|【屏幕演示】选项，在系统弹出的【播放路径】对话框里单击【播放】按钮，则图形显示出枕位面开粗的刀路，如图 5-75 所示。经检查，基本刀路正常。单击【关闭】按钮，在右侧的【菜单管理器】里选取【NC 序列】|【完成序列】选项，系统返回编程图形。

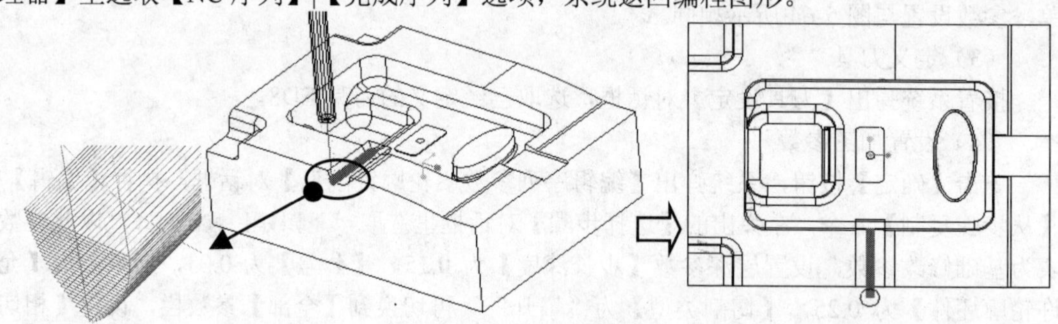

图 5-75　生成刀路

在目录树里切换到层树状态下，建立新层 temp-s1，将本次刀路所创建的刀路移到此层，并设置该层为隐藏状态。将层状态存盘。

5. 创建轨迹线铣削序列用来加工插穿位平面

（1）设置菜单参数

在主菜单里执行【步骤】|【轨迹铣削】命令，系统在右侧弹出【菜单管理器】下拉菜单，参数设置与图 5-20 所示相同。

（2）定义刀具

接着系统弹出【刀具设定】对话框，选取 ED8 刀具。

（3）设置加工参数

单击【确定】按钮，系统弹出【编辑序列参数“轨迹铣削”】对话框，按图 5-76 所示修改所设置的加工参数。其中重点设置【切削进给】为 100，【公差】为 0.01，余量参数【允许轮廓坯件】为 0。在【全部】参数栏内，设置【引导半径】为 3，【切削_进入_延拓】方式为“引入”，【切削_退出_延拓】方式为“引出”。

注意： 注意进刀进给速度较小，此处设置为 100。另外，进退刀圆弧的半径不可太大，以防止圆弧进退刀时对前模工件产生过切。最后完成后要对仔细检查这样的刀路。

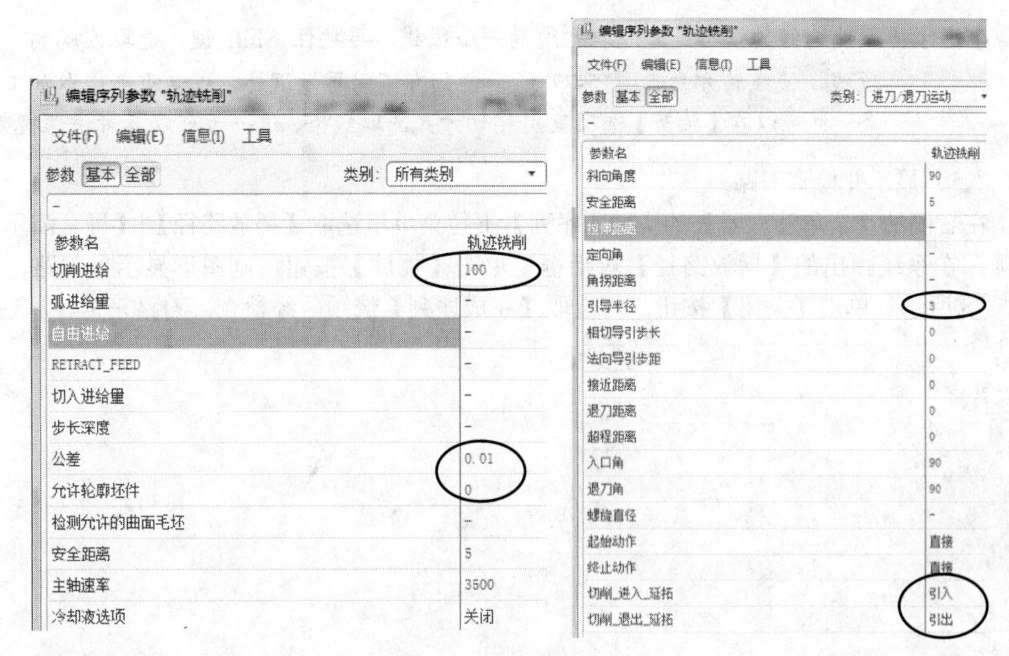

图 5-76　设置加工参数

（4）选取加工线条

在【编辑序列参数“轨迹铣削”】对话框里单击【确定】按钮，系统弹出【刀具运动】对话框，单击【插入】按钮，系统弹出【曲线轨迹设置】对话框，按系统要求先选取插穿位平面的实体边线。按图 5-77 所示设置参数，使刀具补偿的方向为左。单击【应用】按钮✔。

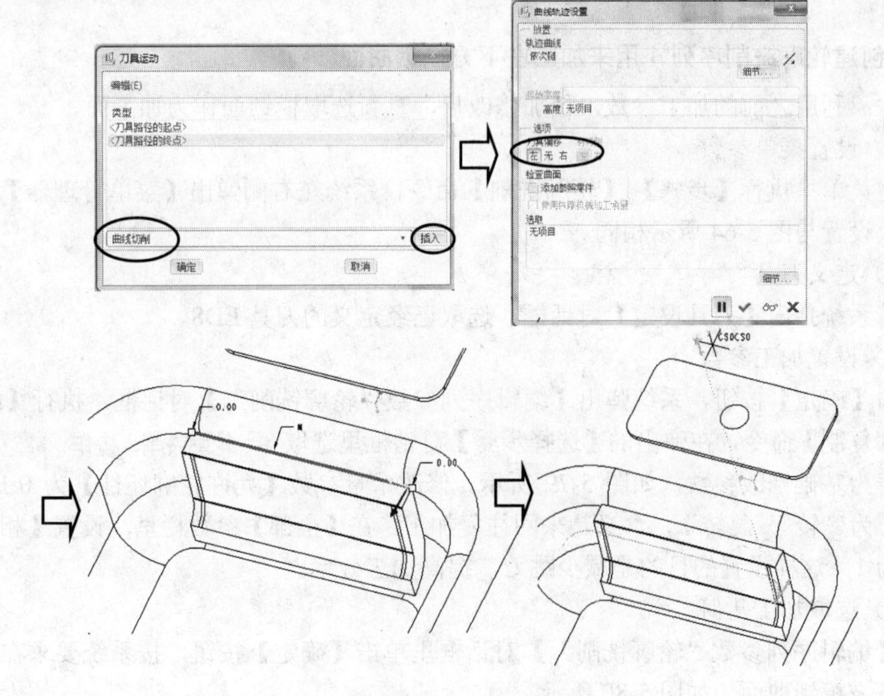

图 5-77　选取加工线条

小提示：此处选线的技巧是先选取右边的一小段线，再按住 Shift 键，选取左端的一小段线，使线的方向如图 5-77 所示，如有不同再做调整，或者重新选取加工线条。也可以在【细节】选项里用相切方式选取线条，这一步可以参考讲课视频。

（5）显示并检查刀路

在右侧的【菜单管理器】的【NC 序列】下拉菜单里选取【播放路径】|【屏幕演示】选项，在系统弹出的【播放路径】对话框里单击【播放】按钮，则图形显示出刀路，如图 5-78 所示。单击【关闭】按钮，再选取【完成序列】选项。经检查，刀路正常。

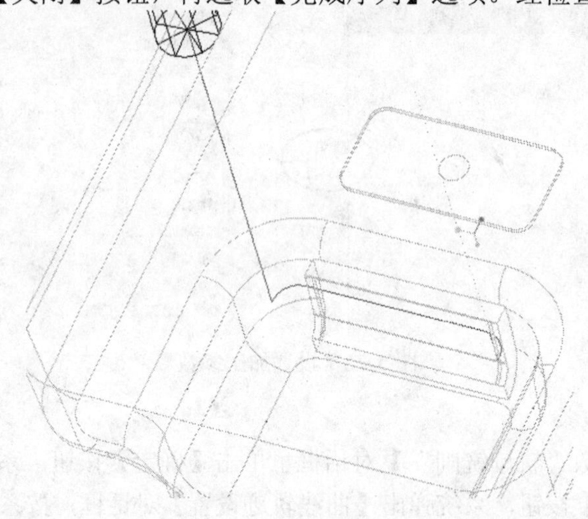

图 5-78　生成刀路

6. 创建轮廓铣削序列 4 用来加工左下方模锁曲面

方法：利用之前的加工参数，稍加修改后，重新选取模锁面作为加工面。

（1）设置菜单参数

在主菜单里执行【步骤】|【轮廓铣削】命令，系统在右侧弹出【菜单管理器】下拉菜单，参数设置与图 5-64 所示相同。

（2）定义刀具

接着系统弹出【刀具设定】对话框，选取已经定义的刀具 ED8。

（3）设置加工参数

单击【确定】按钮，系统弹出【编辑序列参数“轮廓铣削”】对话框，执行【编辑】|【从步骤复制】命令，在弹出的【选择步骤】对话框里选取 9: 轮廓铣削, 操作: K2B ，再以此参数表为基础修改参数，如图 5-79 所示。修改余量参数【允许轮廓坯件】为 0.1，【切割类型】为“转弯_急转”，含义是来回往复加工。在【全部】参数栏里，设置【相切导引步长】为 1。这样设置的目的是减少跳刀，提高加工效率。

（4）选取加工几何

在【编辑序列参数“轮廓铣削”】对话框里单击【确定】按钮，按系统要求在图形上选取左下方模锁曲面，如图 5-80 所示。

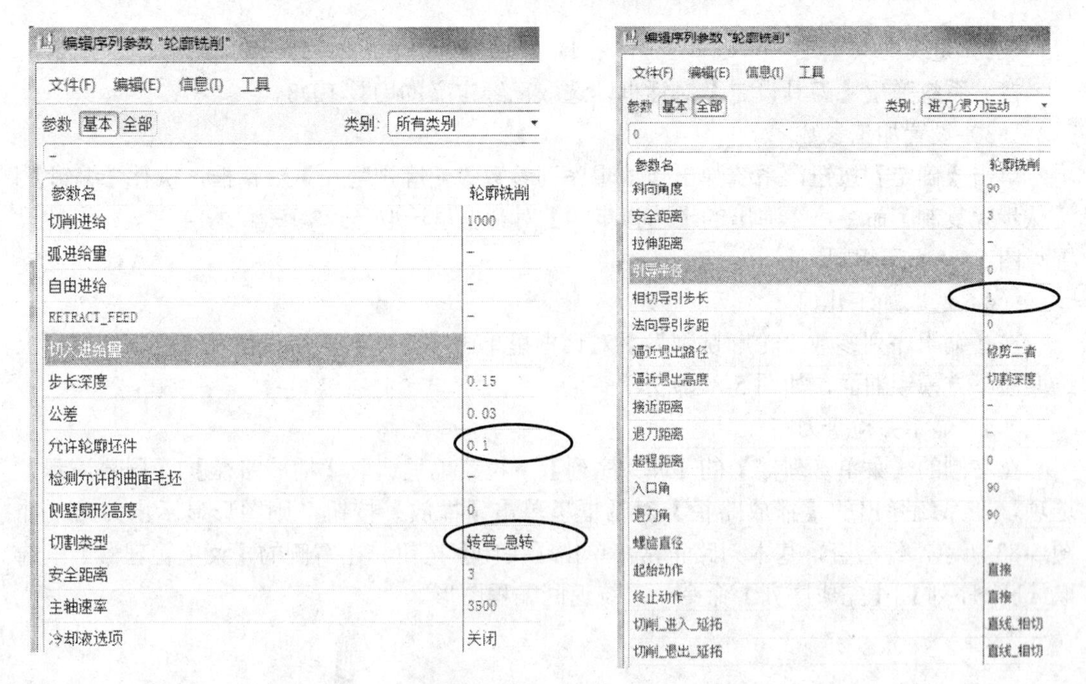

图 5-79　设置加工参数

（5）显示并检查刀路

在右侧的【菜单管理器】的【NC 序列】下拉菜单里选取【播放路径】|【屏幕演示】选项，在系统弹出的【播放路径】对话框里单击【播放】按钮，则图形显示出刀路，如图 5-81 所示。经检查，基本刀路正常。单击【关闭】按钮，在右侧的【菜单管理器】里选取【NC 序列】|【完成序列】选项，系统返回编程图形。

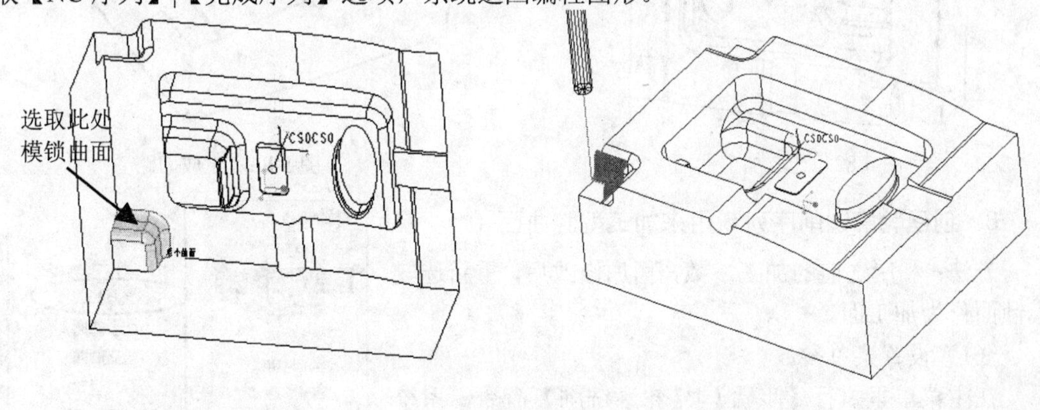

图 5-80　选取加工曲面　　　　图 5-81　生成刀路

7．创建轮廓铣削序列 5 用来加工左上方模锁曲面

方法：利用之前的加工参数，稍加修改后，重新选取模锁面作为加工面。

（1）设置菜单参数

在主菜单里执行【步骤】|【轮廓铣削】命令，系统在右侧弹出【菜单管理器】下拉菜单，参数设置与图 5-64 所示相同。

（2）定义刀具

接着系统弹出【刀具设定】对话框，选取已经定义的刀具 ED8。

（3）设置加工参数

单击【确定】按钮，系统弹出【编辑序列参数“轮廓铣削”】对话框，执行【编辑】|【从步骤复制】命令，在弹出的【选择步骤】对话框里选取 11：轮廓铣削，操作：K2E ，参数设置与图 5-79 所示相同。

（4）选取加工几何

在【编辑序列参数“轮廓铣削”】对话框里单击【确定】按钮，按系统要求在图形上选取左下方模锁曲面，如图 5-82 所示。

（5）显示并检查刀路

在右侧的【菜单管理器】的【NC 序列】下拉菜单里选取【播放路径】|【屏幕演示】选项，在系统弹出的【播放路径】对话框里单击【播放】按钮，则图形显示出刀路，如图 5-83 所示。经检查，基本刀路正常。单击【关闭】按钮。在右侧的【菜单管理器】里选取【NC 序列】|【完成序列】命令，系统返回编程图形。

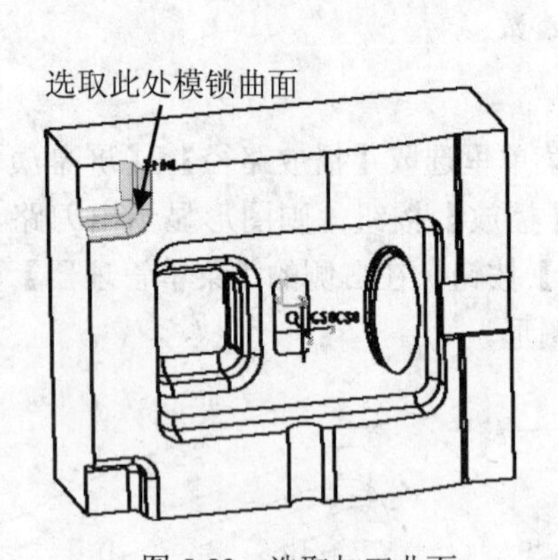

图 5-82　选取加工曲面

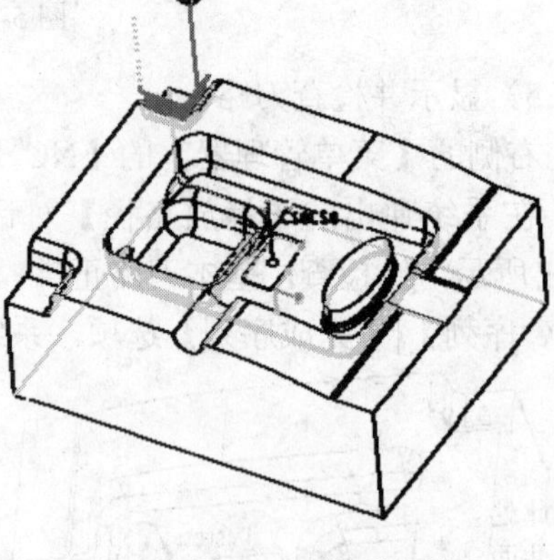

图 5-83　生成刀路

8. 创建轮廓铣削序列 6 用来加工型腔曲面

方法：利用之前的加工参数，稍加修改后，重新选取模锁面作为加工面。

（1）设置菜单参数

在主菜单里执行【步骤】|【轮廓铣削】命令，系统在右侧弹出【菜单管理器】下拉菜单，参数设置如图 5-84 所示。注意选中【退刀曲面】复选框，以便使跳刀高度不会太高。

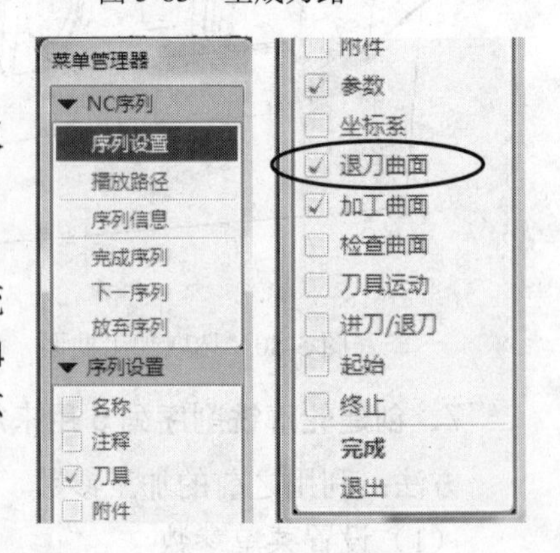

图 5-84　设置参数

（2）定义刀具

接着系统弹出【刀具设定】对话框，选取已经定义的刀具 ED8。

（3）设置加工参数

单击【确定】按钮，系统弹出【编辑序列参数“轮廓铣削”】对话框，执行【编辑】|【从步骤复制】命令，在弹出的【选择步骤】对话框里选取 12: 轮廓铣削, 操作: K2E ，再以此参数表为基础修改参数，如图 5-85 所示。修改【切削进给】为 1500，余量参数【允许轮廓坯件】为 0.25。在【全部】参数栏里设置【引导半径】为 2，【切削_进入_延拓】参数为“引入”，【切削_退出_延拓】参数为“引出”，这样设置目的是使切削平稳。

图 5-85　设置加工参数

（4）设置退刀平面

在【编辑序列参数“轮廓铣削”】对话框里单击【确定】按钮，系统弹出【退刀设置】对话框，输入相对坐标系 NC_CS0 的【值】为 0，如图 5-86 所示。这样设置目的是减少跳刀的高度，提高加工效率。

图 5-86　设置退刀平面

（5）选取加工几何

在【编辑序列参数“轮廓铣削”】对话框里单击【确定】按钮，按系统要求，用种子和边界面的选取方法在图形上选取型腔曲面，如图 5-87 所示。

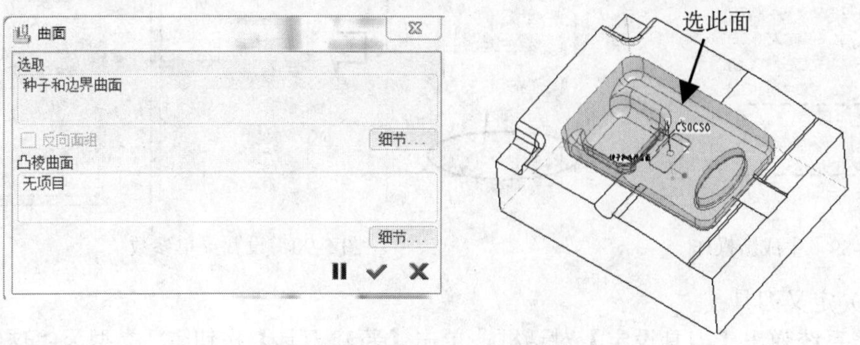

图 5-87　选取加工曲面

（6）显示并检查刀路

在右侧的【菜单管理器】的【NC 序列】下拉菜单里选取【播放路径】|【屏幕演示】选项，在系统弹出的【播放路径】对话框里单击【播放】按钮，则图形显示出刀路，如图 5-88 所示。经检查，基本刀路正常。单击【关闭】按钮，在右侧的【菜单管理器】里选取【NC 序列】|【完成序列】选项，系统返回编程图形。

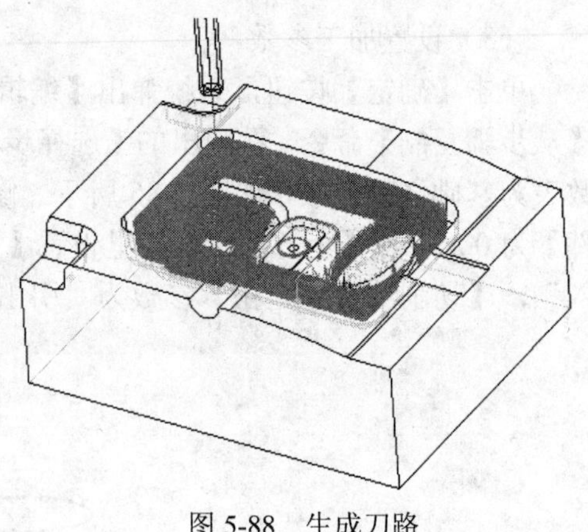

图 5-88 生成刀路

本节讲课视频：\ch05\03-video\k2e.exe。

5.2.9 创建分型面中光刀路 K2F

本节任务：（1）创建操作 K2F；（2）创建曲面铣削序列用来对 PL 曲面进行加工。

1．创建操作 K2F

在主菜单里执行【步骤】|【操作】命令，在系统弹出的【操作设置】对话框里单击【创建新操作】按钮，先输入【操作名称】为 K2F，再单击【创建机床】按钮，系统弹出【机床设置】对话框，默认为三轴机床，单击【确定】按钮，系统返回【操作设置】对话框。其余做法与第 4.2.4 节的相关内容相同。目录树里生成新的操作 K2F，如图 5-89 所示。

2．创建曲面铣削序列用来对 PL 曲面进行加工

（1）设置菜单参数

在主菜单里执行【步骤】|【曲面铣削】命令，系统在右侧弹出【菜单管理器】下拉菜单，参数设置如图 5-90 所示。

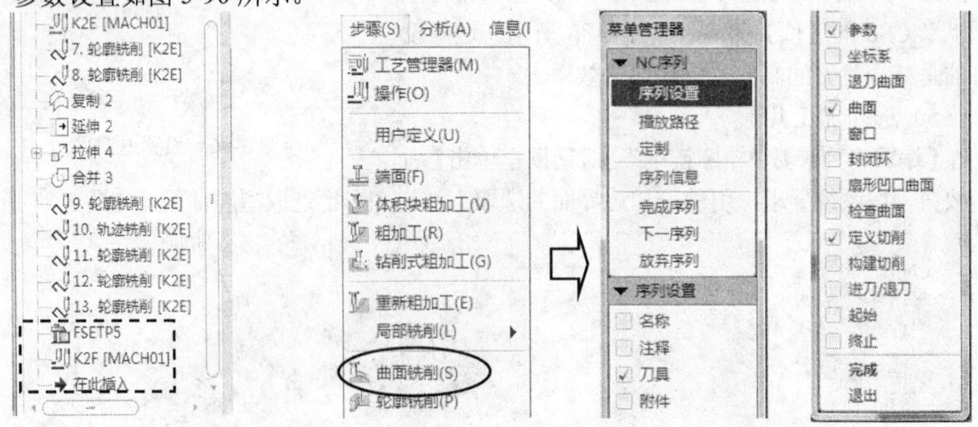

图 5-89 生成新操作　　　　图 5-90 设置菜单参数

（2）定义刀具

接着系统弹出【刀具设定】对话框，单击【新建刀具】按钮，类型为“球铣削”，按图 5-91 所示定义刀具。单击【应用】按钮，再单击【确定】按钮。

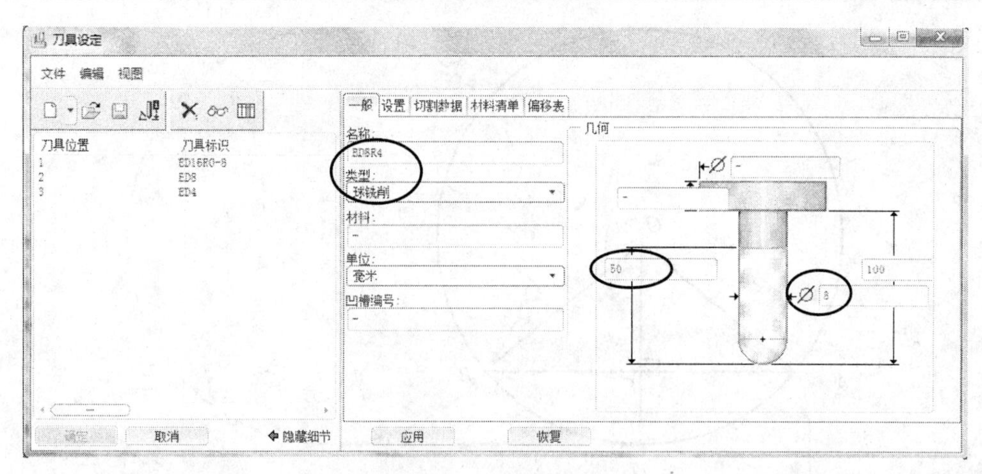

图 5-91　新建球刀

（3）设置加工参数

单击【确定】按钮，系统弹出【编辑序列参数“曲面铣削”】对话框，按图 5-92 所示设置加工参数。其中进给速度参数【切削进给】为 1500，【公差】为 0.03，步距参数【跨度】为 0.4，余量参数【允许轮廓坯件】为 0.1，【切割角】为 45°，【主轴速率】为 4500。

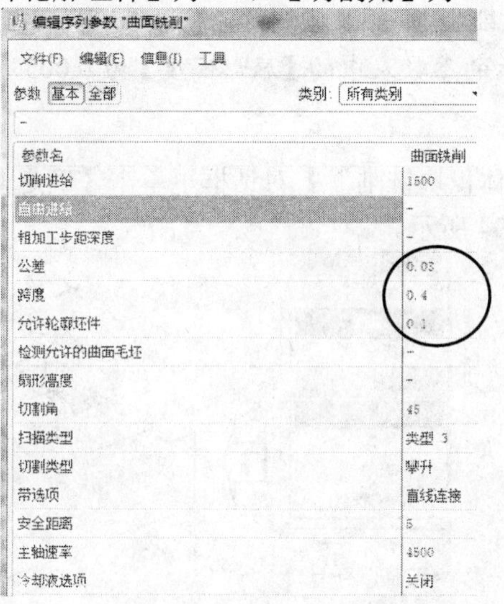

图 5-92　设置加工参数

知识拓展： 球刀加工曲面时的步距是根据其加工留下的残留高度（也叫毛刺高度）来确定的，根据公式来计算。如图 5-93 所示是球刀加工水平面时的示意图，圆⊙O 为球刀刀头，其半径为 R，CD 为残留高度 h，AB 就是加工步距 L。根据直角三角形 Rt△COA 中勾股定理得到 $OA^2=OC^2+AC^2$，$AB=2AC$，由此推导步距计算公式为：

$$L=2\sqrt{R^2-(R-h)^2}=2\sqrt{2Rh-h^2}\approx 2\sqrt{2Rh}$$

式中：$L=AB$ 为步距，R 为球刀半径，h 为残留高度。

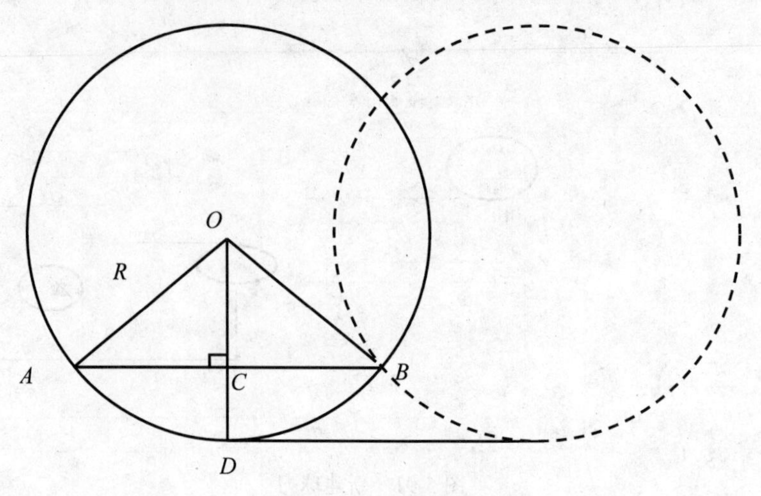

图 5-93　步距图解

对于模具曲面加工，残留高度多取 0.0005 ~ 0.001mm。本例半精加工中 h=0.005mm，R=4，由此可以计算出 L=0.4mm。如果加工面起伏很大，可以适当减小步距以求得到较好的加工效果。粗加工或半精加工的步距可以在此理论数据基础之上增大，以求提高加工效率。除了这个方法外，还可以设置图 5-92 所示的参数表中的【扇形高度】为 0.005，系统按照较小值计算刀路。

（4）选取加工几何

在【编辑序列参数“体积块铣削”】对话框里单击【确定】按钮，按系统要求选取图形上分型面曲面，如图 5-94 所示。

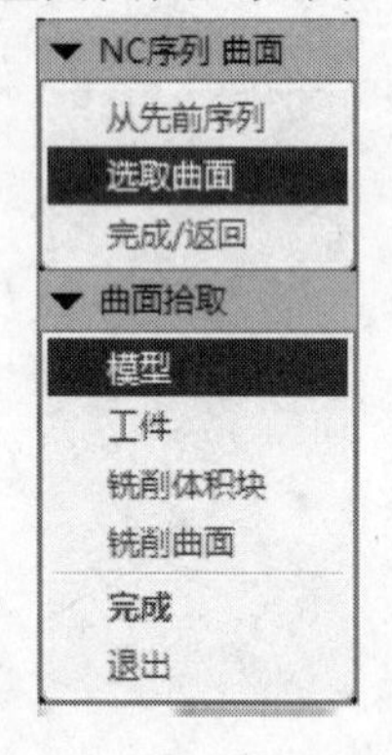

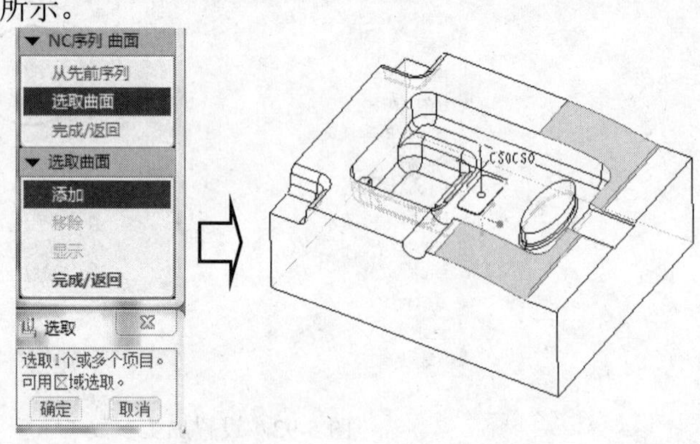

图 5-94　选取分型面

（5）设置切削参数

单击【确定】按钮，选取【完成/返回】选项两次，弹出【切削定义】对话框，系统已经设定了【切削角度】为 45°，单击【确定】按钮，如图 5-95 所示。

（6）显示并检查刀路

在右侧的【菜单管理器】的【NC 序列】下拉菜单里选取【播放路径】|【屏幕演示】选项，在系统弹出的【播放路径】对话框里单击【播放】按钮，则图形显示出开粗的刀路，

如图 5-96 所示。单击【关闭】按钮，在右侧的【菜单管理器】里选取【NC 序列】|【完成序列】选项，系统返回编程图形。

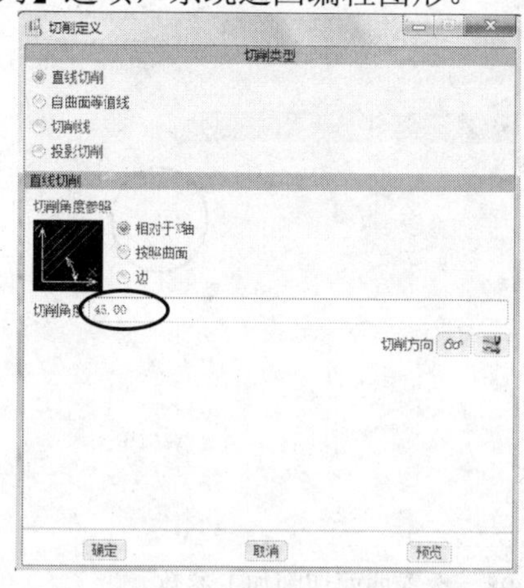

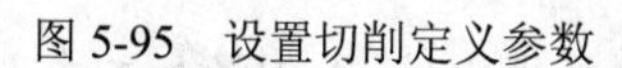
图 5-95　设置切削定义参数

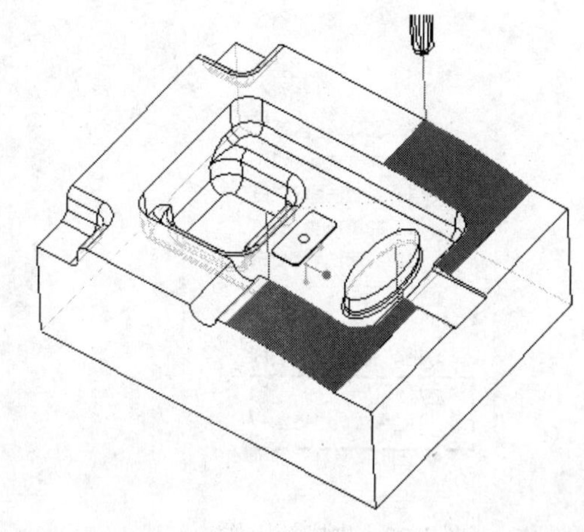
图 5-96　演示刀路

本节讲课视频：\ch05\03-video\k2f.exe。

5.2.10　创建分型面光刀 K2G

本节任务：（1）创建操作 K2G；（2）创建曲面铣削序列用来对 PL 曲面进行精加工。

1．创建操作 K2G

在主菜单里执行【步骤】|【操作】命令，在系统弹出的【操作设置】对话框里单击【创建新操作】按钮，先输入【操作名称】为 K2G，再单击【创建机床】按钮，系统弹出【机床设置】对话框，默认为三轴机床，单击【确定】按钮，系统返回【操作设置】对话框。其余做法与 4.2.4 节的相关内容相同。目录树里生成新的操作 K2G，如图 5-97 所示。

2．创建曲面铣削序列用来对 PL 曲面进行加工

（1）设置菜单参数

在主菜单里执行【步骤】|【曲面铣削】命令，系统在右侧弹出【菜单管理器】下拉菜单，参数设置与图 5-90 所示相同。

（2）定义刀具

接着系统弹出【刀具设定】对话框，选取刀具 BD8R4 球头刀。

（3）设置加工参数

单击【确定】按钮，系统弹出【编辑序列参数“轮廓铣削”】对话框，执行【编辑】|【从步骤复制】命令，在弹出的【选择步骤】对话框里选中【选取所有参数】单选按钮，在弹出的项目里选取14: 曲面铣削。操作: K2F，以此参数表为基础修改参数。按图 5-98 所示设置加工参数。其中【公差】为 0.01，步距参数【跨度】为 0.18，余量参数【允许轮廓坯件】为 0。

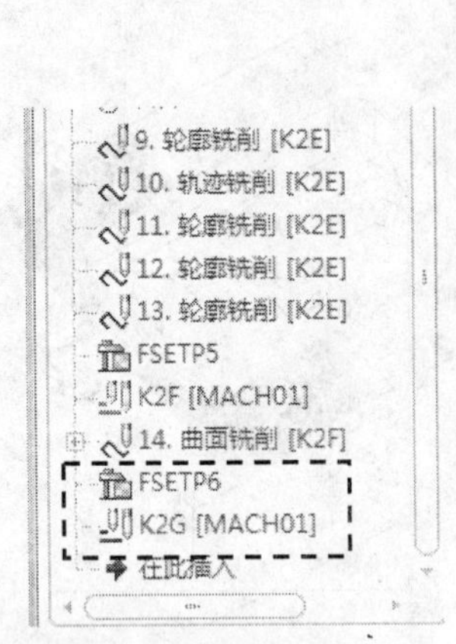

图 5-97　生成新操作

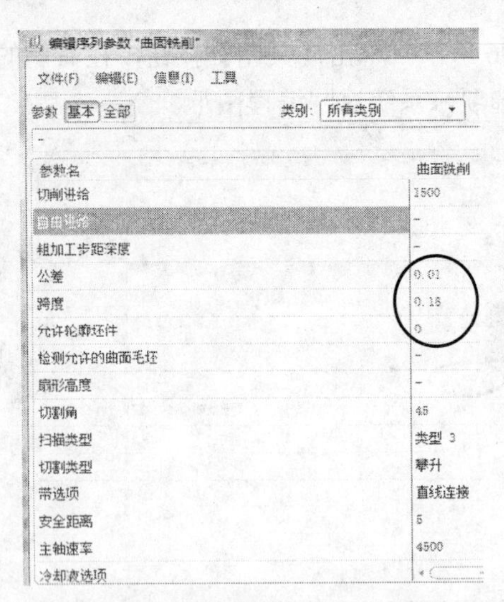

图 5-98　设置曲面切削加工参数

小提示：此处的步距参数是根据图 5-93 所示的公式计算得出的。本例精加工中 h=0.001，R=4，可以计算得知 L=0.18mm。除了这个方法外还可以设置如图 5-98 所示的参数表中的【扇形高度】为 0.001，系统按照较小值计算刀路。

（4）选取加工几何

在【编辑序列参数“体积块铣削”】对话框里单击【确定】按钮，按系统要求选取图形上的分型面曲面，与图 5-94 所示相同。

（5）设置切削参数

单击【确定】按钮，选取【完成/返回】选项两次，弹出【切削定义】对话框，系统已经设定了【切削角度】为 45°，单击【确定】按钮，与图 5-95 所示相同。

（6）显示并检查刀路

在右侧的【菜单管理器】的【NC 序列】下拉菜单里选取【播放路径】|【屏幕演示】选项，在系统弹出的【播放路径】对话框里单击【播放】按钮，则图形显示出光刀刀路。如图 5-99 所示。单击【关闭】按钮，在右侧的【菜单管理器】里选取【NC 序列】|【完成序列】选项，系统返回编程图形。

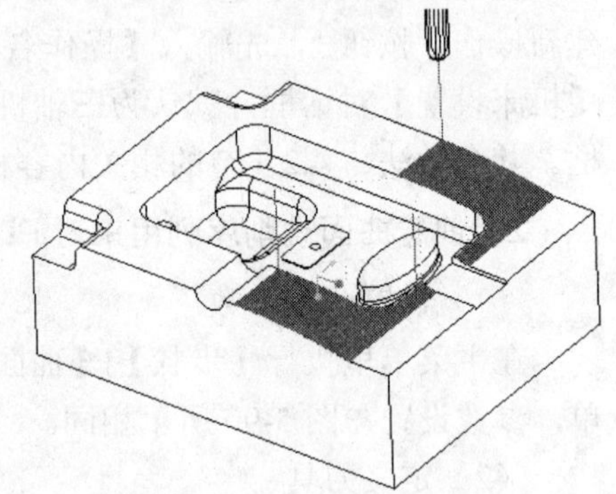

图 5-99　生成光刀刀路

本节讲课视频：\ch05\03-video\k2g.exe。

5.2.11　创建模锁曲面光刀路 K2H

本节任务：（1）创建操作 K2H；（2）创建轮廓铣削序列 1 用来精加工左下模锁面；（3）创建轮廓铣削序列 2 用来精加工左上模锁面；（4）创建曲面加工序列用来精加工水

口位。

1．创建操作 K2I

在主菜单里执行【步骤】|【操作】命令，在系统弹出的【操作设置】对话框里单击【创建新操作】按钮，先输入【操作名称】为 K2H，再单击【创建机床】按钮，系统弹出【机床设置】对话框，默认为三轴机床，单击【确定】按钮，系统返回【操作设置】对话框。其余做法与 4.2.4 节的相关内容相同。目录树里生成新的操作 K2H，如图 5-100 所示。

2．创建轮廓铣削序列 1 用来精加工左下模锁面

方法：利用实体面直接加工，不需要创建铣削曲面。

（1）设置菜单参数

在主菜单里执行【步骤】|【轮廓铣削】命令，系统在右侧弹出【菜单管理器】下拉菜单，参数设置如图 5-101 所示。

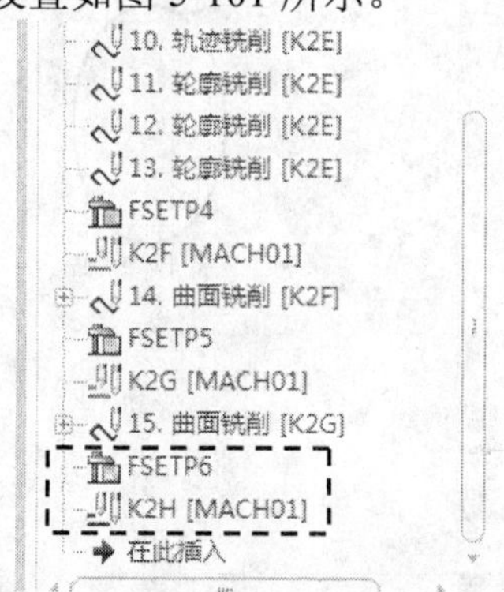

图 5-100　生成新操作

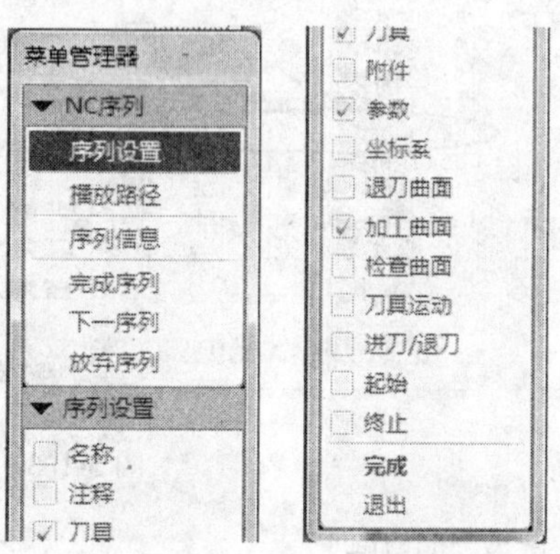

图 5-101　设置菜单参数

（2）定义刀具

接着系统弹出【刀具设定】对话框，单击【新建刀具】按钮，类型选取“球铣削”，按图 5-102 所示定义刀具。单击【应用】按钮，再单击【确定】按钮。

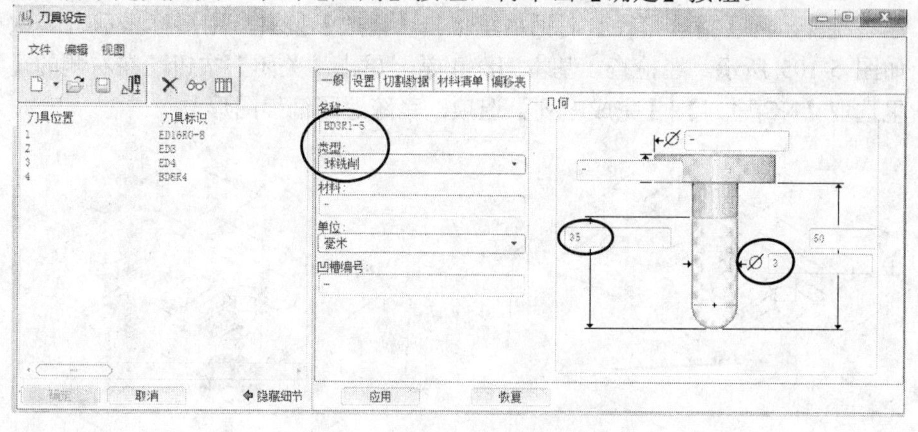

图 5-102　定义刀具 BD3R1.5

（3）设置加工参数

单击【确定】按钮，系统弹出【编辑序列参数“轮廓铣削”】对话框，执行【编辑】|

【从步骤复制】命令，在弹出的【选择步骤】对话框里选中【所有步骤】复选框，然后从中选取 11：轮廓铣削，操作：K2E ，再以此参数表为基础设置新的参数。设置层深参数【步长深度】为 0.11，公差为 0.01，余量参数【允许轮廓坯件】为 0，【侧壁扇形高度】为 0.001，【主轴速率】为 4500，如图 5-103 所示。

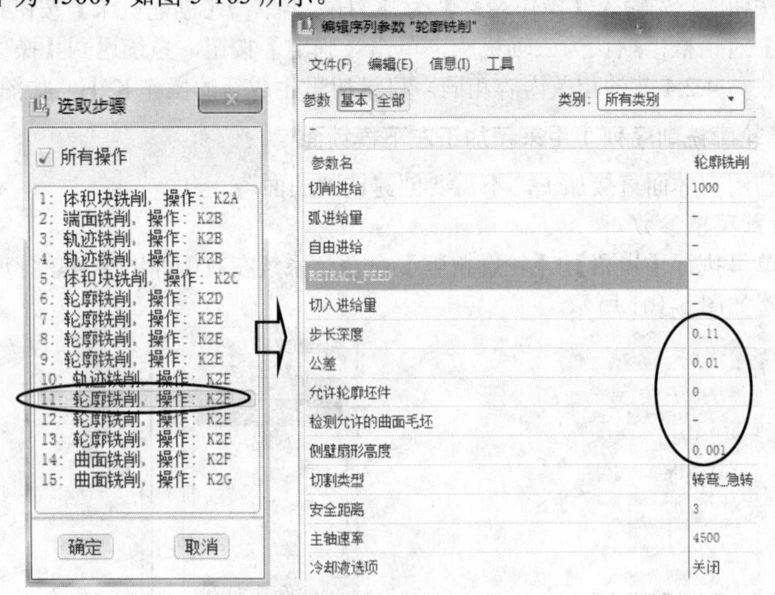

图 5-103　设置加工参数

（4）选取加工几何

在【编辑序列参数“轮廓铣削”】对话框里单击【确定】按钮，按系统要求在图形上选取左下角模锁曲面，如图 5-104 所示。

（5）显示并检查刀路

在右侧的【菜单管理器】的【NC 序列】下拉菜单里选取【播放路径】|【屏幕演示】选项，在系统弹出的【播放路径】对话框里单击【播放】按钮，则图形显示出 3 次开粗的刀路，如图 5-105 所示。经检查，基本刀路正常。单击【关闭】按钮，在右侧的【菜单管理器】里选取【NC 序列】|【完成序列】选项，系统返回编程图形。

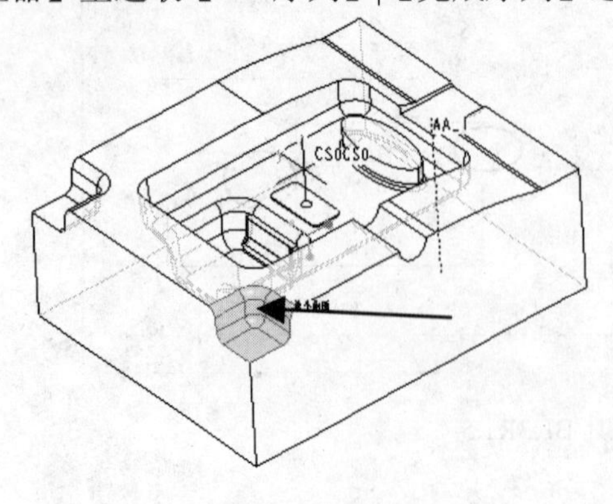

图 5-104　选取模锁曲面

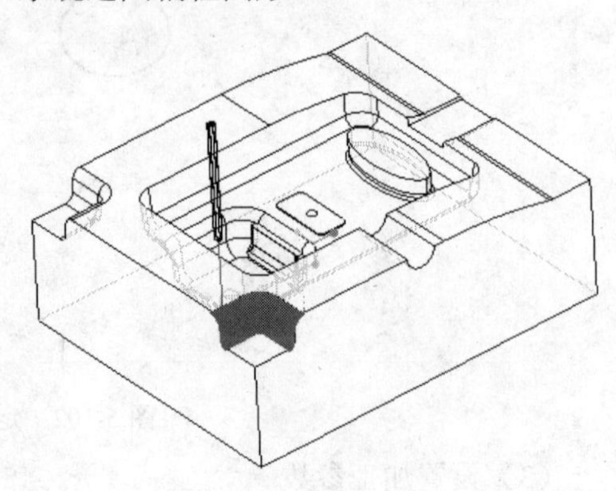

图 5-105　生成加工模锁曲面

3．创建轮廓铣削序列 5 用来精加工左上方模锁曲面

方法：利用之前的加工参数，稍加修改后，重新选取模锁面作为加工面。

（1）设置菜单参数

在主菜单里执行【步骤】|【轮廓铣削】命令，系统在右侧弹出【菜单管理器】下拉菜单，参数设置与图 5-101 所示相同。

（2）定义刀具

接着系统弹出【刀具设定】对话框，选取已经定义的刀具 BD3R1.5。

（3）设置加工参数

单击【确定】按钮，系统弹出【编辑序列参数“轮廓铣削”】对话框，执行【编辑】|【从步骤复制】命令，在弹出的【选择步骤】对话框里选取 16：轮廓铣削，操作：K21，参数设置与图 5-103 所示相同。

（4）选取加工几何

在【编辑序列参数“轮廓铣削”】对话框里单击【确定】按钮，按系统要求在图形上选取左上角模锁曲面，如图 5-106 所示。

（5）显示并检查刀路

在右侧的【菜单管理器】的【NC 序列】下拉菜单里选取【播放路径】|【屏幕演示】选项，在系统弹出的【播放路径】对话框里单击【播放】按钮，则图形显示出刀路，如图 5-107 所示。经检查，基本刀路正常。单击【关闭】按钮，在右侧的【菜单管理器】里选取【NC 序列】|【完成序列】选项，系统返回编程图形。

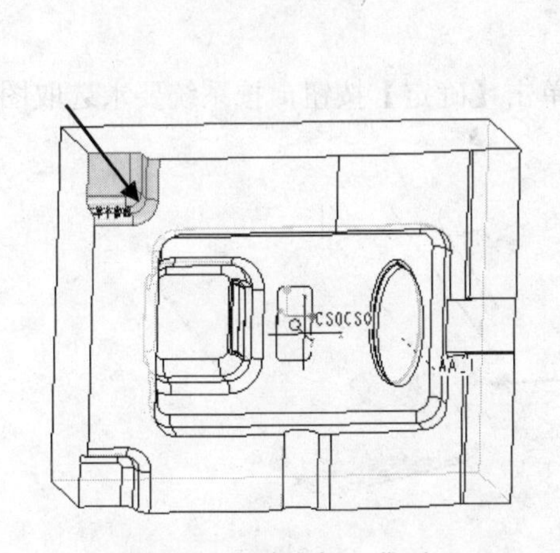

图 5-106　选取加工曲面

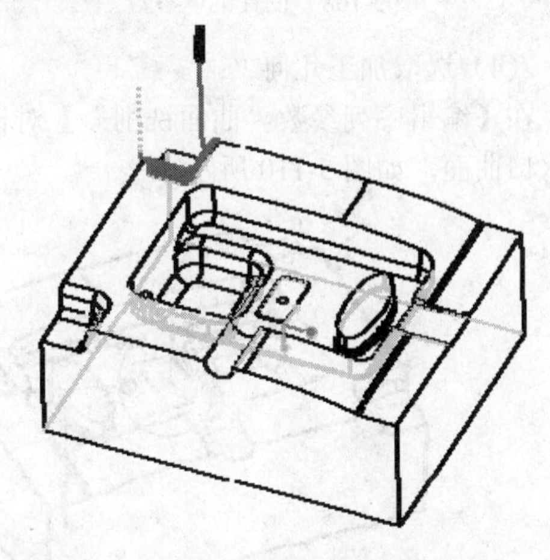

图 5-107　生成加工模锁曲面刀路

4．创建曲面铣削序列用来精加工对水口位曲面

（1）设置菜单参数

在主菜单里执行【步骤】|【曲面铣削】命令，系统在右侧弹出【菜单管理器】下拉菜单，参数设置如图 5-108 所示。

（2）定义刀具

接着系统弹出【刀具设定】对话框，选取刀具 BD3R1.5。

（3）设置加工参数

单击【确定】按钮，系统弹出【编辑序列参数“曲面铣削”】对话框，按图 5-109 所示设置加工参数。其中进给速度参数【切削进给】为 1200，【公差】为 0.01，步距参数【跨度】为 0.11，余量参数【允许轮廓坯件】为 0，【切割角】为 45°，【主轴速度】为 4500。

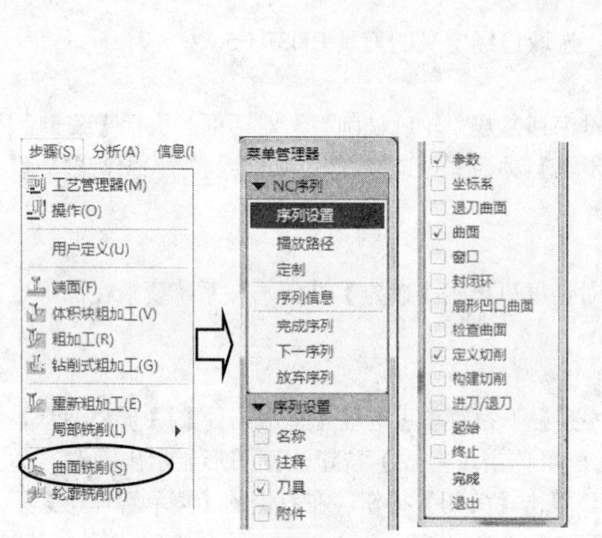

图 5-108　设置菜单参数

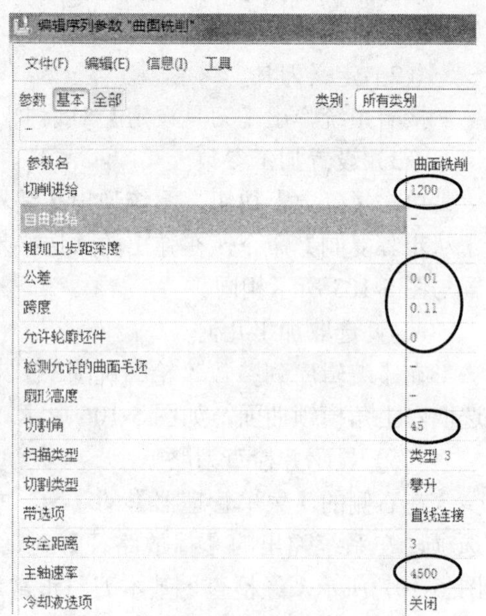

图 5-109　设置加工参数

（4）选取加工几何

在【编辑序列参数“曲面铣削”】对话框里单击【确定】按钮，按系统要求选取图形上水口曲面，如图 5-110 所示。

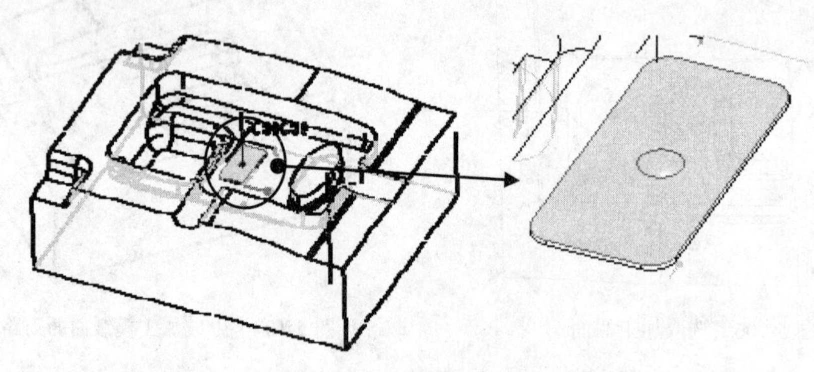

图 5-110　选取加工曲面

（5）设置切削参数

单击【确定】按钮，选取【完成/返回】选项两次。系统弹出【切削定义】对话框，系统已经设定了【切割角】为 45°，单击【确定】按钮。

（6）显示并检查刀路

在右侧的【菜单管理器】的【NC 序列】下拉菜单里选取【播放路径】|【屏幕演示】

选项，在系统弹出的【播放路径】对话框里单击【播放】按钮，则图形显示出开粗的刀路，如图 5-111 所示。单击【关闭】按钮，在右侧的【菜单管理器】里选取【NC 序列】|【完成序列】选项，系统返回编程图形。

在主菜单里单击【保存】按钮，将编程装配文件存盘。

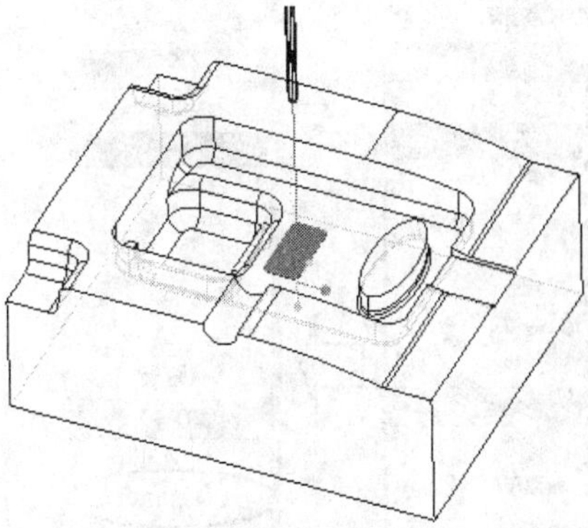

图 5-111　生成加工曲面刀路

5.2.12　后处理

在主菜单里执行【编辑】|【CL 数据】|【输出】命令，在右侧的【菜单管理器】系统弹出的【选取特征】下拉菜单里选取【操作】选项，在弹出的选项里选取 K2A，系统弹出新的下拉菜单，按图 5-112 所示选取参数，选取【完成】选项，系统弹出【保存副本】对话框，系统自动给定 NCL 文件名为 k2a。

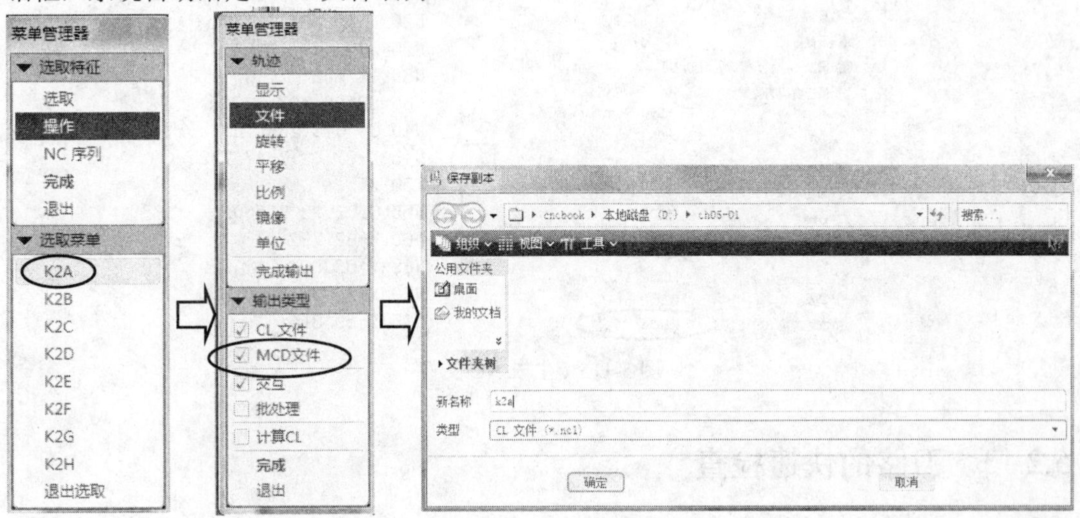

图 5-112　保存 NCL 刀路文件

单击【确定】按钮。在右侧的【菜单管理器】里选取【完成】选项，在弹出的后处理器下拉菜单里选取 FANUC 机床系统 NIIGATA HN50A - FANUC 15MA - B TABLE 的后处理器 UNCX01.P12，如图 5-113 所示。

选取后处理器后系统开始计算 NC 刀路，显示如图 5-114 所示的【信息窗口】对话框，单击【关闭】按钮。

查看工作目录 D:\ch05-01，发现生成了 k2a.tap 文件，该文件经过少量修改后就可以传送给数控机床进行加工。打开该文件，内容如图 5-115 所示。

同理，可以对其他操作进行后处理。

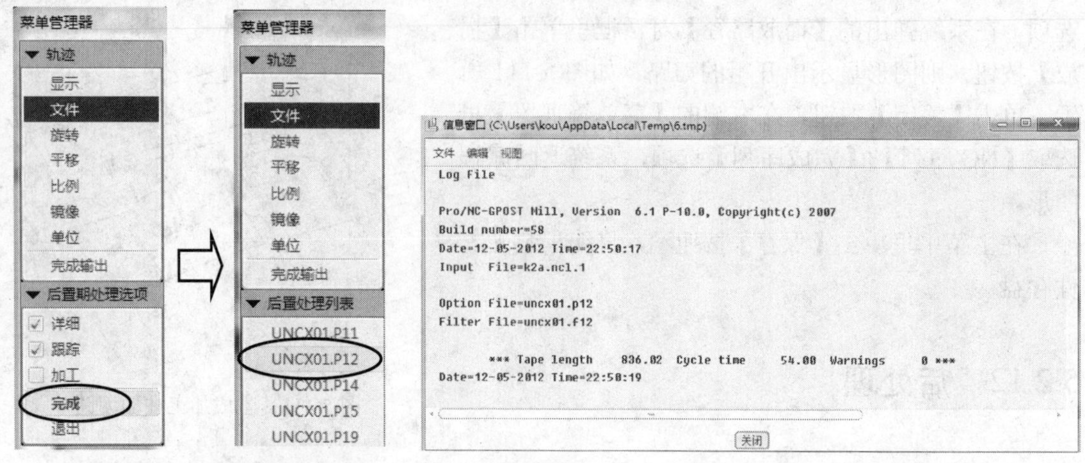

图 5-113　选取后处理器　　　　图 5-114　信息窗口

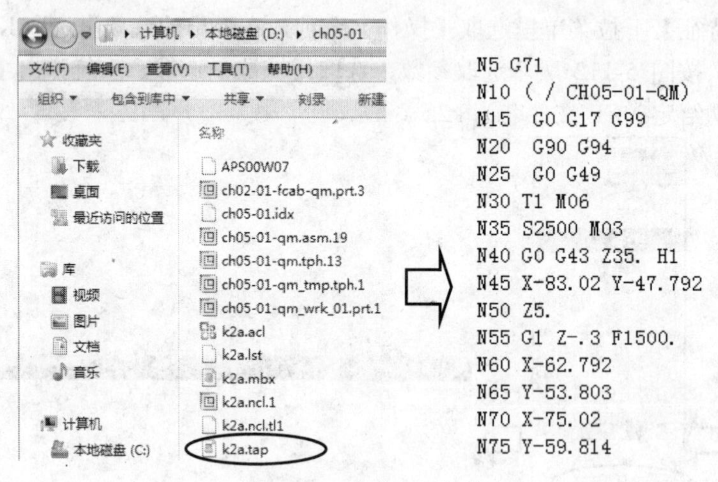

图 5-115　生成 NC 文件

5.2.13　刀路的快速检查

在主菜单里执行【工具】|【CL 数据】|【播放路径】命令，系统弹出【打开】对话框，选取 k2a.ncl 文件，单击【打开】按钮，如图 5-116 所示。

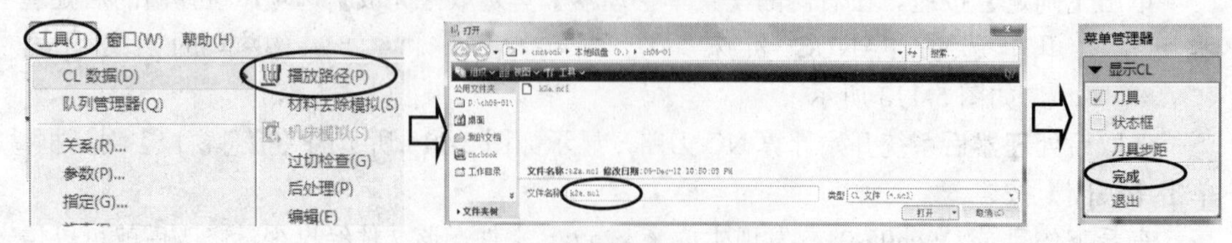

图 5-116　选取 NCL 文件

在系统弹出的【菜单管理器】里选取【完成】选项，则屏幕会模拟显示 k2a.ncl 文件刀路，如图 5-117 所示。不选中【刀具】复选框，显示速度会更快一些。通过旋转平移图形，可以在各个视图里观察刀路。

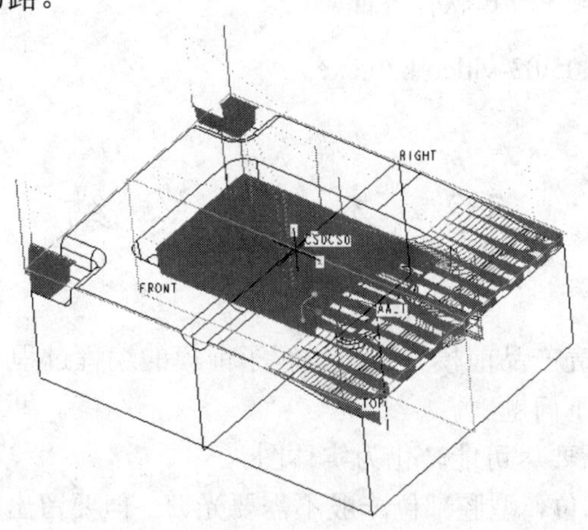

图 5-117　显示刀路 k2a.ncl

在工具栏里单击【重画】按钮可以刷新屏幕。同理，可以对其他刀路进行快速检查。

5.2.14　数控程序单的填写

参考的程序单样式如图 5-118 所示。

CNC加工程序单

型号		模具名称	*遥控器面*	工件名称	*前模*		
编程员		编程日期		操作员		加工日期	
				对刀方式:	*四边分中*		
					对顶z=28.0		
				图形名	*ch05-01-hm.asm*		
				材料号	*S136H*		
				大小	120×120×45		
程序名		余量	刀具	装刀最短长	加工内容		加工时间
K2A	*.TAP*	*0.3*	*ED16R0.8*	*35*	*开粗*		
K2B	*.TAP*	*底为0*	*ED16R0.8*	*35*	*PL底面光刀*		
K3C	*.TAP*	*0.35*	*ED8*	*18*	*二次开粗*		
K3D	*.TAP*	*0.4*	*ED4*	*18*	*三次开粗*		
K3E	*.TAP*	*0.2*	*ED8*	*35*	*型面中光刀*		
K3F	*.TAP*	*0.11*	*BD8R4*	*15*	*PL半精加工*		
K3G	*.TAP*	*0*	*BD8R4*	*15*	*PL精加工*		
K3H	*.TAP*	*0*	*BD3R1.5*	*15*	*模锁面光刀*		

图 5-118　CNC 加工程序单

要将程序控制单及时存盘。在工具栏里单击【保存】按钮，然后在主菜单里执行【窗口】|【打开系统窗口】命令，在系统弹出的 DOS 界面里输入命令 purge，按 Enter 键。这样就可将各个文件的旧版本删除，只留下最新版本的文件。再输入命令 exit，按 Enter 键，

则可以退出该窗口，返回 Pro/E 软件界面。

本节讲课视频：\ch05\03-video\k2h.exe。

5.3 本 章 总 结

本章是以遥控器面壳产品前模为例，讲解了前模的编程过程。要顺利完成类似前模的数控编程工作要注意以下问题。

1．收到前模图形后要尽可能转化为实体图。

2．分清模具结构部位，型腔部位一般不需要光刀，但要留出足够多的余量，加工中要防止过切及刀具突然增加切削量的情况。

3．PL 曲面要精加工，为了使加工准确，要在开粗之后增加中光刀。

4．插穿位和碰穿位要留出 FIT 模（即模具装配的配研），余量 0.02～0.05，以消除加工误差，防止合模后出现空隙导致产品出现批峰。

5．开粗刀路完成后要从侧面观察有无出现踩刀现象，如果有，就要设法避免。

6．可以充分利用 Pro/E 软件强大的曲面功能绘制出需要清角的曲面，然后进行清角加工。

7．初学者在学习这部分内容时可能出现的问题是：按照步骤做了一遍后，有些刀路还是和书上不一致。出现这种情况，多半是因为参数没有完全设置好。这时请重做一遍，必要时可播放视频文件，对照自己的做法，查看有何不妥之处。

8．Pro/E 软件的加工参数表里的参数很多，凡是参数后面有“-”的说明该参数是可选的，当为空白时，则必须给定数值。另外很多参数都是默认的，当掌握本例后再抽时间研究它们，可以夸张地设置这些参数，观察刀路的变化，进而理解其含义。

5.4 本章思考练习和答案提示

思考练习

1．用 Pro/E 软件进行前模体积块开粗时，如何防止踩刀现象发生？

2．结合本例，说说 Pro/E 软件在前模数控编程如何进行局部开粗刀路？

3．Pro/E 软件在进行前模 PL 平位精加工时，通常可以用哪些方法？

4．结合本章前模编程的思路，完成第 2 章练习部分灯座装配前模的数控编程。光盘文件为\01-sample\ch05-02\ch02-03-fcab-qm.prt.3，如图 5-119 所示。

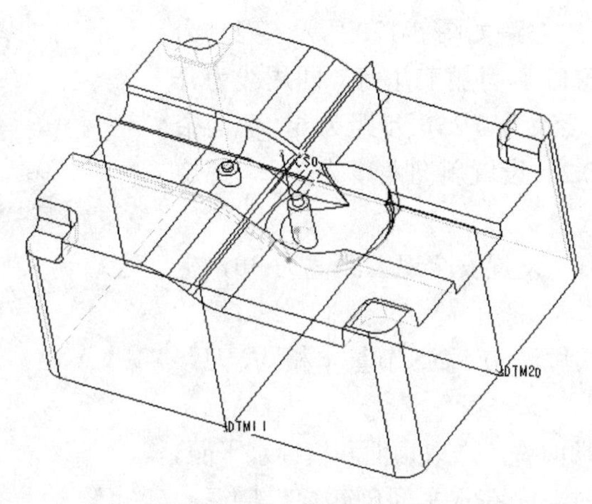

图 5-119　灯座面壳曲面

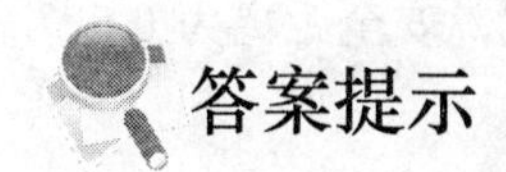

答案提示

1．答：用 Pro/E 软件进行前模体积块开粗时要防止踩刀现象发生。方法如下

（1）分析图形尽量从料外下刀。

（2）在体积块粗加工参数里设置螺旋下刀，如图 5-11 所示。

（3）做完刀路后一定要在各个视图中观察刀路。

2．答：本例局部开粗刀路时采用了如下方法。

（1）用草图方式分析残留区域，根据这个区域创建窗口特征。

（2）利用 Pro/E 软件强大的曲面造型功能绘制残留区域的铣削曲面。可以专门创建铣削曲面，也可以用普通曲面。

（3）如果是用局部铣削功能生成的刀路，则要从切削安全方面仔细检查，无误后才可以正式使用。

3．答：Pro/E 软件在进行前模 PL 平位精加工时，通常可以用以下方法。

（1）轨迹加工，设置底部余量为 0，侧面余量比开粗时大。

（2）在 PL 水平面上专门创建窗口特征，根据此特征进行体积块粗加工，但是注意选取|粗加工选项参数为|仅_表面||。设置底部余量为 0，侧面余量比开粗时大。

（3）利用端面铣削功能，注意进刀长度要大于刀具半径。

4．提示：先在 D:\盘建立目录 D:\ch05-02，前模编程要点如下。

（1）设定工作目录为 D:\ch05-02，建立制造加工装配文件 ch05-02-qm.asm，创建毛坯文件 ch05-02-qm-wk.prt，大小为 100×80×50。

（2）创建操作 K2I，设置安全退刀距离为 30，坐标系为 CS0。

① 在毛坯顶面创建窗口，形状为毛坯最大外形，单击【草绘窗口类型】按钮，在【选项】中选中【在窗口围线上】单选按钮。

② 在主菜单里执行【步骤】|【体积块粗加工】命令创建体积块粗加工刀路，做法与

5.2.4 节基本相同，生成的刀路如图 5-120 所示。刀具为 ED12R0.8 飞刀，选取窗口 1 为加工几何，四周线为开口，公差为 0.03，切削层深为 0.25，步距为 6，侧面余量为 0.3，底部余量为 0.2。设置斜向角度为 3°，螺旋直径为 16。

（3）创建操作 K2J，设置安全退刀距离为 30，坐标系为 NC_CS0。

创建 2～5 号刀路的做法与 5.2.5 节基本相同，刀路如图 5-120 所示。

注意 2 号刀路要用端面铣，选取顶面和模锁水平面。

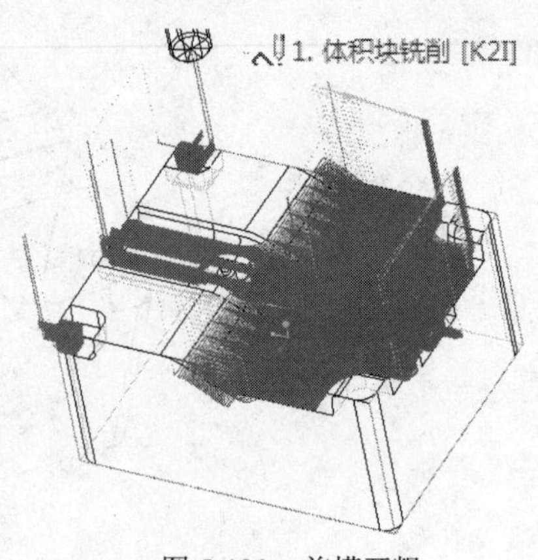

图 5-120　前模开粗

创建 3～5 号刀路时要先在水平面创建窗口特征，在【选项】中选中为【在窗口围线上】复选框。注意选取|粗加工选项参数为|仅_表面 ||。侧余量为 0.35，底部余量为 0，斜向角度为 3°，螺旋直径不专门设置，安全距离为 0.5，如图 5-121 所示。

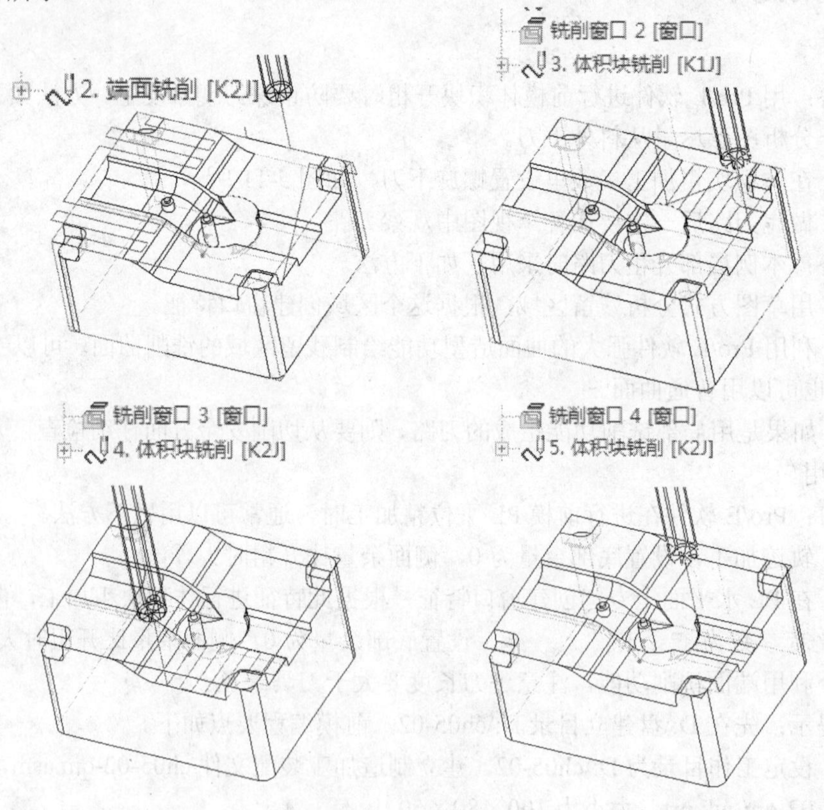

图 5-121　水平面光刀

（4）创建操作 K2K，设置安全退刀距离为 30，坐标系为 NC_CS0。

创建 6～11 号刀路的曲面轮廓铣削，刀路如图 5-122 所示。层深为 0.15，公差为 0.03，余量为 0.2，【切割类型】为“转弯_急转”，进刀半径为 1，角度为 45°，【切削_进入_

延拓】为“引入”，【切削_退出_延拓】为“引出”。

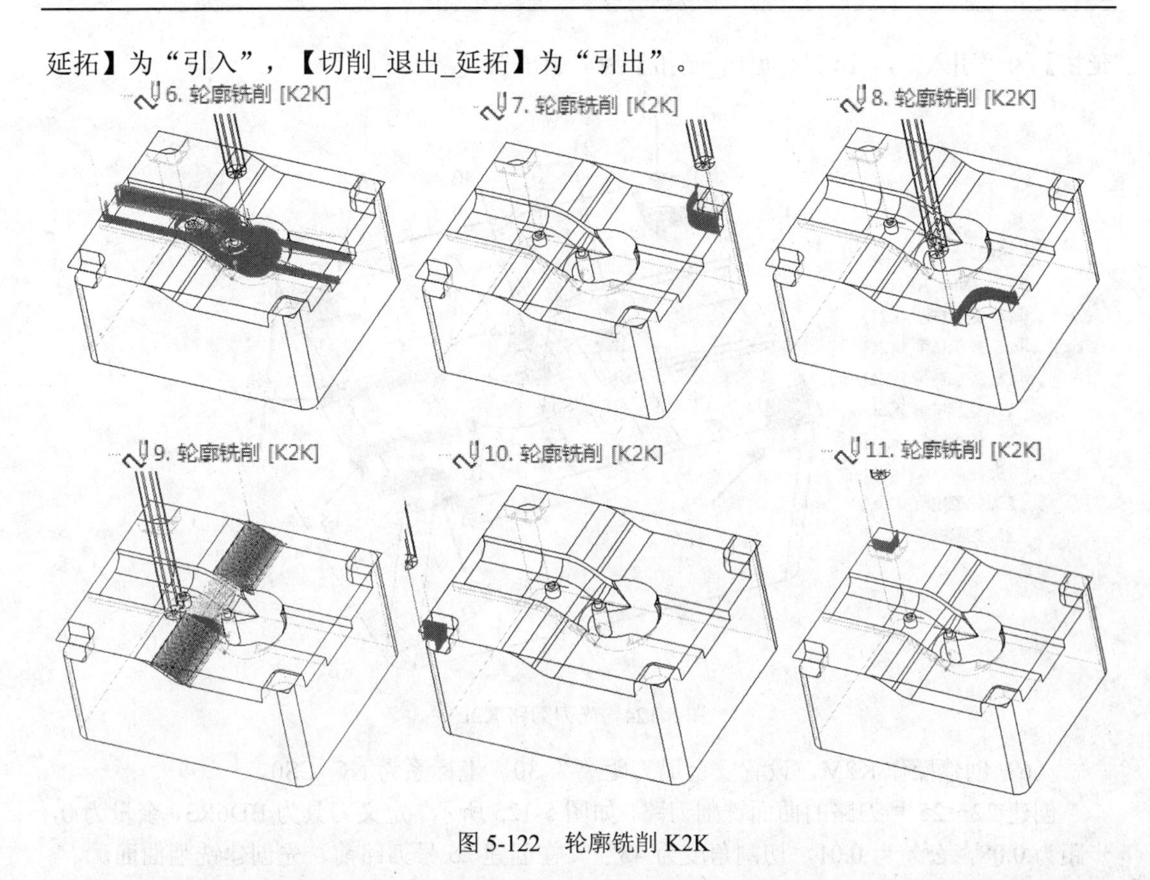

图 5-122　轮廓铣削 K2K

在柱位创建草图直线，然后创建轨迹加工刀路 12～13 号，如图 5-123 所示。设置参数【步长深度】为 0.1，表示切削层数的参数【序号切削】为 3，分 3 层加工。选取曲线为不补偿方式。

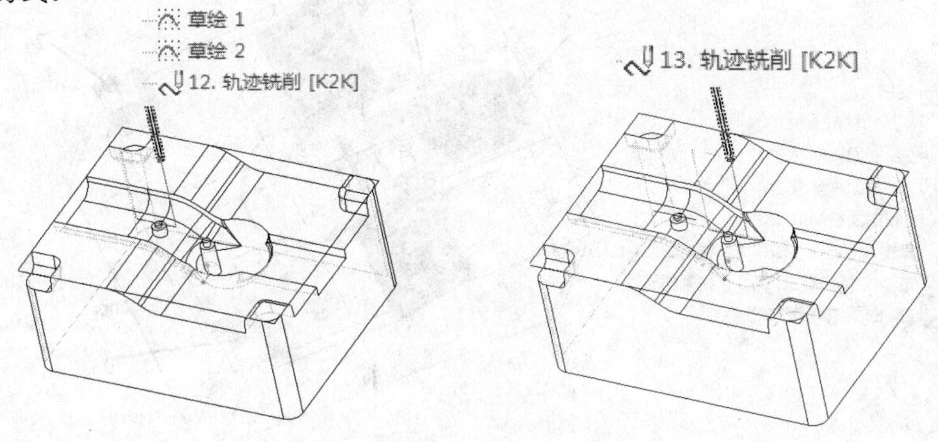

图 5-123　创建轨迹刀路 K2K

（5）创建操作 K2L，设置安全退刀距离为 30，坐标系为 NC_CS0。

创建 14～21 号刀路的曲面轮廓铣削，刀路如图 5-124 所示。余量为 0，层深为 0.05，公差为 0.01，【切割类型】为顺铣“攀升”，进刀半径为 1，角度为 45°，【切削_进入_

延拓】为“引入”，【切削_退出_延拓】为“引出”。

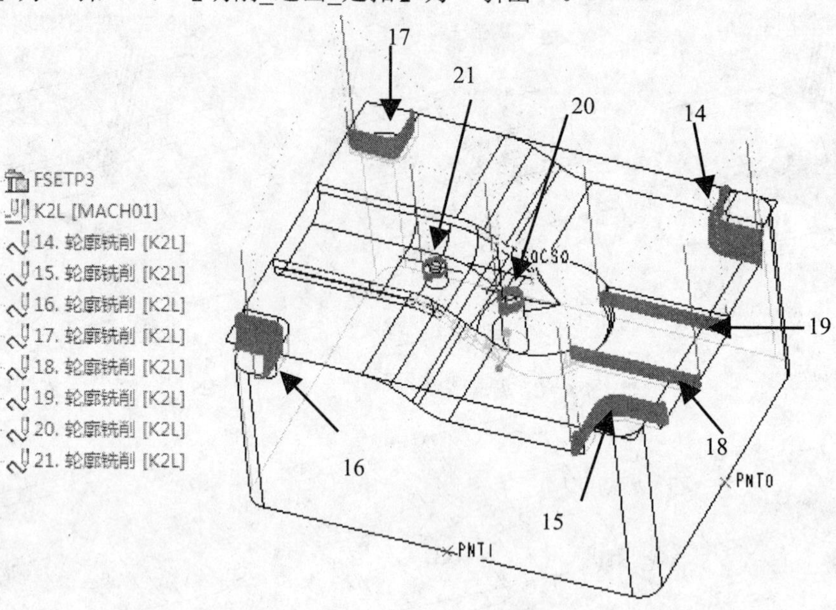

图 5-124　光刀刀路 K2L

（6）创建操作 K2M，设置安全退刀距离为 30，坐标系为 NC_CS0。

创建 22～25 号刀路的曲面铣削刀路，如图 5-125 所示。定义刀具为 BD6R3，余量为 0，步距为 0.08，公差为 0.01，切割角度为 45°。在创建 25 号刀路前，先创建铣削曲面。

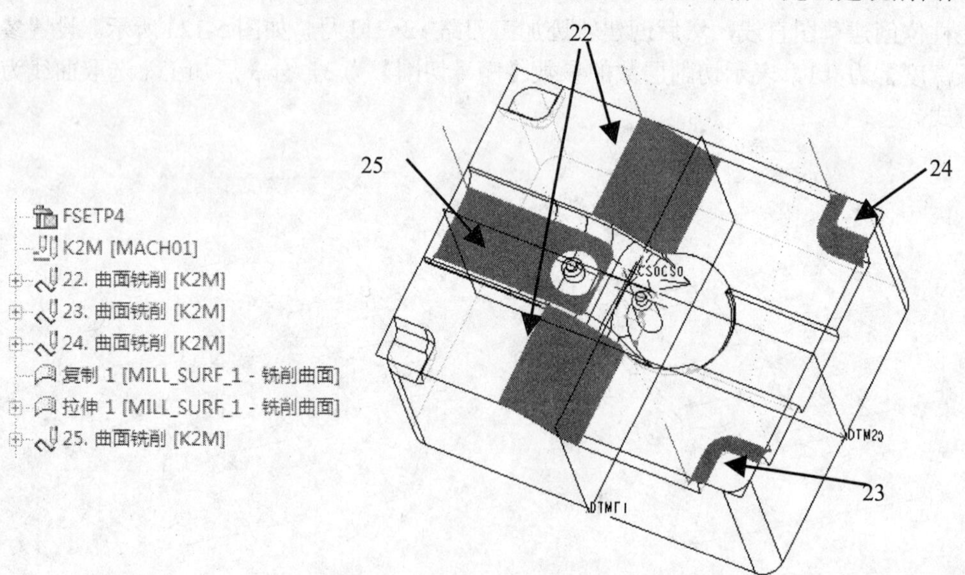

图 5-125　创建曲面光刀 K2M

第 6 章　遥控器面壳后模编程

6.1　本章要点和学习方法

本章以遥控器面壳后模为例，在学习了铜公和后模数控编程的基础上，进一步学习后模钢件的数控编程，着重学习后模加工工艺及其编程方法。学习本章时请注意以下要点：

- ❑ 继续巩固和体会使用 Pro/E 软件进行数控编程的基本步骤。
- ❑ 后模图形的修补处理。
- ❑ 后模加工切削工艺安排的特点。
- ❑ 后模数控编程中窗口特征、铣削曲面特征的独特作用。
- ❑ 理解残留高度控制在曲面加工参数的独特作用。
- ❑ 进一步理解曲面加工中重点加工参数的含义和作用。

希望初学者先按书上步骤结合本章的讲课视频初步掌握要点，然后反复练习本例，深刻理解和掌握后模编程技巧，灵活解决实际工作中可能遇到的类似问题。

6.2　后模数控编程

本节将介绍第 2 章已经完成的后模 ch02-01-fcab-hm.prt 的数控编程。

编程要点是：分析测量图形，检查图形的合理性，从模具制造流程的角度把握后模的加工特点，分清后模各个结构在模具里的作用和加工要求，弄清需要 CNC 加工的部位。后模编程最大的特点是，必须花费相当的精力简化修补图形，填补骨位和 CNC 不需要加工的狭小部位，使图形成为一个尽可能简化的实体图，再进行编程来实现加工工艺。

6.2.1　CNC 加工工艺分析及刀路规划

1．开料尺寸

测量图形得知材料为尺寸 150×120×53。后模通常采取虎钳夹持或者锁板方式进行装夹。

2．材料

钢件 718，1 件料。此材料出厂硬度通常为 HB29-330。

3．加工要求

本例型芯曲面要求光刀，PL 面及枕位进行光刀到位，余量为 0。加工不到的骨位及角落处必须留出足够多的余量以便 EDM 加工，CNC 加工时不必刻意清角。

4．加工方案

（1）操作程序名为 K3A，粗加工，也叫开粗，刀具为 ED16R0.8 飞刀，加工余量为 0.3。

（2）操作程序名为 K3B，水平面精加工，也叫光刀，刀具仍为 ED16R0.8 平底刀，底部余量为 0。

（3）操作程序名为 K3C，型面中光，选用平底刀 ED8，型面曲面余量为 0.15。

（4）操作程序名为 K3D，型面光刀，选用球刀 BD8R4，型面曲面余量为 0。

（5）操作程序名为 K3E，模锁面光刀，选用球刀 BD3R1.5，型面曲面余量为 0。

（6）操作程序名为 K3F，型面清角和光刀，选用平底刀 ED8，型面曲面余量为 0。

6.2.2　调图及图形整理

本节任务：接受编程任务及接收后模图形后，先要转化为符合编程要求的图形，再对其进行几何尺寸分析及加工工艺规划，调整坐标系使其符合加工要求。

（1）在 Windows 的资源管理器里建立目录 D:\ch06-01，将光盘的相应原始图形文件复制到此。启动并进入 Pro/E 界面，设置工作目录为 D:\ch06-01。调出 ch02-01-fcab-hm.prt。该图形为第 2 章中完成的图。

（2）经过几何尺寸分析和工艺分析，得出了第 6.2.1 节的加工方案。

（3）调整坐标系。后模加工时坐标系的一般要求与后模相似，即长方向为 X 轴，工件的四边分中 XY 为零点，本例台阶大面 PL 平位为 Z=0。型芯方向为 Z 轴的正方向。本例坐标系需要调整。

先隐藏旧坐标系。在目录树里选取 PRT_CSYS_DEF，右击鼠标，在弹出的快捷菜单里选取【隐藏】选项，将其隐藏。在目录树右上角单击【显示】按钮在弹出的下拉菜单里选取【层树】选项，右击总树枝，在弹出的快捷菜单里执行【保存状态】命令，如图 6-1 所示。这样，再次打开已保存的图形时，这些隐藏状态依然起作用。

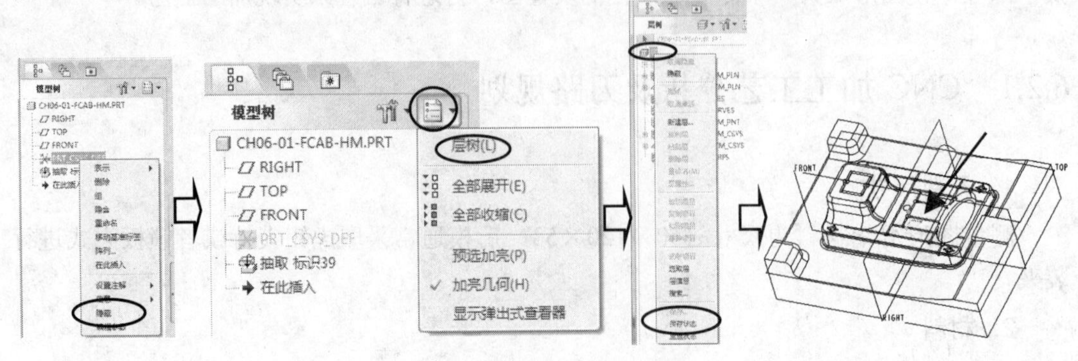

图 6-1　隐藏旧坐标系

再重新定义符合要求的坐标系 CS0。在工具栏里单击【坐标系】按钮，以 3 个基准面为参照，定义坐标系，结果如图 6-2 所示。

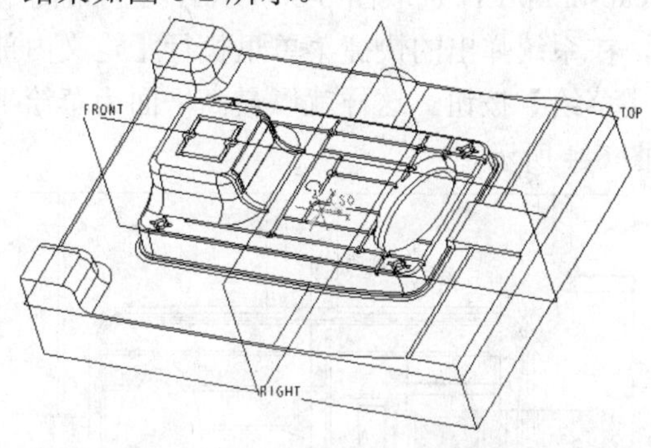

图 6-2　定义坐标系

在工具栏里单击【保存】按钮将该图形存盘。在主菜单里执行【窗口】|【关闭】命令。将该图形文件另外存盘为 ch06-01-fcab-hm。

6.2.3　修补图形

因为后模通常包含了大量的骨位、顶针位、斜顶位及镶件位，这些部位因为面积狭小而且有些部位很深，不适合用 CNC 机床来加工，很多情况下需要用 EDM 电火花、EDW 线切割等工艺进行加工。数控编程时，如果没有对图形进行修补，而把这些曲面作为加工面进行选择时，势必会增加计算机计算刀路的负担，导致计算速度缓慢，甚至会导致系统崩溃或死机。为了提高编程效率，简化图形势在必行。

和其他软件相比，Pro/E 软件可以用实体的方法达到简化实体图形的目的。具体操作技术上多用拉伸实体，然后再复制曲面，用替代命令可以使修补的局部面和周围曲面平缓过渡。但是在修补时要注意尽量使模具增加材料。

本节任务：用修补图形的方法，使之成为一个结构简单的单一实体图形，简化图形。

具体操作要点如下。以下所述的模具部位均为图 6-3 所示的图中所标识的。

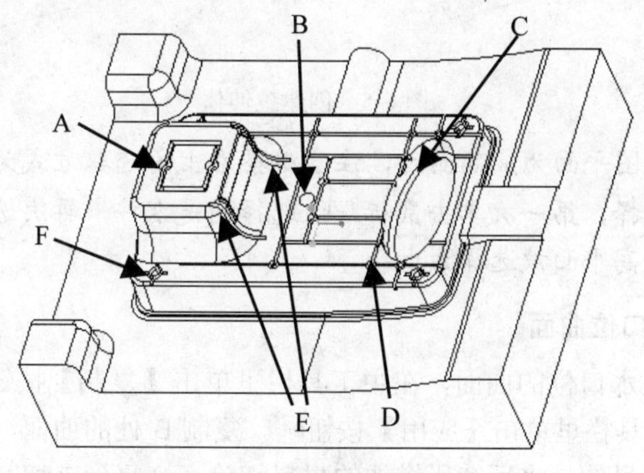

图 6-3　后模修补步骤

1．创建 A 处的拉伸体填补顶部骨位

打开图形 ch06-01-fcab-hm.prt.1。选取图 6-3 所示 A 处的最高平面，再在工具栏单击【拉伸】按钮，右击鼠标，在系统弹出的快捷菜单里执行【定义内部草绘】命令，在弹出的【草绘】对话框里单击【草绘】按钮。这样就以最高平面为草绘平面来创建拉伸体，进入草绘界面绘制草图，如图 6-4 所示。

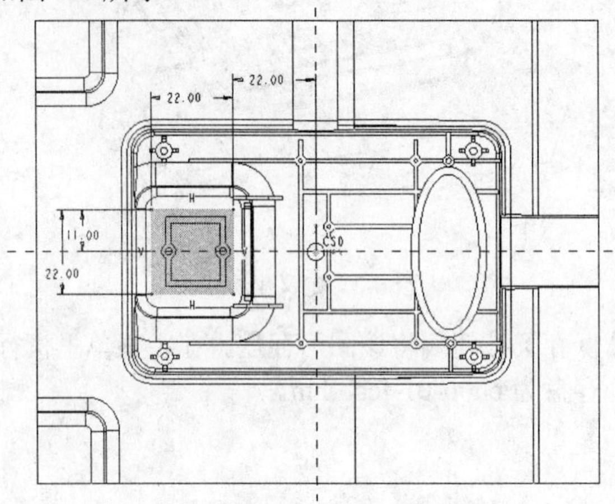

图 6-4　绘制草图

完成草图后，输入拉伸距离为 10，方向为朝向实体方向（即 Z 负方向）。单击【应用】按钮，结果如图 6-5 所示。

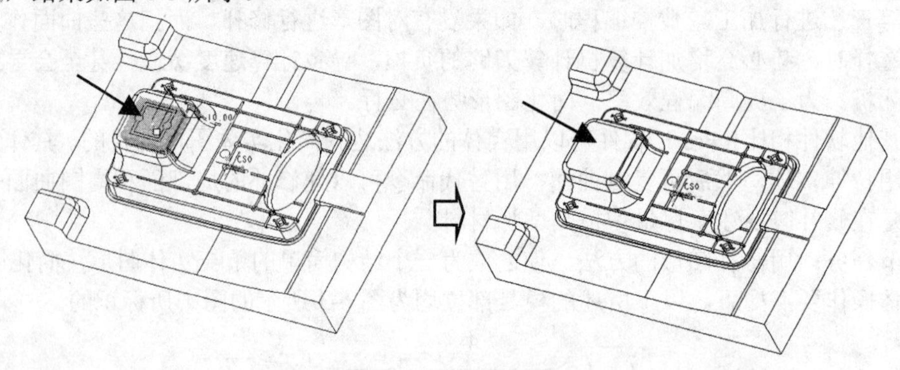

图 6-5　创建拉伸体

小提示： 选取构图平面为最高面时，注意观察右上角选取方式为“智能”，可能需要多次选择，第一次单击鼠标默认选择的是零件，再次选择的可能才是平面。直到最高平面被选择为止。

2．复制 B 处水口位曲面

用鼠标左键选取水口位的曲面，在主工具栏里单击【复制】按钮，再单击【粘贴】按钮，在弹出的工具栏里单击【应用】按钮。复制 B 处的曲面，如图 6-6 所示。

复制此处曲面的目的是将后续所增加的材料切除，恢复到未切割前的状态。

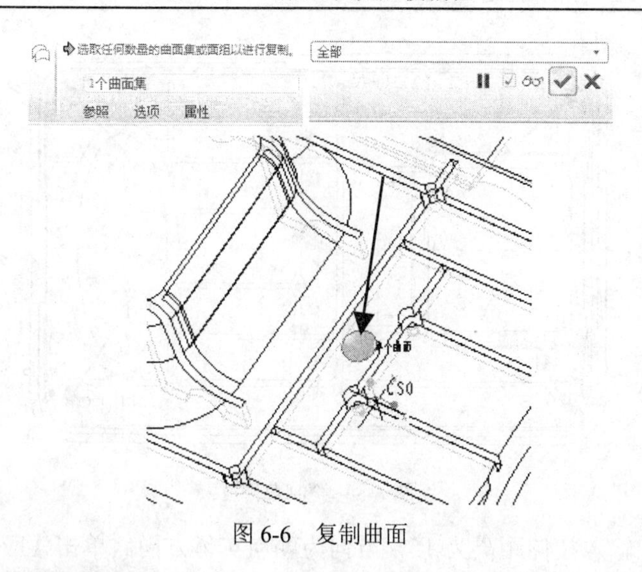

图 6-6　复制曲面

3．在 C 处创建椭圆孔草图

在图形上选取 C 处椭圆孔底部的平面，单击主工具栏里的【草绘】按钮，系统弹出【草绘】对话框，单击【草绘】按钮进入草绘界面，用使用边界的方式 使用 选取椭圆孔的底部边线，创建草图。单击【完成】按钮，结果如图 6-7 所示。

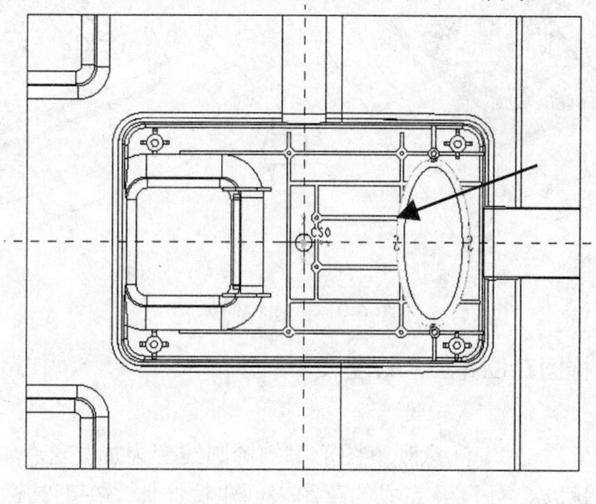

图 6-7　创建草图 1

创建此草图的目的是在后续步骤里，用此草图创建拉伸体切割多余的材料。

4．创建 D 处的拉伸体填补骨位

选取 D 处的大平面，再在工具栏里单击【拉伸】按钮，右击鼠标，在系统弹出的快捷菜单里执行【定义内部草绘】命令，在弹出的【草绘】对话框里单击【草绘】按钮。这样，就以 D 处平面为草绘平面来创建拉伸体，进入草绘界面绘制草图，如图 6-8 所示。

小提示：绘制此处草图时，可以先用使用边的方式创建 G、H、I、J 等四周的圆弧，然后再用直线连接这 4 条圆弧。

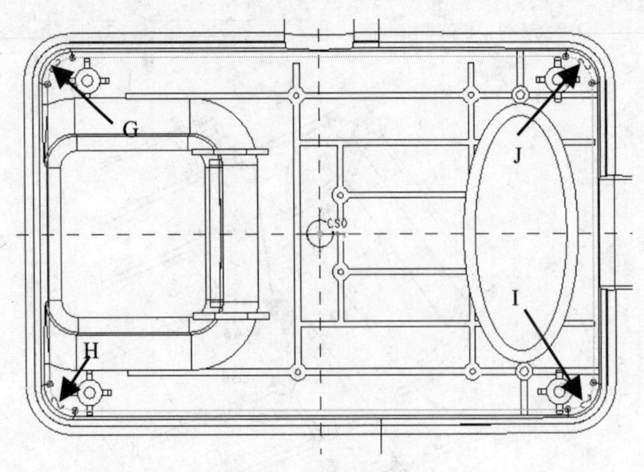

图 6-8　绘制草图 2

完成草图后，输入拉伸距离为 15，方向为朝向实体方向。单击【应用】按钮，结果如图 6-9 所示。

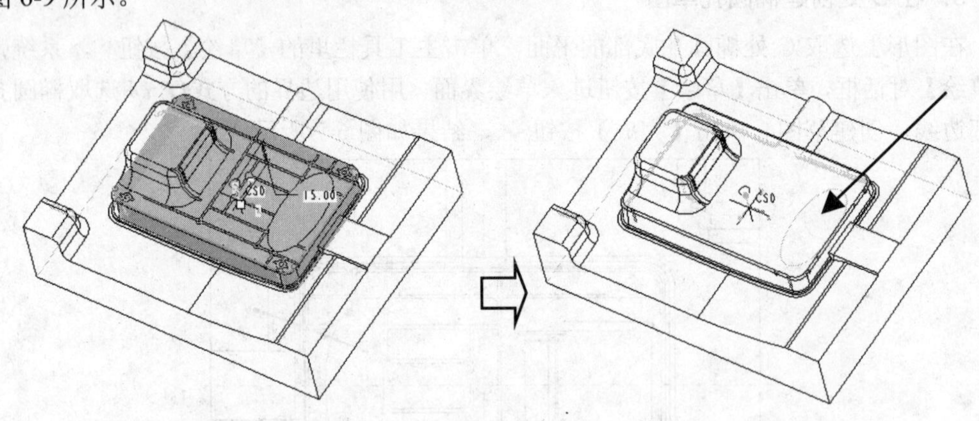

图 6-9　创建拉伸体

5．在 C 处创建椭圆孔位并加入斜度

（1）创建切割

在目录树里选取 草绘 1，注意观察图形里的椭圆线变为加亮红色。再在工具栏单击【拉伸】按钮，这样，就以 C 处已经完成的草图来创建拉伸体，在工具栏操控面板里单击【切除材料】按钮，拉伸长度超出后模实体即可，单击【应用】按钮。切割结果如图 6-10 所示。

（2）创建斜度

选取上步所完成的按钮孔的直身面，单击工具栏里的【拔模】按钮，系统弹出【拔模】操控面板，选取 D 处大面为拔模枢轴面，输入拔模角为 1°，调整方向，使所加的斜度能确保模具材料为增加方向，如图 6-11 所示。

6．用 B 处曲面切割实体创建水口位

选取第 2 步中复制的水口球形曲面，在主菜单里执行【编辑】|【实体化】命令，在弹出的操控面板里单击【移除材料】按钮，调整切除方向为球形以内，如图 6-12 所示。单击【应用】按钮。

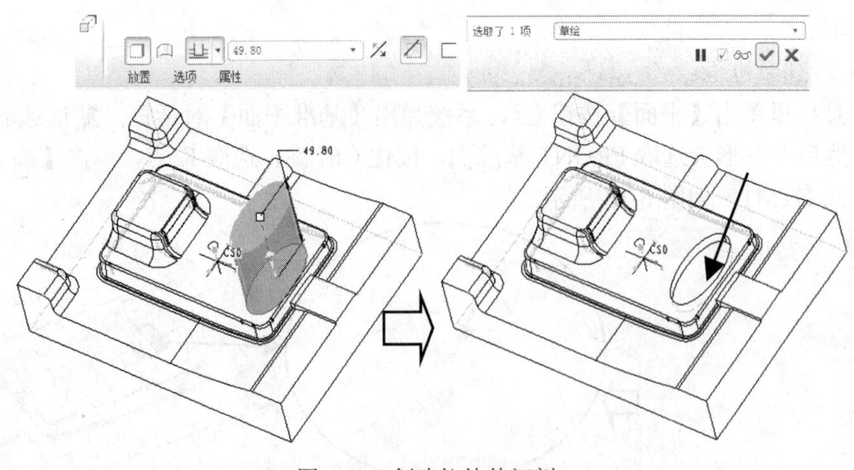

图 6-10　创建拉伸体切割

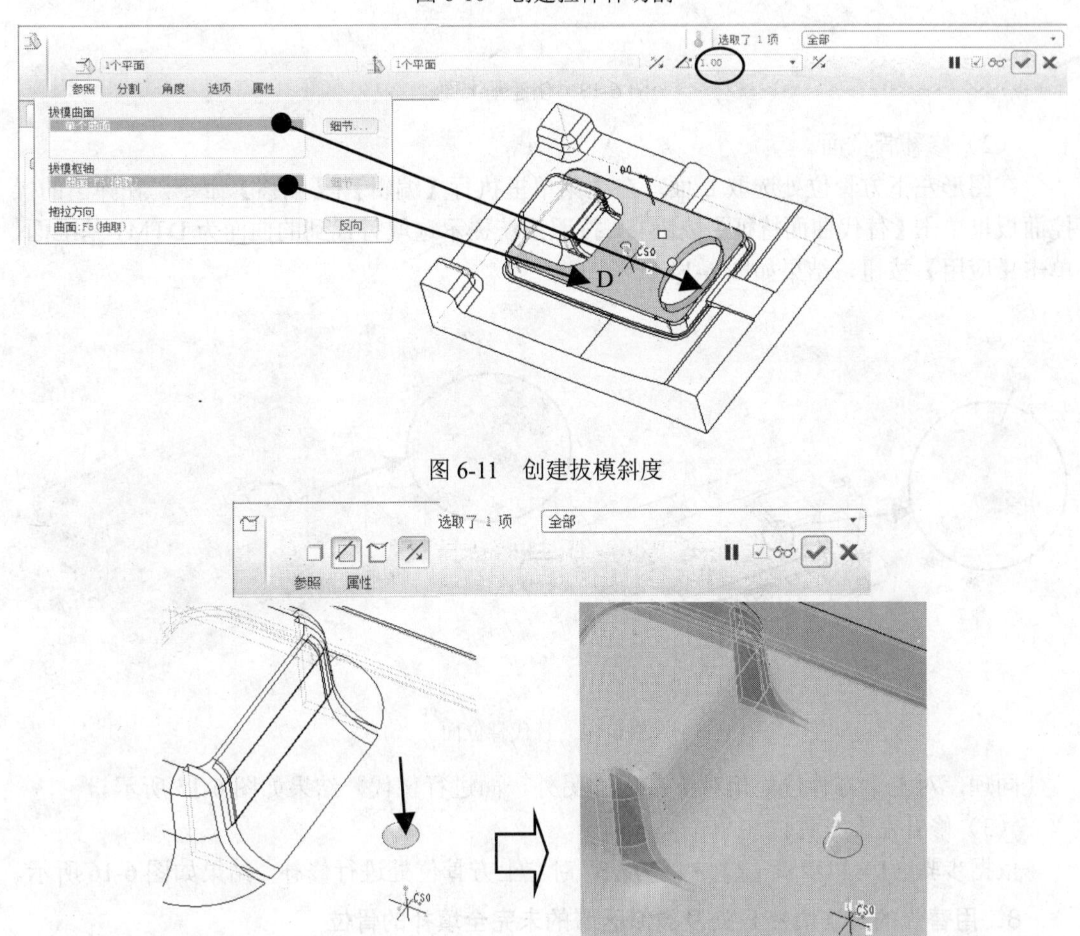

图 6-11　创建拔模斜度

图 6-12　曲面切割

7．使用替代的方法填补 E 处的骨位

方法是：先创建左下方基准面，然后将骨位两侧曲面替代到此基准面。按同样方法完成另外一半。

（1）创建基准面

在工具栏里单击【平面】按钮，系统弹出【基准平面】对话框，默认选取【放置】选项卡，然后在图形上选取 FRONT 基准面，按住 Ctrl 键，选取 K 点，单击【确定】按钮，生成基准面 DTM1，如图 6-13 所示。

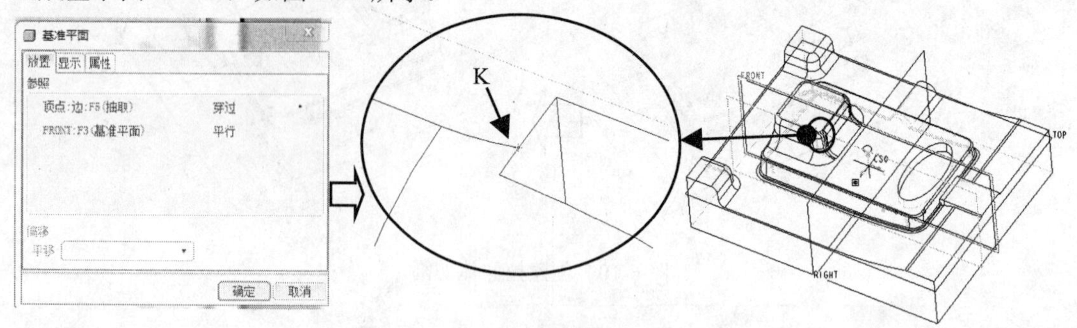

图 6-13　创建基准面

（2）修补骨位面

在图形左下方骨位处选取 L 面，在主菜单里执行【编辑】|【偏移】命令，在弹出的操控面板里单击【替代曲面特征】按钮，按照系统提示选取替代到的曲面为 DTM1 基准面，单击【应用】按钮，结果如图 6-14 所示。

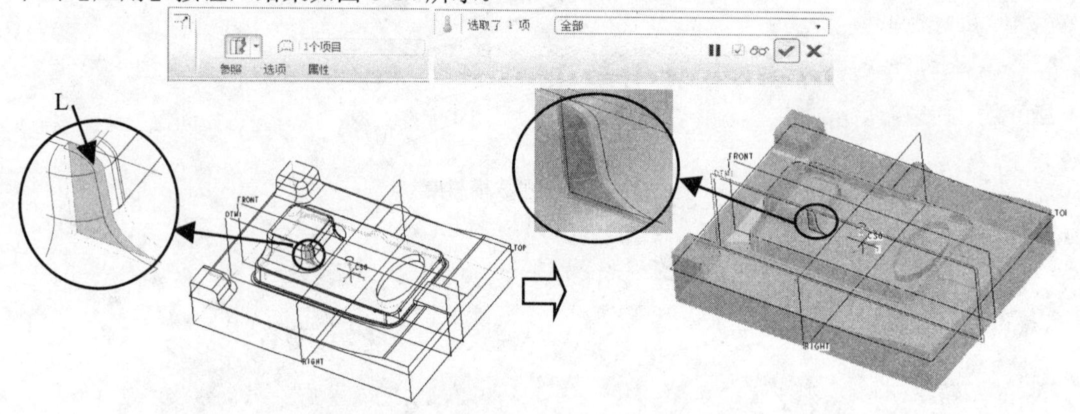

图 6-14　替代骨位面

同理，对左下方骨位处相对于 L 面的另外一面进行替代，结果如图 6-15 所示。

（3）修补左上方骨位

依据步骤（1）和步骤（2）中的方法，对左上方骨位处进行修补，结果如图 6-16 所示。

8．用替代的方法填补 F 处及类似区域的未完全填补的骨位

（1）复制 F 处一侧曲面 M

在 F 处选取骨位的一侧曲面 M，在工具栏里单击【复制】按钮，再单击【粘贴】按钮，在弹出的工具栏里单击【应用】按钮，复制曲面，如图 6-17 所示。

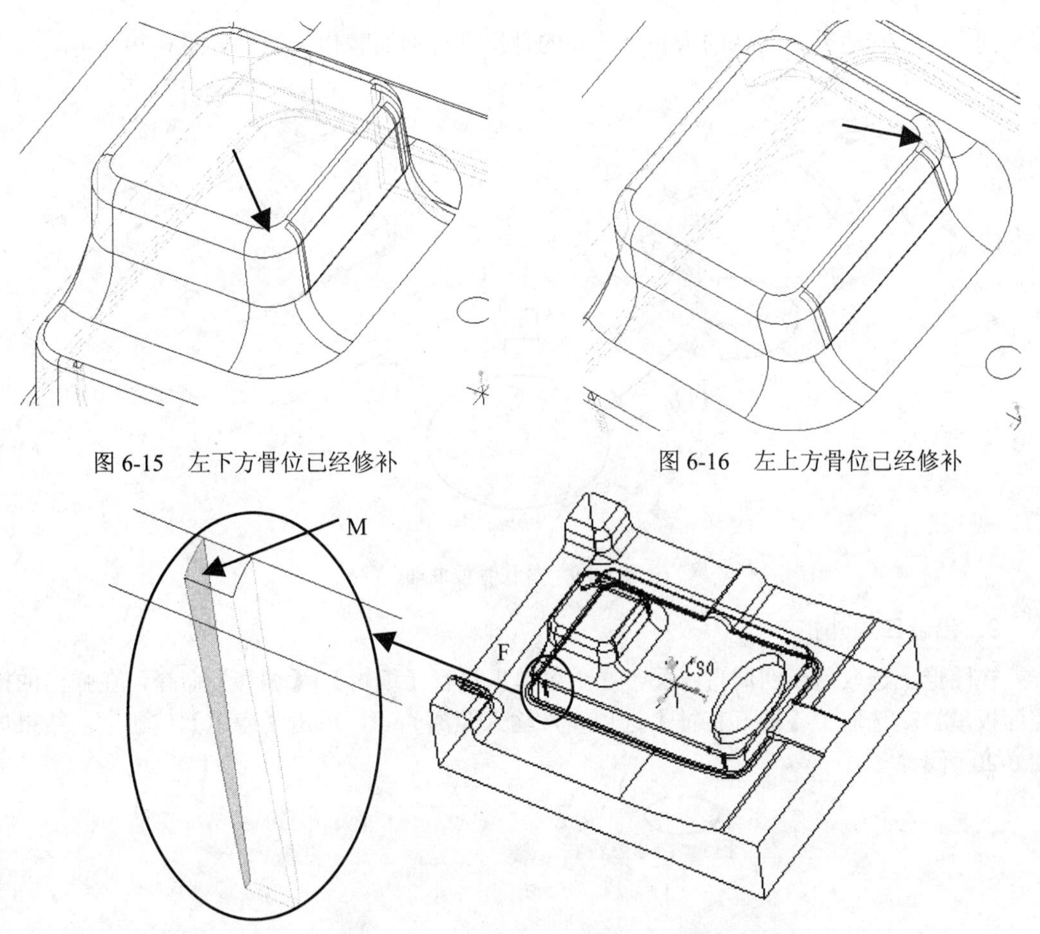

图 6-15　左下方骨位已经修补

图 6-16　左上方骨位已经修补

图 6-17　复制曲面

（2）替代曲面

在图形 F 方骨位处，选取 M 面相对的另外一面，在主菜单里执行【编辑】|【偏移】命令，在弹出的操控面板里单击【替代曲面特征】按钮，按照系统提示选取替代到的曲面为上一步所复制的曲面，单击【应用】按钮，结果如图 6-18 所示。

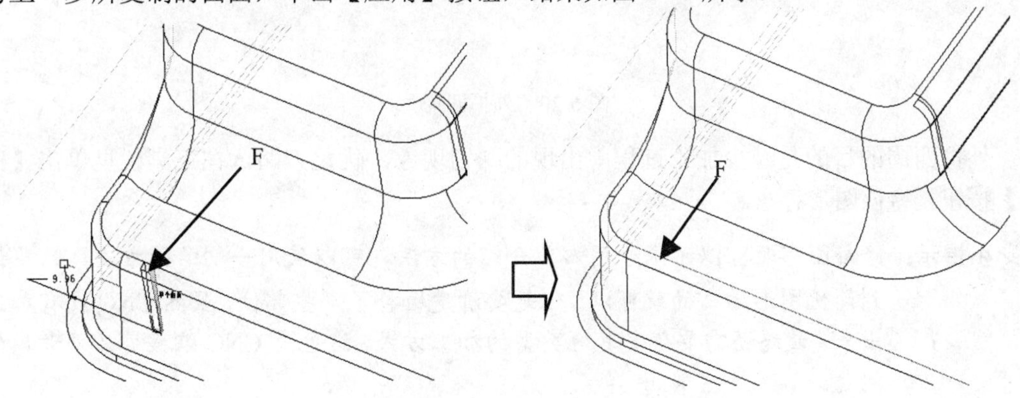

图 6-18　替代曲面

同理，对其他类似区域的未完全填补的骨位进行曲面替代，结果如图 6-19 所示。

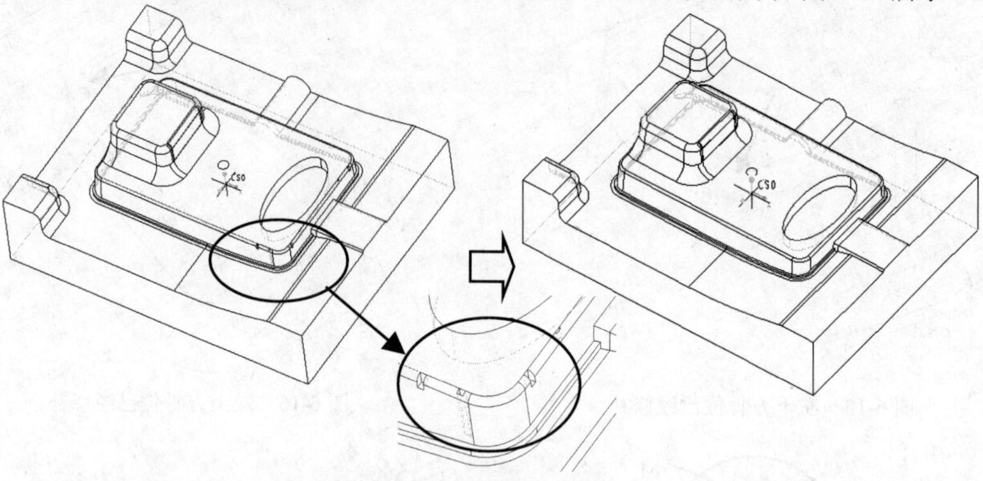

图 6-19　替代骨位曲面

9．沿着四周外扩

在图形上选取后模四周直身面，在主菜单里执行【编辑】|【偏移】命令，在弹出的操控面板里自动选取了【展开特征】选项，输入距离为 3，单击【应用】按钮，结果如图 6-20 所示。

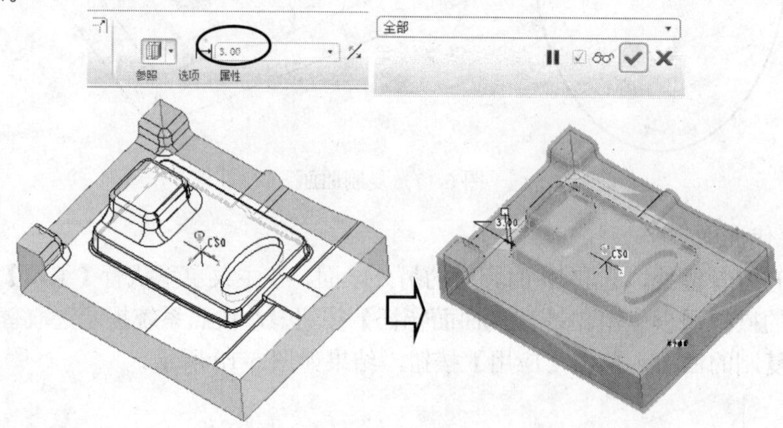

图 6-20　外扩四周

外扩四周的目的是减少加工过程中出现的踩刀现象，优化刀路，在工具栏里单击【保存】按钮将该图形存盘。

小提示： 修补图形时可以不限于用本节介绍的方法，可以使用一切绘图方法。只要达到简化图形的目的就可以。但是要清楚填补了哪些部位，虽然 CNC 没有加工出来，最终还需要确定其他类型的加工方式，这也是 CNC 编程员必须考虑的问题。

本节讲课视频： \ch06\03-video\01-后模修补.exe。

6.2.4　进入加工模块

1. 新建加工文件

在工具栏里单击【新建】按钮，系统弹出【新建】对话框，按图 6-21 所示选取选项，并输入加工总文件名为 ch06-01-hm，最后单击【确定】按钮。在弹出的【新文件选项】对话框里选取【空】模板。

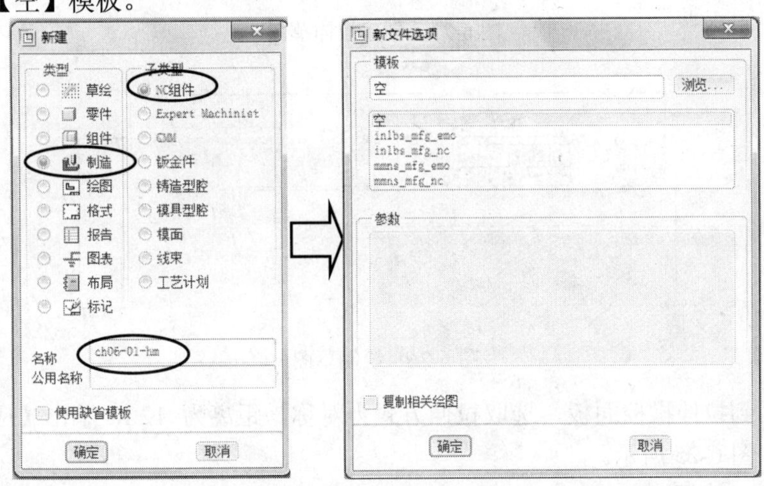

图 6-21　建立加工新文件

2. 装配待加工零件图形

在右侧的工具栏里单击【装配参照模型】按钮，在弹出的【打开】对话框里选取加工文件 ch06-01-fcab-hm.prt，接着显示【警告】对话框，单击【确定】按钮，系统将后模文件以默认方式进行装配，如图 6-22 所示。

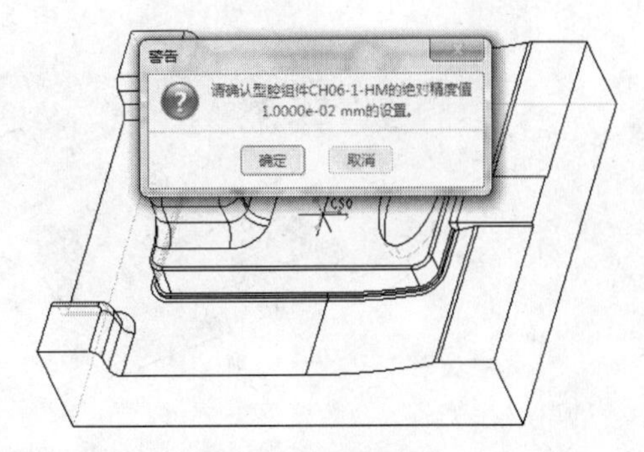

图6-22　装配文件

3. 创建毛坯工件

在右侧工具栏里单击【自动工件】按钮旁的三角按钮，再单击【新工件】按钮，在系统弹出的信息栏里输入毛坯文件名为 ch06-01-hm-wk，单击【接受值】按钮。在右侧的【菜单管理器】里选取【实体】|【伸出项】选项，再选取【拉伸】|【实体】|【完成】选项，系统弹出拉伸工具栏操控面板。右击鼠标，在弹出的快捷菜单里执行【定义内部草绘】命令，以 DTM1 为草图平面，台阶平面为默认参照平面，单击【草绘】按钮，如图 6-23 所示。

系统进入草图界面，按图 6-24 所示绘制草图，并绘制尺寸为 150×53 的矩形，单击【完成】按钮。

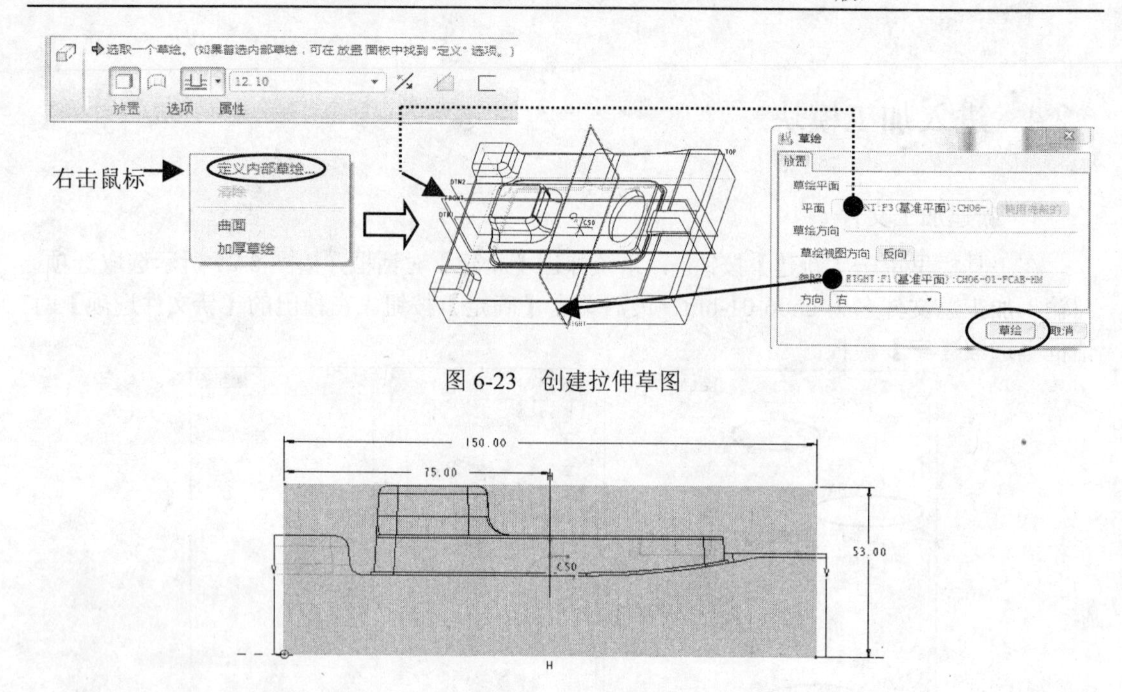

图 6-23　创建拉伸草图

图 6-24　绘制草图

系统返回到拉伸操控面板，选取拉伸方式为对称，距离为 120，单击【应用】按钮。创建的毛坯如图 6-25 所示。

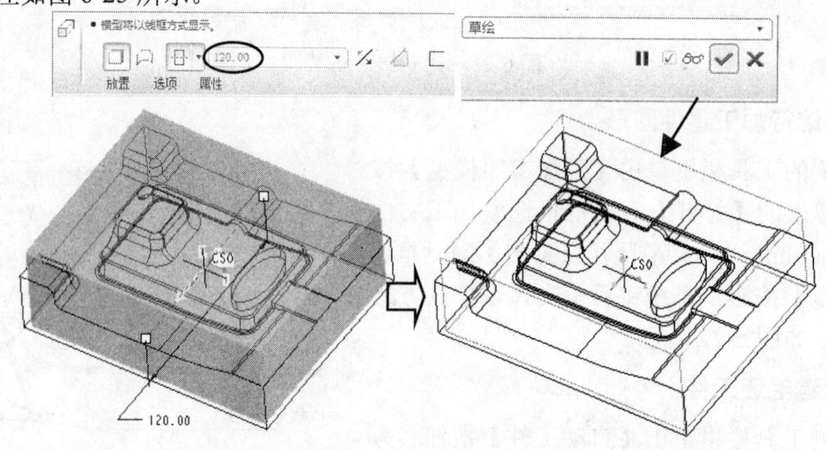

图 6-25　生成毛坯

知识拓展： 如果需要隐藏毛坯，可以在目录树里右击毛坯 CH06-01-HM-WK.PRT，在弹出的快捷菜单里执行【隐藏】命令，将其隐藏。如果需要显示毛坯，可以在目录树里右击毛坯 CH06-01-HM-WK.PRT，在弹出的快捷菜单里执行【取消隐藏】命令，将其显示。在目录树右上角单击【显示】按钮，在弹出的下拉菜单里选取【层树】选项，右击总树枝，在弹出的快捷菜单里执行【保存状态】命令。这样可以确保再次打开已保存的图形时，这些隐藏状态就依然起作用。

6.2.5　创建开粗刀路 K3A

本节任务：（1）创建操作 K3A；（2）创建窗口；（3）创建粗加工刀路。

1．创建操作 K3A

在主菜单里执行【步骤】|【操作】命令，在系统弹出的【操作设置】对话框里，单击【创建新操作】按钮，先输入【操作名称】为 K3A，再单击【创建机床】按钮，系统弹出【机床设置】对话框，默认为三轴机床，单击【确定】按钮，系统返回【操作设置】对话框。其余做法与 4.2.4 节的相关内容相同。在目录树里生成新的操作 K3A，如图 6-26 所示。注意选取后模的坐标系 CS0 为加工坐标系，系统自动创建了 NC_CS0 坐标系，在以后的操作里注意选取 NC_CS0 为加工坐标系。安全高度为相对加工坐标系 Z=45。

2．创建体积块粗加工

（1）创建窗口特征

① 在右侧工具栏里单击【铣削窗口】按钮，系统弹出窗口的工具栏操控面板，单击【链窗口类型】按钮，再单击【放置】按钮，按系统要求选取毛坯顶面为窗口平面，选取【链】选项，按住 Shift 键在图形上选取毛坯顶部的 4 条边，如图 6-27 所示。

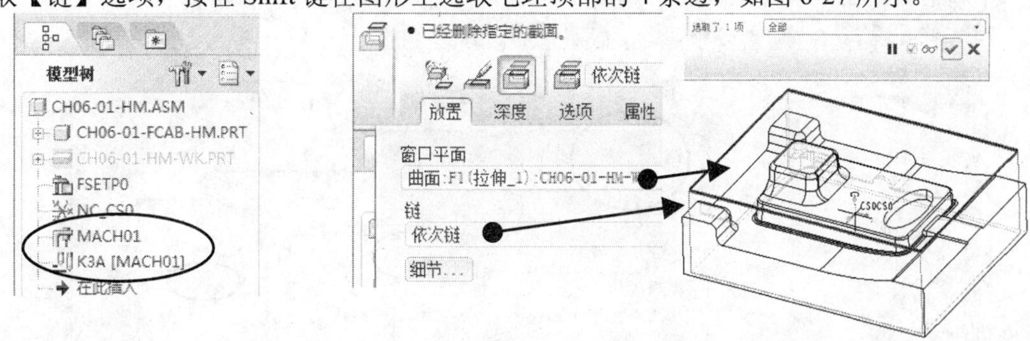

图 6-26　生成操作　　　　图 6-27　创建窗口

② 进一步设置窗口参数。在窗口工具栏里，选取【选项】选项卡，在系统弹出的参数下拉表里选中【在窗口围线上】单选按钮。单击【应用】按钮，这样就在毛坯顶面生成了窗口，如图 6-28 所示。

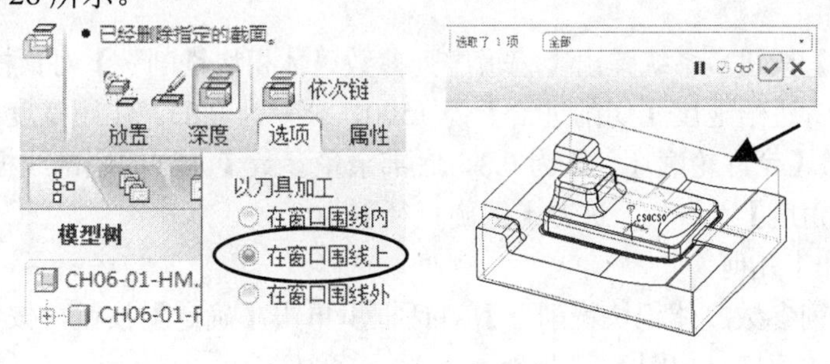

图 6-28　设置窗口参数

（2）设置菜单参数

在主菜单里执行【步骤】|【体积块粗加工】命令，系统在右侧弹出【菜单管理器】下拉菜单，按图 6-29 所示选取参数。注意选中【逼近薄壁】复选框。

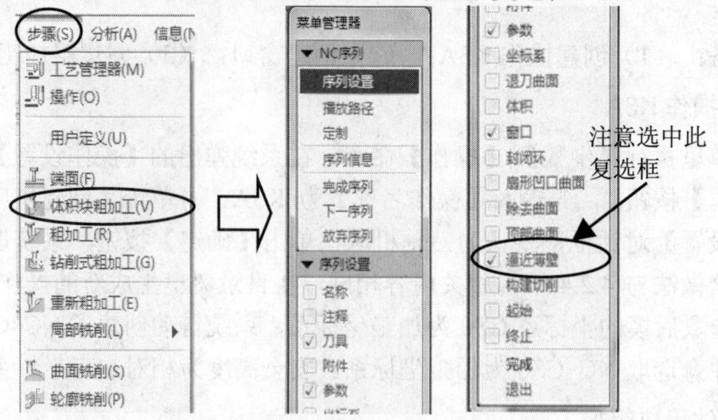

图 6-29　设置菜单参数

（3）定义刀具

接着系统弹出【刀具设定】对话框，按图 6-30 所示定义刀具。单击【应用】按钮，再单击【确定】按钮。

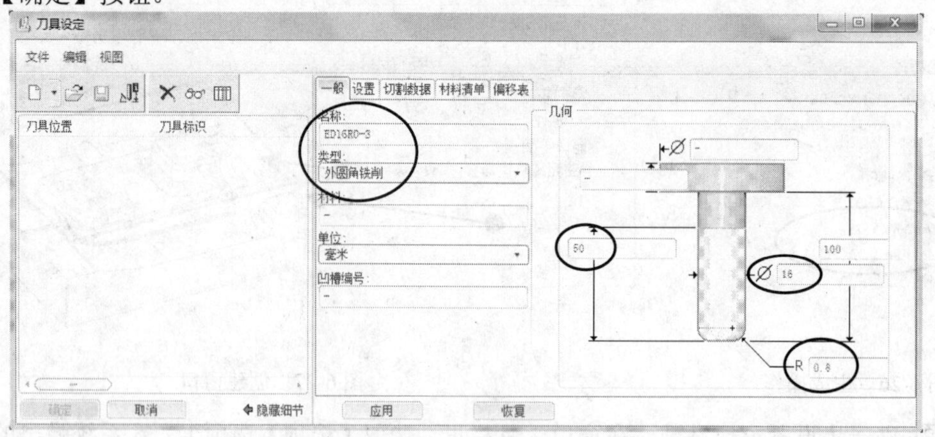

图 6-30　定义刀具

（4）设置加工参数

单击【确定】按钮，系统弹出【编辑序列参数“体积块铣削”】对话框，按图 6-31 所示设置加工参数。进给速度【切削进给】为 1500，公差为 0.03，步距宽度参数【跨度】为 8，侧面余量参数【允许轮廓坯件】为 0.3，底部余量参数【允许的底部线框】为 0.2，螺旋角度参数【斜向角度】为 3°，进刀【螺旋直径】为 8。

（5）选取加工几何

在【编辑序列参数“体积块铣削”】对话框里单击【确定】按钮，按系统要求，选取图形顶部刚创建的窗口，如图 6-32 所示。

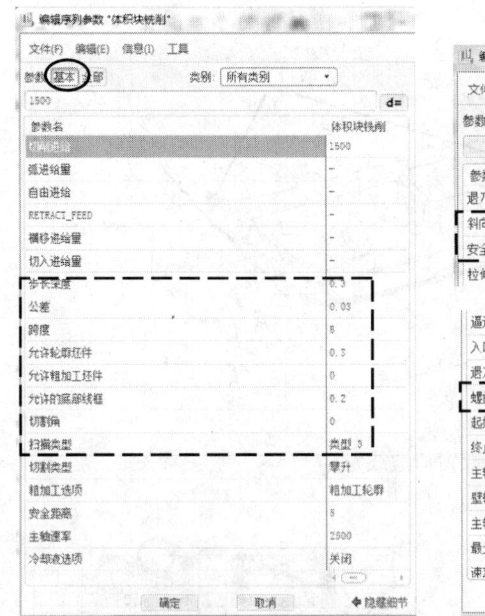

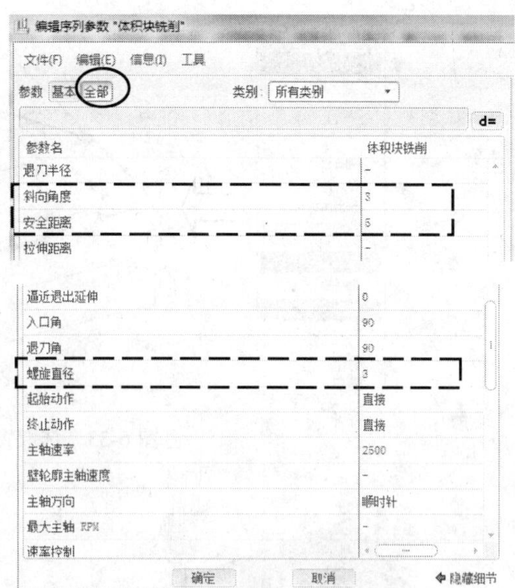

图 6-31　设置加工参数

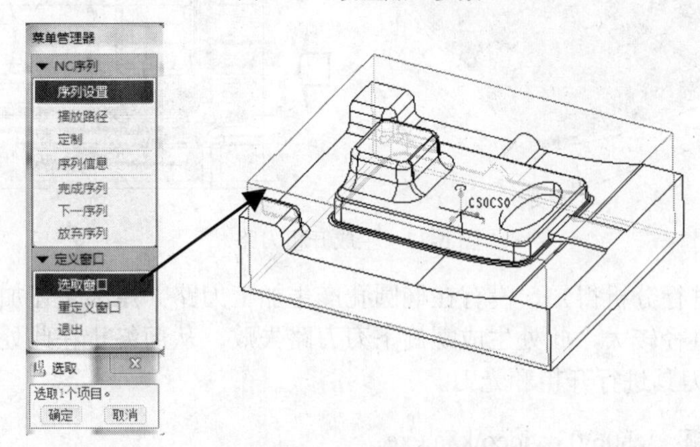

图 6-32　选取窗口特征

（6）选取窗口开口边

在图形上选取窗口后，提示栏出现了信息"选取用作刀具进入的窗口侧。"，在右侧的【菜单管理器】里又弹出新的菜单，要求选取窗口的开口边线，即要求选取【逼近薄壁】选项对应的图形。在图形的顶部选取窗口的左右两侧的边线，如图 6-33 所示。选取【完成】选项。

（7）显示并检查刀路

先在工具栏里单击【重定向】按钮，在弹出的【方向】对话框里定义并保存沿着 Z 轴负方向观察的俯视图的视图，命名为 TOP。同理设置前视图命名为 FRONT。

在右侧的【菜单管理器】的【NC 序列】下拉菜单里选取【播放路径】|【屏幕演示】选项，在系统弹出的【播放路径】对话框里单击【播放】按钮，则图形显示出开粗的刀路，如图 6-34 所示。在工具栏里单击【已命名的视图列表】按钮，然后选取 TOP 视图。单击【关闭】按钮。在右侧的【菜单管理器】里选取【NC 序列】|【完成序列】选项，系统

返回编程图形。

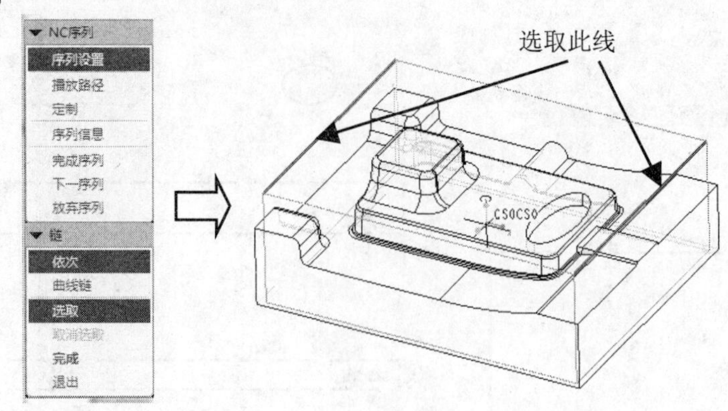

图 6-33　选取窗口边线

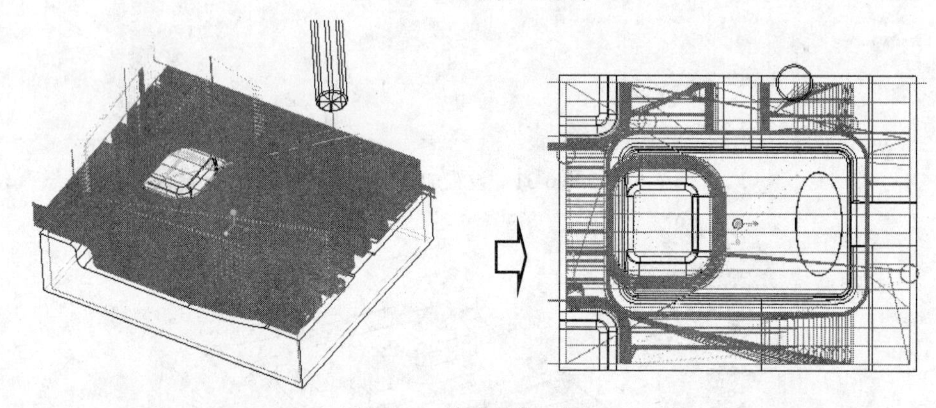

图 6-34　生成开粗刀路

经过对刀路进行分析得知，没有在椭圆孔产生加工刀路。原因是在加工参数里设定了螺旋下刀，螺旋直径较大，此处生成螺旋下刀刀路失败，从而终止在此处生成刀路。这一部分留待用 ED8 刀具进行开粗和光刀。

本节讲课视频：\ch06\03-video\k3a.exe。

6.2.6　创建水平面光刀 K3B

本节任务：（1）创建操作 K3B；（2）创建端铣削序列 1 用来加工顶部水平面；（3）创建端面铣削序列 2 用来加工左下模锁顶面；（4）创建端面铣削序列 3 用来加工左上模锁顶面；（5）创建体积块铣削序列用来加工 PL 平位面；（6）创建轨迹铣削序列 1 用来加工台阶根部水平面；（7）创建轨迹铣削序列 2 用来加工右侧枕位水平面；（8）创建轨迹铣削序列 3 用来加工右 PL 水平面。

1．创建操作 K3B

在主菜单里执行【步骤】|【操作】命令，在系统弹出的【操作设置】对话框里，单击【创建新操作】按钮，先输入【操作名称】为 K3B，再单击【创建机床】按钮，系统

弹出【机床设置】对话框，默认为三轴机床，单击【确定】按钮，系统返回【操作设置】对话框。注意安全高度为 45。其余做法与 4.2.4 节的相关内容相同。在目录树里生成新的操作 K3B，如图 6-35 所示。同时，用右键选取毛坯和窗口特征，在弹出的快捷菜单里执行【隐藏】命令，将其显示关闭。

2. 创建端面铣削刀路 1

创建该刀路的目的是加工最高顶部水平面。

（1）设置菜单参数

在主菜单里执行【步骤】|【端面】命令，系统在右侧弹出【菜单管理器】下拉菜单，按图 6-36 所示选取参数。

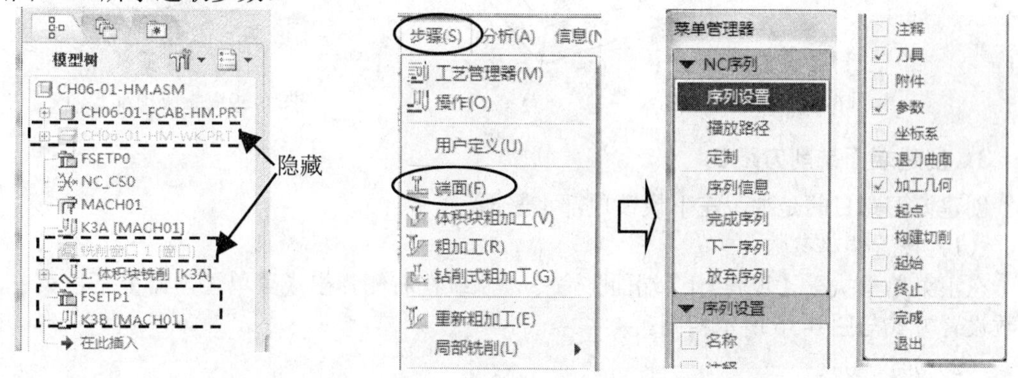

图 6-35　生成新操作

图 6-36　设置菜单参数

（2）定义刀具

接着系统弹出【刀具设定】对话框，选取 ED16R0.8 刀具。

（3）设置加工参数

单击【确定】按钮，系统弹出【编辑序列参数“端面铣削”】对话框，按图 6-37 所示设置加工参数。进给速度参数【切削进给】为 800（mm/min 也写为 mmpm），层深参数【步长深度】为 0.1，【公差】为 0.02，步距参数【跨度】为 5，底部余量参数【允许的底部线框】为 0，退刀延伸距离参数【终止超程】为 3，进刀延伸距离参数【起始超程】为 3，【主轴转速】为 2500（rpm）。

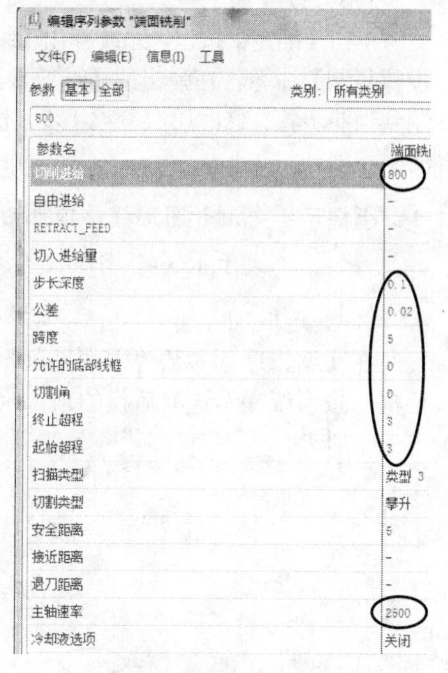

图6-37　设置加工参数

（4）选取加工面

在【编辑序列参数“端面铣削”】对话框里单击【确定】按钮，系统弹出【曲面】对话框，按系统提示选取后模的顶部水平面，如图 6-38 所示。单击【应用】按钮✔。

（5）显示并检查刀路

在右侧的【菜单管理器】的【NC 序列】下拉菜单里选取【播放路径】|【屏幕演示】

选项，在系统弹出的【播放路径】对话框里单击【播放】按钮，则图形显示出光刀刀路，如图 6-39 所示。单击【关闭】按钮，再选取【完成序列】选项。经检查，刀路正常。

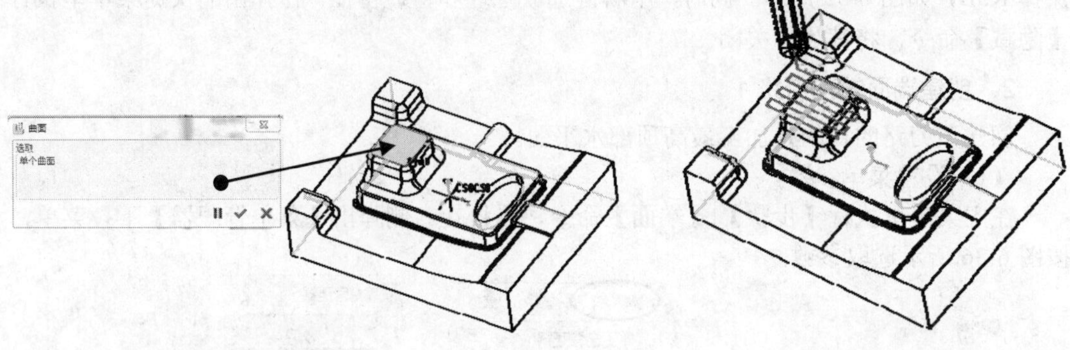

图 6-38　选取加工面　　　　图 6-39　生成顶部光刀

3．创建端面铣削刀路 2

创建该刀路目的是加工左下模锁顶部水平面。

（1）设置菜单参数

在主菜单里执行【步骤】|【端面】命令，系统在右侧弹出【菜单管理器】下拉菜单，参数设置方式与图 6-36 所示相同。

（2）定义刀具

接着系统弹出【刀具设定】对话框，选取 ED16R0.8 刀具。

（3）设置加工参数

单击【确定】按钮，系统弹出【编辑序列参数"端面铣削"】对话框，执行【编辑】|【从步骤复制】命令，在弹出的【选取步骤】对话框里选取 2：端面铣削，操作：K3B，将其参数复制到当前步骤。修改层深参数【步长深度】为 20，如图 6-40 所示其余参数设置方式与图 6-37 所示相同。

小提示： 先测量图形模锁顶部曲面到毛坯顶面距离为 15.64，本次取层深参数为 20，大于 15.64，目的是生成一层刀路。

（4）选取加工面

在【编辑序列参数"端面铣削"】对话框里单击【确定】按钮，系统弹出【曲面】对话框，按系统提示选取后模的顶部水平面，如图 6-41 所示。单击【应用】按钮✔。

图 6-40　设置加工参数　　　　图 6-41　选取加工面

（5）显示并检查刀路

在右侧的【菜单管理器】的【NC 序列】下拉菜单里选取【播放路径】|【屏幕演示】选项，在系统弹出的【播放路径】对话框里单击【播放】按钮，则图形显示出光刀刀路，如图 6-42 所示。单击【关闭】按钮，再选取【完成序列】选项。经检查，刀路正常。

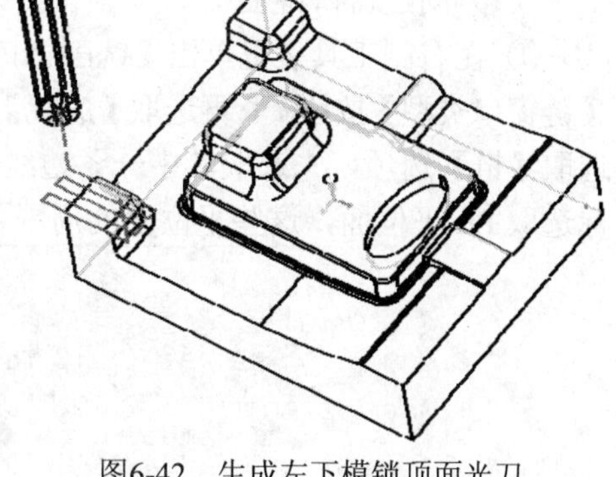

图6-42　生成左下模锁顶面光刀

4．创建端面铣削刀路 3

创建该刀路目的是加工左上模锁顶部水平面。

（1）设置菜单参数

在主菜单里执行【步骤】|【端面】命令，系统在右侧弹出【菜单管理器】下拉菜单，参数设置方式与图 6-36 所示相同。

（2）定义刀具

接着系统弹出【刀具设定】对话框，选取 ED16R0.8 刀具。

（3）设置加工参数

单击【确定】按钮，系统弹出【编辑序列参数“端面铣削”】对话框，执行【编辑】|【从步骤复制】命令，在弹出的【选取步骤】对话框里选取 3: 端面铣削, 操作: K3B ，将其参数复制到当前步骤。

（4）选取加工面

在【编辑序列参数“端面铣削”】对话框里单击【确定】按钮，系统弹出【曲面】对话框，按系统提示选取后模的顶部水平面，如图 6-43 所示。单击【应用】按钮 ✔。

（5）显示并检查刀路

在右侧的【菜单管理器】的【NC 序列】下拉菜单里选取【播放路径】|【屏幕演示】选项，在系统弹出的【播放路径】对话框里单击【播放】按钮，则图形显示出光刀刀路，如图 6-44 所示。单击【关闭】按钮，再选取【完成序列】选项。经检查，刀路正常。

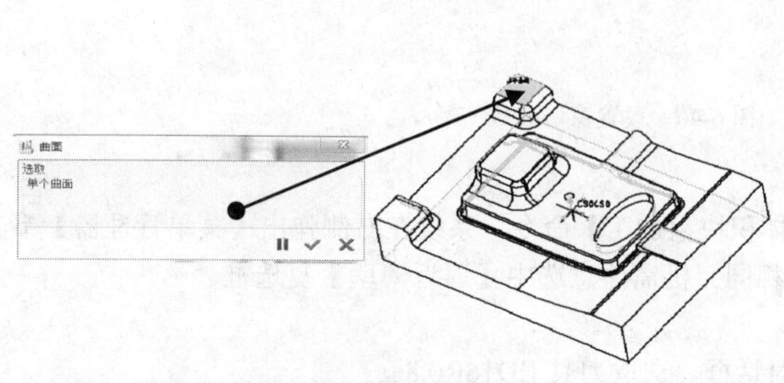

图 6-43　选取加工面

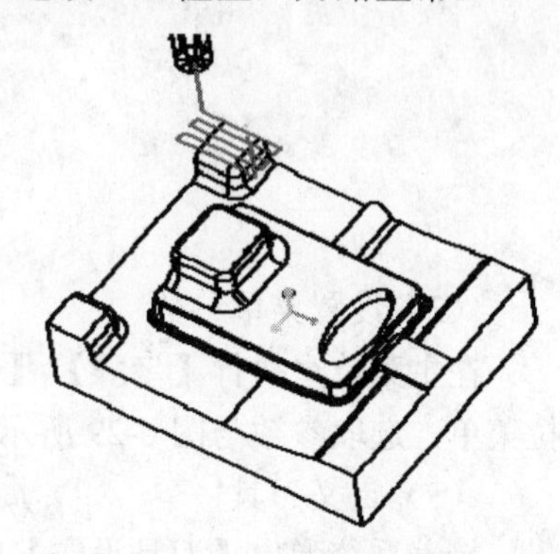

图 6-44　生成左上模锁顶面光刀

5．创建体积块铣削序列

创建该刀路目的是精加工 PL 平位面。

（1）创建窗口特征

① 在右侧工具栏里单击【铣削窗口】按钮，系统弹出窗口的工具栏操控面板，单击【链窗口类型】按钮，再选取【放置】选项卡，按系统要求选取 PL 左平位面为窗口平面，选取【链】选项，先选取其中一条边线，按住 Shift 键，将鼠标移动到 PL 平位面，单击鼠标选取 PL 平位面，这些平位面的周围各边就被选中，如图 6-45 所示。

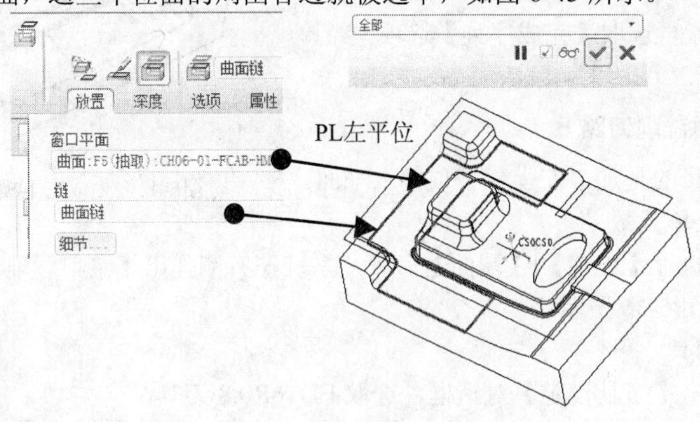

图 6-45　创建窗口

② 进一步设置窗口参数。在窗口工具栏里，选取【选项】选项卡，在系统弹出的参数下拉表里选中【在窗口围线上】单选按钮。单击【应用】按钮，这样就在 PL 平位面生成了窗口，如图 6-46 所示。

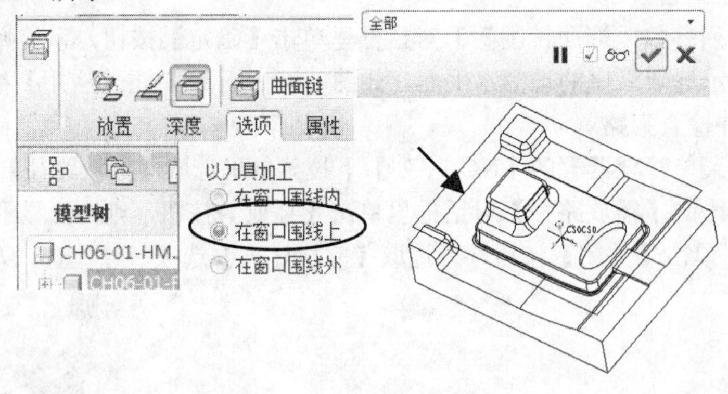

图 6-46　设置窗口参数

（2）设置菜单参数

在主菜单里执行【步骤】|【体积块粗加工】命令，系统在右侧弹出【菜单管理器】下拉菜单，选取参数与图 6-29 所示相同。仍需注意选中【逼近薄壁】复选框。

（3）定义刀具

接着系统弹出【刀具设定】对话框，选取刀具 ED16R0.8。

（4）设置加工参数

单击【确定】按钮，系统弹出【编辑序列参数“体积块铣削”】对话框，按图 6-47 所示设置加工参数。进给速度【切削进给】为 800，层深参数【步长深度】为 10，【公差】

为 0.03，步距宽度参数【跨度】为 5，侧面余量参数【允许轮廓坯件】为 0.35，底部余量参数【允许的底部线框】为 0，【主轴速率】为 2500。

（5）选取加工几何

在【编辑序列参数“体积块铣削”】对话框里单击【确定】按钮，按系统要求选取在 PL 平位面刚创建的窗口，如图 6-48 所示。

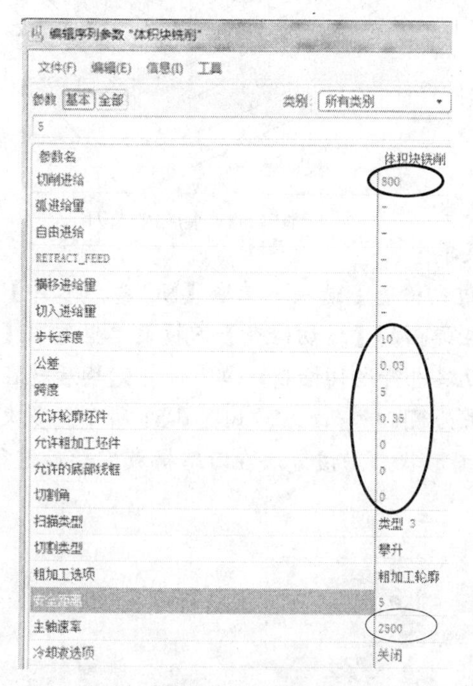

图 6-47　设置加工参数

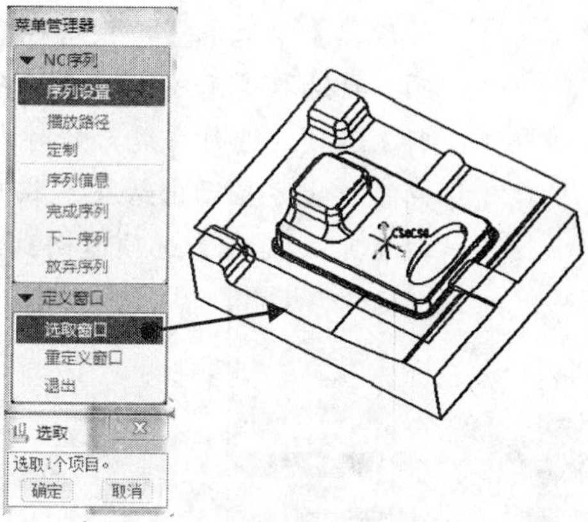

图 6-48　选取窗口特征

（6）选取窗口开口边

在图形上选取完窗口后，提示栏出现了信息“选取用作刀具进入的窗口侧。”，在右侧的【菜单管理器】里又弹出新的菜单，要求选取窗口的开口边线，即要求选取【逼近薄壁】复选框对应的图形。按住 Ctrl 键在图形上选取窗口的 3 条边线，如图 6-49 所示。选取【完成】选项。

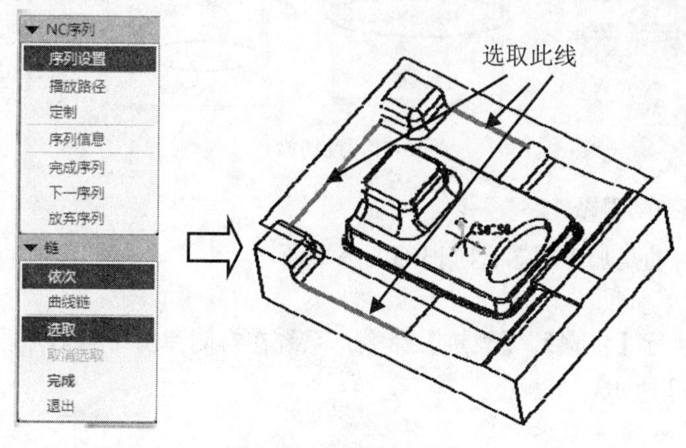

图 6-49　选取窗口边线

（7）显示并检查刀路

在右侧的【菜单管理器】的【NC 序列】下拉菜单里选取【播放路径】|【屏幕演示】选项，在系统弹出的【播放路径】对话框里单击【播放】按钮，则图形显示出光刀刀路，如图 6-50 所示。单击【关闭】按钮，在右侧的【菜单管理器】里选取【NC 序列】|【完成序列】选项，系统返回编程图形。

经过对刀路进行分析得知，该刀路在材料外下刀，加工合理正常。

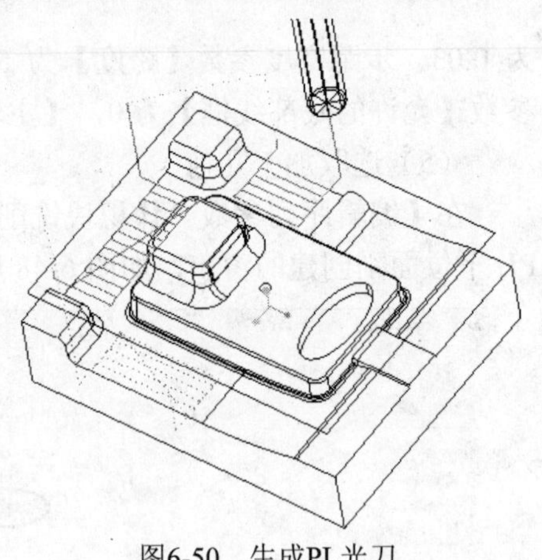

图6-50　生成PL光刀

知识拓展： 对于刀路的分析，除了可以使用基本的几何分析方法外，还可以在【菜单管理器】里选取【播放路径】|【过切检查】选项，选取【NC 参照零件】选项，再选取【完成/返回】选项，在弹出的【过切检查】下拉菜单里选取【运行】选项。这时系统开始对当前刀路进行过切检查计算。计算完毕后就在信息窗口上方显示出结果。本例结果为没有发现过切。，如图 6-51 所示。多次选取【完成/返回】选项返回到编程图形状态。该方法在刀路播放完毕后进行。

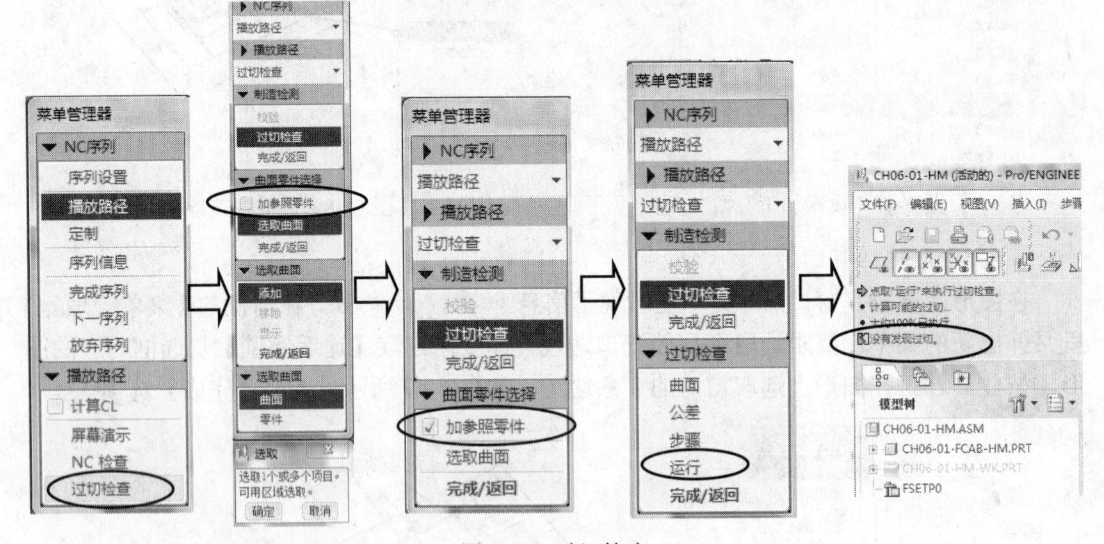

图 6-51　过切检查

6．创建轨迹铣削刀路 1

创建该刀路目的是加工型芯台阶根部的水平面。

（1）设置菜单参数

在主菜单里执行【步骤】|【轨迹】命令，系统在右侧弹出【菜单管理器】下拉菜单，参数设置如图 6-52 所示。

（2）定义刀具

接着系统弹出【刀具设定】对话框，选取 ED16R0.8 刀具。

（3）设置加工参数

单击【确定】按钮，系统弹出【编辑序列参数“轨迹铣削”】对话框，按图 6-53 所示修改所设置的加工参数。设置【切削进给】为 500，侧面余量参数【允许轮廓坯件】为 0.35，进刀长度参数【接近距离】为 10，退刀长度参数【退刀距离】为 10，选取进刀方式参数【切削_进入_延拓】为“直线_相切”，选取退刀方式参数【切削_退出_延拓】为“直线_相切”。本例底部余量参数【轴_转化】设定为 0。

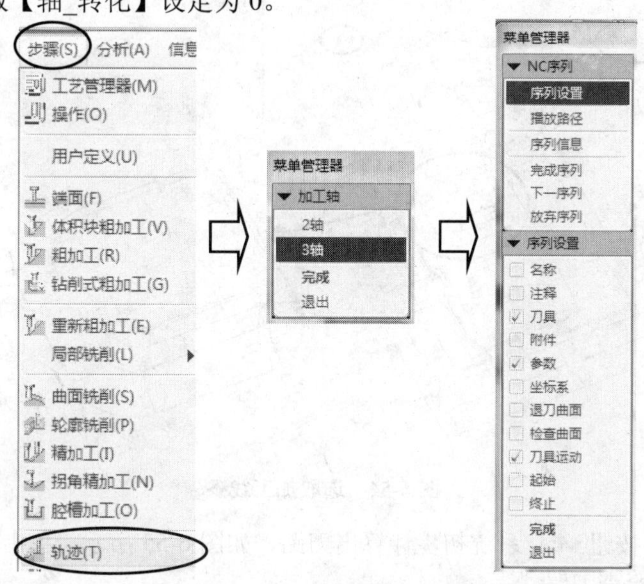

图 6-52　设置菜单参数

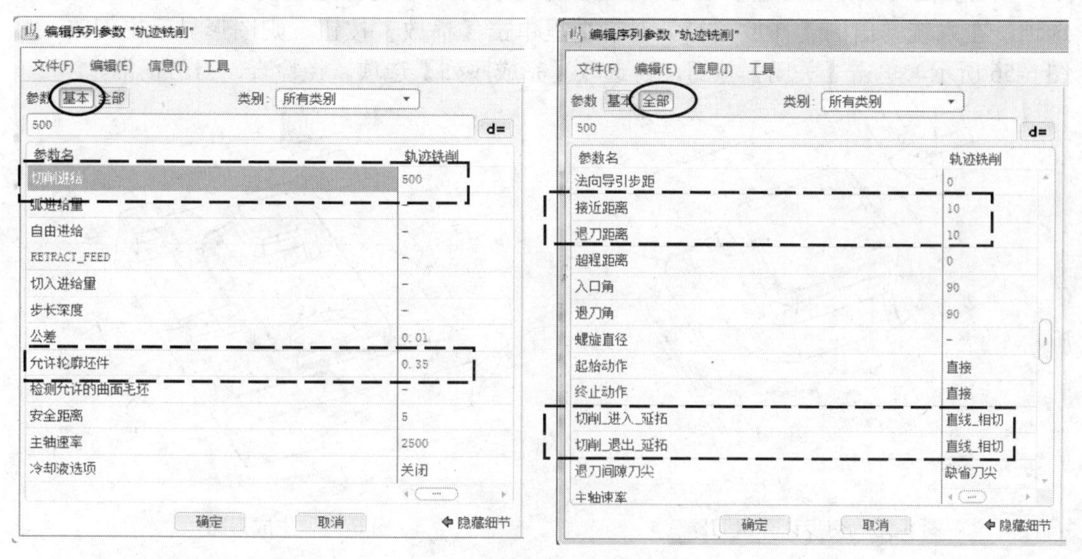

图 6-53　设置加工参数

（4）选取加工线条

在【编辑序列参数“轨迹铣削”】对话框里单击【确定】按钮，系统弹出【刀具运动】对话框，单击【插入】按钮，系统弹出【曲线轨迹设置】对话框，按系统要求先选取边线，按住 Shift 键选取如图 6-54 所示的其他边线，设置参数，使刀具补偿的方向为左。

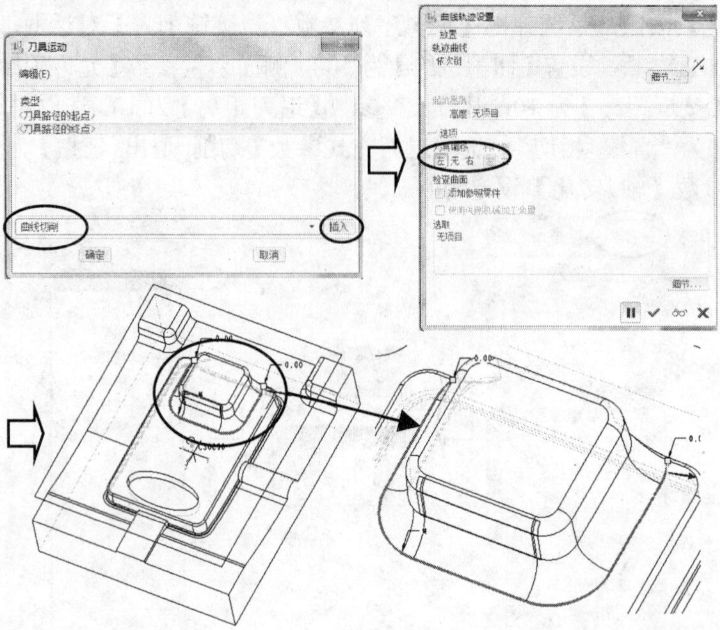

图 6-54　选取加工线条

单击【应用】按钮✔。系统初步计算出刀路，如图 6-55 所示。单击【应用】按钮✔。

（5）显示并检查刀路

在右侧的【菜单管理器】的【NC 序列】下拉菜单里选取【播放路径】|【屏幕演示】选项，在系统弹出的【播放路径】对话框里单击【播放】按钮，则图形显示出刀路，如图 6-56 所示。单击【关闭】按钮，再选取【完成序列】选项。经检查，刀路正常。

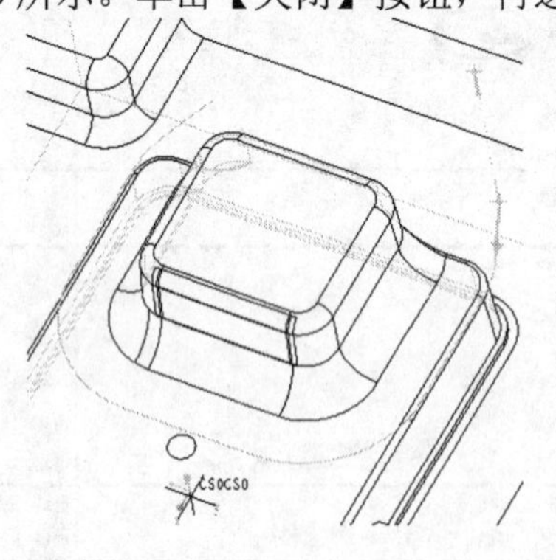

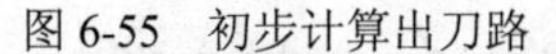

图 6-55　初步计算出刀路

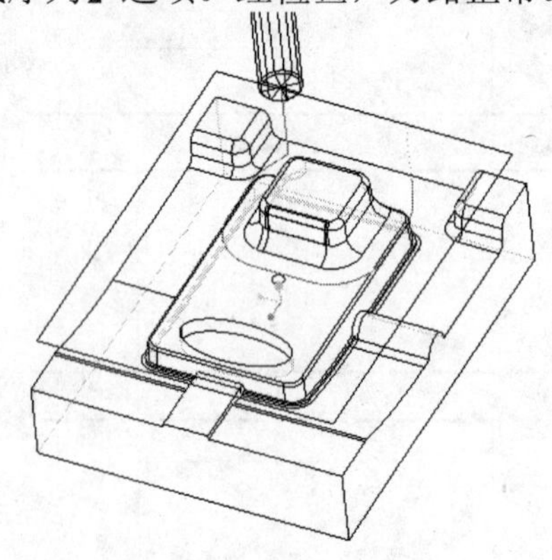

图 6-56　生成刀路

7．创建轨迹铣削刀路 2

创建该刀路目的是加工型芯台阶面。

（1）设置菜单参数

在主菜单里执行【步骤】|【轨迹】命令，系统在右侧弹出【菜单管理器】下拉菜单，

参数设置与图 6-52 所示相同。

（2）定义刀具

接着系统弹出【刀具设定】对话框，选取 ED16R0.8 刀具。

（3）设置加工参数

单击【确定】按钮，系统弹出【编辑序列参数“轨迹铣削”】对话框，执行【编辑】|【从步骤复制】命令，在弹出的【选取步骤】对话框里选取 6: 轨迹铣削, 操作: K3B ，将其参数复制到当前步骤。按图 6-57 所示修改参数，设置横越移动深度【自由进给】为 500，余量参数【允许轮廓坯件】为 0.5，进刀次数【轮廓精加工走刀数】为 7，每刀进给量参数步距【轮廓增量】为 8，进刀长度参数【接近距离】为 30，退刀长度参数【退刀距离】为 30，【连接类型】设置为“同时”，目的是减少跳刀。

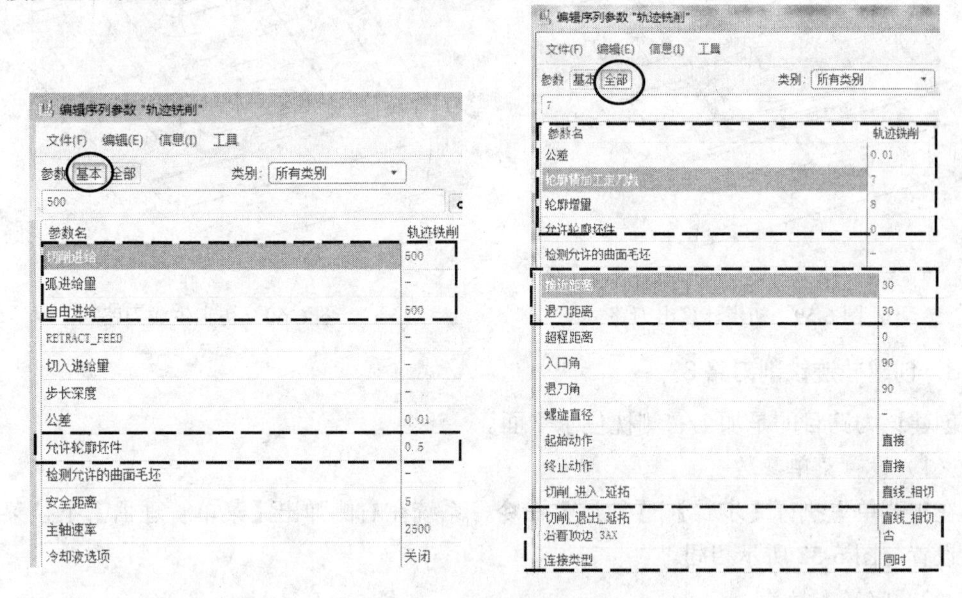

图 6-57　设置加工参数

（4）选取加工线条

在【编辑序列参数“轨迹铣削”】对话框里单击【确定】按钮，系统弹出【刀具运动】对话框，单击【插入】曲线按钮，系统弹出【曲线轨迹设置】对话框，按系统要求选取如图 6-58 所示的边线，使刀具补偿的方向为左。

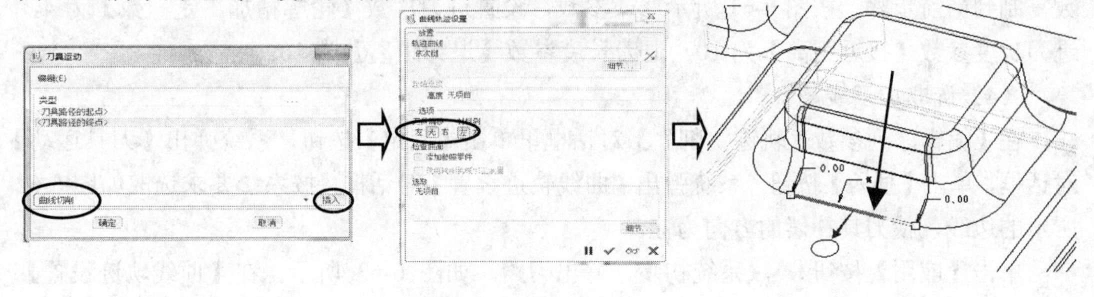

图 6-58　选取加工线条

单击【应用】按钮✔。系统初步计算出刀路，如图 6-59 所示。在【曲线轨迹设置】对话框里单击【确定】按钮✔。

（5）显示并检查刀路

在右侧的【菜单管理器】的【NC 序列】下拉菜单里选取【播放路径】|【屏幕演示】选项，在系统弹出的【播放路径】对话框里单击【播放】按钮，则图形显示出光刀的刀路，如图 6-60 所示。单击【关闭】按钮，再选取【完成序列】选项。经检查，刀路正常。

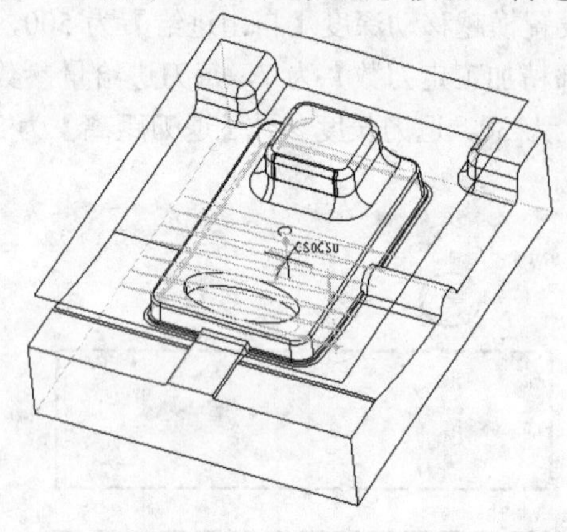

图 6-59　初步计算出刀路

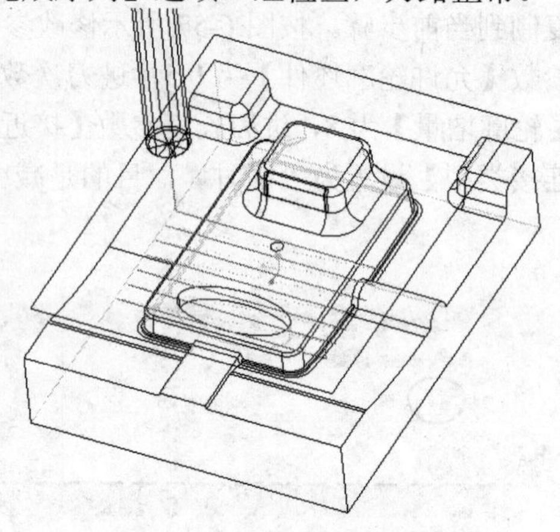

图 6-60　初步生成刀路

8．创建轨迹铣削刀路 3

创建该刀路目的是加工右侧枕位水平面。

（1）设置菜单参数

在主菜单里执行【步骤】|【轨迹】命令，系统在右侧弹出【菜单管理器】下拉菜单，参数设置与图 6-52 所示相同。

（2）定义刀具

接着系统弹出【刀具设定】对话框，选取 ED16R0.8 刀具。

（3）设置加工参数

单击【确定】按钮，系统弹出【编辑序列参数“轨迹铣削”】对话框，执行【编辑】|【从步骤复制】命令，在弹出的【选取步骤】对话框里选取 7: 轨迹铣削. 操作: K3B，将其参数复制到当前步骤。按图 6-61 所示修改参数，设置进刀次数【轮廓精加工走刀数】为 4，进刀长度参数【接近距离】为 10，退刀长度参数【退刀距离】为 10。

（4）选取加工线条

在【编辑序列参数“轨迹铣削”】对话框里单击【确定】按钮，系统弹出【刀具运动】对话框，单击【插入】按钮，系统弹出【曲线轨迹设置】对话框，按系统要求选取如图 6-62 所示的边线，使刀具补偿的方向为左。

单击【应用】按钮✔。系统初步计算出刀路，如图 6-63 所示。在【曲线轨迹设置】对话框里单击【确定】按钮。

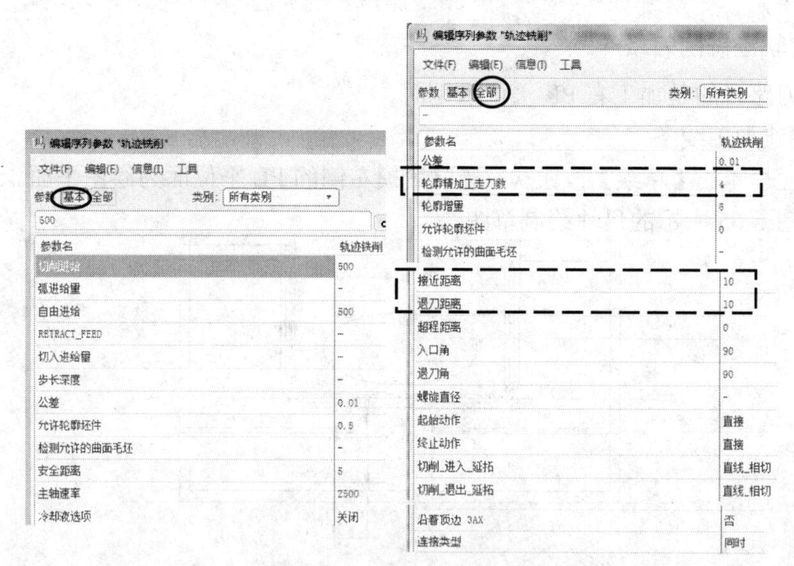

图 6-61　设置加工参数

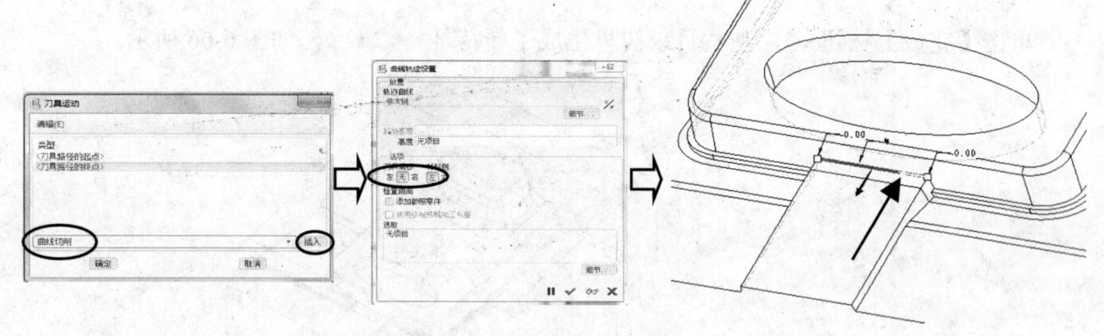

图 6-62　选取加工线条

（5）显示并检查刀路

在右侧的【菜单管理器】的【NC 序列】下拉菜单里选取【播放路径】|【屏幕演示】选项，在系统弹出的【播放路径】对话框里单击【播放】按钮，则图形显示出光刀的刀路，如图 6-64 所示。单击【关闭】按钮，再选取【完成序列】选项。经检查，刀路正常。

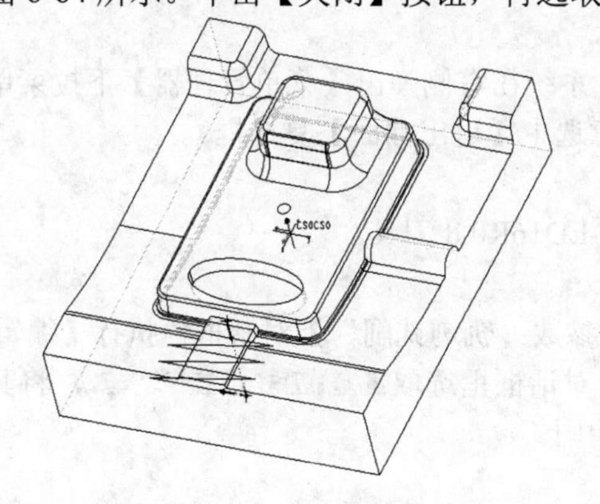

图 6-63　初步计算出刀路

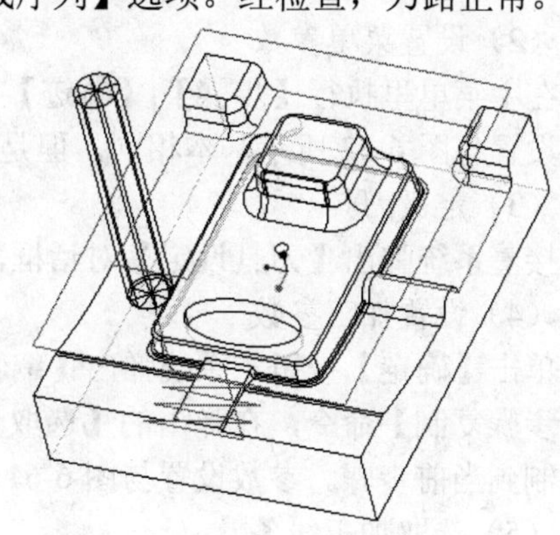

图 6-64　生成刀路

9. 创建轨迹铣削刀路 4

创建该刀路目的是加工右 PL 平位水平面。

（1）创建加工线条

在工具栏里单击【草绘】按钮，选取后模右侧的 PL 平位面为绘图平面。进入草图绘图模式，按图 6-65 所示的尺寸绘制草图。

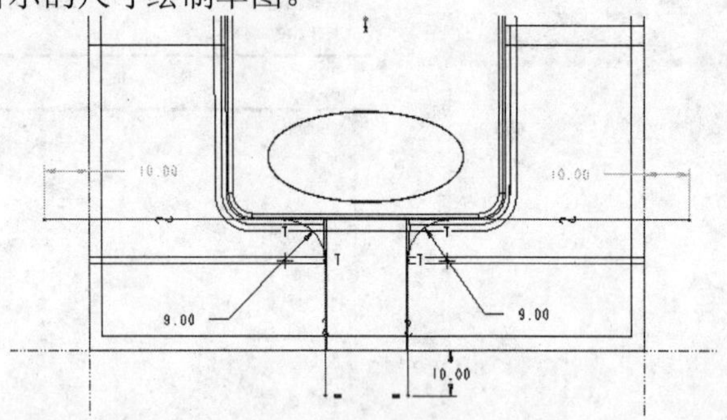

图 6-65　绘制草图

单击【完成】按钮✔，观察目录树里生成了新特征 草绘 1，如图 6-66 所示。

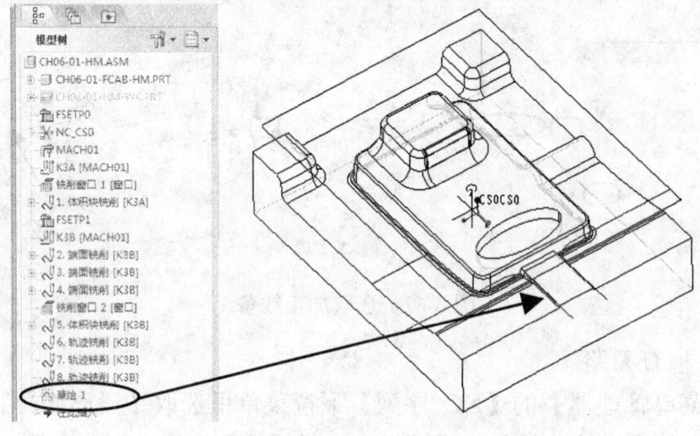

图 6-66　创建加工线条

（2）设置菜单参数

在主菜单里执行【步骤】|【轨迹】命令，系统在右侧弹出【菜单管理器】下拉菜单，参数设置与图 6-52 所示基本相同，但是要注意选中【退出曲面】复选框。

（3）定义刀具

接着系统弹出【刀具设定】对话框，选取 ED16R0.8 刀具。

（4）设置加工参数

单击【确定】按钮，系统弹出【编辑序列参数“轨迹铣削”】对话框，执行【编辑】|【从步骤复制】命令，在弹出的【选取步骤】对话框里选取 8: 轨迹铣削, 操作: K3B ，将其参数复制到当前步骤。参数设置与图 6-61 所示相同。

（5）选取加工线条

在【编辑序列参数“轨迹铣削”】对话框里单击【确定】按钮，系统弹出【刀具运动】

对话框，单击【插入】按钮，系统弹出【曲线轨迹设置】对话框，按系统要求选取刚创建的草图 1 右上侧的曲线。按图 6-67 所示设置参数，使刀具补偿的方向为左。

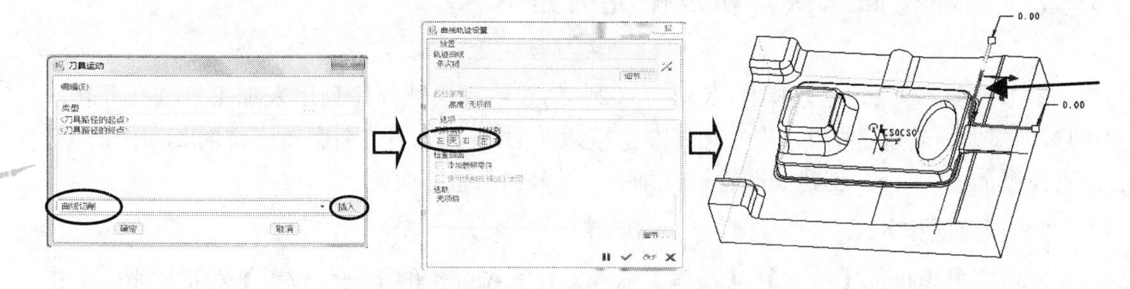

图 6-67 选取加工线条

单击【应用】按钮✔。在【刀具运动】对话框里选取【<刀具路径的终点>】选项，再单击【插入】按钮，系统弹出【曲线轨迹设置】对话框，先选取刚创建的草图 1 右下侧的曲线。按图 6-68 所示设置参数，使刀具补偿的方向为左。

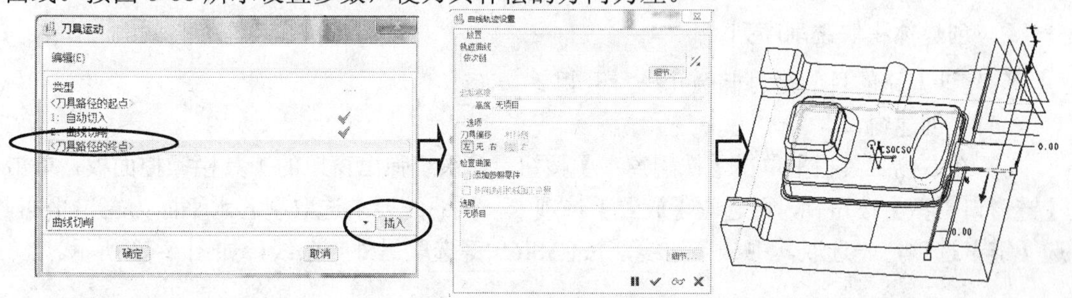

图 6-68 选取加工线条

系统计算出刀路，如图 6-69 所示。在【曲线轨迹设置】对话框里单击【确定】按钮。

（6）显示并检查刀路

在右侧的【菜单管理器】的【NC 序列】下拉菜单里选取【播放路径】|【屏幕演示】选项，在系统弹出的【播放路径】对话框里单击【播放】按钮，则图形显示出光刀的刀路，如图 6-70 所示。单击【关闭】按钮，再选取【完成序列】选项。经检查，刀路正常。

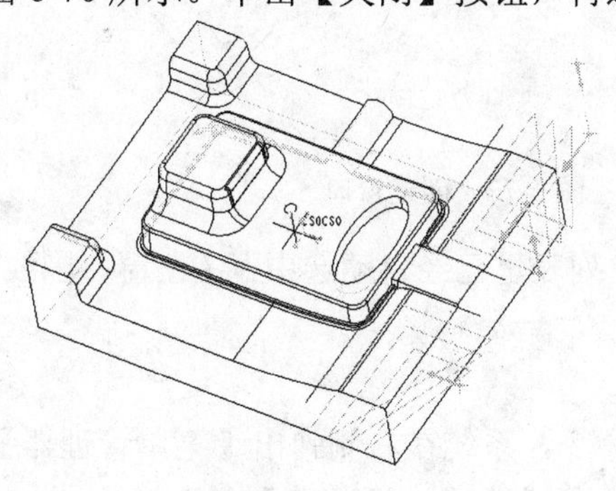

图 6-69 初步生成刀路

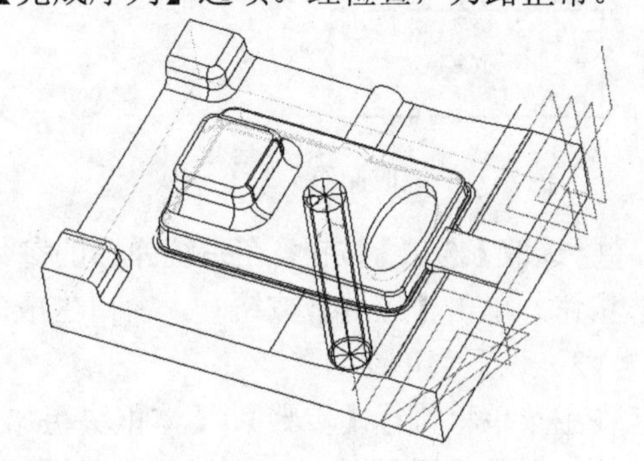

图 6-70 生成刀路

本节讲课视频：\ch06\03-video\k3b.exe。

6.2.7 创建型面二次开粗及中光刀路 K3C

本节任务：（1）创建操作 K3C；（2）创建体积块铣削序列用来加工椭圆孔开粗；（3）创建曲面轮廓铣削 1，用来加工左上模锁曲面；（4）创建曲面轮廓铣削 2，用来加工左下模锁曲面；（5）创建曲面轮廓铣削 3，用来加工型芯曲面。

1．创建操作 K3C

在主菜单里执行【步骤】|【操作】命令，在系统弹出的【操作设置】对话框里，单击【创建新操作】按钮，先输入【操作名称】为 K3C，再单击【创建机床】按钮，系统弹出【机床设置】对话框，默认为三轴机床，单击【确定】按钮，系统返回【操作设置】对话框。其余做法与 4.2.4 节的相关内容相同。目录树里生成新的操作 K3C，如图 6-71 所示。注意在目录树里选取坐标系 NC_CS0，安全高度设定为 45。

2．创建体积块铣削序列

创建该刀路的目的是对椭圆孔进行开粗。

（1）创建窗口

① 在右侧工具栏里单击【铣削窗口】按钮，系统弹出窗口的工具栏操控面板，单击【链窗口类型】按钮，再选取【放置】选项卡，按系统要求选取型芯水平面为窗口平面，选【链】选项，先选取其中一条边线，按住 Shift 键选取另外一条线，如图 6-72 所示。

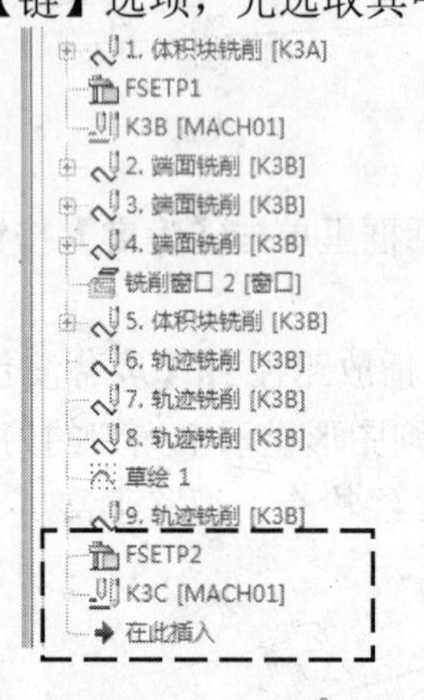

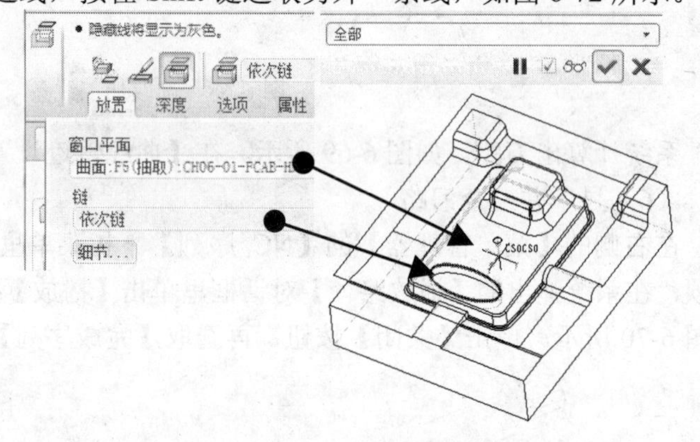

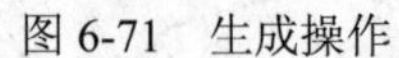
图 6-71 生成操作

图 6-72 创建窗口

② 选取【选项】按钮，在系统弹出的参数下拉列表里已经自动选中了【在窗口围线内】单选按钮。单击【应用】按钮，窗口生成。

（2）设置菜单参数

在主菜单里执行【步骤】|【体积块粗加工】命令，系统在右侧弹出【菜单管理器】下拉菜单，参数设置与图 6-29 所示基本相同。注意不要选中【逼近薄壁】复选框。

（3）定义刀具

接着系统弹出【刀具设定】对话框，单击【新建】按钮，按图 6-73 所示定义刀具。单击【应用】按钮，再单击【确定】按钮。

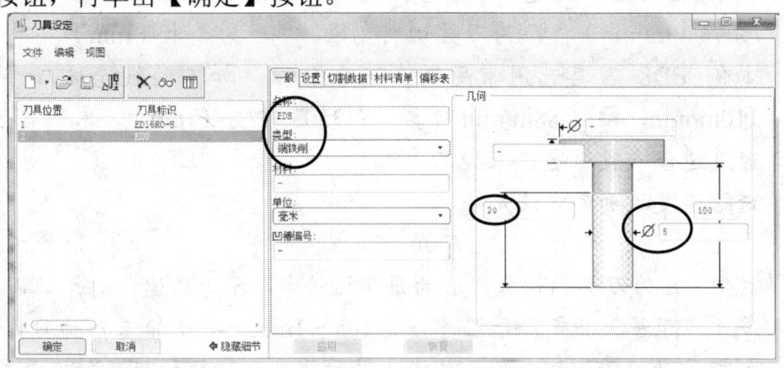

图 6-73　定义刀具

（4）设置加工参数

单击【确定】按钮，系统弹出【编辑序列参数“体积块铣削”】对话框，按图 6-74 所示设置加工参数。进给速度【切削进给】为 1200，层深参数【步长深度】为 0.15，【公差】为 0.1，步距参数【跨度】为 4，侧面余量参数【允许轮廓坯件】为 0.15，底部余量参数【允许的底部线框】为 0.1，走刀方式参数【扫描类型】为 TYPE_SPIRAL，【安全距离】为 1，【主轴转速】为 3500，斜线下刀参数【斜向角度】为 2°，【螺旋直径】为 5。

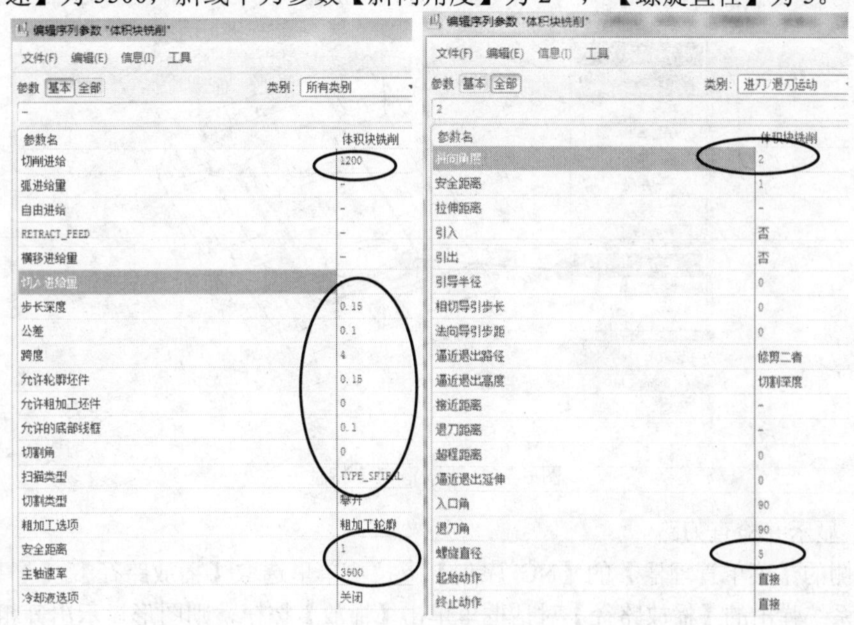

图 6-74　设置加工参数

知识拓展：主轴转速要根据刀具材质和机床最佳转速确定。根据圆周速度计算公式推导转速计算公式为：

$$S=\frac{1000v}{3.14D}$$

式中：S 为主轴转速，单位为转/分钟（rpm）；v 为刀具的线速度，单位为米/分钟（m/min）；D 为刀具切削直径，单位为毫米（mm）。

本例 ED8 刀具选用常用的高速合金刀，加工的线速度 v 范围为 80~110m/min，按照 88m/min 计算，S=3503 转/分（rpm），本例取 3500rpm。该速度适合一般普通机床加工。

进给速度的确定方法是

$$F=n \cdot fz \cdot S$$

式中：n 为刀具的齿数，fz 为每齿进给量，S 为转速。对于球刀光刀时 fz 约等于步距量。平底刀开粗时 fz 为 0.5~1mm，半精加工 fz 为 0.1~0.5mm，精加工 fz 为 0.05~0.1mm。具体选择时要结合切削材料及加工要求来定。F 为进给率，单位是毫米/分钟（mm/min）。数控程序里的 F 和 S 都是参考值，加工时由机床操作员根据加工情况通过倍率开关来调整，有经验的机床操作员会根据加工时声音或者机床的振动来判断加工参数的合理性。

（5）选取加工几何

在【编辑序列参数“体积块铣削”】对话框里单击【确定】按钮，按系统要求选取图形上刚创建的窗口 铣削窗口 3 [窗口]，如图 6-75 所示。

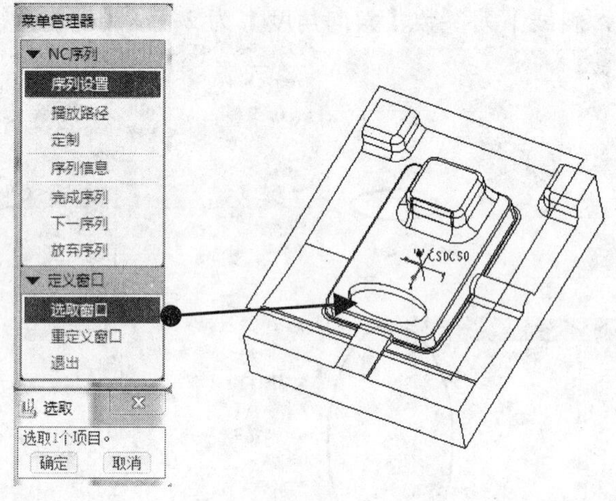

图 6-75　选取窗口 3 特征

（6）显示并检查刀路

在右侧的【菜单管理器】的【NC 序列】下拉菜单里选取【播放路径】|【屏幕演示】选项，在系统弹出的【播放路径】对话框里单击【播放】按钮，则图形显示出开粗的刀路，如图 6-76 所示。在工具栏里单击【已命名的视图列表】按钮，然后选取 FRONT。单击【关闭】按钮，在右侧的【菜单管理器】里选择【NC 序列】|【完成序列】选项，系统返回编程图形。经检查，刀路正常。

在层树里创建层 temp，将以上创建的窗口放置在此层里，并且设置此层为隐藏状态。保存层状态，这样可以使图面显示清晰。

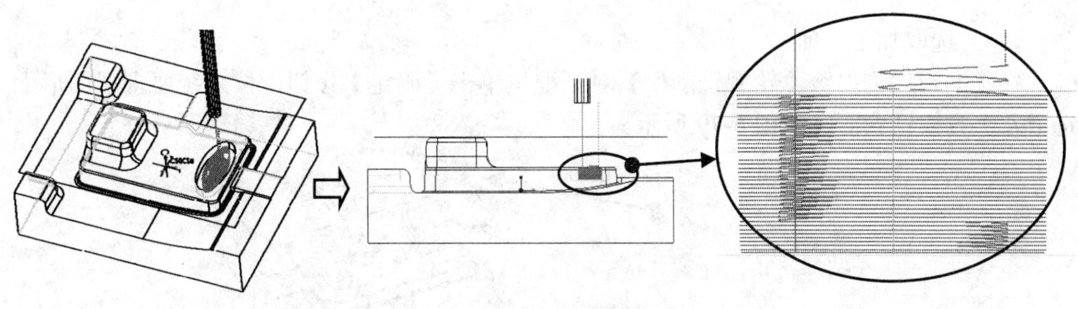

图 6-76　演示刀路

3．创建曲面轮廓铣削 1

创建该刀路的目的是半精加工左上方模锁曲面。

（1）设置菜单参数

在主菜单里执行【步骤】|【轮廓铣削】命令，系统在右侧弹出【菜单管理器】下拉菜单，参数设置如图 6-77 所示。

（2）定义刀具

系统弹出【刀具设定】对话框，选取已经定义的刀具 ED8。

（3）设置加工参数

单击【确定】按钮，系统弹出【编辑序列参数“轮廓铣削”】对话框，设置进给速度参数【切削进给】为 1500，层深参数【步长深度】为 0.15，【公差】为 0.03，余量参数【允许轮廓坯件】为 0.15，走刀方式参数【切割类型】为“转弯_急转”，这种方式也叫 Zig_Zag 来回往复式加工，可以有效减少跳刀次数。转速为 3500，如图 6-78 所示。

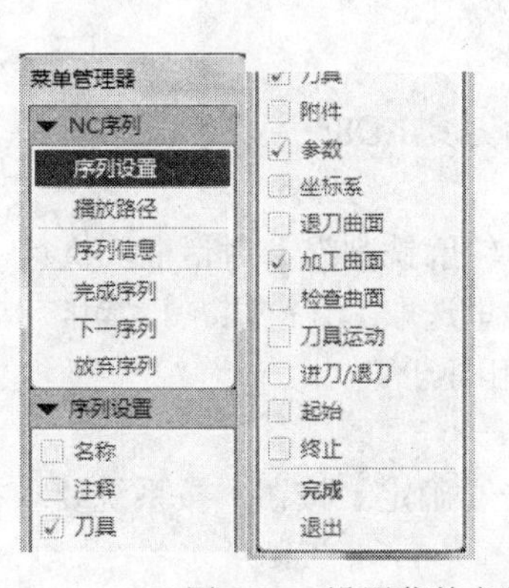

图 6-77　设置菜单参数

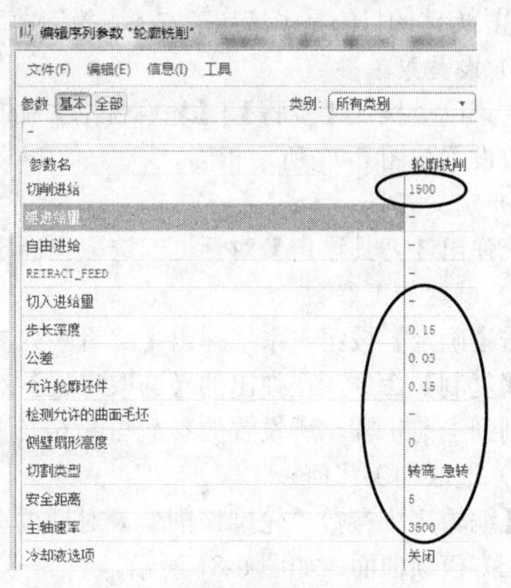

图 6-78　设置加工参数

小提示：本刀路担负的重要任务是对模具进行大余量切除，所以不需要选取【侧壁扇形高度】选项，层深按照 0.15 计算。另外由于本例后模编程图形外扩了 3mm，刀路在图形边缘进退刀实际上是在真实材料以外进行，所以不需要专门设置圆弧进退刀，仍可以保证不会踩刀。

（4）选取加工几何

在【编辑序列参数“轮廓铣削”】对话框里单击【确定】按钮，按系统要求在图形上选取左上方模锁曲面，如图 6-79 所示。

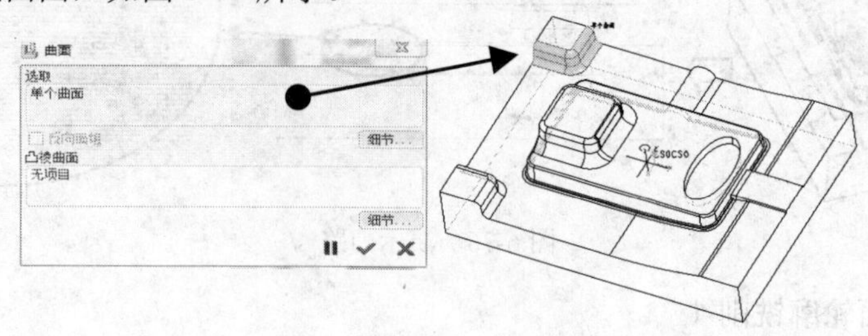

图 6-79　选取加工面

（5）显示并检查刀路

在右侧的【菜单管理器】的【NC 序列】下拉菜单里选取【播放路径】|【屏幕演示】选项，在系统弹出的【播放路径】对话框里单击【播放】按钮，则图形显示出模锁中光刀路，如图 6-80 所示。经检查，基本刀路正常。单击【关闭】按钮。在右侧的【菜单管理器】里选取【NC 序列】|【完成序列】选项，系统返回编程图形。

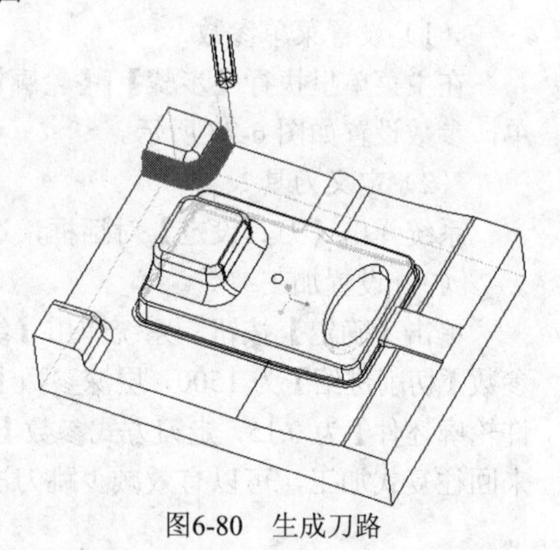

图6-80　生成刀路

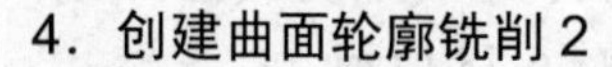

4．创建曲面轮廓铣削 2

创建该刀路的目的是半精加工左下方模锁曲面。

（1）设置菜单参数

在主菜单里执行【步骤】|【轮廓铣削】命令，系统在右侧弹出【菜单管理器】下拉菜单，参数设置与图 6-77 所示相同。

（2）定义刀具

系统弹出【刀具设定】对话框，选取已经定义的刀具 ED8。

（3）设置加工参数

单击【确定】按钮，系统弹出【编辑序列参数“轮廓铣削”】对话框，执行【编辑】|【从步骤复制】命令，在弹出的【选取步骤】对话框里选取 11: 轮廓铣削, 操作: K3C，将其参数复制到当前步骤。所设置的参数与图 6-78 所示相同。

（4）选取加工几何

在【编辑序列参数“轮廓铣削”】对话框里单击【确定】按钮，按系统要求在图形上选取左上方模锁曲面，如图 6-81 所示。

（5）显示并检查刀路

在右侧的【菜单管理器】的【NC 序列】下拉菜单里选取【播放路径】|【屏幕演示】选项，在系统弹出的【播放路径】对话框里单击【播放】按钮，则图形显示出刀路，如图 6-82 所示。经检查，基本刀路正常。单击【关闭】按钮。在右侧的【菜单管理器】里选取【NC 序列】|【完成序列】选项，系统返回编程图形。

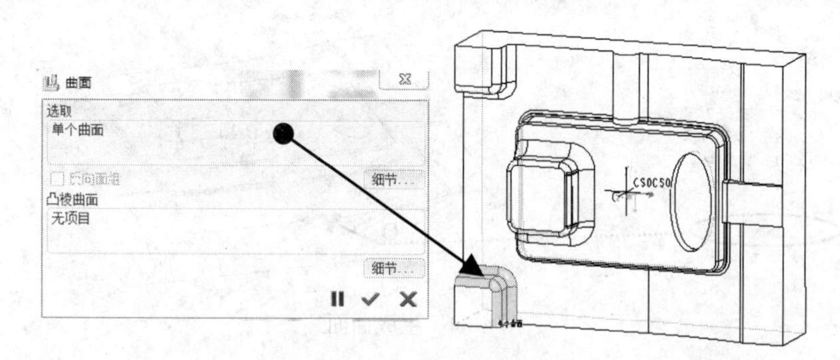

图 6-81　选取加工面

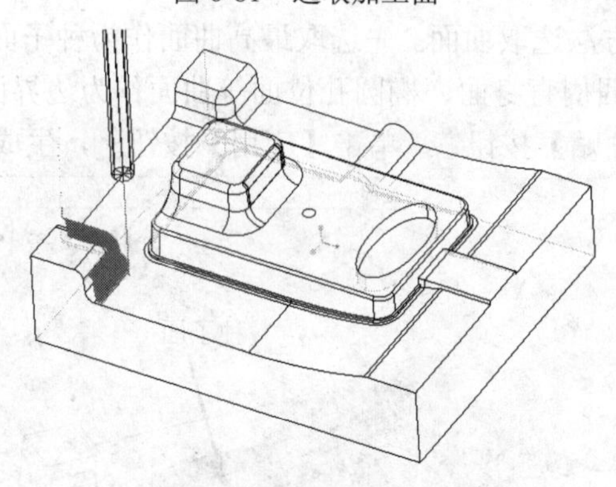

图 6-82　生成刀路

5．创建曲面轮廓铣削 3

创建该刀路的目的是加工型芯曲面。本刀路为了使刀路跳刀减少，在半圆枕位的侧面进行补面，把这个曲面和其他型芯曲面合并成为整体，作为加工面组一起加工。

（1）创建铣削曲面

① 创建半圆枕位侧面

方法：用填充曲面的方法，先绘制草图，再填充曲面。

绘制草图，先选取半圆枕位的侧面 N，然后在工具栏里单击【草绘】按钮，系统进入草绘界面。按照图 6-83 所示绘制半圆草图，单击【完成】按钮。

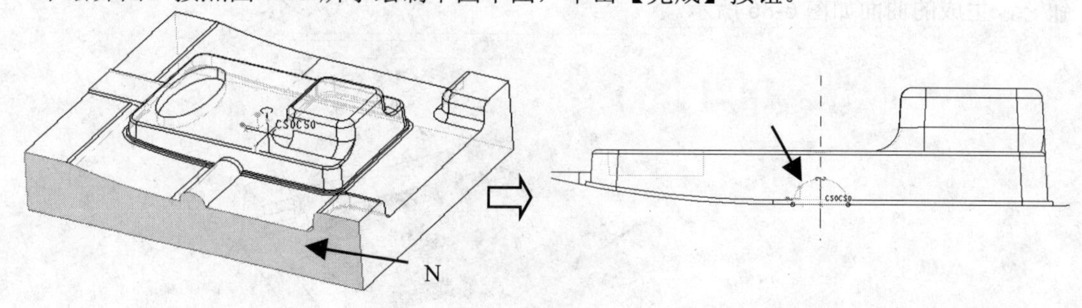

图 6-83　绘制草图

绘制曲面。在目录树里选取刚产生的草图特征 草绘 2，然后在主菜单里执行【编辑】|【填充】命令，观察图形及目录树发现曲面 O 已经生成，如图 6-84 所示。

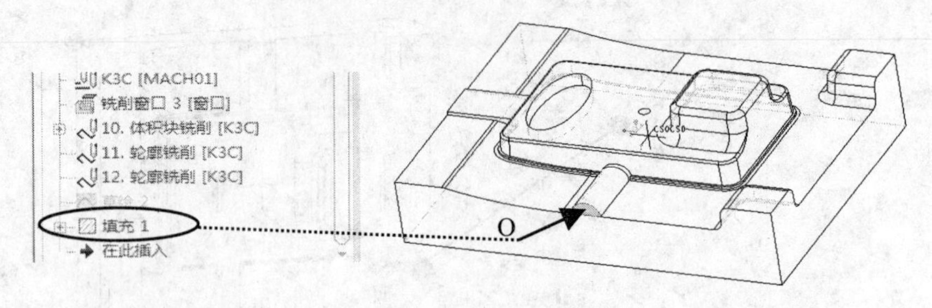

图 6-84　生成曲面

② 复制型芯曲面

用种子边界曲面的方法选取曲面。先选取最高曲面作为种子面，按住 Shift 键选取需要排除的 PL 平位、后模四周直身面、椭圆孔位面等曲面作为边界面。在工具栏里单击【复制】按钮，再单击【粘贴】按钮，单击【应用】按钮，生成曲面如图 6-85 所示。

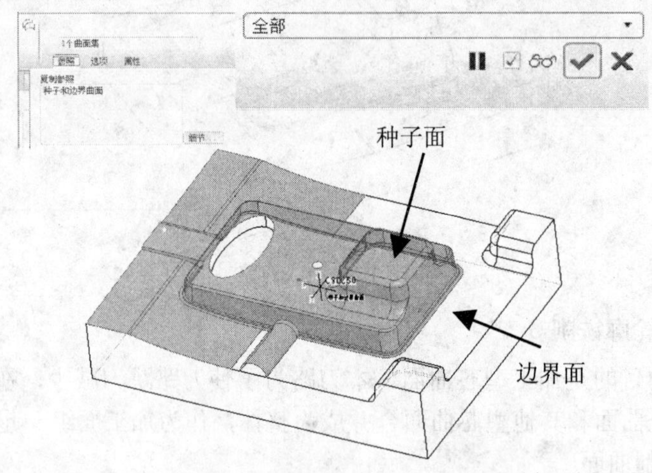

图 6-85　复制型芯曲面

③ 曲面合并

选取上两步所创建的曲面，在主菜单里执行【编辑】|【合并】命令，单击【应用】按钮，生成的曲面如图 6-86 所示。

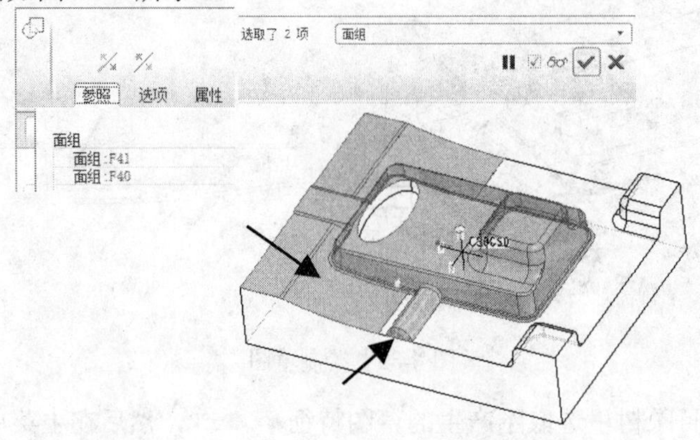

图 6-86　合并曲面

④ 创建铣削曲面

在工具栏里单击【铣削曲面】按钮，进入铣削曲面模块，选取刚合并的曲面，在主菜单里执行【编辑】|【复制】命令，再在主菜单里执行【编辑】|【粘贴】命令。单击【应用】按钮，生成的曲面如图 6-87 所示。在右侧工具栏中单击铣削曲面模块的✔按钮。

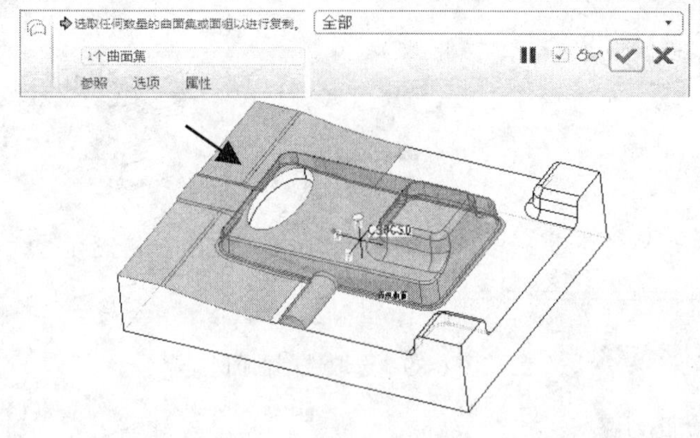

图 6-87　创建铣削曲面

（2）设置菜单参数

在主菜单里执行【步骤】|【轮廓铣削】命令，系统在右侧弹出【菜单管理器】下拉菜单，参数设置与图 6-77 所示相同。

（3）定义刀具

接着系统弹出【刀具设定】对话框，选取已经定义的刀具 ED8。

（4）设置加工参数

单击【确定】按钮，系统弹出【编辑序列参数“轮廓铣削”】对话框，执行【编辑】|【从步骤复制】命令，在弹出的【选取步骤】对话框里选取 12: 轮廓铣削, 操作: K3C ，将其参数复制到当前步骤。按照图 6-88 所示修改参数。设置圆弧进退刀，半径参数【引导半径】为 1，设置【切削_进入_延拓】为“引入”，【切削_退出_延拓】为“导出”。

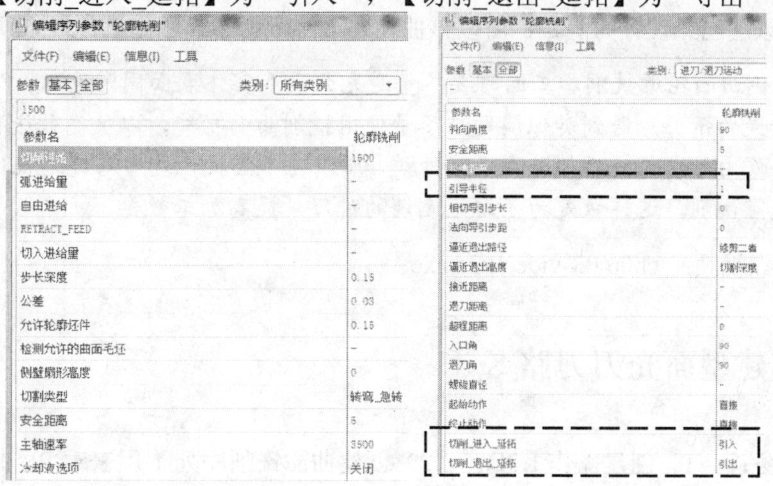

图 6-88　设置加工参数

（5）选取加工几何

在【编辑序列参数“轮廓铣削”】对话框里单击【确定】按钮，按系统提示在图形上选取加工面。先在选取方式里选取【铣削曲面】，然后在图形上选取第（1）步创建的铣削曲面，如图 6-89 所示。单击【应用】按钮✔，在系统弹出的【曲面侧面】对话框里单击【确定】按钮。

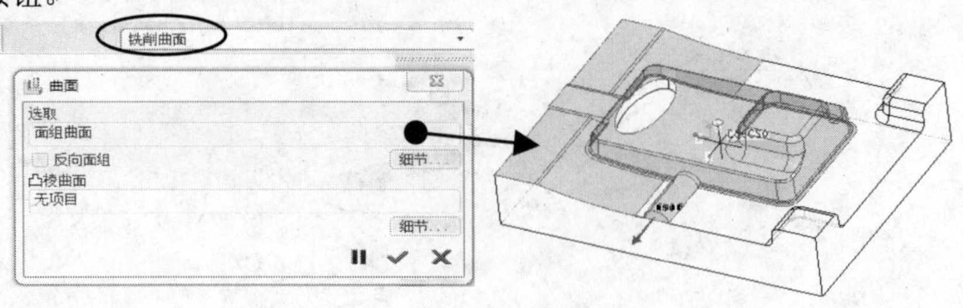

图 6-89　选取铣削曲面

（6）显示并检查刀路

在右侧的【菜单管理器】的【NC 序列】下拉菜单里选取【播放路径】|【屏幕演示】选项，在系统弹出的【播放路径】对话框里单击【播放】按钮，则图形显示出刀路，如图 6-90 所示。经检查，基本刀路正常。单击【关闭】按钮，在右侧的【菜单管理器】里选取【NC 序列】|【完成序列】选项，系统返回编程图形。

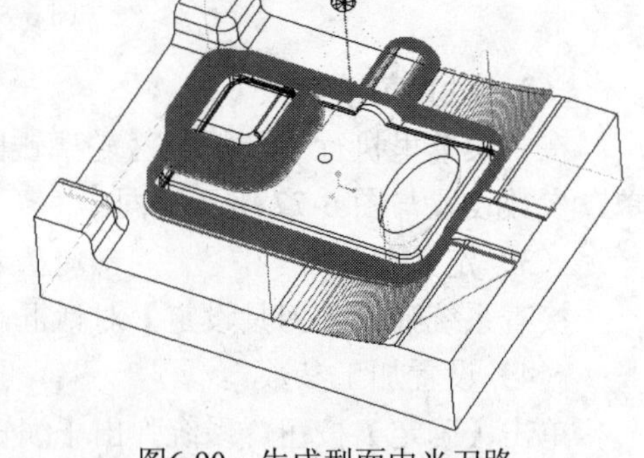

图6-90　生成型面中光刀路

（7）设置层属性

在目录树中单击【显示】按钮⊞·切换到层树状态，右击层，在弹出的快捷菜单里执行【层属性】命令，在弹出的【层属性】对话框里，将铣削曲面移动到层 temp 中。单击【确定】按钮。在目录树里切换到【模型树】状态。因为该层已经设置为隐藏，所以该曲面自动隐藏而不显示出来，以方便后续选面。

注意： 本例曲面轮廓铣削加工面时要尽量避免曲面和实体表面同时选取，以免出现计算错误的情形。遇到类似问题应尽量使用铣削曲面功能，以便高效进行刀路计算。另外由于本例的后模外形已经外扩，所以在半圆枕位处刀路绕过枕位，这一部分是空切削，这样做是为了避免无谓的跳刀，提高加工效率。

本节讲课视频：\ch06\03-video\k3c.exe。

6.2.8　创建型面光刀刀路 K3D

本节任务：（1）创建操作 K3D；（2）创建曲面铣削序列 1 用来对 PL 曲面进行精加工；（3）创建曲面铣削序列 2 用来对半圆枕位曲面进行精加工；（4）创建曲面铣削序列

3 用来对后模型芯曲面进行精加工。

1. 创建操作 K3D

在主菜单里执行【步骤】|【操作】命令，在系统弹出的【操作设置】对话框里，单击【创建新操作】按钮□，先输入【操作名称】为 K3D，再单击【创建机床】按钮，系统弹出【机床设置】对话框，默认为三轴机床，单击【确定】按钮，系统返回【操作设置】对话框。其余做法与第 4.2.4 节的相关内容相同。目录树里生成新的操作 K3D，如图 6-91 所示。

2. 创建曲面铣削序列 1 用来对 PL 曲面进行加工

（1）设置菜单参数

在主菜单里执行【步骤】|【曲面铣削】命令，系统在右侧弹出【菜单管理器】下拉菜单，参数设置如图 6-92 所示。注意选中【检查曲面】复选框。

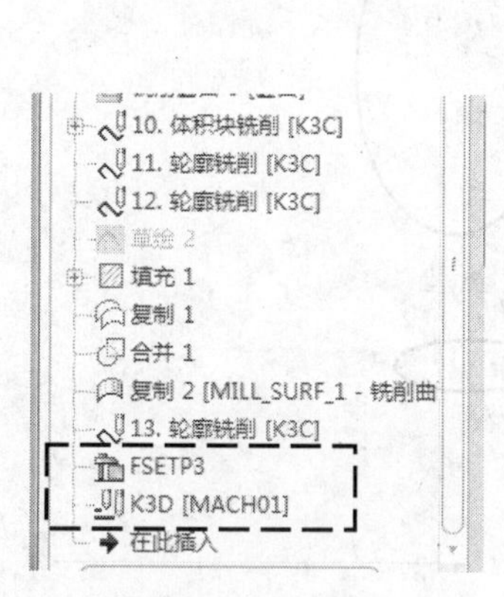

图 6-91　生成新操作

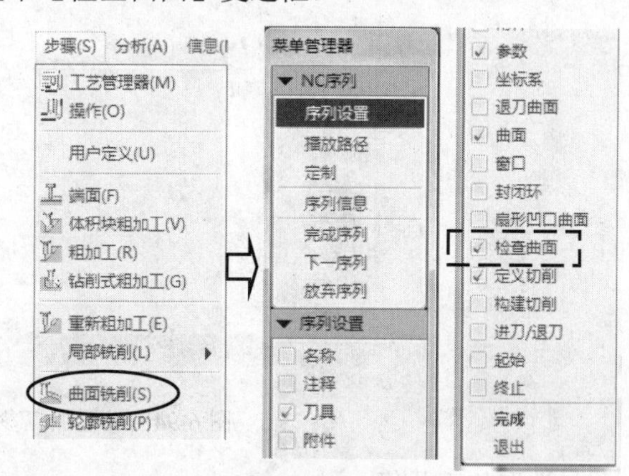

图 6-92　设置菜单参数

（2）定义刀具

接着系统弹出【刀具设定】对话框，单击【新建刀具】按钮□，类型选取“球铣削”，按图 6-93 所示定义刀具。单击【应用】按钮，再单击【确定】按钮。

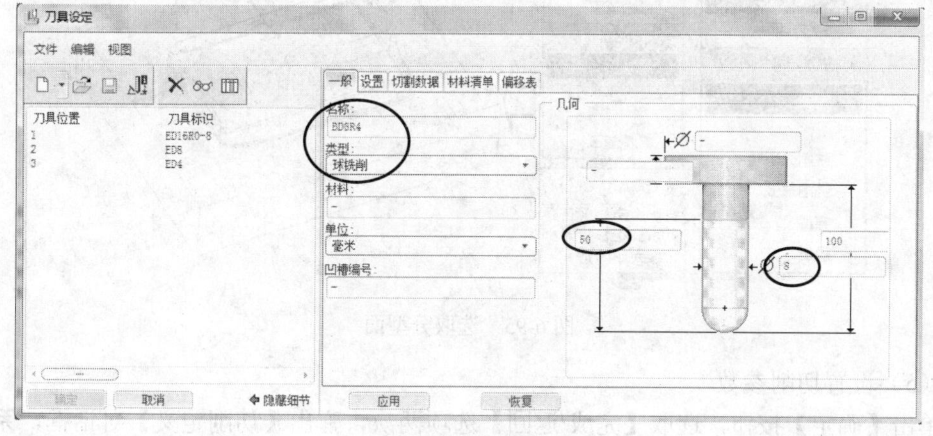

图 6-93　新建球刀

（3）设置加工参数

单击【确定】按钮，系统弹出【编辑序列参数“曲面铣削”】对话框，按图 6-94 所示设置加工参数。其中进给速度参数【切削进给】为 1200，【公差】为 0.02，步距参数【跨度】为 0.15，余量参数【允许轮廓坯件】为 0，检查面余量参数【检测允许的曲面毛坯】为 0.5，【切割角】为 45°，【主轴速率】为 3500。

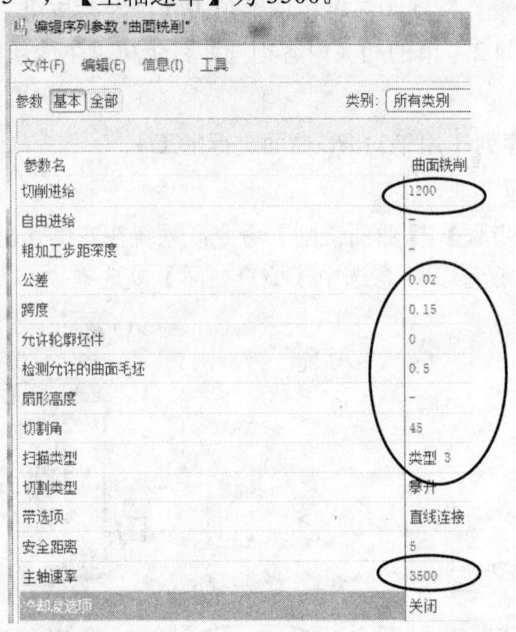

图 6-94　设置加工参数

（4）选取加工几何

在【编辑序列参数“曲面铣削”】对话框里单击【确定】按钮，按系统要求，选取图形上分型面曲面，如图 6-95 所示。

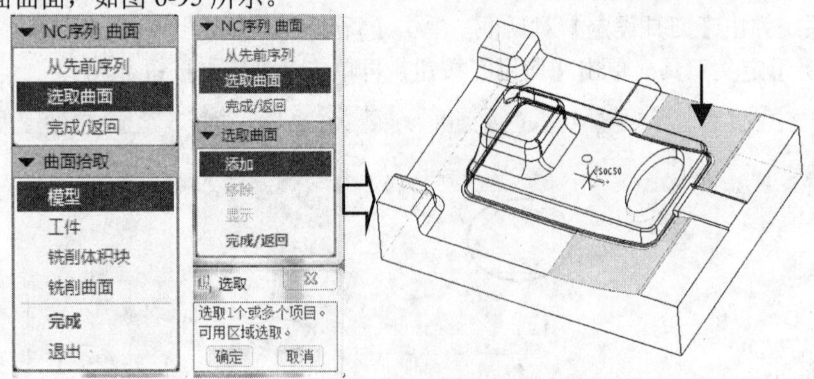

图 6-95　选取分型面

（5）设置切削参数

单击【确定】按钮，选取【完成/返回】选项两次，弹出【切削定义】对话框，系统已经设定了【切削角度】为 45°，单击【确定】按钮，如图 6-96 所示。

（6）选取检查曲面

单击【确定】按钮，在右侧的【菜单管理器】里弹出了曲面选取的下拉菜单，取消选中 加参照零件 和 用铣削余量两个复选框，再单击【选取曲面】菜单，如图 6-97 所示。

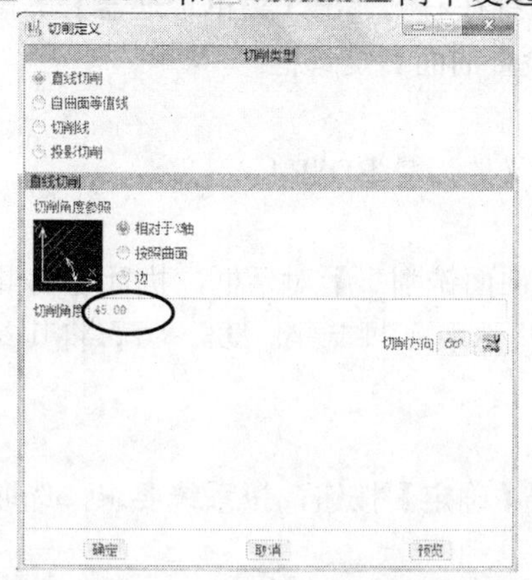

图 6-96　设置切削定义参数

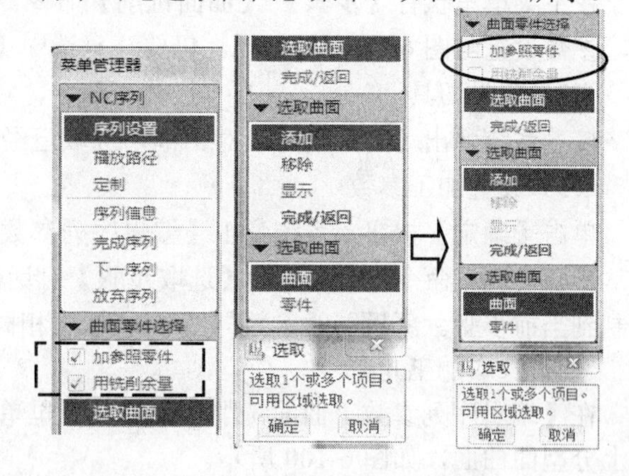

图 6-97　设置选取曲面菜单

在工具栏里单击【重画】按钮，然后在图形上选取加工面周围的型芯面和右侧枕位面作为检查曲面，如图 6-98 所示。在菜单里选取【完成/返回】选项两次。

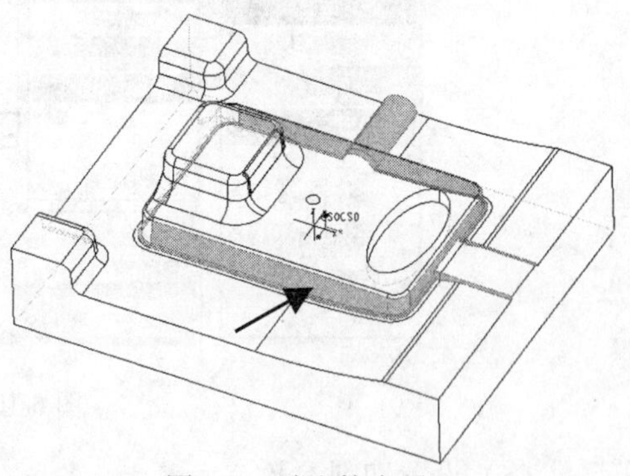

图6-98　选取检查面

小提示： 默认的检查面是整个参考零件，检查余量依据加工余量。为了另外专门设定检查余量，需要专门设定检查曲面。

（7）显示并检查刀路

在右侧的【菜单管理器】的【NC 序列】下拉菜单里选取【播放路径】|【屏幕演示】选项，在系统弹出的【播放路径】对话框里单击【播放】按钮，则图形显示出 PL 光刀刀路，如图 6-99 所示。单击【关闭】按钮，在右侧的【菜单管理器】里选取【NC 序列】|【完成序列】选项，系统返回编程图形。经检查，刀路正常。

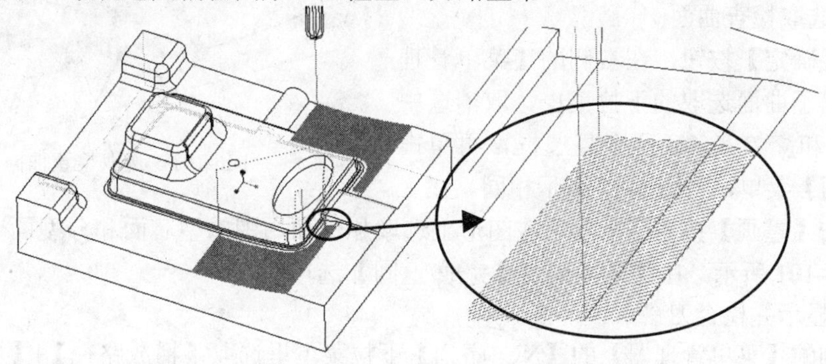

图 6-99　生成 PL 光刀

3．创建曲面铣削序列 2 对半圆枕位面进行加工

（1）设置菜单参数

在主菜单里执行【步骤】|【曲面铣削】命令，系统在右侧弹出【菜单管理器】下拉菜单，参数设置与图 6-92 所示相同。仍要注意选中【检查曲面】复选框。

（2）定义刀具

接着系统弹出【刀具设定】对话框，选取已经定义的刀具 BD8R4。

（3）设置加工参数

单击【确定】按钮，系统弹出【编辑序列参数“曲面铣削”】对话框，执行【编辑】|【从步骤复制】命令，在弹出的【选取步骤】对话框里选取 14：曲面铣削，操作：K3D，将其参数复制到当前步骤。所设置的参数与图 6-94 所示相同。

（4）选取加工几何

在【编辑序列参数“曲面铣削”】对话框里单击【确定】按钮，按系统要求，选取图形上分型面曲面，如图 6-100 所示。

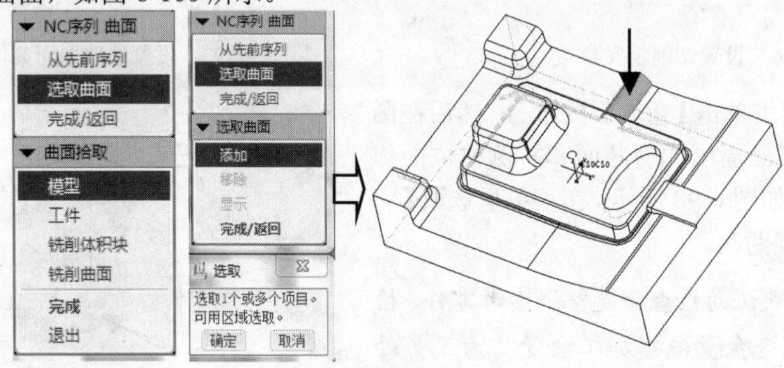

图 6-100　选取分型面

（5）设置切削参数

单击【确定】按钮，选取【完成/返回】选项两次。系统弹出【切削定义】对话框，系统已经设定了【切削角度】为 45°，单击【确定】按钮，与图 6-96 所示相同。

（6）选取检查曲面

单击【确定】按钮，在右侧的【菜单管理器】里弹出了曲面选取的下拉菜单，取消选中 ☑ 加参照零件 和 ☑ 用铣削余量 两个复选框，再单击【选取曲面】菜单，与图 6-97 所示相同。在工具栏里单击【重画】按钮，然后在图形上选取加工面周围的型芯面和分型面作为检查曲面，如图 6-101 所示。在菜单里选取【完成/返回】选项两次。

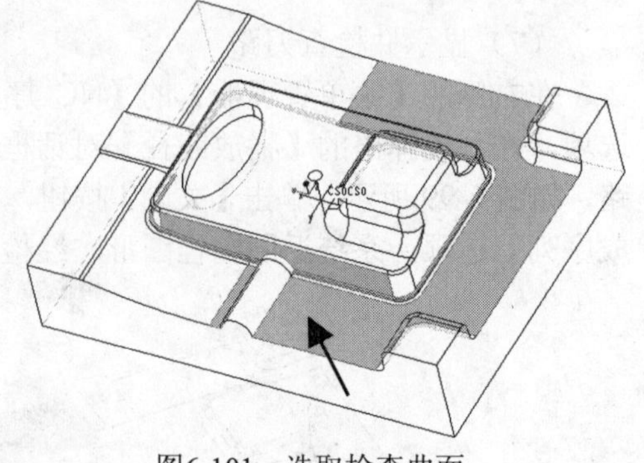

图6-101　选取检查曲面

（7）显示并检查刀路

在右侧的【菜单管理器】的【NC 序列】下拉菜单里选取【播放路径】|【屏幕演示】选项，在系统弹出的【播放路径】对话框里单击【播放】按钮，则图形显示出枕位光刀刀

路，如图 6-102 所示。单击【关闭】按钮，在右侧的【菜单管理器】里选取【NC 序列】|【完成序列】选项，系统返回编程图形。经检查，刀路正常。

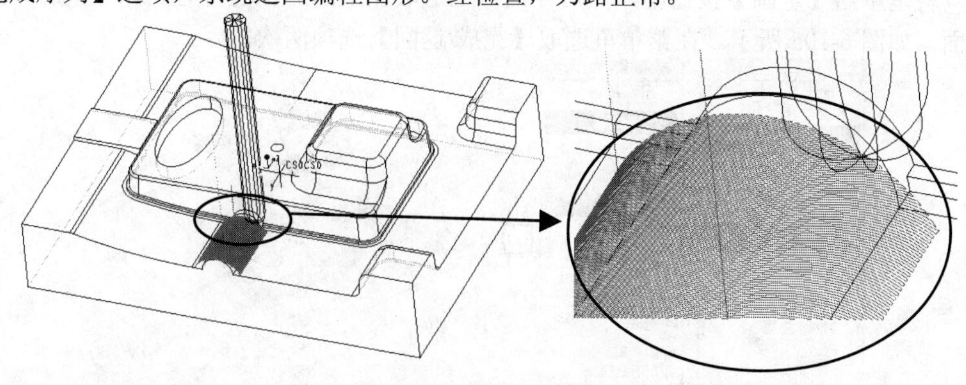

图 6-102　生成枕位面光刀

4．创建曲面铣削序列 3 用来对后模型芯曲面进行加工

（1）设置菜单参数

在主菜单里执行【步骤】|【曲面铣削】命令，系统在右侧弹出【菜单管理器】下拉菜单，参数设置与图 6-92 所示相同。仍要注意选中【检查曲面】复选框。

（2）定义刀具

接着系统弹出【刀具设定】对话框，选取已经定义的刀具 BD8R4。

（3）设置加工参数

单击【确定】按钮，系统弹出【编辑序列参数“曲面铣削”】对话框，执行【编辑】|【从步骤复制】命令，在弹出的【选取步骤】对话框里选取 15: 曲面铣削。操作: K3D，将其参数复制到当前步骤。修改残留高度参数【扇形高度】为 0.001，目的是得到 3D 等距刀路，使加工出的曲面粗糙度均匀，如图 6-103 所示。

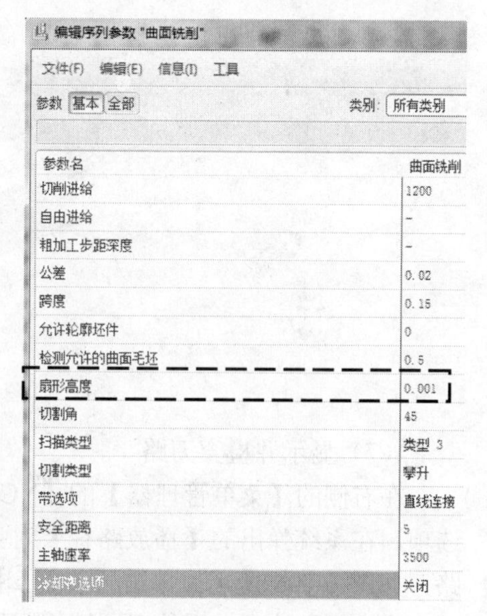

图6-103　设置加工参数

（4）选取加工几何

在【编辑序列参数“曲面铣削”】对话框里单击【确定】按钮，按系统要求，选取图形上后模的型芯曲面，如图 6-104 所示。

（5）设置切削参数

单击【确定】按钮，选取【完成/返回】选项两次，弹出【切削定义】对话框，系统已经设定了【切削角度】为 45°，单击【确定】按钮，与图 6-96 所示相同。

（6）选取检查曲面

单击【确定】按钮，在右侧的【菜单管理器】里弹出了曲面选取的下拉菜单，取消选中☑ 加参照零件 和☑ 用铣削余量 两个复选框，再单击【选取曲面】菜单，与图 6-97 所示相同。在工具栏里单击【重画】按钮，然后在图形上选取加工面周围的型芯面和分型面作为检查曲面，如图 6-105 所示。在菜单里选取【完成/返回】选项两次。

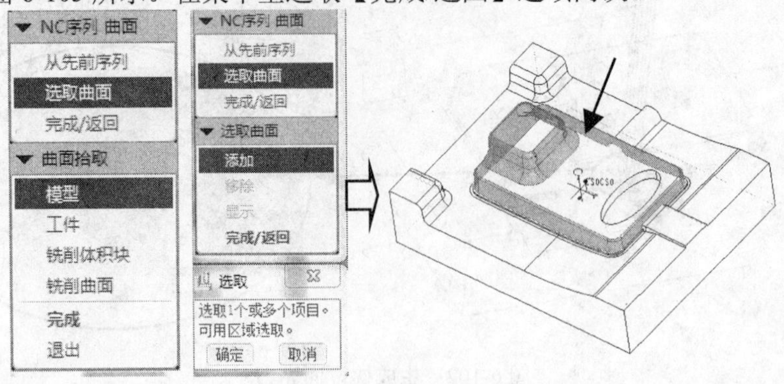

图 6-104 选取加工面

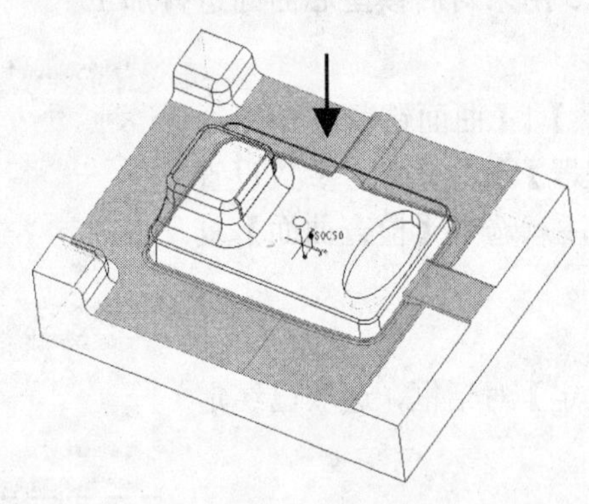

图 6-105 选取检查面

（7）显示并检查刀路

在右侧的【菜单管理器】的【NC 序列】下拉菜单里选取【播放路径】|【屏幕演示】选项，在系统弹出的【播放路径】对话框里单击【播放】按钮，则图形显示出型面光刀刀路，如图 6-106 所示。单击【关闭】按钮，在右侧的【菜单管理器】里选取【NC 序列】|【完成序列】选项，系统返回编程图形。经检查，刀路正常。

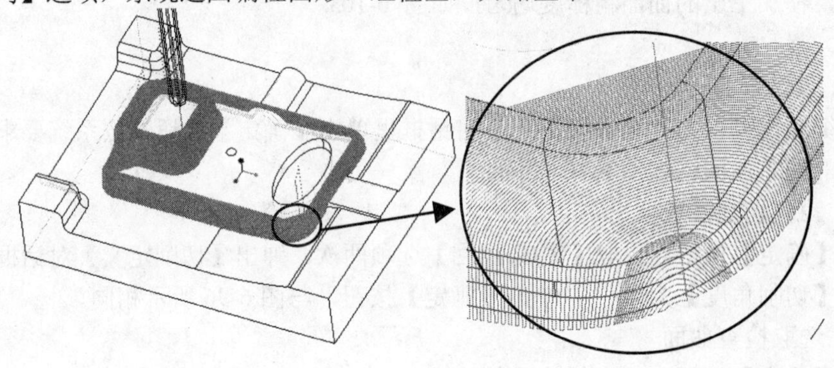

图 6-106 生成型面光刀

本节讲课视频：\ch06\03-video\k3d.exe。

6.2.9　创建模锁曲面光刀 K3E

本节任务：（1）创建操作；（2）创建曲面铣削序列 1 用来对左下方模锁曲面进行精加工；（3）创建曲面铣削序列 2 用来对左上方模锁曲面进行精加工；（4）创建曲面铣削序列 3 用来对圆水口曲面进行精加工。

1．创建操作 K3E

在主菜单里执行【步骤】|【操作】命令，在系统弹出的【操作设置】对话框里单击【创建新操作】按钮，先输入【操作名称】为 K3E，再单击【创建机床】按钮，系统弹出【机床设置】对话框，系统默认为三轴机床，单击【确定】按钮，系统返回【操作设置】对话框。其余做法与第 4.2.4 节的相关内容相同。在目录树里生成新的操作 K3E，如图 6-107 所示。注意在目录树里选取坐标系 NC_CS0，安全高度设定为 45。

2．创建曲面铣削序列 1

创建该刀路的目的是对左下方模锁曲面进行加工。

（1）设置菜单参数

在主菜单里执行【步骤】|【曲面铣削】命令，系统在右侧弹出【菜单管理器】下拉菜单，参数设置如图 6-108 所示。

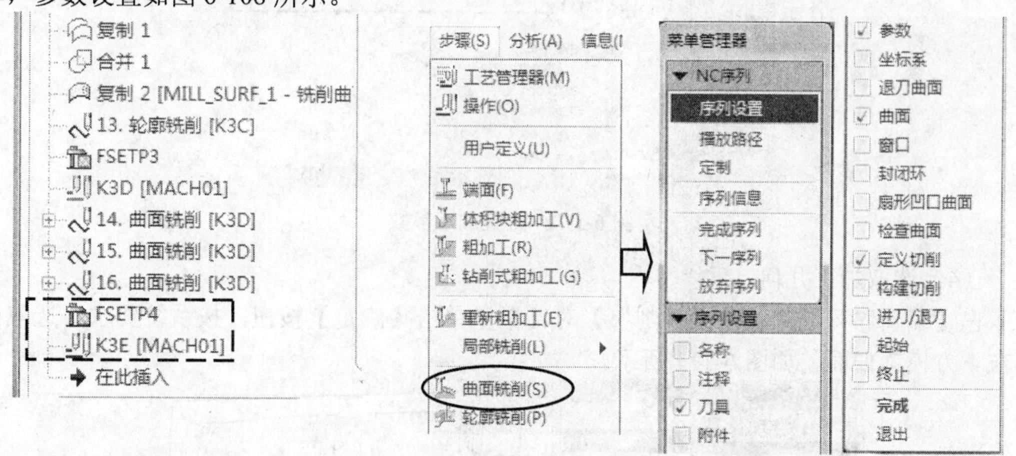

图 6-107　生成新操作　　　　图 6-108　设置菜单参数

（2）定义刀具

系统弹出【刀具设定】对话框，单击【新建刀具】按钮，类型选取“球铣削”，按图 6-109 所示定义刀具。单击【应用】按钮，再单击【确定】按钮。

（3）设置加工参数

单击【确定】按钮，系统弹出【编辑序列参数“曲面铣削”】对话框，执行【编辑】|【从步骤复制】命令，在弹出的【选取步骤】对话框里选取【所有操作】选项，再选取步

骤16: 曲面铣削, 操作: K3D，将其参数复制到当前步骤。取消检查余量的设置，即设置【检测允许的曲面毛坯】参数为“-”，表示余量与加工余量相同，如图 6-110 所示。

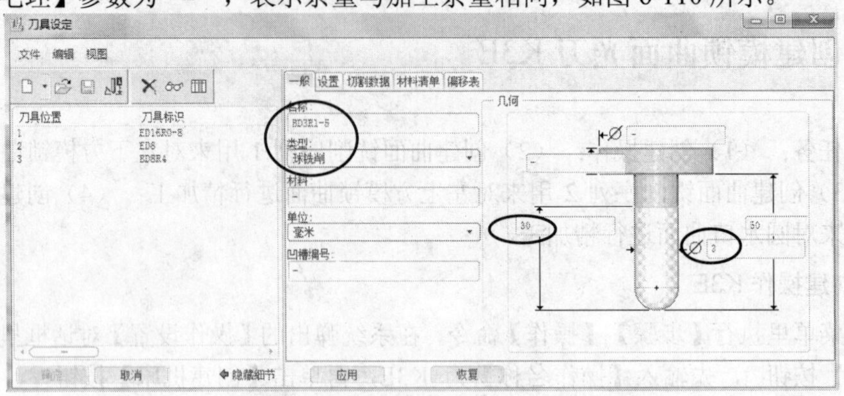

图 6-109　定义刀具

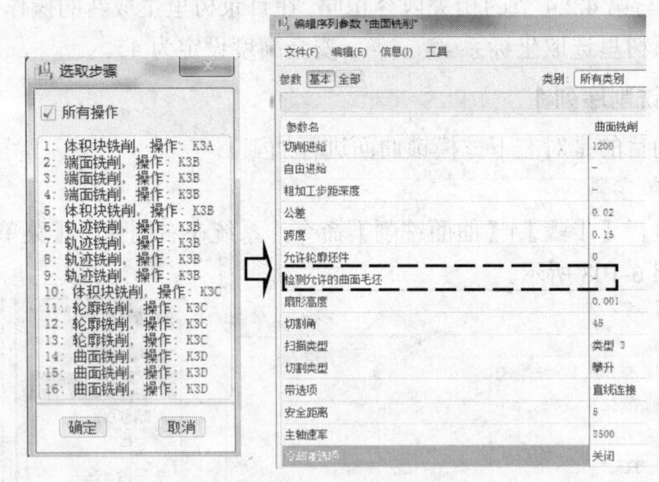

图 6-110　设置加工参数

（4）选取加工几何

在【编辑序列参数“曲面铣削”】对话框里单击【确定】按钮，按系统要求，选取图形左下方模锁曲面，如图 6-111 所示。

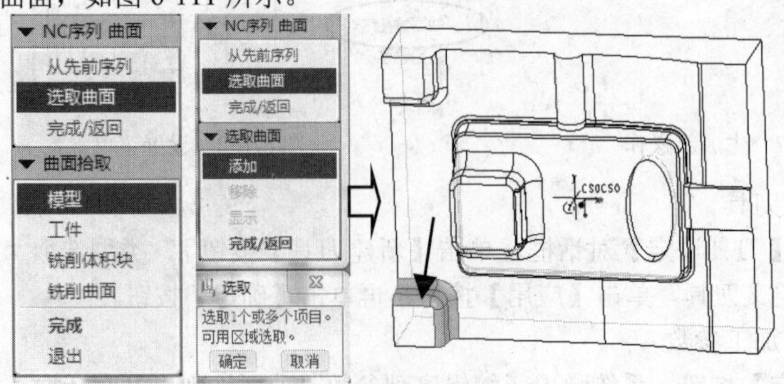

图 6-111　选取加工面

（5）设置切削参数

单击【确定】按钮，选取【完成/返回】选项两次，弹出【切削定义】对话框，系统已经设定了【切削角度】为 45°，单击【确定】按钮，与图 6-96 所示相同。

（6）显示并检查刀路

在右侧的【菜单管理器】的【NC 序列】下拉菜单里选取【播放路径】|【屏幕演示】选项，在系统弹出的【播放路径】对话框里单击【播放】按钮，则图形显示出左下方模锁面光刀刀路，如图 6-112 所示。单击【关闭】按钮。在右侧的【菜单管理器】里选取【NC 序列】|【完成序列】选项，系统返回编程图形。经检查，刀路正常。

3．创建曲面铣削序列 2

创建该刀路的目的是对左上方模锁曲面进行加工。

（1）设置菜单参数

在主菜单里执行【步骤】|【曲面铣削】命令，系统在右侧弹出【菜单管理器】下拉菜单，参数设置与图 6-108 所示相同。

（2）定义刀具

系统弹出【刀具设定】对话框，选取已经定义的刀具 BD3R1.5。

（3）设置加工参数

单击【确定】按钮，系统弹出【编辑序列参数“曲面铣削”】对话框，执行【编辑】|【从步骤复制】命令，在弹出的【选取步骤】对话框里选取步骤17: 曲面铣削, 操作: K3E，将其参数复制到当前步骤。设置【切割角】为 135°，如图 6-113 所示。

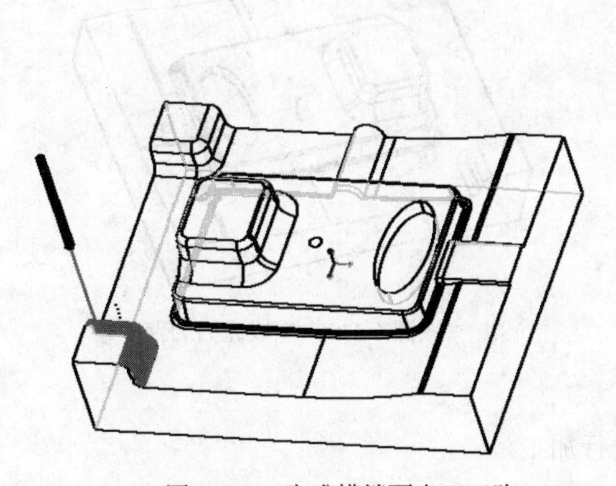

图 6-112　生成模锁面光刀刀路

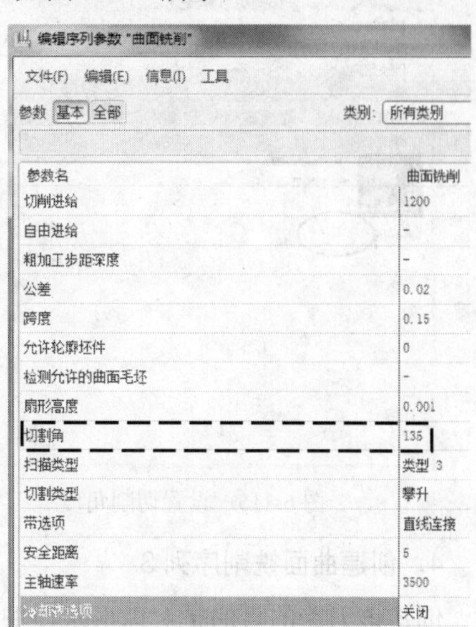

图 6-113　设置加工参数

（4）选取加工几何

在【编辑序列参数“曲面铣削”】对话框里单击【确定】按钮，按系统要求，选取图形左下方模锁曲面，如图 6-114 所示。

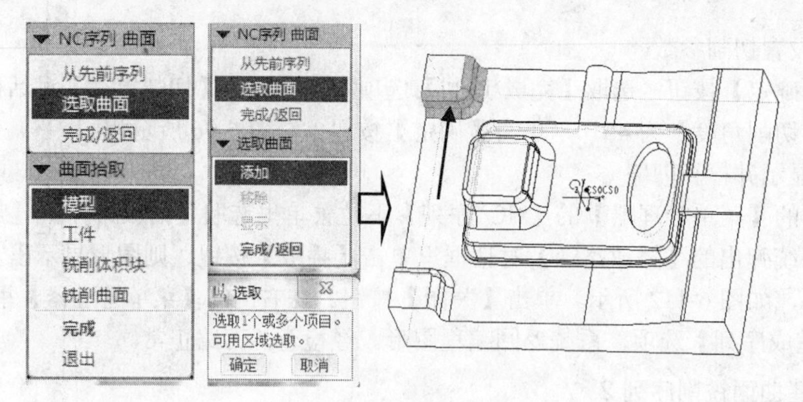

图 6-114 选取加工面

（5）设置切削参数

单击【确定】按钮，选取【完成/返回】选项两次。系统弹出【切削定义】对话框，系统已经设定了【切削角度】为 135°，单击【确定】按钮，如图 6-115 所示。

（6）显示并检查刀路

在右侧的【菜单管理器】的【NC 序列】下拉菜单里选取【播放路径】|【屏幕演示】选项，在系统弹出的【播放路径】对话框里单击【播放】按钮，则图形显示出左下方模锁面光刀刀路，如图 6-116 所示。单击【关闭】按钮，在右侧的【菜单管理器】里选取【NC 序列】|【完成序列】选项，系统返回编程图形。经检查，刀路正常。

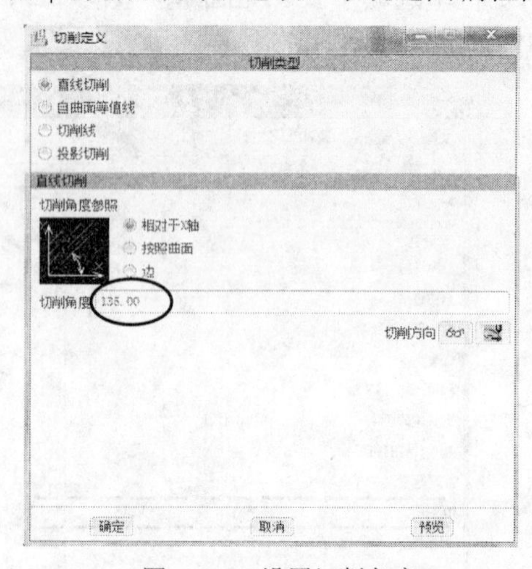

图 6-115 设置切削角度

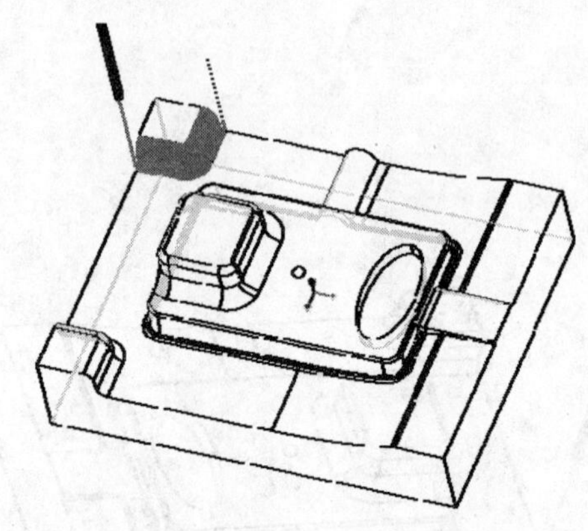

图 6-116 生成光刀刀路

4．创建曲面铣削序列 3

创建该刀路的目的是对球形水口曲面进行加工。

（1）设置加工参数

在主菜单里执行【步骤】|【曲面铣削】命令，系统在右侧弹出【菜单管理器】下拉菜单，参数设置与图 6-108 所示相同。

（2）定义刀具

系统弹出【刀具设定】对话框，选取已经定义的刀具 BD3R1-5。

（3）设置加工参数

单击【确定】按钮，系统弹出【编辑序列参数“曲面铣削”】对话框，执行【编辑】|【从步骤复制】命令，在弹出的【选取步骤】对话框里选取步骤 18：曲面铣削，操作：K3E，将其参数复制到当前步骤。设置【切削角度】为 135°。参数设置与图 6-113 所示相同。

（4）选取加工几何

在【编辑序列参数“曲面铣削”】对话框里单击【确定】按钮，按系统要求选取图 6-117 所示曲面。

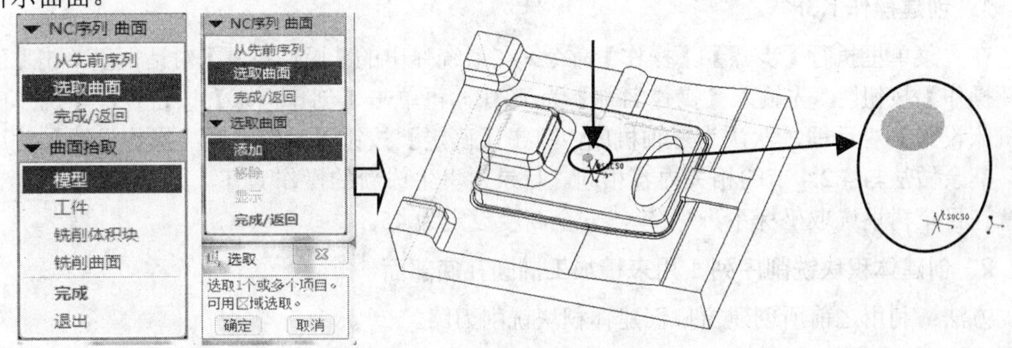

图 6-117　选取加工面

（5）设置切削参数

单击【确定】按钮，再选取【完成/返回】选项两次，系统弹出【切削定义】对话框，系统已经设定了【切削角度】为 135°，单击【确定】按钮，与图 6-115 所示相同。

（6）显示并检查刀路

在右侧的【菜单管理器】的【NC 序列】下拉菜单里选取【播放路径】|【屏幕演示】选项，在系统弹出的【播放路径】对话框里单击【播放】按钮，则图形显示出左下方模锁面光刀刀路，如图 6-118 所示。单击【关闭】按钮，在右侧的【菜单管理器】里选取【NC 序列】|【完成序列】选项，系统返回编程图形。经检查，刀路正常。

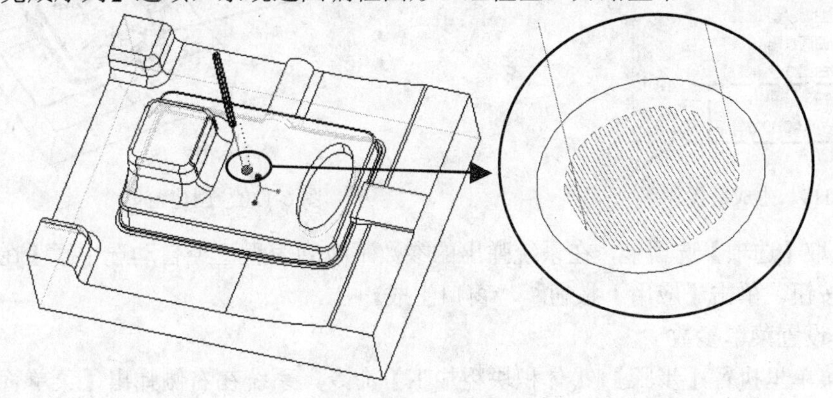

图 6-118　生成刀路

本节讲课视频：\ch06\03-video\k3e.exe。

6.2.10　创建型面清角和光刀 K3F

本节任务：（1）创建操作 K3F；（2）创建体积块铣削序列 1 用来精加工椭圆孔底部面；（3）创建轮廓铣削序列 1 用来精加工椭圆孔侧面；（4）创建轮廓铣削 2 序列用来精加工右侧型面；（5）创建轮廓铣削 3 序列用来精加工后模型芯底部面光刀清角。

1．创建操作 K3F

在主菜单里执行【步骤】|【操作】命令，在系统弹出的【操作设置】对话框里单击【创建新操作】按钮，先输入【操作名称】为 K3F，再单击【创建机床】按钮，系统弹出【机床设置】对话框，默认为三轴机床，单击【确定】按钮，系统返回【操作设置】对话框。其余做法与 4.2.4 节的相关内容相同。目录树里生成新的操作 K3F，如图 6-119 所示。注意在目录树里选取坐标系 NC_CS0，安全高度设定为 45。

2．创建体积块铣削序列 1 用来精加工椭圆孔底部面

方法：利用之前所创建窗口创建体积块铣削刀路。

（1）创建窗口

① 在右侧工具栏里单击【铣削窗口】按钮，系统弹出窗口的工具栏操控面板，单击【链窗口类型】按钮，再选取【放置】选项卡，按系统要求选取椭圆孔底部水平面为窗口平面，设置【链】选项，先选取其中一条边线，按住 Shift 键，再选取另外一条线，如图 6-120 所示。

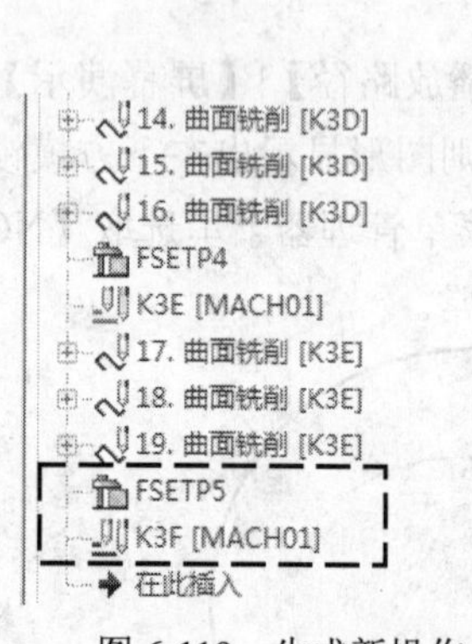

图 6-119　生成新操作

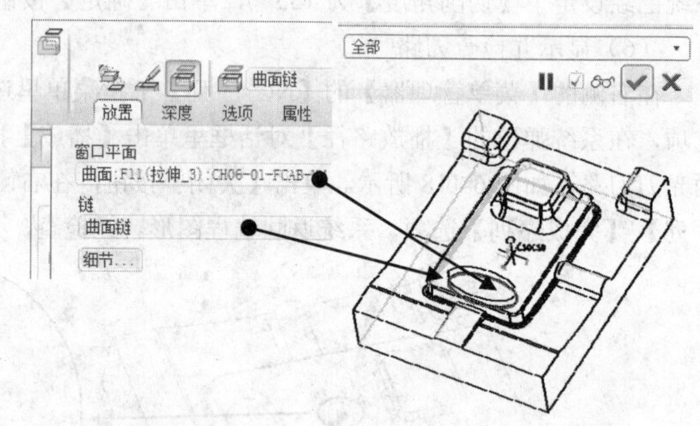

图 6-120　创建窗口

② 选取【选项】选项卡，在系统弹出的参数下拉列表里已经自动选中了【在窗口围线内】单选按钮。单击【应用】按钮，窗口生成。

（2）设置菜单参数

在主菜单里执行【步骤】|【体积块粗加工】命令，系统在右侧弹出【菜单管理器】下拉菜单，参数设置如图 6-121 所示。

（3）定义刀具

系统弹出【刀具设定】对话框，选取刀具 ED8。

（4）设置加工参数

单击【确定】按钮，系统弹出【编辑序列参数“体积块粗加工”】对话框，按图 6-122 所示设置加工参数。其中，进给速度【切削进给】为 150，层深参数【步长深度】为 15，【公差】为 0.01，步距宽度参数【跨度】为 3，侧面余量参数【允许轮廓坯件】为 0.5，底部余量参数【允许的底部线框】为 0，缓降高度参数【安全距离】为 1，【主轴速率】为 3500，螺旋下刀斜度参数【斜向角度】为 3°，【螺旋直径】为 8。

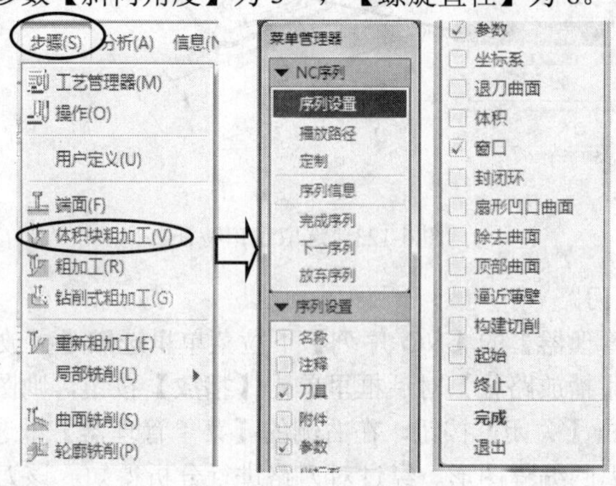

图 6-121　设置菜单参数

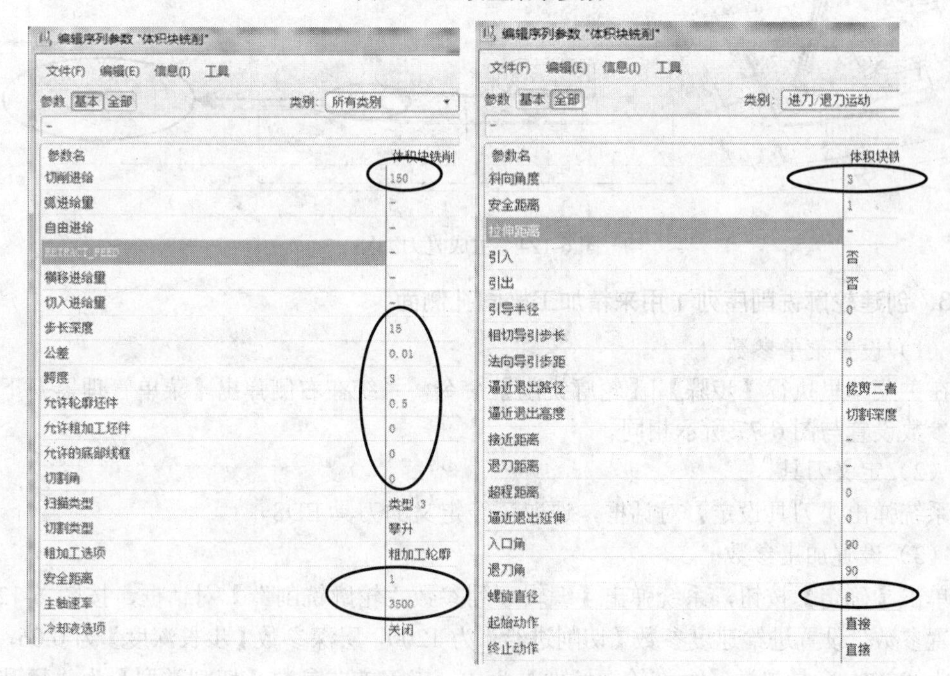

图 6-122　设置加工参数

（5）选取加工几何

在【编辑序列参数“体积块铣削”】对话框里单击【确定】按钮，按系统要求，选取在椭圆孔底部所创建的窗口，如图 6-123 所示。

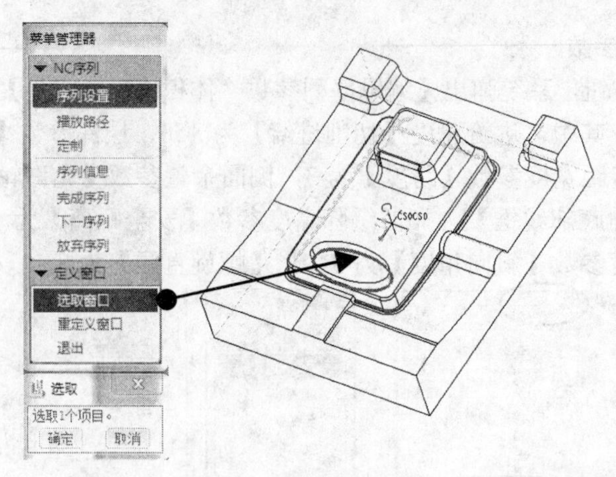

图 6-123　选取窗口特征

（6）显示并检查刀路

在右侧的【菜单管理器】的【NC 序列】下拉菜单里选取【播放路径】|【屏幕演示】选项，在系统弹出的【播放路径】对话框里单击【播放】按钮，则图形显示出光刀刀路，如图 6-124 所示。单击【关闭】按钮，在右侧的【菜单管理器】里选取【NC 序列】|【完成序列】选项，系统返回编程图形。经过对刀路进行分析得知，该刀路加工正常合理。

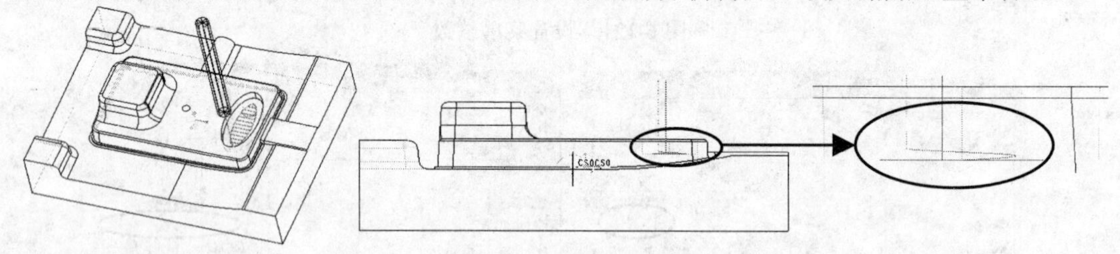

图 6-124　生成光刀刀路

3．创建轮廓铣削序列 1 用来精加工椭圆孔侧面

（1）设置菜单参数

在主菜单里执行【步骤】|【轮廓铣削】命令，系统在右侧弹出【菜单管理器】下拉菜单，参数设置与图 6-77 所示相同。

（2）定义刀具

系统弹出【刀具设定】对话框，选取已经定义的刀具 ED8。

（3）设置加工参数

单击【确定】按钮，系统弹出【编辑序列参数“轮廓铣削”】对话框，按图 6-125 所示设置参数。设置进给速度参数【切削进给】为 1200，层深参数【步长深度】为 0.06，【公差】为 0.01，余量参数【允许轮廓坯件】为 0，走刀方式参数【切割类型】为“攀升”，这种方式也叫顺铣加工，很适合本例中封闭曲面的加工。转速参数【主轴速率】为 3500。设置圆弧进退刀切削，圆弧半径参数【引导半径】为 1，同时设置进刀方式参数【切削_进入_延拓】参数为“引入”，退刀参数【切削_退出_延拓】参数为“引出”，这样可以有效减少跳刀，提高效率。

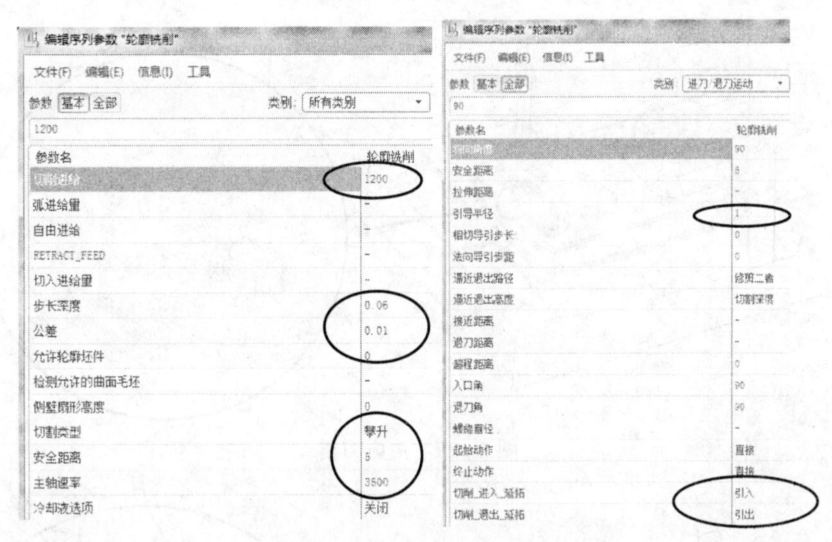

图 6-125　设置加工参数

（4）选取加工几何

在【编辑序列参数“轮廓铣削”】对话框里单击【确定】按钮，按系统要求在图形上选取椭圆孔侧面，如图 6-126 所示。

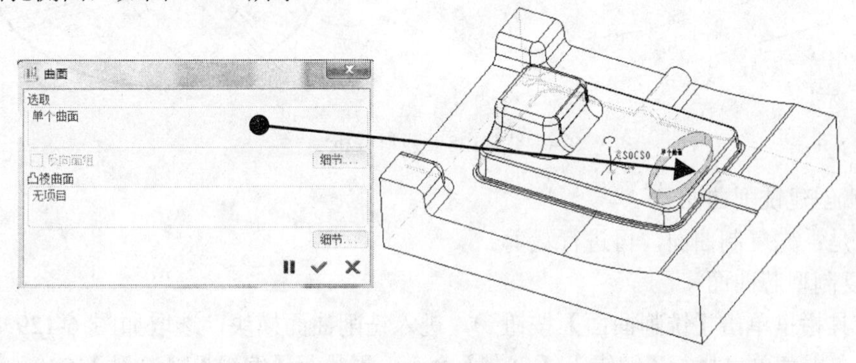

图 6-126　选取加工面

（5）显示并检查刀路

在右侧的【菜单管理器】的【NC 序列】下拉菜单里选取【播放路径】|【屏幕演示】选项，在系统弹出的【播放路径】对话框里单击【播放】按钮，则图形显示出光刀的刀路，如图 6-127 所示。经检查，基本刀路正常。单击【关闭】按钮，在右侧的【菜单管理器】里选取【NC 序列】|【完成序列】选项，系统返回编程图形。

4．创建轮廓铣削 2 序列用来精加工右侧型面

分析：如图 6-128 所示的 P 处，之前是在 K3C 中采取 ED8 平底刀进行了中光刀，留有 0.15 余量。后来 K3D 又用 BD8R4 的球头刀进行光刀，但是很大一部分未能切削到位，而这一部分也不准备另外设计铜公进行 EDM 加工，所以本次必须专门对此处的残留进行清角光刀。为了进行局部曲面加工，必须先创建局部铣削曲面，然后对此铣削曲面进行轮廓加工。

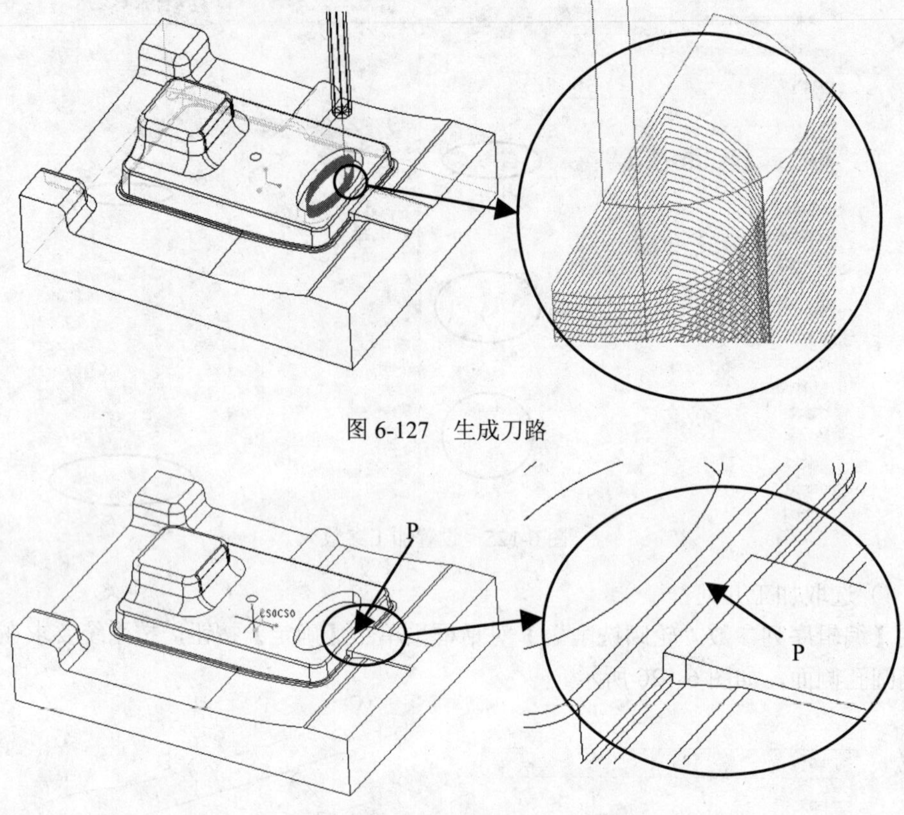

图 6-127　生成刀路

图 6-128　残料分析

（1）创建铣削曲面

方法是：先复制曲面，再进行裁剪。

① 复制型芯曲面

在工具栏里单击【铣削曲面】按钮，进入铣削曲面模块，选取如图 6-129 所示的 P 处曲面，在主菜单里执行【编辑】|【复制】命令，再执行【编辑】|【粘贴】命令。单击【应用】按钮☑，生成曲面。在右侧工具栏单击铣削曲面模块的【确定】按钮✔。

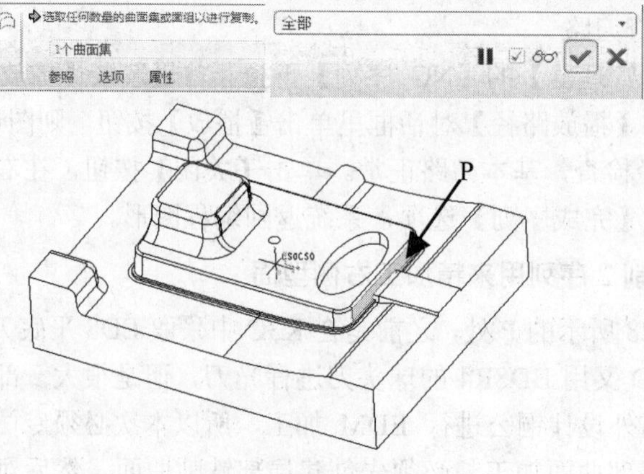

图 6-129　复制曲面

② 裁剪曲面

在主菜单里执行【插入】|【拉伸】命令，系统弹出拉伸操控面板，在【放置】选项卡里单击草图的【定义】按钮，选取如图 6-130 所示的枕位平面 Q 为草绘平面，系统进入草图界面，利用草绘工具□ 使用选取枕位边绘制草图，单击【完成】按钮✔。

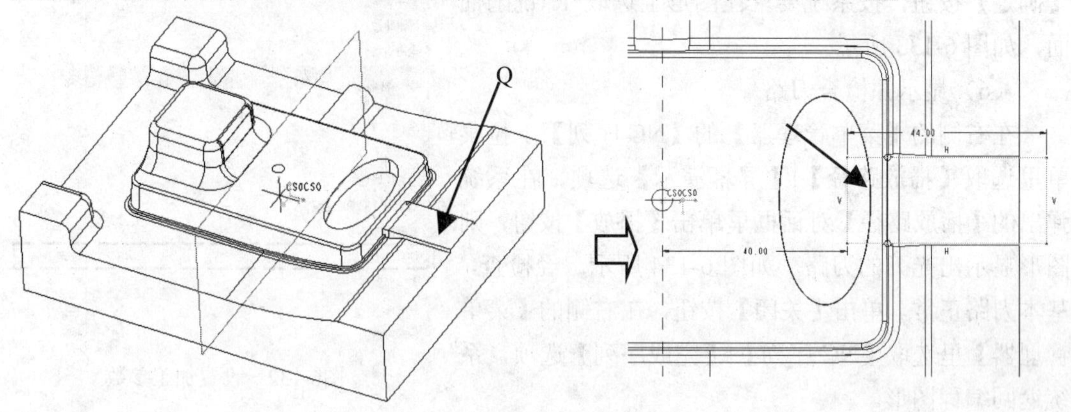

图 6-130　创建草图

系统返回拉伸操控面板，单击【移除材料】按钮，选取上一步复制的曲面，调整拉伸距离和方向等参数，单击【应用】按钮，如图 6-131 所示。在右侧工具栏里单击【确定】按钮✔，完成铣削曲面的创建。

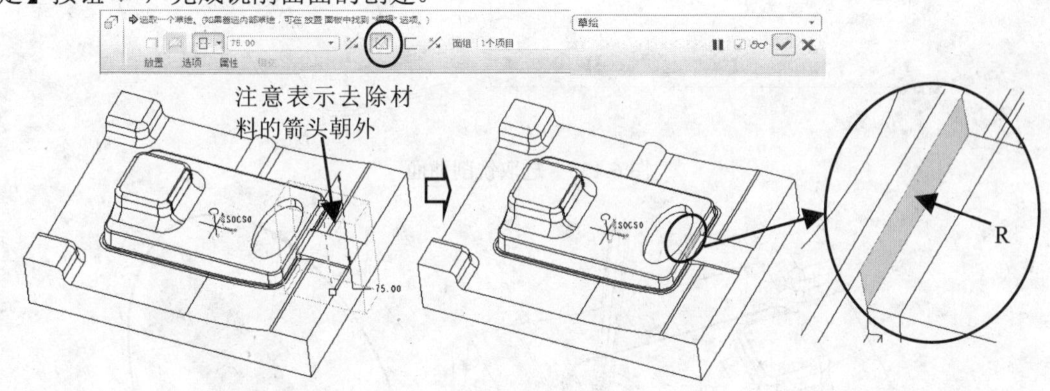

图 6-131　创建加工面

（2）设置菜单参数

在主菜单里执行【步骤】|【轮廓铣削】命令，系统在右侧弹出【菜单管理器】下拉菜单，参数设置与图 6-77 所示相同。

（3）定义刀具

系统弹出【刀具设定】对话框，选取已经定义的刀具 ED8。

（4）设置加工参数

单击【确定】按钮，系统弹出【编辑序列参数“轮廓铣削”】对话框，执行【编辑】|【从步骤复制】命令，在弹出的【选择步骤】对话框里选取 21: 轮廓铣削, 操作: K3F，单击【确定】按钮。修改走刀方式参数【切割类型】为“转弯_急转”，这种方式适合本例开放曲面

的加工，跳刀少，图 6-132 所示。

（5）选取加工几何

在【编辑序列参数“轮廓铣削”】对话框里单击【确定】按钮，按系统要求在图形上选取 R 铣削曲面，如图 6-133 所示。

（6）显示并检查刀路

在右侧的【菜单管理器】的【NC 序列】下拉菜单里选取【播放路径】|【屏幕演示】选项，在系统弹出的【播放路径】对话框里单击【播放】按钮，则图形显示出光刀的刀路，如图 6-134 所示。经检查，基本刀路正常。单击【关闭】按钮，在右侧的【菜单管理器】里选取【NC 序列】|【完成序列】选项，系统返回编程图形。

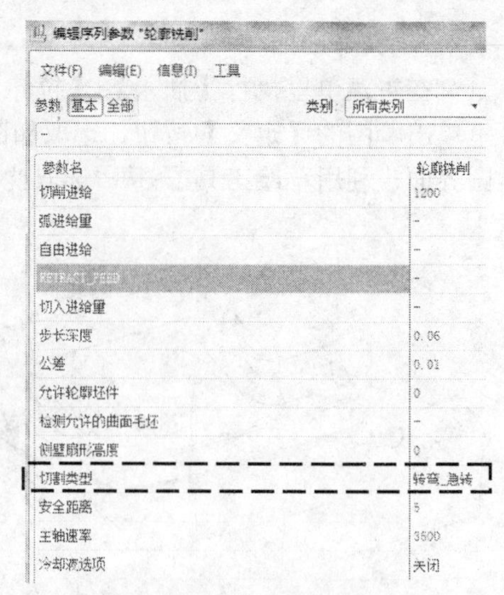

图6-132　设置加工参数

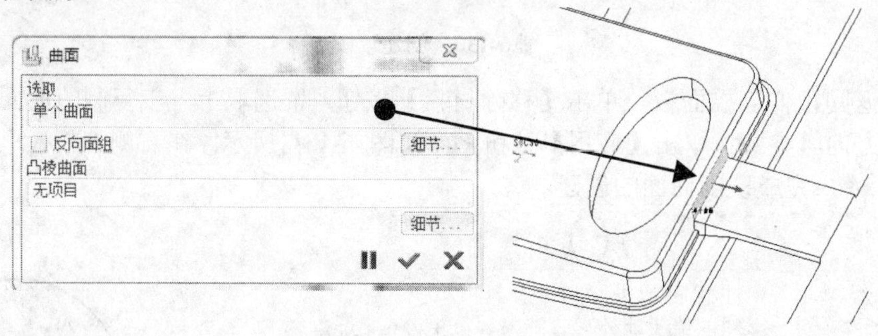

图 6-133　选取铣削曲面

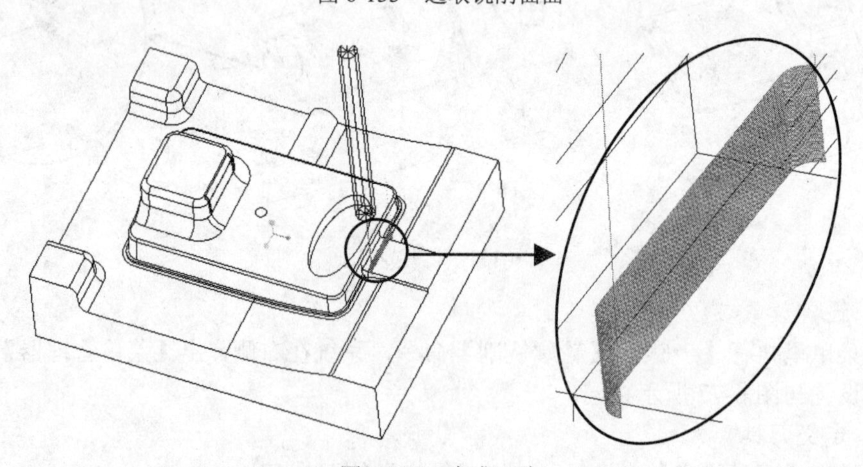

图 6-134　生成刀路

5. 创建轮廓铣削 3 序列用来精加工型面下部面

分析：如图 6-135 所示的 S 处，之前是 K3C 采取 ED8 平底刀进行了中光刀，留有 0.15 余量。后来 K3D 又用 BD8R4 的球头刀进行光刀，但是下部未能切削到位，左侧根部必须专门对此处的残留进行清角光刀。为了进行局部曲面加工，必须先创建局部铣削曲面，然后对此铣削曲面进行轮廓加工，这样可以有效减少空刀。

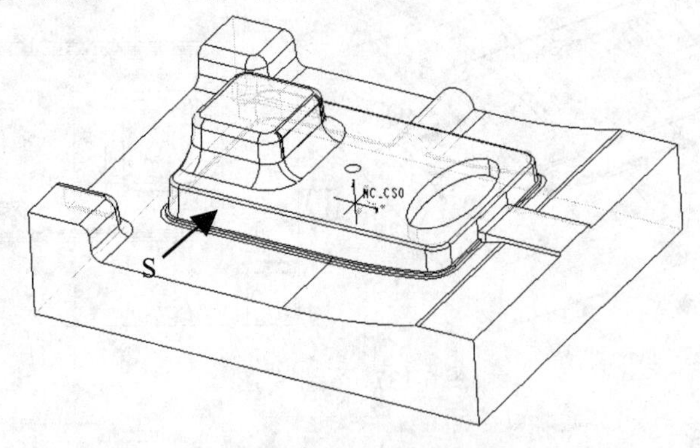

图 6-135　残料分析

（1）创建铣削曲面

方法：仍先复制曲面，再进行两次裁剪。

① 复制型芯曲面

在工具栏里单击【铣削曲面】按钮，进入铣削曲面模块，选取如图 6-136 所示的 S 处曲面，在主菜单里执行【编辑】|【复制】命令，再在主菜单里执行【编辑】|【粘贴】命令。单击【应用】按钮，生成曲面。

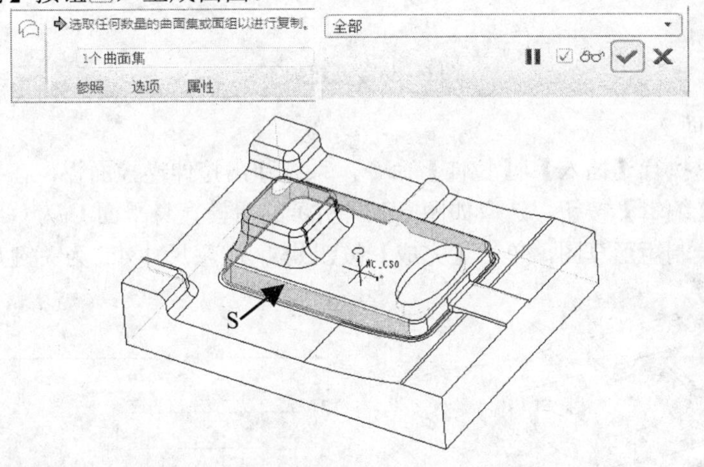

图 6-136　复制曲面

② 裁剪曲面 1

在主菜单里执行【插入】|【拉伸】命令，系统弹出拉伸操控面板，在【放置】选项卡里单击草图的【编辑】按钮，选取如图 6-137 所示的枕位平面 Q 为草绘平面，系统进入草绘界面，利用草绘工具 **使用** 选取枕位边绘制草图，单击【完成】按钮。

系统返回拉伸操控面板，单击【移除材料】按钮，选取上一步复制出来的曲面，调整拉伸距离和方向等参数，单击【应用】按钮，如图 6-138 所示。在右侧工具栏里单击【确定】按钮，初步完成铣削曲面的创建。

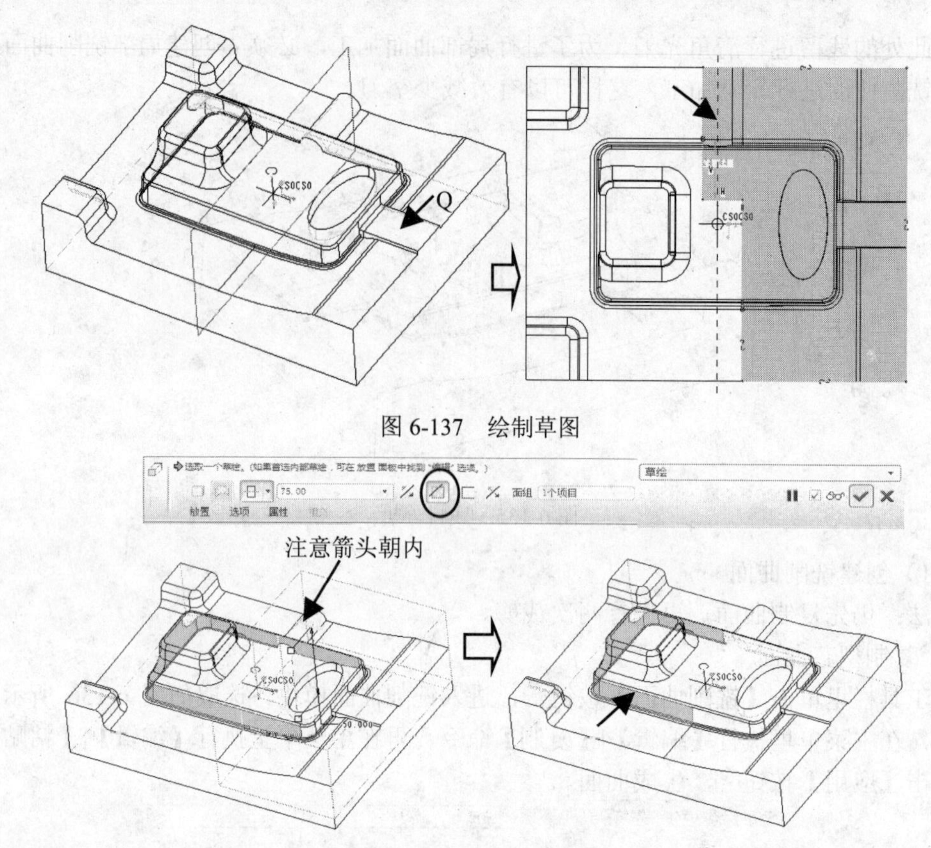

图 6-137　绘制草图

图 6-138　创建加工面

③ 裁剪曲面 2

在主菜单里执行【插入】|【拉伸】命令，系统弹出拉伸操控面板，在【放置】选项卡里单击草图的【编辑】按钮，选取如图 6-139 所示的后模直身平面 U 为草绘平面，系统进入草图界面，绘制矩形草图，单击【完成】按钮✔。注意尺寸 4.5 为关键尺寸。

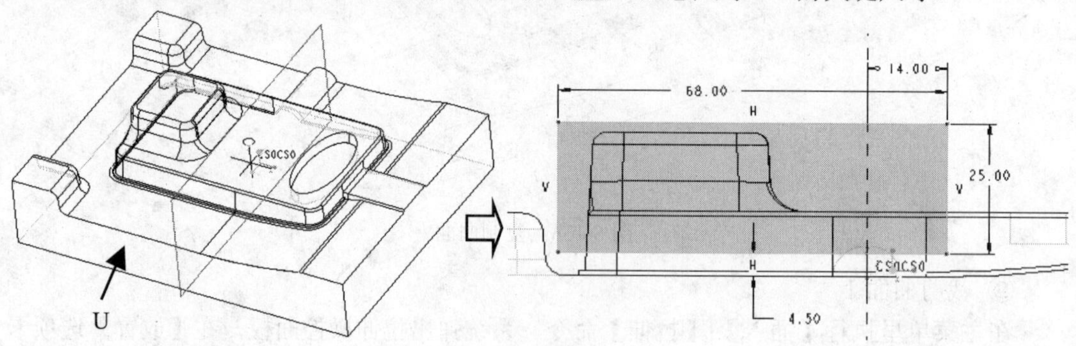

图 6-139　绘制草图

系统返回拉伸操控面板，单击【移除材料】按钮，选取上一步复制出的曲面，调整拉伸距离和方向等参数，单击【应用】按钮，如图 6-140 所示。在右侧工具栏里单击【确定】按钮✔，完成铣削曲面 V 的创建。

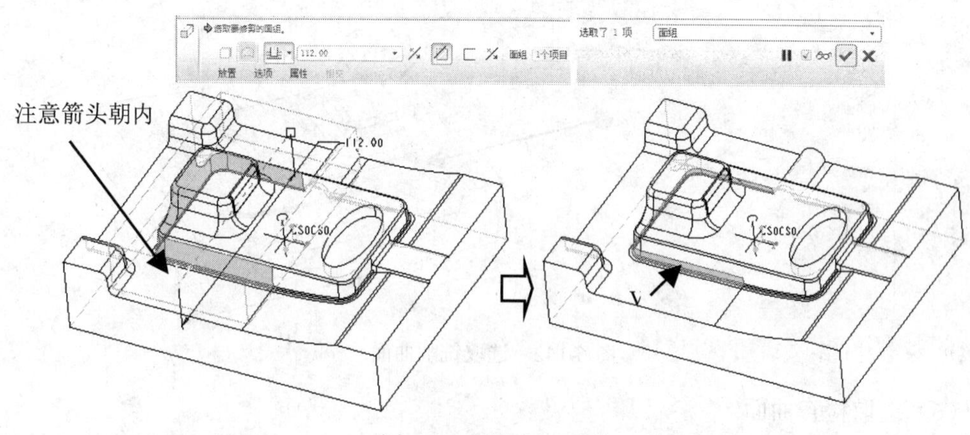

图 6-140　创建加工面

（2）设置菜单参数

在主菜单里执行【步骤】|【轮廓铣削】命令，系统在右侧弹出【菜单管理器】下拉菜单，参数设置与图 6-92 所示相同。注意选中【检查曲面】复选框。

（3）定义刀具

接着系统弹出【刀具设定】对话框，选取已经定义的刀具 ED8。

（4）设置加工参数

单击【确定】按钮，系统弹出【编辑序列参数“轮廓铣削”】对话框，执行【编辑】|【从步骤复制】命令，在弹出的【选择步骤】对话框里选取 22: 轮廓铣削, 操作: K3F，单击【确定】按钮。修改检查面余量参数【检测允许的曲面毛坯】为 0，设置法向进给参数【法向导引步距】为 1，进刀参数【切削_进入_延拓】为“法向”，退刀参数【切削_退出_延拓】为“法向”，如图 6-141 所示。

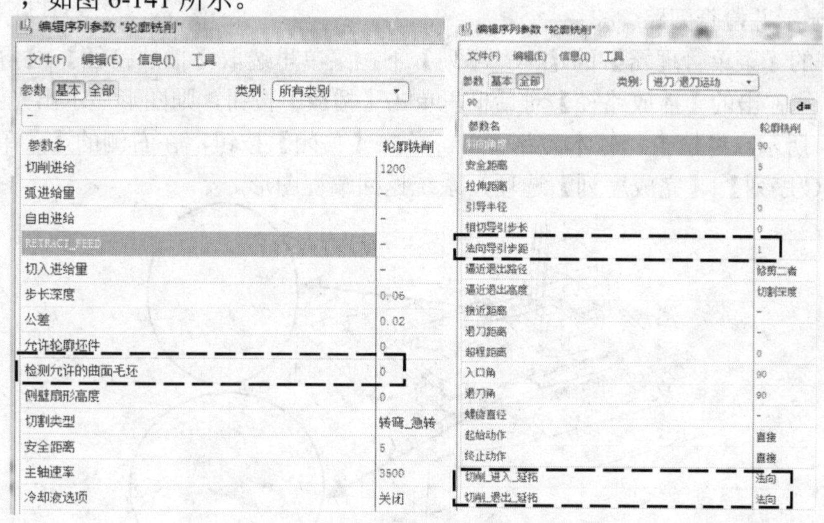

图 6-141　设置加工参数

（5）选取加工几何

在【编辑序列参数“轮廓铣削”】对话框里单击【确定】按钮，按系统要求在图形上选取 V 铣削曲面，如图 6-142 所示。

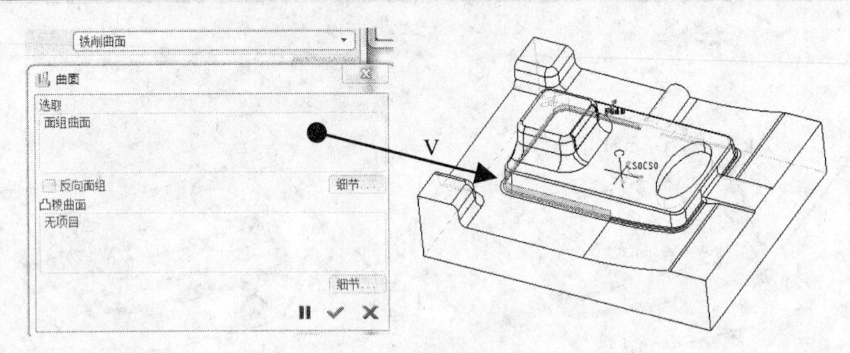

图 6-142　选取铣削曲面

（6）选取检查曲面

在【曲面】对话框里单击【应用】按钮✔，系统弹出【检查曲面】对话框，按照提示选取如图 6-143 所示的曲面为检查面。该曲面为加工面周围的起伏 PL 面和半圆枕位面。单击【应用】按钮☑。

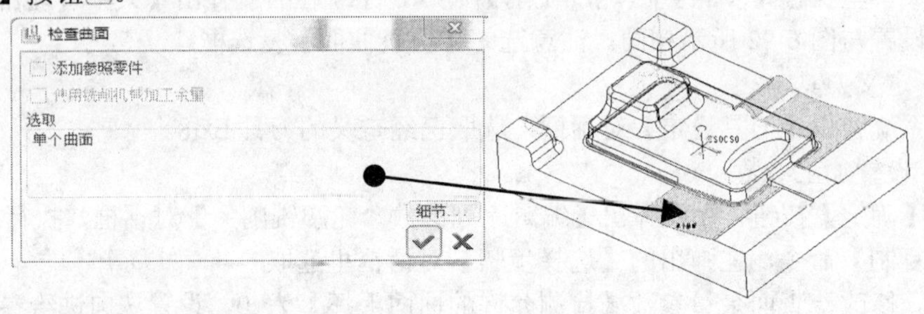

图 6-143　选取检查前模

（7）显示并检查刀路

在右侧的【菜单管理器】的【NC 序列】下拉菜单里选取【播放路径】|【屏幕演示】选项，在系统弹出的【播放路径】对话框里单击【播放】按钮，则图形显示出光刀的刀路，如图 6-144 所示。经检查，基本刀路正常。单击【关闭】按钮，在右侧的【菜单管理器】里选取【NC 序列】|【完成序列】选项，系统返回编程图形。

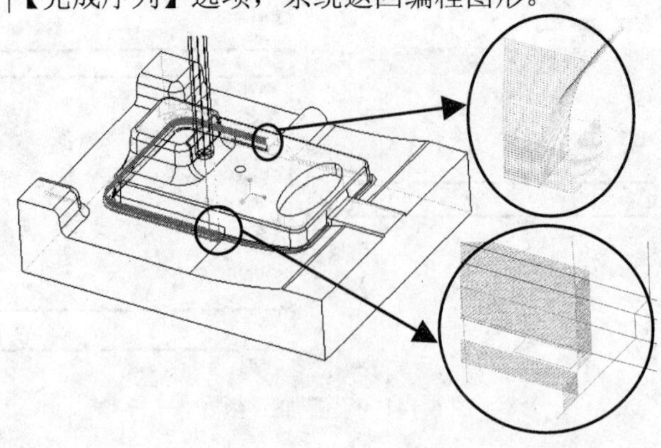

图 6-144　生成刀路

在主菜单里单击【保存】按钮💾，将编程装配文件存盘。

本节讲课视频：\ch06\03-video\k3f.exe。

6.2.11　后处理

在主菜单里执行【编辑】|【CL 数据】|【输出】命令，在右侧的【菜单管理器】系统弹出的【选取特征】下拉菜单里选取【操作】选项，在弹出的选项里选取 K3A，系统弹出新的下拉菜单，按图 6-145 所示设置参数，选取【完成】选项，弹出【保存副本】对话框，系统自动给定 NCL 文件名为 k3a。

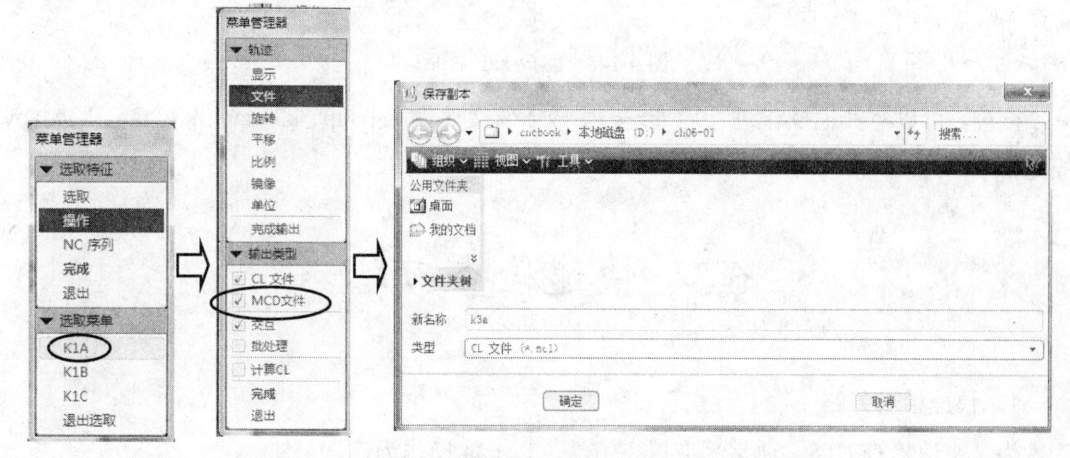

图 6-145　保存 NCL 刀路文件

单击【确定】按钮，在右侧的【菜单管理器】里选取【完成】选项，在弹出的后处理器下拉菜单里选取 FAUNC 机床系统NIIGATA HN50A - FANUC 15MA - B TABLE的后处理器为UNCX01.P12，如图 6-146 所示。

选取后处理器后系统开始计算 NC 刀路，显示如图 6-147 所示的【信息窗口】对话框，单击【关闭】按钮再选取【完成输出】选项。

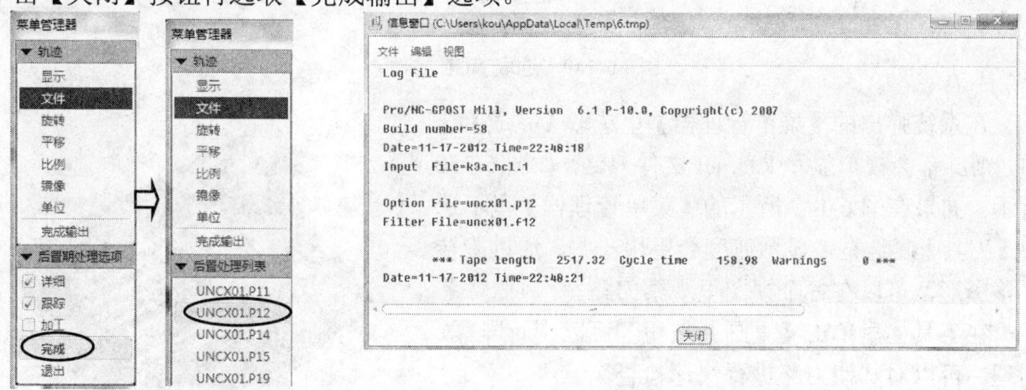

图 6-146　选取后处理器　　　　图 6-147　信息窗口

查看工作目录 D:\ch06-01，发现生成了 k3a.tap 文件，该文件经过少量修改后就可以传送给数控机床进行加工。打开该文件，内容如图 6-148 所示。

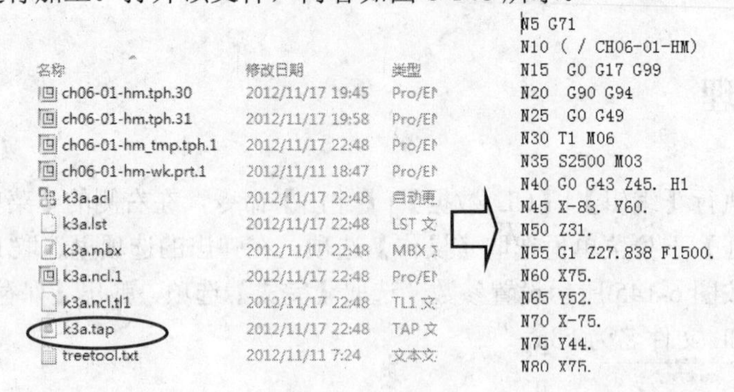

图 6-148　生成 NC 文件

同理，可以对其他操作进行后处理，生成 NC 文件为 k3b.tap、k3c.tap、k3d.tap、k3e.tap 和 k3f.tap。

6.3　快速检查刀路

1．快速检查刀路

为了快速检查刀路，通常采取以下方法。以 k3a 操作为例。

在主菜单里执行【工具】|【CL 数据】|【播放路径】命令，系统弹出【打开】对话框，选取 k3a.ncl 文件，单击【打开】按钮，如图 6-149 所示。

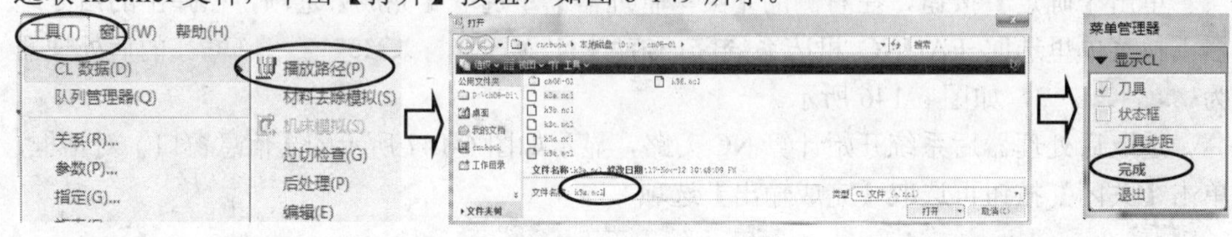

图 6-149　选取 NCL 文件

在系统弹出的【菜单管理器】里选取【完成】选项，则屏幕会模拟显示 k3a.ncl 文件刀路，如图 6-150 所示。如果在图 6-149 所示的【菜单管理器】里不选中【刀具】复选框，显示速度会更快一些。通过旋转平移图形，可以在各个视图里观察刀路。

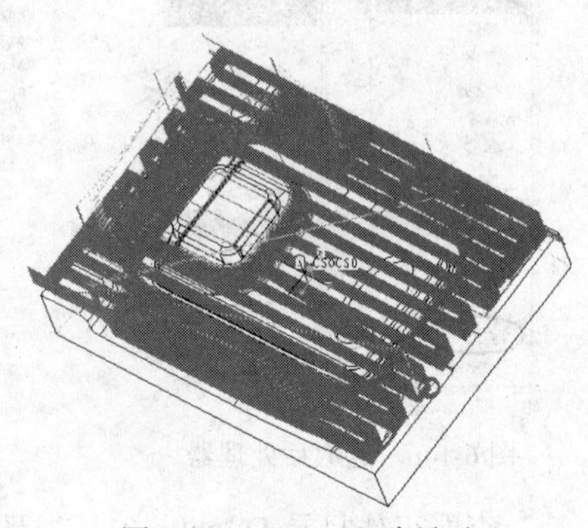

图6-150　k3a.ncl刀路显示

在工具栏里单击【重画】按钮可以刷新屏幕。同理，可以对其他刀路进行快速检查。

2．刀路过切检查

除了在每完成一个刀路后立即进行过切检查外，

还可以最后统一进行检查。方法如下。

在主菜单里执行【工具】|【CL 数据】|【过切检查】命令，系统弹出【打开】对话框，选取 k3a.ncl 文件，单击【打开】按钮，如图 6-151 所示。

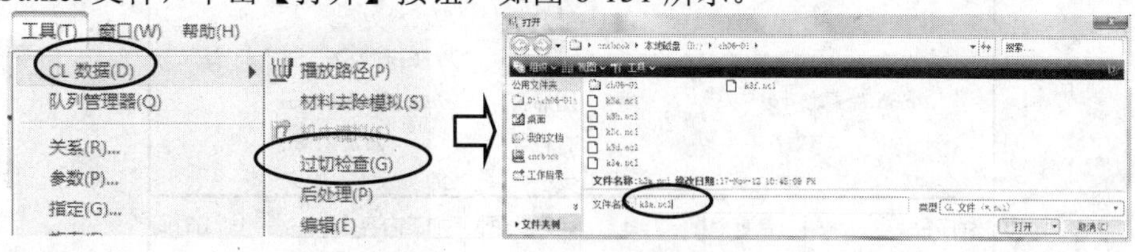

图 6-151　选取 NCL 文件

在系统弹出的【菜单管理器】里选中【加参照零件】复选框，再选取【完成/返回】选项。系统弹出【过切检查】菜单，再选取【运行】选项，系统开始计算过切刀路，结果在屏幕左上方的信息栏里显示，如图 6-152 所示。选取【完成/返回】选项返回则可以进行下一个刀路的检查。

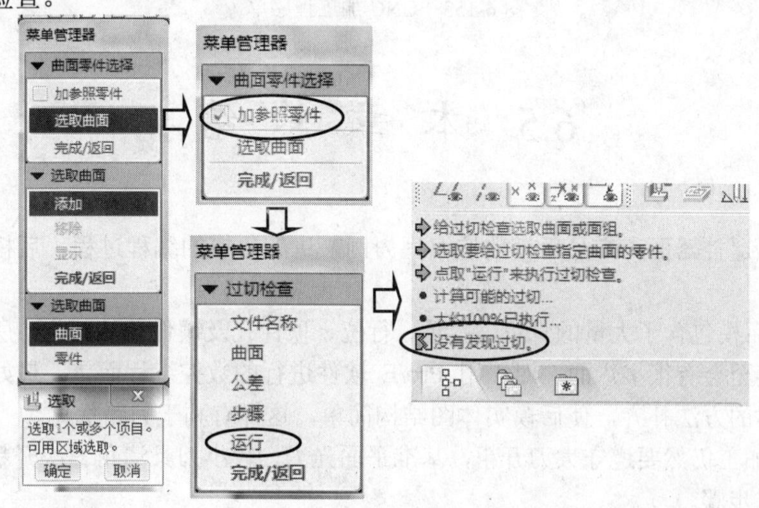

图 6-152　过切检查

同理，可以对其他刀路进行检查。

6.4　数控程序单的填写

本例参考的程序单样式如图 6-153 所示。

至此，一个完整的后模编程就讲述完毕。在工具栏里单击【保存】按钮，然后在主菜单里执行【窗口】|【打开系统窗口】命令，在系统弹出的 DOS 界面里输入命令 purge，按 Enter 键。这样就将各个文件的旧版本删除，只留下最新版本的文件。再输入命令 exit，按 Enter 键，则可以退出该窗口，返回 Pro/E 软件界面。

CNC加工程序单

型号		模具名称	遥控器面	工件名称	后模		
编程员		编程日期		操作员		加工日期	

对刀方式：四边分中

对顶z=28.0

图形名　ch06-01-hm.asm

材料号　718

大小　120×120×53

程序名	余量	刀具	装刀最短长	加工内容	加工时间
K3A　.TAP	0.3	ED16R0.8	35	开粗	
K3B　.TAP	底为0	ED16R0.8	35	PL底面光刀	
K3C　.TAP	0.15	ED8	35	二次开粗	
K3D　.TAP	0	BD8R4	30	型面光刀	
K3E　.TAP	0	BD3R1.5	30	模锁光刀	
K3F　.TAP	0	ED8	32	清角	

图 6-153　CNC 加工程序单

6.5　本 章 总 结

本章是以遥控器面壳产品后模数控编程为例，讲解后模的编程过程。后模编程应该注意的问题有：

1．因为后模包含了大量的骨位、斜顶、行位、顶针孔及镶件孔等部位，所以有时会显得很凌乱，甚至会有很多烂面。对于用 Pro/E 软件进行的数控编程而言，最好将这些缺失的部位用实体的方法补齐，使后模实体图结构简单，这样有利于刀路优化。

2．后模加工仍然要遵守大刀开粗，基准平面光刀，较小刀具清角二次开粗，最后再进行光刀等工艺步骤。

3．通过学习本例要能对类似图形编程中可能遇到的补辅助线、辅助面灵活运用。

4．要对软件的某些自动加工功能全面理解，克服其缺点，发挥其优点。

5．深刻理解本例所设置的加工参数的含义。

6．实际加工时，要向操作员特别说明装夹方向。

6.6　本章思考练习和答案提示

思考练习

1．Pro/E 软件体积块粗加工可以用到哪些几何特征？对于类似中间为凸形四周低平的后模在开始粗加工时如何防止踩刀？

2. 本例后模编程时 K3F 中所用的轮廓铣削如何控制加工范围？

3．本例 K3A 如何避开对椭圆孔位的开粗？

4．后模加工高度对刀数如何确定？如果某位工程师在数控编程时，误将本例对刀数写成“四边分中，对顶面为 Z=27”，可能会出现什么问题？

5．根据本章关于后模编程的思路，完成第 2 章练习部分灯座后模的数控编程。

光盘文件为\01-sample\ch06-02\ch02-03-fcab-hm.prt.6，如图 6-154 所示。

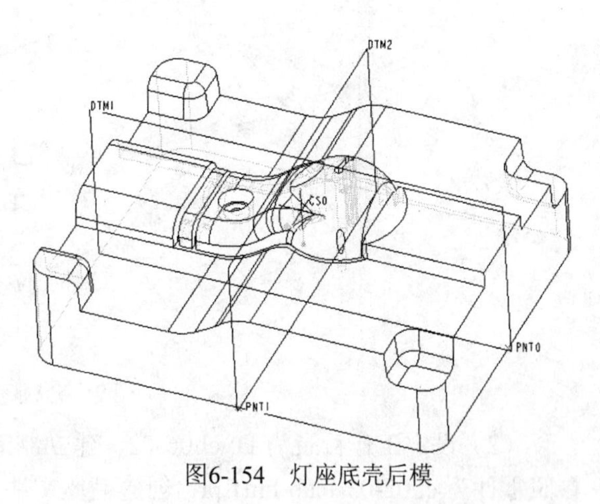

图6-154　灯座底壳后模

答案提示

1．答：Pro/E 软件进行体积块粗加工可以用定义的体积块铣削特征或者窗口铣削特征。

开粗时防止踩刀是 Pro/E 软件数控编程的关键技术，通常采取以下方法：（1）设置开口位置，即注意选中【逼近薄壁】复选框。（2）设置螺旋下刀参数，并且要根据具体形状适当确定螺旋直径，使得螺旋下刀切削能够正常生成。

2．答：Pro/E 软件不像 Mastercam、UG 等软件通过设置上下 Z 值来限制加工范围，而是要通过复制曲面，并裁剪曲面作为铣削曲面进行加工而达到目的。本例就是这样。

3．答：本例设置了较大的螺旋下刀直径，导致螺旋下刀失败，从而未生成相应的切削刀路。

4．答：后模加工对刀时通常有两种方式，可以以底面作为基准，也可以以顶面作为基准。本例图 6-153 为从顶面作为基准。经过测量图形得知图形最高的 Z=27.64，通常给定加工对刀数时都会考虑为顶部留有 0.1～0.3 的余量，即 Z=28。工人在操作时，先在材料顶部放置一个标准量块（假设厚度为 10），让刀具刚好接触到该量块，在面板上设置相对值 Z 为 0，然后移动刀具到料外，将其下降 Z（28+量块厚度），设置相对值为 0，最后将此时的机械 Z 值输入到机床的 G54 的 Z 值寄存器里，这样就保证了顶部有余量。

如果此例中 Z 错为 27，就会使顶部不能完全切削出来，加工完成会使模具顶部少材料。在实际工作中请注意避免此类错误的发生。

5．提示：先在 D 盘建立目录 D:\ch06-02，后模编程要点如下。

（1）后模图形修补，结果如图 6-155 所示。另外存盘文件名为 ch02-03-fcab-hm1.prt。修补方法可以参考 6.2.2 节的绘图思路。骨位部分采用复制曲面、实体替代的方法，孔位采取从底部创建拉伸体的方法。

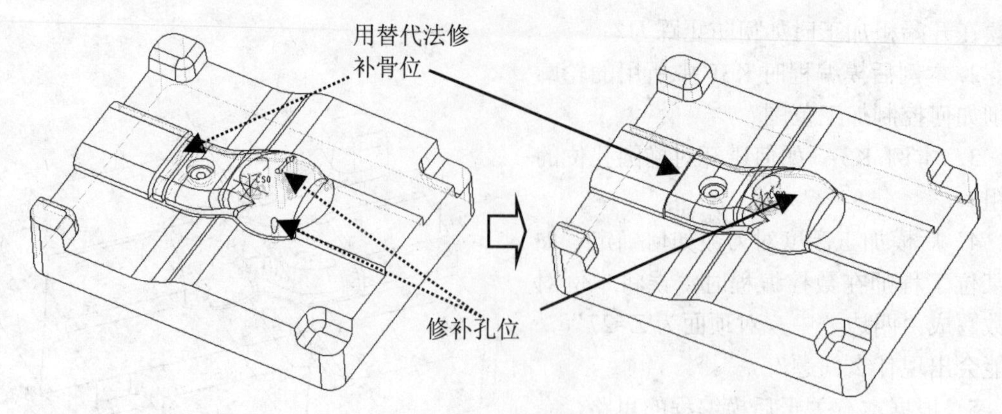

图 6-155 修补后模

（2）设定工作目录为 D:\ch06-02，建立制造加工装配文件 ch06-02-hm.asm，装配加工参照零件为 ch02-03-fcab-hm1.prt，创建毛坯文件 ch06-02-hm-wk.prt，大小为 100×80×39.5。测量得知后模最高位的点 Z 高度为 14.07。

（3）创建操作 K3G，设置安全退刀距离为 35，坐标系为 CS0。

① 在毛坯顶面创建窗口，形状为毛坯最大外形，单击【链窗口类型】按钮，在【选项】选项卡中选中【在窗口围线上】单选按钮。

② 在主菜单里执行【步骤】|【体积块粗加工】命令创建体积块粗加工刀路，做法可以参考第 6.2.5 节相关内容。生成刀路如图 6-156 所示。刀具为 ED12R0.8 飞刀，选取窗口 1 为加工几何，四周线为开口，公差为 0.03，切削层深为 0.25，步距为 6，侧面余量为 0.3，底部余量为 0.2。斜向角度为 3°，螺旋直径为 8。

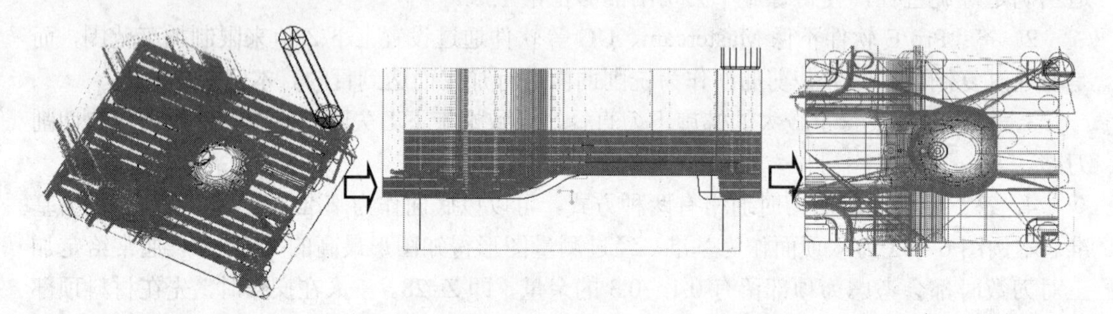

图 6-156 开粗刀路 K3G

（4）创建操作 K3H，设置安全退刀距离为 35，坐标系为 NC_CS0。

创建 2 号刀路用端面铣，选取模锁水平面。刀具仍为 ED12R0.8 飞刀。

创建 3～7 号刀路时要先在水平面创建窗口特征，并在【选项】选项卡中选中【在窗口围线上】单选按钮。注意选取 粗加工选项参数为 仅_表面 。侧余量为 0.35，底部余量为 0，斜向角度为 3°，螺旋直径不专门设置，安全距离为 0.5，如图 6-157 所示。

用轨迹的方法创建凹形模锁底部光刀刀路，如图 6-158 所示。注意进刀为直线，而且进刀距离为 10。

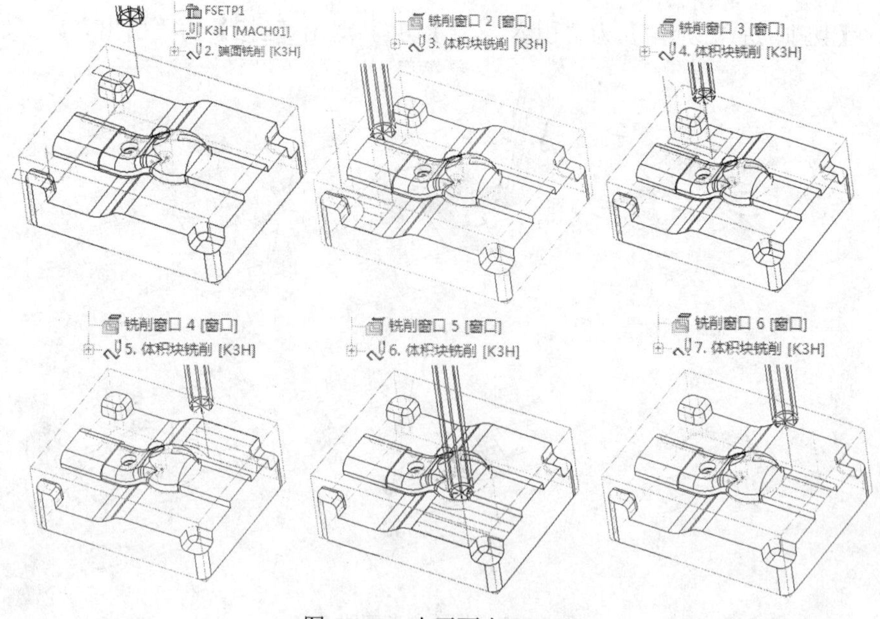

图 6-157　水平面光刀 K3H

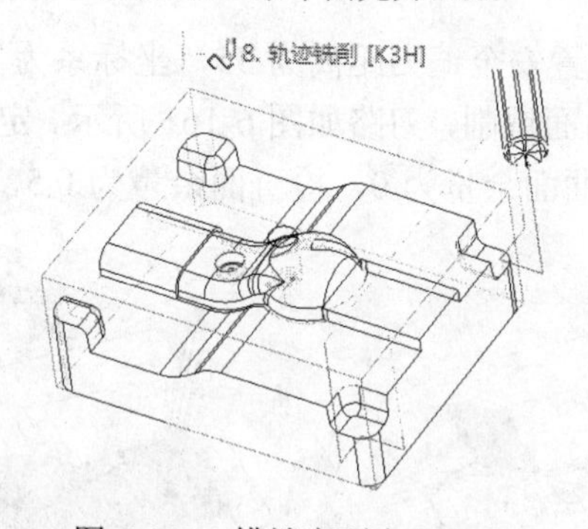

图 6-158　模锁底面光刀 K3H

（5）创建操作 K3I，设置安全退刀距离为 35，坐标系为 NC_CS0。

① 先创建后模型芯铣削曲面，再用拉伸体的方法分割为两部分，如图 6-159 所示。

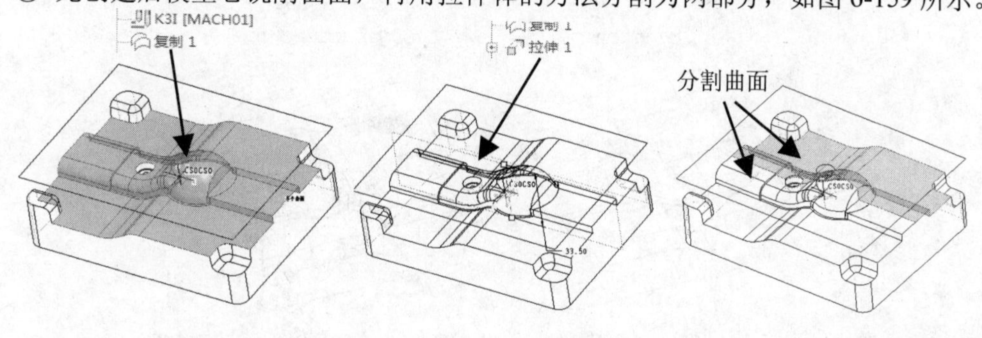

图 6-159　创建铣削曲面

② 创建 9～14 号刀路的曲面轮廓铣削，刀路如图 6-160 所示。定义刀具为 ED8，层深为 0.15，公差为 0.03，余量为 0.2，【切割类型】为“转弯_急转”，进刀半径为 1，角度

为 45°，【切削_进入_延拓】为“引入”，【切削_退出_延拓】为“引出”。

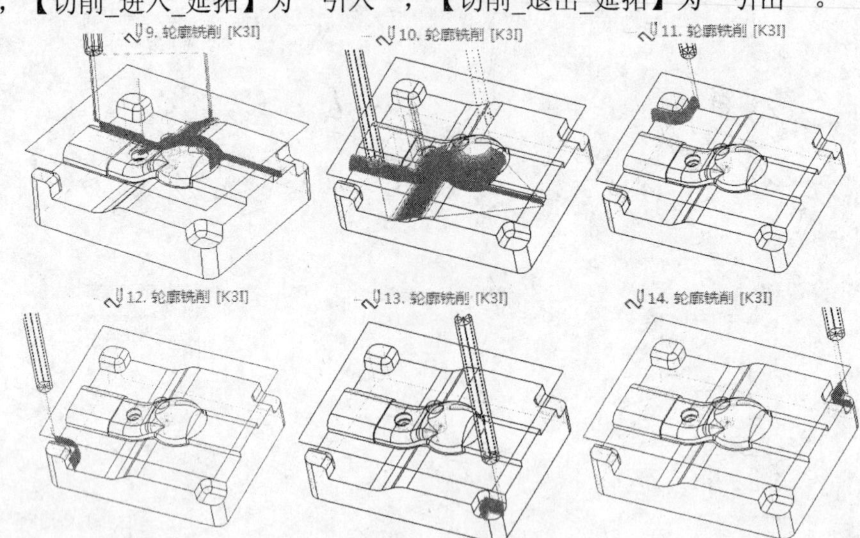

图 6-160　曲面中光刀路 K3I

（6）创建操作 K3J，设置安全退刀距离为 35，坐标系为 NC_CS0。

创建 15～18 号刀路的曲面铣削，刀路如图 6-161 所示。定义刀具为 BD6R3。要在加工曲面周围设置检查面，加工曲面余量为 0，检查面余量为 0.5，步距为 0.08，公差为 0.01，切削角度为 45°。

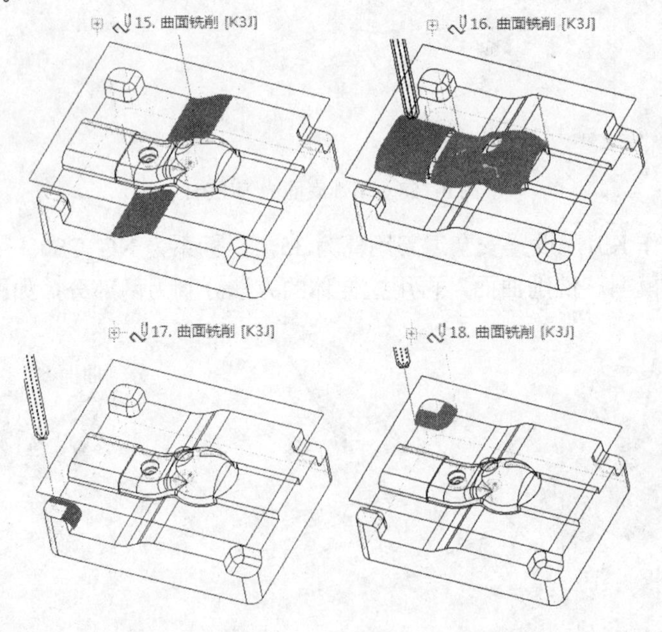

图 6-161　曲面光刀刀路 K3J

（7）创建操作 K3K，设置安全退刀距离为 35，坐标系为 NC_CS0。

先在孔位最高位创建窗口特征，然后据此创建体积块刀路，如图 6-162 所示。定义刀具为 ED3，公差为 0.03，切削层深为 0.1，步距为 1，侧面余量为 0.3，底部余量为 0.2，斜向角度为 3°，螺旋直径为 3。

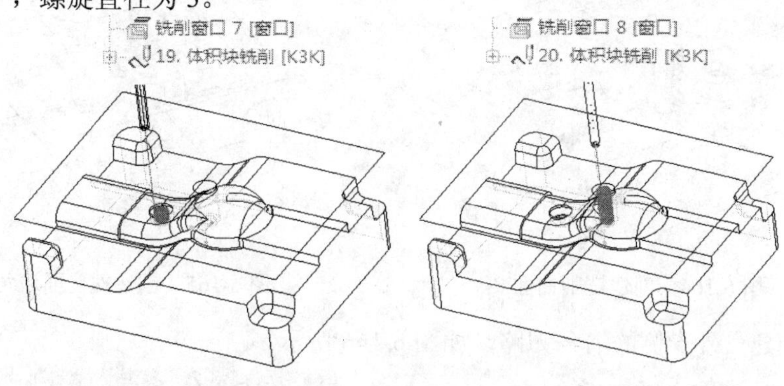

图 6-162　孔位开粗刀路 K3K

（8）创建操作 K3L，设置安全退刀距离为 35，坐标系为 NC_CS0。

① 创建左侧模锁曲面和枕位面光刀，如图 6-163 所示。定义刀具为 ED3，层深为 0.05，公差为 0.01，余量为 0，【切割类型】为“转弯_急转”，进刀半径为 1，角度为 45°，【切削_进入_延拓】为“引入”，【切削_退出_延拓】为“引出”。

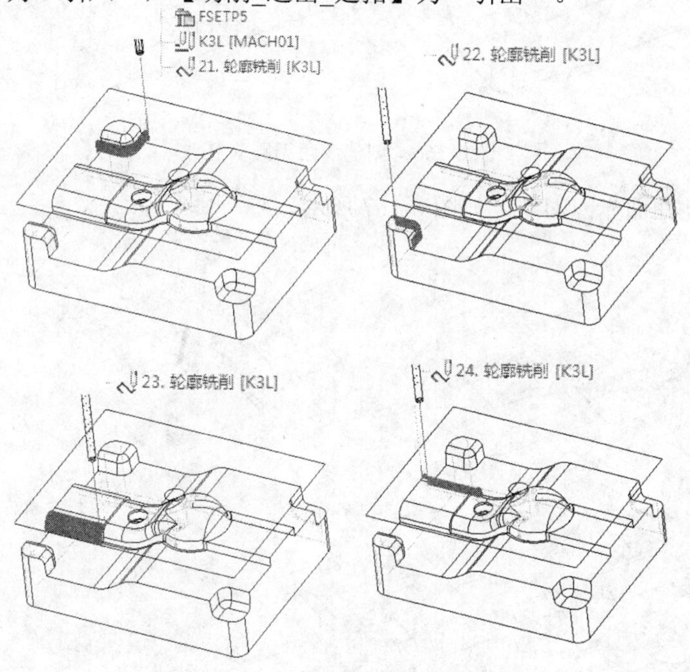

图 6-163　生成光刀刀路 K3L

② 创建右侧铣削曲面和枕位面光刀，如图 6-164 所示。先复制曲面再用拉伸体裁剪。

根据此铣削曲面创建刀路，如图 6-165 所示。定义刀具为 ED8，层深为 0.05，公差为 0.01，余量为 0，【切割类型】为“转弯_急转”，进刀半径为 1，角度为 45°，【切削_进入_延拓】为“引入”，【切削_退出_延拓】为“引出”。

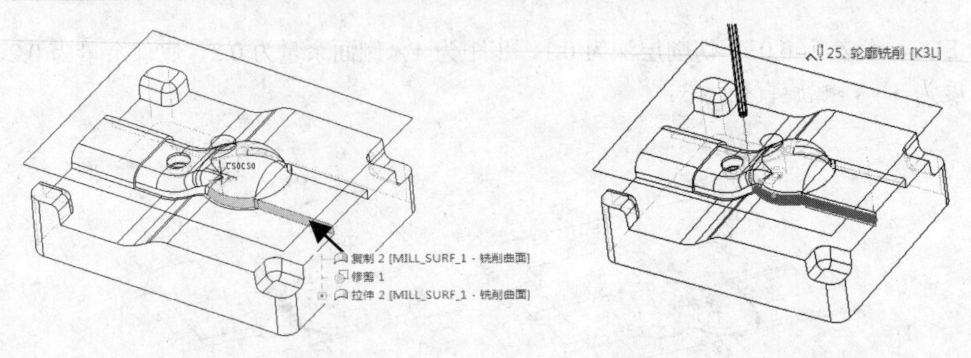

图 6-164　创建铣削曲面　　　　图 6-165　创建枕位面清角 K3L

同理，创建另外一侧的清角刀路，如图 6-166 所示。

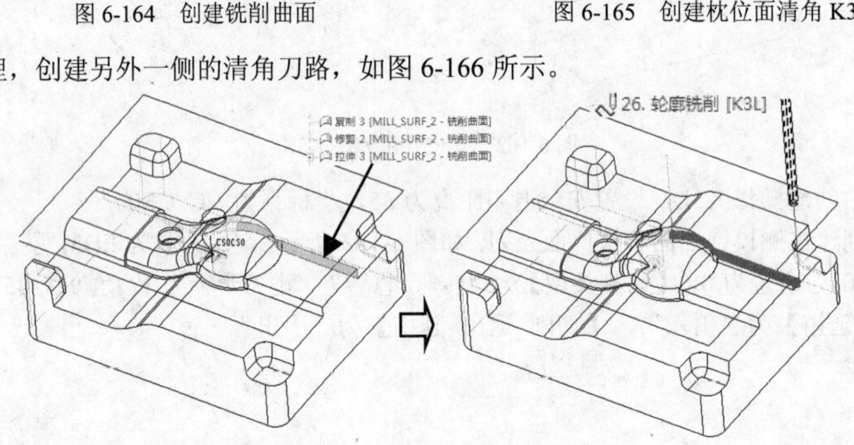

图 6-166　创建清角刀路 K3L

③ 创建其他曲面光刀刀路，如图 6-167 所示。

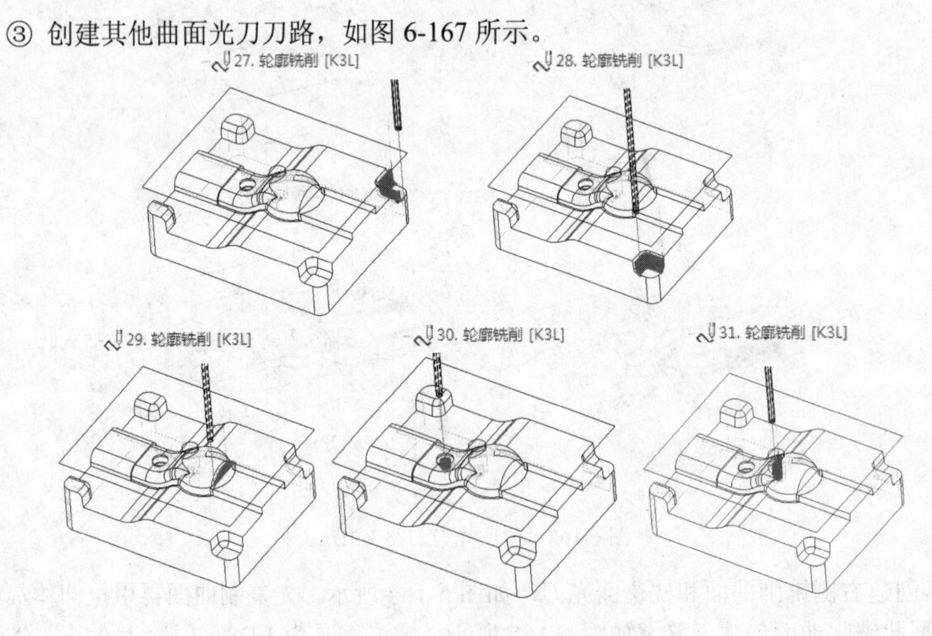

图 6-167　曲面光刀刀路 K3L

第7章 破面修补

7.1 本章要点和学习方法

随着计算机辅助设计及制造技术（CAD/CAM）的应用，人们发现原本为实体格式的图，经过 IGES 或者 STP 转换传递后，读取时不能很好地转化为实体，而是成为一些零散的曲面。这些缺陷可能会使分模及数控编程出现困难，甚至可能会导致致命的错误，而使工作无法正常进行下去。要熟练掌握 Pro/E 软件，并且能用于实际工作，学会分析 IGES 曲面转化实体失败的原因及修复方法是非常重要的，应该引起初学者的重视。

本章先介绍 IGES 文件结构的特点，然后介绍关于 Pro/E 软件的文件修补医生的基础知识，最后通过实例介绍操作技巧。

学习本章时请注意以下要点：

- ❑ IGES 文件含义及修补曲面的重要作用。
- ❑ 修补医生 IDD 主要功能的含义。
- ❑ 如何快捷修补破面。
- ❑ 创建新曲面是修补的关键。
- ❑ 移动顶点及修补边界线。
- ❑ 合并曲面。

重点掌握本例典型模型的修补方法，灵活解决实际工作中可能遇到的修补曲面的类似问题。

7.2 IGES 文件基础知识

7.2.1 概述

曲面转化为实体在现实工程中有着重要作用及意义。

随着计算机辅助设计及制造技术（CAD/CAM）的飞速发展，目前在产品开发及模具制造行业中出现了多种软件，如 Pro/E、Mastercam、SolidWorks 等。这些软件的图档格式互不相同，甚至相同的软件，低版本中也不能打开用高版本软件制作的图档。这时，一种具有交换功能，而且能被各个软件的后置处理器读取、前置处理器能生成的 IGES 图形格式标准就应运而生，极大地满足了工程技术人员交流设计思想的现实需要，应用十分广泛。

随着 IGES 的应用，人们发现原本是实体格式的图形，读取时不能很好地转化为实体，而成为一些零散的曲面。而现实中，Pro/E 模具分模及拆电极等必须要在实体状态下才能很好进行，甚至 MoldFlow 流动分析及其他有限元分析软件也需要在实体状态才能进行。本章将分析 IGES 曲面转化实体失败的原因及修复方法。

7.2.2 IGES 数据特点

IGES 是基本图形交换规范（Initial Graphics Exchange Specification），是由美国标准化局（ANSI）制定，被国际标准化组织（ISO）认可的一种图形存储格式标准。一般为二进制或 ASCII 文本文件。ASCII 文本文件结构分为 C 区、S 区、G 区、D 区、P 区和 T 区等。

标识区 Flage（C 区），说明文件是压缩的 ASCII 格式或是二进制格式。

开始区 Start（S 区），为注释。

全局区 Global（G 区），为文件总体特征，包含说明 IGES 文件名、生成它的软件名、生成日期、量纲单位及生成它的计算机名等信息。

目录区 Directory Entry（D 区），包含实体图素索引和公共属性，说明某图素在参数区的位置。

参数区 Parameter Date（P 区），包含实体图素数据，是文件的主要部分，表明各图素包含的特征点的坐标值等相关数据信息。

结束区 Terminate（T 区），控制总行数，是文件的结束区。

IGES 的图形单元体粗分为几何体和非几何体，细分为曲线、曲面、构造实体（这就是所要讲的实体图形）、边界体、标注体和结构体等。常用图素类型号有：100 为圆，102 为复合曲线，128 为有理 B 样条曲面，144 为裁减参数曲面。

遗憾的是目前 IGES 文件只能将一些规则简单的实体图形进行存储。如正圆柱类型号为 192，正圆锥类型号为 194，球面类型号为 196。具有复杂曲面外观的实体图只能以外表裁减曲面或 B 样条曲面等方式进行存储。由于误差等因素，这些面和原来的实体边界不完全相同，出现曲面拓扑信息的不完整，相邻曲面边界不相同等变形的情况。如果曲面边界之间的距离超过了设定的公差，便不能自动缝合，也不能还原到原来的实体图形，而成为零散曲面。虽然 Pro/E Wildfire 5.0 等软件在读取 IGES 文件后具有自动合并为封闭曲面而成为实体图的功能，但对于边界变形过大的曲面，仍无能为力。只有手工修复这些曲面的边界，使两个相邻曲面边界的距离在公差范围之内，才能自动缝合，形成实体。

7.2.3 IGES 曲面转化实体的修复方法

Pro/E Wildfire 5.0 软件中由 IGES 文件来的曲面转化实体的工具是 IDD（Import Data Doctor 输入数据医生），相比之前的版本，其功能大大增强，操作自动化程度高，更直观，修复效率更高。最可贵之处是增加了回退功能和前进功能。

首先，打开 Pro/E Wildfire 5.0，建立新文件。插入 IGES 文件（Insert->Share Data->From file），或直接打开 IGS 文件。将屏幕背景设为蓝色，以便清楚地观察曲面间有无用黄线表示的缝隙。

在目录树里选择特征 导入特征 标识39，重新定义该特征，单击【输入数据医生】按钮Import Data Doctor。

在 IDD 状态下有 3 种修复模式：（1）修复模式；（2）修改模式；（3）特征模式。这 3 种模式都不是万能的，应结合使用才能达到修复的目的。

1．修复模式

选择此模式时，大多数情况下可单击【修复】按钮自动修复曲面边界，来消除曲面间用黄线表示的缝隙，使曲面缝合。如果仍有部分曲面不能缝合，可用如下工具。

（1）：生成辅助曲线。

（2）：边缘替换，以一条线取代另外一条线。

（3）：调整缝合间隙。

（4）：添加或去除辅助曲线，将离散的曲线调整到零件的线架构范围内成为一个有机的整体。

（5）：合并或分割曲线。

（6）：增加或移除相切条件。

（7）：对曲面进行延伸。

（8）：编辑修改曲面数学属性。

（9）：编辑曲线的几何形状，可以修改 spline 线的控制点，使之适合周边的曲面边线。

（10）：移动曲面的顶点，这是曲面修补中很重要的功能。

（11）：固定曲面或解除固定曲面。

（12）：自动修复，这是最重要的命令工具，但要在目录树中执行【剪切】|【粘贴】命令，将要修复的曲面调整到同一个组合 元件 380时，才能使用此功能。

当选择有问题的曲面或边界时，系统会智能化启动相应工具。以上工作完成后再单击【确认】按钮或【取消】按钮。

2．修改模式

此模式是通过动态修改曲面的顶点及边界等图素来与周边曲面匹配。当选择有问题的曲面或边界时，系统会智能化地启动相应工具，然后按软件提示进行操作。有如下工具。

（1）：绘制草图，与绘图模式下的操作相同。

（2）：合并或分割曲线，先选取黄边线再操作即可。

（3）：延伸分离的曲面边界，选取边，再拖动到相应位置。

（4）：编辑修改曲面数学属性。

（5）：修改曲面开放的边缘曲线，选择黄色边再启动此功能会出现如图 7-1 所示的菜单和对话框，可通过调 spline 的控制点来修改面的形状。

（6）：调整修改曲面黄色边的顶点，使之与相邻面匹配。

（7）：调整非接触面的边，对齐曲面边界线或者对齐其他曲线。

（8）：图形转换。

（9）：边缘替换。

以上工作完成后再单击【确认】按钮或【取消】按钮。有些功能与修复模式是重复的，功能是一样的。

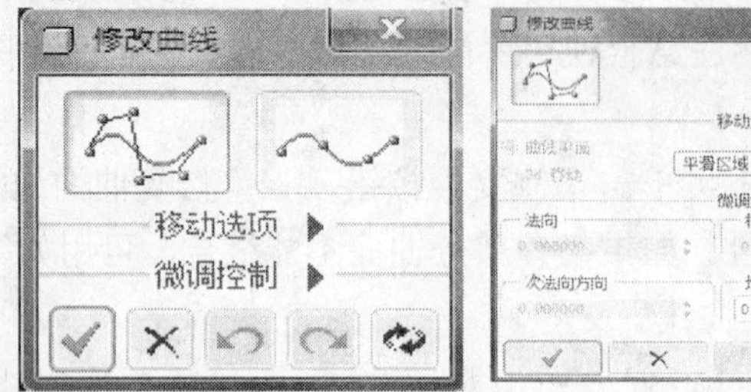

图 7-1　修改曲线

3．特征模式

这是新版软件新增的特色功能，可以通过添加新的特征来合并曲面。有如下工具。

（1）：绘制草图，与上述相同。

（2）：通过选点绘制 3D 曲线，以便造面。选点时要同时按住 Ctrl 键。

（3）：通过曲线造混合边界面。

（4）：调整缝合间隙公差。

（5）：将所选曲面转化为平面、圆柱面、圆环面或拉伸面，可动态编辑形状。

（6）：封闭曲面处理。

（7）：裁减曲面，与绘图模式下的裁减曲面操作相同。

（8）：延伸曲面，与绘图模式下的延伸曲面操作相同。

（9）：合并缝合曲面，与绘图模式下的合并曲面操作相同。

（10）：分离曲面，可将所选曲面从周边曲面群组中分离。在目录树里可以看到在元件 380 外多了一个曲面特征。

如果用以上 3 种功能还不能合并曲面，那么就选择仍有问题的曲面，再在键盘上按 Del 键将其删除。修整边界线，设法补面后合并，消除黄线，使整体曲面成为封闭图形。

退出 IDD 模式，将整个曲面合并，再将合并后的曲面实体化。至此，零件就由 IGES 曲面转化为实体。

随着技术的进步，现在 Pro/E Wildfire 5.0 等软件的 IGES 后置处理器功能有所增强，能自动将大部分由 IGES 转化来的曲面变为实体图形，但在实际工程中仍有部分复杂曲面还不能转化。这就需要使用 IDD 工具进行修复，灵活运用 IDD 各项功能就能达到这个目标。

7.3　修补曲面实例

本节任务：将提供的 IGES 文件 ch07-01-iges.prt 修补后成为实体。

修补思路：将有问题曲面的顶点移动到最近曲面顶点，用一条曲面边界线替代有问题曲面的边界线，消除黄色间隙线，最后成为没有黄色线的封闭曲面面组。删除有问题曲面，然后补面。操作步骤如下。

7.3.1　IGES 曲面读取及准备

1．调出图形

在 D:\盘建立目录 D:\ch07-01，将光盘相应文件\01-sample\ch07-01\ch07-01-iges.prt 复制到此。

启动 Pro/E 软件，设置底色为蓝色。在主菜单里执行【视图】|【显示设置】|【系统颜色】命令，系统弹出【系统颜色】对话框，单击【布置】按钮，从下拉菜单里选取【使用 Pre-Wildfire 方案】选项。单击【确定】按钮，如图 7-2 所示。

设置工作目录为 D:\ch07-01，打开其中的文件 ch07-01-iges.prt，分析图形得知，A、B、C 和 D 处显示出多条黄色线条，这就是需要修补的部位，如图 7-3 所示。

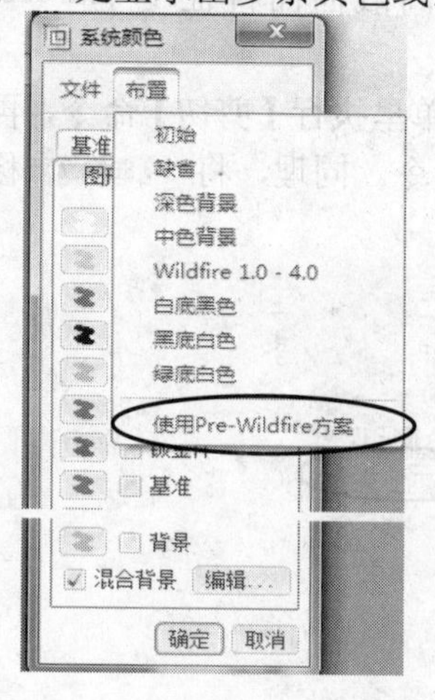

图 7-2　设置系统颜色

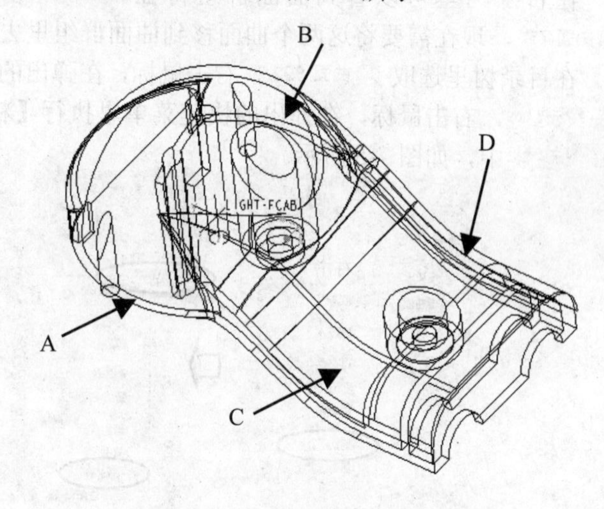

图 7-3　分析曲面的大间隙部位

小提示：由于本书正文为黑白印刷，所以在类似图 7-3 所示的图形中很难看出有问题的部位，希望读者能根据本书的提示自己打开图例在计算机里查看，或者观看本书提供的讲课视频文件。

2．启动 IDD

在目录树里右击特征 导入特征 标识4，在弹出的快捷菜单里执行【编辑定义】命令，在右侧工具栏里单击【输入数据医生】按钮，或者从主菜单里执行【几何】| Import Data Doctor 命令，启动输入数据医生模块，如图 7-4 所示。

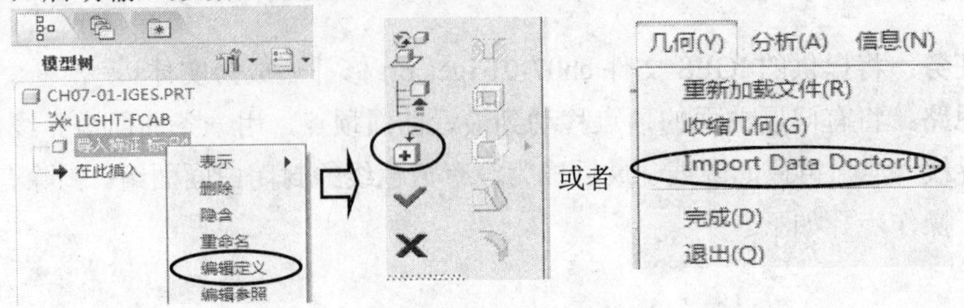

图 7-4　启动输入数据医生

7.3.2　修补 A 处和 B 处的曲面间隙

修补分析：A 处和 B 处的缝隙是由于图形精度不同所造成的。仔细查看可以看到部分曲面的边线有微小的扭曲。修补此处有两种方法，一种是在修复模式下选择自动修复曲面边界，消除曲面间用黄线表示的缝隙，缝合曲面。另一种是用边界线替代的方法。

1．修补方法一

（1）移动离散曲面到曲面群组

在目录树里可以看到曲面群组特征 元件 863 以及两个离散曲面特征 曲面 822 和 曲面 755，现在需要将这两个曲面移到曲面群组里去。

在目录树里选取 曲面 822，右击鼠标，在弹出的快捷菜单里执行【剪切】命令，再选取 元件 863，右击鼠标，在弹出的快捷菜单里执行【粘贴】命令。同理，将 曲面 755移动到 元件 863中，如图 7-5 所示。

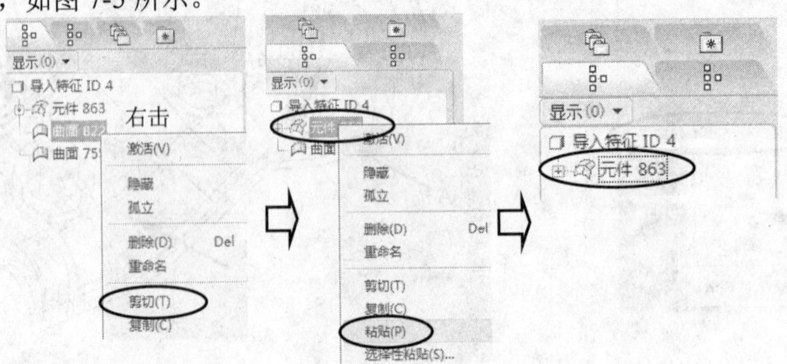

图 7-5　移动曲面特征

（2）启动修复模式

在 IDD 模块里，单击主工具栏里的【修复】按钮，在右侧的工具栏里单击【自动修复】按钮。观察图形得知 A 处和 B 处的黄色线消失，曲面自动合并，如图 7-6 所示。

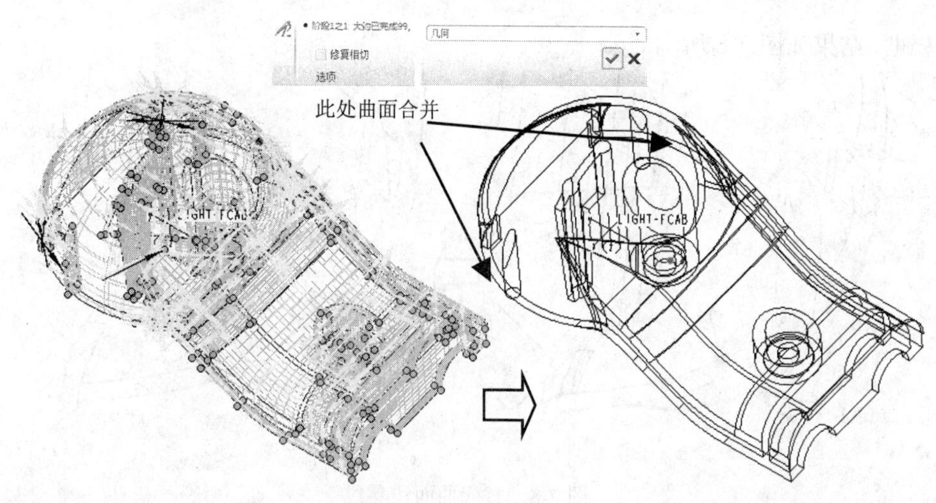

图 7-6　曲面修复

2．修补方法二

在实际工作中，按照上述方法修补后就可以跳过本方法，继续进行其他部位的修整了。这部分所讲的内容，只是为了扩大读者的知识面，采取替代边界线的方法修补。

（1）设置 A 处视图

在主工具栏里单击【撤销】按钮，恢复到修补前的状态。在主工具栏里单击【已命名的视图列表】按钮，在视图列表里选取 V1。将 A 处放大得知，外侧曲线为弧面的边界线。

（2）修改曲面边界线

在主工具栏里选取修改模式。选取 A 处的外侧曲线，然后在右侧工具栏里单击【修改】按钮，系统弹出【修改曲线】对话框，然后拖动关键点移动一定的距离，使曲面的边界线发生变形，如图 7-7 所示。

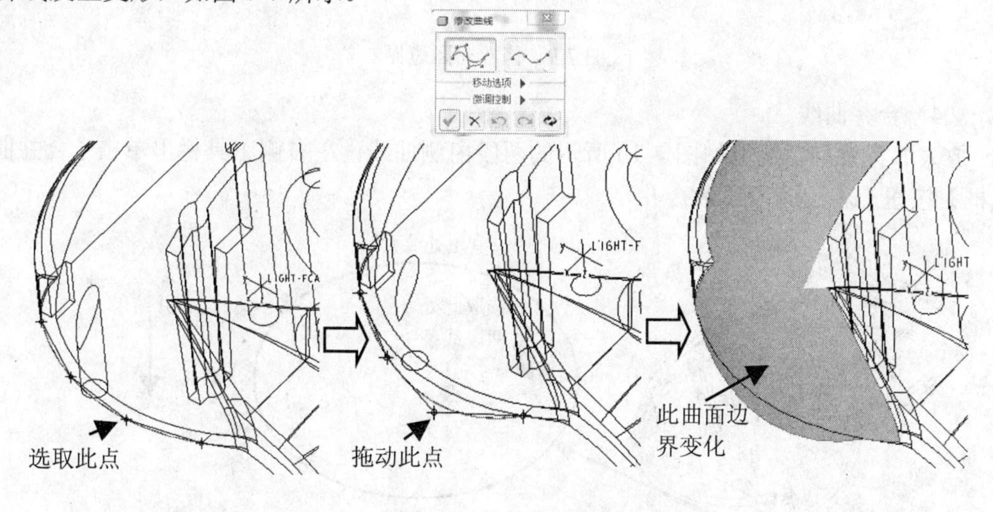

图 7-7　拖动关键点

（3）替代曲线

先选取 A 处的 A1 线，再单击右侧工具栏里的【替换】按钮，再选取 A2 线，单击【应

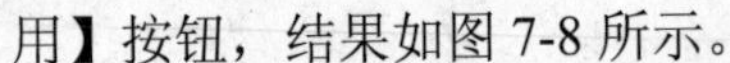
用】按钮，结果如图 7-8 所示。

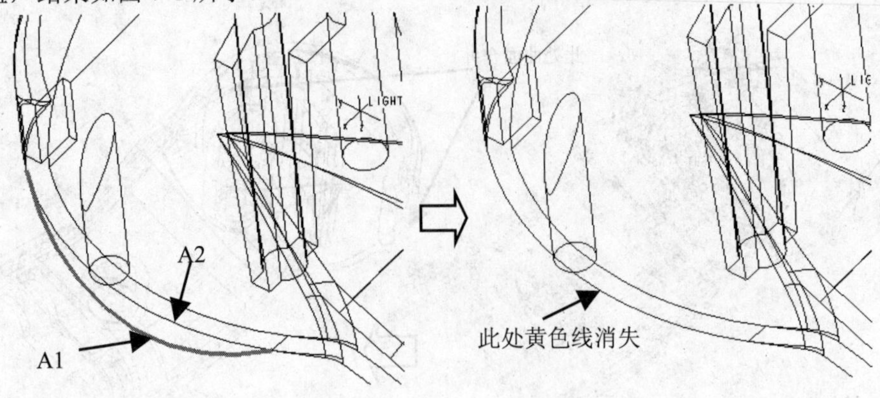

图 7-8　替代曲面边界线

同理修复 B 处的间隙，设置视图为 V02。先修改 B 处曲面边界线，再选取 B 处的外侧曲线，然后在右侧工具栏里单击【修改】按钮，系统弹出【曲线修改】对话框，然后拖动关键点移动一定的距离，使曲面的边界线发生变形，如图 7-9 所示。

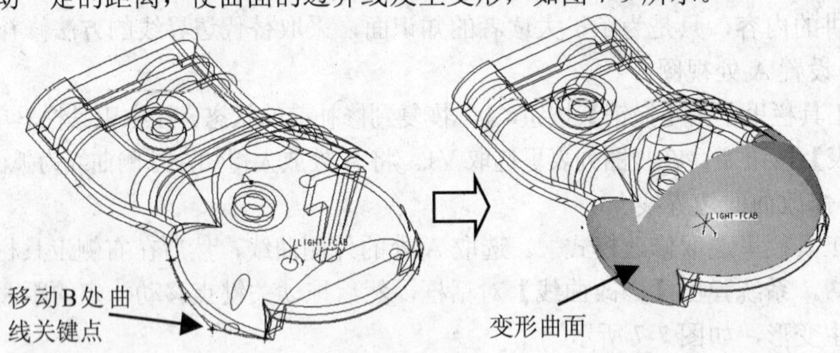

图 7-9　修改曲面边界

（4）合并曲线

放大 E 处尖点，选取如图 7-10 所示的两段内侧曲线，在右侧工具栏里单击【合并曲线/线框】按钮将这两段线条合并。

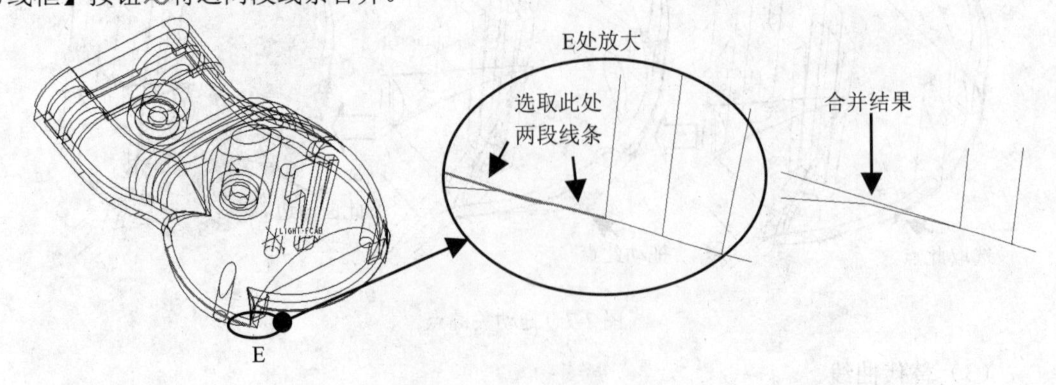

图 7-10　合并曲线

同理，对于 E 处尖点处外侧的两段线条进行合并，结果如图 7-11 所示。

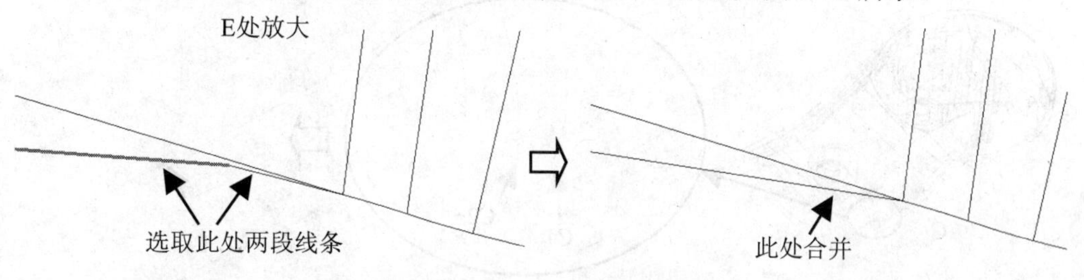

图 7-11　合并曲线

（5）替代曲线

先选取 B 处的 B1 线，再单击右侧工具栏里的【替换】按钮，再选取 B2 线，单击【应用】按钮，结果如图 7-12 所示。此处黄色间隙线消失，曲面合并。

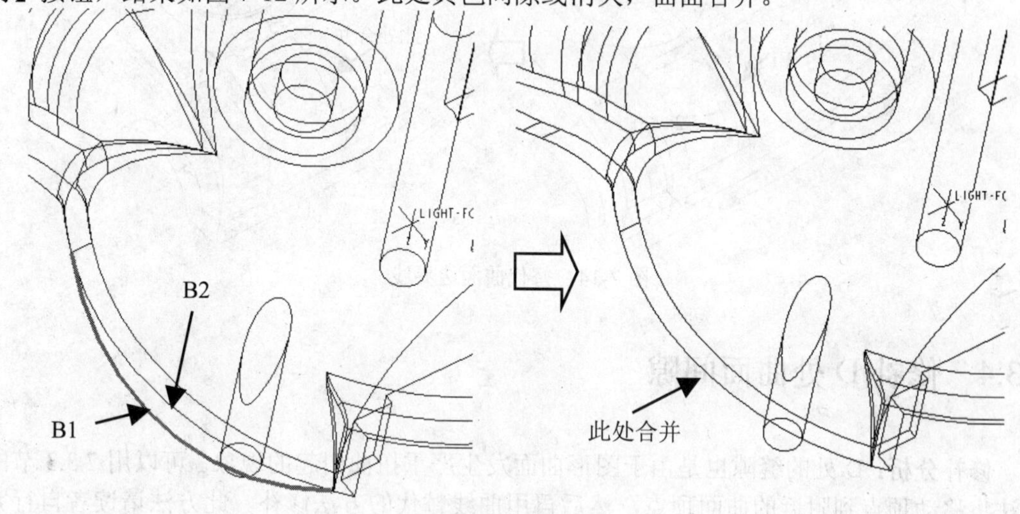

图 7-12　B 区域曲面合并

7.3.3　修补 C 处曲面间隙

修补分析： C 处的缝隙是由于图形曲面发生严重扭曲所导致的，将采取先移动顶点到附近的曲面顶点，然后再用曲线替代的方法修补。

（1）移动顶点

设置视图为 V01。确认选取了修改模式。将 C 处右下角放大，单击右侧工具栏里的【移动顶点】按钮，在图形上选取 C1 点并将其拖到 C2 点处，如图 7-13 所示。

（2）替代曲线

先选取 C 处的 F1 线，再单击右侧工具栏里的【替换】按钮，再选取 F2 线，单击【应用】按钮，结果如图 7-14 所示。此处黄色间隙线消失，曲面合并。

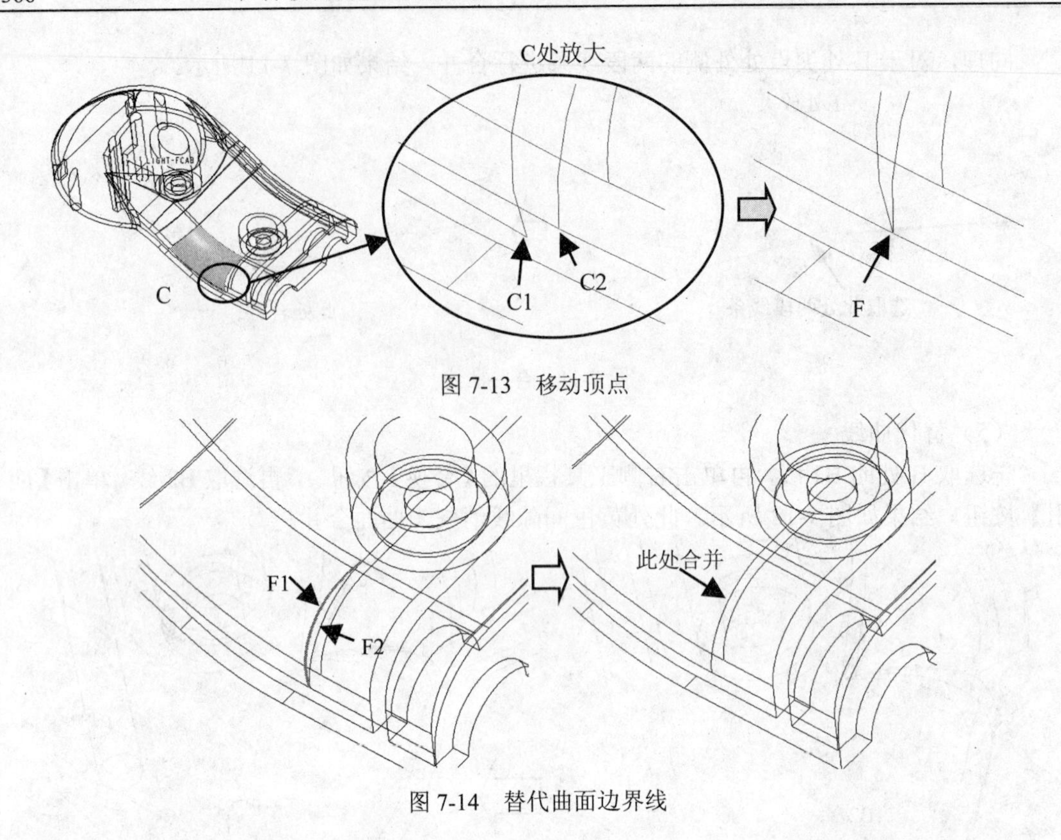

图 7-13　移动顶点

图 7-14　替代曲面边界线

7.3.4　修补 D 处曲面间隙

修补分析：D 处的缝隙也是由于图形曲面发生严重扭曲引起的现象。可以用 7.3.3 节的方法将移动顶点到附近的曲面顶点，然后再用曲线替代的方法修补。此方法请读者自行完成。本节将介绍另外一种方法，删除此处扭曲曲面，重新创建混合边界曲面，再合并。

（1）删除曲面

设置视图为 V01。在图形上选取如图 7-15 所示的扭曲曲面，在键盘上按 Del 键将其删除。

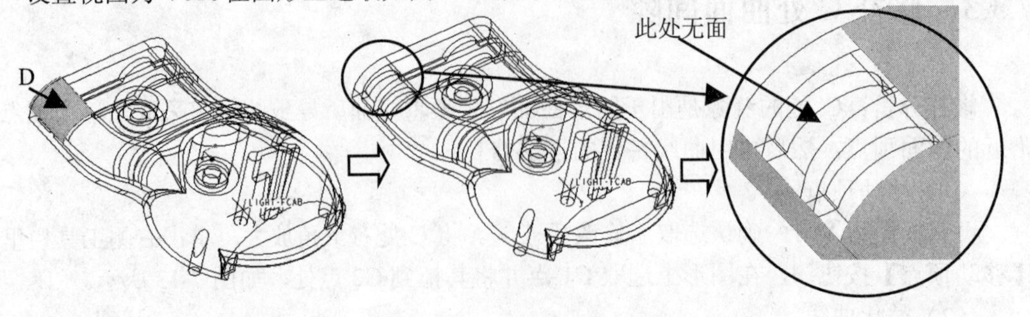

图 7-15　删除 D 处曲面

（2）创建曲面

在主工具栏里选取特征模式□。在右侧工具栏里单击【边界混合曲面】按钮，然后在图形上选取边界线，创建曲面，如图 7-16 所示。

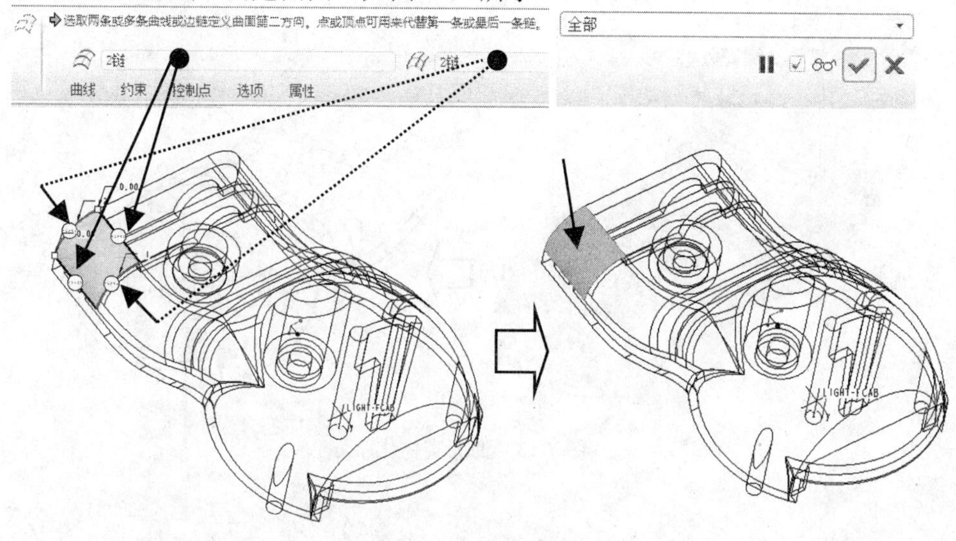

图 7-16　创建曲面

（3）合并曲面

在目录树里可以看到曲面群组特征 元件 863 和创建曲面特征 曲面 889，需要将这个曲面移到曲面群组里去。

在目录树里选取 曲面 889，右击鼠标，在弹出的快捷菜单里执行【剪切】命令，再选取 元件 863，右击鼠标，在弹出的快捷菜单里执行【粘贴】命令，如图 7-17 所示。

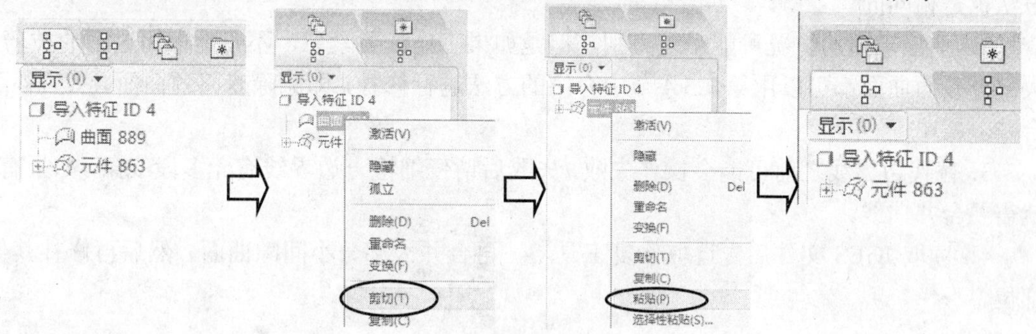

图 7-17　移动曲面特征

观察图形得知整个曲面已经被合并。在右侧工具栏里单击【确定】按钮 ✔，再单击【完成】按钮 ✔，系统返回到了建模模式。

（4）曲面实体化

选取曲面，再从主菜单里执行【编辑】|【实体化】命令，单击【应用】按钮，结果如图 7-18 所示。

在主工具栏里单击【保存】按钮将文件存盘。

本节讲课视频：\ch07\03-video\ch07-01-iges.exe。

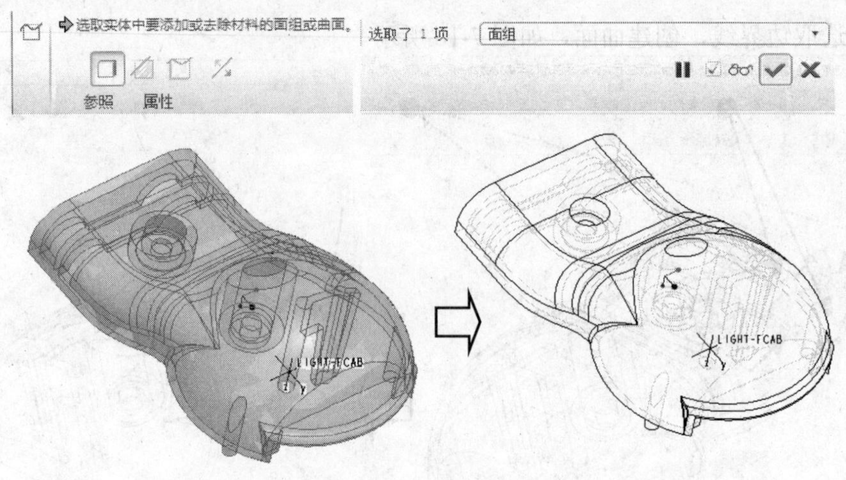

图 7-18　曲面实体化

7.4 本 章 总 结

本章以灯座面壳为例，讲解了如何将 IGES 文件的离散曲面转化为实体图。要想将本章内容用于实际工作中解决类似问题，需要注意以下几点。

1．本章虽然是以 IGES 为例讲述的，但对于其他文件（如 STEP 文件），类似的转化方法也是相同的。

2．曲面破损的情况可能千差万别，但是如果工作任务紧急，不必考虑用过多的技巧，大部分破面曲面都可以用第 7.3.4 节中介绍的方法进行修补，即删除有问题曲面，然后补面合并。

3．替代边界线之前可能会操作失败，失败后请仔细检查边界线有无多段线条，如果有，就需要合并曲线。

4．读取 IGES 文件后先选取修复工具，再合并大部分小间隙曲面，然后再修补其他部位。

7.5 本章思考练习和答案提示

 思考练习

1．简述 IGES 的含义是什么？IGES 文件有何作用？

2．在 IDD 状态下 3 种修复模式是哪些？有何作用？

3．Pro/E 软件将曲面转化为实体有何作用？

4．根据本章关于修复曲面的思路，将如图 7-19 所示的曲面修复为实体。

光盘里文件为\01-sample\ch07-02\ch07-02-iges.prt。

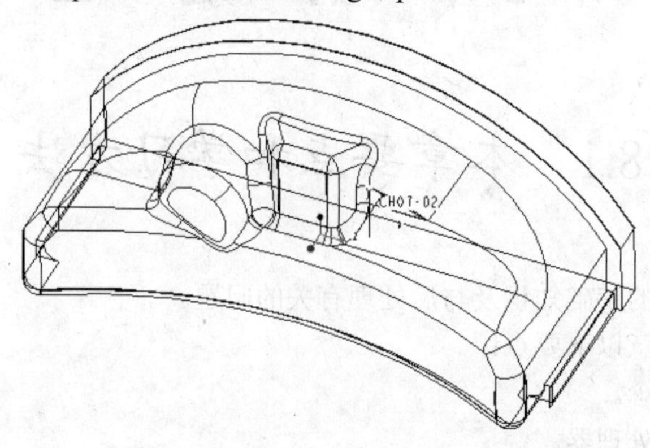

图 7-19　修补曲面

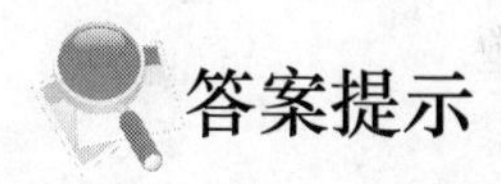

答案提示

1．答：IGES 是基本图形交换规范（Initial Graphics Exchange Specification），是由美国标准化局（ANSI）制定的，被国际标准化组织（ISO）认可的一种图形存储格式标准，也是用于各种 CAD/CAM 软件间图形交换的一种标准格式。文件扩展名为.igs 或者.iges。

2．答：在数据修复模式 IDD 状态下的 3 种修复模式如下。

（1）修复模式；（2）修改模式；（3）特征模式。这 3 种模式用于从不同角度对图形进行修补。

修复模式用于将奇异的曲面边界线修整为正常状态，修改模式用于修改曲面的边界线，这两种模式有些功能是重复的。特征模式用于创建新的特征，如曲线、曲面。只有在特定的状态下才能激活，条件不满足功能不起作用。

3．答：在现实工作中，Pro/E 模具分模及拆电极等必须在实体状态下才能很好地进行，甚至 MoldFlow 流动分析及其他有限元分析软件也需要在实体状态下才能进行。如果经过 IGES 或者 STP 转换传递后，读取时不能很好地转化为实体而成为一些零散的曲面，这些缺陷可能会使分模及数控编程出现困难，甚至可能会导致致命的错误，而使工作无法正常进行下去。

4．提示：删除有问题的曲面时，全部用创建混合边界曲面的方法创建曲面，然后再合并。具体步骤可以参考视频文件\ch07\03-video\ch07-02-iges.exe。

第 8 章　后　处　理

8.1　本章要点和学习方法

本章讲述后处理的基础知识及与后处理有关的问题。

学习本章时请注意以下要点：

- 后处理的概念。
- 如何制作后处理器。
- 如何制作刀库。
- 如何制作输出列表。

重点掌握后处理器的制作方法，以解决实际工作中可能遇到的问题。

8.2　后处理基础知识

8.2.1　概述

数控机床必须在它能识别的机床代码的控制下，才能正常运行并发挥其应有的功能，完成加工产品的任务。

Pro/E 软件经过数控编程以后，首先要经过数据前置处理，将刀具尖点坐标等刀轨信息转化为以 APT 语言编写的刀轨原文件，其文件扩展名为.ncl。它是一种通用格式的刀轨文件，不是数控程序，并不能被机床所识别。

Pro/E 软件经过后置处理（也叫后处理），就可以根据各机床指令特点，将刀轨源文件转化为以 G 代码等语句编写的能被机床识别的 NC 程序。Pro/E 软件生成的 NC 文件是文本文件，默认以.tap 为扩展名。根据用户需要，扩展名也可以修改为其他形式。

8.2.2　NCL 文件数据特点

Pro/E 软件生成的 NCL 文件是以 APT 语言编写的通用代码格式。主要指令如图 8-1 和图 8-2 所示。

```
$$*          Pro/CLfile  Version Wildfire 5.0 - F000
$$-> MFGNO / CH08-01-NC
PARTNO / CH08-01-NC
$$-> FEATNO / 8
MACHIN / UNCX01, 1
$$-> CUTCOM_GEOMETRY_TYPE / OUTPUT_ON_CENTER
UNITS / MM
PPRINT / PART NAME : CH08-01-NC
PPRINT / DATE TIME : 09-DEC-12 09:50:28
PPRINT /      TOOL TABLE SUMMARY
PPRINT / TOOL NUMBER   TOOL ID OFFSET NO  TOOL COMMENT
PPRINT /     1         ED12
PPRINT / CUTCOM_GEOMETRY_TYPE : N/A
PPRINT / NC SEQUENCE NAME : TRAJECTORY MILLING
PPRINT / NC SEQUENCE CSYS NAME : NC_PRT_CSYS_DEF
PPRINT / FEATURE ID : 8
PPRINT / TOOL NAME : ED12
PPRINT / TOOL_TYPE : END MILL
PPRINT / CUTTER DIAMETER, 12.000
LOADTL / 1
$$-> CUTTER / 12.000000
$$-> CSYS / 1.0000000000, 0.0000000000, 0.0000000000, 0.0000000000,  $
            0.0000000000, 1.0000000000, 0.0000000000, 0.0000000000,  $
            0.0000000000, 0.0000000000, 1.0000000000, 0.0000000000
SPINDL / RPM, 2000.000000,  CLW
RAPID
GOTO / 45.0000000000, -51.0000000000, 25.0000000000
```

NCL开头信息

将要输出到NC文件的注释

（切削刀具信息）

（坐标系信息）

（转速）

（快速移动刀具到第一点）

图 8-1　NCL 文件结构 1

```
GOTO / 45.0000000000, -51.0000000000, 5.0000000000
FEDRAT / 500.000000,  MMPM
GOTO / 45.0000000000, -51.0000000000, 0.0000000000
CIRCLE / 40.0000000000, -51.0000000000, 0.0000000000,  $
0.0000000000, 0.0000000000, 1.0000000000,  5.0000000000
GOTO / 40.0000000000, -46.0000000000, 0.0000000000
GOTO / -40.0000000000, -46.0000000000, 0.0000000000
CIRCLE / -40.0000000000, -30.0000000000, -0.0000000000,  $
GOTO / 35.0000000000, -51.0000000000, 0.0000000000
GOTO / 35.0000000000, -51.0000000000, 25.0000000000
SPINDL / OFF
$$-> END /
```

（进给速度）

（直线指令）

圆弧指令

（直线指令）

（刀具停转）

（程序结束）

图 8-2　NCL 文件结构 2

NCL 文件是文本文件，Pro/E 软件系统自带的后处理器可以按照它生成机床的代码 NC 文件。理解 NCL 文件结构，还可以用高级算法语言，如 C、Fortan 等编写用户自己的后处理器，用于将 NC 文件转化为用户自己特定机床的数控程序。

8.2.3　NC 文件指令特点

数控机床必须把代表各种不同功能的指令代码以程序的形式输入数控装置，由数控装置进行运算处理，然后发出脉冲信号来控制数控机床各个运动部件的操作，从而完成零件的切削加工。目前数控程序有两个标准：国际标准化组织的ISO和美国电子工业协会的EIA。

我国采用 ISO 标准。G 代码是目前广泛应用的 ISO 代码。如图 8-3 所示是 G 代码数控程序文件的结构。

```
%  （DNC传送识别码）
G71  （公制）
O0088 （程序号）
(D:\ch08-01\k4a.ncl.3)             ┐
(12/09/12-14:33:02)                │
( / PART NAME : CH08-01-NC)        ├ 注释
( / CUTTER DIAMETER, 12.000)       ┘
N0010T1M06 （换刀）
S2000M03 （主轴转）
G00X45.Y-51. （快速定位）
G43Z25.H01  （Z方向移动刀具加入高度补偿）
Z5.
G01Z0.F500. （设置进给速度）
G03X40.Y-46.I-5.J0.  （圆弧运动）
G01X-40.  （直线运动）
G02X-56.Y-30.I0.J16.
G01Y30.
G02X-40.Y46.I16.J0.
G01X40.
G02X56.Y30.I0.J-16.
G01Y-30.
G02X40.Y-46.I-16.J0.
G03X35.Y-51.I0.J-5.
G01Z25.
M30  （程序加工结束并程序返回）
%
```

图 8-3　NC 文件结构

小提示： 为了更加准确地了解机床编程代码的含义，可以参考机床说明书有关编程的规定，还可以参考数控专业有关数控机床的教材。

8.3　后处理器制作实例

本节任务： 在 Pro/E 软件里制作用户后处理器。

制作思路： 对 Pro/E 软件提供的标准后处理器的关键性参数进行修改，使之成为适用于用户自己机床的后处理器。

Pro/E 软件中提供了一些著名厂商的机床后处理器，用户可以用它们生成 NC 文件，只需经过少量的修改就可以被机床所使用。但有时不够方便，易出错，还不能满足现实需求。这就需要根据机床的实际情况自行制作后处理器。

制作后处理器的步骤是：（1）前期调研；（2）生成后处理器；（3）后处理测试；（4）实际加工验证。只有经过多次不同形式的加工方式的试加工验证，证明 NC 代码完全正确后，才可以将后处理器正式用于生产。

8.3.1 后处理器制作准备

在制作后处理器前应该做好机床状况调研。要尽量找到机床说明书，重点研究控制系统中有关编程的规定，或者参考该机床实际加工过的正确的程序样本。以下以某三菱机 M-V5C 为例，说明调查内容。

（1）这是一台三轴立式数控铣机床，要用刀库。

（2）行程 X 为 800mm、Y 为 500mm、Z 为 450mm。

（3）最大转速为 8000rpm。

（4）控制器及程序格式类似于 FANUC-0M 系统。

（5）程序的开头和结尾都要有%。

（6）直线程序格式，如 X-50.123 Y341.123 Z35.321。

（7）圆弧程序格式，圆心如果是 IJK 格式，则是相对值。其含义是圆心坐标相对于圆弧起点的相对值，如 G02X-40.Y46.I16.J0。圆心也可以是 R 格式，R 是圆弧的半径。圆弧要在 4 个象限点处打断，如：G2 X-40. Y46. R16。

（8）坐标 XYZ 数据要带小数格式，尾部 0 可以省略。

（9）程序段号可以省略，以节约数控程序存储空间。

另外，为了保全 Pro/E 软件原来的后处理器内容，需要将相关系统文件 D:\Program Files\proeWildfire 5.0\i486_nt\gpost 进行备份，用以在意外发生时恢复系统。

8.3.2 制作后处理器

制作后处理器的具体步骤如下。

（1）启动 Pro/E 软件，设置工作目录为 D:\ch08-01，打开加工装配文件 ch08-01-nc.asm。

（2）在主菜单里执行【应用程序】|【NC 后处理器】命令，系统弹出 Option File Generator 对话框，选取 12: NIIGATA HN50A - FANUC 15MA - B TABLE ，单击 Open OptFile 按钮，弹出如图 8-4 所示的对话框。设置 MachineType（机床类型）为 Mills without Rotary Axes 铣削无旋转轴。

（3）切换到 Axes 选项卡，设置各轴的加工范围，如图 8-5 所示。在加工中，如果 X、Y、Z 超出该范围，将不输出 NC 文件，从而防止机床超程。

（4）设置不输出程序段号。这里所说的程序段号也叫顺序号（Sequence Number），如图 8-3 中 N0010T1M06 的 N0010，在手工编程的情况下，该顺序号有指示机床按顺序执行语句的作用，但现在大多用 DNC 传送大量的长程序，所以该语句可有可无。本例不输出顺序号，以提高由网络向机床传送数控程序的效率，节约机床或计算机存储数控文件的空间。在 Files Formate 里选取 Sequence Numbers 选项，可以按照图 8-6 所示进行设置。

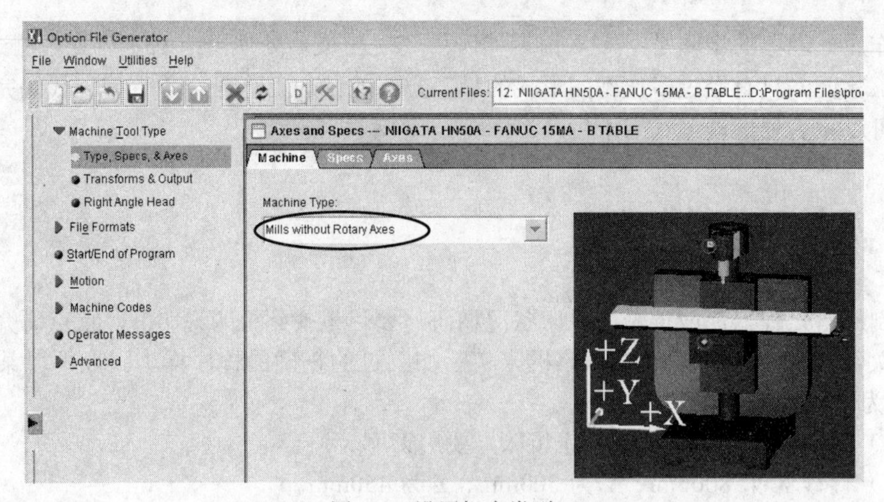

图 8-4　设置机床类型

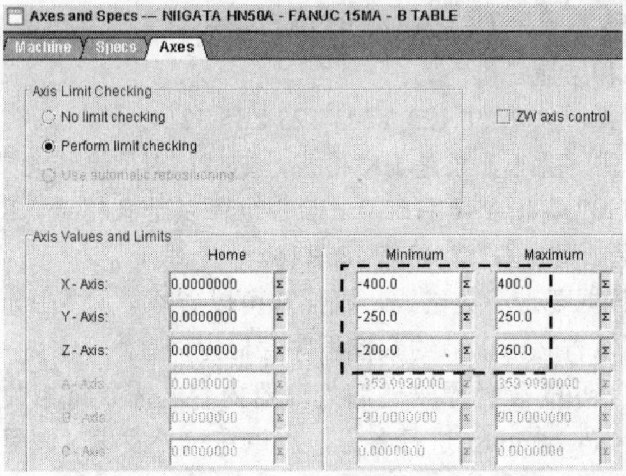

图 8-5　设置加工范围

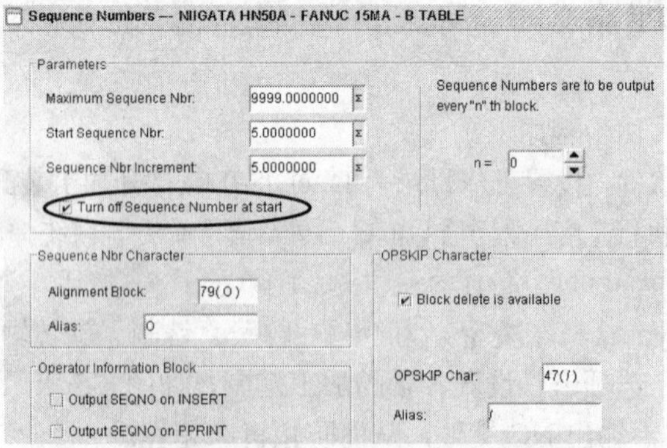

图 8-6　设置程序段号不输出

（5）设置不输出程序号。这里所说的程序号英文为 Program number，如图 8-3 中第 3 行字母 O 后的数字 0088。其作用是供在数控装置存储器的目录中查找、调用文件。由于现在的加工程序一般都很大，很难在狭小的机床存储器里存有多个文件，一般都是实时 DNC 传送，所以可以不用此号。本例不输出此语句。在 Program Start/End 对话框，可以按照

图 8-7 所示进行设置。

Program Start / End -- NIIGATA HN50A - FANUC 15MA - B TABLE ...
General　Codes/Chars　Default Prep Codes　Start Prog
Format
☑ DNC format
Units of Leader　0.0000000　☐ Tape readable PARTNO
Units of Trailer　0.0000000　☐ Man readable PARTNO
☐ EOB char at end of each block tape image
Output
☐ Program number (see Prog. Nbr tab)
☐ Time stamp
☐ Rewind STOP code at beginning of NC code
☑ Output user defined startup blocks
☐ Output user defined end of program blocks
☑ Rewind START code at end of NC code
Miscellaneous
☐ Merging post
☐ Use _OUTPT to edit MCD blk
☐ Use _MCDWT to edit MCD blk
☐ Discard MCD file with FIL error

图 8-7　不输出程序号

（6）程序开头添加用户信息。在程序开头添加用户信息可以帮助操作员辨别。Program Start/End 对话框里，先选中复选框 ☑ Output user defined startup blocks，然后在选项卡 Start Prog 里设置用户信息，如图 8-8 所示。

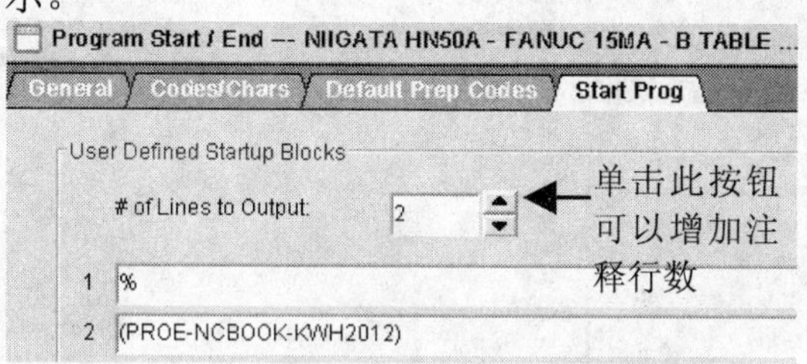

图 8-8　设置用户信息

（7）设置公制单位。Pro/E 软件生成的 NC 程序的单位可以根据 NCL 文件的单位来确定，也可以专门设置，如图 8-9 所示。

Program Start / End -- NIIGATA HN50A - FANUC 15MA - B TABLE ...
General　Codes/Chars　Default Prep Codes　Start Prog
Default Codes
Inch / Metric Mode:　71　☑ Output code to tape image
Absolute/Incremental Mode:　90　☐ Output code to tape image
Feedrate Mode:　94　☐ Output code to tape image
Circular Interpolation Plane:　17　☐ Output code to tape image
Note: if a user defined startup block(s) has been specified, these check boxes cannot be enabled
Post Units of Measure
Input:　Same as NCL units　Option File:　Inch
Output:　Metric　Note: if only 1 option is available, either the Inch or Metric code is NA

图 8-9　设置输出公制单位

（8）在如图 8-10 所示对话框中设置不输出重复点。

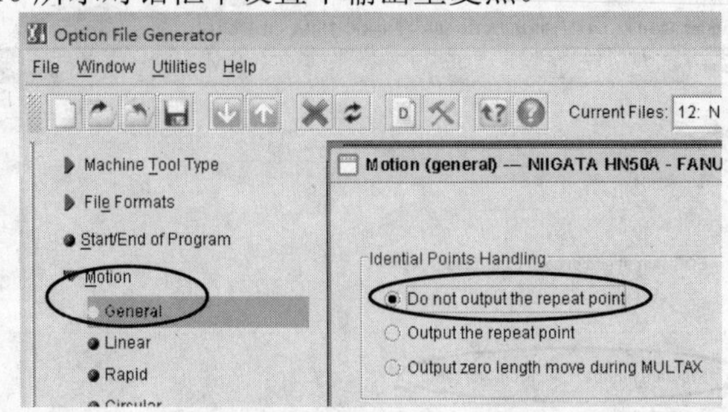

图 8-10　设置重复点不输出

（9）设置直线命令，如图 8-11 所示。其中 ☑ Prep Code is modal 为模态指令。所谓模态指令是指如果数值相同，就不会再输出。

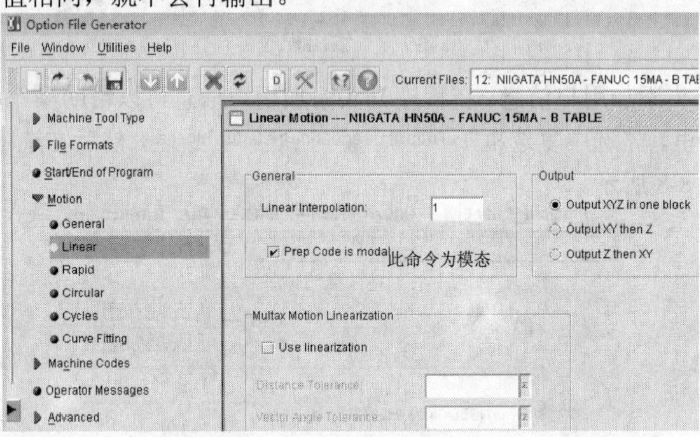

图 8-11　设置直线命令

（10）设置直线快速移动命令，如图 8-12 所示。要注意的是，G0 指令在实际加工中并不是按直线移动的，而是按折线移动，所以在数控编程时要尽可能使其运动在安全高度上进行，不能有障碍物体，否则可能产生过切而计算机却检查不出来。

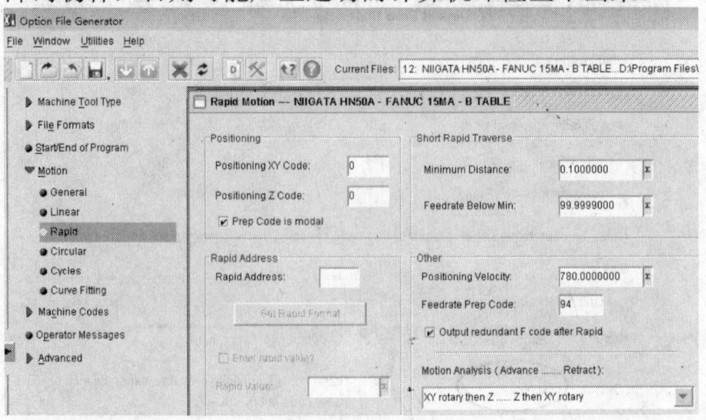

图 8-12　设置快速移动指令

（11）设置圆弧运动指令，如图 8-13 所示。本例设置圆弧为 R 指令，且按 90° 打断。

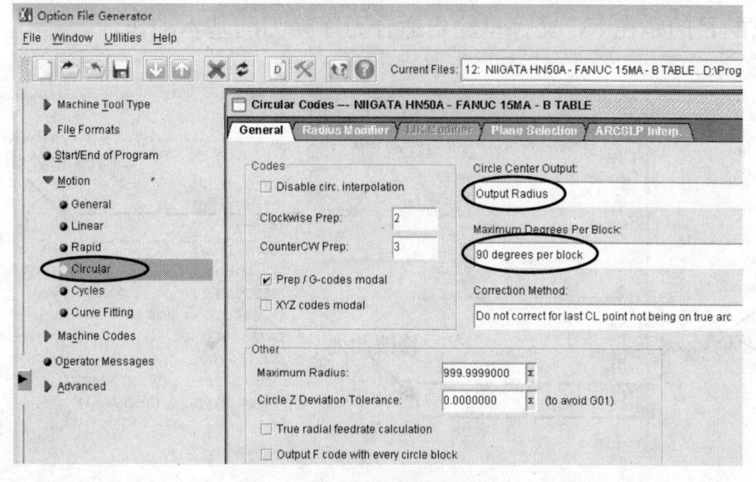

图 8-13　设置圆弧输出方式

（12）设置圆弧半径为非模态指令，如图 8-14 所示。

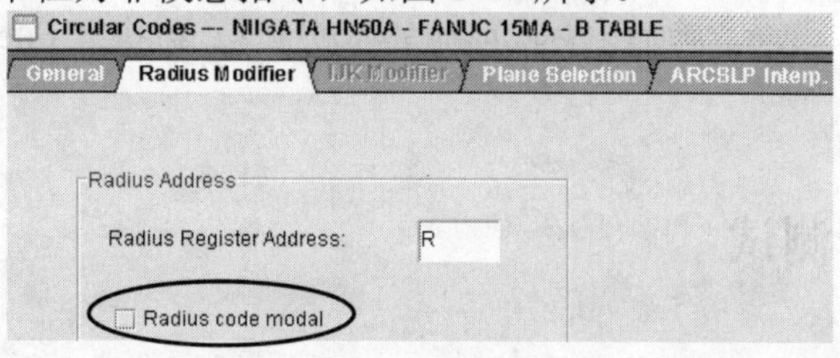

图 8-14　设置 R 指令

（13）设置夹具号，如图 8-15 所示。

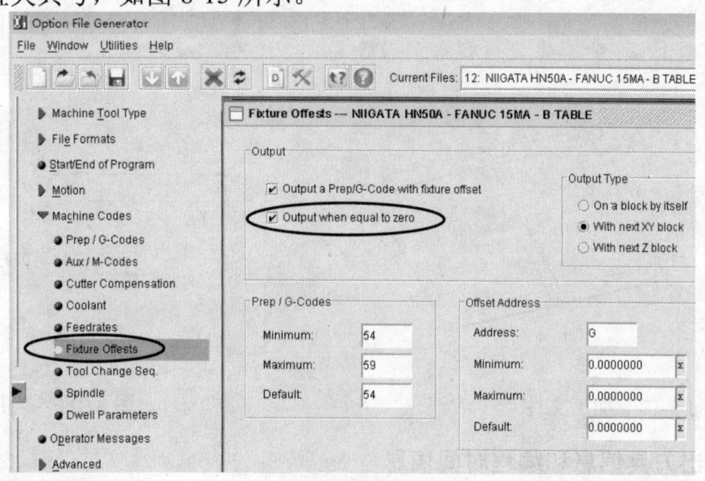

图 8-15　设置夹具号

（14）设置 NC 程序起始命令，按图 8-16 所示设置高级参数，如下所示。

INSERT/'G28 G91 Z0$'

INSERT/'G0 G17 G49 G40 G80 G90 G54$'

这样修改的目的是在 NC 文件里输出适合刀库换刀的基本动作。

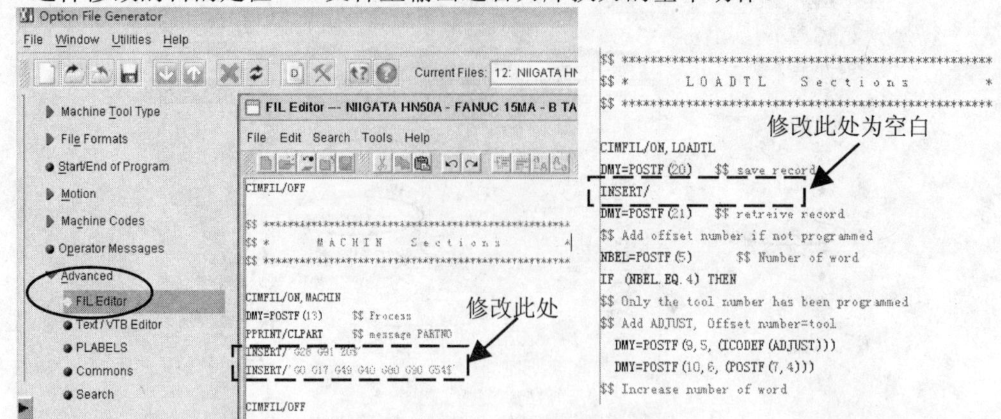

图 8-16　设置高级输出参数

（15）文件存盘。在 Option File Generator 对话框里执行 Files|Save 命令。注意后处理器文件名为D:\Program Files\proeWildfire 5.0\i486_nt\gpost\uncx01.p12。再执行 Files|Exit 命令退出系统，返回编程状态。

8.3.3　后处理器测试

1．打开文件

确保打开 ch08-01-nc.asm 数控编程装配文件，如图 8-17 所示，零件尺寸如图 8-18 所示。

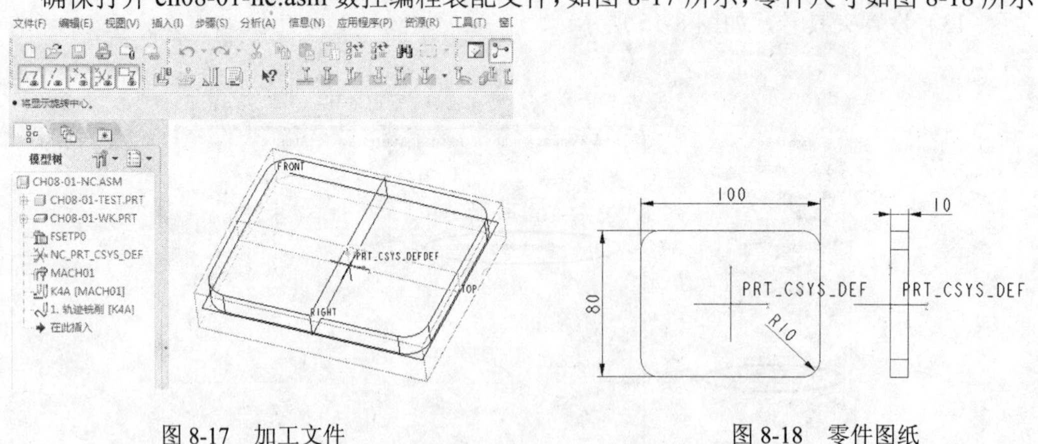

图 8-17　加工文件　　　图 8-18　零件图纸

2．设置输出刀具信息和编程时间信息

在目录树里右击 MACH01，在弹出的快捷菜单里执行【编辑定义】命令，弹出【机床设置】对话框，如图 8-19 所示。

在【机床设置】对话框里单击【打印】按钮，系统弹出【菜单管理器】下拉菜单，选取【创建】选项，系统弹出【激活 PPRINT】对话框，先选取 DATE_TIME 选项，在下方单击【是】按钮，同理设置其他需要输出的参数，如图 8-20 所示。单击【确定】按钮。

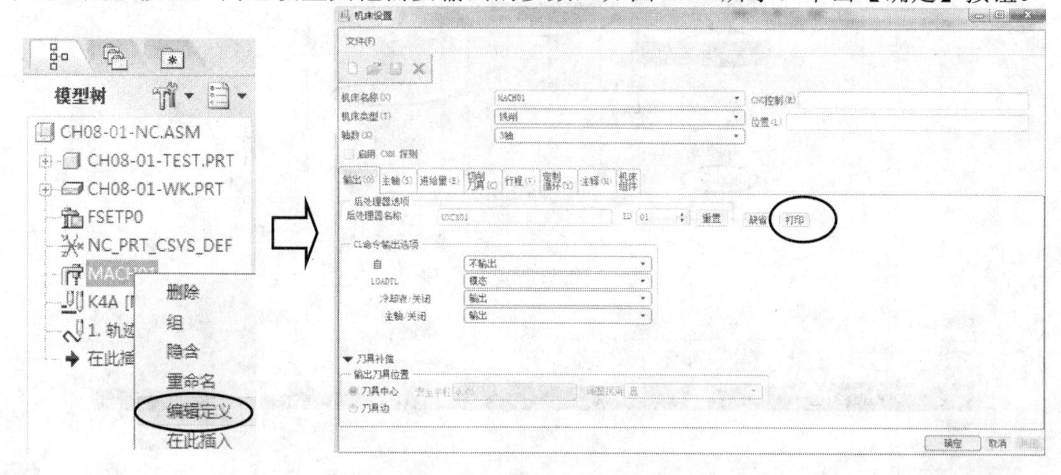

图 8-19　重新定义机床参数

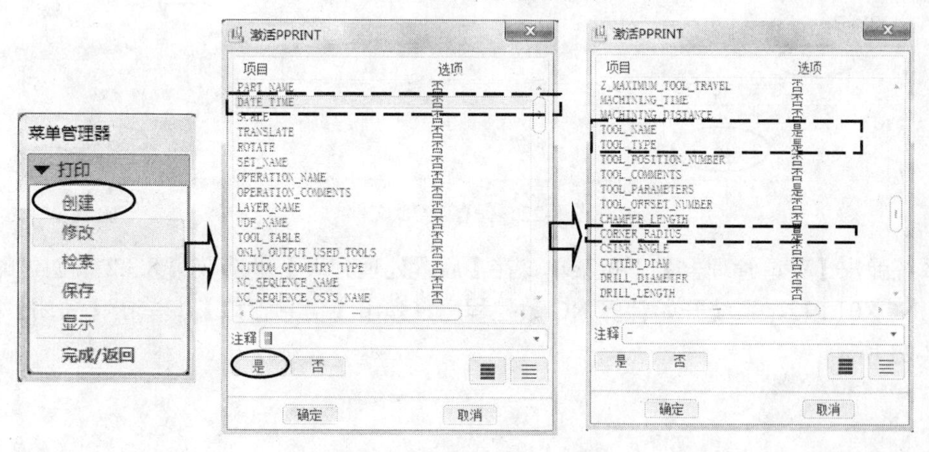

图 8-20　设置打印列表

在【菜单管理器】下拉菜单里选取【保存】选项，系统弹出 输入PPRINT文件名[pprint]: 信息，输出文件名为 ch08-01-print，单击旁边的【接受值】按钮，这样工作目录里就生成了 ch08-01-print.ppr 文件，可以使用此参数表来使 NC 文件里包含用户信息。选取【完成/返回】选项，在【机床设置】对话框里单击【确定】按钮。

3．后处理生成 NC 文件

按住 Alt 键的同时按 E 键、D 键和 O 键，即执行【编辑】|【CL 数据】|【输出】命令，系统弹出【菜单管理器】下拉菜单，选取【操作】选项，再选取 K4A 选项。再在【菜单管理器】里选取【文件】选项，再选取【MCD 文件】复选框，选取【完成】选项，如图 8-21 所示。

系统弹出【保存副本】对话框，单击【确定】按钮，在弹出的【菜单管理器】下拉菜单的【后置期处理选项】中选取【完成】选项，如图 8-22 所示。

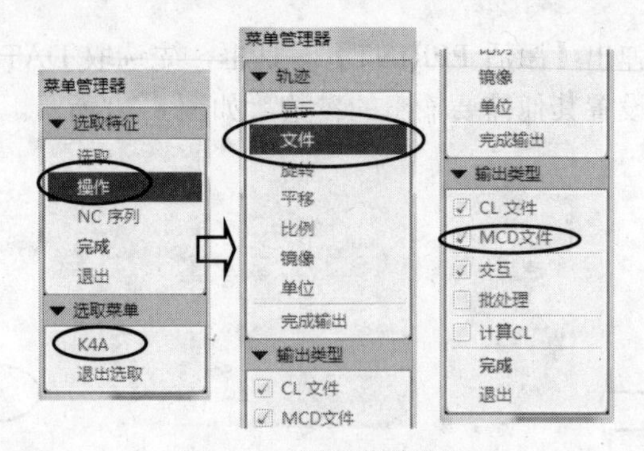

图 8-21　设置菜单选项

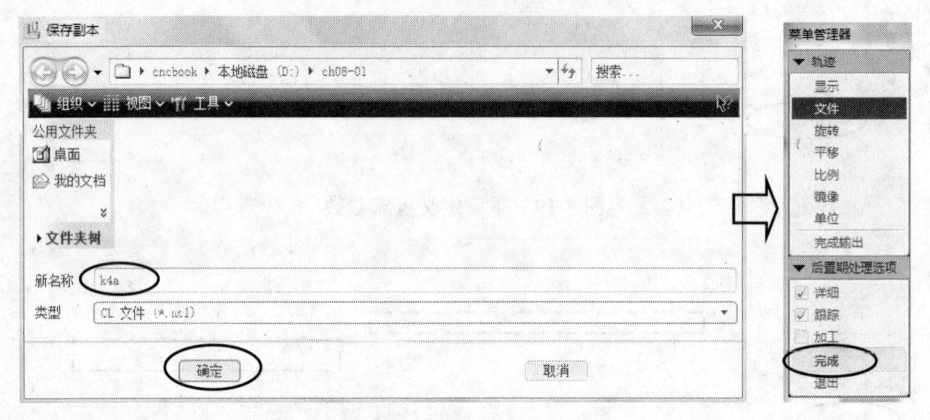

图 8-22　保存 NCL 文件

系统弹出【菜单管理器】下拉菜单，在【后置处理列表】里选取第 8.3.2 节创建的后处理器 UNCX01.P12，系统开始计算 NC 数控程序，弹出【信息窗口】，单击【关闭】按钮，如图 8-23 所示。

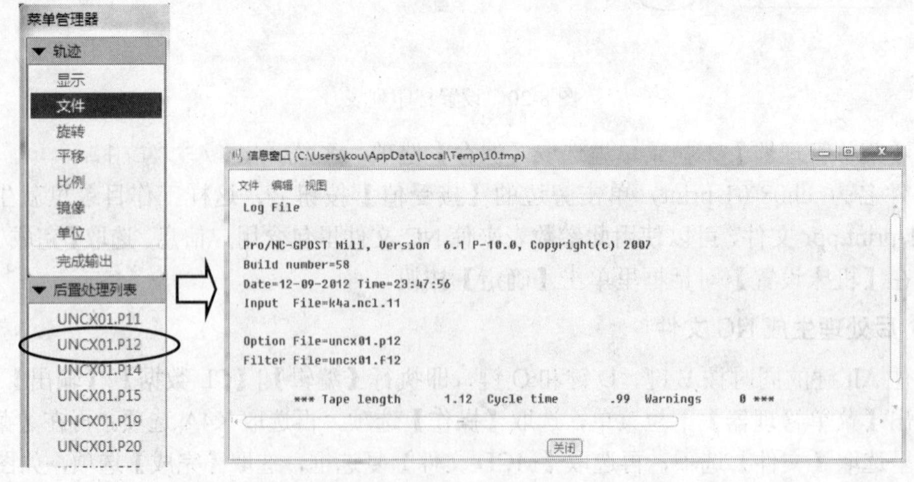

图 8-23　选取后处理器

4．打开 NC 文件

经过上述后处理后，在工作目录 D:\ch08-01 里生成了 k4a.tap 文件。用记事本软件打开该文件，内容如图 8-24 所示。

```
%
(PROE-NCBOOK-KWH2012)
( / CH08-01-NC)
G28 G91 Z0 (Z轴回机械零点)
G0 G17 G49 G40 G80 G90 G54
( / DATE TIME : 10-DEC-12 00:00:28)
( / TOOL NAME : ED12)
( / TOOL_TYPE : END MILL)
( / CUTTER DIAMETER, 12.000)
T1 M06     (换刀)
S2000 M03
G0 G43 Z25. H1
X45. Y-51.
Z5.
G1 Z0. F500.
G3 X40. Y-46. R5.
G1 X-40.
G2 X-56. Y-30. R16.
G1 Y30.
G2 X-40. Y46. R16.
G1 X40.
G2 X56. Y30. R16.
G1 Y-30.
G2 X40. Y-46. R16.
G3 X35. Y-51. R5.
G1 Z25.
M30
%
```

图 8-24 NC 文件内容

8.3.4 加工验证

采用静态分析方法。先将每一条语句用数学分析方法进行检查。经检查分析得知，8.3.3 节生成的程序完全正确。

如果条件允许，先将该程序文件在机床上空走，再装夹一个实际工件材料加工一个试件，并测量是否合格。只有经过实际加工验证正确时，后处理器才可以正式投入使用。

注意：生成的 NC 文件在实际加工时可能还需要做少量修改，如根据实际情况，可能要修改刀具长度补偿号 H1 为实际值如 H2、H3 等。机床的对刀零点坐标系可能是 G55 或者其他值；进给速度和转速可能要通过机床上调整倍率开关按钮来调整；但这些并不影响对后处理器的测试。

本节讲课视频：\ch08\03-video\ch08-01-test.exe。

8.4 本 章 总 结

本章以 FANUC 系统为例说明了如何用 Pro/E 软件的 Pro/NC-GPOST 模块制作用户的

后处理器文件，只是做了简单介绍，希望读者利用此思路去完成实际工作中遇到的机床后处理问题。使用 Pro/E 软件应注意的问题如下。

（1）要了解机床是什么型号，控制面板是什么类型，尽量调用相似的后处理标准文件，可以减少修改工作量。

（2）英文基础好的读者可以详细阅读有关 Pro/NC-GPOST 模块的英文帮助文件。这些文件可以从系统安装文件的路径\Program Files\proeWildfire 5.0\i486_nt\gpost 里查找。如果对某些参数不能完全理解，可以试着修改参数，再分析生成的 NC 文件有关语句的变化，从而准确理解参数含义。

（3）尽量找来机床说明书等资料，研究程序格式，如果是旧机床，可以找来能正常运行的程序样本。重点关注程序开头和结尾及圆弧指令格式，特别是圆心 IJK 是如何规定的。

（4）与操作员密切合作，了解他们的工作习惯，做出的后处理器要尽量符合生产实际，减少操作员修改程序的工作量。

（5）制作完后处理器，要经过验证，确保没有错误后才可以正式用于生产。

8.5　本章思考练习和答案提示

思考练习

1．Pro/E 软件生成的后处理器都有哪些文件？

2．高速机所用的曲线 Nurbs 插补有何用途？如何设置后处理器参数？

3．简述以下常用机床代码的含义？

（1）G01；（2）G02、G03；（3）G04；（4）G17、G18、G19；（5）G43；（6）M08、M09；（7）M03；（8）M30。

4．在使用 Pro/E 软件时，如何查看 NC 文件的加工时间？

5．在使用 Pro/E 软件制作后处理器时，如何使生成的数控文件的扩展名为.nc？

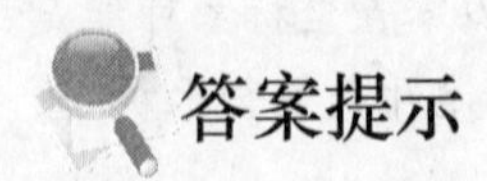

答案提示

1．答：在系统安装文件的路径\Program Files\proeWildfire 5.0\i486_nt\gpost 里查看，得知后处理器文件如图 8-25 所示。

名称	类型	大小	修改日期
uncx01.f12	F12 文件	3 KB	2012/12/
uncx01.p12	Personal Inform...	13 KB	2012/12/
uncx01.s12	S12 文件	13 KB	2012/12/
uncx01.m12	M12 文件	0 KB	2012/12/

图 8-25　后处理器文件

2．答：目前很多高速加工中心机床的控制器都能支持 Nurbs 插补的程序格式，好处是将原来由很多小直线组成的曲线用一条 Nurbs 曲线代替，与 G02/G03 圆弧插补类似。这样可以缩短 NC 程序长度，提高 NC 程序的传送效率及提高加工速度。

制作后处理器时可以按图 8-26 所示设置参数。

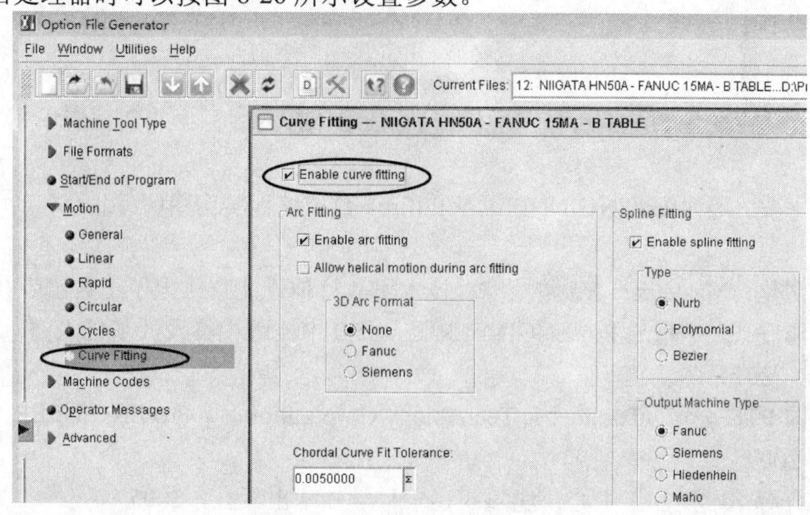

图 8-26　设置 Nurbs 插补功能

3．答：（1）G01 为直线插补；（2）G02 为顺时针圆弧插补或者螺旋线插补，G03 为逆时针圆弧插补或者螺旋线插补；（3）G04 为暂停一定时间，准确停止；（4）G17 为 XY 平面，G18 为 ZX 平面，G19 为 YZ 平面；（5）G43 为刀具长度补偿；（6）M08 为切削液开，M09 为切削液关；（7）M03 为主轴正转；（8）M30 为程序停止及程序返回到开头。

4．提示：在用 Pro/E 软件进行后处理时，可以在如图 8-23 所示的【信息窗口】里查看 Cycle time 数值，单位为分钟。

5．答：制作后处理器时可以按图 8-27 所示设置参数。

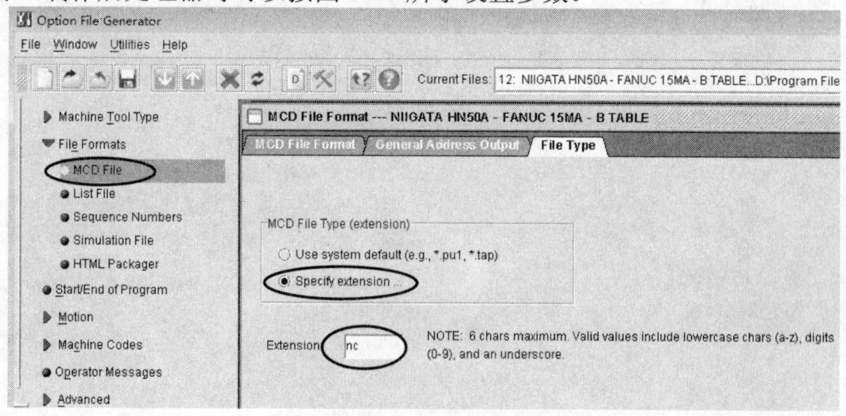

图 8-27　设置扩展名

参 考 文 献

[1] 寇文化．工厂数控编程技术实例特训（UG NX 6 版）．北京：清华大学出版社，2011

[2] 刘平安，等．Pro/ENGINNEER Wildfire4 数控编程实例图解．北京：清华大学出版社，2008

[3] 寇文化．Mastercam X5 数控编程技术实战特训．北京：电子工业出版社，2012

[4] 林清安．完全精通 Pro/ENGINEER 野火 5.0 中文版模具设计基础入门．北京：电子工业出版社，2011

[5] 美国 PTC 公司（Parametric Technology Corporation）．Pro/ENGINEER Wildfire 5.0 帮助文件，2009

[6] 胡育辉．数控加工中心．沈阳：辽宁科学技术出版社，2005